SQL Server On Linux 运维实战

黄钊吉 熊章立 编著

人民邮电出版社
北京

图书在版编目（CIP）数据

SQL Server On Linux运维实战 / 黄钊吉，熊章立编著. -- 北京 : 人民邮电出版社，2019.2
ISBN 978-7-115-50242-1

Ⅰ. ①S… Ⅱ. ①黄… ②熊… Ⅲ. ①关系数据库系统②Linux操作系统 Ⅳ. ①TP311.138②TP316.85

中国版本图书馆CIP数据核字(2018)第281695号

内 容 提 要

随着微软公司的开源策略逐步深化，其数据库拳头产品 SQL Server 不仅能运行在 Windows 平台上，经过一系列产品迭代，还能稳定地运行在主流的 Linux 平台中，并且越来越受到企业的认同。为了跟上时代的步伐，从业者有必要尽快掌握 Linux 上的 SQL Server 的使用方法。

本书属于入门级别的技术图书，主要面向对微软 SQL Server 有初步认识，并且希望掌握在 Linux 上的 SQL Server 运维及性能优化的数据库从业人员。当然，本书也适合在校学生学习使用，以便为后续就业打下良好的基础。

本书以实操为主，讲解了在 Linux 上 SQL Server 的安装、配置、监控及高可用搭建等内容，同时融入了作者 10 年工作经历中总结的 Linux 及 SQL Server 性能优化的经验，以协助读者更快入门。

本书包括基础篇、管理篇、性能篇、架构篇、案例篇共计 5 大板块，每个板块包括若干章内容，每章力求讲清楚、讲透一个技术点。在写作本书时，作者不仅关注本书的系统性，同时还关注本书的实用性，力求使本书能成为大家经常翻阅的工具书。书中的案例均来自实践，希望对读者学习书中的知识点及体会作者的运维、优化思想有所帮助。

◆ 编　　著　黄钊吉　熊章立
责任编辑　王峰松
责任印制　焦志炜

◆ 人民邮电出版社出版发行　　北京市丰台区成寿寺路 11 号
邮编　100164　　电子邮件　315@ptpress.com.cn
网址　http://www.ptpress.com.cn
固安县铭成印刷有限公司印刷

◆ 开本：787×1092　1/16
印张：30.5　　2019 年 2 月第 1 版
字数：722 千字　　2024 年 7 月河北第 4 次印刷

定价：99.00 元

读者服务热线：(010)81055410　印装质量热线：(010)81055316
反盗版热线：(010)81055315
广告经营许可证：京东市监广登字20170147号

前　　言

SQL Server 作为微软公司著名的数据库管理系统，多年以来一直稳居各种数据库排名的前三甲。作为最初由图灵奖数据库方面得主詹姆斯·格雷主导开发，并基于另外一位图灵奖数据库方面得主 Michael Stonebraker 开发的 Ingres 发展起来的 SQL Server 数据库管理系统，经过 30 多年的锤炼，已经得到业内的广泛认同和应用。

作为早已轻松支持 TB 甚至 PB 级别数据量的数据库产品，合理使用 SQL Server 足以应对绝大部分常规需求。由于某些原因，在中国大陆 SQL Server 一直不被看好，这个现象从 2014 年微软第 3 任 CEO 萨蒂亚·纳德拉上任，并提出“Microsoft ❤Open Source”之后得到了很大的改变。随着.NET、Visual Studio、Office 等微软产品逐步实现跨平台应用，SQL Server 也在 2016 年正式可运行在主流的 Linux 平台上（目前它支持 Red Hat/CentOS、Ubuntu 和 SUSE）。

随着 SQL Server 2017 的正式发布，SQL Server 除了跨平台之外，还引入了大量的新功能，这些功能不仅对数据库性能及数据库管理效率带来明显的提升，还加快了 SQL Server 和大数据、人工智能领域的整合。

鉴于目前国内尚未有系统介绍关于 SQL Server 在 Linux 上运行的图书，同时网上资料过于零散，作者经过近一年的实践及资料整合写就本书，目的是让读者尽快上手，掌握基于 Linux 的 SQL Server 的安装、配置、管理及性能优化方法。书中部分内容不局限于 Linux 平台，但以 Linux 平台为主。

通过阅读本书，读者将会了解到如何使用基于 Linux 的 SQL Server，如何更好地管理在 Linux 上的 SQL Server 及如何进行常规的 SQL Server 性能优化。

本书结构

本书分为 5 篇，分别是基础篇、管理篇、性能篇、架构篇、案例篇。

第 1 篇包括第 1～3 章，介绍 SQL Server On Linux 的基础内容及环境准备。

第 2 篇包括第 4～9 章，分别介绍 Linux 及 SQL Server 的日常监控和管理知识。

第 3 篇包括第 10～16 章，介绍 SQL Server 的性能优化知识。在本篇中，不仅介绍关于性能的基础知识（可以理解为“内功”），同时也会介绍多种工具（可以理解为“武功招式”）。善用工具能够极大地提升工作效率，减少故障和问题定位的时间，这样才能真正地进阶高手。

第 4 篇只有第 17 章，专门介绍 Linux 上 SQL Server AlwaysON 的搭建。

第 5 篇包含第 18 章和第 19 章，分别介绍两位作者在 Linux 和 SQL Server 运维过程中的一些案例。

书末有 4 个附录，单独介绍一些扩展的知识点。

本书基于的版本

到目前为止，有 3 个术语容易造成混淆：SQL Server vNext、SQL Server 2016 和 SQL Server 2017。这 3 个术语中的 SQL Server 产品都能运行在 Windows 和 Linux（包含 Docker）操作系统之上。需要说明的是，vNext 实际上是指“开发中的 SQL Server”，而另外两个则是官方发布的正式版本。从 2016 版开始，SQL Server 正式实现跨平台。同时由于很多新功能是从 2016 版开始引入的，所以本书使用的 SQL Server 虽然是 2017 版，但是也会兼顾 2016 版，在必要的地方会加以说明。

本书不包含的内容

本书主要关注数据库引擎的管理和使用，不会涉及 SQL Server 编程、商业智能、大数据、人工智能等方面。

读者在阅读和使用本书的过程中，如果发现有问题或者需要提交勘误，请登录人民邮电出版社的异步社区，或者与本书的责任编辑联系，邮箱为 wangfengsong@ptpress.com.cn。

资源与支持

本书由异步社区出品，社区（https://www.epubit.com/）为您提供相关资源和后续服务。

配套资源

本书提供如下资源：

- 本书彩图文件；
- 配套脚本文件。

要获得以上配套资源，请在异步社区本书页面中点击 配套资源，跳转到下载界面，按提示进行操作即可。注意：为保证购书读者的权益，该操作会给出相关提示，要求输入提取码进行验证。

提交勘误

作者和编辑尽最大努力来确保书中内容的准确性，但难免会存在疏漏。欢迎您将发现的问题反馈给我们，帮助我们提升图书的质量。

当您发现错误时，请登录异步社区，按书名搜索，进入本书页面，点击“提交勘误”，输入勘误信息，点击“提交”按钮即可。本书的作者和编辑会对您提交的勘误进行审核，确认并接受后，您将获赠异步社区的 100 积分。积分可用于在异步社区兑换优惠券、样书或奖品。

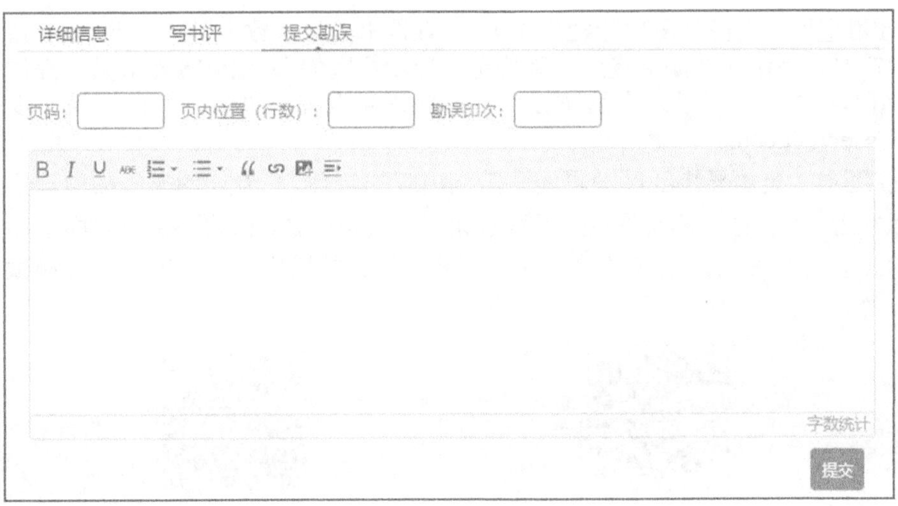

扫码关注本书

扫描下方二维码，您将会在异步社区微信服务号中看到本书信息及相关的服务提示。

与我们联系

我们的联系邮箱是 contact@epubit.com.cn。

如果您对本书有任何疑问或建议，请您发邮件给我们，并请在邮件标题中注明本书书名，以便我们更高效地做出反馈。

如果您有兴趣出版图书、录制教学视频，或者参与图书翻译、技术审校等工作，可以发邮件给我们；有意出版图书的作者也可以到异步社区在线提交投稿（直接访问 www.epubit.com/selfpublish/submission 即可）。

如果您是学校、培训机构或企业，想批量购买本书或异步社区出版的其他图书，也可以发邮件给我们。

如果您在网上发现有针对异步社区出品图书的各种形式的盗版行为，包括对图书全部或部分内容的非授权传播，请您将怀疑有侵权行为的链接发邮件给我们。您的这一举动是对作者权益的保护，也是我们持续为您提供有价值的内容的动力之源。

关于异步社区和异步图书

“异步社区”是人民邮电出版社旗下 IT 专业图书社区，致力于出版精品 IT 技术图书和相关学习产品，为作译者提供优质出版服务。异步社区创办于 2015 年 8 月，提供大量精品 IT 技术图书和电子书，以及高品质技术文章和视频课程。更多详情请访问异步社区官网 https://www.epubit.com。

“异步图书”是由异步社区编辑团队策划出版的精品 IT 专业图书的品牌，依托于人民邮电出版社近 30 年的计算机图书出版积累和专业编辑团队，相关图书在封面上印有异步图书的 LOGO。异步图书的出版领域包括软件开发、大数据、人工智能、软件测试、前端、网络技术等。

异步社区　　　　微信服务号

目　　录

第1篇　基础篇

第2篇 管理篇

第 3 篇 性能篇

第 4 篇 架构篇

第5篇 案例篇

附录

第 1 篇　基础篇

本篇包含第 1～3 章，首先对 SQL Server On Linux 进行简介，然后搭建 Linux 环境，并在该环境上搭建 SQL Server。

本篇的目的在于搭建基础环境以便后续学习使用。

第 1 章　SQL Server On Linux 简介

1 分钟速读

运行在 Linux 上的新版 SQL Server，将其新特性及强大功能与 Linux 原生系统的优点进行结合，不仅在运维及性能上带来巨大的便利和提升，同时对大数据和数据挖掘领域的逐步兼容［如内置机器学习、图形处理、兼容 HDFS（hadoop 分布式文件系统）、Containers（容器）等特性］，使得企业不需要从头开始搭建或者把现有环境迁移到“适合”大数据环境的其他关系型数据库中。

本章简要介绍“为什么选择 SQL Server On Linux”（1.1 节）、“它是什么”（1.2 节、1.3 节）和“如何使用”（1.4 节、1.5 节）。

1.1　为何选择 Linux 平台的 SQL Server

曾经由于大数据产生在 Linux 环境，SQL Server 不能直接访问 HDFS（其实从 SQL Server 2012 开始它已经可以访问了，但是需要一些辅助驱动），不能运行在 Linux 上，所以 SQL Server 认为是时代的弃子，只能守住现有的一亩三分地，会在传统领域中挣扎并慢慢消亡。

自现任微软 CEO（萨蒂亚・纳德台）上台之后，微软有了翻天覆地的改变，随着云优先、移动优先的策略，“Microsoft ❤Open Source”的大方针不断深化，微软故步自封的形象在逐步改变。SQL Server 作为微软非云专属（微软云有其他数据库产品如 Azure Cosmos DB）的最重要的数据库产品，在数据技术（DT）时代和人工智能（AI）时代，自然也有了革命性的改变。

在 IT 领域工作过的读者应该多多少少听说过，在大规模环境下，经过“合理管理”的 Linux 服务器在性能和稳定性方面，都比 Windows Server 好（作者并不希望读者参与过多的争论）。其中一个例子就是在服务器重启频率和软件更新、补丁修复工作中 Linux 明显比 Windows Server 表现得更好。关于 Linux 的介绍详见第 2 章及其相关章节。

实际上，从 SQL Server 2016 开始，SQL Server 就能运行在 Linux 环境下。SQL Server 2017 的正式发布进一步实现了其在 Windows Server 和主流 Linux 平台的无缝连接。同时，不只是 SQL Server 数据库引擎，还包括 SQL Server Agent、某些高可用技术等，它们都能运行在 Linux 平台。

接下来我们稍微浏览一下为什么选择 Linux 平台上的 SQL Server。

注意：以下仅是作者总结，并不代表官方说法。

- **大趋势**：这几年最火的莫过于 DT、AI、大数据、IoT（物联网）、区块链等，而且无一例外地它们都产生在 Linux 生态环境下。并非说 Windows 不好，但是从现状来看，我们也不得不面对 Linux，有 Linux 方面的知识才能跟得上潮流，不至于被时代淘汰。作为微软技术从业者，单纯学 Linux 难免有点抵触。现在可以结合 SQL Server 来学习，作者认为这是再好不过的切入点，不管合不合理，给自己一个学习的理由并没有什么不好。
- **新版本新体验**：不管是 SQL Server 还是其他主流的数据库管理系统，每一次的新版本都带来了各种新功能、新体验。在最近几个大版本（特别是 2012 及其后续版本）中，在数据引擎、传统 BI 甚至大数据领域，都可以看到 SQL Server 在不停地进步。比如我们可以使用一些功能（如分区）对大型库/表进行管理，借助 In-Memory 技术大幅度提升 OLTP 的性能，通过 AlwaysON 技术实现读写分离和 HA+DR 方案，提高资源利用率和系统稳定性，另外还能对安全方面的功能进行提升。本书会挑选一些比较重要的特性进行介绍和演示。
- **纯 SQL Server 的优缺点**：除了少部分对 SQL Server On Windows 或 SQL Server On Linux 感兴趣的读者可能未接触过 SQL Server 之外，大部分读者都应使用过 SQL Server，抛开一些排名，客观地对比一下现在主流的关系数据库管理系统。
    - 开源：虽然 SQL Server 不开源，但是 Oracle/DB2/SAP 这些也不开源。
    - 原生负载均衡：虽然 SQL Server 不支持原生负载均衡，但是 MySQL 也不支持。Oracle 还得花大价钱购买。
    - 跨平台：从 SQL Server 2016 开始它已经不再是讨论的话题。
    - 支持数据量：至于较大型的系统（比如单表超过 1 亿行），MySQL 恐怕早就要借助分库分表或者其他技术来分摊负载，而 SQL Server 则不一定，在设计合理、硬件充足的前提下，适当进行一些处理（如表分区、文件组拆分等）操作，很容易应对亿级表的高效操作。
    - 性能：除非业务逻辑及数据量确定到了一定程度，否则未经专家调优的 Oracle 也不一定比 SQL Server 好。同样，未经调优的 Linux，比 Windows 更不安全。重点还是要看如何使用它们。
    - 口碑：可能作者了解不多，到目前为止，作者从未听过国内出名的 Oracle 专家（包括各 ACE、ACE Director）在公共场合说别的产品（特别是 SQL Server）不好，他们不是不清楚各产品之间的差异，而是不想浪费时间精力在这些无谓的争吵当中。如果你并不同时精通（简历上写的那种不算）两种或以上的数据库产品，那么千万别轻易进行对比和下定论。还是那一句：不是产品真得不好，而是你水平有限。其实 SQL Server 活到现在，还是有它的优势的。另外在写作本书过程中，作者还看到国内某位 Oracle ACED 的关于 Linux 上 SQL Server AlwaysON 方面的文章，作为 Oracle 对非内部员工授予的最高称号获得者，他们也在学习 SQL Server。这里作者不是想说 SQL Server 如何好，而是态度问题，要有一个开放包容的态度，你才能走得更远。

关于 Linux 上的 SQL Server 性能，可以见官方提供的资料，必应搜索“Microsoft, Red Hat, and HPE Collaboration Delivers Choice & Value to Enterprise Customers”。

1.2 SQL Server 关键组件简介

本节有 3 个目的：

- 让读者特别是初学者大概了解 SQL Server 的组成。
- 为后续章节做铺垫。
- 在安装 SQL Server 时，了解如何选择各种功能。

说明：

尽管本书主要基于 Linux 上的 SQL Server，但是也有必要介绍一些与平台无关的部分，以便本书更具可读性和可操作性。由于在 Linux 安装时没有直观界面，所以本节的截图是基于 Windows 平台的 SQL Server 2017 的。

从 SQL Server 2016 开始，SQL Server Management Studio（简称 SSMS）需要独立下载，必应搜索“下载 SQL Server Management Studio (SSMS)”。

整个安装过程都很简单，下面截取在 Windows 下安装 SQL Server 2017 过程中需要注意的部分进行介绍。

从图 1-1（实例功能、每个实例单独安装）、图 1-2（共享功能、一台服务器只能安装一次、所有实例共享）所示的缩进程度可以看出层级关系。从层级来说，功能（feature）可以分为数据库引擎服务、分析服务和共享功能 3 类。

数据库引擎服务（database engine services）：是 SQL Server 的核心服务，包括了 SQLOS、SQLPAL（见 1.5 节）、存储引擎、关系引擎等，见图 1-3。它负责安全性、数据处理、优化等工作。在数据库引擎下面的缩进中，它又包含复制、机器学习及一些针对大数据方面的功能。

- SQL Server Replication：也称复制，是最晚从 SQL 2000 出现的一种初衷用于分布式访问但后来更多用于读写分离的技术。
- Machine Learning Services（In-Database）：机器学习从 SQL 2017 开始内置，此处它为数据库内部功能，兼容了 R 与 Python。
- 除了上面两个，还包含了全文检索、SQL 2012 出现的数据质量服务（DQS）和 2016 引入的 PolyBase 服务，它用于整合 SQL Server 和 Hadoop。

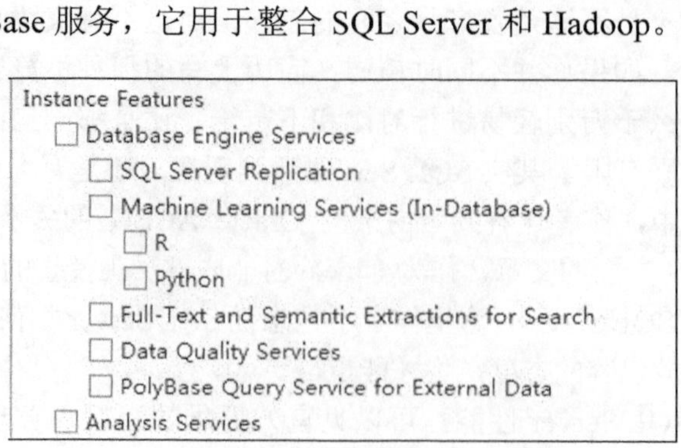

图 1-1 SQL Server 安装过程中实例功能选项

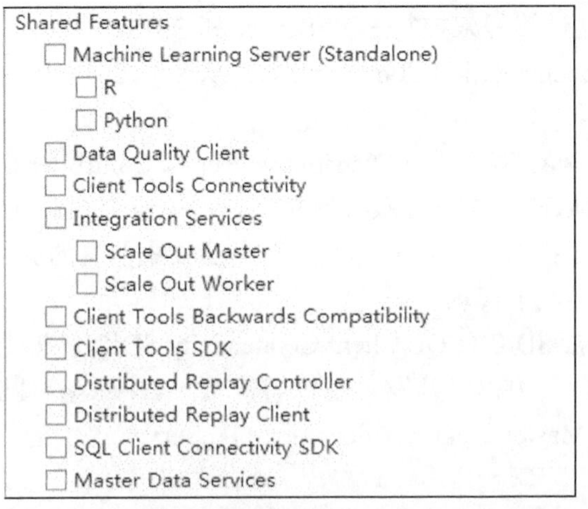

图 1-2 SQL Server 安装过程中共享功能选项（续图 1-1）

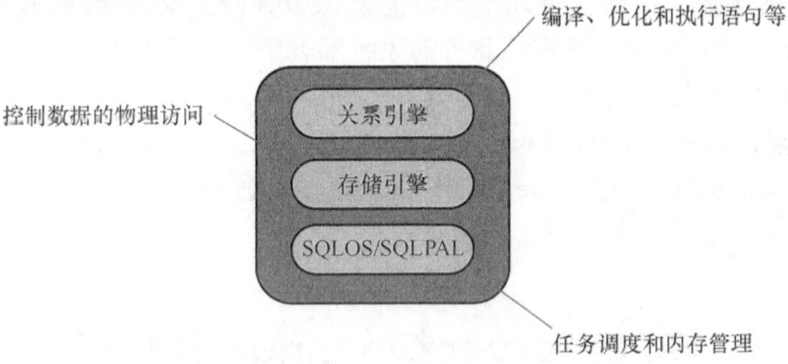

图 1-3 数据库引擎组件

分析服务（analysis services）：简称 SSAS，主要用于商业智能的分析引擎，它不属于本书范畴。

共享功能（shared features）：共享功能只能在一台机器上安装一次，其中包含以下内容。

- 机器学习服务器（独立）：此处为单独部署，不属于 SQL Server 引擎的内部功能。
- 数据质量客户端（DQC）：用于管理 DQS 的 GUI 功能。
- 客户端连接工具：一组用于客户端和服务器交互的组件，它包括 OLEDB、ODBC、ADODB 和 OLAP 网络库。
- 集成服务：简称 SSIS，使用场景多为 BI 方面的 ETL 过程和数据库环境下的数据传输。从 SQL 2012 开始，SSIS 不再纳入数据库引擎范围，从 SQL 2012 开始，SSIS 也支持 HDFS。另外 SSIS 又包含了两个 Scale Out 功能选项（Scale Out Master 和 Scale Out Worker），它们可以让执行分布到多台计算机中进行。
  - Scale Out Master：负责 Scale Out 管理和接收来自用户包的执行请求。
  - Scale Out Worker：从 master 库中获取执行任务并完成执行工作。

具体说明可见官方文档，必应搜索“SQL Server Integration Services (SSIS) Scale Out”。

- 客户端工具的兼容性（Client Tools Backwards Compatibility）：兼容旧版本中的一些功能。
- 客户端工具 SDK（Client Tools SDK）：提供 SMO（服务器管理对象），安装它之后，可使用.NET 通过编程来控制 SQL Server 和 SSIS。

- 文档组件（Documentation Components）：从 SQL 2014 开始它不再在安装过程出现，需要额外下载。
- 分布式重放控制器/客户端（Distributed Reply Controller/Client）：用于捕获一个跟踪（trace），然后在另外一台服务器重播。它很适合跟踪性能问题或测试软件更新，其中 Client 用于搭配 Controller，安装在需要收集信息的服务器上。然后用 Controller 重播。Client 类似于代理。
- SQL 客户端连接 SDK（SQL Client Connectivity SDK）：提供一个 SDK 给 SQL Native Client 用于支持应用程序开发，也对客户端堆栈跟踪等功能提供支持。
- 主数据服务（Master Data Services）：SQL Server 提供的“主数据”功能不属于本书范畴。

选择不同的功能（如 Master Data Services）会自动安装一些辅助功能，为了后续使用和管理，建议按需选择，不要（也几乎不可能）在服务器上安装全部功能。

从作者的 DBA 经历来看，在常规业务的系统部署中，一般需要安装的功能有以下两个。

- **数据库引擎服务**：注意可以仅勾选这个而不安装下一级功能。
- **共享功能**：Client Tools Connectivity、SSIS、Client Tools Backwards Compatibility、Client Tools SDK、SQL Client Connectivity SDK。

其他功能仅在需要的时候安装。

1.3 SQL Server On Linux 新特性简介

正如人类进化一样，传统数据库软件为了应对时代的发展，必须要做出很多的“进化”甚至“革新”。有些是我们看不到的，比如 SQL Server 2000 到 SQL Server 2005 就引入了一次彻底的重构，加入了 SQLOS，到 SQL Server 2016 之前，我们大量使用的 DMV 都来自这里。从 SQL Server On Linux/SQL Server 2017 开始，又引入了 SQL PAL（见 1.5 节），这些对于用户甚至 DBA 来说都是透明的。这些通常成了产品的卖点。

近年来 SQL Server 平均每两年发布一个大版本，每个大版本又包含了大量的新特性，没有必要一一详述，作者会根据经历及当前需求，挑选一些比较有价值的功能介绍和演示。

完整的新特性列表可见官方文档，可以用必应搜索“SQL Server 2016 中的新增功能”及其延伸阅读部分。

按照官方的安装过程，本节也从数据库引擎、SSIS、机器学习及兼容 Linux 这 4 大方面进行介绍，其中每个功能前面的小括号代表着它在哪个版本开始出现。

1.3.1 数据库引擎

提醒：下面功能说明中的（2016+/2017+）表示从 SQL Server 2016/2017 开始引入的新特性。另外由于安装过程中有些功能依旧以英文名显示，所以下面会尽量列出一些中英文名字的对照，以便读者在后续使用过程中减少混淆。

数据库引擎是各种数据库产品中最核心的组件，没有这个引擎数据库是无法正常运行的，同时其他功能或多或少地是这个组件的辅助工具。从 SQL Server 2008 特别是 R2 版本开始，SQL Server 的更新重点都在数据库管理、性能、高可用和 BI/大数据方面进行提升，其中以 BI/大数据的增强最为明显，所以下面对数据库引擎按照“数据库管理”“数据库性能”“高可用”和“大数据”4 个方面进行介绍。

数据库管理（含数据库安全）

这部分是数据库管理系统中的基础功能。它让数据库“可用”，只有可用的数据库，才能继续执行性能、高可用及数据利用等功能。SQL Server 2016～2017 对数据库管理有了很多的新增功能或者原有功能的强化，读者可能会用到的有以下几个功能。

- （2016+）TempDB 增强：可在安装过程中配置多个 TempDB 数据文件，对此，作者认为它只是起到“提醒”用户注意的作用，因为它与过去没有什么本质的改变。在过去，对 TempDB 拆分多文件本身就是最佳实践中的一个，只是它没有出现在安装过程中。
- （2016+）Temporal Tables：官方称临时表，但是为了避免与常用的临时表混淆，本书使用由必应翻译中得到的另外一个名字“时态表”，它记录所有数据的更改及其日期，这将在 7.5 节中详细介绍。
- （2016+）Stretch Database：把本地数据库的数据动态、安全地存储到 Azure 的 SQL 数据库中，由 SQL Server 透明地查询本地数据和连接数据库中的远程数据。它适用于冷热数据的归档。由于目前 Linux 版本并不支持这些，同时该功能需要使用 Azure 环境，这并不适合入门，所以本书不介绍它。
- （2016+）Always Encrypted：简称 AE，中文常见名为始终加密。它启用后，只有具有加密密钥的应用程序才能访问数据库中的加密敏感数据，密钥绝不会传给 SQL Server。这将在 7.2 节中详细介绍。
- （2016+）Dynamic Data Masking：简称 DDM，中文常见名为动态数据屏蔽。使用它后，不具有 UNMASK 权限的用户只能看到经过屏蔽处理的数据。这将在 7.3 节中详细介绍。
- （2016+）Row-Level Security：简称 RLS，中文常见名为行级安全性。它可以在数据库引擎层面上限制数据访问，用户只能看到与其相关的数据行。这将在 7.4 节中详细介绍。
- （2017+）可恢复的联机索引重建（Resumable Online Index Rebuild）：可以在发生故障停止处继续恢复重建索引，避免重新执行。它类似于暂停功能，对于大型索引的维护有很大帮助。
- （2017+）改进高端服务器上小型数据库的备份性能：使得备份更具有智能化。
- （2017+）图形处理：随着数据分析越来越普及和深入应用，在数据库中可以通过熟悉的语言来对大量图形进行处理，但这部分超出了本书范围。

数据库性能（含故障侦测）

性能及故障侦测将在性能篇进行深入探讨，SQL Server 的每一次新版本发布，都必然带来性能上的大幅度提升。在过去，要想知道某个时间段执行了什么 SQL 语句，导致了什么性能问题，往往只能从大量的监控数据中获取，工作量很大，有时候甚至不可获取（比如宕机或者文件损坏等），而从 SQL Server 2016 开始提供的查询存储功能能够很好地减缓这种现象。同时 SQL Server 2017 出现的智能优化功能也可以协助那些没有高水平 DBA 的企业减少性能影响。

作者挑选了几个比较有特色的功能，进行一定的演示和介绍。

- （2016+）查询存储（Query Store）：用于存储查询文本、对应的执行计划和性能指标，如耗时最长、占用 CPU 或内存最多的 SQL。详见 12.2 节。
- （2014+）In-Memory OLTP：从 SQL Server 2014 开始引入并在后续版本中不断改进和增强。它对 OLTP 负载有大幅度的性能提升。详见第 16 章。
- （2017+）新一代的查询处理器：可对工作负载的运行时状态进行优化，也称自适应查询处理。过去，我们通常是在事后进行性能分析，这个过程就丢失了大量有价值的信息，新一代查询处理器可以针对运行时进行优化，更贴近“理想化”优化。详见性能篇介绍。
- （2017+）自动数据库优化：由 SQL Server 自己对潜在的性能问题进行深入研究，提出建议方案并自动解决已标识的问题。详见性能篇介绍。

高可用

在现代社会中，核心系统、大型系统几乎无一例外都使用了某些高可用技术。高可用的目的主要是使系统尽可能长地在线并提供服务。作为微软主推的高可用技术，AlwaysON 从 SQL Server 2012 出现开始，它不断地强化和完善，非常值得学习。

（2017+）AlwaysON 全部数据库支持跨数据库事务。（2017+）支持无群集、最小副本提交和 Windows-Linux 跨操作系统迁移。

由于本书的主题是 SQL Server On Linux，且不打算深入研究 AlwaysON 这一足以单独成书的技术，所以本书把篇幅留在 Linux 上搭建 AlwaysON 的演示，对于后续的进阶读者可以参见官方文档或作者博客。

大数据

（2016+）PolyBase 查询引擎：用于将 SQL Server 和 Hadoop 或 Azure Blob 的外部数据进行集成，它可导入导出及查询。这超出本书范围。

除了 PolyBase 之外，SQL Server 集成服务（简称 SSIS）强化了大数据的数据采集，借助 Power BI 进行数据分析和展示。这对 SQL Server 参与大数据的系统搭建带来了不少的便利。

1.3.2 SQL Server Integration Services

这部分不在本书讨论范围，读者可用必应搜索“SQL Server Integration Services”进行深入阅读。

- （2016+）支持 AlwaysON 可用性组。
- （2016+）支持 Always Encrypted。
- （2016+）支持 Hadoop 文件系统（HDFS）。
- （2017+）新增 Scale Out 功能。

1.3.3 机器学习

原为 SQL Server R 服务，从 2017 开始，它兼容 Python，并更名为 SQL Server 机器学习服务。可以使用“机器学习服务”（数据库内）在 SQL Server 中运行 R 或者 Python 脚本，或者使用“机器学习服务器”（独立）来部署和使用不需要 SQL Server 的 R 及 Python 模型。这些不属于本书范畴，感兴趣的读者可以访问官方资料，使用必应搜索“What is SQL Server

Machine Learning Services?”

虽然本书没有提及，但是这个服务将会是以后的重点服务，建议读者多多重视。

1.3.4 兼容 Linux 平台

SQL Server 可以运行在 Linux 和 Windows 平台，并且大部分功能是一致的，除了一些与平台相关的功能会有所差异，作者相信随着时间的推移它们将逐步兼容。由于 SQL Server On Linux 正是本书的主要内容，所以这里暂时不展开。

1.3.5 其他

除了上面 4 大类之外，Linux 上的 SQL Server 和 Windows 平台上的是相同的数据库引擎，绝大部分功能是一样的。同时 SQL Server On Linux 不仅支持 Linux 还支持 Docker。

之所以说大部分功能是一样的，因为也有不支持或暂未支持的功能，截至 2017 年 10 月，SQL Server 还有不少需要逐步添加的功能，详细清单可见官网资料，使用必应搜索“Linux 上的 SQL Server 概述”的概述中的“版本和支持功能”。

1.4 SQL Server On Linux 新玩法

在构思本书的时候，作者思考首先它应该是一本工具书，值得随时翻阅，否则就意味着它过时，没有价值了；其次它应该是一本介绍系统知识的书（本书更多是以 DBA 的角度来编写），不成体系的知识很难掌握。

关于如何使用 SQL Server On Linux，需要根据实际需求而定，但是抛开具体行业需要使用不同的功能之外，我们可以考虑针对以下的需求使用某些功能。

- **性能**：使用 In-Memory OLTP 可极大地提高常规 OLTP 操作的性能，并对相对静态的数据使用 Columnstore 技术，Columnstore 特别适合对数据仓库进行高效查询。同时可借助 Automatic Plan correction 和 Adaptive Query Processing 对数据库性能进行更好的优化提升。还可以借助 AlwaysON 技术对“读操作”进行更加智能的负载均衡。
- **HA/DR**：SQL Server 2017 提供 AlwaysOn 和 Read-Scale 这两种不同的可用性组架构。在 Linux 环境中，前者使用 Linux 群集的 Pacemaker 实现高可用、灾难恢复和读负载均衡。而 Read-Scale 实际上是提供只读副本来分摊读操作的压力，可以不需要群集管理器，所以它特别适用于混合操作系统（Windows-Linux）环境。注意它并没有高可用功能。
- **安全**：对数据库进行 TDE（透明数据加密）以保护数据库的安全，然后借助 Always Encrypted 功能实现全链路加密，还可以按实际所需的安全级别搭配使用 RLS、DDM 等加密功能。需要重点提醒的是，安全是技术问题也是管理问题，没有任何一个技术可以完全地杜绝安全风险。
- **运维**：运维问题的重点在于使系统可用，除了一些高可用技术之外，还需要考虑历史数据、备份文件的容灾能力，另外对大型系统的日常维护也是重点之一，除了过去 SQL Server 提供的常规功能之外，还可以考虑使用以下 3 个功能使运维工作更加高效。

- 使用 Stretch Database 把历史数据存储到 Azure 上，使得最高性能的资源能专门服务于活动数据。
- 使用可恢复的联机索引重建（Resumable Online Index Rebuild）功能，改进大型索引的重建操作。
- 借助 Azure，把数据库直接备份到 Azure 中，减少存储成本和文件损坏的风险。

- **大数据/AI**：运行在 Linux 上的 SQL Server 内置对 Python 和 R 的支持，搭配图形处理（从 SQL Server 2017 开始出现），利用 Azure 上丰富的人工智能、机器学习还有 HDInsight 功能，以 PowerBI 作为数据展示，可以很好地完成大部分的大数据甚至 AI 工作。在未来的几年内，作者认为微软将会在这个领域投入大量精力，使 SQL Server 不再仅仅是一个传统的数据库管理系统。

1.5 SQL Platform Abstraction Layer

说明：由于 SQL Platform Abstraction Layer 过于学术，不适合初学者甚至有经验的读者学习，除非你有兴趣研究或者用来做二次开发，否则不建议深入阅读。本节也仅停留在简介，读者只需要知道大概是什么即可，不需要过于纠结。如果看不懂，那么可以直接看 1.5.3 节。

1.5.1 PAL 简介

如果曾经用过 SQL Server 2000，那么你会发现，从 SQL Server 2005 开始，操作界面、编程、DBA 日常工作都有了不一样的感受，而从 SQL Server 2005 到当前版本，则相对稳定。SQL Server 2005 对 SQL Server 2000 进行了底层重构，加入了一层 API，它称为 SQL OS 或者 SOS。SOS 的出现很大程度是因为硬件性能大幅度提升，使其可以应对数据量的快速增长。在后来的十几年中，软硬件依旧以强劲的速度发展，同时随着大数据的出现，传统的数据库管理系统（由于硬件的限制，关系数据库中的很多概念已经过时）已经无法很好地应对这种挑战。为此，需要对 SQL Server 底层再次重构。除此之外，为了更好应对虚拟化和响应“Microsoft ❤Linux”的口号，就出现了一个名为 SQL Platform Abstraction Layer 的新技术，简称 SQL PAL。注意要跟 Windows 性能计数器分析工具 PAL（Performance Analysis of Logs）区分开来。

PAL 来自微软研究项目 Drawbridge，这个项目并不是专门为 SQL Server 而研究的，更多是为了虚拟化。为了使 SQL Server 这个一直以来只能运行在 Windows 平台下的软件也能够运行在 Linux 上并且表现不会比在 Windows 平台上差，微软把 PAL 引入 SQL Server 中。

PAL 通过对所有操作系统或者平台特定的代码进行隔离，使其基础结构保持对操作系统的不可知性。从而“跨平台”提供支持环境。

为了实现对 Linux 平台的支持，SQL Server 借助 PAL 完成以下主要的目标。

- 具有与 Windows 平台一样甚至更好的安全性和稳定性。
- 提供相同的功能、性能和可扩展性。这需要一个过程。
- 兼容来自 Windows 和 Linux 的应用程序。
- 在保证 SQL Server 的代码库持续快速创新的同时，确保新功能和修复程序都能实现跨平台。
- 为将来的 SQL Server 套件服务（如 SSIS）在 Linux 环境下运行建立基础。

为了让 SQL Server 能很好地运行在 Linux 上，核心问题就是如何让 SQL Server 去除对 Windows 的过度依赖同时又能使用 Linux 提供的各种强大功能，二者缺一不可。要知道，SQL Server 已经运行在 Windows 上接近 30 年，不管是单纯的 API 调用还是本身内核中的编码，都有大量为 Windows 定制的部分。另外 SQL Server 作为一个大型软件，其代码量何止千万行。

根据官方资料，SQL Server 对 Windows 的依赖主要有以下 3 部分。

- "Win32"，如 user32.dll
- NT 内核，如 ntdll.dll
- Windows 应用程序库，如 MSXML

另外从应用层面来说，Windows 的群集、分布式事务协同（MS DTC）甚至邮件功能等都早已对 SQL Server 进行了稳定的交互。基于这些大量而强的依赖特性，改造需要一步一步进行，所以即使 SQL Server On Linux 已经正式发布，在某些细节上面可能还会有暂时不能兼容的情况。

PAL 负责从软件本身抽象出底层操作系统及其库的调用和语义。在 PAL 出现之前，绝大部分资源（如内存和线程）并不完全受控，Win32/NT API 等可以创建自己的线程和内存资源。这一次 SQLPAL 把所有这些都纳入自己的可控范围。从而进一步摆脱了 SQL Server 对 Windows 的依赖。

新架构（PAL）由一套不经过任何 Win32 或 NT 系统的 SOS Direct API 组成。没有关于 SOS Direct API 的代码，要么通过托管的 Windows API（如 MSXML），要么通过 NTUM（NT User Mode API，它包含 1500+ Win32 和 NT 系统调用），所有子系统的存储、网络、资源管理都基于 SOS，并且在 SOS Direct 和 NTUM API 中共享。SQL PAL 的架构如图 1-4 所示。

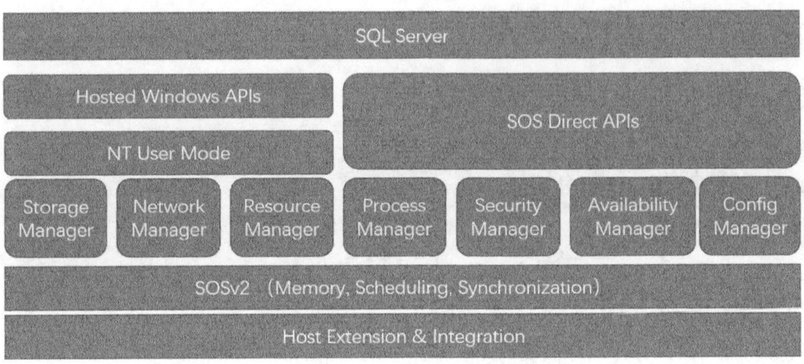

图 1-4 SQL PAL 架构图

操作系统的运作基于各种进程，下面简介在 PAL 中的进程模型。

1.5.2 进程模型

操作系统的运行依赖于进程，进程完成一系列的动作。SQL Server 不管在哪个平台上，最终也是以进程方式存在的，并通过调用其他系统进程来完成数据库与外部资源的交互。图 1-4 和图 1-5 所示的 Host Extension 类似于一个本地 Linux 应用程序，当 Host Extension 启动时，它会加载并初始化 SQL PAL，然后 PAL 再启动 SQL Server，PAL 可以实现软件隔离，使得 SQL Server 对底层操作系统不敏感。

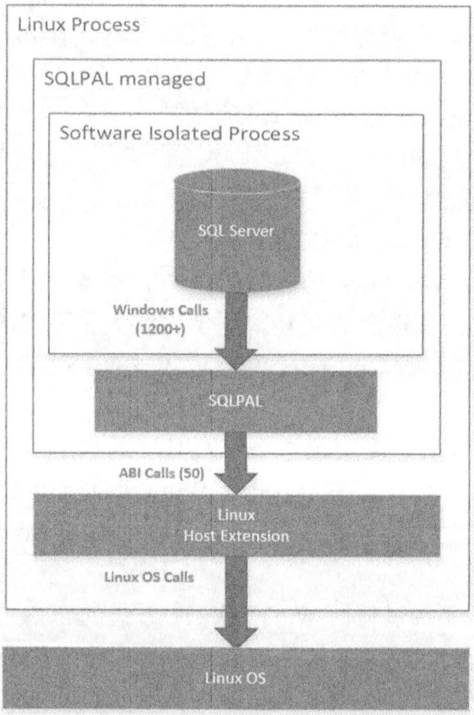

图 1-5 Linux 进程模型

SQL Server 对操作系统发出的请求，会由 PAL 翻译成平台所能识别的具体调用。

1.5.3 小结

如果要类比，那么可以把 SQL PAL 当作 Java 中的 JVM，把 SQL Server 对外部的调用通过 SQL PAL 转换成操作系统可识别的方式来实现，使其充当一个翻译者的角色。从而去除 SQL Server 对底层操作系统的依赖。

除此之外，通过 SQL PAL，SQL Server 只需要一次开发即可多平台运行。这保证了在 Windows 上运行的 SQL Server 跟在 Linux 上运行的 SQL Server 是同一个核心。由于 Linux 跟 Windows 毕竟有很多差异，所以一些在 Windows 上成熟的技术特别是关于 HA/DR 方面的，并不能马上迁移到 Linux 上。但这不过只是时间上的问题而已。

关于 Drawbridge 自行必应搜索“Drawbridge - Microsoft Research”。

1.6 本书结构

这里大概介绍一下本书的结构，本书目标是在实用的前提下，使其不仅能作为入门书籍，还能作为参考书，随时翻阅，所以在串联各种知识点的前提下，也尽量兼顾每章的相对独立。

至于本书的整体内容，应该没有什么比一个图更能够表达了，如图 1-6 所示。

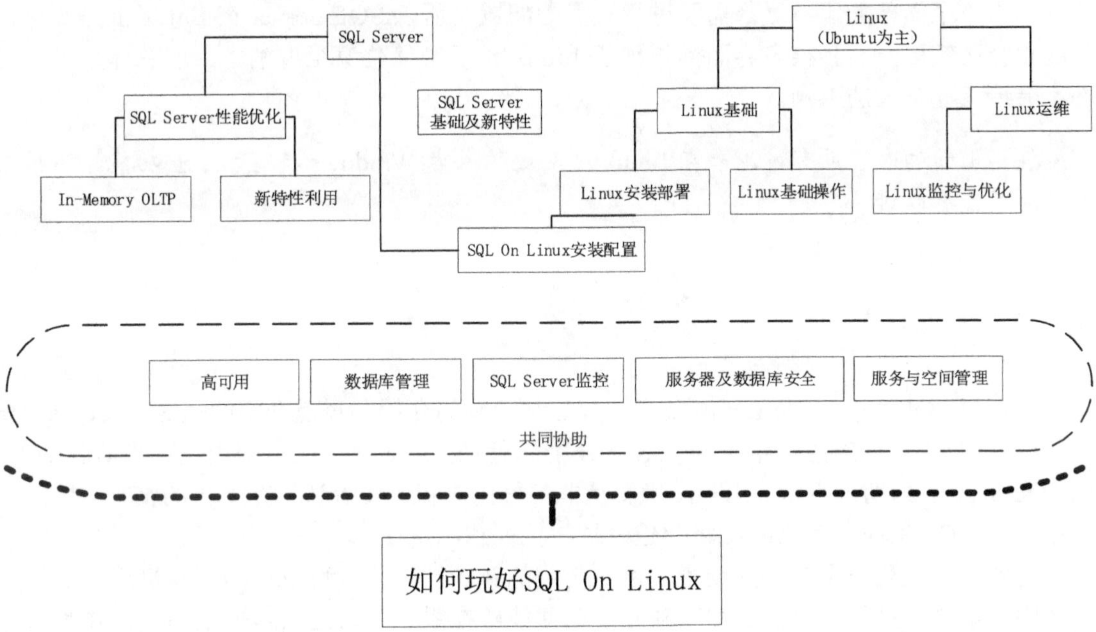

图 1-6 本书结构示意图

由于很多内容实际上是相互关联的，所以没有办法说清楚每个方框具体在哪一章，读完本书之后，相信读者应该有所感悟。

SQL Server 在 Windows 和 Linux 平台上的特点

表 1-1 是作者简单对比 SQL Server 在不同平台上的运行情况。在使用 Linux 上的 SQL Server 时，你会发现（假设你已经用过 Windows 上的 SQL Server）它们有不少区别和注意事项。下面列出一些比较明显常见的。

表 1-1 SQL Server 在 Windows 及 Linux 上的区别

功　能	Windows 平台	Linux 平台
数据库引擎服务账号	在安装过程中可以选择各种 Windows 账号	默认为 SQL Server 组下的 SQL Server 用户。默认权限仅限于 SQL Server 目录
操作系统权限配置	常规需求时较为简单	权限系统比较复杂
SQL 代理、SQL Server 配置管理器	有界面可操作，SQL 代理可以配置权限	纯命令行，没有配置管理器，需要使用命令工具操作和配置。SQL 代理只能进行服务状态变更，不能配置服务账号

续表

功　能	Windows 平台	Linux 平台
环境变量配置	Windows 上几乎不需要配置	需要配置较多的环境变量
性能配置	较少	需要配置的内容较多
功能支持	较全	暂时未能与 Windows 上完全一致

上面是作者在使用过程中感受到的差异，简单来说，由于 SQL Server 在 Windows 上运行了三四十年，而在 Linux 上只运行了一年多，加上 Linux 本身只是一个“内核”。考虑到即使作为一个简单的服务器都需要进行较多的配置，所以 SQL Server 在 Linux 上需要进行的配置会比较多，而且很多界面操作到了 Linux 上后被简化甚至取消了。但总体来说，这并不会造成非常大的影响。

注：上面的内容没有讨论未在 Linux 上实现的或者 Windows 特有的一些功能，不排除微软后续会有改进。

1.7　总　　结

本章对 SQL Server On Linux 做了一个非常简单的介绍，重点介绍的是 SQL Server On Linux 的新功能。同时也展示了 SQL Server 能运行在 Linux 平台上的原因。在当前趋势下，以 SQL Server 为切入点学习 Linux 确实是非常好的时机。作者认为在不久的将来（可能二三年内），SQL Server On Linux 将会越来越被重视和广泛使用。

另外本章也列出了在某些场景下可能用到的新功能。读者可以根据自身情况去安排学习顺序，本书尽量保证章节的相互独立性以便能够在系统学习之后本书依旧可以作为参考工具来使用。

最后以图的形式展示了本书的大概结构。本章的目的在于通过对 SQL Server On Linux 的介绍，让读者更加坚定地进行后续的学习。

下一章是关于 Linux 的介绍及演示环境搭建。

第 2 章　Linux 基础及安装部署

2 分钟速读

本章是大部分 Linux 参考书籍中的必备内容。对于每本与 Linux 相关的书籍，作者都会花一定的篇幅来介绍如何部署一个完整的系统。事实上，合理的规划，对于系统及后续的运行及改进都起着良性作用。如果规划过程混乱，那么往往会在后期的运维中深受其害。建议初学者在学习初期按照书中定义的规则去部署系统，这并不是必需的，但是可以让你培养一个良好的习惯。

由于本书是关于 SQL Server on Linux 的，所以搭建一个“可用”的 Linux 环境是读者跟随本书学习的必要条件。

本章将围绕“背景介绍”“前期规划”“基础框架”和“部署”这几个内容进行展开说明。

2.1　背 景 介 绍

Linux 是操作系统，而操作系统是由内核扩展而来的。Linux 内核的诞生来源于托瓦斯，但是托瓦斯为何要创造这一操作系统，这有着历史的原因和机遇所在。当然，这一类的故事众说纷纭，有兴趣的读者可以自行搜寻相关信息进行阅读。

Linux 一开始出来的成品其实很粗糙，它本身的内核也只是能跑在 386 的机器上。因为其开源共享的思想，作者将内核上传到互联网后，吸引了全球的相关人员对此进行修补创造，从而使一个脆弱的内核变得更强大。系统性能很大程度依赖于内核的版本，这并不是说，有了新的内核版本，我们就必须把系统的内核版本也升级到最新，这是不安全的。因为我们运维的最大目标就是保障业务系统的稳定，新的内核版本往往存在一定的漏洞或者需要改进的地方。

Linux 架构继承于 UNIX 系统，故此它相当稳定强大。坊间就有个说法，UNIX 的儿子是 Linux。但 UNIX 不是开源系统，它大部分服务于小型机等机器。早期 UNIX 并不支持 X86 平台。目前在 UNIX 发行版中，有若干类的 UNIX 版本，早期的有 Minux，现在有 FreeBSD、MAC OS X 等。

多年以来，我们被潜移默化地接受了一个观点：Linux 系统比 Windows 系统安全高效。事实上真是这样吗？从安全漏洞爆发的情况来看，这两大操作系统是“旗鼓相当”的。作者认为 Windows 的安全漏洞反而更小。因为其封闭性导致了很多测试都需要进行黑盒测试方能体现。Linux 不一样，它遵循 GPL 协议，它的源码都是公开的。这样它所有的东西都暴露在公众视角下，资深的工程师很容易通过分析源码来获取到漏洞信息。所以在安全体系方面，如果 Linux 不加固，那么事实上它会更加脆弱，甚至初级黑客都能轻易地登录你的系统，因为没有任何相对安全的配置可用于防范。在本章节后面会介绍如何使系统较为安全地运行。

提醒：上面内容为作者个人观点，并不代表官方说法。

接下来我们先看看 Linux 家族，图 2-1 列出了到目前为止 Linux 各分支版本（或者叫发行版）的延伸图。

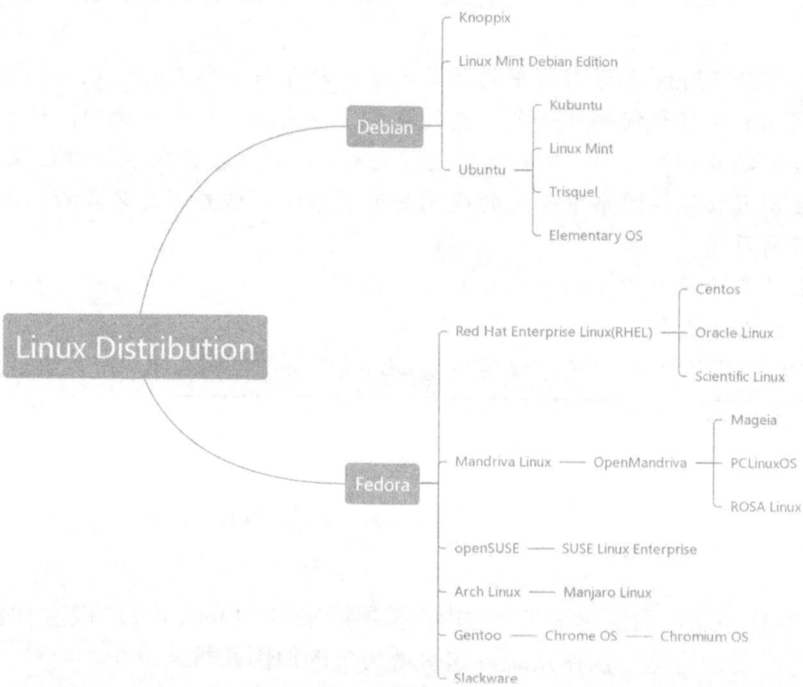

图 2-1　Linux 分支发行版延伸图

关于分支的具体介绍可参考维基中所提供的资料，读者可使用必应搜索“Linux distribution”。既然要使用 Linux 作为应用赖以生存的基础，我们应了解一下 Linux 系统的特色。Linux 发展至今，其规模已经非常大，功能非常成熟，作为以 SQL Server 为主体的本书，不打算花太多精力在 Linux 的细节上，作者挑出以下几点供读者参考，它们包括“源码不受限”“任意适配”“内核稳定”“相对安全”和“运维高效”。

- 源码不受限

由于 Linux 是基于 GPL 协议的，因此它是一个自由软件个体。既然是自由的，那么各地的读者都可以下载其源码来阅读或者修改使你的应用变得更敏捷（这要求你有一定的源码编译能力）。Linux 的内核源码，是用 C 来实现的。有兴趣研究源码的读者，必须了解 C 语言的基本功能。

- 任意适配

Linux 可以在绝大部分的 X86 架构的机器上运行。这使得公司可以购买大量的 X86 架构的服务器来运行应用，而不需要采用小型机等高价设备来运行。从而在成本上节省了开支。当然，对于读者而言，如果有一些尘封的机器，那么也可以将这些机器进行二次利用运行 Linux。不过使用年代久远的机器服务来应用，本身的硬件是不稳定的，容易造成业务的不稳定在这种情况下，很大程度上并不是系统的问题，而是设备的问题。

- 内核稳定

Linux 原生内核是很稳定的，很少出问题。当然，由于源码的开放性，会有不少人对其内核进行修改，增加新特性。如果使用第三方优化过的内核，那么很可能会造成业务的不稳定，但这部分并不在本书的讨论范围，在本书中如果没有特殊说明均指的是原生的内核环境，也就是分支版本中的默认内核版本。如果读者想在后面运行 SQL Server，若 Linux 系统和内核版本太低的话，则需要升级或者更换操作系统。请注意，一些应用软件需要内核版本的支持。在选型的时候，一定要注意需要运行的应用是否能够符合当前内核的运行要求，以避免部署要推倒重来或者业务受到影响。

- 相对安全

重点提醒，这里只是相对安全，从来就没有绝对可靠的系统。由于 Linux 的机制都是自定义模块化的，故此可以根据其实际需要进行对应的嵌套，如采取自带的防火墙进行加固；对应用账号采用独立应用账号的启动机制；采用 NAT 或 VPN 的方式访问内网中其他机器等。这些可以在系统内完成，而且配置过程并不复杂。相比之下，Windows 配置这些规则就没那么自由了。

- 运维高效

这点仅是从运维的角度来考虑。不得不承认，维护 Linux 比维护 Windows 要轻松很多。在 Linux 环境体系中，只需要提前制定好规则，写好对应的脚本和更新逻辑，即可应对成百上千台服务器。而 Windows 可能没那么方便。当然，这是过去的观点，随着 Windows 的逐步改善，新版本的 Windows Server 也强大了不少。另外值得一提的是，安装 Linux 的机器是可以不重启的，这点目前来说 Windows 还做不到。

提醒：上述内容仅为作者个人观点和经验所谈，并不代表官方说法。

很多初学者为了表示自己的决心，将当前系统更换成 Linux 桌面版或者是双系统。这其实并不是好事，对于学习一门技能来说，怎么方便快速地上手才是关键。对于绝大部分 Windows 用户和 Linux 用户来说，安装成单系统并不总能让你更高效地学习对应的内容，除非你有很强的学习能力和自制力。如果日常习惯被扰乱，那么反而会影响你的积极性。读者可以考虑在 Windows 中使用虚拟软件（如 VMware 或 Hyper-V 等）运行 Linux，本书就是在 Windows Server 上使用 Hyper-V 搭建多个装有 Linux（Ubuntu）虚拟机进行演示的。接下来将介绍一下对系统的前期规划。

2.2 前期规划

安装部署任何一套应用系统，都需要提前规划好各个部件的位置，包括项目类型、磁盘分区规划、IP 规划、主机命名等，以便后面进行标准化运维。

在实际环境中，往往没有那么理想化。我们去一家已经成立了一段时间的公司进行维护管理时，很多环境已经定型，这就要求我们有一定的基本功和心态（这个很重要）去适应这个既定的环境，同时又不能有强迫症，要求所有的应用按照自己的定义路径来。这种做法很容易造成现有系统的不稳定，同时也会让新同事觉得反感，从而有意无意地阻碍你的工作推进。更合理的做法是小步快跑，首先让旧事物保持原风格，然后小幅度修改不合理的地方，对于新项目则要求按照新规矩来处理。

即使是整改，也不能一下子全部更改，尤其是年代久远的应用更加不可以操之过急，一定要在熟悉各个部件后，一部分一部分进行修正。如果你所在的企业已经制定好规则（不管合理与否），那么你要做的不是改成你自己的那一套，而是适应公司原有的风格，当然不合理的地方还要逐步改进。下面将针对上述几点（项目类型、磁盘分区规划、IP 规划、主机命名）提出一些对应的标准参考，但是切记具体问题具体分析。

- 项目类型

系统部署之前，一定要考虑清楚项目是属于哪种类型的，它是属于 Web 类型的前端应用还是诸如 Java、C++、Golang 等后端应用，是 DB 应用还是其他？明白了这些后，我们才清楚怎么去选型。由于本书是针对数据库的书籍，所以这里假定是以 DB 为基准的数据库服务。

数据库服务类型系统意味着是资源密集型系统，这对 CPU、内存、I/O 要求都很高，同时还要预估一定的空间给后续业务增长的需要，要使其能满足 2～3 年的需求。这个时间点并不是一成不变的。由于 10 年前，数据量并不像现在这样容易出现井喷，所以服务器的配置通常都能保持 5～10 年稳定运行。一些旧的项目，如果业务量不大，那么相安无事运作了六七年都是很正常的事，但是在现今企业环境下，由于数据的增长速度很多时候都是“失控”的，所以了解你的项目类型能够为容量预估提供有效的协助。不过很多时候我们确实无法预估新项目的真正增长情况，作者建议尽可能使用一些容易扩展的架构，以便快速响应资源不足的问题。

选型之初，很重要的一个指标是“预算”这需要看公司能接受多少价位的服务器，一般情况下，价格越高，配置越高，性能通常也越好。这里列出一个供读者参考的硬件配置表（详见表 2-1），根据配置表进行填单即可。由于是数据库服务器，所以目前行业标配，新型服务器一般使用冷热分层技术，它们大多数都建议配置 SSD 用于热数据部分，SAS 用于冷数据部分。但是这要求企业有存储设备，然而事实上很多企业并没有存储设备。之所以很多企业一开始没有存储设备是因为存储设备一直都比较昂贵，而且扩展性也不太好。目前基于分布式的存储技术已经越来越多，相信在不久的将来，分布式存储将比传统存储更具有优势和市场。

表 2-1　数据库服务器参考配置

类　目	配　置
数据库	Intel 2620V4 处理器*2
	6*32GB DDR4 内存
	10*2TB SATA（数据盘），2*240GB SSD（缓存盘），2*480GB SAS（系统盘）
	● SAS/SATA Raid 卡：Raid0、1、10、5、50、6、60；512MB Cache(LSI2208) ● 支持电池和超级电容，2*GE ● 板载扩展模块 SM211 2*GE 电口（I350），板载扩展模块 SM231
	2 个万兆以太网口
	2*460W 电源，无 DVD，滑轨

● 磁盘分区规划

数据库服务器最容易碰到的问题就是 I/O 瓶颈，而 I/O 瓶颈中最常见的就是 I/O 争用。尽可能减少 I/O 争用成为必须考虑的因素之一。在 SQL Server 中，资源争用最为紧张的是数据文件、日志文件及 TempDB，但是当 Linux 上的 SQL Server 使用 apt-get 安装时，并没有太多可选内容，它默认放置的路径在/var 中。这并不是我们建议的将数据文件和日志文件部署在独立目录的理想状态，安装完 SQL Server 之后，建议通过 ALTER DATABASE 命令对数据文件和日志文件迁移到独立的目录中，以减少 I/O 争用。

部署方案有很多种，表 2-2 列出了常见的 3 种方案，为避免读者混乱，这里选择方案二将 datafile 和 datalog 统一放在 data 目录中。本章接下来就会介绍分区方案中的具体细节。

表 2-2 数据文件和日志文件的分区方案

方案	具体分区				
方案一	/	Swap	data	log	boot
方案二	/	Swap	data		boot
方案三	/	Swap	var		boot

注意：方案二是折中方案，但并非最优方案。

2.3 基础框架

大多数的 Linux 分支版本在结构上是相似的，这使得我们只需要通一而知百。由于分支版本中大部分的操作也是相同的，不相同的只是一些细化部分，所以要使运维工作更流畅，就需要保证自己编写或者使用的运维工具在正确的前提下具有灵活性（或者扩展性）以便能够适应大部分的 Linux 分支版本。另外一点是不要认为一个企业只使用一种操作系统，在实际环境中，由于早期并没有运维人员的参与，生产环境和测试环境的系统可能五花八门，比如这个组件是 Ubuntu 上的，而另一个组件则是 CentOS 甚至是 Debian 或者是 Oracle RedHat 上的。这种情况很正常，读者如果碰到这样的环境，那么也不需要纠结或者害怕，因为 Linux 上的运维工作只稍微有差异。在操作指令差不多的情况下，考验你的是怎样让运维工作变得更舒服。

在运维之前，我们需要了解 Linux 系统下的组织架构，也就是框架。本书以 Ubuntu 为例，希望读者也以 Ubuntu 系统来研究学习，这样能让自己的工作和学习少走点弯路。这里先列出一个引导图（见图 2-2），以便我们了解各个框架的具体用途。

关于目录结构的具体介绍可以查阅维基百科，使用必应搜索“Filesystem Hierarchy Standard”。

其他分支系统可能在目录结构上略微有差异，但这并不影响使用。请注意，上述内容是根目录（/）下所有文件的具体含义。每个目录下又有其他子目录，它们代表不同的含义。作为入门，读者并不需要深入了解每一个子目录的具体内容，记住大概的框架即可。

在日常工作中，我们经常需要操作的目录有 var、usr、etc、tmp、opt 等。请不要暴力删除根目录下所属的目录及其文件，以免造成异常。

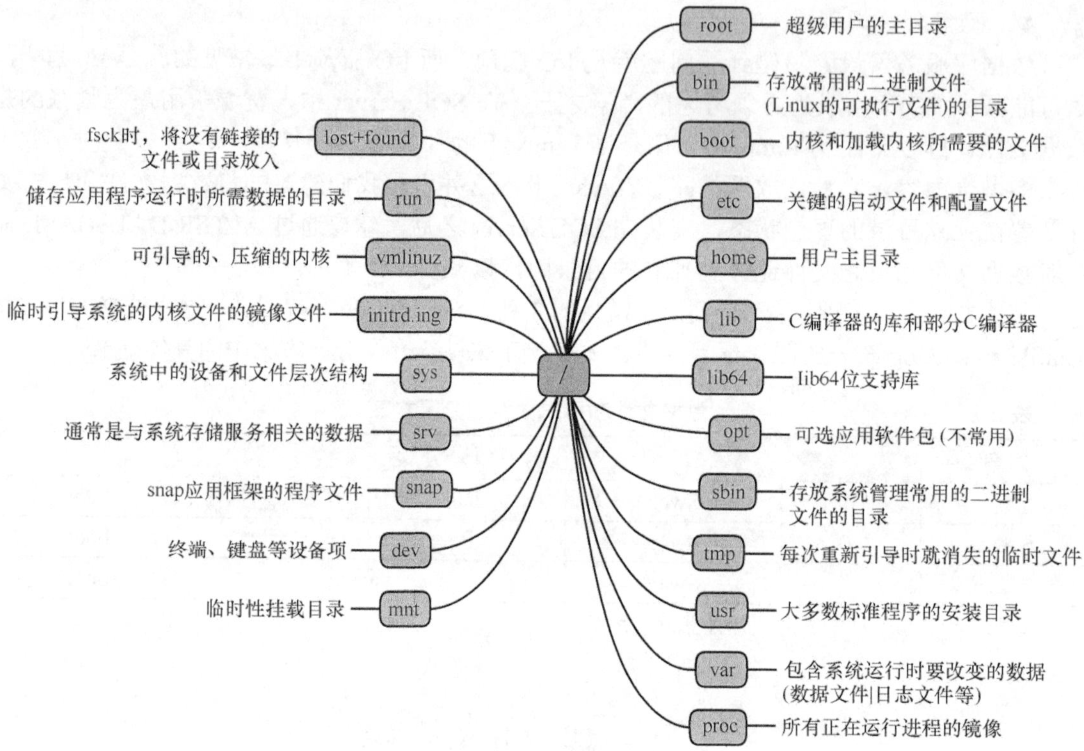

图 2-2　Linux 框架图

Tips: 有一个目录需要特别注意，它就是 proc。这个目录保存着当前运行的程序文件句柄，如果你误删除了数据，那么程序还在写入的情况下，切勿关机和关闭应用，因为我们可以从 proc 中将数据捞回来。举个例子，假如你误删除了 SQL Server 中的一个数据文件，而数据文件此时处于打开状态，那么可以去到 proc 目录里，找到对应的 PID 号进行恢复操作，这一点跟 Windows 很不一样。误删除在 Linux 中并不是一件非常可怕的事，可怕的是你第一时间重启了系统。

对目录有了一定的认识后，我们还需要认识一个账号——root，它等同于 Windows 中的 Administrator，具有最高权限。Ubuntu 默认是不允许 root 登录的，所以在安装过程中，系统会要求你创建一个具有 sudo 的特权用户。这个用户的特殊性在后续章节中进行细致介绍。读者暂时将其理解为类似超级管理员权限的账号。

Tips: 我们一般会统一规定超级管理员的账号为：sysadmin。

2.4　部　　署

对框架有了大概了解后，可以开始常规的安装过程。Ubuntu 分为 Desktop（桌面版）和 Server（服务器版）。生产环境的平台不建议使用 Desktop 版本，因为 Server 版本是专门适配于企业环境的，所以它更加稳定和高效。另外在生产环境中不推荐使用非常新的版本，推荐使用以官方推荐的大版本为基础，再往上若干个小版本号即可。

下面我们将开始完整的安装过程，整个过程为半图形化的操作界面，读者大部分只需要点击 Next 即可，即使需要输入信息，里面的提示也是非常简单明了的。

2.4.1 服务器命名及配置

在开始安装之前，先规划一些信息，本书使用的信息如表 2-3 所示。

表 2-3 演示环境所用的 Linux 信息表

<table>
<tr><th>项</th><th colspan="3">说 明</th></tr>
<tr><td>主机名
（注：读者也可根据实际情况和习惯命名，这里仅供参考）</td><td colspan="3">地区-应用-IP(gzx-dbms-10111040)
gz：表示地区的简称（如“广州”）
x：表示 Linux，如果是 Windows，则用 w 来表示
dbms：表示微软（MS）数据库，而 appjava 表示 java 应用
10111040：IP 地址</td></tr>
<tr><td rowspan="4">分区</td><td rowspan="4">/200GB 为例</td><td>/boot</td><td>200MB</td></tr>
<tr><td>swap</td><td>8GB</td></tr>
<tr><td>/</td><td>50GB</td></tr>
<tr><td>/data</td><td>剩余全部</td></tr>
<tr><td>系统版本</td><td colspan="3">Ubuntu 16.04.3（SQL Server On Linux 中对系统版本的要求起码从 16 开始）</td></tr>
</table>

2.4.2 安装过程

下面我们进入具体的安装过程。下面是完整的步骤，所以截图会非常多。另外由于本书是入门书籍，有必要使用大量的步骤说明，所以本书将统一使用 1）、2）这种方式代表步骤。

1）语言选择

在插入安装介质并启动成功之后，第一个需要用户响应的界面如图 2-3 所示。

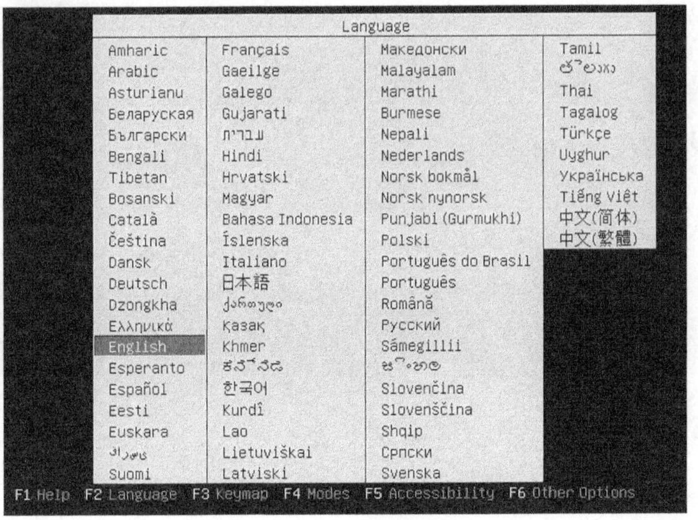

图 2-3 Linux 语言选择

这是 Ubuntu 安装的第一个显示页面，它询问你选择什么语言来安装 Ubuntu，这里选择默认的英语，按回车键进入图 2-4 所示的菜单选项。

2）选择安装选项

这一步如图 2-4 所示，读者在这里不需要了解其他选项，直接按回车键即可。

按回车键后进入图 2-5 所示的语言选项页面。

3）语言选项

如图 2-5 所示，安装界面会询问使用哪种语言作为默认语言。请注意，这里应该选择标准的英文。

图 2-4　光盘启动界面

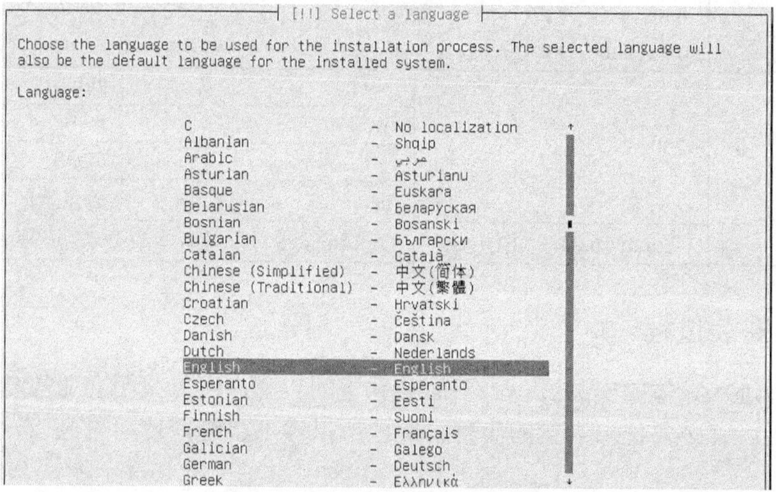

图 2-5　选择语言

按回车键进入图 2-6 所示的页面。

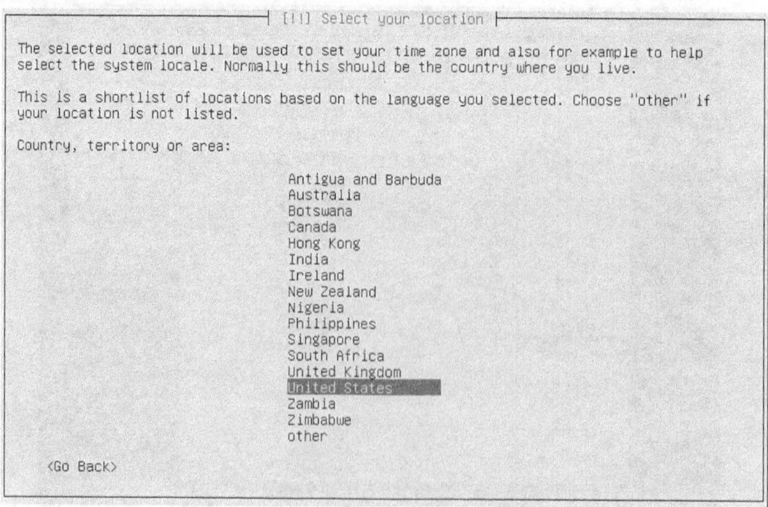

图 2-6　区域选项

4）区域选项

这里需要注意，当安装过程询问所处位置时，你需要按照业务的具体情况来选择，比如你的服务器在美国，那么默认即可；对作者来说，我们大部分的业务都在中国内地，所以应该选择接近内地的区域。如果你的服务器在内地，而读者又没有留意到这个细节问题，那么你的 SQL Server 时间默认就是美国时间。由于这跟我们常用的东八区是不一致的，所以此时需要使用键盘的“上下键”移动光标选择“Hong Kong”。

5）区域选择

如图 2-7 所示，选择“Hong Kong”即可。

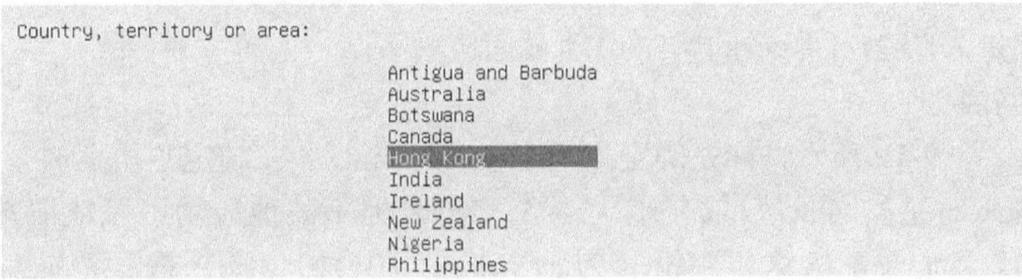

图 2-7 区域选择

6）配置键盘

如图 2-8 所示，键盘布局一般默认即可，除非你所在的国家或地区有特殊要求。

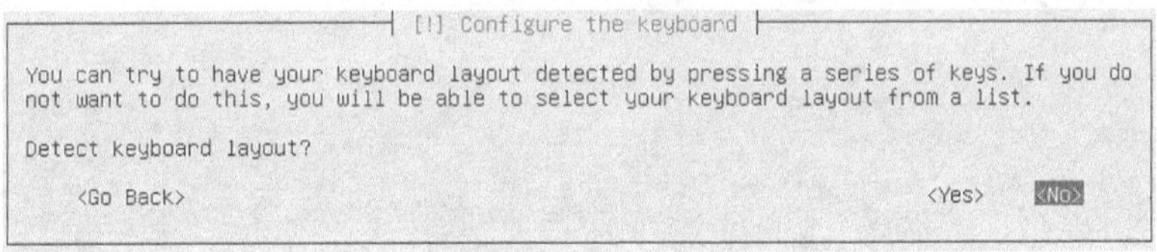

图 2-8 配置键盘

如果需要配置，可以选择<Yes>进入图 2-9 所示的选项中进行选择，否则可以跳过。

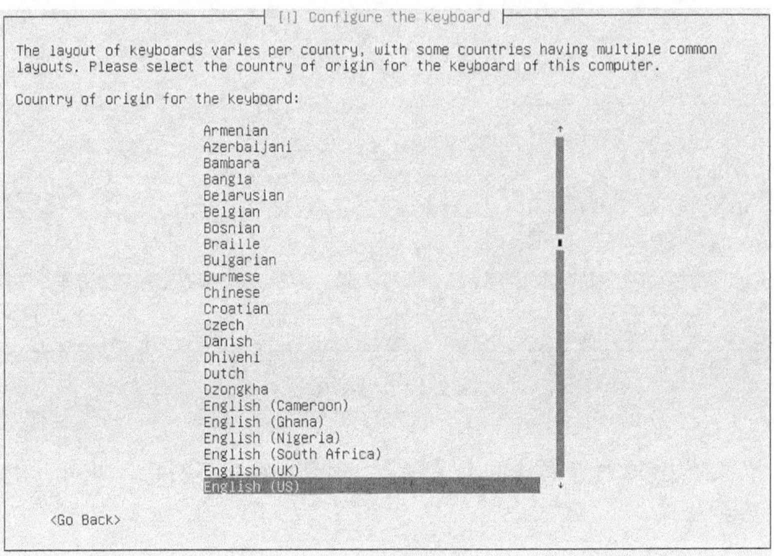

图 2-9 配置键盘

7）配置键盘布局

如图 2-10 所示，键盘布局并不需要过分关心，我们保持默认的配置即可。

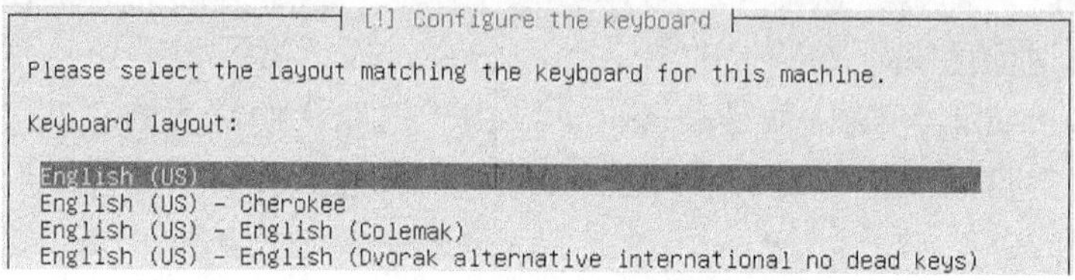

图 2-10　配置键盘布局

按回车键进入图 2-11 所示的网络选项页面。

8）配置网络

如图 2-11、图 2-12 所示，首先确定主机名（hostname），在确定主机名时，注意目前 SQL Server On Linux 对主机名长度的限制为 15 个字符，但是其他应用可以依旧按照 2.4.1 节中的参考来命名。我们分配给这台主机名为 gzx-dbms-10111040，IP 需要提前规划好，这个在实际生产中，需要明确。如果是自己的虚拟机，则根据自己平时使用习惯，知道自己 NAT 网关是多大范围即可，比如你的虚拟机网关的 IP 地址为 192.168.10.2，那么分配的 IP 可以是 192.168.10.X 的 IP 池。

图 2-11 是默认界面，图 2-12 是自定义之后的主机名。

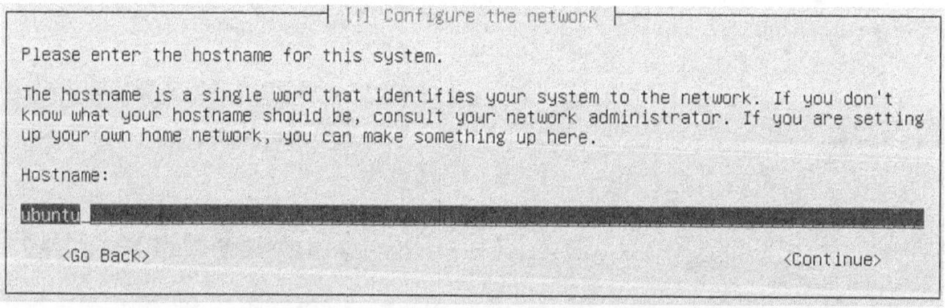

图 2-11　网络配置

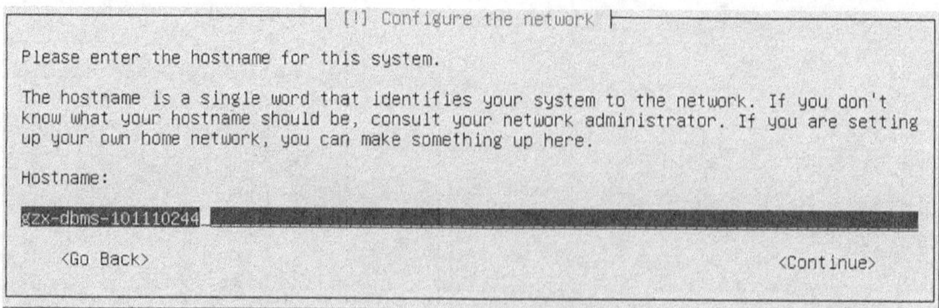

图 2-12　网络配置

Tips：虚拟机的 IP 池对于每个环境都不太一样，如果不明白，此处主机名也可以不修改，也可以在后期修改。

使用 Tab 键移动光标，确定好之后，继续使用 Tab 键选择<Continue>，按回车键进入图 2-5

所示的账户选项页面。

9）配置用户及密码

如图 2-13～图 2-18 所示，首先设置用户全名（见图 2-13），这里我们输入之前协议好的账户名“sysadmin”，如图 2-14 所示。

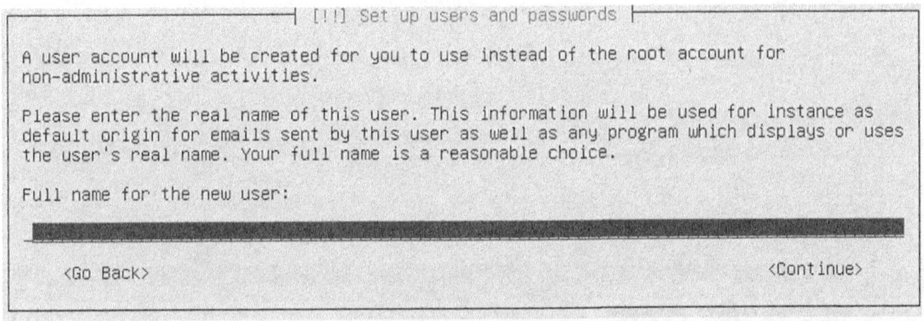

图 2-13 设置用户和密码

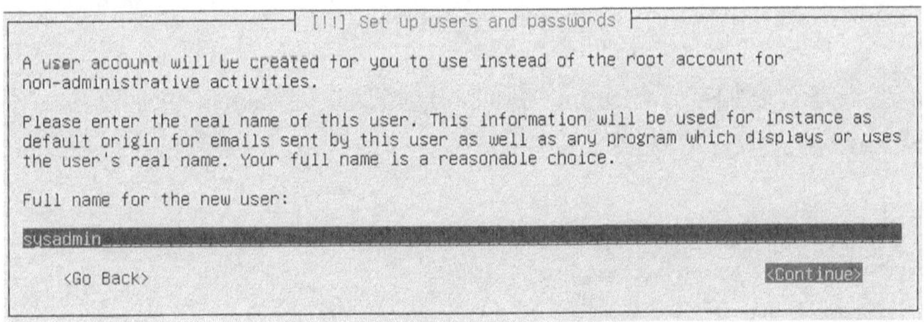

图 2-14 设置用户和密码

随后进入登录账号配置选项界面（见图 2-15），它和用户全名保持一致。

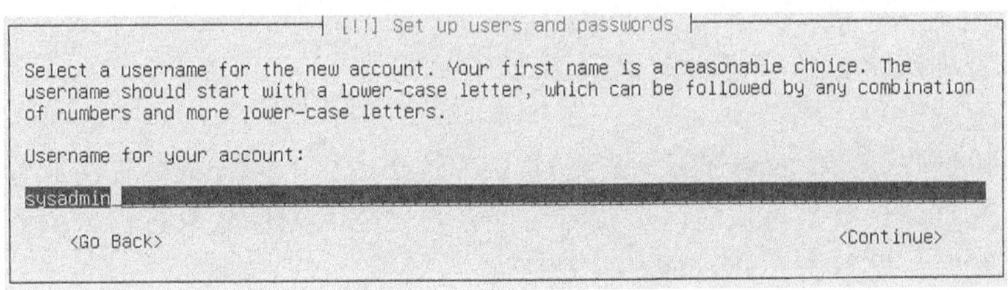

图 2-15 设置用户和密码

此处需要你为刚才创建的“sysadmin”账号设置密码。请设置一个不太复杂，但自己又能记住的密码。至于密码的复杂度问题，后续使用工具记录来处理。

Tips：随着运维机器的增多，靠记忆密码显然是不太适合的，作者推荐使用“keePass”。

在图 2-16 中单击<Continue>之后，进入图 2-17 所示的界面，此时你需要再次确认密码，输入完毕后，按 Tab 键选择<Continue>。

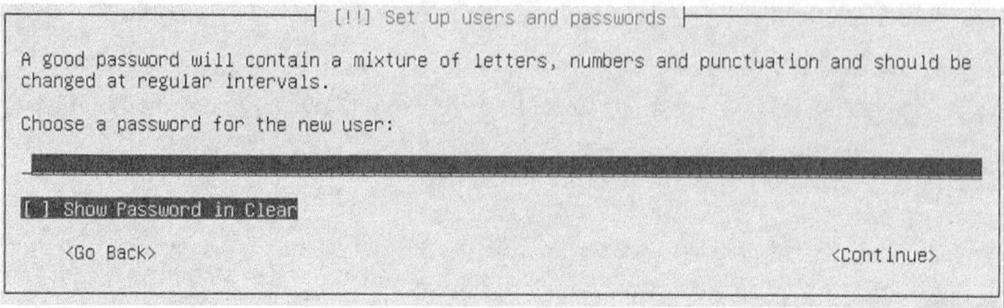

图 2-16　设置用户和密码

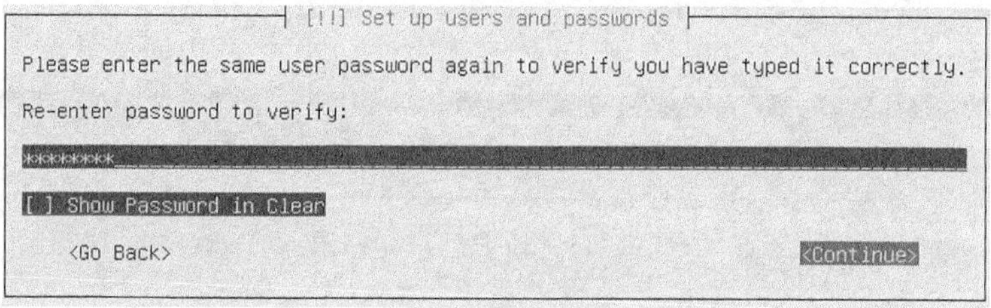

图 2-17　设置用户和密码

图 2-18 咨询是否要加密你的 home 目录，选择默认的<No>，我们基本上不会加密自己的 home 目录，除非公司有特殊要求。

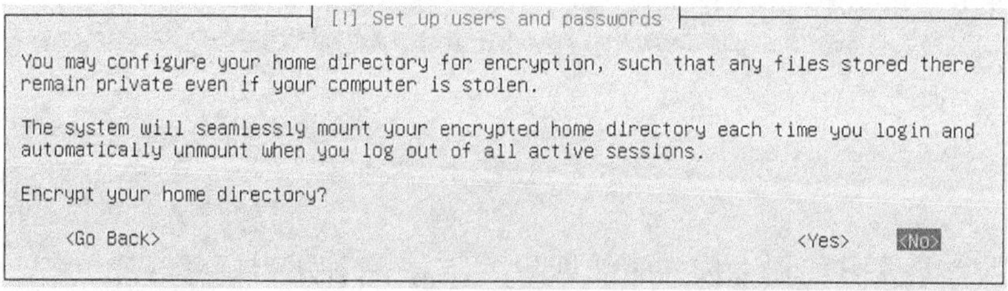

图 2-18　设置用户和密码

按回车键进入图 2-19 所示的时区确认选项页面。

10）配置时钟

在这里，询问你的位置是不是“亚洲/重庆”这个时区，同样根据你的业务所在区间进行选择，在这里默认就是重庆时区。读者可能会很困惑，为什么只有重庆或者上海时区，没有北京等时区，这是由 tz database 所决定的。

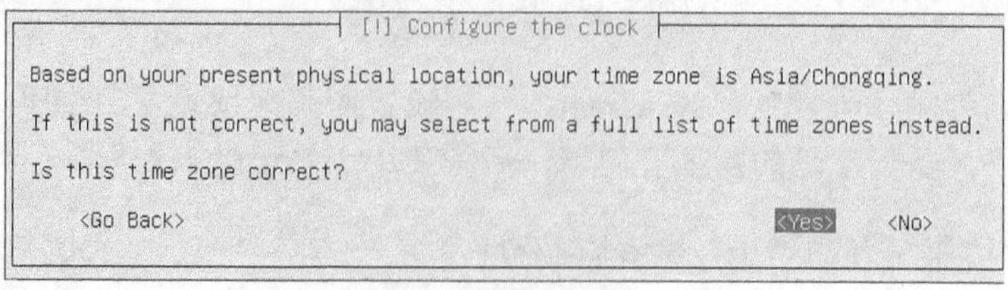

图 2-19　配置时钟

Tips：tz database 是大部分 Linux 发行版使用的时区信息数据库，用来维护世界时区信息。

11）配置磁盘分区

如图 2-20～图 2-67 所示，接下来将进入最复杂的一部分——磁盘分区。这是最需要细心和最烦琐的一步，如果你想偷懒，直接下一步即可；如果你有兴趣，那么请跟随着我们的脚步来实操。在图 2-20 中（原始界面）我们选择“Manual”（即手动），注意接下来的截图会非常多。

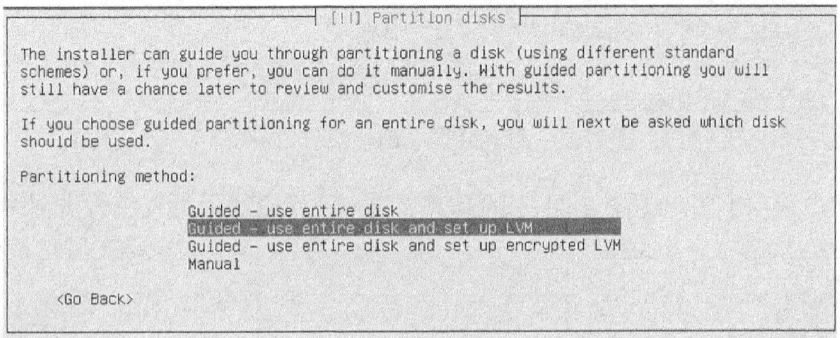

图 2-20 磁盘分区（原始界面）

选择【Manual】并按回车键，如图 2-21 所示。

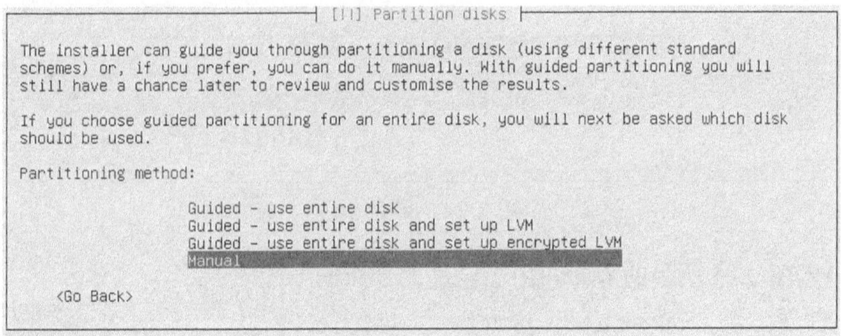

图 2-21 磁盘分区（选择 Manual）

选择【Manual】模式意味着后面的分区都要手动配置，这个过程需要有一定的经验，如果读者认为没有办法完成接下来的操作，则退回到图 2-21 所示界面选择默认选项（即第二项）按回车键即可。当你掌握一定技能之后，再做这方面的处理也是可以的。

接下来进入图 2-22 所示的界面，这里要将光标移动到对应的硬盘选项。请注意，如果系统是多硬盘，则在这里会显示多个硬盘。需要留心别选错硬盘，防止后面的事情变成无用功。也需要注意磁盘未必是 SCSI 的，但这并不影响你的安装使用，从英文“Virtual Disk”可以判断出这就是硬盘选项。

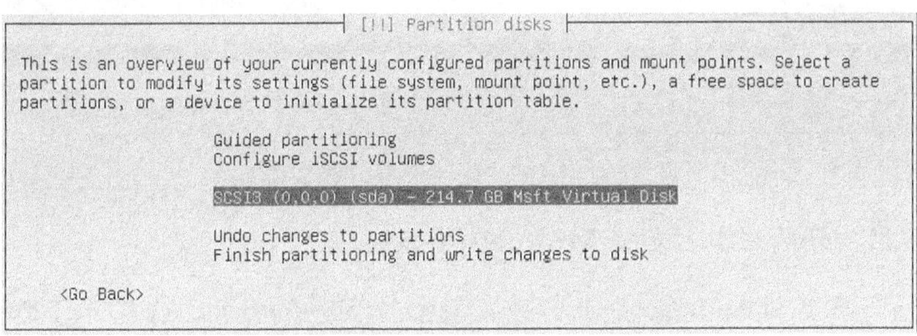

图 2-22 磁盘分区（选择需要分区的磁盘）

在图 2-23 中，由于这是一个新的磁盘设备，所以直接选择<Yes>即可。

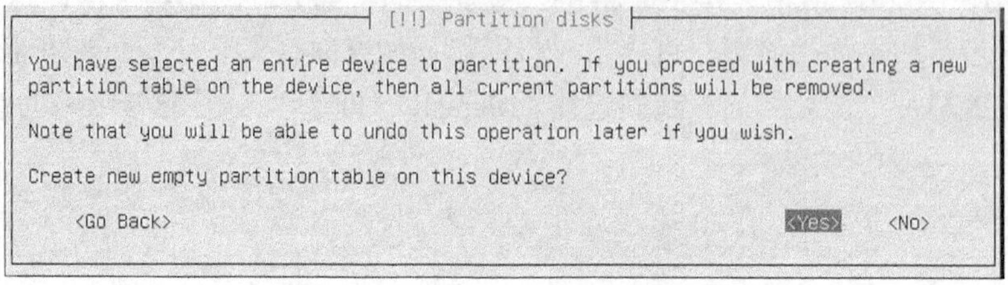

图 2-23　磁盘分区（创建新磁盘设备）

此时，硬盘选项中多出了图 2-24 中的高亮子项（计算机显示为红色），选中按回车键即可。

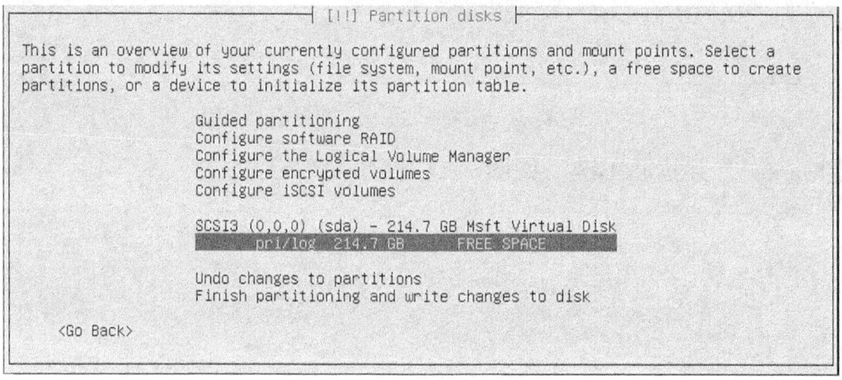

图 2-24　磁盘分区

接下来进入图 2-25 所示的界面。由于这是一个新的磁盘，所以选择第一项“Create a new partition”，即创建新分区。

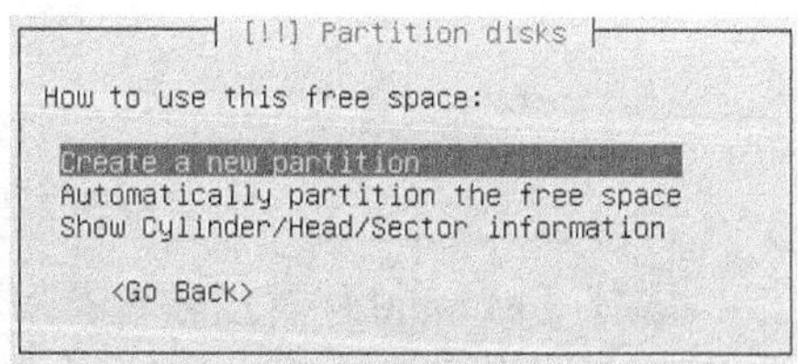

图 2-25　磁盘分区（创建新分区）

进入图 2-26，这里提示设置分区的最大容量。由于 Ubuntu 是先配置大小再指定分区目录，因此，我们先对 boot 分区进行配置。在前面已经介绍，我们需要分配 200MB 给 boot 分区，在这里输入 200MB。

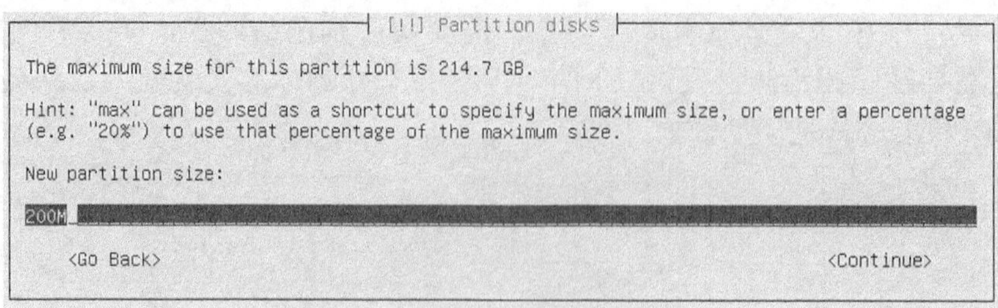

图 2-26　磁盘分区（设置分区大小）

Tips： 这里的分区大小，支持 MB、GB 等单位。

在图 2-26 中单击<Continue>之后，进入图 2-27 所示的界面，选择分区类型，这里选择主分区即可。

Tips：有关主分区、扩展分区、逻辑分区的概念，需要读者查阅一下资料，在这里不再赘述。

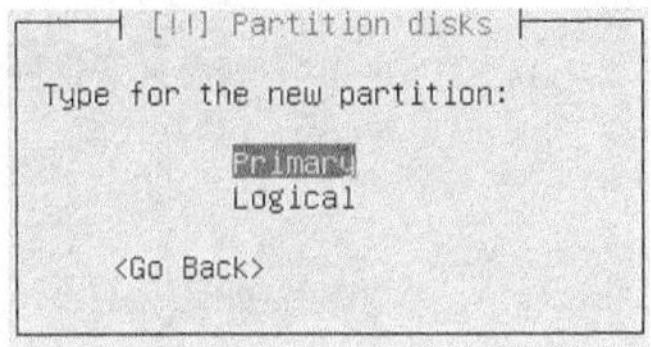

图 2-27 磁盘分区（分区类型）

进入图 2-28，询问分区是在可用空间的头部还是尾部，此处选择默认即可。然后进入图 2-29 所示界面。

在图 2-29 中，显示了磁盘分区对应的默认配置信息。此时并不需要过多了解下面的内容是什么，只需要知道怎么配置即可。

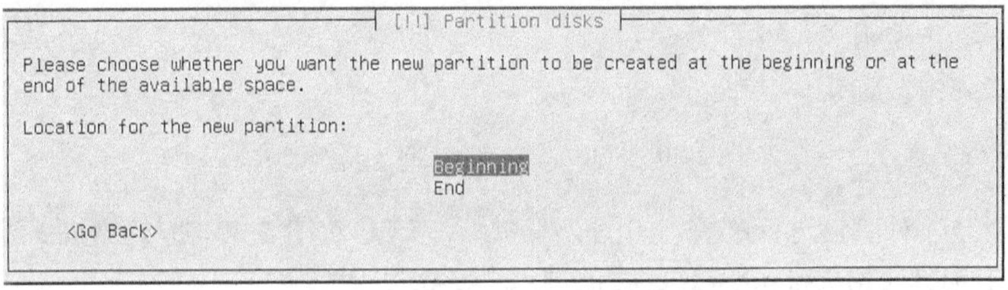

图 2-28 磁盘分区（选择分区位置）

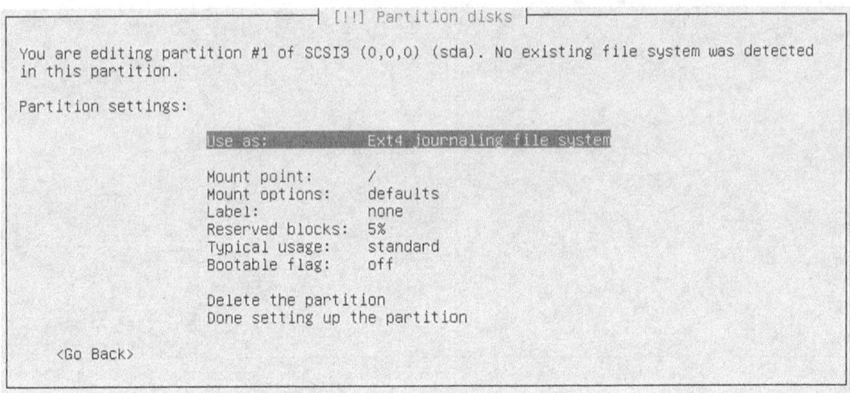

图 2-29 磁盘分区（分区配置原始默认信息）

在图 2-29 中有两个地方需要修改，如表 2-4 所示。

表 2-4 安装过程需要修改的地方

项	说 明
Use as	这里是指使用什么文件系统（系统分区请使用 EXT4，数据文件分区使用 XFS）
Mount point	挂载点，这里指的是跟 boot|/|data 指定的哪个目录进行关联

微软推荐使用的文件系统是 XFS 或是 EXT4，可参考官网资料，必应搜索“Installation guidance for SQL Server 2017 on Linux”。其中系统要求如图 2-30 所示。

作者建议系统文件使用 EXT4；而 XFS 具有强一致性，数据文件可以考虑使用它。

有关 EXT4 和 XFS 文件系统的说明，可以参见维基网站，分别使用必应搜索“ext4-Wikipedia”和“xfs-Wikipedia”即可。

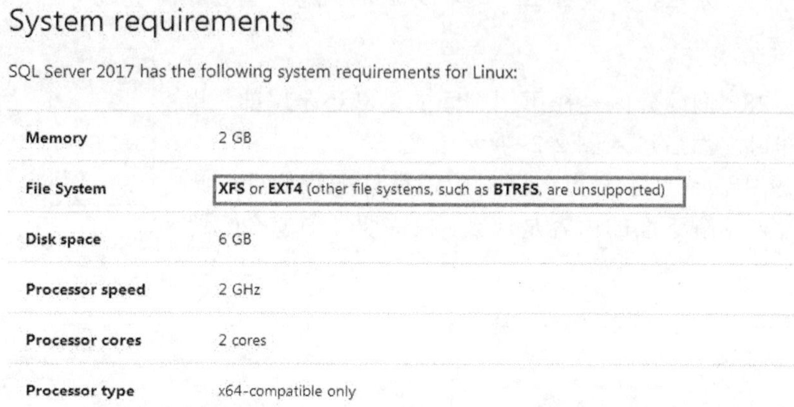

System requirements

SQL Server 2017 has the following system requirements for Linux:

Memory	2 GB
File System	**XFS** or **EXT4** (other file systems, such as **BTRFS**, are unsupported)
Disk space	6 GB
Processor speed	2 GHz
Processor cores	2 cores
Processor type	x64-compatible only

图 2-30　SQL Server On Linux 系统要求

接下来继续对磁盘进行配置，如图 2-31 所示。这是对图 2-29（原始界面）进行的修改。在图 2-31 中选择【Mount point】之后，进入图 2-32。

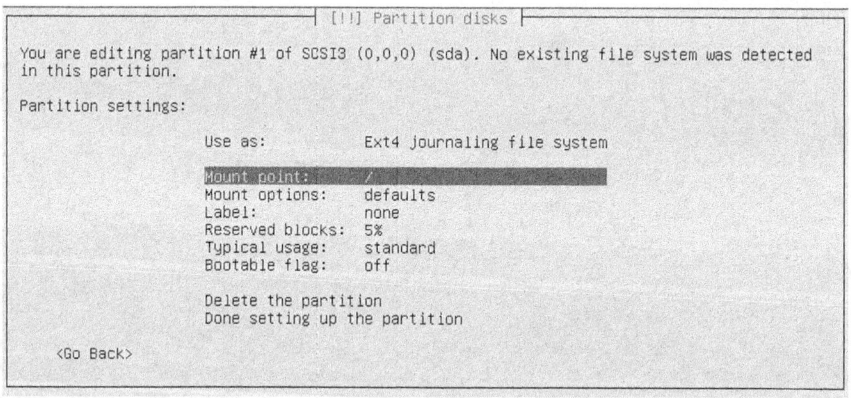

图 2-31　磁盘分区（boot 分区配置）

在图 2-32 中我们选择第二项（/boot）。然后单击<Go Back>回到图 2-33 所示的界面。

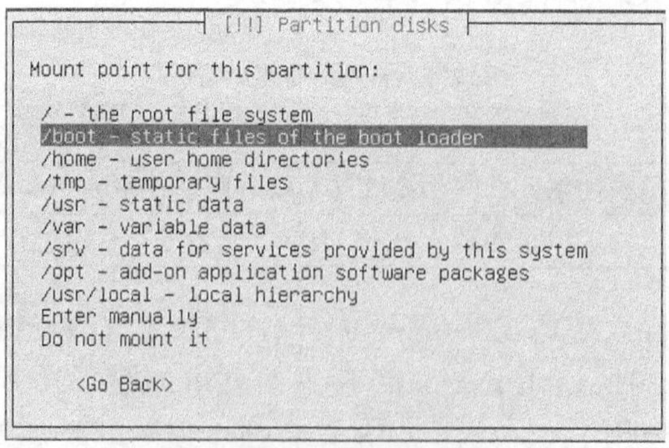

图 2-32　磁盘分区（分区挂载点）

配置完成之后，选择"Done setting up the partition"完成分区操作。如图 2-33 所示。

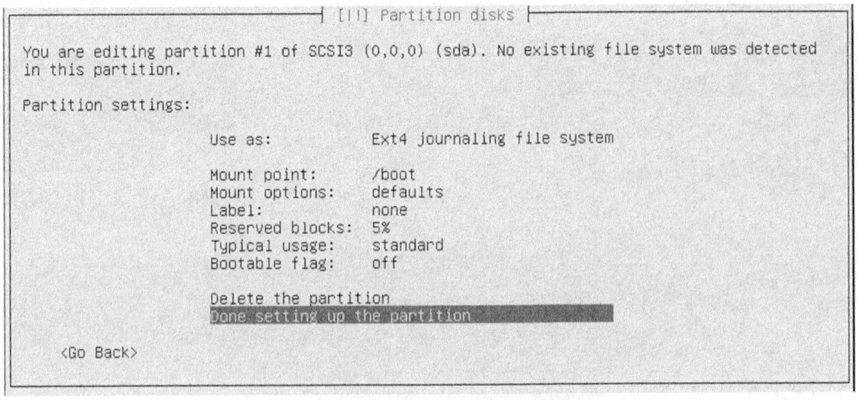

图 2-33　磁盘分区（完成分区配置）

接着进入图 2-34 所示界面，从中可以看到此时/boot 分区已经配置完毕，还有 214.5GB 的空间是空余的。

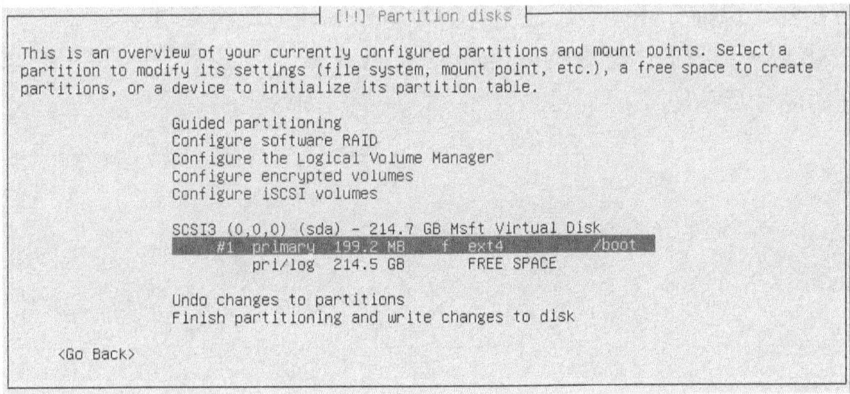

图 2-34　磁盘分区（完成 boot 分区后的结果）

在图 2-34 中将光标移动到下一行，继续创建分区。如图 2-35 所示。

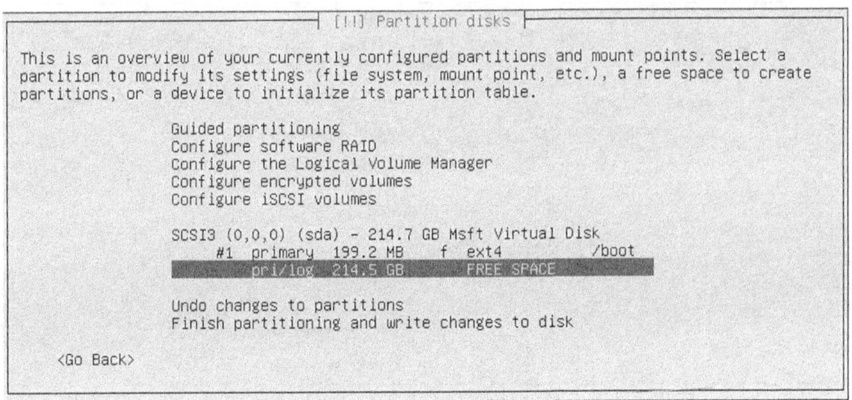

图 2-35　磁盘分区（选择剩余空间进行分区）

在图 2-35 中对剩余空间（高亮部分）创建一个新的分区，如图 2-36 所示。

Linux 与 Windows 很重要的一个区别是在它的安装过程中配置会非常多（Windows 比较傻瓜式），其中一个地方就是要配置交换分区，这个分区很重要，后面会介绍。这里我们对交换分区分配 8GB 的空间作为交换分区，如图 2-37 所示。

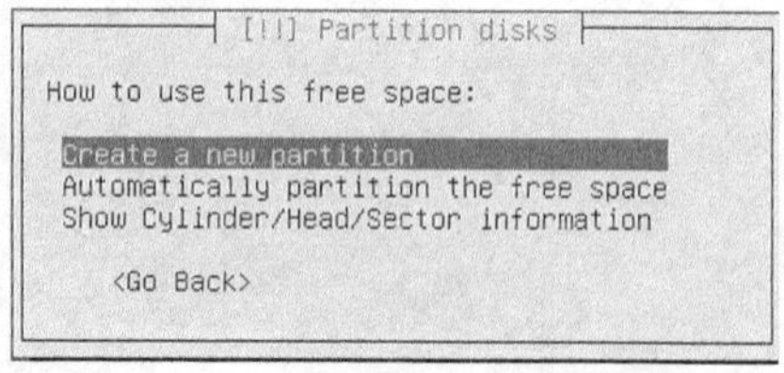

图 2-36　磁盘分区（创建分区）

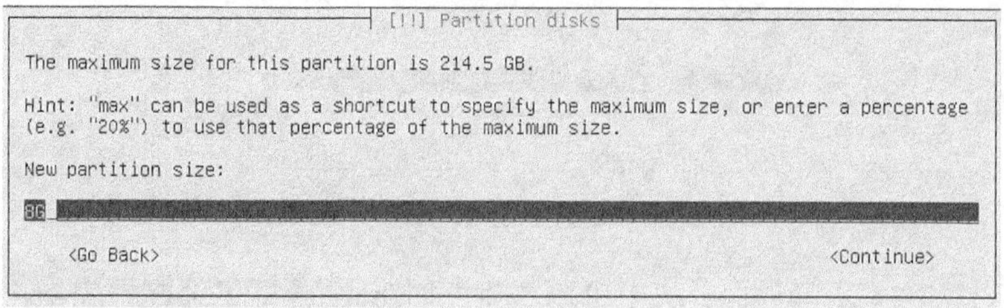

图 2-37　磁盘分区（创建 swap 分区）

进入图 2-38，选择分区类型，这次我们对新分区使用逻辑类型。

在图 2-38 所示的界面中选择<Go Back>后，进入图 2-39 所示界面开始进行分区位置配置。同样保留默认选项即可。

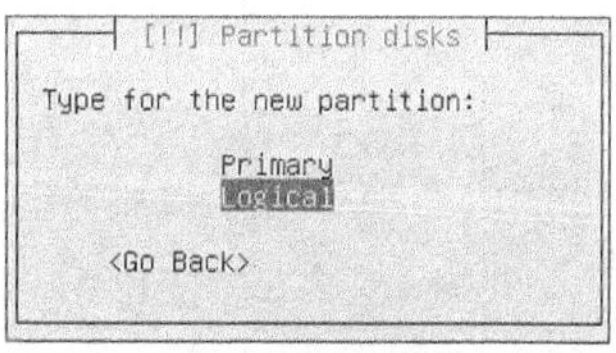

图 2-38　磁盘分区（选择分区类型）

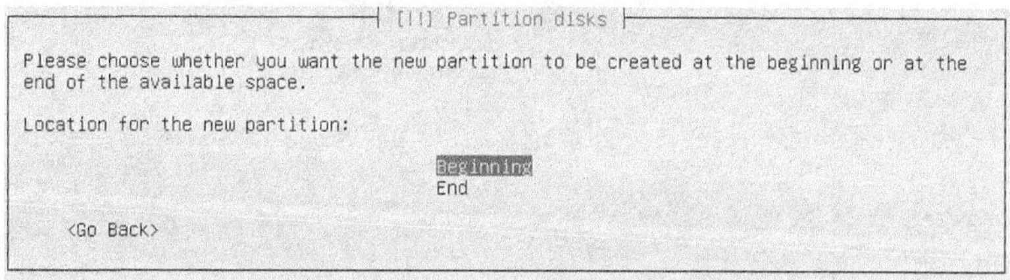

图 2-39　磁盘分区（配置分区位置）

选择分区位置后，与前面/boot 的配置一样，进入图 2-40 所示的分区配置。

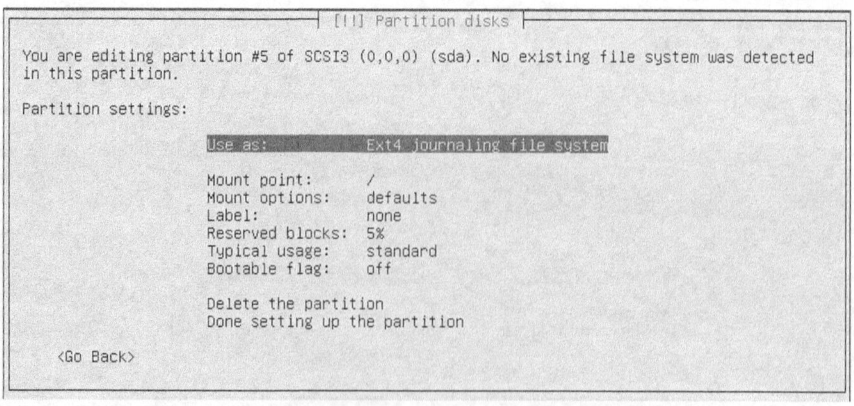

图 2-40　磁盘分区（交换分区配置）

在图 2-40 中进入高亮部分后，出现图 2-41 所示界面，此处选择 swap area 也就是交换分区。

返回后可以看到图 2-42 所示界面，选择交换空间后，对应的项变得不太一样了。这里需要注意交换分区不需要设置挂载点。由于交换分区属于内存型管理技术，因此并不需要挂载到分区中。只需要声明它属于交换分区即可。

有关交换分区的说明，可以参考维基网站上的说明，必应搜索“Virtual memory-Wikipedia”。完成分区设置，选择图 2-43 高亮选项。

从图 2-44 中可以看到当前分区配置概览。

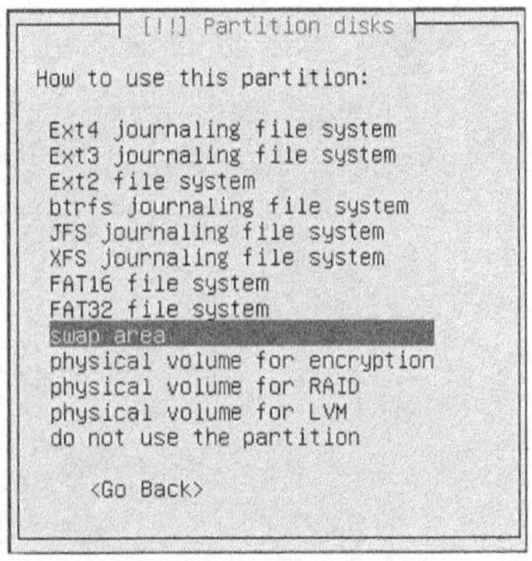

图 2-41 磁盘分区（选择分区用途）

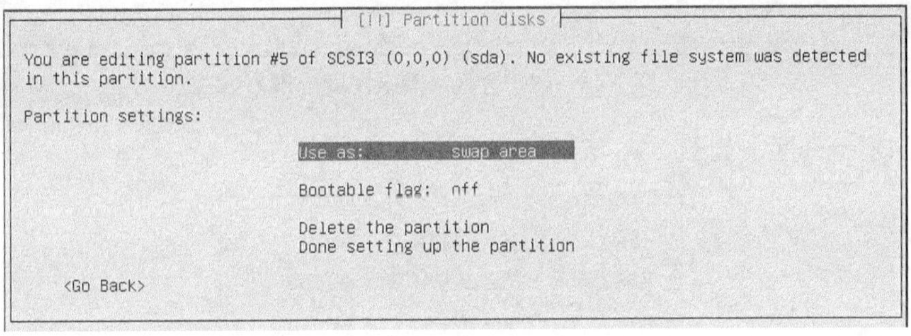

图 2-42 磁盘分区（分区完成后）

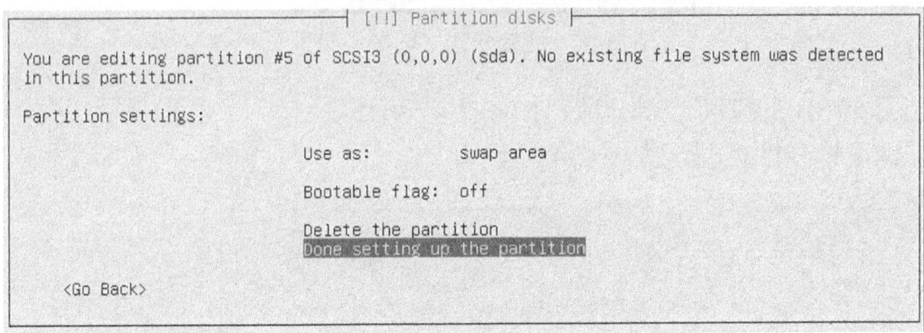

图 2-43 磁盘分区（完成分区配置）

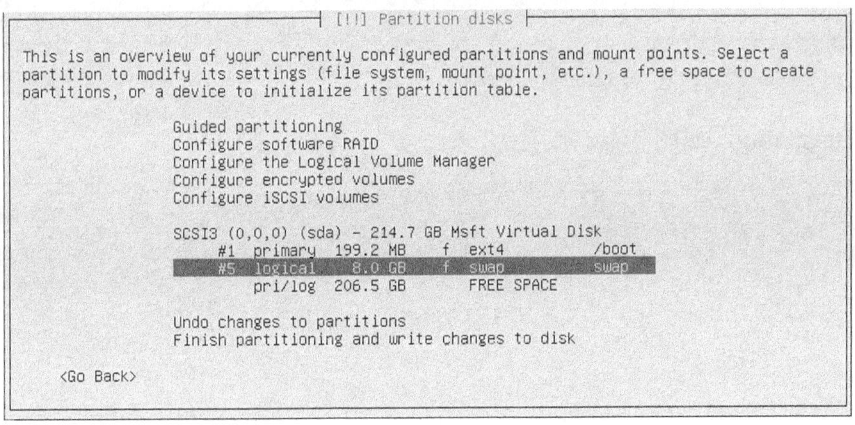

图 2-44 磁盘分区

对剩余未配置的空间进行分配，如图 2-45 所示。

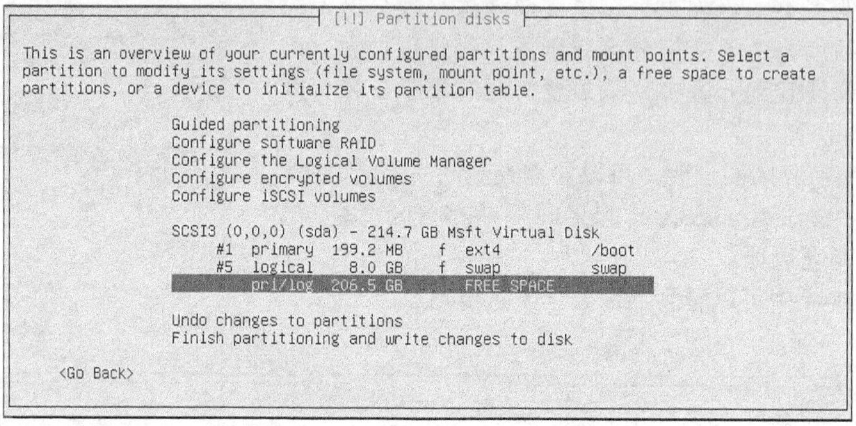

图 2-45　磁盘分区（剩余空间分区）

选择创建新分区，如图 2-46 所示。

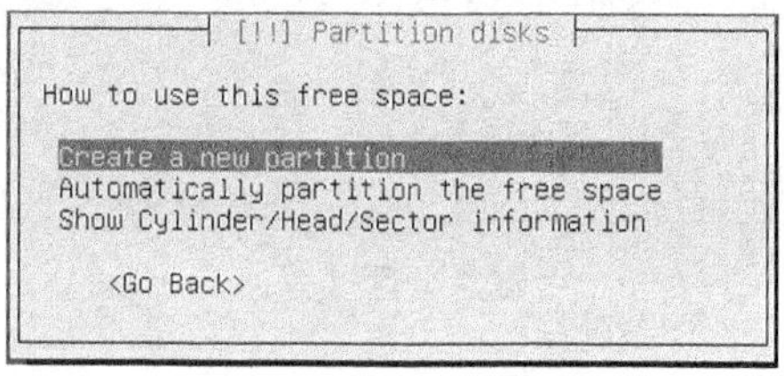

图 2-46　磁盘分区（创建新分区）

本例分配 50GB 的空间给新分区，如图 2-47 所示。

同样选择逻辑分区类型，如图 2-48 所示。

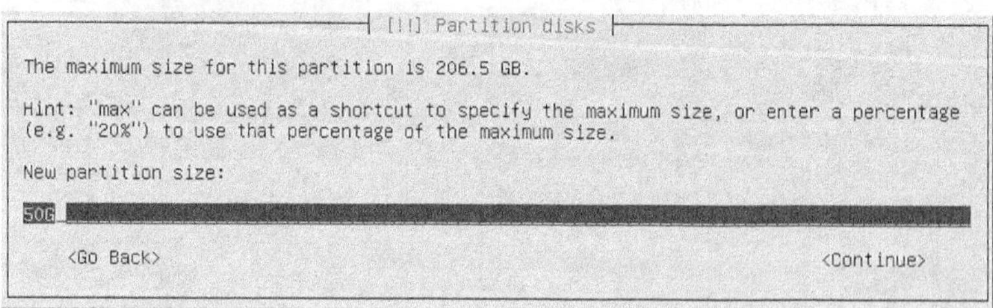

图 2-47　磁盘分区（分配空间）

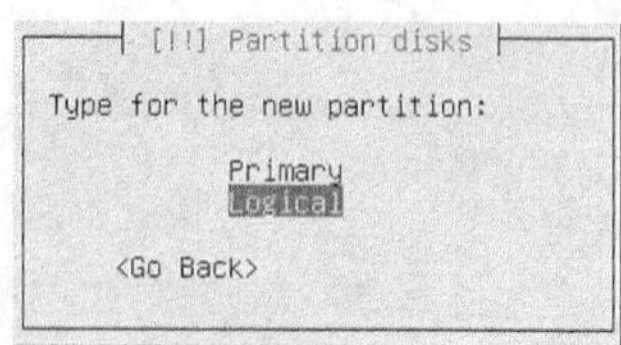

图 2-48　磁盘分区

选择 Beginning，如图 2-49 所示。

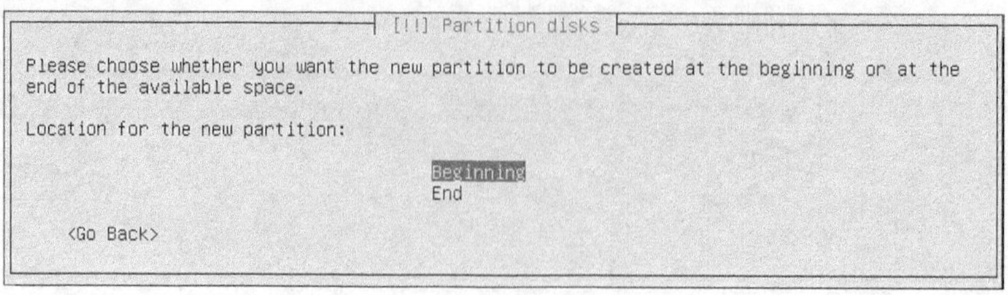

图 2-49　磁盘分区

检查配置结果，如图 2-50 所示。

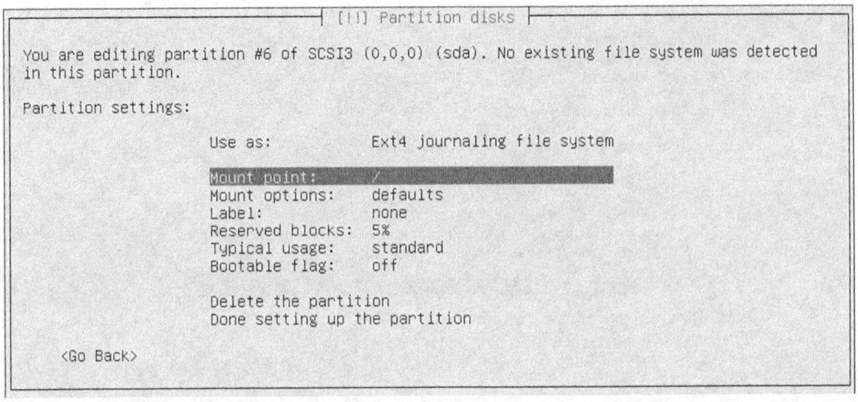

图 2-50 磁盘分区

完成分区配置，如图 2-51 所示。

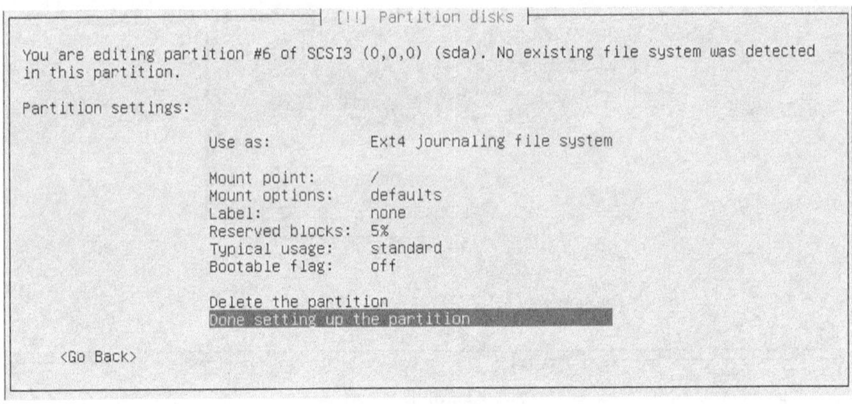

图 2-51 磁盘分区

完成新分区后的结果，如图 2-52 所示。

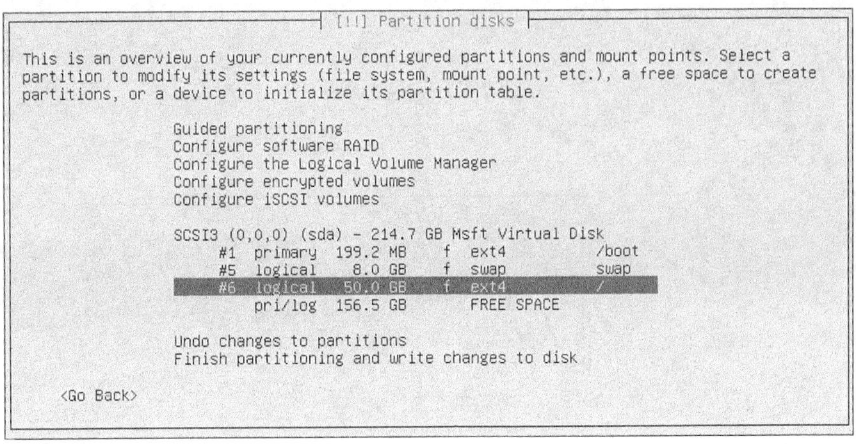

图 2-52 磁盘分区

继续分配剩余空间，如图 2-53 所示。

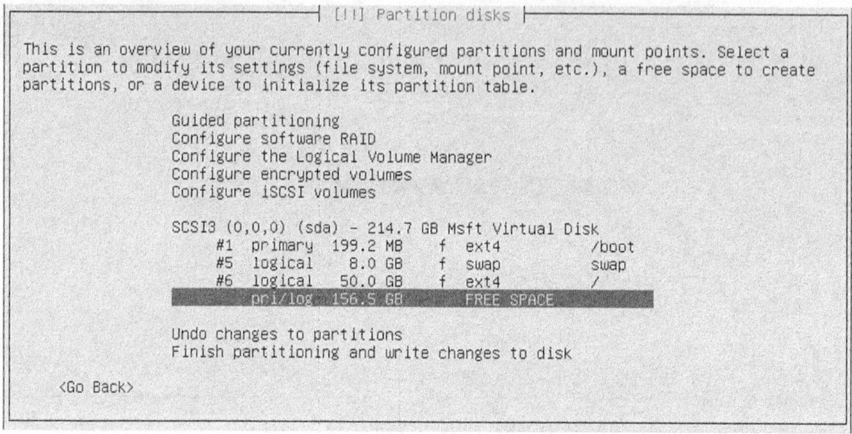

图 2-53　磁盘分区

创建新分区，如图 2-54 所示。

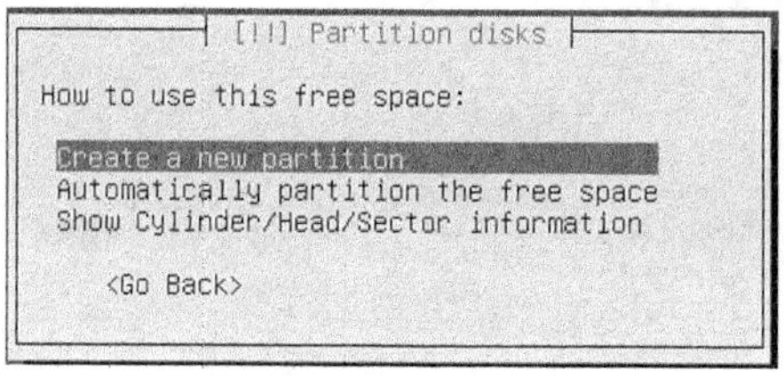

图 2-54　磁盘分区

如图 2-55 所示，这里将剩余的空间都用于 data 分区。

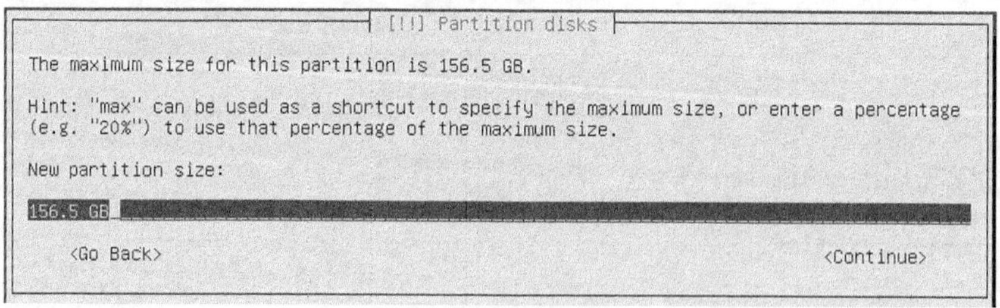

图 2-55　磁盘分区

选择逻辑类型，如图 2-56 所示。

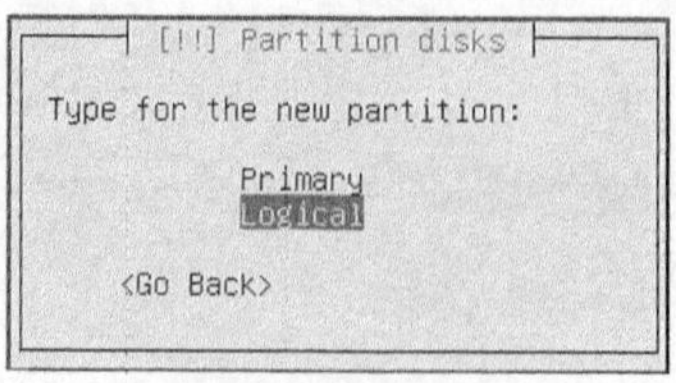

图 2-56　磁盘分区

检查现状，如图 2-57 所示。

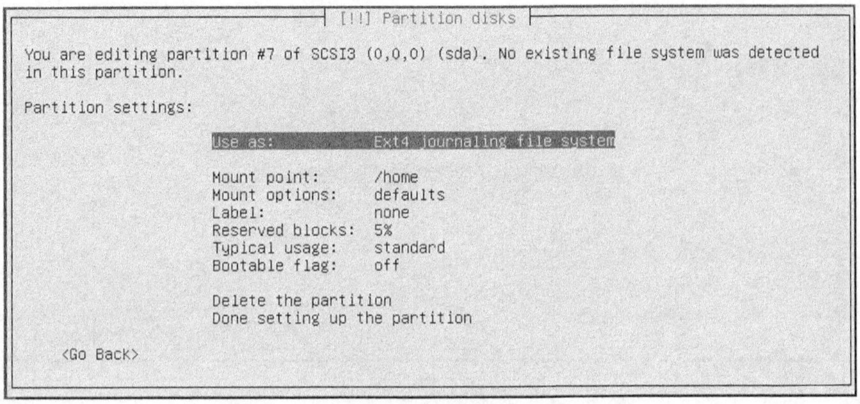

图 2-57 磁盘分区

之前提到过对于数据目录，建议选择 XFS 文件系统，这里我们的选择如图 2-58 高亮部分所示。

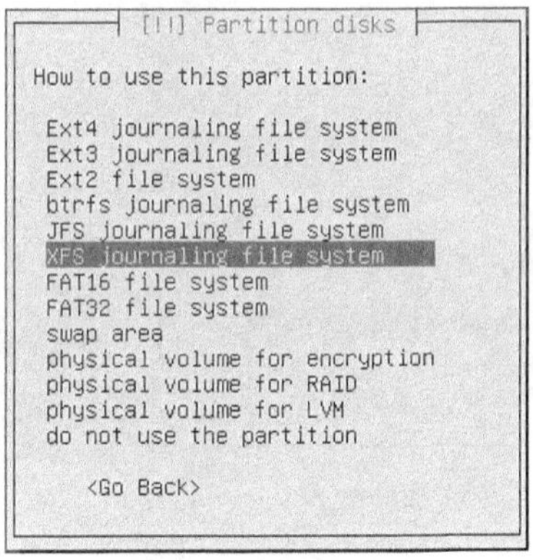

图 2-58 磁盘分区

检查结果，如图 2-59 所示。

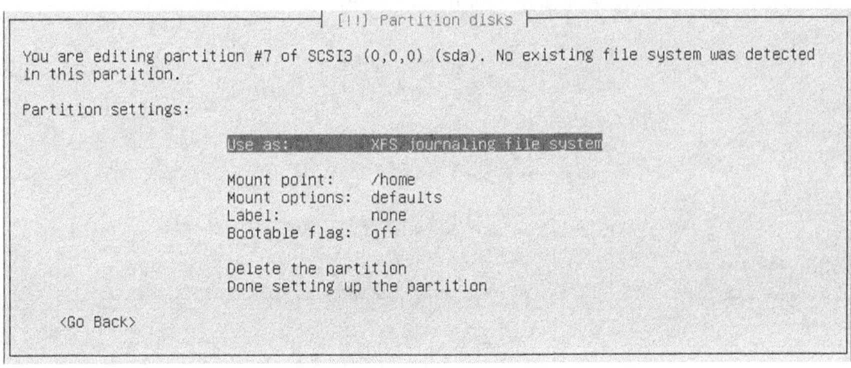

图 2-59 磁盘分区

由于 data 目录属于手动指定，所以需要对挂载点进行修改，我们把挂载点从/home 中移走，如图 2-60 所示。

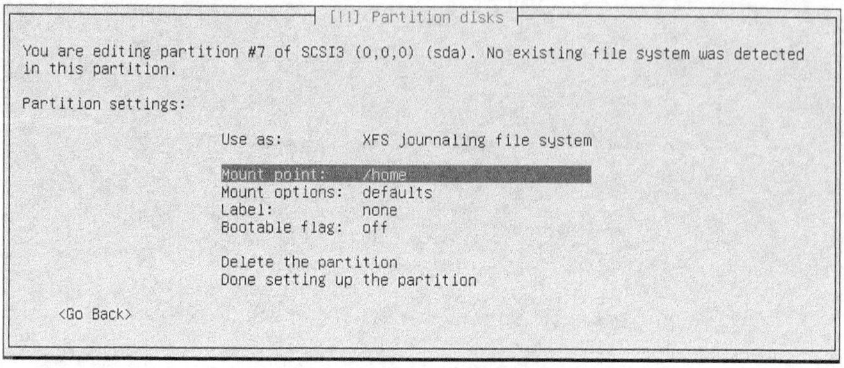

图 2-60　磁盘分区（原始挂载点）

选择“Enter manually”进行手动配置，如图 2-61 所示。

请注意，这里的格式为“根分区+目录名”即“/data”，如图 2-62 所示。

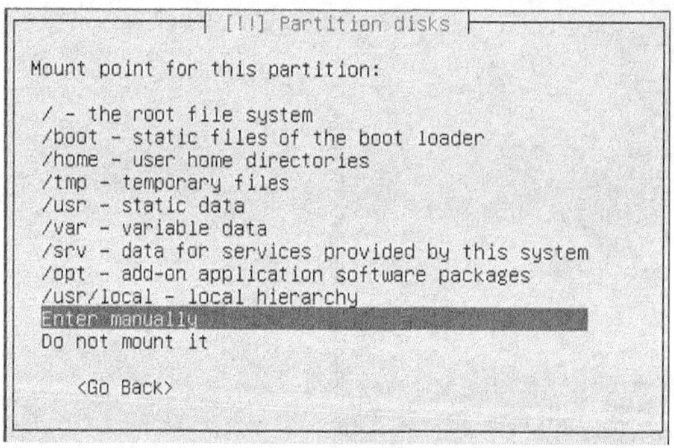

图 2-61　磁盘分区（选择挂载点）

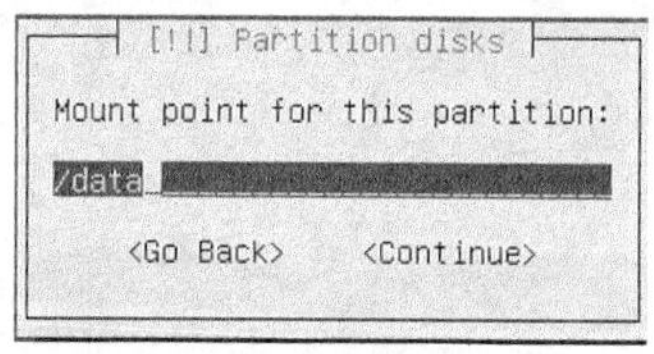

图 2-62　磁盘分区

完成配置，如图 2-63 所示。

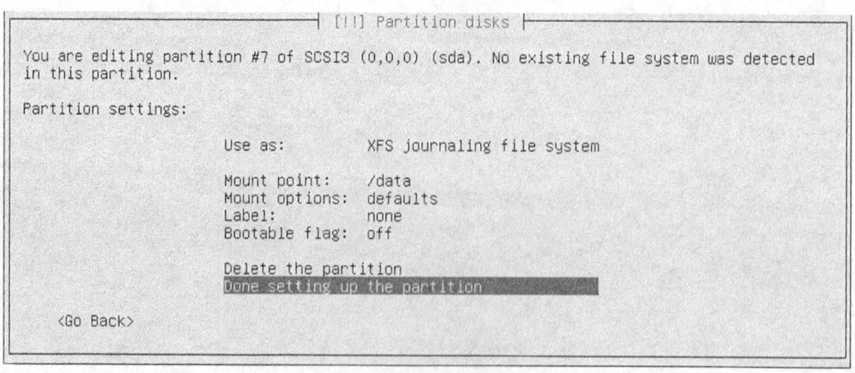

图 2-63　磁盘分区

检查最终结果，如图 2-64 所示。

分区完成，通过移动上下键选择最后一项（Finish partitioning and write changes to disk），完成分区，如图 2-65 所示。

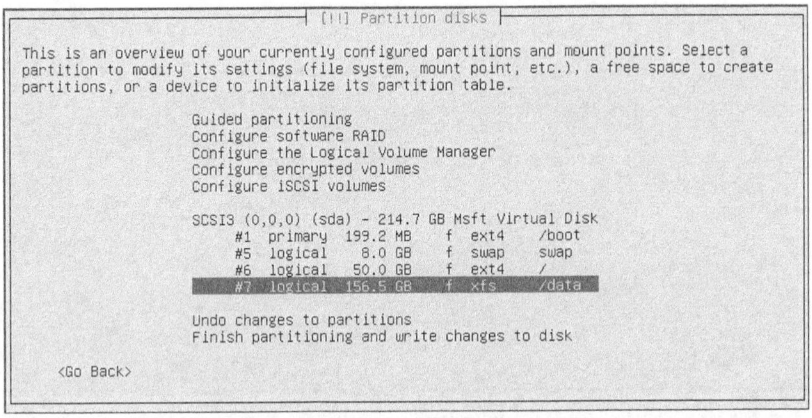

图 2-64 磁盘分区

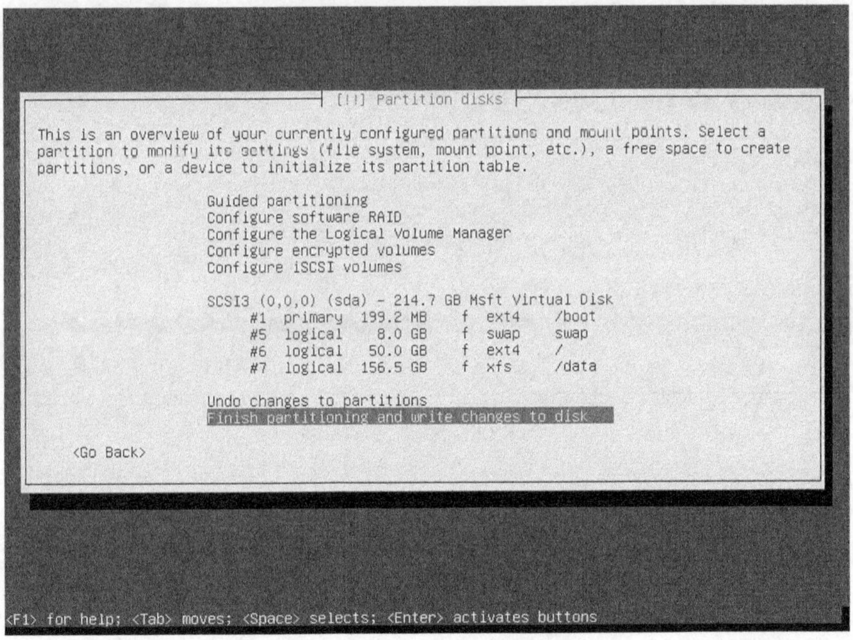

图 2-65 磁盘分区

此处提示你是否将更改写入磁盘，选择<Yes>，如图 2-66 所示。

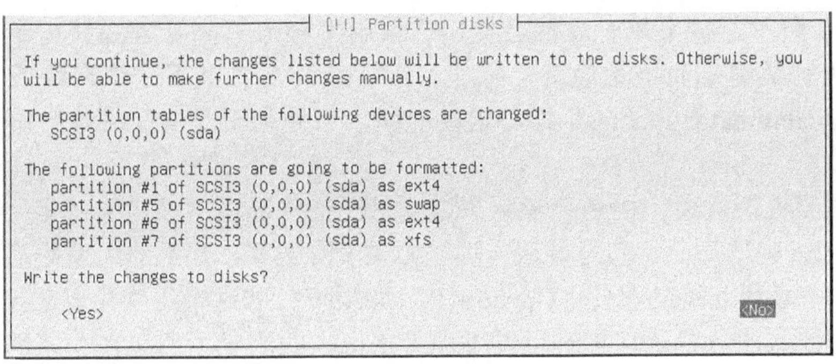

图 2-66 磁盘分区

再次确定，如图 2-67 所示。

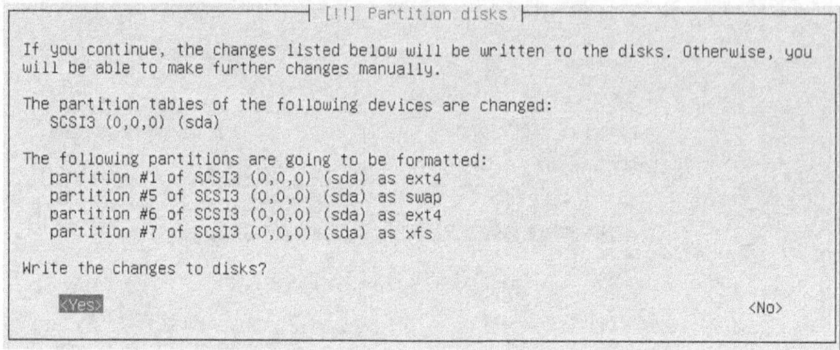

图 2-67 磁盘分区

12）包安装

此处询问是否使用 HTTP proxy 代理，直接默认按回车键即可。因为本书不需要用到 HTTP proxy 代理，如图 2-68 所示。

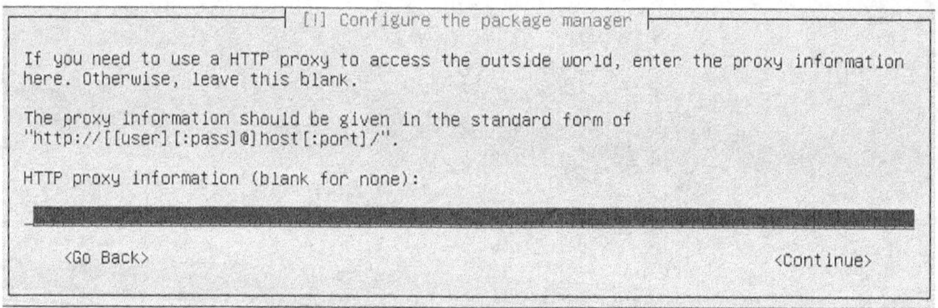

图 2-68 配置包管理器

安装进度，如图 2-69 所示。

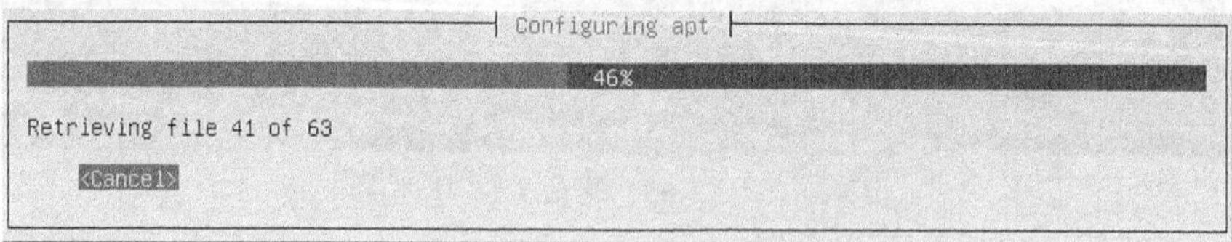

图 2-69 配置 apt 进度条

如图 2-70 所示，接下来管理器会提示你采用哪种方式来管理系统更新。在实际系统运维中，追求的是稳定而不是最新，除非有重大漏洞，否则不建议升级或者更新，因此我们选择“No automatic updates”即不自动更新，另外由于是实验环境，所以也没有必要选择。

接下来的配置很重要，很多读者会在这里忽视某些选项。你需要将第一项和最后一项如图 2-71 所示进行选择，尤其是最后一项。如果没有选择，那么进入系统后还是需要再次进行安装，这是远程连接的服务“OpenSSH”。如果没有装这个组件，那么我们将无法在办公网络中远程连入服务器，这将给运维工作带来很大的困难。所以在安装的时候一定要将这个选项选择上！

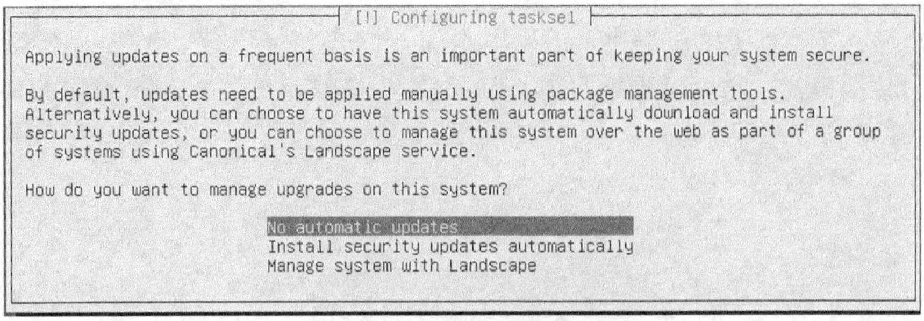

图 2-70 配置 tasksel

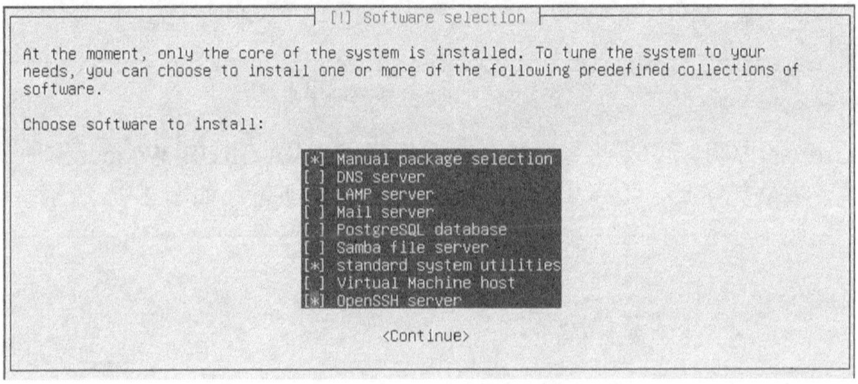

图 2-71 软件选择（选择需要安装的软件）

移动上下键，然后使用空格键即可选中，使[]中变成*号。

按 Tab 键选中<Continue>后按回车键，如图 2-72 所示。

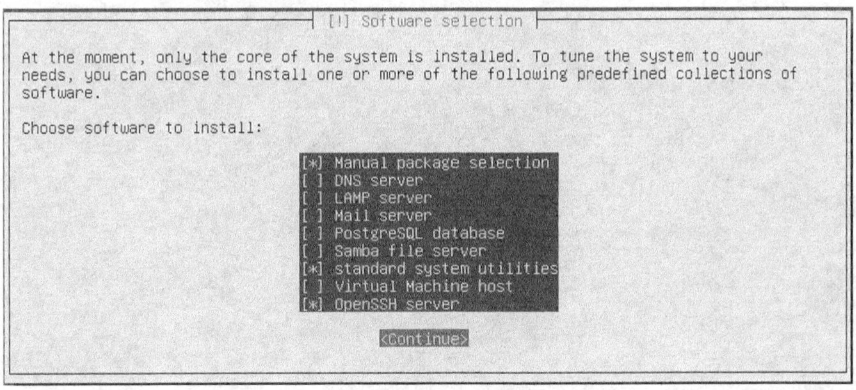

图 2-72 软件选择

图 2-73 所示为安装进度。

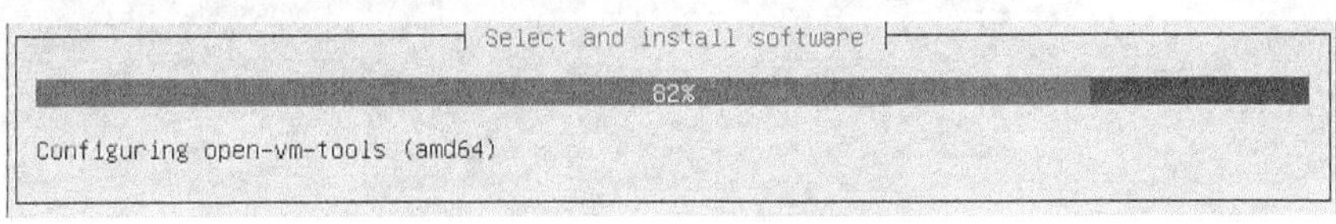

图 2-73 选择和安装软件进度条

接下来会提示是否要将 Grub 引导器安装到硬盘中，这步是必需的。选择<Yes>，否则你每次重启后，系统都无法引导进入。如果 Grub 由于异常丢失了，那么也不用惊慌，在光盘中，有个救援模式，它可以重新安装 Grub，其做法实质上跟 Windows 的 MBR 丢失后，用 PE 进行重建的方式差不多。如图 2-74 所示。

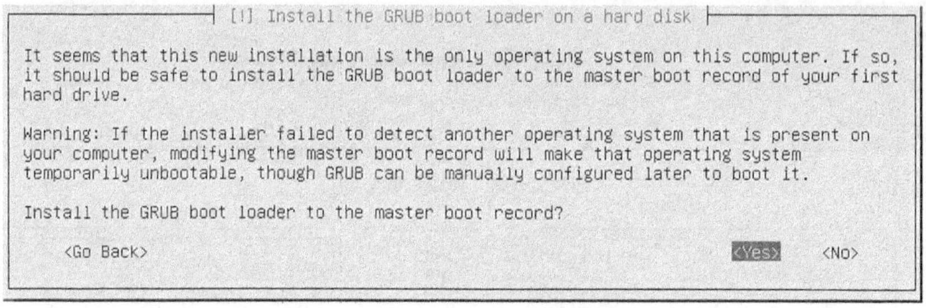

图 2-74　安装引导器到磁盘

有关 Grub 的说明，可以查阅维基，必应搜索“GNU GRUB-Wikipedia”。最后开始进行实际安装，安装完毕后，提示重启，选择<Continue>即可。如图 2-75 所示。

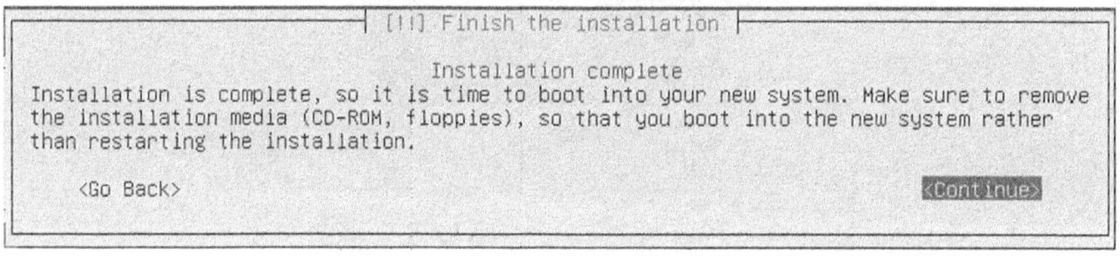

图 2-75　完成安装

图 2-76 所示为重启过程的部分截图。

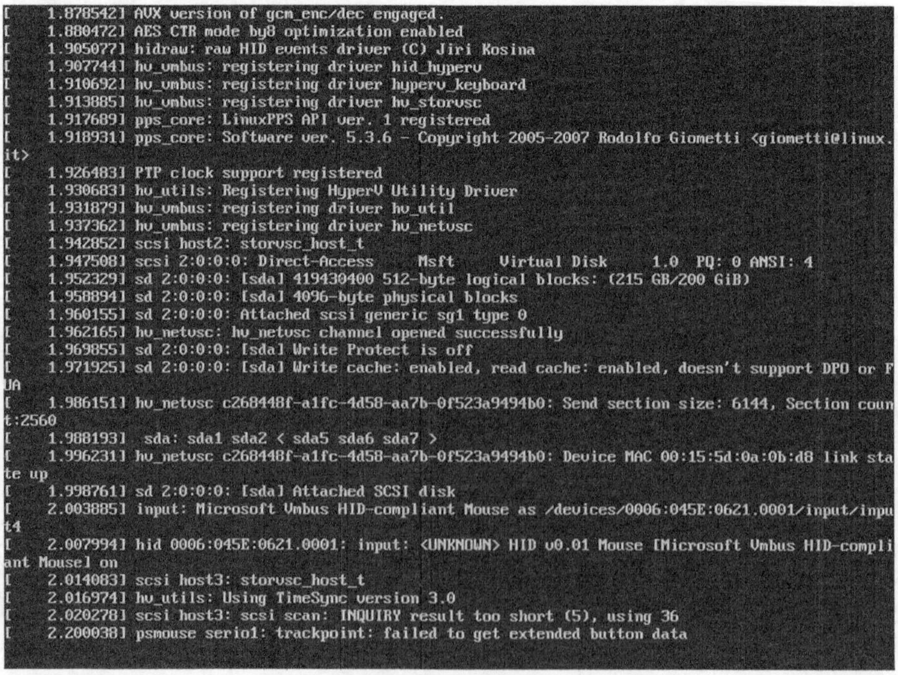

图 2-76　终端界面

完成这些后，就可以登录连到服务器，首先会出现图 2-77 所示的登录界面，提示你输入账号。

图 2-77　登录界面

当你输入的账号密码通过系统校验后（密码不会显示），即可成功进入系统，如图 2-78 所示。

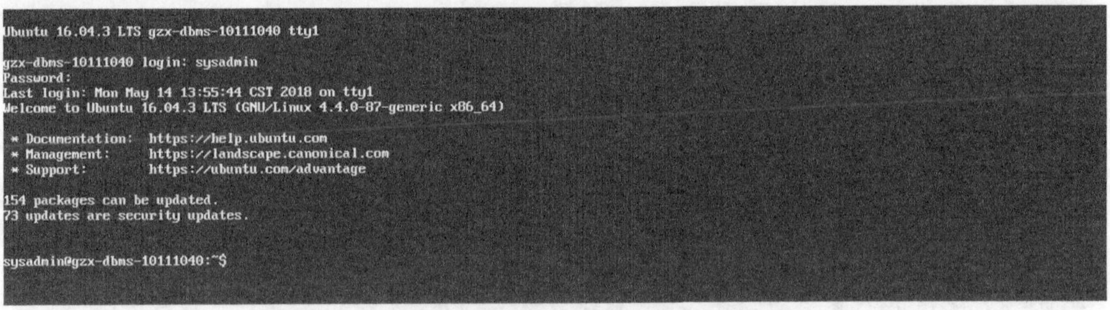

图 2-78　登录后的系统界面

至此，一个基本的 Linux 系统安装完成并已登录成功。

2.5　预　配　置

安装好操作系统后，在开始安装 SQL Server 前，要先做 3 件事情：

- 确定 IP 地址及其相关信息
- 检查网络是否连通
- 设置远程登录

表 2-5 列出了上面所述内容所需的命令及备注。

表 2-5　使用系统前需要确定的信息及对应的命令

项	命令	备注
IP 信息	ifconifg	本书使用 Ubuntu，而 CentOS 7 会有所不同
网络连通性	ping	如果不通可能是 DNS 的问题
远程登录	ssh	建议使用 PuTTY 工具

下面演示一下如何操作。我们登入系统后，首先要查看一下 IP 是什么，它是否正确。因为我们在安装的时候，并没有配置 IP 地址，所以此时的 IP 地址肯定是一个由路由动态

分配的 IP 地址，需要我们手动进行修改。

2.5.1 查看当前 IP 地址

先查看动态分配的 IP 地址，如图 2-79 所示。

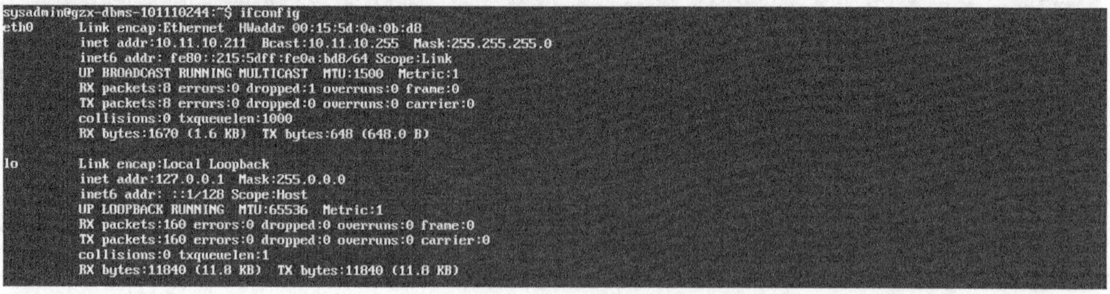

图 2-79 查看 IP 地址

可以看到，路由动态分配的 IP 地址为 10.11.10.211，由于本书规划的 IP 地址是 10.11.10.40，所以需要手动修改，Ubuntu 手动修改 IP 的步骤如下所示。

1）获取网关地址

读者必须记住这些操作，因为它们很关键也很常用。如图 2-80 所示，使用命令 `~$ route -n` 来获取：

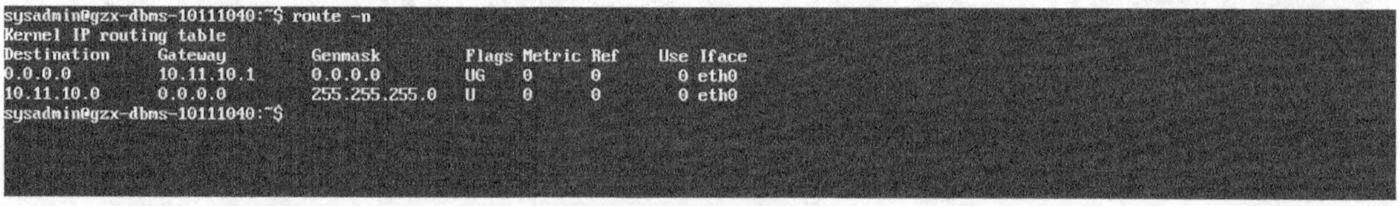

图 2-80 查看网关信息

可知当前系统的网关为 10.11.10.1。

2）修改 IP 地址

接下来使用 vi 编辑这个文件。原文件信息如图 2-81 所示，修改后如图 2-82 所示。按一下键盘上的“i”键（小写模式），进入编辑文件状态，将文件中的内容改写成代码清单 2-1 中的内容，然后用“ECS”退出编辑模式，最后输入“:wq”保存和退出。请读者从现在开始熟悉 vi/vim 的使用方式，不仅在本书，在后续的学习和工作中都会大量使用它们。

代码清单 2-1 修改 IP 地址

```
~$ sudo vi /etc/network/interfaces
iface eth0 inet static
address 10.11.10.40
gateway 10.11.10.1
netmask 255.255.255.0
dns-nameserver 202.96.128.166
```

修改前的内容如图 2-81 所示。

```
# This file describes the network interfaces available on your system
# and how to activate them. For more information, see interfaces(5).

source /etc/network/interfaces.d/*

# The loopback network interface
auto lo
iface lo inet loopback

# The primary network interface
auto eth0
iface eth0 inet dhcp
```

图 2-81 原配置信息

修改后的内容如图 2-82 所示。

```
# This file describes the network interfaces available on your system
# and how to activate them. For more information, see interfaces(5).

source /etc/network/interfaces.d/*

# The loopback network interface
auto lo
iface lo inet loopback

# The primary network interface
auto eth0
iface eth0 inet static
address 10.11.10.40
gateway 10.11.10.1
netmask 255.255.255.0
dns-nameserver 202.96.128.166
```

图 2-82 新配置信息

提醒：由于这部分的内容相对超前，所以读者未必总能顺利修改成功。如果修改失败，那么只需要保证网络能 ping 通即可，修改 IP 可留到后面章节处理。

3）重启

修改 IP 配置后我们先重启系统。修改 IP 地址实际上并不需要重启系统，但是为了保证没有异常，通常在实际工作中，上架调试阶段多重启不会有什么坏处。在业务上线后就不要频繁重启了。其实对 Linux 执行的任何操作，都是不需要重启的（除了内核升级）。使用下面命令进行重启：

```
~$ sudo reboot
```

2.5.2 检查网络连通性

重启后验证网络连通性，如图 2-83 所示。

```
sysadmin@gzx-dbms-101110244:~$ ping baidu.com
PING baidu.com (220.181.57.216) 56(84) bytes of data.
64 bytes from 220.181.57.216: icmp_seq=1 ttl=52 time=37.9 ms
64 bytes from 220.181.57.216: icmp_seq=2 ttl=52 time=37.6 ms
64 bytes from 220.181.57.216: icmp_seq=3 ttl=52 time=38.4 ms
64 bytes from 220.181.57.216: icmp_seq=4 ttl=52 time=37.1 ms
64 bytes from 220.181.57.216: icmp_seq=5 ttl=52 time=38.1 ms
64 bytes from 220.181.57.216: icmp_seq=6 ttl=52 time=38.2 ms
^C
--- baidu.com ping statistics ---
6 packets transmitted, 6 received, 0% packet loss, time 5009ms
rtt min/avg/max/mdev = 37.105/37.920/38.419/0.447 ms
sysadmin@gzx-dbms-101110244:~$ _
```

图 2-83 验证网络

可以看到，网络已经能 ping 通，我们的 IP 也已经改成 10.11.10.40。接下来，需要进行远程连接。

2.5.3　远程登录

由于很多时候 Linux 都不便于日常办公，所以不管服务器是否用 Windows，大部分的运维人员都是使用 Windows 操作系统来办公，使用远程工具连接到 Linux 服务器进行运维工作。这里使用最简单的 SSH 客户端连接工具 PuTTY。这个工具在读者早期学习中非常简便，而且是轻量级的。

注意：下载这种远程客户端工具，由于安全性的原因，请勿去第三方软件网站下载，以免被挂马或者“全家桶”，请去 PuTTY 的官网地址下载。

下载后开始安装，如图 2-84 所示。

选择安装路径，这里为了简便起见，使用默认路径，如图 2-85 所示。作者习惯对于所有可选择路径的安装过程，都不会将其放到 C 盘（一般它是系统盘）。

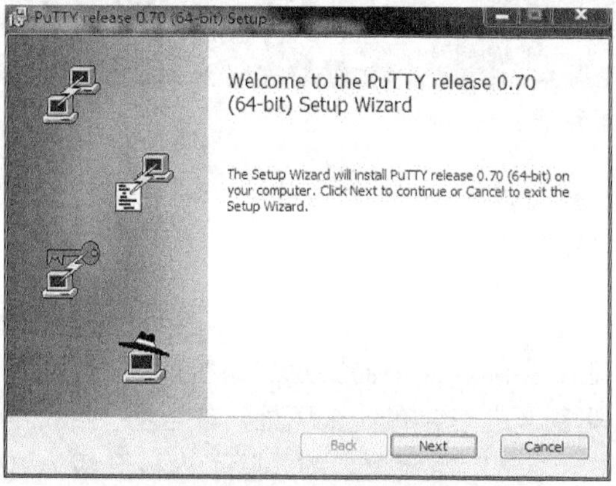

图 2-84　PuTTY 安装界面

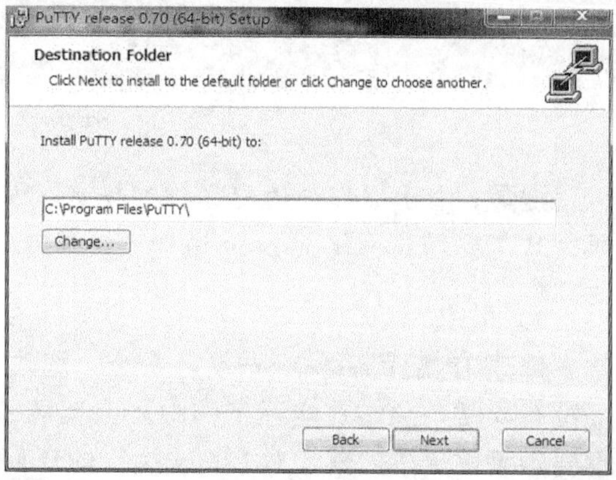

图 2-85　安装路径

选择需要安装的功能，如图 2-86 所示，这里我们默认即可。

开始安装，如图 2-87 所示。

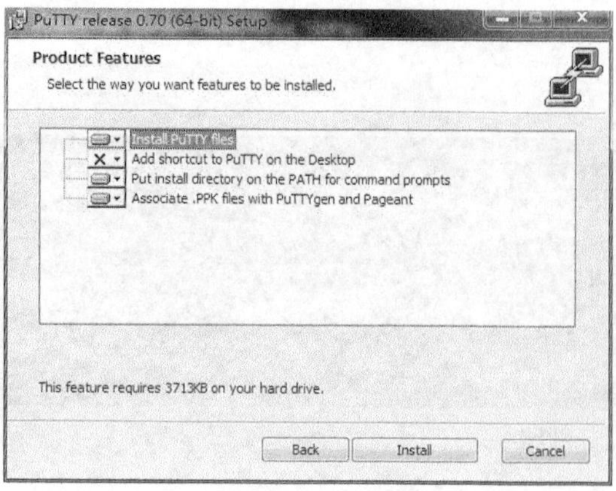

图 2-86　功能选择

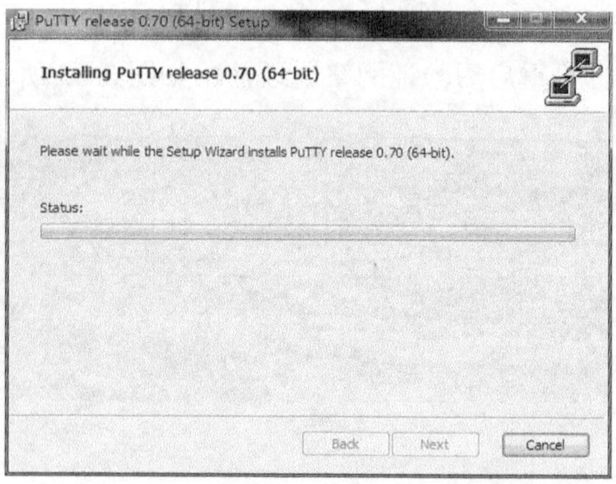

图 2-87　安装进度

安装完成后，在图 2-88 所示的界面中去掉“View README file”这个勾选，然后单击 Finish 即可。

打开 PuTTY，如图 2-89 所示。

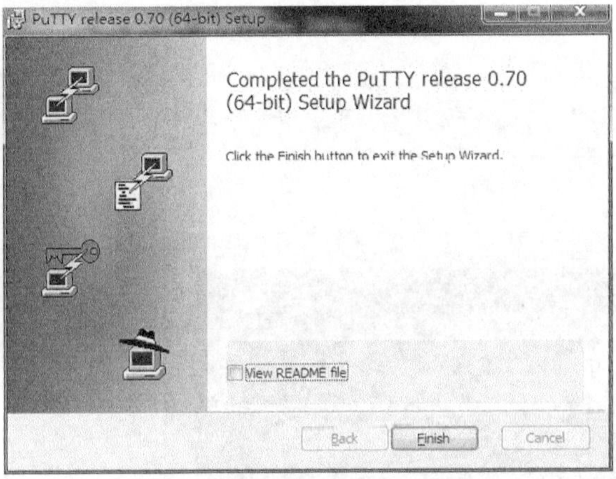

图 2-88 安装完成

图 2-89 开始菜单搜索

打开后界面如图 2-90 所示。

这是远程连接的配置界面，非常简单，按图 2-91 所示进行配置即可。

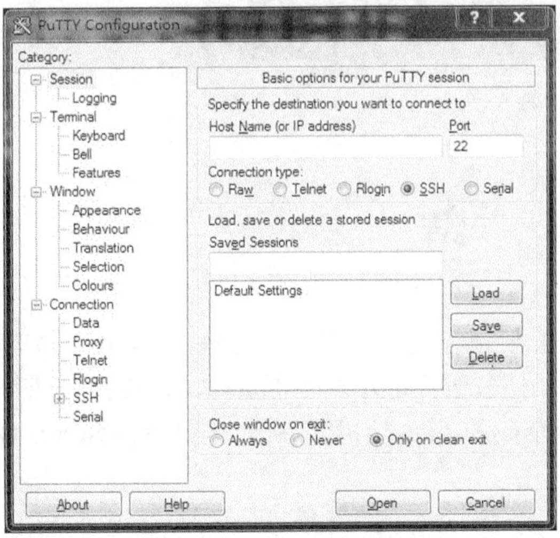

图 2-90 配置界面

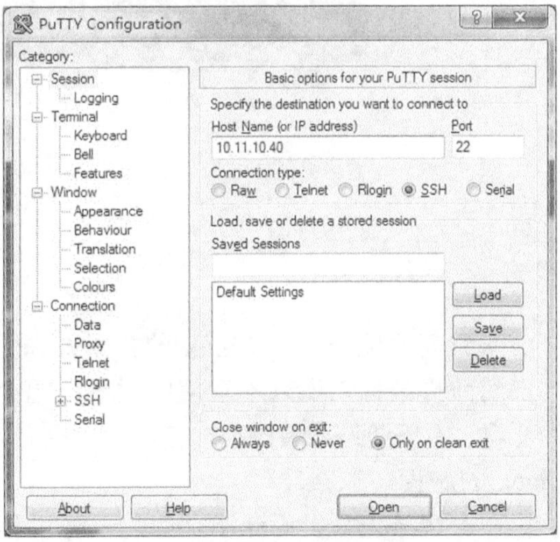

图 2-91 配置界面

单击 open 后弹出图 2-92 所示界面，选择“是”即可。

然后就会弹出图 2-93 所示的界面，这证明连接成功。

Tips：常用的远程客户端工具还有 SecureCRT、Xmanage Enterprise、Remot Desktop Manager 等，但是一般 PuTTY 已经够用。

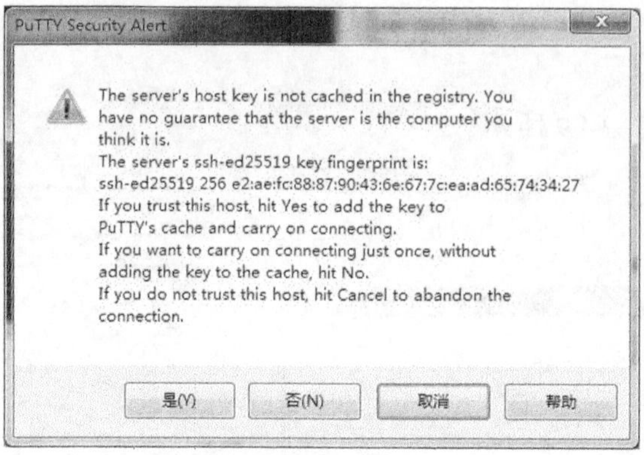

图 2-92　安全警告

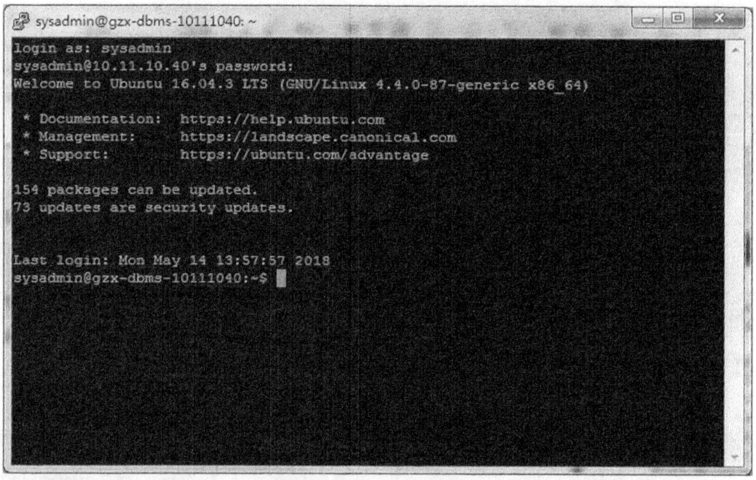

图 2-93　登录系统

2.6　总　　结

本章简要地介绍了 Linux 的背景知识、部署规划和安装过程。由于搭建 Linux 环境是本书的前提条件，所以本章使用大量篇幅介绍如何安装 Linux 并配置成本书后续部分所需的环境。希望通过安装过程，能让读者拥有一个基础的 Linux 环境，从而开启 SQL Server On Linux 的旅程。

在安装结束后，还介绍了如何快速远程连入系统。这个步骤是整个运维/学习过程的初始阶段，通过这个操作，读者能远程控制操作系统，进入文本控制界面。

Linux 世界属于文本命令行界面，无须进行图形化安装，请读者把在 Windows 上的图形化操作习惯尽快改过来。事实上，早期的 Windows 操作系统也是 DOS 文本操作界面的。只是后来封装得太 GUI，从而让人觉得仅是“鼠标操作”而已。对于服务器运维，GUI 会消耗大量的系统资源，同时对于批量化操作而言，GUI 远不如脚本高效。

下一章将介绍如何在本章搭建好的 Linux 环境下安装 SQL Server。

第 3 章　安装配置 SQL Server On Linux

2 分钟速读

正所谓工欲善其事必先利其器，安装一个可用的环境，是基础学习中的基础。本章将手把手地演示如何在 Linux（以 Ubuntu 为例）中安装及配置 SQL Server，大体包括如下内容。

- 版本选择：直接影响后续一些功能的使用，比如你安装了 Express 版但又想尝试 1.3 节中提到的新功能，那么这将无法进行。
- 安装过程：安装过程中的功能选择，账号、路径等配置，会影响日常使用及性能表现。
- 环境配置：除了 SQL Server 本身，也需要对 Linux 进行适当的配置，否则用起来很麻烦。
- 注意事项：很多人习惯按图文提示装好就完事，忽略了注意事项，往往我们遇到的坑，在这里面已经提到过。
- 示例数据库的安装：本书会使用自建数据库和微软示例数据库。示例数据库最好提前安装以免影响学习进度。
- 必要的说明：在本章，作者尽可能穿插一些相关经验，力争让读者知其然更知其所以然。

3.1　安装前的准备工作

过去，作者在学新东西时，习惯直接进行实操，随着经历的积累，越发感受到那些书或者官方文档中给出的一些注意事项和前提条件、限制等说明的重要性。特别在操作过程出现错误的时候，不妨回看一下这些内容。为了避免重走作者的老路，作者还是希望读者提前看一下这些内容。

在安装、选择和使用过程中，你应该不停地问自己：我想要什么？为什么这样说？因为作者觉得在继续读下去之前，需要思考一些问题以便真正地能坚持下去：

- 我们真的要用 SQL Server 吗？
- 我们真的要用 Linux 上的 SQL Server 吗？
- 我们要用哪个版本的 Linux 和 SQL Server？
- 安装前、中、后有什么注意事项？
- 还有没有其他需要思考的问题？

在这些问题中，前两个不应该在本书中去找答案，因为当你打开本书时，这些还需要问吗？而且它在第 1 章已经有介绍。作者只是希望读者能有一个习惯性思维，在选型的时候多考虑一下。

后面几个问题本质上就是如何规划你的安装部署，由于 SQL Server 并非免费，Linux 也并非全部免费（如 Red Hat，由于大部分企业使用的都是社区版，所以也可以认为它是免费），所以费用在实际的技术选型中就成了非常重要甚至决定性的因素。本书不考虑费用方面的问题。

下面我们换个方式来解读一下上面的问题，在安装之前，我们可能需要考虑以下问题。

- 部署方式：你的系统打算部署在物理机还是虚拟机上？如果是虚拟机，那么是选择公有云还是自建机房？如果云是可以考虑的，那么是选择纯公有云还是混合云？
- “硬件”考虑：不管采用何种部署方式，CPU、内存、I/O（含吞吐量）、网络架构都需要考虑，比如在高可用环境下，如果两台机器的网络延时较高，则不适合使用同步模式，这时常见的是跨地域的异地机房。
- 操作系统：Linux 有很多发行版，详见第 2 章。在 SQL Server On Linux 中，官方公布的支持版本集中在 Red Hat/CentOS、Ubuntu 和 SUSE 3 类。同时它也限定了最低版本的要求，在选择版本时要注意到这些限制。由于官方未明确说明支持 CentOS，为此本书选择 Ubuntu 作为环境，本书中如非明确说明使用其他 Linux 发行版，均指 Ubuntu。不过作者在 CentOS 7 中安装 SQL Server On Linux 也暂未发现问题。
- 功能选择：1.2 节中提到的关键组件并不建议完全安装，如何选择安装功能，是需要针对实际环境做出决定的。
- 其他考虑项：在云时代，我们多了 PaaS 这样的数据库服务［比如微软的 SQL Azure（也叫 Azure DB）等］，我们可以直接在上面构建数据库而不需要考虑存储、操作系统补丁等问题。由于这种服务的封装性很强，所以很多功能无法使用或者需要借助其他方式来实现，这个时候你就要考虑这类云数据库是否支持你需要的功能。

最后再次提醒，在安装之前，请先阅读一下最低要求、支持的平台，还有官方文档中的“备注”“重要”等部分。完整列表可自行必应搜索“Linux 上的 SQL Server 2017 的安装指南”。

3.2 安装攻略

如果读者按照本书的顺序来实操，那么在第 2 章里面已经演示了如何安装一个 Ubuntu 环境，接下来我们就在这个环境下进行 SQL Server 的安装。由于几乎所有 Linux 生产环境都是命令行界面的，所以为了让读者能够更快地熟悉这个领域，本书也以命令行的方式来进行 Linux（基于 Ubuntu）的演示。

提醒：由于 Linux 的命令非常丰富，很多命令都可以实现某个需求，为了减少不必要的困惑，以“满足需要”为准则，作者尽可能选用来自官方、专家书籍、网络常见的命令，所以请读者不要过于纠结于为什么这里用这个命令而不用那个命令。

3.2.1 操作系统环境检查

动手之前先检查一下你的环境是否满足 3.1 节中的官方要求，官方要求见表 3-1。

表 3-1 SQL Server 2017 对 Linux 系统的要求

操作系统 版本信息	Red Hat 企业版（7.3 以上） SUSE Linux 企业版（v12 SP2） Ubuntu（16.04） Docker 引擎（1.8 以上）
内存	2GB
文件系统	仅支持 XFS 或 EXT4
磁盘空间	6GB
处理器速度	2GHz
处理器核心	两个核心
处理器类型	仅兼容 x64

接下来我们按表 3-1 中所给的要求进行检查。

- 操作系统版本信息

使用下面命令即可查询 Linux 操作系统信息。

```
~$ cat /etc/*-release
```

结果如图 3-1 所示，演示环境为 Ubuntu 16.04.3 LTS，这满足官方要求。

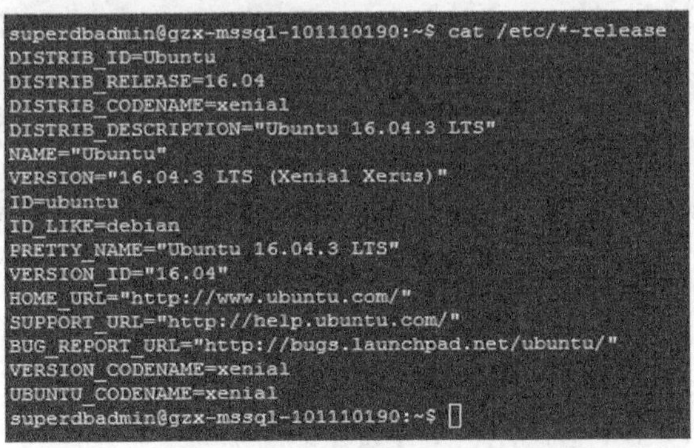

图 3-1 操作系统版本信息

- 服务器资源

接下来检查关于 SQL Server On Linux 的资源要求，它包括内存、文件系统、处理器信息。

  - 内存

其大小最少为 2GB，使用 free 命令搭配-m（以 MB 为单位显示）可以得知当前服务器的内存信息。演示环境（初始值）如图 3-2 所示，Mem 的总值为 3943MB，满足 2GB 的最小要求。

但是这里要说明一下，图 3-2 是写稿初期的截图，在编写第 16 章时由于 SQL Server In-Memory OLTP 技术需要较大内存，所以后面提升了这台服务器的内存，之所以这里不重新截图是为了保持截图信息的一致性，避免细心读者在看图过程中发现差异从而迷惑。希望读者把精力集中在如何使用命令检查环境上面。

```
~$ free -m
```

图 3-2　服务器内存信息（-m 代表以 MB 为单位）

➢　文件系统

Linux 没有盘符的说法，而是以文件系统作为术语。表 3-1 已经列出官方要求的文件系统类型仅能为 XFS 或 EXT4，同时其空间需要 6GB 以上，这里可以使用命令 df-TH 获取这两个信息。基于篇幅的原因，书中大部分简单命令的使用或功能说明请读者自行搜索。

```
~$ df -TH
```

命令结果如图 3-3 所示，SQL Server 需要用到的文件系统在/dev 目录下面，即图中框图部分。从 Type 列可知文件系统类型为 EXT4，同时从 Size 中可以看到系统共有多大空间。从第 2 章安装过程已经可知这足够了，更有价值的应该是 Avail 列，因为即使你有 1TB 的空间，如果可用空间小于 6GB，那么实际上也是不满足要求的。另外提醒一下，Used 和 Avail 列加起来往往不等于 Size 列的大小，因为这个命令只是粗略的信息，同时在字节转换过程中会有计算误差。

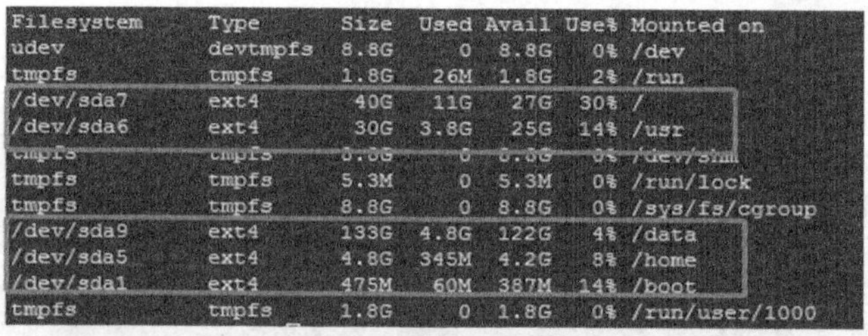

图 3-3　服务器文件系统

➢　处理器信息

处理器信息包含处理器速度（2GHz 以上）、处理器核心（最少双核）和处理器类型（仅兼容 x64）3 个信息，这 3 个信息用命令 lscpu 即可获取。

```
~$ lscpu
```

结果如图 3-4 所示，可见它已经满足要求。

检查完系统和资源信息之后，建议再增加一个操作，它就是确保环境处于最新状态，这一步跟 Windows 平台类似。在 Windows Server 环境下，安装 SQL Server 之前也应该把操作系统的所有稳定补丁（可以使用 Windows 自动更新）打全，对于 Linux（以 Ubuntu 为例）来说，可以使用下面命令来实现这个功能。

```
~$ sudo apt-get update && sudo apt-get upgrade
```

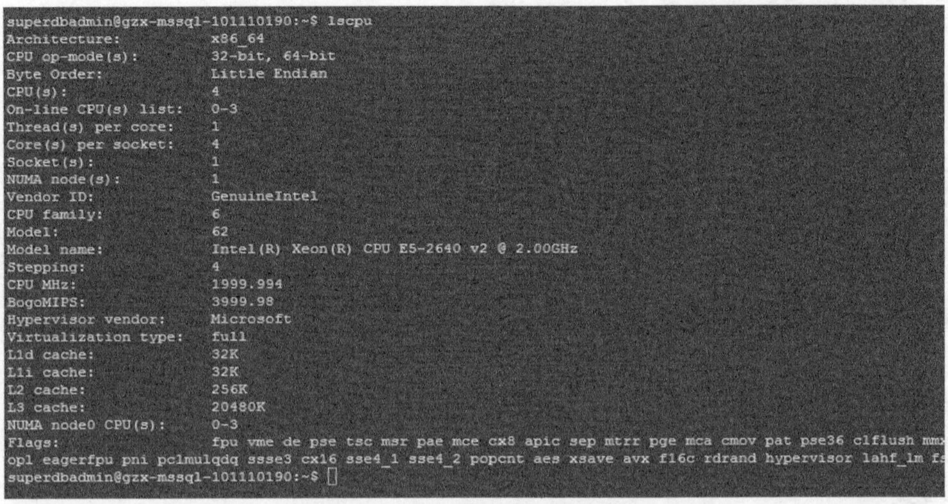

图 3-4 服务器 CPU 信息

另外注意不管是 Windows 平台还是 Linux 平台，由于安装 SQL Server 之后，它会记录安装时的机器名，所以在正式环境中，不管是哪个平台应先按照企业规定，把机器名定好。最好把与网络相关的配置也配置好，避免安装完 SQL Server 之后改机器名。特别是在使用高可用时，当 SQL Server 记录的机器名与当前操作系统的机器名不一致时，会出现很多麻烦。

提醒：本书完稿之时，由于 SQL Server On Linux 依旧无法完整识别过长的 Linux 主机名，所以不建议 Linux 机器名设置得过长，官方建议不要超过 15 个字符。

3.2.2 安装 SQL Server

Linux 中的 SQL Server 支持在线安装、无人参与安装和脱机安装，本节演示在线安装。由于 Linux 中的软件几乎都是通过各种存储库（repository）获取安装文件的，所以在安装前要配置目标存储库。

- 配置目标存储库

首先需要获取公共存储库的 GPG 密钥：

```
~$ wget -qO- https://packages.microsoft.com/keys/microsoft.asc | sudo apt-key add -
```

- 导入公共存储库 GPG 密钥

注意需要使用下面命令进行 sudo 提权，使用中注意空格。结果如图 3-5 所示。

```
~$ sudo curl https://packages.microsoft.com/keys/microsoft.asc | sudo apt-key add -
```

图 3-5 导入公共存储库 GPG 密钥

- 注册并配置 SQL Server Ubuntu 存储库

使用下面命令执行这个操作。由于排版原因命令换行了，从图 3-6 中可以看到这是一行命令。

```
-$ sudo add-apt-repository "$(curl https://packages.microsoft.com/config/ubuntu/
16.04/mssql-server-2017.list)" && sudo apt-get update
```

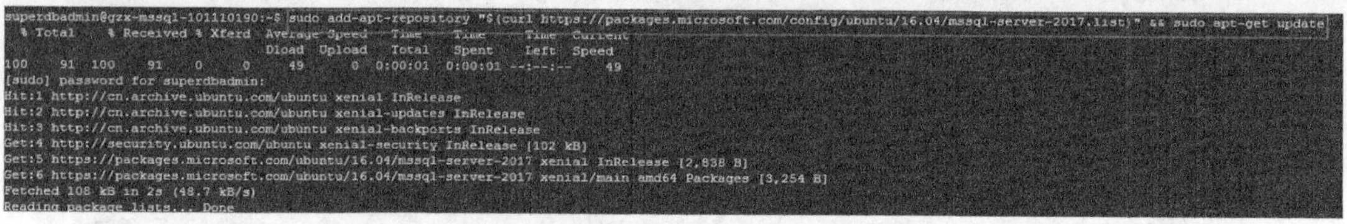

图 3-6　注册并配置 SQL Server Ubuntu 存储库

- 更改现有存储库

若需要后续更改现有存储库，则需要按照以下步骤进行操作。简单来说就是先删除再重新安装。

1）删除

使用下面命令进行删除。

```
-$ sudo add-apt-repository -r 'deb [arch=amd64] https://packages.microsoft.com/ubuntu/
16.04/mssql-server xenial main'
```

2）再导入

重新导入存储库。

```
-$ sudo curl https://packages.microsoft.com/keys/microsoft.asc | sudo apt-key add -
```

3）注册并配置

这里的命令同前面初始配置一样。

```
-$ sudo add-apt-repository "$(curl https://packages.microsoft.com/config/ubuntu/
16.04/ mssql-server-2017.list)" && sudo apt-get update
```

- 安装 SQL Server

这个安装过程很简单，几乎不需要人工干预。使用下面命令进行安装。

```
-$ sudo apt-get install -y mssql-server
```

安装成功后，可以看到最后一句话，如图 3-7 所示，它提示需要运行一个命令才能完成安装。

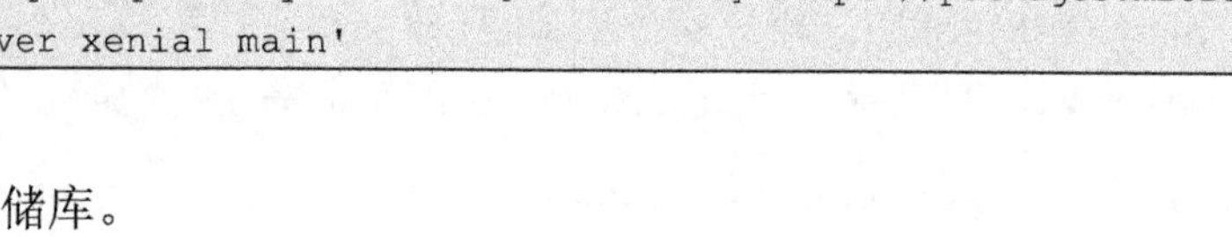

图 3-7　安装 SQL Server 后的提示

- 使用 mssql-conf setup 完成安装

按照图 3-7 所示要求，运行下面命令来完成安装。实际上从这里开始，才到“配置”阶段。结果如图 3-8 所示。

```
~$ sudo /opt/mssql/bin/mssql-conf setup
```

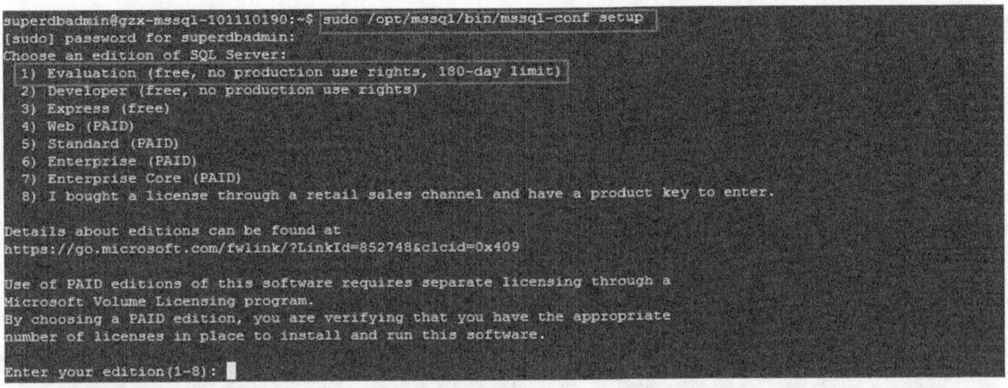

图 3-8 执行 mssql-conf setup

按提示进行操作。首先它会提醒你选择 SQL Server 版本。作为学习和研究可以选择评估版（evaluation）或开发版（开发版并不真正如网上所说的仅是授权问题，它有一些限制，这对于学习而言倒是无所谓），注意后面的提示，这里输入 1 或 2 即可。然后在询问 License 时输入 Yes，注意大小写。建议读者选择开发版（选 2）避免 180 天过期。

接下来会提示输入 sa（SQL Server System Administrator）的密码，请使用强密码（最少 8 位，包含大小写字母和数字，最好搭配特殊符号）。如图 3-9 所示。

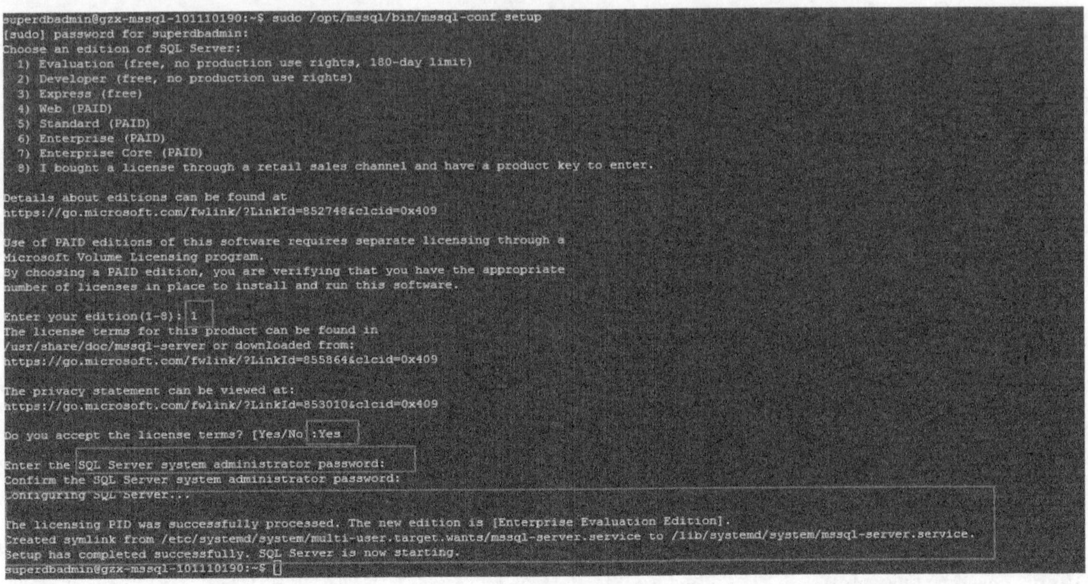

图 3-9 安装配置界面

当看到图 3-9 所示界面的最后一个框中的提示（Setup has completed successfully.）之后，说明 SQL Server 已经基本安装完成。

3.2.3 验证安装

这一步并非必要，但是作为一个好习惯，在使用或者交付前应先进行简单校验，以确保安装没有明显问题。校验逻辑很简单，看看有没有服务→看看服务的状态→看看服务是否能正常启动、关闭、重启。第 6 章会有详细介绍，此处仅简单检查。

1）检查服务状态

这一步会查看是否有服务。作者在论坛见过，有些人只安装了客户端工具（SSMS），就以为已经安装好 SQL Server，结果发帖问为什么系统启动不了。这里我们使用 systemctl 命令来查看服务状态，结果如图 3-10 所示。

```
~$ systemctl status mssql-server
```

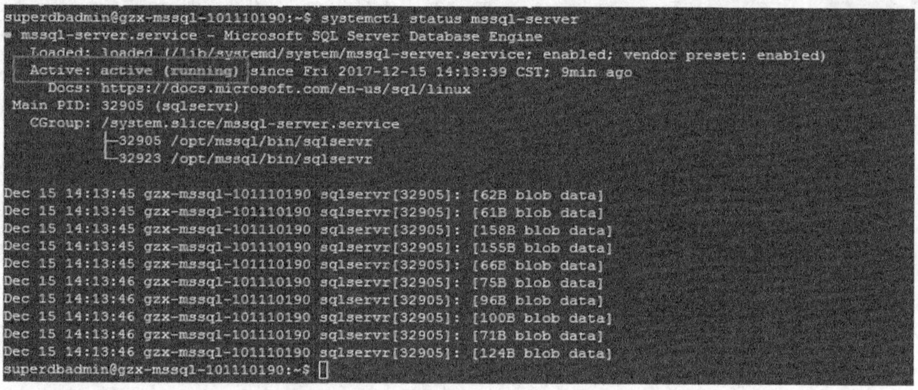

图 3-10　检查 SQL Server 服务

从图 3-10 中可以看出，服务处于“running”状态，这证明有服务且正在运行。到这一步基本上可以证明 SQL Server 确实安装成功。

2）重启

因为第 6 章专门介绍服务管理，所以这里仅演示重启，使用下面命令进行重启。

```
~$ sudo systemctl restart mssql-server
```

3.2.4　安装 SQL Server 命令行工具

前面的步骤只安装 SQL Server 引擎部分，虽然它已经成功了，但是这不代表你可以直接使用。因为还需要安装“客户端”来使 T-SQL 命令与 SQL Server 进行交互。这里演示“最轻量级”的“客户端”——命令行工具的安装。除了命令行工具之外，还可以使用我们熟悉的 SQL Server Management Studio（SSMS）。

这里的命令行实际上跟 Windows 平台中的 SQL Server 一样——SQLCMD，也许 Windows 平台用得不多，但是在这种原生以命令行交互的 Linux 平台中这又显得特别重要。由于默认安装过程不安装这个工具，所以需要额外安装。

1）导入公共存储库 GPG 密钥

参考 SQL Server 安装过程（见 3.2.2 节）。

2）注册微软 Ubuntu 存储库

使用下面命令进行注册。

```
sudo add-apt-repository "$(curl https://packages.microsoft.com/config/ubuntu/16.04/
prod.list)"
```

3）更新源列表并运行 unixodbc 开发人员包的安装命令

下面两个命令都要执行。

```
~$ sudo apt-get update
~$ sudo apt-get install -y mssql-tools unixodbc-dev
```

在安装过程中会弹出两次图 3-11 和图 3-12 所示的对话框以询问是否接受许可，很显然你必须选择 Yes。

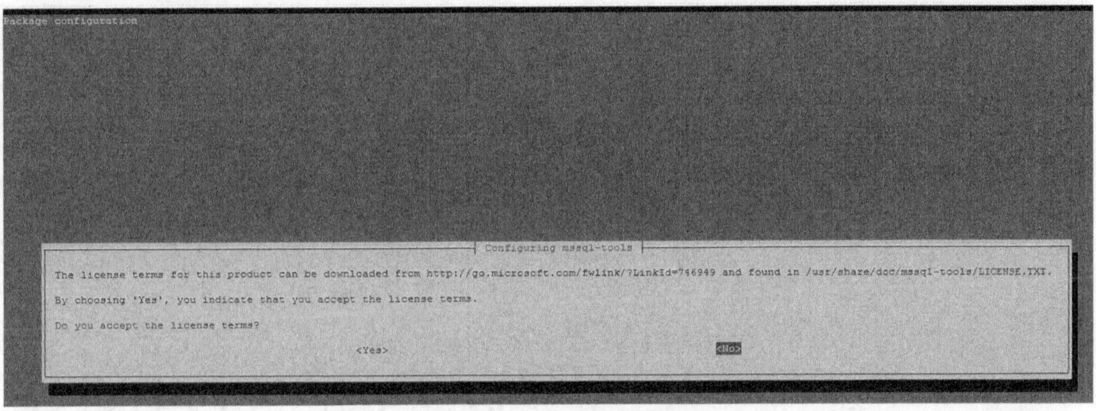

图 3-11 配置 mssql-tools

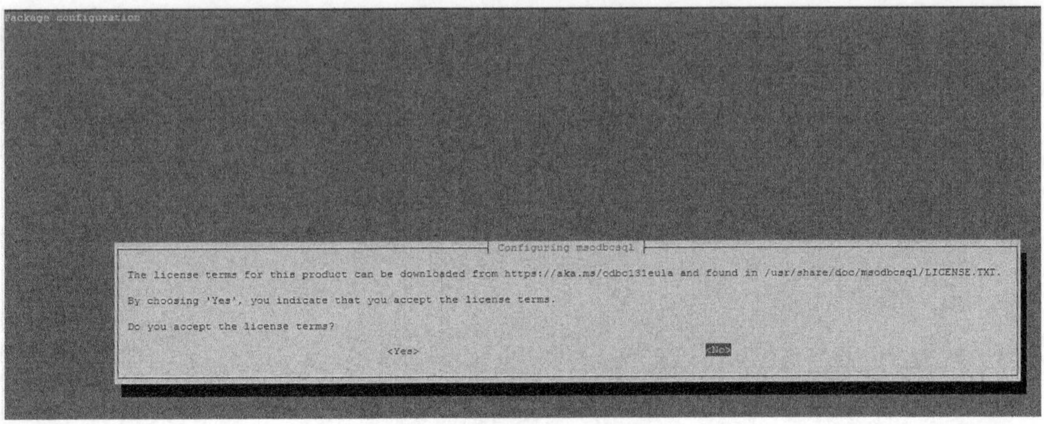

图 3-12 配置 msodbcsql

这样 SQL Server 就可以使用了。在 Linux 上如果不配置环境变量的话，那么每一次使用时，都要使用完整路径来调用它，显然这不便于日常工作。因此，强烈建议配置环境变量。执行以下命令即可完成配置。

```
-$ echo 'export PATH="$PATH:/opt/mssql-tools/bin"' >> ~/.bash_profile
-$ echo 'export PATH="$PATH:/opt/mssql-tools/bin"' >> ~/.bashrc
-$ source ~/.bashrc
```

完成之后，就可以使用 sqlcmd 来连接本地 SQL Server 实例，这个连接方式在 Windows 平台上也是一样的，读者不妨尝试一下，但注意大小写。结果如图 3-13 所示。

```
~$ sqlcmd -S localhost -U sa -P xxxxx(你的密码)
```

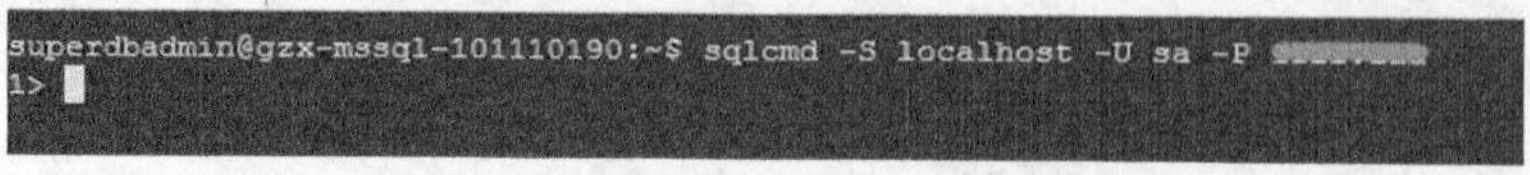

图 3-13 带有-P 参数的 sqlcmd 登录

或者使用更加安全的，不带-P 参数的方式，这样不会被附近的人看到密码明文，如图 3-14 所示。

```
~$ sqlcmd -S localhost -U sa
```

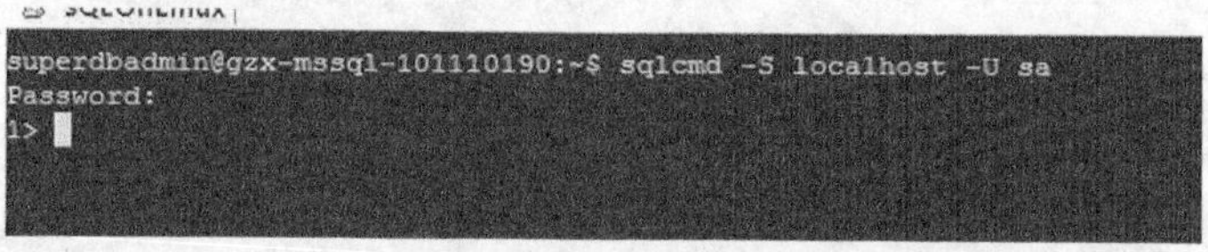

图 3-14 不带-P 参数的 sqlcmd 登录

第二个命令会在按回车键之后提示你输入密码，这种方式较为安全，特别是有人在你隔壁的时候。

连接成功后（图 3-14 所示的“1>”代表已经连接到 SQL Server），不妨检查一下 SQL Server 的版本。本机结果如图 3-15 所示。

```
~$ sqlcmd -S localhost -U SA -Q 'select @@VERSION'
```

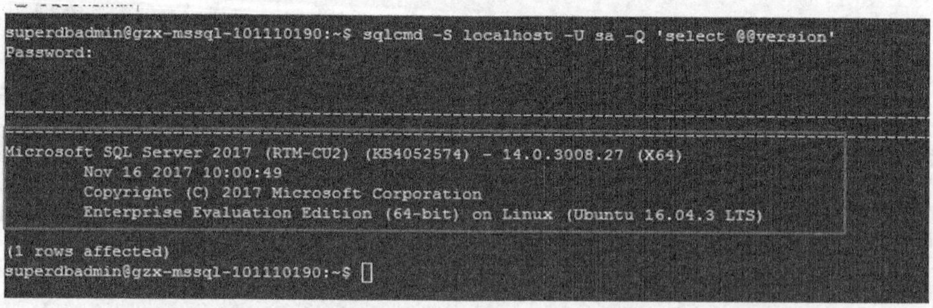

图 3-15 SQL Server 版本

如图 3-15 所示，当前安装的是 SQL Server 2017（RTM-CU2）评估版（基于 Ubuntu 16.04.3 LTS），安装时间为 2017 年 11 月 16 日。

3.2.5 尝试使用

接下来可以使用 sqlcmd 创建数据库（见图 3-16）、表（见图 3-17）和插入一些测试数据，然后进行查询（见图 3-18）。

从这 3 个图中可以看到我们最常用的 T-SQL 命令已经可以正常运行。需要注意的是，在 sqlcmd 中，要注意使用 USE[库名]来切换当前库，要以 GO 来触发执行。这两点对于习惯了 SSMS 操作的读者来说可能比较陌生，需要特别留意。

```
superdbadmin@gzx-mssql-101110190:~$ sqlcmd -S localhost -U sa
Password:
1> create database TestDB
2> go
1> select name from sys.databases
2> go
name
--------------------------------------------------------------------------------
master
tempdb
model
msdb
TestDB

(5 rows affected)
1> 
```

图 3-16 创建测试数据库

```
1> use TestDB
2> go
Changed database context to 'TestDB'.
1> CREATE TABLE Test(id INT, name nvarchar(50),quantity int)
2> go
```

图 3-17 创建测试表 Test

```
1> INSERT INTO Test VALUES(1, 'apple',150);
2> INSERT INTO Test VALUES(2,'banana',150);
3> GO

(1 rows affected)

(1 rows affected)
1> SELECT * FROM Test
2> GO
id          name                                               quantity
----------- -------------------------------------------------- -----------
          1 apple                                                      150
          2 banana                                                     150

(2 rows affected)
```

图 3-18 插入测试数据并查询

如果要退出 sqlcmd 的话，那么输入 quit 即可。到目前为止，我们终于有了一个“能用”的环境，接下来是对环境的配置。毕竟一个“好用”的环境远不止现在这样，而且在交付环境之前，有很多工作还要做。

另外如果你不嫌麻烦，那么可以一直这样用 sqlcmd，但是为了接下来的演示更方便及考虑到 Windows 平台的读者，建议安装 SSMS。前面提到过，这个工具需要额外安装。

3.3 环 境 配 置

在 Windows 上安装完 SQL Server 之后，不是必需的但建议配置的主要是 TempDB 拆分、各种作业部署、CPU（通常不需要改变）、内存及一些默认数据库文件/备份路径、压缩备份启用，还有 Windows 上的即时文件初始化启用、服务启动状态、TCP/IP 配置等。

题外话：在写作本书过程中，本人所属公司使用的一套打卡考勤软件（第三方软件）的运维工作交到作者手上，因为空间爆了，供应商处理不了。后来检查发现以下几个问题：

- 系统把用户操作日志写到 master 库中。

- 所有数据库都放在 C 盘。
- 用户数据库恢复模式为完整模式，但是没有任何类型的备份。这导致数据文件的大小为 9GB，但是日志文件的大小为 55GB。切记完整模式必须搭配日志备份。

这是典型的配置和运维未到位问题。在案例篇再详述这些。

由于 Windows 平台跟 Linux 平台确实存在不少差异，前面说过，未经专业优化的 Linux 服务器在性能及安全性方面不一定比 Windows Server 表现得更好，因此本节不仅介绍 SQL Server 层面的配置，也会适当介绍 Linux 层面的配置。具体内容如下所示。

- 更新/卸载/重装 SQL Server（这次使用无人参与的安装方式再次进行安装）
- 检查配置存储库信息
- 安装 SQL Server 代理
- SQL Server 实例配置
- 最佳实践配置建议（针对性能的配置详见性能篇）

3.3.1　更新/卸载/重装 SQL Server

- 更新 SQL Server

为了弥补 SQL Server 在 Linux 平台下还不太完善的各种功能，在一定时间内 SQL Server 的更新包会比 Windows 平台下它的发布频率要快得多。为了快速修复各种 bug，前期可能要频繁更新。所以很有必要演示一下更新步骤，另外一般不建议在新的更新包出现之后就马上在正式环境使用。

更新之前，需要进行一些常规的操作，即备份和记录现有信息。这两个步骤在运维工作中非常常见。完整备份所有数据库，所有数据库！同时记录当前的 SQL Server 版本。这一步可以连入 SQL Server 并用 SELECT @@VERSION 来获取，也可以使用`~$ apt-cache show mssql-server`来查询，后者更加丰富，如图 3-19 所示。

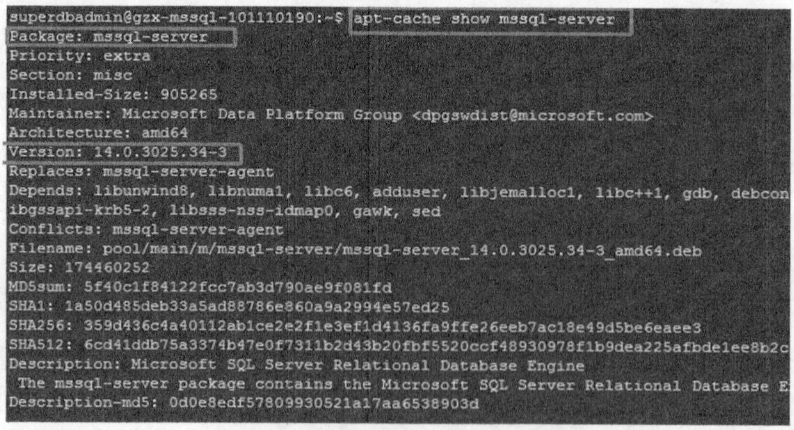

图 3-19　查看 SQL Server 信息

然后使用`~$ apt-get -just-print upgrade`检查是否有可用的更新包，如图 3-20 所示的第二个框图。如果有可用更新，则下面会有“mssql-server”。演示服务器由于是最近安装的，所以并没有可用的更新包，另外注意第一个框图，它说明了这仅是模拟。

```
superdbadmin@gzx-mssql-101110190:~$ apt-get --just-print upgrade
NOTE: This is only a simulation!
      apt-get needs root privileges for real execution.
      Keep also in mind that locking is deactivated,
      so don't depend on the relevance to the real current situation!
Reading package lists... Done
Building dependency tree
Reading state information... Done
Calculating upgrade... Done
The following packages were automatically installed and are no longer required:
  aglfn gnuplot gnuplot-tex gnuplot5-data gnuplot5-qt libcollectdclient1 libevdev2 libgetopt-simple-perl libgtk2.0-0 libgtk2.0-bin libgtk2.0-common libinput-bin libinput10
  libmtdev1 libpcre16-3 libqt5core5a libqt5dbus5 libqt5gui5 libqt5network5 libqt5printsupport5 libqt5svg5 libqt5widgets5 libwacom-bin libwacom-common libwacom2
  libwxbase3.0-0v5 libwxgtk3.0-0v5 libxcb-icccm4 libxcb-image0 libxcb-keysyms1 libxcb-randr0 libxcb-render-util0 libxcb-xkb1 libxkbcommon-x11-0 perl-tk
  qttranslations5-l10n
Use 'apt autoremove' to remove them.
The following packages have been kept back:
  linux-generic linux-headers-generic linux-image-generic mssql-server mssql-tools
The following packages will be upgraded:
  apache2 apache2-bin apache2-data apache2-utils apparmor apport apt apt-utils base-files bsdutils cloud-guest-utils distro-info-data dpkg friendly-recovery grub-common
  grub-legacy-ec2 grub-pc grub-pc-bin grub2-common hdparm ifupdown initramfs-tools initramfs-tools-bin initramfs-tools-core isc-dhcp-client isc-dhcp-common
  libapparmor-perl libapparmor1 libapt-inst2.0 libapt-pkg5.0 libaudit-common libaudit1 libavahi-client3 libavahi-common-data libavahi-common3 libblkid1 libcurl3 libfdisk1
  libgcrypt20 libicu55 libmount1 libmysqlclient20 libnuma1 libpam-modules libpam-modules-bin libpam-runtime libpam-systemd libpam0g libparted2 libpci3 libperl5.22
  libplymouth4 libsmartcols1 libssl1.0.0 libsystemd0 libudev1 libuuid1 libvirt0 libwayland-client0 libwayland-cursor0 libwayland-server0 linux-base linux-firmware
  linux-libc-dev lshw mount msodbcsql mysql-common open-vm-tools openssl parted patch pciutils perl perl-base perl-modules-5.22 plymouth plymouth-theme-ubuntu-text
  python-apt-common python3-apport python3-apt python3-distupgrade python3-problem-report python3-update-manager resolvconf sensible-utils snapd sosreport systemd
  systemd-sysv ubuntu-mono ubuntu-release-upgrader-core udev update-manager-core update-notifier-common util-linux uuid-runtime wget xdg-user-dirs zabbix-agent
```

图 3-20 查看可更新的包信息

如果发现有可用的更新包且决定要更新 SQL Server，那么请使用表 3-2 中的命令。把 SQL Server 更新到最新版本，不同的分支版本使用不同的命令。

表 3-2 更新不同 Linux 发行版的 SQL Server 命令

Linux 分支版本	更新包命令
RHEL(Red Hat Enterprise)/CentOS	yum update mssql-server
Ubuntu	sudo apt-get update sudo apt-get install mssql-server

这个过程会下载包，这个包默认安装在/opt/mssql/下。它不更新用户库和系统数据库，只更新数据库引擎，正如 Windows 平台下的 SQL Server 一样。如果你对现有实例进行升级，那么原数据库的兼容级别是不会随着变化的。但是备份必不可少。

图 3-21 所示为在 Ubuntu 下更新 SQL Server 的示意图。

```
superdbadmin@gzx-mssql-101110190:~$ sudo apt-get update
[sudo] password for superdbadmin:
Hit:1 http://cn.archive.ubuntu.com/ubuntu xenial InRelease
Get:2 http://cn.archive.ubuntu.com/ubuntu xenial-updates InRelease [102 kB]
Get:3 http://security.ubuntu.com/ubuntu xenial-security InRelease [102 kB]
Get:4 http://cn.archive.ubuntu.com/ubuntu xenial-backports InRelease [102 kB]
Hit:5 https://packages.microsoft.com/ubuntu/16.04/mssql-server-2017 xenial InRelease
Hit:6 https://packages.microsoft.com/ubuntu/16.04/prod xenial InRelease
Fetched 306 kB in 2s (118 kB/s)
Reading package lists... Done
superdbadmin@gzx-mssql-101110190:~$ sudo apt-get install mssql-server
Reading package lists... Done
Building dependency tree
Reading state information... Done
mssql-server is already the newest version (14.0.3008.27-1).
0 upgraded, 0 newly installed, 0 to remove and 3 not upgraded.
```

图 3-21 在 Ubuntu 下更新 SQL Server

- 卸载 SQL Server

卸载工作在交付环境前可能需要使用，因为你也许会发现现有的环境安装或配置有错误。也可能在清理环境时要用到，相对于过去 Windows 平台的 SQL Server 卸载（非常痛苦），在 Linux 上的卸载则轻松很多，这也是本书推荐 SQL Server On Linux 的理由之一。

如果读者不愿意在此时卸载刚安装好的环境，那么可以以后再回过来看，不过在前期多动手安装执行和删除操作对熟悉命令是挺有帮助的。卸载 SQL Server On Linux 分为两步：卸载软件和删除数据库文件，这跟 Windows 平台上的是一样的，我们也可以仅卸载 SQL Server。

1）首先删除 Linux 上的 mssql-server 包

删除命令见表 3-3。

表 3-3　卸载 SQL Server 的命令

Linux 平台	删除包命令
RHEL	sudo yum remove mssql-server
Ubuntu	sudo apt-get remove mssql-server

在删除过程中，系统会提醒是否真要删除，如果选择“Y”，则开始删除；如果选择“N”则不删除，现在我们进行实际卸载。然后我们再次使用 sqlcmd 来尝试连接，此时 SQL Server 已经连不上，如图 3-22 所示。

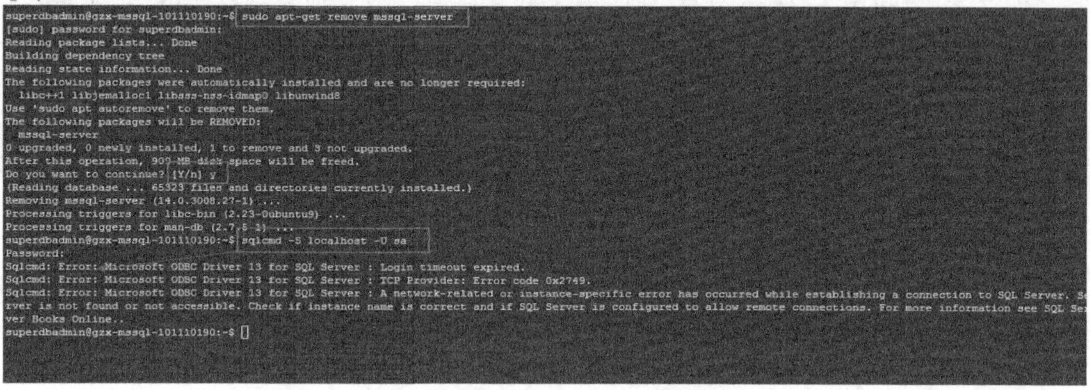

图 3-22　删除 SQL Server 并尝试连接

此时用户数据库和系统库依旧存在，如图 3-23 所示。

图 3-23　删除 SQL Server 后的文件情况

2）删除数据库文件

当你确实不需要某些库文件时，可以使用非常危险的命令“`rm -rf`”来删除它们。要时刻记住，Linux 是没有回收站的，删除操作等于 Windows 中的 Shift+Del。

- 重装 SQL Server

前面演示了常规安装，本次使用“无人参与安装”的方式。如果是全新安装，那么需要根据 3.2 节中的例子进行存储库配置，这个过程实际上执行的代码主要有 3 句。

```
~$ nano install_sql.sh
~$ chmod +x install_sql.sh
~$ ./install_sql.sh
```

上面代码是在 Linux 平台上使用 Shell 运行配置文件进行安装。第一句是编辑 install_sql.sh 文件，填写必要信息。第二句是对文件授权可执行权限（+为添加权限，x 为可执行）。第三句是以当前用户的身份执行这个 Shell 脚本。

完整代码可以在微软官方网站上获取，需要注意修改脚本中的变量，最重要的两个是“MSSQL_SA_PASSWORD”（SA 密码）和“MSSQL_PID”（版本，默认为评估版，这不做修改），整个脚本负责以下步骤。

1）导入微软 GPG 密钥

2）注册 SQL Server 和命令行工具所需的微软存储库

3）更新本地存储库

上面 3 步的实现由下面代码来完成。

```
echo Adding Microsoft repositories...
sudo curl https://packages.microsoft.com/keys/microsoft.asc | sudo apt-key add -
repoargs="$(curl https://packages.microsoft.com/config/ubuntu/16.04/mssql-server-2017.list)"
sudo add-apt-repository "${repoargs}"
repoargs="$(curl https://packages.microsoft.com/config/ubuntu/16.04/prod.list)"
sudo add-apt-repository "${repoargs}"

echo Running apt-get update -y...
sudo apt-get update -y
```

4）安装 SQL Server

完成了前 3 步之后，就可以开始安装 SQL Server。

```
echo Installing SQL Server...
sudo apt-get install -y mssql-server
```

5）根据 MSSQL_SA_PASSWORD 配置 SA 密码并自动接受用户许可

下面的代码负责实现这个步骤，同样需要注意 SA 的强密码。

```
echo Running mssql-conf setup...
sudo MSSQL_SA_PASSWORD=$MSSQL_SA_PASSWORD \
    MSSQL_PID=$MSSQL_PID \
    /opt/SQL Server/bin/mssql-conf -n setup accept-eula
```

6）接受命令行工具的许可及安装相关依赖包

下面代码安装了必要的命令行工具。

```
echo Installing mssql-tools and unixODBC developer...
sudo ACCEPT_EULA=Y apt-get install -y mssql-tools unixodbc-dev
```

7）对命令行工具配置环境变量

这一步跟手动安装是一样的。

```
# Add SQL Server tools to the path by default:
echo Adding SQL Server tools to your path...
echo PATH="$PATH:/opt/mssql-tools/bin" >> ~/.bash_profile
echo 'export PATH="$PATH:/opt/mssql-tools/bin"' >> ~/.bashrc
```

8）安装 SQL Server 代理

如果不安装则把代码中的“y”改成“n”。

```
# Install SQL Server Agent (recommended)
SQL_INSTALL_AGENT='y'
```

9）选择性安装 SQL Server 全文检索

默认不安装，一般手动安装时也不安装，除非业务系统需要。

```
# Install SQL Server Full Text Search (optional)
# SQL_INSTALL_FULLTEXT='y'
```

10）配置防火墙

取消对 tcp 端口 1433 的限制（1433 是 SQL Server 的默认端口）。

```
# Configure firewall to allow TCP port 1433:
echo Configuring UFW to allow traffic on port 1433...
sudo ufw allow 1433/tcp
sudo ufw reload
```

11）设置死锁跟踪标识

默认不开启。但它对故障侦测有帮助。

```
# Optional example of post-installation configuration.
# Trace flags 1204 and 1222 are for deadlock tracing.
# echo Setting trace flags...
# sudo /opt/SQL Server/bin/mssql-conf traceflag 1204 1222 on
```

12）安装后重启 SQL Server

这一步与手动安装一样。

```
# Restart SQL Server after installing:
echo Restarting SQL Server...
sudo systemctl restart mssql-server
```

13）验证安装是否正确

通过连接服务器并查询版本来实现校验。

```
# Connect to server and get the version:
counter=1
errstatus=1
while [ $counter -le 5 ] && [ $errstatus = 1 ]
do
  echo Waiting for SQL Server to start...
  sleep 3s
  /opt/mssql-tools/bin/sqlcmd \
    -S localhost \
    -U SA \
    -P $MSSQL_SA_PASSWORD \
    -Q "SELECT @@VERSION" 2>/dev/null
  errstatus=$?
  ((counter++))
done
```

14）连接失败信息

若连接失败则显示错误信息。

```
# Display error if connection failed:
if [ $errstatus = 1 ]
then
  echo Cannot connect to SQL Server, installation aborted
  exit $errstatus
fi
```

15）配置新管理员

如果配置了新管理员（如在 Windows 上安装时选择把域账号加入 SQL Server 管理员这类操作），则需要同时配置变量 SQL_INSTALL_USER 和 SQL_INSTALL_USER_PASSWORD。

除了这种方式，还可以修改脚本把需要额外配置的变量提取出来，放到另外一个脚本中。这种方式适合把第一个脚本放到所有需要安装的服务器上，然后把另外一个脚本提取出来按需配置。

```
#!/bin/bash
export SQL Server_SA_PASSWORD='<YourStrong!Passw0rd>'
export SQL Server_PID='evaluation'
export SQL_INSTALL_AGENT='y'
export SQL_INSTALL_USER='<Username>'
export SQL_INSTALL_USER_PASSWORD='<YourStrong!Passw0rd>'
export SQL_INSTALL_AGENT='y'
```

至此，Linux 上的无人参与安装已经完成。顺带说一句，Windows 上也有无人参与安装，不过从个人使用感受来说，它不如 Linux 便利。对于在短时间内批量安装同一个模板的 SQL Server 而言，不管是 Linux 平台还是 Windows 平台，无人参与安装都不失为一个好办法。

3.3.2 检查配置存储库信息

对于 Windows 平台上的用户而言，存储库这个概念有点陌生，本书在很多地方都提到这个。这里借用维基百科的介绍，存储库（全称为软件存储库，software repository）是软件发行商（比如微软）为了给软件提供官方下载地址而在互联网上维护的服务器。这类似过去很流行的某些专用下载网站（或者微软的 MSDN 网站），相对而言，存储库更为安全无毒。

如果需要从微软官方获得关于 Linux 方面的软件，则首先需要打通这个链路（即配置存储库），然后才能下载。因为 Linux 平台不像 Windows 那样可以直接运行 exe 文件，所以 Linux 上的安装程序需要通过存储库来实现，当然有些网站（如 Python 官网）天生就提供了专门针对 Linux 平台的安装文件，你可以使用 wget 等命令从网上下载。

在安装或升级 SQL Server 时，都需要从微软存储库中获取 SQL Server 的包，目前与存储库相关的有两类。

- 累积更新：也叫 CU，包含基于某个 SQL Server 自发布之日起所有的 bug 修复和改进包，它针对特定发行版定期发布。
- GDR：相对于 CU 而言，它偏向基于 SQL Server 版本和关键修复程序及安全更新包，会添加到下一个 CU 发行版中。

存储库中的 CU 和 GDR 都包含完整的 SQL Server 程序包和以前的更新，通过修改当前 SQL Server 配置的存储库，可以把 GDR 版本升级到 CU 版本。

检查存储库

首先我们需要检查本机的存储库。如果有的话那么它是什么样子的？可使用下面的脚本来查询，其中/etc 在 Linux 中是系统主要配置文件的存放目录。

```
~$ sudo cat /etc/apt/sources.list
```

其结果结图 3-24 所示，它是本书的演示环境（Ubuntu 的情况）。

```
deb [arch=amd64] https://packages.microsoft.com/ubuntu/16.04/mssql-server-2017 xenial main
```

图 3-24　配置存储库 URL

图 3-24 的结尾部分为 mssql-server-2017 xenial main，其中 xenial 是 Ubuntu 16.04 的代码名，main 代表着“官方支持的自由软件”，即这是 Ubuntu 上的安装包。除此之外，你可能会在这个 URL 中看到下面 3 种代码。

- mssql-server：预览版存储库
- mssql-server-2017：CU 存储库
- mssql-server-2017-gdr：GDR 存储库

本书使用的是 SQL Server 2017 CU 存储库。

更新存储库

在更新 SQL Server 时，首先需要更新存储库。这个“更新”目前来说还是比较反人类的，需要先删除旧存储库，再导入公共存储库 GPG 密钥（仅对 Ubuntu 而言），然后配置新的存储库，最后使用新存储库安装 SQL Server。GPG（GNU Privacy Guard）是免费的加密软件，可以加解密包含敏感数据的文件。

下面以 Ubuntu 为例演示更新存储库的步骤。

1）删除现有存储库

首先使用下面两句命令安装 Python 相关的包：

```
~$ sudo apt-get install python-software-properties
~$ sudo apt-get install software-properties-common
```

接下来使用下面的命令删除存储库，删除命令按存储库的不同而不同，如表 3-4 所示。注意下面命令中的 add 不是添加的意思，add-apt-repository 是由 python-software-properties 这个工具包提供的，所以要先安装 python-software-properties 才能使用 add-apt-repository，否则会显示“command not found”。

表 3-4　不同存储库的删除命令

存储库	删除命令（需使用 **sudo**），注意排版中代码过长换行了，实际上这是一行
CTP	add-apt-repository -r 'deb [arch=amd64] https://packages.microsoft.com/ubuntu/16.04/mssql-server xenial main'
CU	add-apt-repository -r 'deb [arch=amd64] https://packages.microsoft.com/ubuntu/16.04/mssql-server-2017 xenial main'

续表

存储库	删除命令（需使用 sudo），注意排版中代码过长换行了，实际上这是一行
GDR	add-apt-repository -r 'deb [arch=amd64] https://packages.microsoft.com/ubuntu/16.04/mssql-server-2017-gdr xenial main'

2）导入公共存储库 GPG 密钥

删除存储库后重新导入 GPG 密钥。

```
~$ sudo curl https://packages.microsoft.com/keys/microsoft.asc | sudo apt-key add -
```

3）配置新存储库

按照不同的存储库，根据表 3-5 所示的命令进行配置。

表 3-5　不同存储库的配置命令

存储库	命令（需使用 sudo），注意是一行代码
CU	sudo add-apt-repository "$(curl https://packages.microsoft.com/config/ubuntu/16.04/mssql-server- 2017.list)" && sudo apt-get update
GDR	sudo add-apt-repository "$(curl mssql-server-2017-gdr.list)" && sudo apt-get update

然后按照 3.2 节中的方式安装 SQL Server。如果读者还有印象，应该能发现本章从安装开始，就大量对存储库进行操作，这与 Windows 上的 SQL Server 安装对比有很大的区别。

3.3.3　安装 SQL Server 代理

3.2 节及 3.3.1 小节已经演示过 SQL 代理（SQL Agent）的安装。SQL 代理独立于 SQL Server 引擎之外，我相信不存在不使用 SQL 代理的正式环境，过去它是 SQL Server 自动化运维的首要手段，由于一直以来微软对其不断进行改进，所以非常重要且必须在这里演示它的安装步骤。

SQL 代理不管是新安装还是更新，都可以使用同一批命令，其顺序如下所示。

```
~$ sudo apt-get update
~$ sudo apt-get install mssql-server-agent
~$ sudo systemctl restart mssql-server
```

SQL 代理的安装示意如图 3-25 所示。

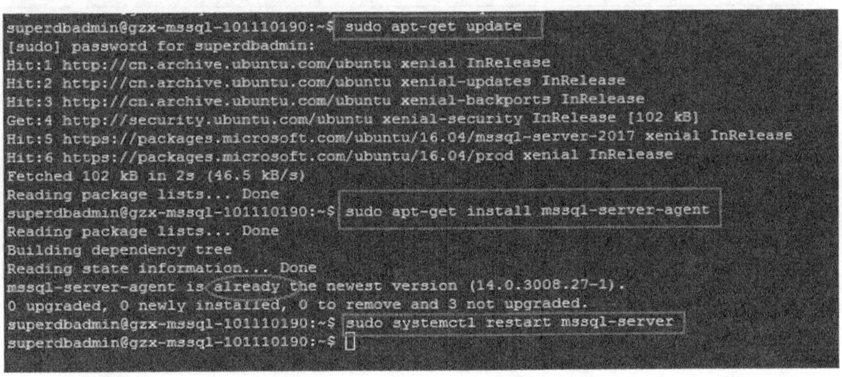

图 3-25　SQL 代理的安装示意图

由于在 3.3.1 节中已经一并安装了 SQL 代理，所以会出现图 3-25 椭圆框中的“already”字样。注意在更新时，应该执行 `sudo apt-get update`，这是一个良好的习惯，以便维持现有环境的最新状态。

另外在安装 SQL 代理之前，需要安装 SQL Server 引擎服务，这意味着你不能单纯安装 SQL 代理到一台空的服务器上。这样可以在安装 SQL 代理前就把存储库中的包及密钥安装并配置好。

在安装好 SQL 代理之后，它就可以用来创建、计划和运行任务了。这一步直接使用 T-SQL 命令即可，这跟 Windows 平台并没差异，建议使用 SSMS 创建和管理 SQL 作业。

很重要的一点是设置 SQL 代理启用，由于到目前为止并没有如 Windows 平台那样的界面操作，所以需要在 Linux 中使用命令来完成它。如果不设置它的话，那么在 Linux 重启后 SQL 代理将不会随之启动。

```
~$ sudo /opt/mssql/bin/mssql-conf set sqlagent.enabled true
~$ sudo systemctl restart mssql-server
```

3.3.4　SQL Server 实例配置

前面说到，不管是在 Windows 平台还是在 Linux 平台上安装 SQL Server 后，都要进行适当的配置，因为实际环境跟默认设置会有所不同。为了避免初学者进行不合理配置，这里列出一些在 Linux 平台上的配置，同时会说明它是否适用于 Windows 平台。由于很多配置跟其他内容相关，所以本小节不打算进行深入介绍，而是将其分散到相关的专门章节中。本小节集中在 SQL Server 层，下一节会介绍 SQL Server 的外层配置。

提醒：本小节和下一小节实际上可以归纳成各种“Checklist”，详见附录 B。

服务设置

在 SQL Server 中，通常用到的服务有 SQL Server 引擎和 SQL 代理。首先要知道这两个服务的启用情况，在 Windows 平台的安装过程中选择服务账号页面时它会让你选择“自动启动”“手动启动”还是“禁用”，而在 Linux 平台上，默认服务都不自动启动。

为了了解服务器的状态，可以使用下面命令查看当前服务信息。

```
~$ systemctl list-unit-files | grep sql
```

结果如图 3-26 所示，当前（未配置）的 SQL 服务为 disabled 状态，即开机不自动运行。

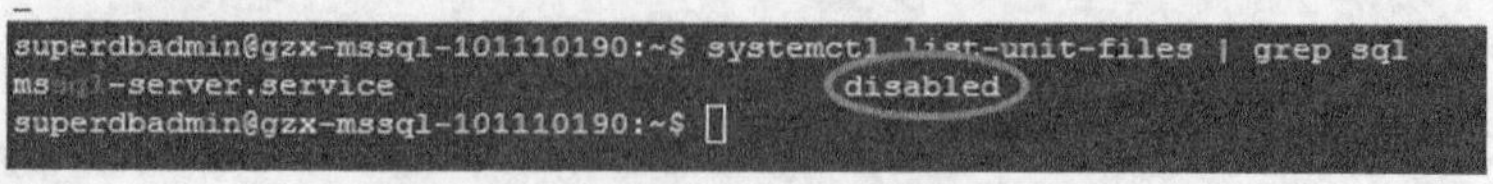

图 3-26　默认 SQL Server 服务的启动状态

下面使用 `sudo shutdown -r` 重启操作系统来验证这个。系统重启后用命令 `sudo systemctl status mssql-server.service`（这个命令以后会介绍）来查看当前状态，命令中的“`.service`”部分为非必需的。见图 3-27，可见状态为 inactive（非活动）。

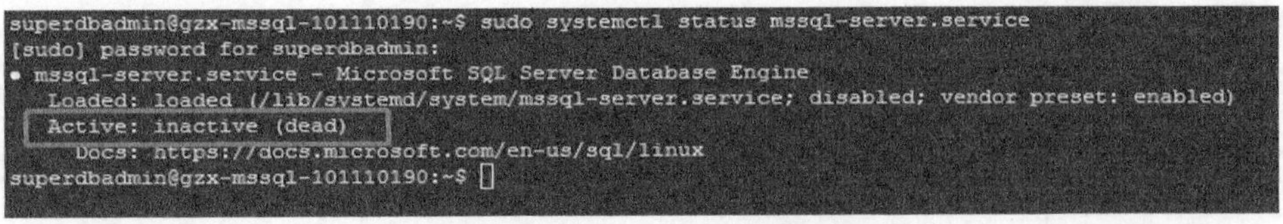

图 3-27 默认情况下 SQL 服务状态

如果还不放心，那么可以用 SSMS 连一下，如图 3-28 所示（之前就已经连接了，此处截图为刷新后的情况），这时连不上 SQL Server。

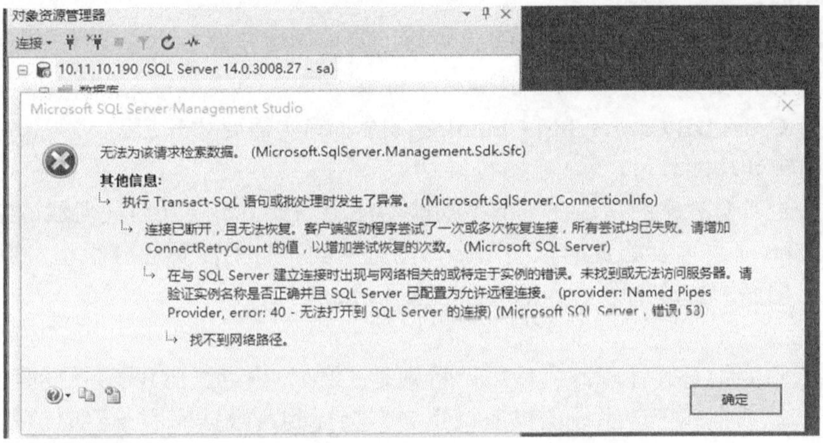

图 3-28 重启操作系统后使用 SSMS 校验是否能成功连接

以上步骤证明了，在 Linux 下未经配置的 SQL Server 服务是非自动启动状态的。遗憾的是在 Linux 上并没有明显的 SQL 代理服务，而且本书完稿时也未见官方文档，只能通过 T-SQL 命令“`SELECT * FROM sys.dm_server_services;`”来查看 SQL 代理信息。如果此时要启动 SQL 服务，则需要使用下面的 Linux 命令。

```
~$ sudo systemctl start mssql-server.service
```

同时我们可以使用下面命令来启用 SQL 服务为自动启动。

```
~$ sudo systemctl enable mssql-server.service
```

命令执行之后再次检查，可见服务已经启动，如图 3-29 所示。读者可以自行再次重启操作系统并校验它。

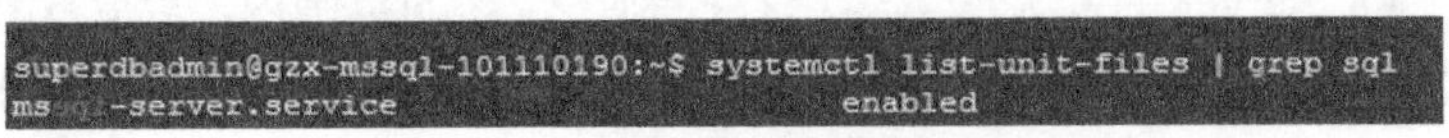

图 3-29 启用 SQL 服务后的状态

建议： *在正式环境下，都应该将其设置为随操作系统的启动而启动。*

安全设置

不管何种平台，对于安全设置来说，都要坚持最小所需权限的原则。同时从管理经历而言，尽量以“组”的形式来管理，因为在大型企业中，实际的数据库用户可能成百上千个，一旦全部加进去 SQL Server，即使是用 GUI，也会很难管理。以组的思维进行管理是服务器管理的核心思想之一。

安全设置主要集中在账号管理上。它一般需要考虑以下内容，其中大部分内容是 Windows 和 Linux 通用的。

- **避免一码通用**：隔离同一个服务器甚至不同服务器上所有 SQL Server 实例的账号密码，这不仅指数据库层。
- **限制账号数量**：合理环境不应该有过多的用户账号。
- **SA 处理**：首先必须强密码，其次，若有替代账号则应安装后禁用 SA。
- **优先使用集成身份验证**。
- **密码策略**：启用一切允许的密码策略以确保密码足够安全。
- **定期/及时清理无用账号**。
- **禁用 Cross DB Ownership Chaining**：除非确实需要才开启。
- **启用审计功能**。

最后一个经常被忽略的是，在不清楚功能的使用场景下不要开启任何默认禁用的功能。

在 SQL Server 层需要配置的东西不多，而且两类平台的配置差异很小。更多的安全配置是在 Linux 层面的，这部分内容请查阅有关 Linux 的章节。

资源设置

资源配置主要指对硬件资源的使用，特别是 CPU、内存、I/O 子系统的使用。不仅微软会提及，其他数据库管理系统的供应商也必然会提到，数据库服务器应该是专用的服务器，任何混用（包括安装杀毒软件）都有可能对数据库性能带来潜在的影响。只要有条件，应该优先考虑使用专用的环境给数据库。

专用的另外一个含义就是“独占”，本书是以“独占”为前提对资源进行配置的。最好配置数据库资源的方式还是在数据库管理系统中进行，毕竟管理数据库的系统比任何外部资源都了解数据库，何况对于操作系统而言，数据库管理系统是一个跟文本编辑器差不多的“应用软件”而已。因此，从这里开始介绍 Linux 上的用于管理 SQL Server 的命令 mssql-conf。具体说明可以使用`-$ man mssql-conf`或者到微软官网进行查看。简单来说，这个命令就是专用于管理 SQL Server 数据库引擎的工具。下面会边演示配置边说明。需要配置的内容主要包含内存和 I/O 子系统的配置。因为 CPU 在绝大多数情况下都应该全部使用，所以这里不建议修改，除非你的服务器运行了多实例或者多种工作负载。

内存

为确保 SQL Server 不会把物理内存消耗干净从而导致操作系统无法响应，不管在什么平台下，都应该保证 SQL Server 的最大服务器内存控制在合理的范围内。默认情况下，SQL Server 进程只使用 80%的 RAM，但是对于内存非常大的系统（如 1TB），20%的空闲对于专用服务器来说有些浪费，这个时候可以使用 mssql-conf 工具或者 memory.memorylimitmb 来设置可用内存。

由于微软并未针对 Linux 提出建议，所以作者建议不妨先以 Windows 上的内存配置为基准，然后通过持续监控来调整，具体方法可见第 6 章及性能篇。毕竟从来没有一蹴而就的配置指标，都需要经过监控调整才可获得最佳性能。与 Windows 中的内存控制略微有点差异，Linux 上的内存控制分为两步。

1）外层

更改操作系统的可用内存（这个在 Windows 上一般不用）。

2）内存

更改 SQL Server 的可用内存。（两者都一样要配置）

关于第一点，可以参见作者的博客，必应搜索 CSDN 博客《如何保护 SQL Server 免受 Linux 上的 OOM-killer 杀掉》。

在 Linux 平台，我们需要先从操作系统层面控制可用内存，实际上你可以将其粗略地理解为限制 SQL Server 对操作系统的“可见”内存，如图 3-30 所示。在本书的演示环境中可以看到原始状态的内存值，我们这次修改的就是图中框住部分。

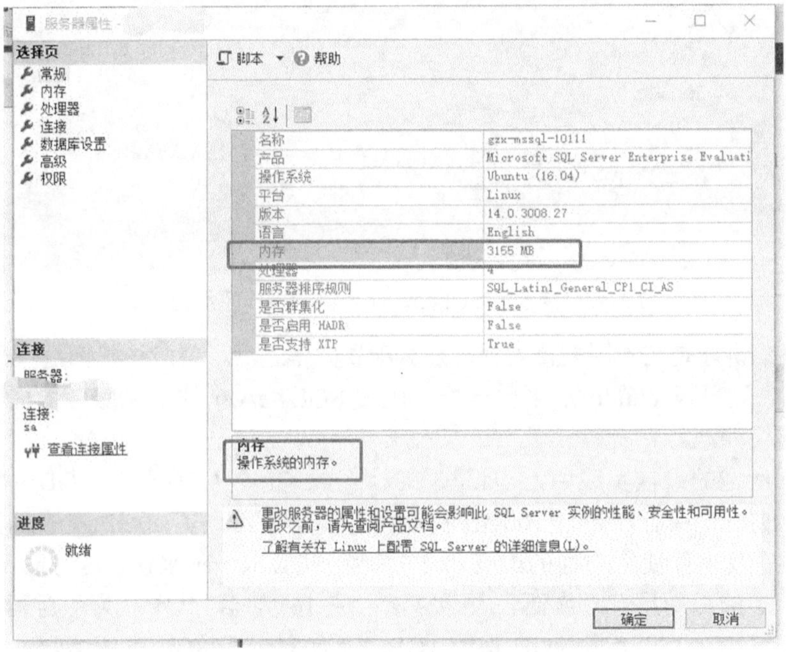

图 3-30　演示环境 SQL Server 侦测的操作系统内存

1）在 Linux 上修改内存

现在用下面命令把服务器内存修改成 2.5GB，注意运行后的提醒（如图 3-31 所示），需要使用命令 systemctl 来重启服务。

```
~$ sudo /opt/mssql/bin/mssql-conf set memory.memorylimitmb 2560
~$ sudo systemctl restart mssql-server.service
```

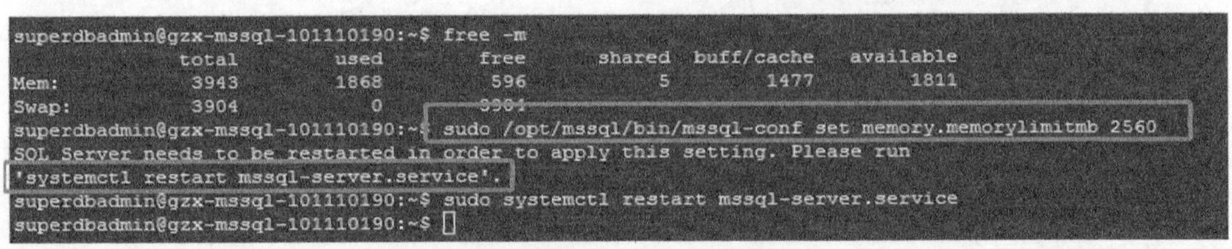

图 3-31　修改 Linux 内存限制

2）确认修改结果

然后我们用 SSMS 连进去，打开图 3-32 所示部分，可以看到确实修改成功。

关于 Linux Swap 的内容，可以访问 CentOS 的文档，必应搜索“what is Swap Space”。

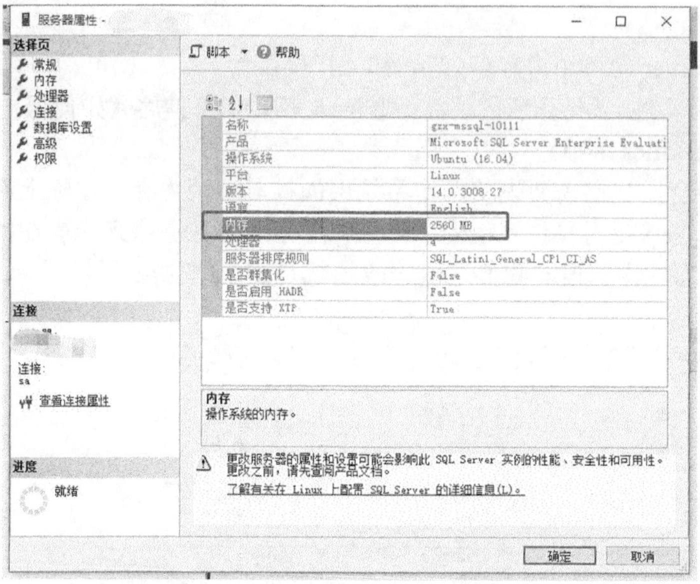

图 3-32　修改后 SQL Server 侦测的操作系统内存数

如果前面的讲述是在外层配置内存，那么配置完毕之后，就应该在内层（即 SQL Server 层面）配置了。这里跟 Windows 平台一样，配置 SQL Server 的最大服务器内存，实际上是 SQL Server 的缓冲池。

过去，在所谓的最佳实践中，建议按 CPU 个数（1 个 CPU 搭配 2GB～4GB 内存）设置服务器最大内存。或者对超过 100GB 物理内存的服务器预留 10GB 左右的内存给操作系统。随着软硬件及软件使用内存的改变，对于新版 SQL Server 来说，这可能不是很适合的。Windows 平台上的最新推荐“最低”内存算法：$(n-16)/8+4$，其中 n 为服务器物理内存，第一个 16GB 保留 4GB，以后每 8GB 保留 1GB，比如对于 128GB 的服务器，最终建议内存为：(128−16)GB/8+4GB=110GB。

这一步很简单，如图 3-33 所示在 SSMS 中右键选择【属性】→【内存】，修改【最大服务器内存（MB）（X）】项，默认为 2 147 483 647MB=2TB，除非你真有这么大的服务器内存并且也确实配置它了，否则这个值意味着“未配置”，只需要将其修改成适当的值。

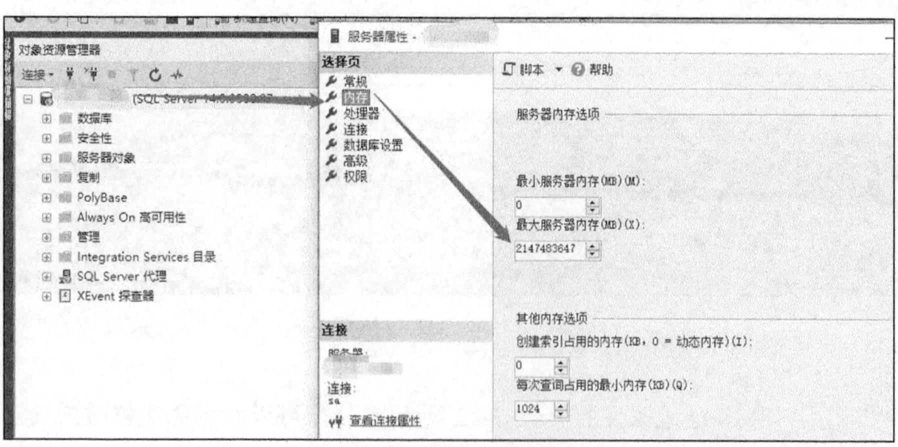

图 3-33　配置最大服务器内存

也可以直接使用 T-SQL 命令修改。

```
EXEC sys.sp_configure N'show advanced options', N'1'  RECONFIGURE WITH OVERRIDE
GO
EXEC sys.sp_configure N'max server memory (MB)', N'2048'
GO
RECONFIGURE WITH OVERRIDE
GO
EXEC sys.sp_configure N'show advanced options', N'0'  RECONFIGURE WITH OVERRIDE
GO
```

这部分的修改与 memory.memorylimitmb 不一样的是，它会马上生效且不需要重启服务。到此为止，基础环境的配置已经完成了，下面是对 I/O 的配置。

I/O

数据库是 I/O 密集型应用，这个 I/O 从宏观上来说不仅指磁盘 I/O，可能还包含内存、网络。一般我们更多关注的是磁盘 I/O，并且更多地是指 IOPS，当然吞吐量也是其中一个重要因素。前面提过，I/O 子系统的配置核心原则是在足够容错的前提下分摊负载。

这里有两点需要注意，首要的当然就是容错，如果再快的磁盘如果没用几下就损坏了，那么谁都愿意用更慢更稳定安全的磁盘。通常做法就是使用阵列或者一些相关的技术来容灾容错，这不在本书讨论范围。要提醒一下，容灾的本质就是冗余，冗余方式通常是同步副本，在同步过程中，必然会带来 I/O（也包含网络）的消耗，作者见过有些同步问题就是因为 I/O 导致的。其次，就是分摊负载，我们知道不管是什么硬件都有极限值，而且如果没有容错的话，通常会存在单点故障，容错又会拉低极限值，那么最终的结果就是，你不要期望你的 I/O 效率能有多高。结合数据量日益增大的现象，分摊负载就变得越来越有必要。

分摊的目的有 3 个：一是分摊 I/O 请求，避免出现热点；二是分摊容量带来的空间压力；三是充分利用资源。同样，这里按照 Linux 层和 SQL Server 层进行说明，数据库层在接下来介绍。

提醒：由于编写本书过程较久，某些配置在配置过程中进行了修改，所以截图中的时间、主机名会有所变化，但是这不影响阅读和使用。

在操作系统层，主要的工作就是把文件部署到资源争用没那么强且 I/O 性能较好的地方。具体的 Linux 优化详见 Linux 章节，这里只做简介。在 Linux 层面，需要修改的有两部分，一部分是磁盘提前读（read ahead），这使用 blockdev 命令实现。另外一个是使用 sysctl 修改内核。

- 提前读

1）检查当前设置

如图 3-34 所示，使用`~$ sudo blockdev -report`来检查当前设置。

2）修改提前读的值

将其设为 4096，可以使用下面命令查看 SQL Server 数据库在哪个盘。

```
~$ df -H
```

由于 SQL Server 的数据库默认在/var 下，而图 3-35 中并没有这个目录，所以这意味着/var 是挂载在/dev/sda7 下。

```
superdbadmin@m190:~$ sudo blockdev --report
RO    RA   SSZ   BSZ   StartSec            Size   Device
rw   256   512   512          0      1073741312   /dev/sr0
rw   256   512  4096          0            4096   /dev/fd0
rw   256   512  4096          0    214748364800   /dev/sda
rw   256   512  1024       2048       499122176   /dev/sda1
rw   256   512  1024     978942            1024   /dev/sda2
rw   256   512  4096     978944      4998561792   /dev/sda5
rw   256   512  4096   10743808     29998710784   /dev/sda6
rw   256   512  4096   69337088     39998980096   /dev/sda7
rw   256   512  4096  147462144      4094689280   /dev/sda8
rw   256   512  4096  155461632    135150960640   /dev/sda9
```

图 3-34　blockdev 信息

```
superdbadmin@m190:~$ df -H
Filesystem       Size  Used Avail Use% Mounted on
udev             8.8G     0  8.8G   0% /dev
tmpfs            1.8G  9.1M  1.8G   1% /run
/dev/sda7         40G   11G   28G  27% /
/dev/sda6         30G  2.2G   26G   8% /usr
tmpfs            8.8G     0  8.8G   0% /dev/shm
tmpfs            5.3M     0  5.3M   0% /run/lock
tmpfs            8.8G     0  8.8G   0% /sys/fs/cgroup
/dev/sda9        133G  4.8G  122G   4% /data
/dev/sda5        4.8G  344M  4.2G   8% /home
/dev/sda1        475M   60M  387M  14% /boot
tmpfs            1.8G     0  1.8G   0% /run/user/1000
```

图 3-35　SQL Server 所在文件系统

然后使用~$ sudo blockdev -getra /dev/sda7 确认当前值，如图 3-36 所示。

```
superdbadmin@m190:~$ sudo blockdev --getra /dev/sda7
256
```

图 3-36　查看文件系统提前读的当前值

接下来使用~$ sudo blockdev -setra 4096 /dev/sda7 修改该值，并再次检查，如图 3-37 所示。

```
superdbadmin@m190:~$ sudo blockdev --setra 4096 /dev/sda7
superdbadmin@m190:~$ sudo blockdev --getra /dev/sda7
4096
```

图 3-37　修改并检验提前读结果

这时可以看到修改已经完成。

- 设置 sysctl

同样，使用~$ sysctl 加上需要配置的值检查当前值，如图 3-38 所示。

```
superdbadmin@m190:~$ sysctl kernel.sched_min_granularity_ns
kernel.sched_min_granularity_ns = 2250000
superdbadmin@m190:~$ sysctl kernel.sched_wakeup_granularity_ns
kernel.sched_wakeup_granularity_ns = 3000000
superdbadmin@m190:~$ sysctl vm.dirty_ratio
vm.dirty_ratio = 20
superdbadmin@m190:~$ sysctl vm.dirty_background_ratio
vm.dirty_background_ratio = 10
superdbadmin@m190:~$ sysctl vm.swappiness
vm.swappiness = 60
```

图 3-38　查看机器的 sysctl 设置

然后进行修改，见图 3-39。

```
superdbadmin@m190:~$ sudo sysctl kernel.sched_min_granularity_ns=10000000
kernel.sched_min_granularity_ns = 10000000
superdbadmin@m190:~$  sysctl kernel.sched_min_granularity_ns
kernel.sched_min_granularity_ns = 10000000
superdbadmin@m190:~$ 
```

图 3-39　修改 sysctl 对应值

按这种方式修改成以下值，注意等号左右不能有空格。

```
~$ sudo sysctl kernel.sched_min_granularity_ns=10000000
~$ sudo sysctl kernel.sched_wakeup_granularity_ns=15000000
~$ sudo sysctl vm.dirty_ratio=40
~$ sudo sysctl vm.dirty_background_ratio=10
~$ sudo sysctl vm.swappiness=10
```

数据库设置

数据库层的配置主要使用 mssql-conf 来实现，首先看一下当前配置。

```
~$ sudo cat /var/opt/mssql/mssql.conf
```

如果结果中未显示它，则表示为默认设置。以下是完整的列表。

```
[EULA]
accepteula = Y

[coredump]
captureminiandfull = true
coredumptype = full

[filelocation]
defaultbackupdir = /var/opt/mssql/data/
defaultdatadir = /var/opt/mssql/data/
defaultdumpdir = /var/opt/mssql/data/
defaultlogdir = /var/opt/mssql/data/

[hadr]
hadrenabled = 0

[language]
lcid = 1033

[memory]
memorylimitmb = 4096

[network]
forceencryption = 0
ipaddress = 10.192.0.0
kerberoskeytabfile = /var/opt/mssql/secrets/mssql.keytab
tcpport = 1401
tlscert = /etc/ssl/certs/mssql.pem
tlsciphers = ECDHE-ECDSA-AES128-GCM-SHA256:ECDHE-ECDSA-AES256-GCM-SHA384:ECDHE-RSA-
AES128-GCM-SHA256:ECDHE-RSA-AES256-GCM-SHA384:ECDHE-ECDSA-AES128-SHA256:ECDHE-ECDSA-
AES256-SHA384:ECDHE-RSA-AES128-SHA256:ECDHE-RSA-AES256-SHA384:ECDHE-ECDSA-AES256-SHA:
ECDHE-ECDSA-AES128-SHA:ECDHE-RSA-AES256-SHA:ECDHE-RSA-AES128-SHA:AES256-GCM-SHA384:
AES128-GCM-SHA256:AES256-SHA256:AES128-SHA256:AES256-SHA:AES128-SHA
tlskey = /etc/ssl/private/mssql.key
tlsprotocols = 1.2,1.1,1.0
```

```
[sqlagent]
databasemailprofile = default
errorlogfile = /var/opt/mssql/log/sqlagentlog.log
errorlogginglevel = 7

[telemetry]
customerfeedback = true
userrequestedlocalauditdirectory = /tmp/audit

[traceflag]
traceflag0 = 1204
traceflag1 = 2345
traceflag = 3456
```

在这里，我们常用的有以下几个设置，注意修改后需要重启 SQL Server 服务。

- 启用 SQL Server 代理

系统默认是禁用的，可以使用以下命令启用它。如果文件中不存在 sqlagent.enabled，那么这意味着 SQL Server 已经假定启用了 SQL 代理。

```
~$ sudo /opt/mssql/bin/mssql-conf set sqlagent.enabled true
```

- 修改数据或日志目录位置

这在 Windows 平台是比较重要的一项配置，因为不进行配置的话，通常所有库都会在 C 盘，所以在 Windows 平台安装 SQL Server 后通常要使用 SSMS 来修改“新建数据库”的数据文件和日志文件的位置。由于在 Linux 平台使用 SSMS 是无法修改的，如图 3-40 所示，所以只能用命令先在/tmp 中创建目录（一般建议在根目录下创建一个独立专用目录，其名称可叫/data），然后修改权限，再设置新目录，这一步需要重启 SQL Server，而在 Windows 上则不需要。

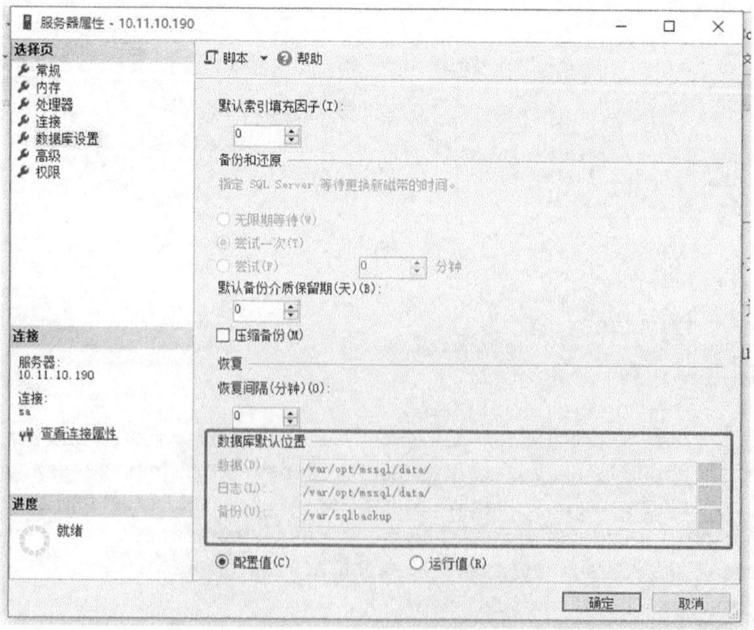

图 3-40　Linux 上 SSMS 的实例属性查看

```
~$ sudo mkdir /tmp/data
~$ sudo chown mssql /tmp/data
~$ sudo chgrp mssql /tmp/data
~$ sudo /opt/mssql/bin/mssql-conf set filelocation.defaultdatadir /tmp/data
~$ sudo systemctl restart mssql-server
```

同理可以按这种方式把日志文件设置到/tmp/log 中。再次打开图 3-40 时可以发现它已经修改了。

```
~$ sudo /opt/mssql/bin/mssql-conf set filelocation.defaultlogdir /tmp/log
```

● 修改默认 master 库文件目录位置

这一步相对危险，但是有时候又是必要的，特别在/var/opt/mssql 所在硬盘容量不足或者权限管控很严格时。如果 Windows 上的 SQL Server 无法识别 master 库的新路径，则会无法启动。但是在 Linux 中它会自动根据模板创建系统库让 SQL Server 启动，不过数据会丢失，此时还需要停止 SQL Server 并把 master 库的文件移到指定位置再重启服务。创建和授权这里就不演示了，参考用户库的方法，然后使用下面命令设置新路径。

```
~$ sudo /opt/mssql/bin/mssql-conf set filelocation.masterdatafile /tmp/masterdatabasedir/
master.mdf
~$ sudo /opt/mssql/bin/mssql-conf set filelocation.masterlogfile /tmp/masterdatabasedir/
mastlog.ldf
```

停止服务，注意是“停止”不是“重启”。

```
~$ sudo systemctl stop mssql-server
```

然后移动 master 库的数据文件和日志文件。

```
~$ sudo mv /var/opt/mssql/data/master.mdf /tmp/masterdatabasedir/master.mdf
~$sudo mv /var/opt/mssql/data/mastlog.ldf /tmp/masterdatabasedir/mastlog.ldf
```

最后启动 SQL Server 服务。

```
~$ sudo systemctl start mssql-server
```

● 修改错误日志文件默认目录位置

由于错误日志是极其常用的工具，所以如果手头上没有 SSMS 可用，那么一般都要使用 Shell 来看；同时如果是规范化管理，那么日志的存放路径也会有讲究。所以有必要修改错误日志文件的存放路径。默认情况下，SQL Server 的错误日志在/var/opt/mssql/log 中，在创建并授权合适的目录后，可使用语句进行修改。

```
~$ sudo /opt/mssql/bin/mssql-conf set filelocation.errorlogfile /tmp/logs/errorlog
```

● 修改默认备份目录位置

不管是在 Linux 还是 Windows 平台上，由于备份是很重要的工作，而且所需的空间较大（因为可能要保留比较长的时间），I/O 也不能太差，所以大企业一般会有专用设备，普通企业也不会将其放在默认路径（特别是 Windows 上的 C 盘）下。修改默认位置也是常规的安装部署完成并提交使用之前需要做的工作。同样，首先需要创建独立的目录，修改 SQL Server 用户及其组的权限。然后使用下面命令设置默认值，最后重启 SQL Server 服务（重启步骤略过）。

```
~$ sudo /opt/mssql/bin/mssql-conf set filelocation.defaultbackupdir /tmp/backup
```

其他配置

除了上面提到的配置，还要对 SQL Server 相关的一些功能进行配置。

- 修改 TCP 端口

这里使用 mssql-conf 工具中的 network.tcpport 设置。SQL Server 的默认端口为 1433，我们可以将其修改成一个比较大的端口号，因为较小的端口号通常已经被其他协议或者软件所占用，比如这里用 50000，注意空格。

```
~$ sudo /opt/mssql/bin/mssql-conf set network.tcpport 50000
```

然后重启 SQL Server 服务。注意重启后，连接字符串就需要显式使用逗号来指定端口。

```
~$ sqlcmd -S localhost,50000 -U sa
```

- 启用/禁用跟踪标记

这里的跟踪标记可决定在 SQL Server 服务启动时是否生效，而在 SQL Server 运行过程中可以使用 DBCC TRACEON 这个 T-SQL 命令来动态修改。由于有一些功能特别是故障和性能侦测方面的，需要在服务启动时就一并启用，所以也要介绍一下跟踪标记的启用和修改。同样修改后也需要重启 SQL 服务。单个跟踪标记开启后，如果想将其关闭，则把 on 改成 off。1024 是返回死锁信息的跟踪标记。

```
~$ sudo /opt/mssql/bin/mssql-conf traceflag 1204 on
```

可以使用下面指令开启多个跟踪标记。

```
~$ sudo /opt/mssql/bin/mssql-conf traceflag 1211 1222 on
```

- 重置 SA 密码

这个就不用多说了。当然这个也可以在 SSMS 中修改。

```
~$ sudo /opt/mssql/bin/mssql-conf set-sa-password
```

3.4　注 意 事 项

- 建议适当配置环境变量

如果不配置环境变量，那么每一次使用命令时都要输入完整的路径。或者会在操作过程中出现反复提示的情况。另外一些环境变量的配置也是 mssql-conf 的补充。环境变量跟 mssql 的区别在于环境变量通常是一次性“预设”型的配置。除了 3.2.4 节中提到的环境变量配置之外，一般要使用的命令只有“MSSQL_MEMORY_LIMIT_MB”（设置 SQL Server 可用的最大内存，它默认为总物理内存的 80%）。

- 主机名

在目前发布的版本中，Linux 主机名不能超过 15 个字符。

- 详细记录从安装到正式使用过程中所有配置和变更

特别是 SQL Server 这个用户的密码（如果重置过）。

- 建立各种清单

对于习惯在 Windows 平台上对 SQL Server 操作的读者来说，应该习惯性建立命令以及常用和重要文件路径的清单，以便快速查找。

另外读者已经看到上面很多配置都需要配置完重启 SQL Server 服务，所以除了记忆和训练命令之外，没有必要设置一个重启一次，把大部分的功能设置完再重启一次即可，这一点跟 Linux 的配置不同。因为 SQL Server 的配置很多是可以反复修改并且通常只影响 DB，而 OS 则影响面大很多。

3.5 安装示例数据库

本书主要使用微软示例数据库 AdventureWorks2017 作为演示，在某些章节会临时创建演示库或使用其他示例库。需要提醒的是，请读者在按照下面方法完成安装之后，先进行一次完整备份或者保存好现有备份文件，以防后续过程不断地在一个库上进行操作之后，某些特性被修改了。

一般情况下有两种安装方法，第一种是借用 Windows 来实现，也是官方文档中的建议方式，在 Windows 平台上下载好库文件或库的备份文件，然后传到 Linux（官方建议用 WinSCP）上，在 Linux 或者 SSMS 中使用 T-SQL 命令将其还原。这个比较简单就不演示了。第二种方式是在 Linux 上直接下载并还原。下面来演示一下直接在 Linux 上操作的方式。

3.5.1 下载备份文件

1）先确定空间足够大

默认情况下数据库目录保存在/var/opt/mssql/data 下。当然你也可以按照 3.3.4 节中的方法修改文件路径，这里暂时使用默认路径。使用下面命令即可查看到磁盘情况。

```
~$ sudo df -h /var/opt/mssql/data
```

结果见图 3-41 所示，目前演示服务器的空间足够。

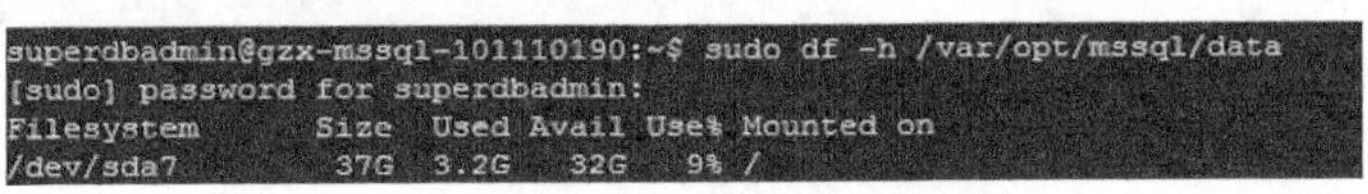

图 3-41 检查空间是否足够

2）在 Linux 中下载库备份文件

注意从 2014 版本开始，这已经移到 GitHub 中，我们选择 AdventureWorks2017.bak 下载。可以直接使用下面语句：

代码清单 3-1　下载 AdventureWorks2017 库命令

```
~$ sudo wget -O /home/downloads/AdventureWorks2017.bak "https://github.com/Microsoft/sql-server-samples/releases/download/adventureworks/AdventureWorks2017.bak"
```

读者可以在网页中点击超链接之后，在浏览器/下载软件弹出的界面中复制实际下载链接，下面是作者的浏览器（QQ 浏览器）截图。

单击图 3-42 中的超链接。

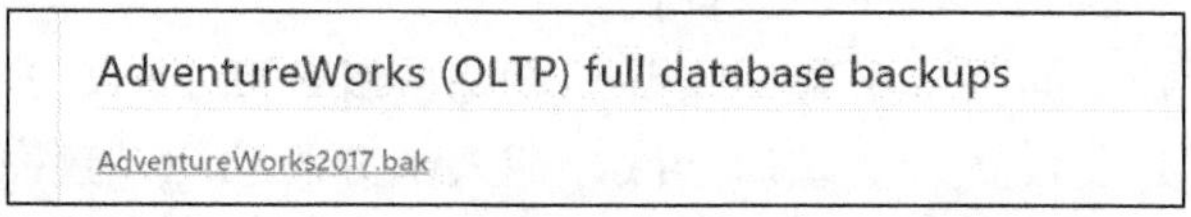

图 3-42　下载超链接

然后弹出图 3-43 所示的对话框，单击下载，此时会自动开始下载。

图 3-43　下载界面

暂停下载，在图 3-44 中右键选择【复制下载链接】。

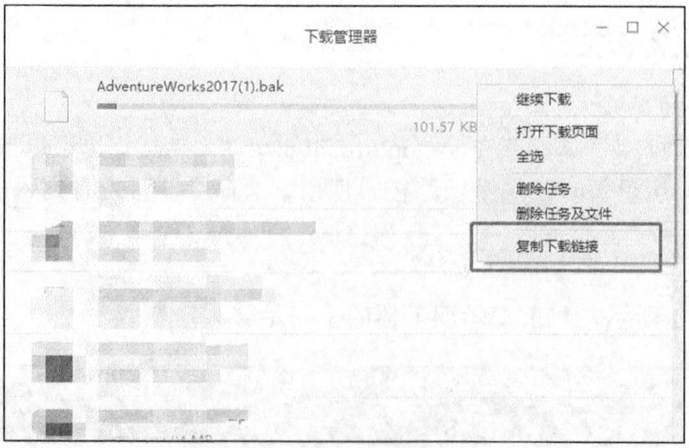

图 3-44　获取下载实际链接

然后把 URL 粘贴到 Shell 中。

注意这应用英文输入法的双引号包住。实际获取方式基于不同的浏览器而定。下载过程可能会失败，目前作者遇到的情况是 DNS 解析问题。读者如果遇到这种情况，那么可以试一下作者的方法，首先查看/etc/resolv.conf 文件，比如本书演示机上的只有 9.9.9.9 和另外一个，如图 3-45 所示。

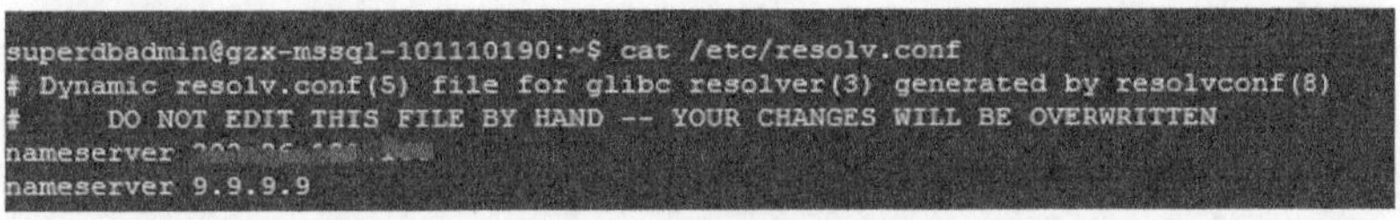

图 3-45 DNS 当前信息

如果属于这种情况，那么可以修改一下文件，本例使用 vim 来修改，添加“nameserver 8.8.8.8”，如图 3-46 所示。

图 3-46 添加 DNS

保存后再次查看就可以看到它已经生效，如图 3-47 所示。

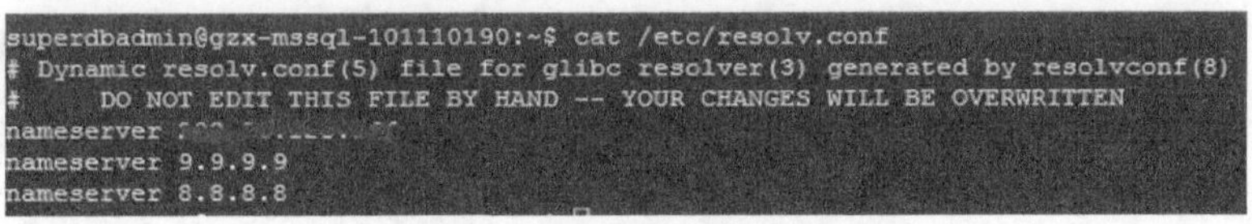

图 3-47 添加 DNS 后的信息

此时再次执行下载，可以看到如图 3-48 所示正在下载。

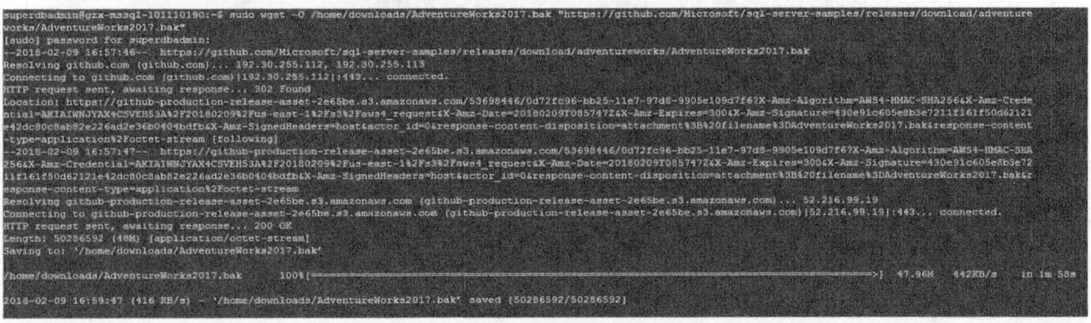

图 3-48 数据库下载情况

下载完毕后，进入下一步复制文件，这一步并不是必需的，但是建议对文件进行管理。

另外作者在搭建环境过程中还遇到了添加 DNS 也无法下载的情况，解决方法是在 Linux 的 hosts 文件中，添加离 github.com 较近地区的 IP 地址，作者使用新加坡的地址，如图 3-49 所示。

图 3-49　添加 github 的 IP

3.5.2　移动文件

由于文件可能会反复使用，所以建议对其进行有效管理。这里先创建一个文件夹，然后把文件移动到文件夹中，SQL Server 所在的目录权限如图 3-50 所示，即目录的文件所有者及文件所属用户组均为 mssql，非 mssql 及 root 权限用户无权操作（权限解读部分见相关章节）。

图 3-50　原 SQL Server 所在目录权限

这里要进行切换身份以便提权（sudo su）。

```
~$ sudo su
~# mkdir -p /var/opt/mssql/backup
```

注意图 3-51 所示的圆框，#代表当前是 root 身份。

图 3-51　切换身份并创建目录

然后检查一下是否创建成功，如图 3-52 所示。

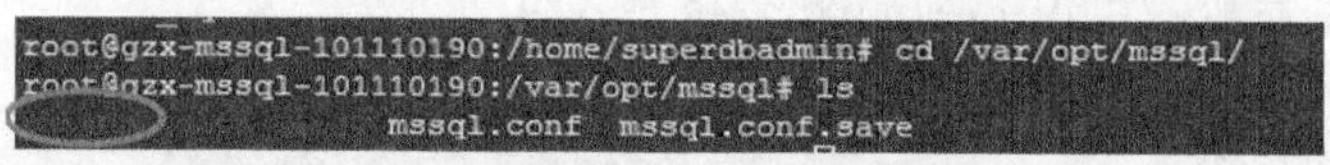

图 3-52　检查是否创建成功

创建目录成功之后，就可以把文件移到 backup 目录下。

```
~# mv /home/downloads/AdventureWorks2017.bak /var/opt/mssql/backup/
~# ls /var/opt/mssql/backup/
~# exit
```

第一行使用 mv 命令移动文件，第二行列出目标文件夹的内容，第三行退出 root 身份，切换回原有身份。结果如图 3-53 所示。

图 3-53　移动文件

移动之后，就可以使用 SSMS 或者 sqlcmd 命令来还原了。篇幅所限，这里就不进行演示了，可以自行必应搜索“Dharmendra Keshari - SQL Server on Linux, SQL Server”。

需要提醒的是，目前 WideWorldImporters 库的还原过程还有点不完整的地方：

```
    RESTORE DATABASE [WideWorldImporters] FILE = N'WWI_Primary',  FILE = N'WWI_UserData',
    FILE = N'WWI_InMemory_Data_1' FROM  DISK = N'/var/opt/mssql/backup/WideWorldImporters-
Full.bak'
    WITH  FILE = 1,  MOVE N'WWI_Primary' TO N'/var/opt/mssql/data/WideWorldImporters.mdf',
    MOVE N'WWI_UserData' TO N'/var/opt/mssql/data/WideWorldImporters_0.ndf',
     MOVE N'WWI_Log' TO N'/var/opt/mssql/data/WideWorldImporters_1.ldf',
     MOVE N'WWI_InMemory_Data_1' TO N'c:\var\opt\mssql\data\WideWorldImporters_2.',
     NOUNLOAD,  REPLACE,  STATS = 10
    GO
```

注意最后一行，需要使用 c:\var\opt\mssql\data\这种 Windows 写法，否则会出现下面的错误：

消息 3634，级别 16，状态 1，第 1 行

The operating system returned the error '5(Access is denied.)' while attempting 'RemoveContainer' on '/var/opt/mssql/testdata/'.

消息 3013，级别 16，状态 1，第 1 行

RESTORE DATABASE is terminating abnormally.

希望读者开始安装时这已经修复了。

3.6 总　　结

本章介绍了 Ubuntu 上的 SQL Server 安装过程及注意事项。在学习的阶段，有些内容确实不是必要的，但是作者也在里面选择性地添加了一些工作过程中很重要的内容。很难一一说明为什么要用到这些内容，这些就是经验。不过介于本书的目标群体，很多内容并没有展开，作者会陆续更新到博客上。

下面简单列一下本章的关键内容，之所以列出来是因为作者在写书过程中发现很多内容需要反复用到，列出来对快速查找很有帮助，注意里面的空格！

- 查看操作系统信息：cat/etc/*-release
- 内存：free-m
- 文件系统：df-T
- CPU 信息：lscpu
- 打补丁、软件更新和升级：sudo apt-get update && sudo apt-get upgrade
- 数据库文件默认路径：/var/opt/mssql/data
- 查看数据库文件：sudo ls/var/opt/mssql/data
- 重启操作系统：sudo shutdown -r
- “最低”内存算法：(*n*-16)/8+4

- SQL Server 的错误日志：/var/opt/mssql/log
- 查看错误日志：sudo cat /var/opt/mssql/log/Errorlog
- 切换操作用户（注意空格！）：sudo su - 用户名
- 切换原用户：sudo su #或 su - 原用户

接下来先暂缓关于 SQL Server 的介绍，我们把基础环境也就是 Linux 向大家说明一下。

第 2 篇　管理篇

本篇涵盖第 4～9 章，介绍如何对 Linux 和 SQL Server 进行监控，同时也介绍并演示从 SQL Server 2016 开始出现的安全方面的新功能。最后对 Linux 自动化运维进行一些简单演示。

第 4 章　Linux 基础运维

2 分钟速读

提到 Linux，绝大部分人脑海里呈现的应该是黑底白字的界面，这也叫命令行界面。由于长期习惯于各种图形化（GUI）操作，因此纯命令行对初学者而言相对比较困难，从而阻断了大部分想掌握 Linux 的初学者。事实上并不需要过度担心，学习本身就是由浅入深的过程。虽然操作系统内的指令非常多，但常用的其实就十几个。熟练掌握书中列举的指令操作，对于其他命令而言，实质上都是差不多的。

本章将会围绕“常用指令”“基础运维”和“Shell 入门”进行介绍。

4.1　常 用 指 令

掌握基本的操作指令是运维人员必备的基本功，不懂指令的运维人员跟“门外汉”没什么区别。大家不要听到指令就害怕，常用的就这么十来个，掌握这些操作指令后，剩下的则是类比操作。图 4-1 罗列出这些指令的树状图。

提醒：Linux 指令是大小写敏感的。要注意输入的正确性。

Tips：详细的指令介绍，可以参考维基网站，必应搜索“List of UNIX commands”。接下来按照图 4-1 所示的指令进行分类介绍。

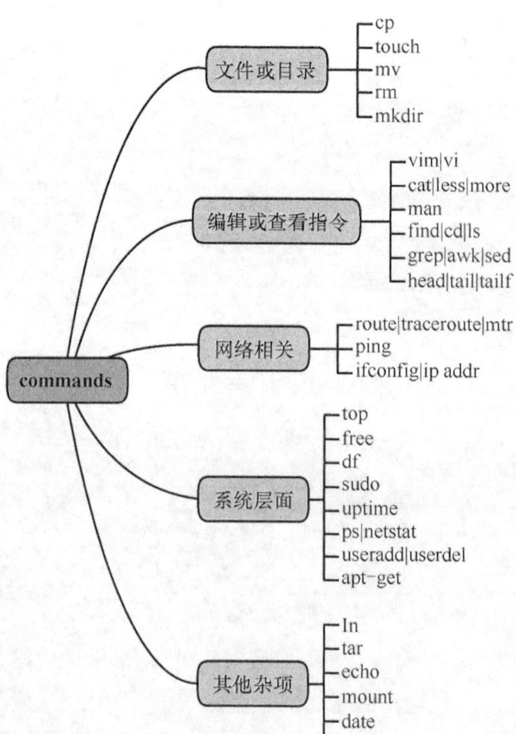

图 4-1　Linux 常用指令

4.1.1　文件或目录

这里常用的指令主要有 cp（复制）、touch（创建文件）、mv（移动）、rm（删除）、mkdir（创建目录）这 5 个。

在这 5 个指令中，最具杀伤力的是 rm 指令。它用来删除指定文件或目录，我们在写脚本调用或者手工删除文件或目录的时候，这个命令最容易导致惨重的后果，因为我们有可能误删除了整个目录，特别是根目录（比如下面的 Shell）。但我们原本目的是删除/data 目录下的/backup 目录。

```
~$ rm -rf /data/backup/
```

由于误操作，结果指令变成了下面这样，它少了“/backup/”部分。

```
~$ rm -rf /data/
```

这就等于删除了/data 目录下的所有文件。不管是对打开还是未打开的文件句柄，这个删除都是很可怕的，这种误操作会导致在这个目录下关联的业务会因为文件不存在而报错。

最可怕的莫过于下面这个语句。

```
~$rm -rf /
```

若执行了这个语句的话，那么你的服务器硬盘基本上除了开盘恢复数据之外没有其他可选择的余地。而开盘的技术代价是非常昂贵的，运维人员也将面临“卷被子走人”的情景。

事实上，误删除数据在现实工作中是非常常见的，它不仅出现在小公司的运维中，也出现在大公司中。

Tips：2017 年误删除大事件。

- Gitlab 删库

在这个小知识点中花费这么多的时间，无非就是告诉读者使用 rm 要谨慎，一错误终身。在执行 rm 这种毁灭性的操作时，一定要确保传参正确或者路径正确。切莫在疲惫状态中处理运维事件，不在状态下的运维，将会危机重重。

接下来我们按顺序介绍和演示这几个指令。

Tips：Linux 中的删除操作类似 Windows 中的“Shift+Del”外加确认。

- cp

复制文件和目录。常用的 cp 操作（就是 Windows 上的 Ctrl+C）从 man（查看指令帮助）中可以得到。这是一个很常规的指令，我们可以用它执行复制操作。最常见的使用场景是当你需要修改一个配置文件的信息，但是同时又要保证在调试出错后能恢复回原始文件时，可以使用 cp 指令先把文件移到别的地方做一个“备份”。

```
~$ cp /etc/mssql.conf /etc/mssql.conf.20180514.bak
```

上述代码的意思是，复制/etc/mssql.conf 中的文件到/etc/目录下，同时重命名为 mssql.conf.20180514.bak，注意后面一个/etc 前面的空格。

当然，你也可以复制到其他路径。

```
~$ cp /etc/mssql.conf /data/bak/
```

将/etc/mssql.conf 文件复制到/data/bak 目录下，名字保持不变。这就是 cp 的功能之一，希望读者能熟练掌握这个命令。

- touch

创建文件，注意仅是“文件”。我们在运维过程中，经常需要创建文件，此时可以使用 touch 指令。

```
~$ touch /tmp/test.txt
```

上面指令的含义是，在/tmp 目录下，创建了一个名为 test.txt 的文件。请注意，touch 只能创建文件，而不能创建目录，创建目录应该使用 mkdir 指令。

- mkdir

创建目录，注意它创建的是空目录。

```
~$ mkdir /tmp/test
```

以上代码表示在/tmp 目录下创建了 test 这个目录。此时如果要删除 test.txt 文件或者 test 目录，则可以用 rm 指令来删除。

- rm

删除操作，它等于 Windows 上的 Shift+Del 组合键，这是直接删除。

```
~$ rm -rf /tmp/test.txt
~$ rm -rf /tmp/test
```

-rf 表示强制删除目录及关联的子目录，rm 可以删除文件或目录，有毁灭性。如果文件或目录不大，则建议在操作此类指令时先做一个备份再删除，在后续检查中发现无误之后再删除备份资料。

- mv

移动/重命名。在运维过程中，有时候发现这个目录或者文件放置的目录并不正确，需要移动文件，或者是上传一个文件到系统临时文件中时，需要再从临时文件中移动到目标目录下，则需要使用到 mv 指令。

```
~$ mv /tmp/Centos.iso /data/iso/
~$ mv /etc/mssql.conf /data/mssql/
```

上述两个指令的意思是，移动 tmp 临时文件里的 Centos.iso 光盘镜像文件到/data/iso/目录下，移动/etc/mssql.conf 配置文件到/data/mssql/目录下。

mv 除了移动功能，还具有重命名的功能。

```
~$ mv /etc/mssql.conf /etc/mssql.conf2
```

上面指令可以实现将/etc/mssql.conf 文件重命名成/etc/mssql.conf2。

4.1.2　编辑或查看指令

不管是哪个平台，我们都很难完全记得所有指令及其用法，所以在使用过程中经常要查看文档。另外 Linux 系统由于其命令行的特性，查看很多配置文件并不能靠鼠标完成，所以在查看某些指令的作用时需要用到查看指令，在修改时需要使用编辑指令。这些常用的指令有：cat、less、more、tailf、head、tail，这些指令主要针对查看文件内容，如果要查看文件所在地，则需要使用其他指令，如 find、ls 及目录切换命令 cd。

查看文件

查看文件的指令主要有 cat、less、more、tailf、head、tail。

- cat

查看小型文件。在维护过程中，需要经常看文件内容，如果文件的内容较小，那么可以使用 cat 进行查看，cat 适用查看内容不太多的文件。

```
~$ cat /etc/mssql.conf
```

上述命令的意思是查看/etc/下的 mssql.conf 配置文件。通过这个查询可以看到文件内容，如图 4-2 所示。

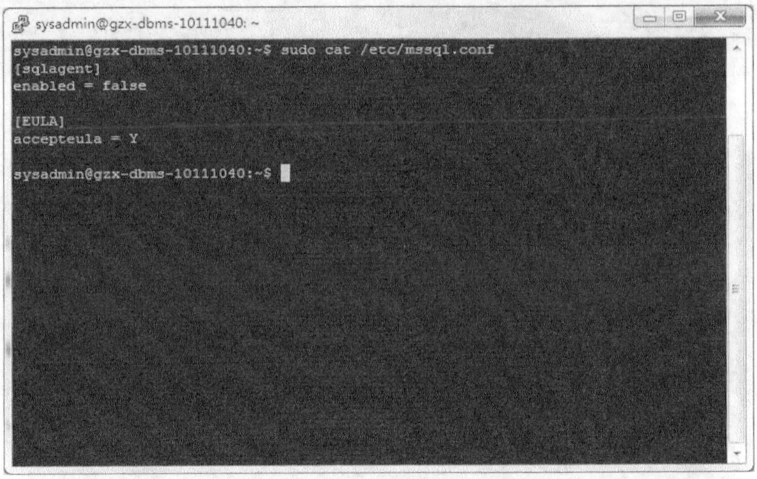

图 4-2 查询指令 cat

但是在实际情况中，假如这个文件内容非常多并我们使用的是 cat 指令，那么在终端输出时是不能看到全部内容的。可以使用其他命令一页一页翻看，如果我们仅需要看最后面部分的内容，或者前面的多少行内容，那么这些需求可以使用 less、head、tailf 这 3 个指令来完成。

- less

上下页切换式显示。结果如图 4-3 所示。

```
~$ less /etc/mke2fs.conf
```

可以看到在图 4-3 中的最下面比 cat（见图 4-2）多了个“:”（冒号），这表示这页的内容不能完全显示出来所以分页，通过“空格键”可以继续显示下一页的内容。直到最后一页，在末端就会显示“End”的标识。

- more

下翻页式查看。使用 less 可以进行上下页的切换，而使用 more 只能单向往下一页滚动，不能往回看。使用 more 指令的结果如图 4-4 所示。

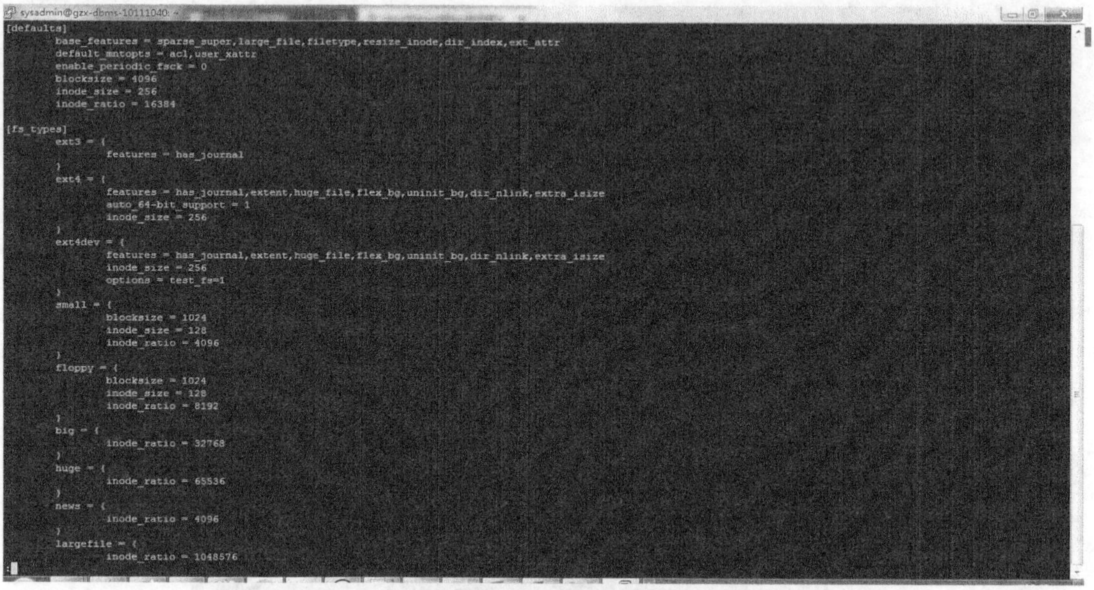

图 4-3　查看指令 less

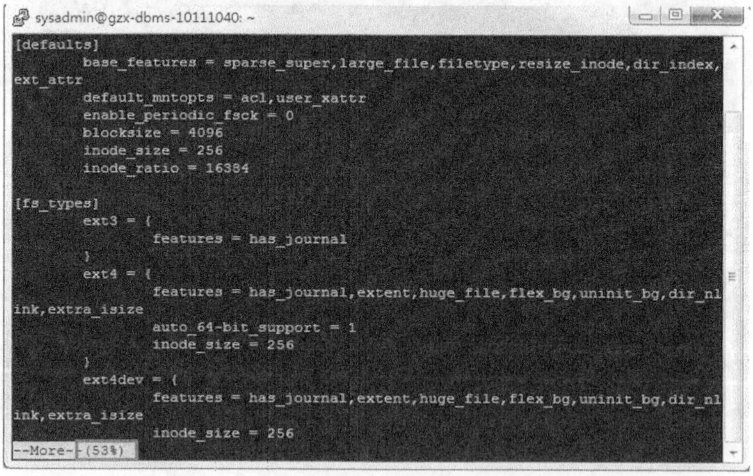

图 4-4　查看指令 more

more 会显示当前内容占所有内容的百分比。相比之下 less 的功能更加灵活。但是 less 和 more 都有一个比较大的问题，当需要看文件的前 *n* 行数据或者后 *n* 行的数据时，less 和 more 都无法很好地完成，这个时候可以使用 head 和 tail 进行操作。

- head

显示文件开头的内容，它默认为 10 行内容。结果如图 4-5 所示。

下面查看/etc/mke2fs.conf 中前 12 行的内容。结果如图 4-6 所示。

```
~$ head -n 12  /etc/mke2fs.conf
```

- tail

与 head 相对，它显示文件末尾的内容，默认为倒数 10 行，说明如图 4-7 所示。

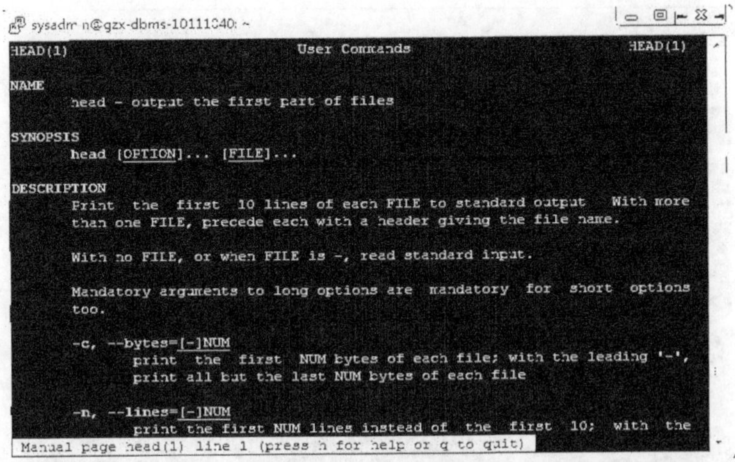

图 4-5 查看指令 head

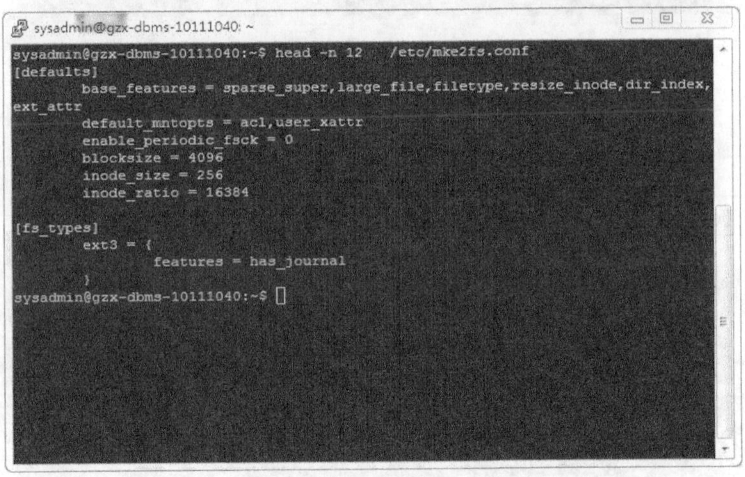

图 4-6 查看指令 head

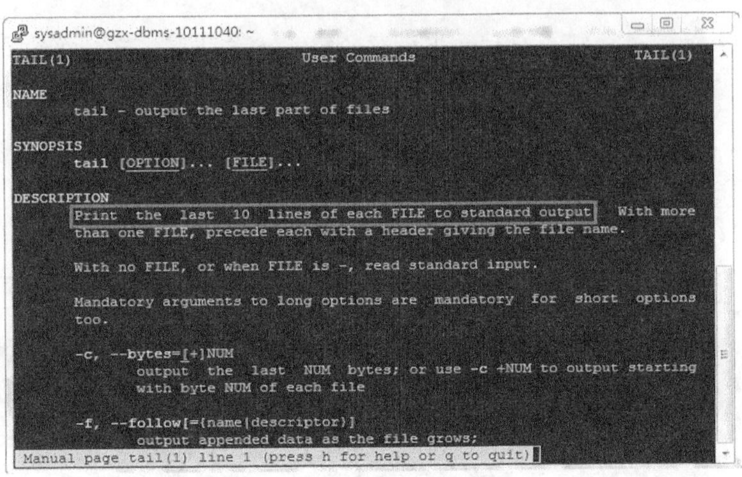

图 4-7 查看指令 tail

执行下面的演示代码，结果如图 4-8 所示。

```
~$ tail -n 12  /etc/mke2fs.conf
```

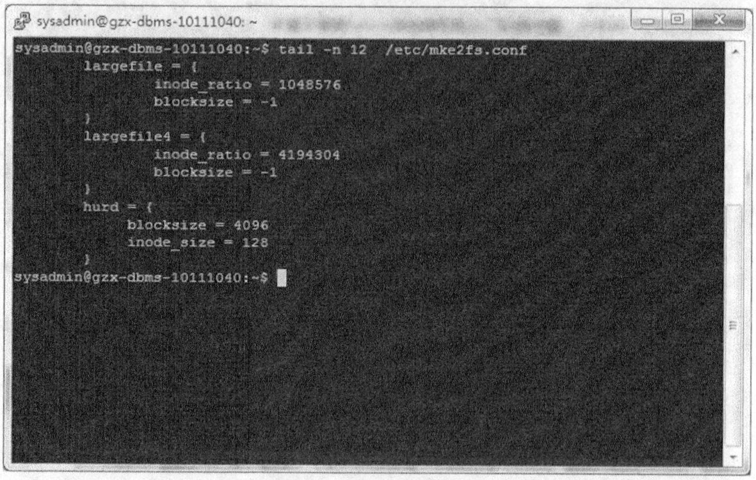

图 4-8　查看指令 tail

加上一个-n 表示显示倒数 12 行的数据，结合 head 和 tail 可以进行范围选取，比如需要查看 100 行中的最后 10 行，则可以使用下面代码，结果如图 4-9 所示。

```
$ head -n 100  /etc/mke2fs.conf |tail -n 10
```

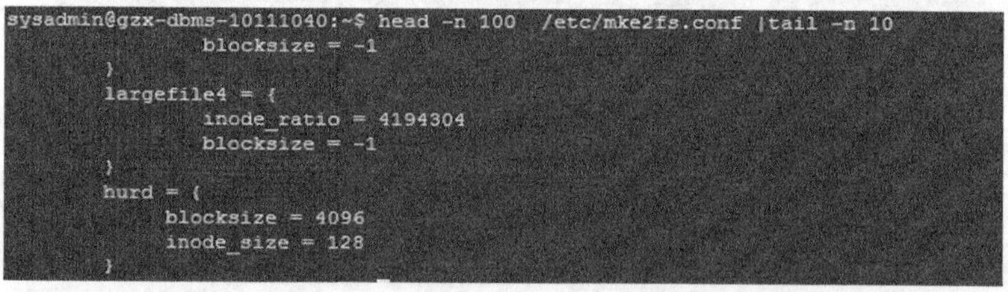

图 4-9　查看指令 head 组合 tail

Tips：“|”表示管道，它会在后面中进行介绍，读者可理解成 and 的递归操作。

- tailf

动态输出。在我们排查问题的时候，可能需要动态地检测文件的输出信息，用上述几个操作指令事实并不是很理想。因为这些指令并不支持实时的数据流呈现。此时可以使用 tailf 进行观察，结果如图 4-10 所示。

```
~$ tailf /tmp/tmp.log
```

图 4-10　查看指令 tailf

从图 4-10 中可以看到光标停在最下面，等待新文件输出，事实上这就是动态观察日志输出的一个办法，很实用。

查找/显示路径

另外在日常维护中，我们经常需要知道一个文件在哪里，然后进入这个文件所属的目录，并且获知这个目录下的文件。我们可使用 find（查找搜寻目录中的文件）、cd（进入目标目录）和 ls（查看当前目录下的文件）来完成这些功能。下面来演示一下。

结果如图 4-11 所示。

```
$ sudo find / -name mssql.conf
$ cd /etc/
$ ls
```

图 4-11 查找指令 find

文件内容查找

前面提到的是文件内容的“查看”，接下来介绍文件内容的“查找”，对于文件内容的搜索和处理，需要借用 grep、sed、awk。

- grep：文本搜索工具，支持正则，只能搜寻，不能修改
- sed：文本处理器工具，支持增删
- awk：文本处理器工具，支持增删

我们先来尝试一下在/etc/passwd（存放 Linux 用户名的文件）中查找 root 这个账号。结果如图 4-12 所示。

```
$ grep root /etc/passwd
```

图 4-12 过滤指令 grep

然后将/tmp/tmp.log 文件中的 2018（原字符串）替换成 2019，-i 表示就地修改文件，即不创建新文件直接替换。结果如图 4-13 所示。

```
sed -i 's/2018/2019/' /tmp/tmp.log
```

图 4-13　修改指令 sed

sed 可以针对匹配的数据进行批量修改。而 awk 通常用来数据提取和展现，比如需要对一行数据提取出第一列的信息，就可以使用 awk 的指令，而对于这个功能上述两个指令是无法实现的。结果如图 4-14 所示。

```
$ grep 16 /tmp/tmp.log |awk '{print $1}'
```

图 4-14　指令 awk

对命令的用法不熟悉怎么办？可以使用 man 指令，man 指令是查找函数，主要用于记录指令集知识库，如果你对某个指令不熟悉，或者需要深入了解该指令的具体用法，那么就可以使用 man 指令来查找指令的说明及用法，如下所示。

```
~$ man find
```

文件内容编辑

另外还有一个很重要的指令就是 vim/vi（vim 可以理解为 vi 的升级版）。这是编辑文件的指令，功能强大，但需要大量练习才能掌握。vim 有很多灵活的技巧，这里只介绍常用的几个操作，以满足日常操作文件的需求。

```
~$ vim a.txt
```

上述指令是对 a.txt 文件进行编辑，也就是进入文件的内部。这相当于打开了一个 txt 文档，此时仅限打开，你能看到里面所有的内容，但是并不能编辑，这种情形就像受保护的 Word，设置一些权限后，需要点击“启用编辑”才能对其进行修改。而 vim 指令需要敲击键盘的小写字母“i”才能进入编辑模式。在编辑模式的状态下，你可以进行任意的数据修订（增删），修改完毕后，需要保存，保存的前提是，此时需要退出编辑模式。只要按一下键盘上的“Esc”键，即可退出编辑模式。此时输入“:wq”表示保存退出。读者需要多实操、多看别人分享的经验才能了解更多的用法。

强烈建议：作者建议在工作、学习过程中，如果有某种需求并且已经找到满意的答案，那么不妨记录下来。作者在过去 10 年里面经常把一些常用的 T-SQL 命令记录下来，发现这确实能给日常工作带来很多的便利。

4.1.3 网络相关

在现实系统中，无法避免地需要排查网络故障，这就要求读者要掌握一定的网络基础知识，这样才能相对得心应手。有一定网络基础的人，在企业运维之时，遇到一些异常的问题后，考虑的思路会相对宽广。这里作者推荐读者可以阅读一下《思科网络技术学院教程 CCNA》。

Tips：并不推荐你现阶段去阅读《TCP/IP 详解》。

网络异常问题事实上还是比较明显的，可以从几个方面入手来诊断。在这里并不会笼统介绍各种与网络相关的知识点，只会讲述一些基本工具的使用。理论性的内容，读者还是需要有针对性地阅读。

网络中最常用的两个操作就是查看 IP 和是否能连通互联网。如果服务器连这两点都满足不了，那也就无法跟外界交互。当然，大部分的数据库服务器只用于内网，但是也需要跟本机之外的机器进行网络交互，假设应用与 DB 并不在同一个服务器上，此时就产生了网络交互。对于一些安全性要求比较高的企业，DB 服务器不允许与公网连通，也就是内网应用只允许内网进行访问，外网也有一套完整的设备，线上应用跟线下测试应用是完全隔离的（也分别叫生产环境和测试环境）。

查看网卡信息

第一个常用的命令是 ifconfig。使用 ifconfig 可以查看具体的网卡信息。基本上大部分服务器的背板后面都带着多个网卡接口，它支持多公网 IP 的接入。常见服务器的接口如图 4-15 所示。

多网卡最明显的好处就是可进行负载均衡处理和容错处理。

Tips：负载均衡的是一个专业术语，用于分割单点访问变成多点访问，从而减轻服务器负载。

从 CentOS 7 系列开始，ifconfig 默认的包都已经移除，需要注意分支版本中的区别。

绝大部分的分支系统都还是支持这个指令显示 IP 地址信息的。演示结果如图 4-16 所示。

```
~$ ifconfig
```

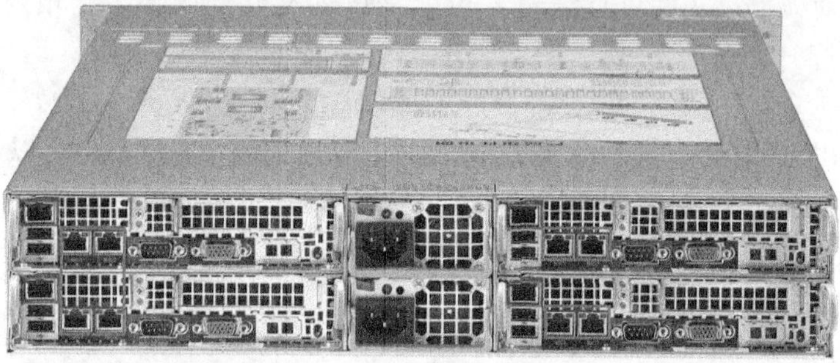

图 4-15　服务器网卡接口

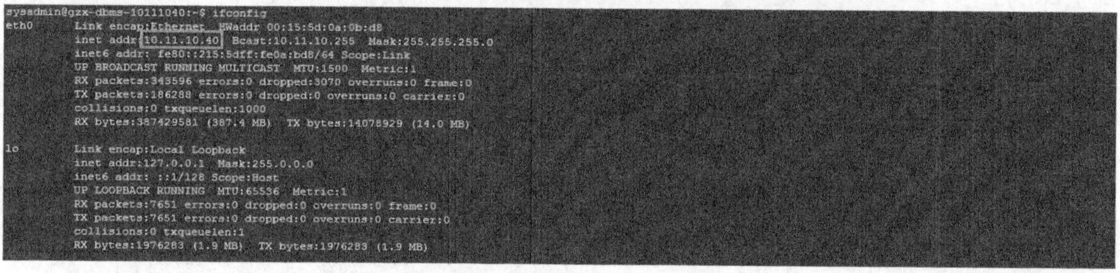

```
sysadmin@gzx-dbms-10111040:~$ ifconfig
eth0      Link encap:Ethernet  HWaddr 00:15:5d:0a:0b:d8
          inet addr:10.11.10.40  Bcast:10.11.10.255  Mask:255.255.255.0
          inet6 addr: fe80::215:5dff:fe0a:bd8/64 Scope:Link
          UP BROADCAST RUNNING MULTICAST  MTU:1500  Metric:1
          RX packets:343596 errors:0 dropped:3070 overruns:0 frame:0
          TX packets:186288 errors:0 dropped:0 overruns:0 carrier:0
          collisions:0 txqueuelen:1000
          RX bytes:387429581 (387.4 MB)  TX bytes:14078929 (14.0 MB)

lo        Link encap:Local Loopback
          inet addr:127.0.0.1  Mask:255.0.0.0
          inet6 addr: ::1/128 Scope:Host
          UP LOOPBACK RUNNING  MTU:65536  Metric:1
          RX packets:7651 errors:0 dropped:0 overruns:0 frame:0
          TX packets:7651 errors:0 dropped:0 overruns:0 carrier:0
          collisions:0 txqueuelen:1
          RX bytes:1976283 (1.9 MB)  TX bytes:1976283 (1.9 MB)
```

图 4-16　网络指令 ifconfig

图 4-17 中的框图即为当前 IP 地址。

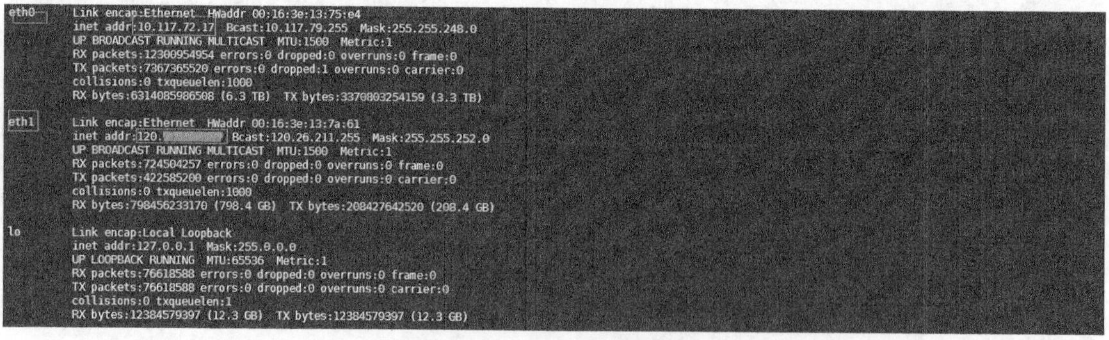

```
eth0      Link encap:Ethernet  HWaddr 00:16:3e:13:75:e4
          inet addr:10.117.72.17  Bcast:10.117.79.255  Mask:255.255.248.0
          UP BROADCAST RUNNING MULTICAST  MTU:1500  Metric:1
          RX packets:12300954954 errors:0 dropped:0 overruns:0 frame:0
          TX packets:7367365520 errors:0 dropped:1 overruns:0 carrier:0
          collisions:0 txqueuelen:1000
          RX bytes:6314085986508 (6.3 TB)  TX bytes:3370803254159 (3.3 TB)

eth1      Link encap:Ethernet  HWaddr 00:16:3e:13:7a:61
          inet addr:120.           Bcast:120.26.211.255  Mask:255.255.252.0
          UP BROADCAST RUNNING MULTICAST  MTU:1500  Metric:1
          RX packets:724504257 errors:0 dropped:0 overruns:0 frame:0
          TX packets:422585200 errors:0 dropped:0 overruns:0 carrier:0
          collisions:0 txqueuelen:1000
          RX bytes:798456233170 (798.4 GB)  TX bytes:208427642520 (208.4 GB)

lo        Link encap:Local Loopback
          inet addr:127.0.0.1  Mask:255.0.0.0
          UP LOOPBACK RUNNING  MTU:65536  Metric:1
          RX packets:76618588 errors:0 dropped:0 overruns:0 frame:0
          TX packets:76618588 errors:0 dropped:0 overruns:0 carrier:0
          collisions:0 txqueuelen:1
          RX bytes:12384579397 (12.3 GB)  TX bytes:12384579397 (12.3 GB)
```

图 4-17　网络指令 ifconfig

可以看到，当前有 eth0 和 eth1 两个网卡。eth0 为内网地址，eth1 为公网地址。一个公网一个内网是服务器中最常见的一种搭配方式。内网地址用于与内网机器进行交互，外网用于与外网客户机进行交互。当然，有些环境为了节省成本，在一个网卡上通过绑定虚拟网口的形式来实现多外网 IP。

如果在机器中并没有 ifconfig 的命令，使用 ip 指令也可以查看对应的 IP 地址，结果如图 4-18 所示。

```
~$ ip addr
```

```
sysadmin@gzx-dbms-10111040:~$ ip addr
1: lo: <LOOPBACK,UP,LOWER_UP> mtu 65536 qdisc noqueue state UNKNOWN group default qlen 1
    link/loopback 00:00:00:00:00:00 brd 00:00:00:00:00:00
    inet 127.0.0.1/8 scope host lo
       valid_lft forever preferred_lft forever
    inet6 ::1/128 scope host
       valid_lft forever preferred_lft forever
2: eth0: <BROADCAST,MULTICAST,UP,LOWER_UP> mtu 1500 qdisc pfifo_fast state UP group default qlen 1000
    link/ether 00:15:5d:0a:0b:d8 brd ff:ff:ff:ff:ff:ff
    inet 10.11.10.40/24 brd 10.11.10.255 scope global eth0
       valid_lft forever preferred_lft forever
    inet6 fe80::215:5dff:fe0a:bd8/64 scope link
       valid_lft forever preferred_lft forever
```

图 4-18　网络指令 ip

通过上述两个指令，我们可以查看到具体的 IP 地址，但是有一点需要留意，即有关网卡包中 drop 包的情况。如果 drop 太大，则反映给我们的现象是 ping 会丢包或者访问异常卡顿。如图 4-19 所示。

```
sysadmin@gzx-dbms-10111040:~$ ifconfig
eth0      Link encap:Ethernet  HWaddr 00:15:5d:0a:0b:d8
          inet addr:10.11.10.40  Bcast:10.11.10.255  Mask:255.255.255.0
          inet6 addr: fe80::215:5dff:fe0a:bd8/64 Scope:Link
          UP BROADCAST RUNNING MULTICAST  MTU:1500  Metric:1
          RX packets:347807 errors:0 dropped:3202 overruns:0 frame:0
          TX packets:186471 errors:0 dropped:0 overruns:0 carrier:0
          collisions:0 txqueuelen:1000
          RX bytes:387938128 (387.9 MB)  TX bytes:14111677 (14.1 MB)

lo        Link encap:Local Loopback
          inet addr:127.0.0.1  Mask:255.0.0.0
          inet6 addr: ::1/128 Scope:Host
          UP LOOPBACK RUNNING  MTU:65536  Metric:1
          RX packets:8187 errors:0 dropped:0 overruns:0 frame:0
          TX packets:8187 errors:0 dropped:0 overruns:0 carrier:0
          collisions:0 txqueuelen:1
          RX bytes:2116159 (2.1 MB)  TX bytes:2116159 (2.1 MB)
```

图 4-19　网络指令 ifconfig

Tips：有些针对性的运维系统会编写脚本并将其放到监控指标中，如果单位时间的包值增加过大，则会产生警告。

查看网关信息

知道服务器的 IP 地址后，还需要知道对应的网关。网关信息可以使用 route 指令进行查看，结果如图 4-20 所示。

```
~$ route -n
```

```
sysadmin@gzx-dbms-10111040:~$ route -n
Kernel IP routing table
Destination     Gateway         Genmask         Flags Metric Ref    Use Iface
0.0.0.0         10.11.10.1      0.0.0.0         UG    0      0        0 eth0
10.11.10.0      0.0.0.0         255.255.255.0   U     0      0        0 eth0
sysadmin@gzx-dbms-10111040:~$
```

图 4-20　网络指令 route

可以看到服务器的网关地址为 10.11.10.1。为什么需要知道一个网关地址？很多时候，网关地址就是路由器的管理地址，而 IP 接入路由器层的时候，一些策略可能禁止未经网关允许的 IP 访问互联网的情况。此时需要通知网关组的同事（如果有的话）允许机器的接入。通过网关，也能搞清楚服务器访问出口的第一跳地址是哪个访问地址。提到这里，不得不提一个我们常用来诊断是否有环路的指令（traceroute），这也就是追踪 IP 访问路径的指令。网络经常不稳定，这是由于内网策略非常复杂，或者网管人员在配置过程中不小心造成环路从而导致网络出现异常的情况。这时候，我们可以通过追踪路由来获取一些可能的问题。结果如图 4-21 所示。

```
~$ sudo apt-get install traceroute
~$ traceroute 10.0.10.126
```

图 4-21　网络指令 traceroute

图 4-21 中框住部分显示的就是下一条路由的地址（俗称下一跳）。如果有回路，那么路由的走向最终可能会正确，但是中间可能会跳转了好几层，造成性能损耗。

除了使用 traceroute 来看路由走向之外，还可以使用 mtr 来判断。它比上述两个工具更容易使用，并且更灵活，结果如图 4-22 所示。

```
~$ mtr -r 10.0.10.126
```

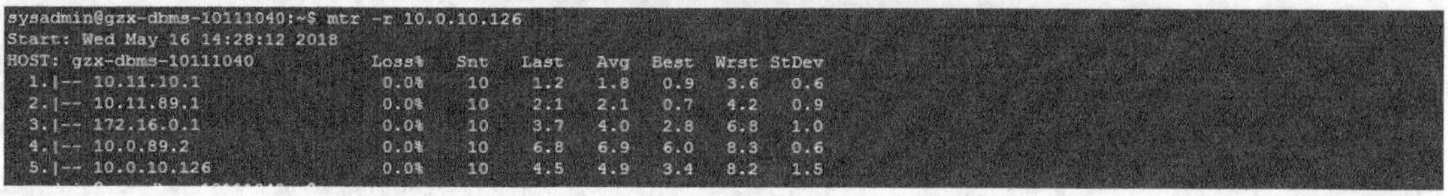

图 4-22　网络指令 mtr

可以看到，返回的数据比起 traceroute 更加人性化，界面非常友好。读者可以使用 man mtr 来查阅具体的用途，如图 4-23 所示。

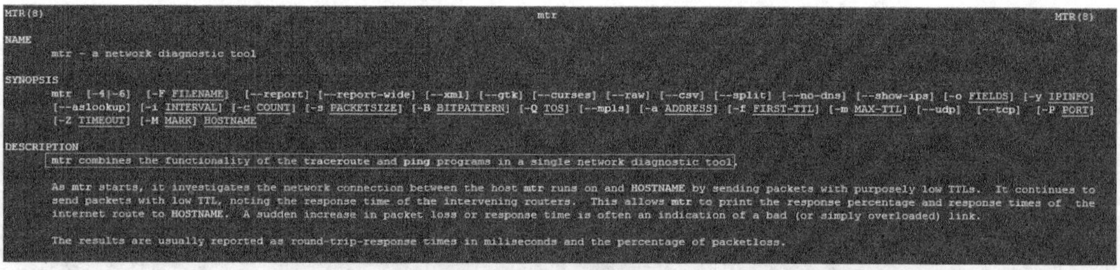

图 4-23　网络指令 mtr

接下来检查网络连通性，使用的指令是熟悉的 ping 指令。ping 是我们最常用的指令，它是初步诊断网络是否有问题的必用工具，这个命令在 Windows 和 Linux 上的用法几乎一样。

```
~$ ping 10.0.10.126
~$ ping 10.11.10.1
~$ ping www.baidu.com
```

通过 ping 可以判断目标地址是否可达、目标网关是否连通、目标域名是否可用，另外在域名 IP 解释更换后，也是使用 ping 来判断是否操作成功。

4.1.4　系统层面

对于系统层面，我们有很多基础信息需要了解。对于大规模服务器运维来说，这些信息确实很基础，又必不可少。通常这些信息包含但不仅限于：查看运行时间（主要用于识别服务是否正常或者机器是否被重启过）、查看资源使用、查看进程、管理用户和安装必要组件。

查看运行时间

进入操作系统后，执行一些基础操作是很有必要的。很多时候我们需要知道当前系统运行了多长时间，或者需要了解当前内存的使用情况，还要知道当前系统的负载情况和当前服务器的空间使用情况等。这些操作也同样需要一些指令来完成。

使用 uptime 指令能让我们知道当前系统从开机到现在的运行时间。不用担心 Linux 运行几年后需不需要重启的问题。由于 Linux 对资源的利用非常高效，即使是连续跑了几年，服务器也不需要重启，所以我们在运维圈子或者论坛中能经常见到有人晒图贴出多久没重启机器了。这点跟 Windows 确实很大不一样，Windows 由于 UI 太过臃肿，导致碎片过多及内存调度机制等问题，所以在一定周期后要重启，从而恢复性能。

```
~$ uptime
```

Tips： Linux 运维人员往往认为时间越长，自豪感越强。不建议读者沉迷与此。

使用 uptime 的结果如图 4-24 所示。

```
superdbadmin@m190:~$ uptime
 10:46:50 up 7 days, 29 min,  1 user,  load average: 0.21, 0.07, 0.02
```

图 4-24 uptime 指令

查看资源使用

这里我们常用的是 top 指令，图 4-25 所示为使用 top 指令来查看系统信息，top 指令能看到类似的信息（里面包含开机时间），同时实时地显示当前进程及系统概述。

```
top - 10:44:39 up 7 days, 26 min,  1 user,  load average: 0.00, 0.02, 0.00
Tasks: 154 total,   1 running, 153 sleeping,   0 stopped,   0 zombie
%Cpu(s):  1.0 us,  0.6 sy,  0.0 ni, 98.4 id,  0.0 wa,  0.0 hi,  0.0 si,  0.0 st
KiB Mem : 17044620 total, 13002480 free,  2067476 used,  1974664 buff/cache
KiB Swap:  3998716 total,  3998716 free,        0 used. 14400404 avail Mem

  PID USER      PR  NI    VIRT    RES    SHR S  %CPU %MEM     TIME+ COMMAND
    1 root      20   0   37936   6052   4068 S   0.0  0.0   0:06.70 systemd
    2 root      20   0       0      0      0 S   0.0  0.0   0:00.04 kthreadd
    3 root      20   0       0      0      0 S   0.0  0.0   0:07.84 ksoftirqd/0
    5 root       0 -20       0      0      0 S   0.0  0.0   0:00.00 kworker/0:0H
    7 root      20   0       0      0      0 S   0.0  0.0   2:45.93 rcu_sched
    8 root      20   0       0      0      0 S   0.0  0.0   0:00.00 rcu_bh
    9 root      rt   0       0      0      0 S   0.0  0.0   0:21.08 migration/0
   10 root      rt   0       0      0      0 S   0.0  0.0   0:02.49 watchdog/0
   11 root      rt   0       0      0      0 S   0.0  0.0   0:02.52 watchdog/1
   12 root      rt   0       0      0      0 S   0.0  0.0   0:20.71 migration/1
   13 root      20   0       0      0      0 S   0.0  0.0   0:06.20 ksoftirqd/1
   15 root       0 -20       0      0      0 S   0.0  0.0   0:00.00 kworker/1:0H
   16 root      rt   0       0      0      0 S   0.0  0.0   0:02.38 watchdog/2
   17 root      rt   0       0      0      0 S   0.0  0.0   0:21.15 migration/2
   18 root      20   0       0      0      0 S   0.0  0.0   0:07.93 ksoftirqd/2
   20 root       0 -20       0      0      0 S   0.0  0.0   0:00.00 kworker/2:0H
   21 root      rt   0       0      0      0 S   0.0  0.0   0:02.38 watchdog/3
   22 root      rt   0       0      0      0 S   0.0  0.0   0:21.03 migration/3
   23 root      20   0       0      0      0 S   0.0  0.0   0:10.66 ksoftirqd/3
   25 root       0 -20       0      0      0 S   0.0  0.0   0:00.00 kworker/3:0H
   26 root      20   0       0      0      0 S   0.0  0.0   0:00.00 kdevtmpfs
   27 root       0 -20       0      0      0 S   0.0  0.0   0:00.00 netns
   28 root       0 -20       0      0      0 S   0.0  0.0   0:00.00 perf
   29 root      20   0       0      0      0 S   0.0  0.0   0:00.38 khungtaskd
   30 root       0 -20       0      0      0 S   0.0  0.0   0:00.00 writeback
   31 root      25   5       0      0      0 S   0.0  0.0   0:00.00 ksmd
   32 root      39  19       0      0      0 S   0.0  0.0   0:10.90 khugepaged
   33 root       0 -20       0      0      0 S   0.0  0.0   0:00.00 crypto
   34 root       0 -20       0      0      0 S   0.0  0.0   0:00.00 kintegrityd
```

图 4-25 系统指令 top

```
~$ top
```

对于图 4-25，特别要注意 load average 和 zombie 这两个参数指标，第一个是有关当前服务器负载情况的，第二个是有关当前进程中是否有僵尸进程的。

在业务卡顿的时候，建议第一时间看看 top 的指标，特别是 CPU 和内存的信息。

Tips：具体的业务监控细节，在后面章节介绍，这里仅介绍指令的使用范围。

我们通常使用 free 来查看内存的使用情况。在早期版本中，指令 free 生成的结果是有干扰性的，后来在新的分支版本中对 free 进行了一定的修改，使得阅读起来没有那么晦涩，结果如图 4-26 所示。

```
~$ free -h
```

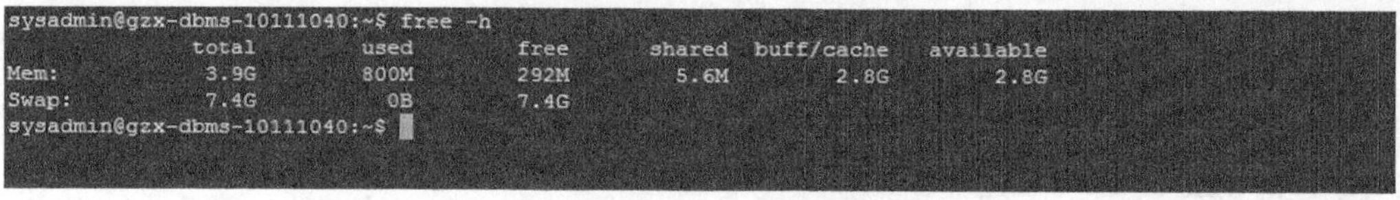

图 4-26　系统指令 free 的使用之一

看到这里，读者可能会有所担心，从字面意义上理解，目前剩余内存只剩下 292MB，是不是这表示内存不够用，其实不然。Linux 机制追求的是最大内存化，大多数情况下，只有见到 Swap 交换分区中的这个 used 被过分使用的时候，才需要担心内存不够用的问题，下面这个跑 MySQL 的测试数据库，明显内存就不够用，如图 4-27 所示。

图 4-27　系统指令 free 的使用之二

从图 4-27 中可以看到，由于内存不够用，系统会借用 Swap 中的交换分区进行“内存”扩充。有关 Linux 和 Windows 内存机制的区别并不在本书的讨论范围内。读者在本阶段只需要理解怎么看这个指标，知道指标是否够用即可，我们在后面的章节提及具体的研究。

Tips：一种极端的情况是，内存非常充盈但是还是使用到了 Swap。在这种情况，有可能是你的缓存设置得太小，而此时缓存已经使用到接近 99%，在这种极端情况下，说明 Swap 已经过度使用了。

上面展示了关于 CPU 和内存的查看方式，与内存相类似的磁盘空间怎么查看呢，我们使用 df 指令，结果如图 4-28 所示。

```
~$ df -h
```

除了 tmpfs 文件系统的空间指标不需要太关心外，其他指标都需要进行特别的监控，最重要的是【Use%】这列。一旦空间爆掉，尤其是根目录和数据目录的分区会影响到业务系统。

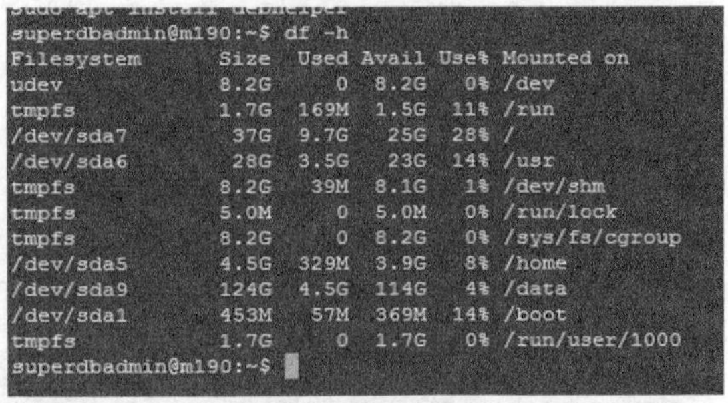

图 4-28 系统指令 df

细心的读者在之前章节中可能留意到有一个 sudo 的指令，这个指令是一个特权指令，拥有特权指令的用户可以执行超管的权限。我们在系统创建之初，就创建了一个名为“sysadmin”的特权账户，这个账号实际上是在/etc/sudoer 中进行配置的。

如果不使用 sudo，那么在操作时很多（几乎绝大部分）目录都会出现权限不足的情况，如图 4-29 所示，第一次对/data 创建一个 test 目录就会出现“Permission denied”的提示，如果使用 sudo，则可以创建成功。

```
~$ sudo mkdir /data/test
```

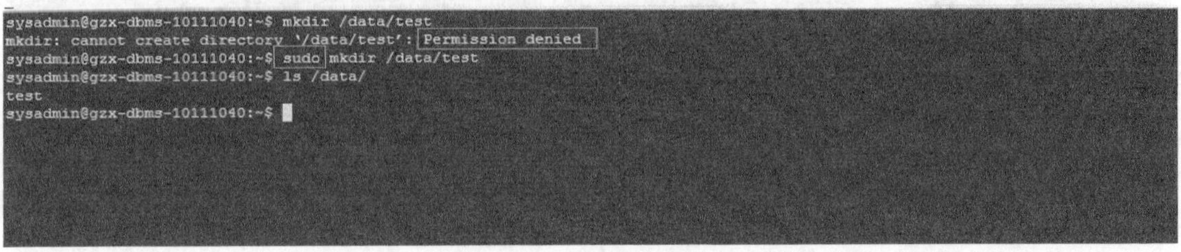

图 4-29 系统指令 sudo

查看进程

系统的运行依赖于各种服务，而服务的“表现”则以进程为主。在处理故障过程中，我们经常要检查进程是否存在，如果存在，那么它的运行情况又是如何？此时可以使用 netstat 和 ps 来查看，但是 ps 并不能查看端口，通常会结合这两个进行组合分析。如果要判断端口是否存在，则可以使用 netstat 来查看。有时候端口存在，而子线程却因为异常退出了，也就是假设某个线程“应该”在后台有 3 个，使用 netstat 可以看到端口的存在，但不能因此判断线程满足了上面的假设（可能只有 2 个或者 1 个）。故此我们在监控应用时，常常会将这两个指标一并加入业务异常监控中，规定小于 3 个线程数（这里只是举例）或者等于 0 的无端口情况下，会触发告警。

下面查看一下 SQL Server 的进程信息，结果如图 4-30 所示。

```
~$ ps -ef mssql
```

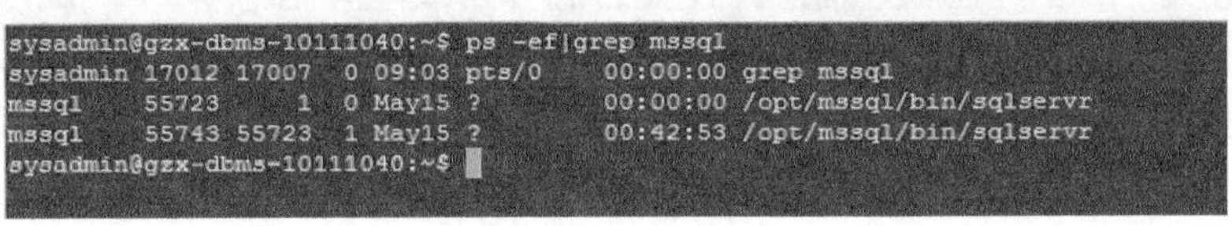

图 4-30 系统指令 ps

从图 4-30 中可以看到，mssql 的进程有两个，接下来查看一下端口，结果如图 4-31 所示。

```
~$ netstat -lntpu|grep 1433
```

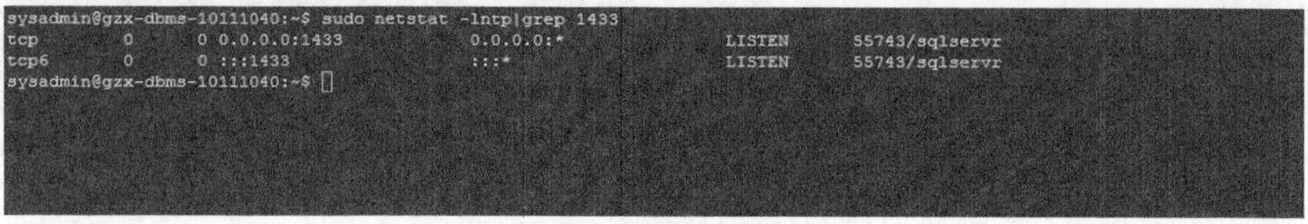

图 4-31 系统指令 netstat

从图中可以看到，端口是存活的（LISTEN），然后我们使用 wc 命令来统计总数，并且过滤掉 grep 这个不应该存在的行，结果如图 4-32 所示。

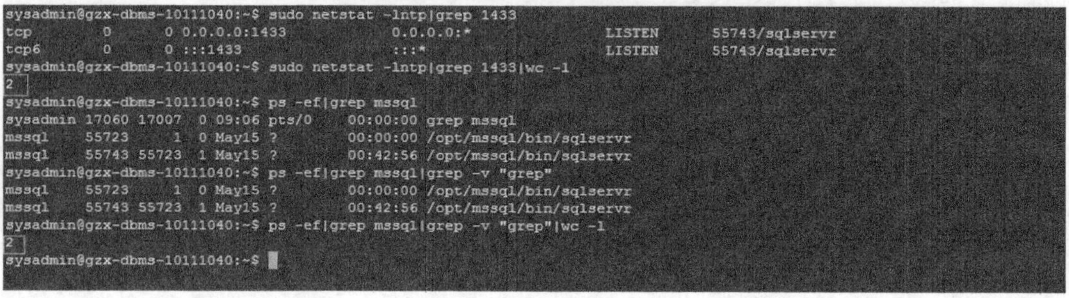

图 4-32 系统指令 wc

Tips：需要读者通过 man grep 来解读参数的具体使用。

可以看出常态下的指标均为 2，这就给了我们监控指标的参考值，假如监控的数值与 2 并不相符，那么我们可以认为服务异常。这种思维也可以作为判断组件是否存活的依据。

用户管理

日常运维中，需要给对应的应用添加相应的用户来启动维护，或者给需要登录系统的人员分配账号，这是非常普遍的一个操作。如果是 DB 库，那么通常只需要对其赋予能远程连接的权限即可（即不需要先远程登录到 Linux/Windows 服务器然后再登录数据库）。对于非运维人员而言，大部分情况下并不需要具有登录系统的权限。让过多的人拥有登录系统的权限是件很危险的事情。

尽管普通账号的权限并不大，但越权对于黑客或者高级工程师来说并不是难事。鉴于此种情况，我们推荐运维人员对于数据库层尽量避免过度开通登录系统用户的权限。但是研发人员可能要经常去查证一些信息，比如日志异常或配置信息等（事实上这些操作也并不是必需的，因为可以通过 ELK 来查看日志，但大部分企业并不那么正规，所以运维规则也不能太过僵死，否则会引起工作上的“误解”），这个时候就要开通适当的账号或者权限。我们可以使用 useradd 来添加用户，删除一个用户可以用 userdel 来处理。敏锐的读者可能发现了一个问题，如果我有 1000 台服务器，那是不是要给 1000 台服务器都添加这个用户的信息？尽管有批量处理的脚本，但它还是很低效的。确实是如此，这个时候，我们可以引用 LDAP 认证，它与 Windows 的 AD 域控有类似的功能（不在本书讨论范围）。这种方式可简化运维的工作量，提升效率，也避免存在过多垃圾账号及账号风险（因为人员会流动）。

下面来看看如何添加账号。

```
~$ sudo useradd mingliadmin
~$ sudo useradd mssqladmin -s /usr/sbin/nologin
```

第一句的意思是创建一个名为 mingliadmin 的账户，第二句在后面加了 nologin 表示禁止登录，它说明这只是服务于系统内部的应用账户，并非提供给研发或者运维人员的。可以使用 userdel 来删除一个账号。

```
~$ sudo userdel -r mingliadmin
```

其中参数 r 表示将其工作目录也一并删除。

安装组件

Linux 原生是一个“核心”，只有一些足够支持系统正常运行的组件和一些工具（如新版本的 Linux 基本上都内置了 Python），要让服务器实际运行起来，往往还需要安装一些组件，比如数据库安装包、top 的升级版 htop 等，Linux 怎么进行软件包的安装呢？可以使用 apt-get（Ubuntu）指令进行安装（CentOS 用 yum）。Ubuntu 还提供了 dpkg 方法安装软件包，但我们这里推荐常用的方式，当需要安装 htop 工具来让我们更方便地监控资源时，安装过程如图 4-33 所示。

```
~$ sudo apt-get install htop
```

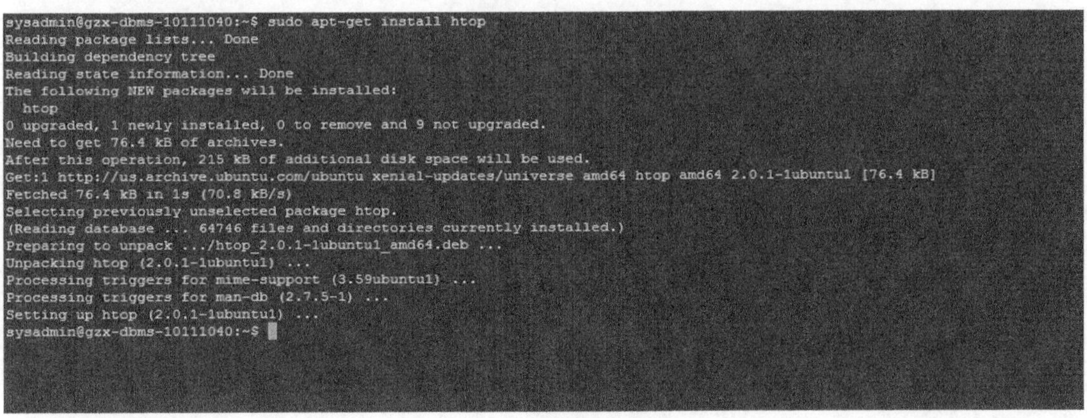

图 4-33　系统指令安装 htop

然后可以使用 htop 命令打开多个终端窗口，观察一下 top 和 htop 的区别。结果如图 4-34 所示。

在图 4-34 中居于后方的为 htop 的显示效果，最前面的为 top 的显示效果。可以看到 htop 更加直观和丰富。

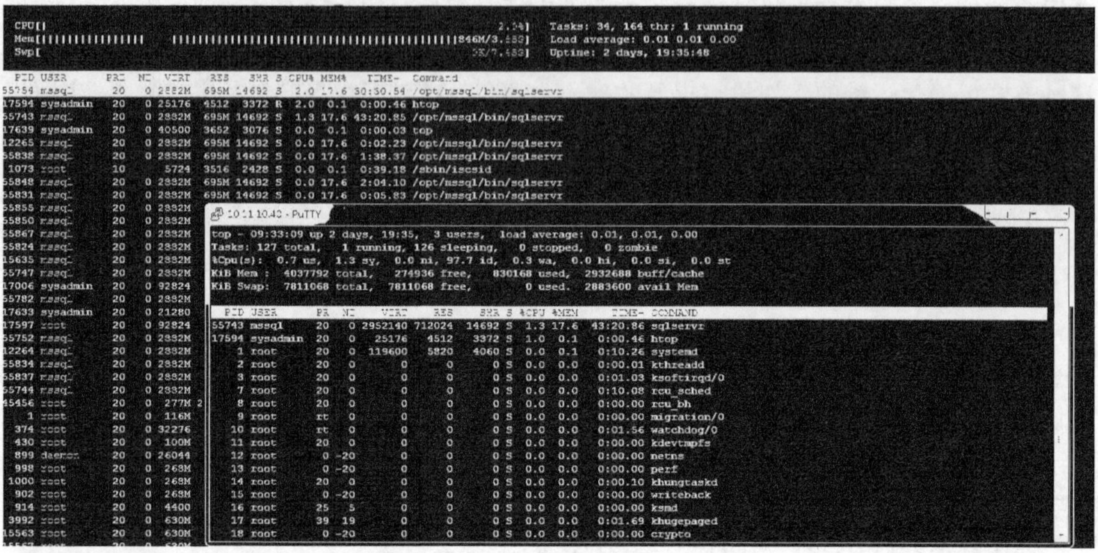

图 4-34　系统指令 htop 和 top 的对比

4.1.5　其他杂项

杂项指令不是真的“不重要”，而是相对来说会用得比较少。由于它们不好归类，所以归到杂项。在日常运维时还是会经常使用到它们，比如升级版本、输出内容、网络下载、挂载硬件。

升级版本

对于数据库升级，不同的产品有不同的方法，关于 SQL Server 的安装升级在前面已经演示过。现在看看关于 MySQL 的例子。升级时我们可以使用二进制免编译的安装包进行安装，MySQL 推荐使用的是免编译二进制安装包，可以将包解压到/usr/local 目录，这个操作可以使用如下指令完成。

```
~$ sudo tar xvf mysql-5.6.40-linux-glibc2.12-x86_64.tar.gz -C /usr/local/
```

指令执行成功后，在/usr/local 目录下，就有一个名为 MySQL-5.6.20 的目录。为了以后升级方便，我们将这个目录做一个软连接，方便后期维护，当你需要将其升级到 5.6.21 版本，只需要将软连接重新指向即可。软连接类似于 Windows 的快捷方式。

```
~$ sudo ln -s /usr/local/mysql-5.6.40-linux-glibc2.12-x86_64 /usr/local/mysql
```

运行一段时间后，由于某种原因，必须升级小版本号从 40 到 41。可以使用 ls 命令列出具体目录及其内容，如图 4-35 所示。

此时我们可以直接修改软连接从而达到“升级”的效果。

```
~$ sudo rm -rf mysql
~$ sudo ln -s mysql-5.6.41-linux-glibc2.12-x86_64 mysql
```

这里，我们可以看到一个非常危险的操作“rm”。在进行小版本切换时，尽管版本很小，还是建议做一个短暂的停机维护，以免发生异常。当然，如果你是双机高可用，则可以升级完一台后，升级另一台，从而减少停机时间。

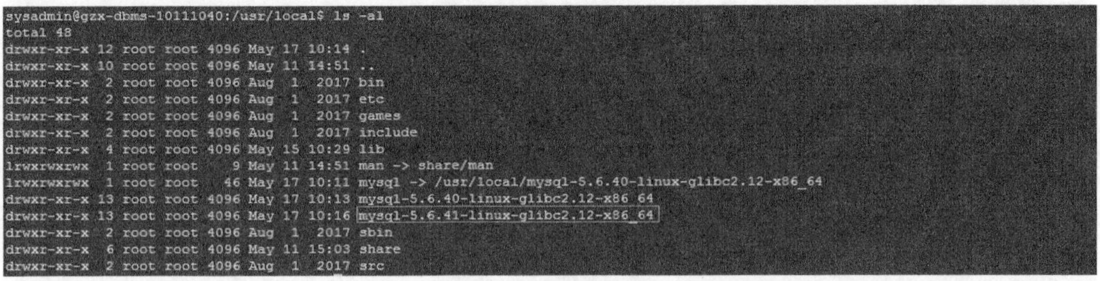

图 4-35 系统指令 ls

请注意，rm -rf mysql 这个指令是删除这个软连接，如果你写成“rm -rf mysql/”则会删除实际路径内的内容，切勿多一个“/”，否则后果很严重。

输出内容

在使用脚本维护过程中，经常要输出一些内容用于后续操作，即使日常操作中输出也是必不可少的。比如绝大部分编程语言教学中，第一段代码都是“Hello World”，Linux 也不例外，可以使用下面指令输出这个信息。

```
~$ echo "Hello Wrold"
```

如果我们需要查看当前时间、查看程序执行的时间则可以分别使用 date 和 time。结果如图 4-36 所示。

```
~$ date
~$ time echo "Hello World"
```

图 4-36 系统指令 time

网络下载

在 Windows 平台下我们经常使用 IE 自带的下载器或者下载软件实现下载功能，而 Linux 终端中并没有这种功能，当我们获取到具体的下载链接后，可以使用 wget 或 curl 进行下载。

```
~$ sudo wget https://cdn.mysql.com//Downloads/MySQL-5.6/mysql-5.6.40-linux-glibc2.12-
x86_64.tar.gz
```

或者使用下面指令来实现。

```
~$ sudo curl -# -O https://cdn.mysql.com//Downloads/MySQL-5.6/mysql-5.6.40-linux-glibc2.12-
x86_64.tar.gz
```

在安装 SQL Server On Linux 时，也演示过直接在 Linux 上下载安装包，Linux 运维很多时候都需要这样做。毕竟如果什么软件都在 Windows 上下载再移至 Linux 上，那么操作会很烦琐。

挂载硬件

在业务达到一定程度时，磁盘空间会面临一个比较大的考验，或者要安装、导入某些资料时需要挂载一个镜像上去，这时你需要使用到 mount 指令，从英文释义也可知道这个命令的含义。我们上传一个 Ubuntu 的 IOS 镜像到服务器后，可以使用下面命令挂载到服务器内。

```
~$ mount -o loop Ubuntu.iso /data/iso/
```

用完后，我们可使用 umount 来卸载。

```
~$ umount /data/iso
```

在实际生产环境中，我们如果碰到 Swap 过小或者 Swap 被禁用了，而又需要使用交换分区，那么在处理好对应的准备后，文件也是需要通过 mount 挂载上去的。要注意使用 mount 挂载上去后如果服务器重启，那么这是失效的。也就是 mount 只针对当前状态有效，重启则失效。如果是常用的挂载（比如挂载磁盘），那我们可以添加到 fstab 配置文件中。

4.2 基础运维

有了 4.1 节的基础指令后，我们就可以进行一些基础运维。事实上基础运维的工作并不复杂，相反还很简单，遵循一定的规则，运维入门并不是一件非常困难的事。在 Linux 的基础运维岗位上，根据不同公司的运营情况通常分为业务运维和平台运维。工作压力也不太一样，但是不管是哪个分层，基础还是要扎实，工作才能干得比较顺畅。

这里我们不讨论运维工作的具体细分，而是根据运维的着重点将其分为几个层面：服务部署、指标、安全和调优。

4.2.1 服务部署

掌握基本的指令之后，我们需要使用几个经常配置的应用来进行联系。在实际生产线中，我们提倡对于主营业务推荐使用编译安装，对于次要组件可以使用 apt-get 进行安装。而本书是属于面向初学者的，在这里并不会介绍如何进行编译安装，事实上编译安装的过程并不复杂，复杂的是该软件所依赖的关联库或者其他软件。为了让读者更轻易地上手 SQL Server On Linux，作者建议读者均采用 apt-get 的方式进行测试，尤其是对于快速应用的场景来说。快速交付，减少工作环节才是关键。

企业应用中，最常见的几个应用有：Web 服务、数据库服务（如本书的 SQL Server On Linux，其安装过程已在第 3 章中介绍）、文件共享服务、NTP 服务器和正（反）向代理。接下来将对这些内容进行介绍。

4.2.1.1 Web 服务

不管是企业的内网还是外网，部署 Web 服务似乎成了运维必经之路，很少听说初级以上的运维人员不会部署 LNMP 或 LAMP 服务的，之前的 M 仅限于 MySQL，现在多了一个佼佼者，这就是 Microsoft SQL Server（简称 MSSQL）。需要说明的一点是，在数据库的选型中切莫跟风，一定要选择适合自己业务逻辑的 RDBMS，否则在维护过程中，往往就是填坑的过程。

在本书中，我们仅介绍如何部署一个 Web 服务，这是企业网站展现给外部网络世界的入口。通过 Web 窗口，消费者能了解到公司各种层面的业务，所以快速部署 Web 服务是非常有必要的。但是 Web 服务实际上有很多，也有很多分支，在这里作者并不建议使用小众的 Web 组件或者第三方的优化版本，因为官方并不会对第三方引起的业务问题进行响应修改。即使是官方版本也未必能很快响应，更何况是第三方分支。我们看一下目前 Web 组件的活跃程度图，见图 4-37。

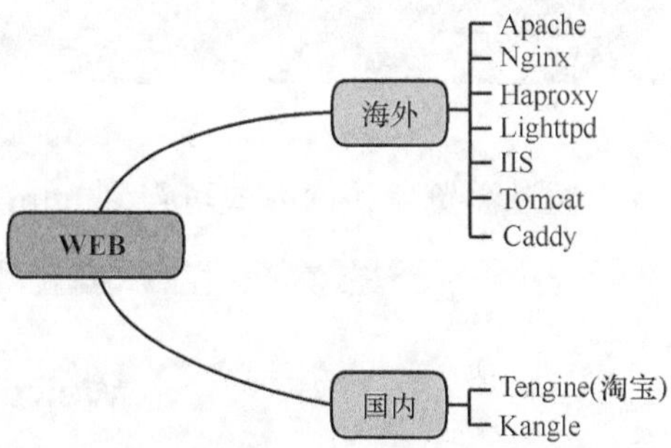

图 4-37 Web 分类

相对比较流行的组件为 Apache|Nginx，在这里，我们着重介绍轻量级的服务器 Nginx。国内在这块的开发，实际上是远远落后的。阿里 Tengine 是基于 Nginx 开发的，目前仍在更新中。

在这里介绍 Nginx 最出色的一个功能，那就是 Http 服务。拥有一台 Http 服务，读者可以通过浏览器看到网页的内容，即为 Http 的首层应用。要实现访问对应的网页，我们需要先安装 Http 服务组件。

```
~$ sudo wget https://nginx.org/keys/nginx_signing.key
~$ sudo apt-key add nginx_signing.key
~$ sudo vi /etc/apt/sources.list  #编辑软件源列表
deb https://nginx.org/packages/mainline/ubuntu/  xenial nginx
deb-src https://nginx.org/packages/mainline/ubuntu/ xenial nginx
~$ sudo apt-get update
~$ sudo apt-get install nginx
~$ sudo nginx
```

至此，安装完毕，但是上述步骤的每一步是什么意思呢？从常用指令中可以知道，wget 是下载，也就是从官网的地址中下载 nginx_signing.key 的密钥文件，然后通过 apt-key 增加这个密钥文件。添加完毕之后，编辑更新源，添加对应的 Nginx 地址，请注意添加内容的标准格式如下所示。

```
deb https://nginx.org/packages/mainline/ubuntu/ <CODENAME> nginx
deb-src https://nginx.org/packages/mainline/ubuntu/ <CODENAME> nginx
```

我们可以看到<CODENAME>，这是需要修改的地方，Ubuntu 的每个版本都有一个代号，这里只列出一部分，见图 4-38。

版本号	代号	支持的平台
14.04	trusty	x86_64, i386, aarch64/arm64
16.04	xenial	x86_64, i386, ppc64el, aarch64/arm64
17.10	artful	x86_64, i386

图 4-38 版本号

修改完对应的源之后，需要对源更新一下，然后就可以安装最新版的 Nginx 了。通过 sudo nginx 即可启动 Http 服务，至此，一个简单高效的 Web 应用就已经安装成功了。可以通过 curl 进行地址分析，得到图 4-39 所示的结果。

图 4-39 健康判断 curl

通过浏览器访问方式可得到 http：//10.11.10.40/，如图 4-40 所示。

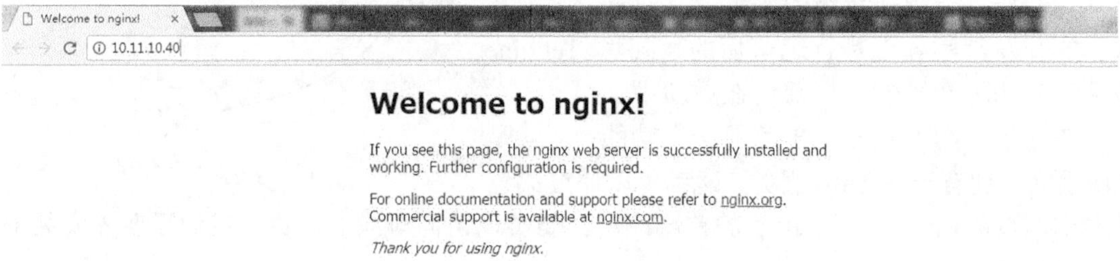

图 4-40 访问页面

在系统中可以看到对应的端口是否存活。结果如图 4-41 所示。

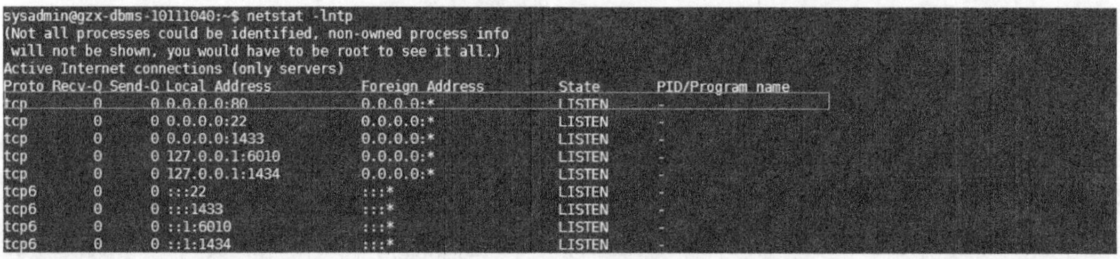

图 4-41 端口核查 netstat

Tips：具体的安装过程可以参考 Nginx 官网的文档说明。

我们稍微做一个引入操作。在网页目录下，访问 apps/test.html，html 中的内容为“Hello，MSSQL”。首先要知道 Nginx 默认的 Web 目录在哪里，这就要求我们查看 nginx.conf 的配置文件。根据 Linux 目录的定义，配置文件通常放在/etc 中，在/etc/nginx/下有一个 nginx.conf 文件（配置文件都是以.conf 结尾，约定俗成）。见图 4-42。

从这个配置文件中并没有看到有关 Web 根目录的地址，但是我们发现了其包含自配置文件的目录地址，见图 4-43。

root 的路径为/usr/share/nginx/html，我们进入查看发现结果见图 4-44。

```
~$ cd /usr/share/nginx/html
~$ sudo mkdir apps
~$ sudo vi apps/test.html
Hello，MSSQL
```

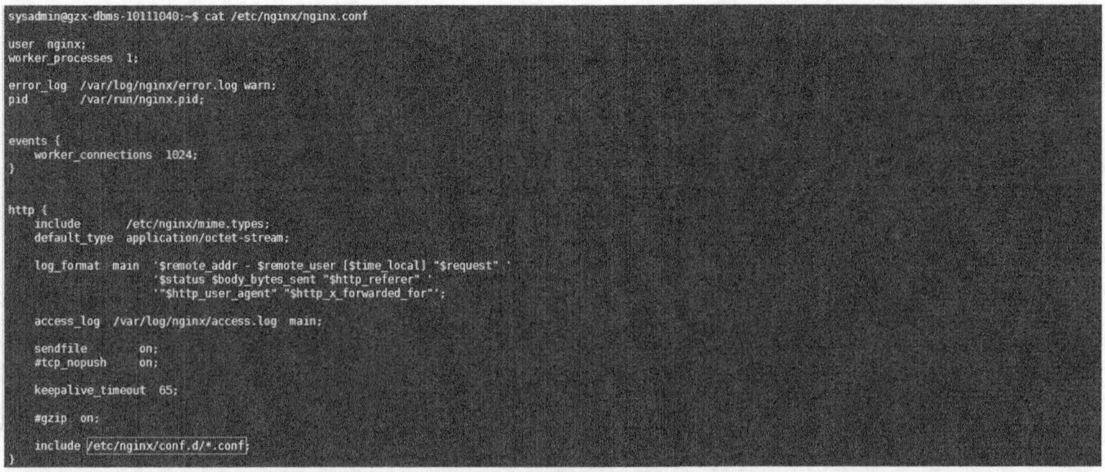

```
sysadmin@gzx-dbms-10111040:~$ cat /etc/nginx/nginx.conf

user  nginx;
worker_processes  1;

error_log  /var/log/nginx/error.log warn;
pid        /var/run/nginx.pid;


events {
    worker_connections  1024;
}


http {
    include       /etc/nginx/mime.types;
    default_type  application/octet-stream;

    log_format  main  '$remote_addr - $remote_user [$time_local] "$request" '
                      '$status $body_bytes_sent "$http_referer" '
                      '"$http_user_agent" "$http_x_forwarded_for"';

    access_log  /var/log/nginx/access.log  main;

    sendfile        on;
    #tcp_nopush     on;

    keepalive_timeout  65;

    #gzip  on;

    include /etc/nginx/conf.d/*.conf;
}
```

图 4-42 查看配置文件

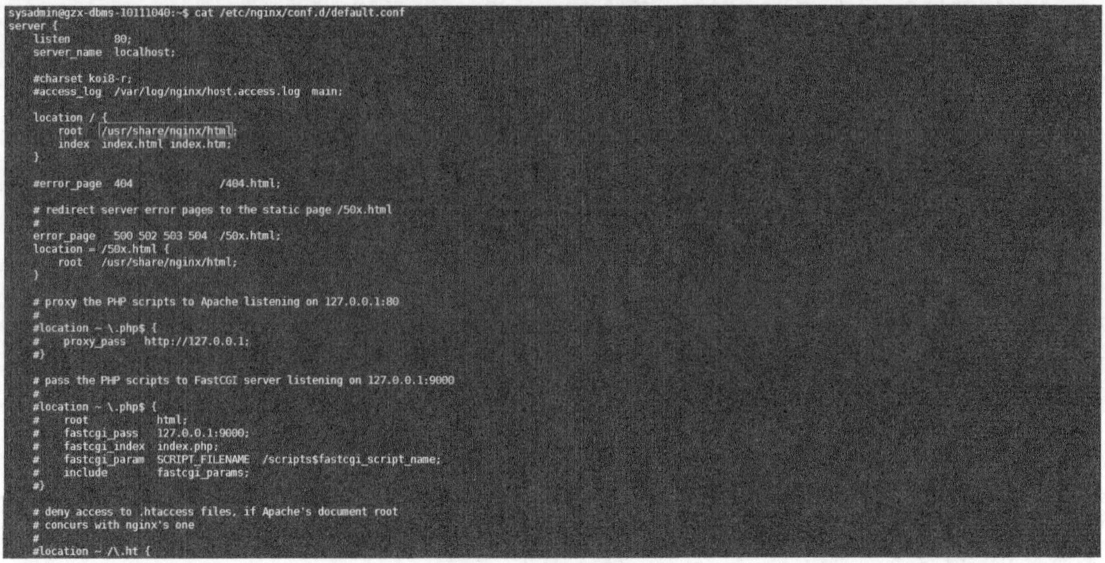

```
sysadmin@gzx-dbms-10111040:~$ cat /etc/nginx/conf.d/default.conf
server {
    listen       80;
    server_name  localhost;

    #charset koi8-r;
    #access_log  /var/log/nginx/host.access.log  main;

    location / {
        root   /usr/share/nginx/html;
        index  index.html index.htm;
    }

    #error_page  404              /404.html;

    # redirect server error pages to the static page /50x.html
    #
    error_page   500 502 503 504  /50x.html;
    location = /50x.html {
        root   /usr/share/nginx/html;
    }

    # proxy the PHP scripts to Apache listening on 127.0.0.1:80
    #
    #location ~ \.php$ {
    #    proxy_pass   http://127.0.0.1;
    #}

    # pass the PHP scripts to FastCGI server listening on 127.0.0.1:9000
    #
    #location ~ \.php$ {
    #    root           html;
    #    fastcgi_pass   127.0.0.1:9000;
    #    fastcgi_index  index.php;
    #    fastcgi_param  SCRIPT_FILENAME  /scripts$fastcgi_script_name;
    #    include        fastcgi_params;
    #}

    # deny access to .htaccess files, if Apache's document root
    # concurs with nginx's one
    #
    #location ~ /\.ht {
```

图 4-43 查看网站目录

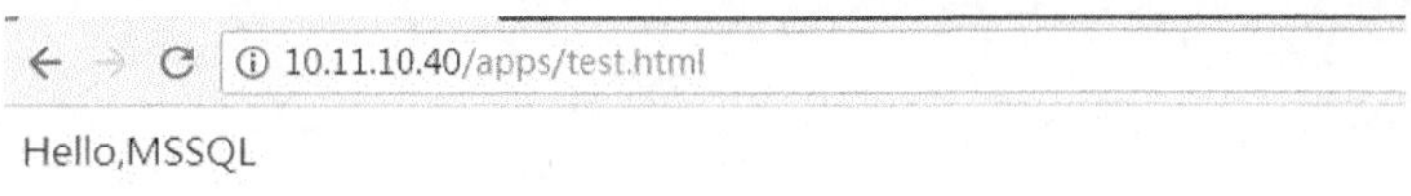

图 4-44 访问网站

如果你稍微懂一些 HTML 语言，则可以按照标准的 HTML 语法来构造一个测试网页。至此，一套配置 Web 服务的流程已经完成。Nginx 能做的不仅是这些，这只是一种简单的实现方式而已，如果连一个简单的实现方式都没有实现，那么也就无法处理一些对应的事务，工作也会因此延时。如果你喜欢，也可以使用编译方式来实现它。这种测试安装需要读者自行去了解尝试。

Tips：有兴趣了解更多关于 Nginx 的知识，可以访问官网进行查阅。

4.2.1.2　文件服务器

Nginx 也可以作为文件共享服务，但这并不是它擅长的。内网的文件服务器有 SMB 和 FTP 两种。长久以来在机房服务器中使用的 Windows Server 系统，如果使用 Windows 系统架构的文件共享服务器，当人数达到一定量之后，访问会异常卡顿，同时需要定期重启服务器，但是在 Linux 环境下部署的 SMB 则不会，很多人就喜欢用这些来类比操作系统的优越性。这里并不讨论操作系统的好坏，事实上不能太武断认为哪种操作系统更好、更方便。

由于 FTP 的性能也不是非常理想，所以这里采用传统的 SMB 来部署文件系统。

```
~$ sudo apt-get install samba
```

安装只需要一个执行指令即可，看一下默认启动的线程，见图 4-45。

```
sysadmin@gzx-dbms-10111040:~$ ps -ef|grep smb
root     30589     1  0 16:20 ?        00:00:00 /usr/sbin/smbd -D
root     30592 30589  0 16:20 ?        00:00:00 /usr/sbin/smbd -D
root     30604 30589  0 16:20 ?        00:00:00 /usr/sbin/smbd -D
sysadmin 30802 25705  0 16:22 pts/0    00:00:00 grep smb
```

图 4-45　检查进程 ps

在服务器上创建一个名为 smb 的共享目录。

```
~$ sudo mkdir /data/smb
~$ sudo chmod -R 1777 /data/smb
~$ sudo useradd it
~$ sudo smbpasswd -a it
```

修改配置文件。

```
~$ sudo vi /etc/samba/smb.conf
[homes]
    comment = Home Directories
    browseable = no
    path = /data/smb
    valid users = it
    read only = no
writable = yes
```

修改完配置文件后，需要重启服务。

```
~$ sudo /etc/init.d/smbd restart
```

然后在 Windows 中访问对应的共享服务器\\10.11.10.40\it，此时会弹出对话框需要你验证账号和密码，如图 4-46 所示。

此时，在弹出的密码验证窗口中，输入刚才创建的账号 it，密码为 xxxx（自定义）之后，界面如图 4-47 所示。

图 4-46 访问 smb

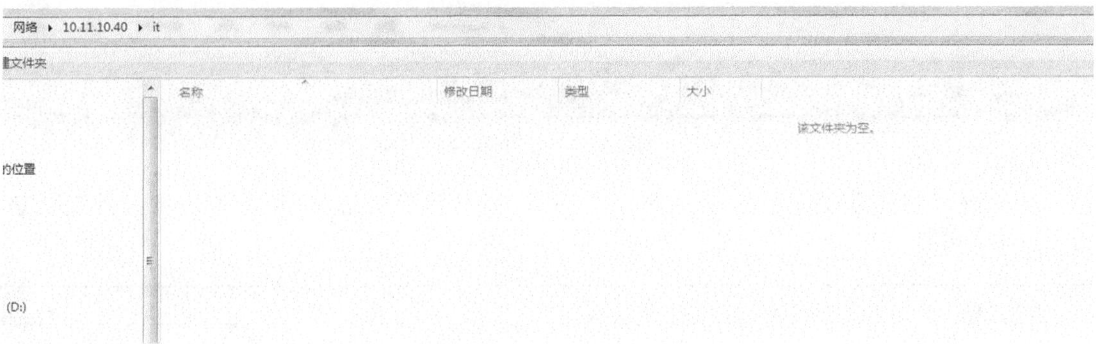

图 4-47 访问页面

创建对应目录，上传文件，见图 4-48。

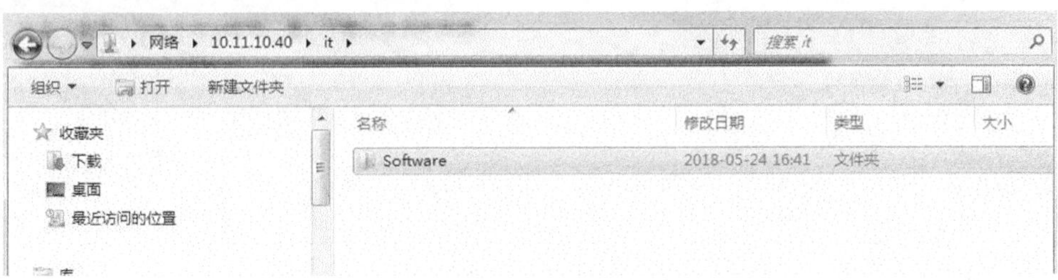

图 4-48 创建目录

从图 4-49 中可以看到文件已经在传输。这说明文件已经上传，用户可以在对应的目录中创建自己的共享文件夹。当然，SMB 的运用绝不仅如此。跟 Web 服务一样，它可快速构建应用，支撑起业务。细节问题可以留到上线后慢慢调整。

4.2.1.3 NTP 时间服务器

NTP 是时间服务器，事实上业务应用对时间精准度的要求还是很高的。在测试中发现时间延时几秒或者几分钟，产生的测试结果也不太一样，单据数据也不太一样。尤其是在云主机上，虚拟机和宿主机之间的 NTP 时间经常不同步，这让我们在业务上显得很被动，所以通常会在计划任务中添加时间同步服务器。你也可以在内网架设 NTP 时间服务器，但是这里并没有这个必要。互联网有很多 NTP 时间服务器，考虑网络敏感性，尽量选择一个靠近你时区的可靠的 NTP 服务器，虽然你也可以使用诸如美国、欧洲等地提供的 NTP 服务器，但是网络延时太大。选择合适稳定的服务器，才是相对稳妥的方案。

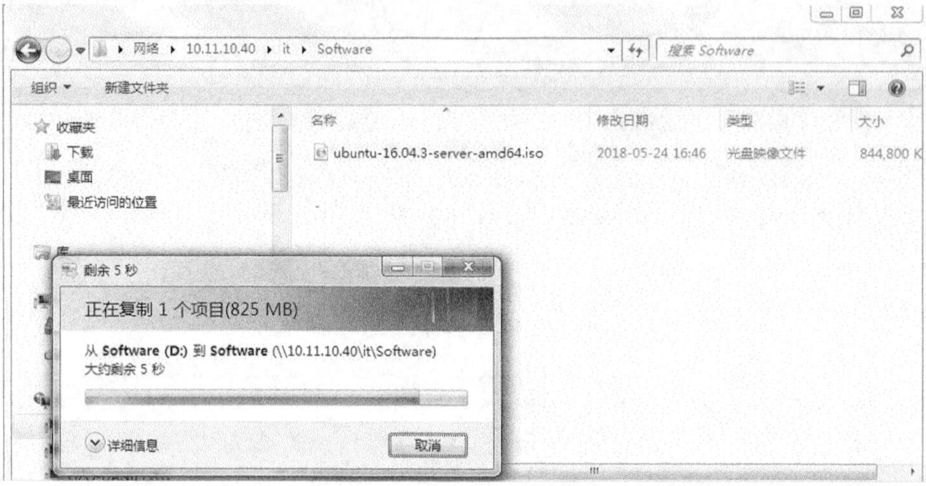

图 4-49　上传资源

由于同步时间需要使用到 ntpdate 这个命令，默认没有安装，所以我们需要额外安装它，执行下面代码。

```
~$ sudo apt-get install ntpdate
```

目前国内科研教育机构提供的 NTP 相对比较多，阿里巴巴也提供了相应的 NTP 服务器，读者可根据对应的区域进行选择。服务器在国内的，选择国内的 NTP 服务器，以下为阿里巴巴的 NTP 服务器。

```
ntp1.aliyun.com
ntp2.aliyun.com
ntp3.aliyun.com
ntp4.aliyun.com
ntp5.aliyun.com
ntp6.aliyun.com
```

Tips：具体可参考阿里云文档说明。

此时，我们需要将其中一个地址写入计划任务中，计划任务也叫定时任务，也就是在约定的时间内触发对应的脚本，进入计划任务的指令如下所示。

```
~$ sudo crontab -e
* * * * * ntpdate ntp4.aliyun.com
```

5 个*分表代表分、时、日、月、周，上述代码的意思为每分钟执行一次这个指令，此时我们对时间进行临时修改，看它是否会触发修改。结果见图 4-50。

```
~$ sudo date -s 03/10/18
```

图 4-50　查看时间

从图中可以看到，时间自动调整回来了，这就是 ntpdate 的用处。在初始化服务器之后，应该在计划任务中加入这个同步指令，以减少一些异常数据。

4.2.1.4　端口映射

在企业应用中，还有一类服务是我们经常用的，这就是端口映射，也叫正向代理。我们通常需要将一个内网的应用映射到公网 IP 中，但是直接映射实际上是暴露在互联网中的，这样做非常不安全，所以会使用中间层，由中间层承担外部网络的访问者。中间层收到数据请求后，从数据流的信息中比对配置文件信息，将数据转发到对应的服务器中完成数据请求。网络拓扑图如 4-51 所示。

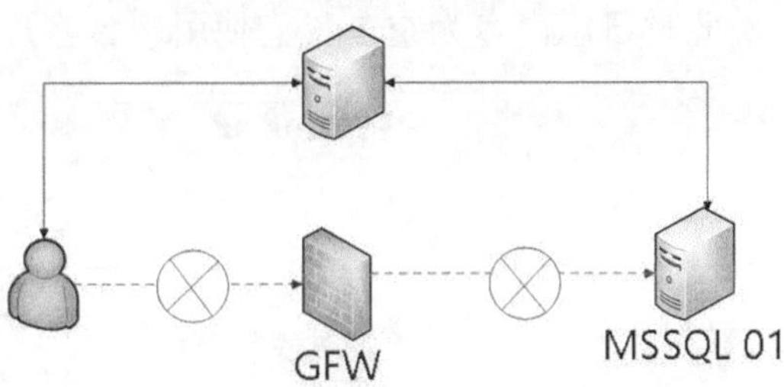

图 4-51　网络拓扑

一般情况下需要最上层的一个跳板进行间接访问，诸如在生活中有 A、B、C 3 个人，A 想认识 C，但是 C 和 A 之间并不认识，所以没法直接沟通，而 B 是大家共同的朋友，可以通过 B 来传达各自的思想，完成任务。

关于反向代理的内容，各位读者可以自行去了解，这里只是相对粗浅地介绍一下有关正向代理的最简单的用途。在数据库运维工作中，网络方面不建议将其直接暴露在互联网环境中，所以通过端口映射是相对折中的方法，而中间层通过限制 IP 进行访问也可达到防范的作用。读者会问如果是这样，那么攻击者只需要攻击中间层即可，因为它是暴露的，确实是如此，但它是我们的初始拓扑，并不是完整版。在真实的拓扑中，中间层还会有高可用集群的功能，同时中间节点到 DB 层还可能根据流量情况进行一层负载均衡，可能还会部署各类反攻击软件。

本书不打算搭建正反向代理，这里只做一个跳转功能的演示。比如现在需要访问内网的一台 SQL Server 服务器，其默认端口为 1433，这个端口号就像 MySQL 的 3306 一样是固定且广为人知的，也很不安全。所以我们在中间层设置 5000 端口（跳转端口请提前规划好，方便以后统计运维），外层用户只需要访问 5000 端口即可跳转到 DB 数据库，我们使用轻量级的 rinetd 工具进行跳转。

Tips： 有兴趣的读者可以了解使用广泛的 Nginx、Haproxy 等工具。

```
~$ sudo apt-get install rinetd
~$ sudo vi /etc/rinetd.conf
logfile /var/log/rinetd.log    #请注意，日志生成相对庞大，适当做切片
0.0.0.0 5000 10.11.10.190 1433
~$ sudo rinetd
```

查看 5000 端口是否已经在进程中，见图 4-52。

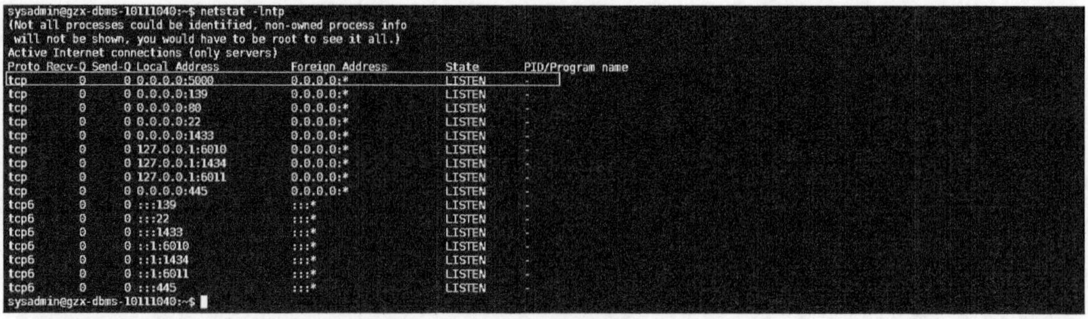

图 4-52　端口核查

然后查看日志。

```
~$ tailf /var/log/rinetd.log
```

此时日志内容为空，我们使用一台客户机连接访问观察是否能连接成功，见图 4-53。

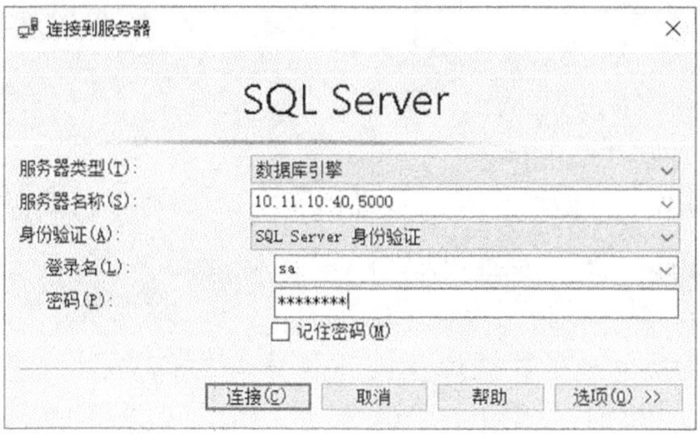

图 4-53　SSMS 登录

单击“连接”后，查看日志可以发现已经有日志输入，见图 4-54。

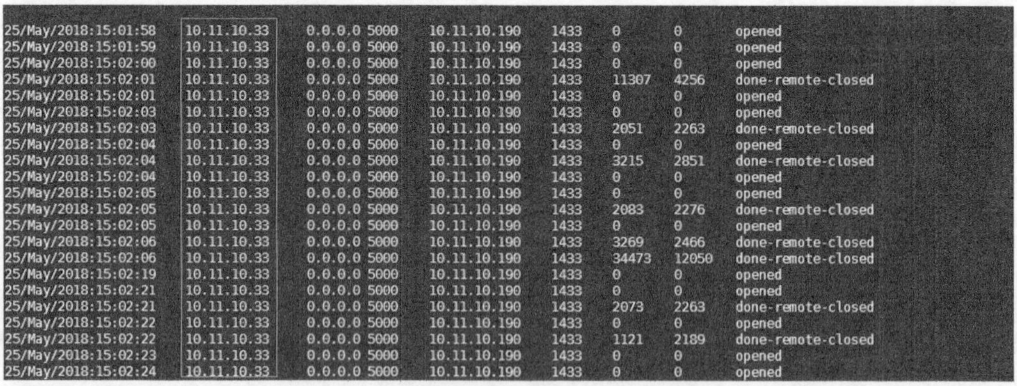

图 4-54　登录日志

需要注意的是，由于这个软件并没有提供日志轮询机制，所以要读者自行对日志进行切割处理，以避免日志过大，把空间撑爆。当然你也可以关闭日志功能，只需在配置文件的 logfile 前面加一个“#”注释掉即可。至此，端口跳转功能已经实现完毕。

4.2.2 指标

一个运维人员对系统层面的一些信息是要进行理解判断和处理的，看到对应的信息反馈可以第一时间判断出是哪方面出的问题，这个能力非常关键。在系统级别中，我们最常查看的往往是以下几个参数指标，通过这几个指标的分析可以大概判断出是硬件问题还是业务问题或者其他问题，这些常见的指标有：CPU 使用率、内存使用、磁盘空间。

4.2.2.1 CPU 使用率

在业务量早期，CPU 异常的告警其实并不明显，甚至（使用率很小），随着业务量递增，尤其是数据库服务器，CPU 吃紧的情况就很明显了。这里并不应该马上从硬件层面进行考虑，尽管在初期很多问题实际上是由于硬件性能不足导致的，但是今时今日在绝大部分核心系统中，CPU 资源还是够用的。受到条件限制，作者在这里撇开硬件方面的讨论，有兴趣的读者可以自行了解一些硬件层面的问题，接下来通过指令方式透析一些由于硬件（诸如 I/O 指标）不足而导致的性能问题。

当应用运行非常缓慢时，运维人员应该第一时间去查看服务器目前的负载情况，此时，我们可以使用 uptime 指令来快速了解一下服务器整体的负载。

```
~$ uptime
15:47:44 up 11 days,   1:50,   4 users,   load average: 0.00,  0.00,  0.00
```

表 4-1 列出了上面指令的结果说明。

表 4-1 uptime 参数指标

项	说　明
15:47:44	当前时间
up 11 days, 1:50	服务器开机到现在的运行时间
4 users	开机到现在登录的用户总数
load average: 0.00, 0.00, 0.00	5min、10min、15min 平均负载

其中我们需要重点关注最后一行，一般而言，如果负载很高，那么说明 CPU 的使用比较频繁，特别是云主机。如果 CPU 的负载数超过了核数，那么系统会变得缓慢，而物理机因为其强悍的配置，所以即使其负载达到了 100%以上，甚至是 200%这种比例，它都不一定会体现出业务卡顿。如果是这个定论，那么是不是 CPU 到什么程度都不需要管呢？当然不是，当 CPU 超过既定核数时，需要观察到底是什么原因导致 CPU 负载上升，是因为聚合运算还是应用的性能问题？在 Linux 中，有一个跟 Windows 很相像的东西就是优先级，如果你不想某个进程占据过多的资源，那么可以使用 nice 进行降权。而 Windows 只需要单击鼠标右键选择即可。有时候 CPU 运行得非常高的时候，并不一定是业务的问题，也有可能是你的服务器被人“挖抗”，或者是某些不负责任具有服务器权限的管理人员在运行一些“不可告知的”的东西，因此，尽量回收服务器权限和加固安全，以免在出了问题后，你成为“背锅侠”。

收集 CPU 的日常负载情况可以防患未然。当一个业务上线后，通过观察前后的数据状态可以从中得出一些异常情况，从而提前进行处理，而不是等问题暴露出来后再处理相关事务。

观察 CPU 的另两个指令是 top 和 ps 指令，下面进行演示。

使用 top 查看资源，结果如图 4-55 所示。

```
~$ top
```

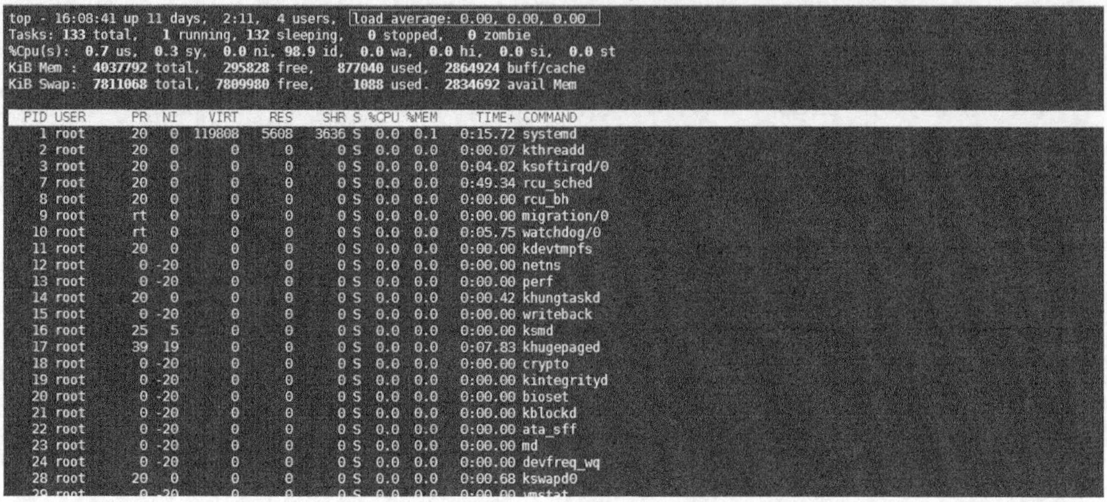

图 4-55　查看资源

使用 ps 查看进程，结果如图 4-56 所示。

```
~$ ps aux
```

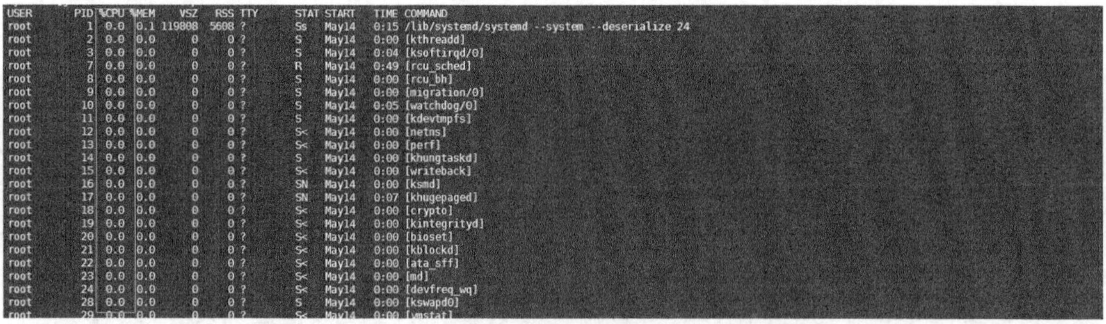

图 4-56　查看进程

这里有个小技巧，我们通常只需要查看占用 CPU 资源前 10 位的进程，该怎么处理呢？可以使用管道指令将命令串行处理。结果如图 4-57 所示。建议读者把这段代码记录下来，它可能会在日常工作中频繁使用，特别是没有第三方工具或者更好的方法之前。

```
~$ ps aux|head -1;ps aux|grep -v PID|sort -rn -k +3|head
```

通过这个指令可以快速定位到是什么线程占据了较大的 CPU 资源。不过这两个指令还是有点不够直观，分析 CPU 异常还有两个利器：一个是 vmstat，另一个是 mpstat。下面列出一个基本用法。

```
USER       PID %CPU %MEM    VSZ   RSS TTY      STAT START   TIME COMMAND
superdb+ 29489  3.0  0.0  22576  5200 pts/0    Ss   16:22   0:00 -bash
mssql    65229  1.9 16.0 4240536 2742328 ?     Sl   May23  56:43 /opt/mssql/bin/sqlservr
superdb+ 29352  1.0  0.0  45272  4668 ?        Ss   16:22   0:00 /lib/systemd/systemd --user
root     29350  0.5  0.0  92824  6872 ?        Ss   16:22   0:00 sshd: superdbadmin [priv]
root      1192  0.4  0.0 776304  2756 ?        SLsl May14  65:45 /usr/sbin/collectd
root      1059  0.2  0.4 498984 69664 ?        Ssl  May14  35:54 /usr/bin/dockerd -H fd://
root      1293  0.1  0.1 679412 27748 ?        Ssl  May14  31:15 docker-containerd --config /var/run/docker/containerd/containerd.toml
www-data 22984  0.0  0.0 360736  5716 ?        Sl   06:25   0:13 /usr/sbin/apache2 -k start
www-data 22983  0.0  0.0 360736  5716 ?        Sl   06:25   0:13 /usr/sbin/apache2 -k start
systemd+   796  0.0  0.0 100320  2528 ?        Ssl  May14   0:01 /lib/systemd/systemd-timesyncd
```

图 4-57 资源排序

使用 vmstat 收集。2 表示 2s 采集一次。

```
~$ vmstat 2
```

vmstat 展现了很多列的信息，几个列组成一个指标项，如图 4-58 和表 4-2 所示。

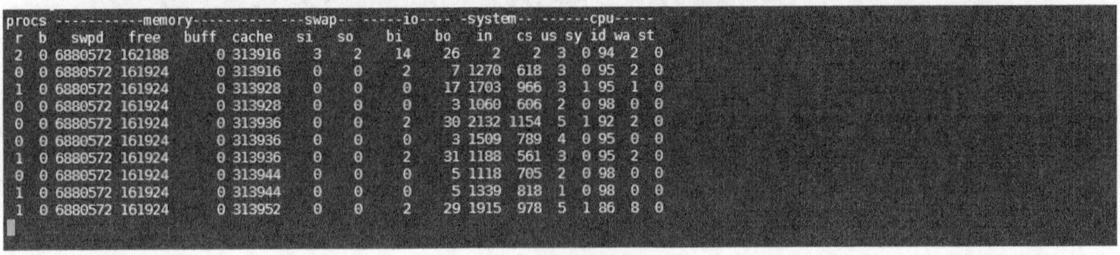

```
procs -----------memory---------- ---swap-- -----io---- -system-- ------cpu-----
 r  b   swpd   free   buff  cache   si   so    bi    bo   in   cs us sy id wa st
 2  0 6880572 162188      0 313916    3    2    14    26    2    2  3  0 94  2  0
 0  0 6880572 161924      0 313916    0    0     2     7 1270  618  3  0 95  2  0
 1  0 6880572 161924      0 313928    0    0     0    17 1703  966  3  1 95  1  0
 0  0 6880572 161924      0 313928    0    0     0     3 1060  606  2  0 98  0  0
 0  0 6880572 161924      0 313936    0    0     2    30 2132 1154  5  1 92  2  0
 0  0 6880572 161924      0 313936    0    0     0     3 1509  789  4  0 95  0  0
 1  0 6880572 161924      0 313936    0    0     2    31 1188  561  3  0 95  2  0
 0  0 6880572 161924      0 313944    0    0     0     5 1118  705  2  0 98  0  0
 1  0 6880572 161924      0 313944    0    0     0     5 1339  818  1  0 98  0  0
 1  0 6880572 161924      0 313952    0    0     2    29 1915  978  5  1 86  8  0
```

图 4-58 资源消耗

表 4-2 vmstat 参数指标

项	标	说　明	备　注
proc	r	等待 CPU 处理的进程数（就是队列）	常态为 0
	b	处于不可中断睡眠的线程数	常态为 0
memory	swapd	虚拟内存的使用量	6880572GB/1024/1024 =6GB
	free	空闲的内存量	161924MB/1024=158MB
	buff	正在使用的已分配内存量	0 表示无可分配内存量
	cache	用于缓存的内存量	
swap	si	每秒从磁盘到交换内存量	
	so	每秒内存交换到磁盘的量	
io	bi	每秒从块设备中接受的块	
	bo	每秒发送给块设备的块	
system	in	每秒中断总数（包括时钟中断）	
	cs	每秒上下文切换次数	
cpu	us	用户进程消耗 CPU 的时间百分比	us+sy>80% 说明 CPU 资源不足
	sy	内核进程消耗 CPU 的时间百分比	
	id	CPU 处于空闲的时间百分比	-
	wa	I/O 等待所占的 CPU 时间百分比	-
	st	-	-

维基中提供了一个关于 vmstat 的说明，可使用必应搜索“vmstat-Wikipedia”来查看。另外还可以用必应搜索一篇案例文章“Use vmstat to Monitor System Performance”。

使用 mpstat 也能看到类似的监控图例，同样它也是实时系统监控的工具，从结果中不仅能看到所有 CPU 的状况信息，也能看到单个 CPU 的状况信息，如图 4-59 所示。

```
~$ sudo apt-get install sysstat
~$ mpstat 2
```

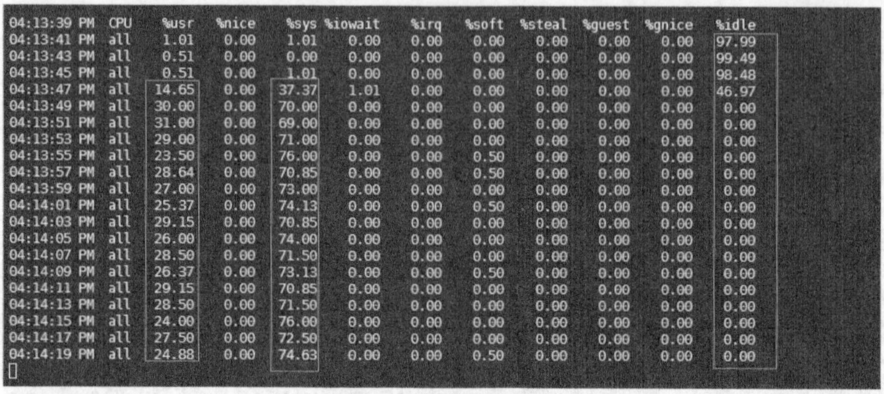

```
04:13:39 PM  CPU    %usr   %nice    %sys %iowait    %irq   %soft  %steal  %guest  %gnice   %idle
04:13:41 PM  all    1.01    0.00    1.01    0.00    0.00    0.00    0.00    0.00    0.00   97.99
04:13:43 PM  all    0.51    0.00    0.00    0.00    0.00    0.00    0.00    0.00    0.00   99.49
04:13:45 PM  all    0.51    0.00    1.01    0.00    0.00    0.00    0.00    0.00    0.00   98.48
04:13:47 PM  all   14.65    0.00   37.37    1.01    0.00    0.00    0.00    0.00    0.00   46.97
04:13:49 PM  all   30.00    0.00   70.00    0.00    0.00    0.00    0.00    0.00    0.00    0.00
04:13:51 PM  all   31.00    0.00   69.00    0.00    0.00    0.00    0.00    0.00    0.00    0.00
04:13:53 PM  all   29.00    0.00   71.00    0.00    0.00    0.00    0.00    0.00    0.00    0.00
04:13:55 PM  all   23.50    0.00   76.00    0.00    0.00    0.50    0.00    0.00    0.00    0.00
04:13:57 PM  all   28.64    0.00   70.85    0.00    0.00    0.50    0.00    0.00    0.00    0.00
04:13:59 PM  all   27.00    0.00   73.00    0.00    0.00    0.00    0.00    0.00    0.00    0.00
04:14:01 PM  all   25.37    0.00   74.13    0.00    0.00    0.50    0.00    0.00    0.00    0.00
04:14:03 PM  all   29.15    0.00   70.85    0.00    0.00    0.00    0.00    0.00    0.00    0.00
04:14:05 PM  all   26.00    0.00   74.00    0.00    0.00    0.00    0.00    0.00    0.00    0.00
04:14:07 PM  all   28.50    0.00   71.50    0.00    0.00    0.00    0.00    0.00    0.00    0.00
04:14:09 PM  all   26.37    0.00   73.13    0.00    0.00    0.50    0.00    0.00    0.00    0.00
04:14:11 PM  all   29.15    0.00   70.85    0.00    0.00    0.00    0.00    0.00    0.00    0.00
04:14:13 PM  all   28.50    0.00   71.50    0.00    0.00    0.00    0.00    0.00    0.00    0.00
04:14:15 PM  all   24.00    0.00   76.00    0.00    0.00    0.00    0.00    0.00    0.00    0.00
04:14:17 PM  all   27.50    0.00   72.50    0.00    0.00    0.00    0.00    0.00    0.00    0.00
04:14:19 PM  all   24.88    0.00   74.63    0.00    0.00    0.50    0.00    0.00    0.00    0.00
```

图 4-59　资源消耗

我们不需要对上面所有的指标进行精细分析（这跟 Windows 性能计数器有点区别，它一般需要综合分析），我们只关注图 4-59 中框图内容即可（见表 4-3）。

表 4-3　mpstat 参数指标

项	说　明
%user	应用程序（通俗概念）执行 CPU 利用率的百分比
%sys	内核级别执行 CPU 利用率的百分比
%idle	CPU 空闲和系统在未完成的磁盘 I/O 请求情况下的时间百分比

从图中可以看到，CPU 在这一时刻并无空闲时间，通常我们认为当 idle 达到 90%的时候，CPU 都算空闲，此值越小，说明 CPU 越繁忙。

可以使用以下脚本来伪造 CPU 繁忙的假象，并观察指标的情况。这里就不使用截图演示了。因为动态观察更加有效。

```
~$ dd if=/dev/zero of=/dev/null
```

关于 mpstat 可自行必应搜索“mpstat wiki”。

4.2.2.2　内存使用

内存的使用也是性能考核的重点之一。数据库服务器是资源密集型应用，运行应用尤其是 DB 时，如果所使用的内存不够，则此时会使用交换分区进行处理，但交换分区的速度事实上跟 RAM 是没有办法相匹配的，故此也就很容易出现系统卡顿的情况。

Linux 有很多工具能快速验证系统内存是否充裕，是否符合业务系统的需求，比如通过 free 指令即可观察系统内存的使用情况，结果如图 4-60 所示。

```
~$ free -g
```

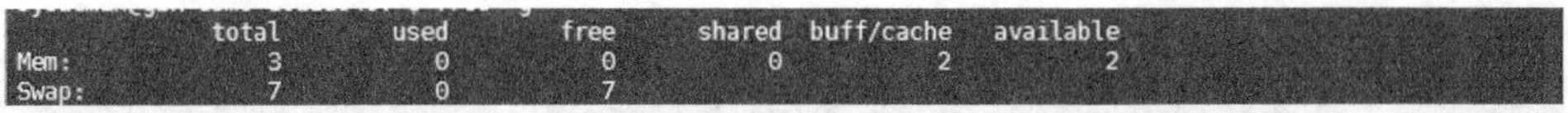

图 4-60 内存资源情况

表 4-4 针对图 4-60 给出当前服务器中内存使用情况的介绍，第一行为 RAM 的使用情况，第二行为 Swap 交换分区（内存）的使用情况。

表 4-4 free 的参数指标

项	标	说明
Mem|Swap	total	Mem：内存总量
		Swap：虚拟内存总量
	used	Mem：已使用的内存
		Swap：未使用的虚拟内存
	free	Mem：未使用的内存
		Swap：未使用的交换内存
	shared	共享内存
	buff/cache	系统已分配但未使用的 buffer/cache 数量
	available	可用内存

以下为内存不足使用到交换分区的情形，见图 4-61。

图 4-61 内存资源情况

从图中可以看到，可用内存已经为 0，并且使用了交换分区的容量高达 6GB。这是一台边缘业务机器，因为某些原因，呈现出内存不足。

Tips：在 RAM 和 Swap 都不够用的情况下，Linux 将会出现 OOM（内存溢出），占用内存较大的进程将会被禁止掉，以下命令可以查看系统是否 OOM:

```
~$ dmesg
```

4.2.2.3 磁盘信息

事实上在 CPU Usage 中通过 vmstat 能看到一些基本的硬盘信息，我们更倾向于使用 iostat（iostat 也可以看 CPU 的一些基本状态）。

```
~$ iostat -d -k -x -p ALL 2 4
```

其中的参数代表以下含义。

- -d：显示设备使用状态。
- -k：每秒以千字节为单位进行统计输出。
- -x：获取扩展统计输出。
- -p：显示设备。
- ALL 表示全部（可以指定某个设备追踪）。

结果见图 4-62。

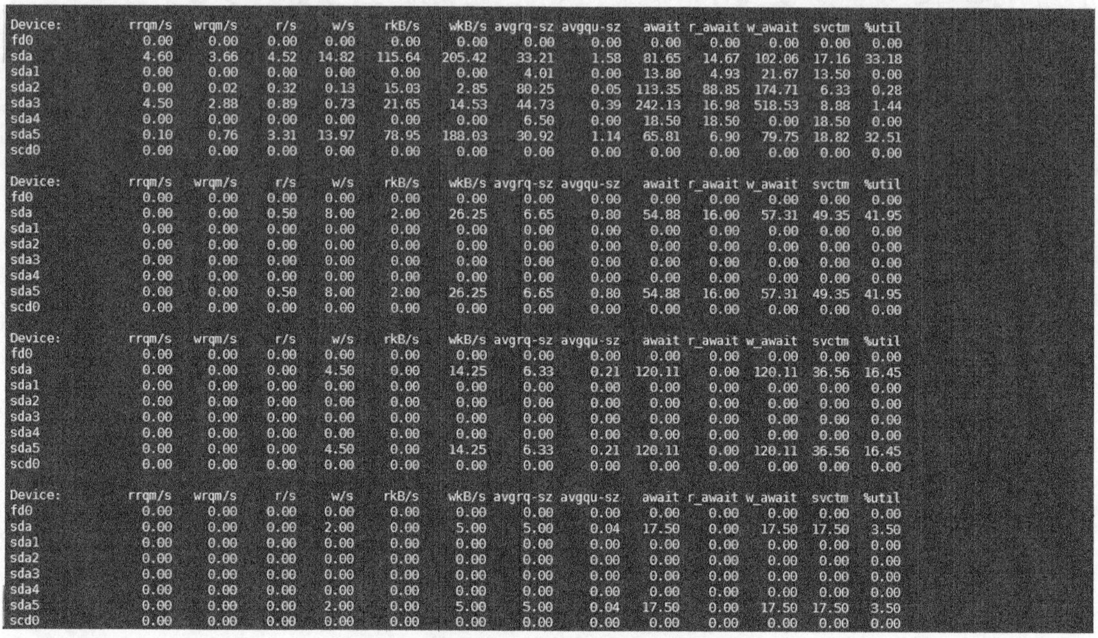

```
Device:    rrqm/s  wrqm/s    r/s    w/s   rkB/s   wkB/s avgrq-sz avgqu-sz  await r_await w_await  svctm  %util
fd0          0.00    0.00   0.00   0.00    0.00    0.00     0.00     0.00   0.00    0.00    0.00   0.00   0.00
sda          4.60    3.66   4.52  14.82  115.64  205.42    33.21     1.58  81.65   14.67  102.06  17.16  33.18
sda1         0.00    0.00   0.00   0.00    0.00    0.00     4.01     0.00  13.80    4.93   21.67  13.50   0.00
sda2         0.00    0.02   0.32   0.13   15.03    2.85    80.25     0.05 113.35   88.85  174.71   6.33   0.28
sda3         4.50    2.88   0.89   0.73   21.65   14.53    44.73     0.39 242.13   16.98  518.53   8.88   1.44
sda4         0.00    0.00   0.00   0.00    0.00    0.00     6.50     0.00  18.50   18.50    0.00  18.50   0.00
sda5         0.10    0.76   3.31  13.97   78.95  188.03    30.92     1.14  65.81    6.90   79.75  18.82  32.51
scd0         0.00    0.00   0.00   0.00    0.00    0.00     0.00     0.00   0.00    0.00    0.00   0.00   0.00

Device:    rrqm/s  wrqm/s    r/s    w/s   rkB/s   wkB/s avgrq-sz avgqu-sz  await r_await w_await  svctm  %util
fd0          0.00    0.00   0.00   0.00    0.00    0.00     0.00     0.00   0.00    0.00    0.00   0.00   0.00
sda          0.00    0.00   0.50   8.00    2.00   26.25     6.65     0.80  54.88   16.00   57.31  49.35  41.95
sda1         0.00    0.00   0.00   0.00    0.00    0.00     0.00     0.00   0.00    0.00    0.00   0.00   0.00
sda2         0.00    0.00   0.00   0.00    0.00    0.00     0.00     0.00   0.00    0.00    0.00   0.00   0.00
sda3         0.00    0.00   0.00   0.00    0.00    0.00     0.00     0.00   0.00    0.00    0.00   0.00   0.00
sda4         0.00    0.00   0.00   0.00    0.00    0.00     0.00     0.00   0.00    0.00    0.00   0.00   0.00
sda5         0.00    0.00   0.50   8.00    2.00   26.25     6.65     0.80  54.88   16.00   57.31  49.35  41.95
scd0         0.00    0.00   0.00   0.00    0.00    0.00     0.00     0.00   0.00    0.00    0.00   0.00   0.00

Device:    rrqm/s  wrqm/s    r/s    w/s   rkB/s   wkB/s avgrq-sz avgqu-sz  await r_await w_await  svctm  %util
fd0          0.00    0.00   0.00   0.00    0.00    0.00     0.00     0.00   0.00    0.00    0.00   0.00   0.00
sda          0.00    0.00   0.00   4.50    0.00   14.25     6.33     0.21 120.11    0.00  120.11  36.56  16.45
sda1         0.00    0.00   0.00   0.00    0.00    0.00     0.00     0.00   0.00    0.00    0.00   0.00   0.00
sda2         0.00    0.00   0.00   0.00    0.00    0.00     0.00     0.00   0.00    0.00    0.00   0.00   0.00
sda3         0.00    0.00   0.00   0.00    0.00    0.00     0.00     0.00   0.00    0.00    0.00   0.00   0.00
sda4         0.00    0.00   0.00   0.00    0.00    0.00     0.00     0.00   0.00    0.00    0.00   0.00   0.00
sda5         0.00    0.00   0.00   4.50    0.00   14.25     6.33     0.21 120.11    0.00  120.11  36.56  16.45
scd0         0.00    0.00   0.00   0.00    0.00    0.00     0.00     0.00   0.00    0.00    0.00   0.00   0.00

Device:    rrqm/s  wrqm/s    r/s    w/s   rkB/s   wkB/s avgrq-sz avgqu-sz  await r_await w_await  svctm  %util
fd0          0.00    0.00   0.00   0.00    0.00    0.00     0.00     0.00   0.00    0.00    0.00   0.00   0.00
sda          0.00    0.00   0.00   2.00    0.00    5.00     5.00     0.04  17.50    0.00   17.50  17.50   3.50
sda1         0.00    0.00   0.00   0.00    0.00    0.00     0.00     0.00   0.00    0.00    0.00   0.00   0.00
sda2         0.00    0.00   0.00   0.00    0.00    0.00     0.00     0.00   0.00    0.00    0.00   0.00   0.00
sda3         0.00    0.00   0.00   0.00    0.00    0.00     0.00     0.00   0.00    0.00    0.00   0.00   0.00
sda4         0.00    0.00   0.00   0.00    0.00    0.00     0.00     0.00   0.00    0.00    0.00   0.00   0.00
sda5         0.00    0.00   0.00   2.00    0.00    5.00     5.00     0.04  17.50    0.00   17.50  17.50   3.50
scd0         0.00    0.00   0.00   0.00    0.00    0.00     0.00     0.00   0.00    0.00    0.00   0.00   0.00
```

图 4-62　磁盘资源情况

如果我们不增加任何参数，那么可以看到 tps 这个监控标值。这是我们非常关心的数值，读者在这里只需要有一个大概了解即可，表 4-5 对这个结果进行了介绍。

表 4-5　iostat 参数指标

项	说　明	备　注
rrqm/s	队列中每秒合并读请求的数量	
wrqm/s	队列中每秒合并写请求的数量	
r/s	设备中每秒读（合并后）请求的数量	
w/s	设备中每秒写（合并后）请求的数量	
rkB/s	每秒从设备中读取的千字节数	
wkB/s	每秒从设备中写入的千字节数	
avgrq-sz	发送到设备中的平均请求大小	
avgqu-sz	发送到设备中的平均请求队列的长度	
await	等待 I/O 的平均时间	
r_await	发送给要提供服务的设备的读请求平均时间	单位为毫秒
w_await	发送给要提供服务的设备的写请求平均时间	
svctm	发送给设备的 I/O 请求的平均服务时间	不可信，未来会被移除
%util	向设备发送 I/O 请求所花费的时间百分比	接近 100%时为饱和，需要特别留心
tps	设备每秒的 I/O 传输次数	

执行下面语句，可以看到如图 4-63 所示。

```
~$ iostat -p ALL
```

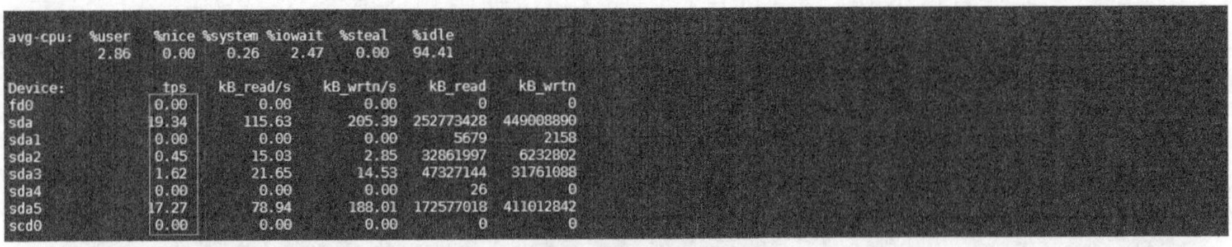

图 4-63 磁盘资源情况

有关 iostat 的说明可参考维基，使用必应搜索“iostat wiki”。

4.2.2.4 利器

事实上，我们从前面 3 小节的介绍中可以看到，需要使用各种工具才能诊断出对应的问题，有没有一种更加智能的工具让我们同时拥有上述 3 小节提供的功能呢？答案是有的，Linux 的开源基因使得我们可以直接获取或者开发很多所需的工具，这里推荐的是 dstat。但是它并非内置，需要预先安装。

```
~$ sudo apt-get install dstat
```

如果我们要查看占用内存最多的进程，那么可以使用下面的指令，结果如图 4-64 所示。

```
~$ dstat -g -l -m -s --top-mem 2 5
```

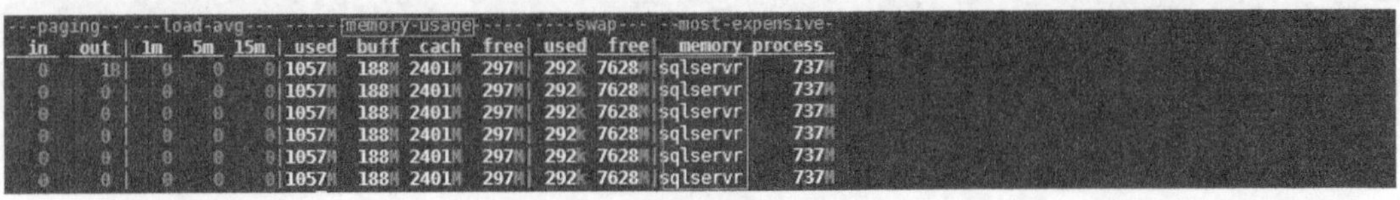

图 4-64 应用消耗内存分析

如果我们要查看占用 CPU 最大的进程，那么可以使用下面的指令，结果如图 4-65 所示。

```
~$ dstat -c -y -l --proc-count --top-cpu 2 4
```

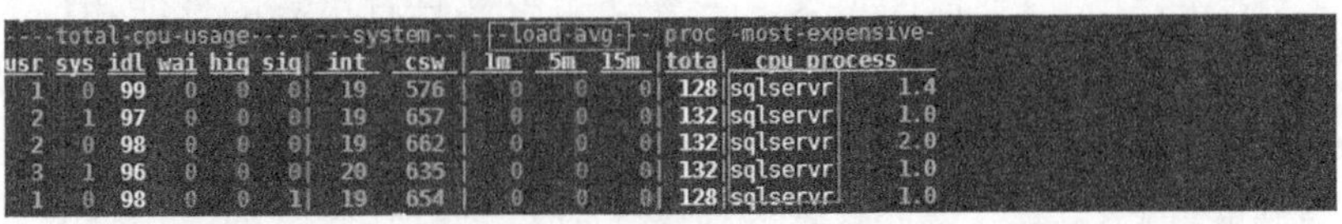

图 4-65 应用消耗 CPU 分析

伪造 CPU 繁忙后的情况，如图 4-66 所示。

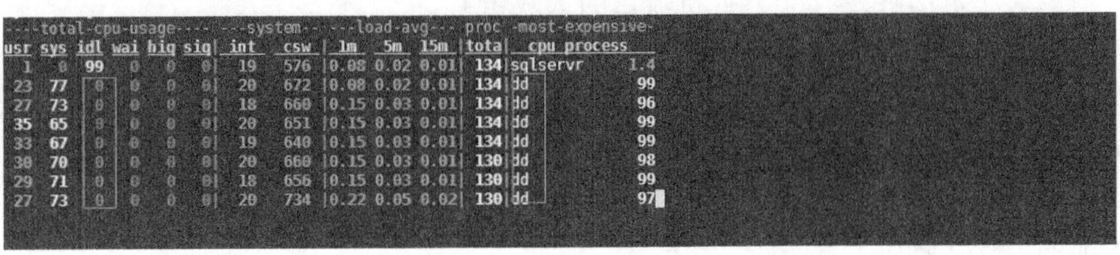

图 4-66 仿真模拟

如果我们要查看占用 I/O 最大的进程，那么可以使用如下指令，结果如图 4-67 所示。

```
~$ dstat -g -l -m -s --top-io
```

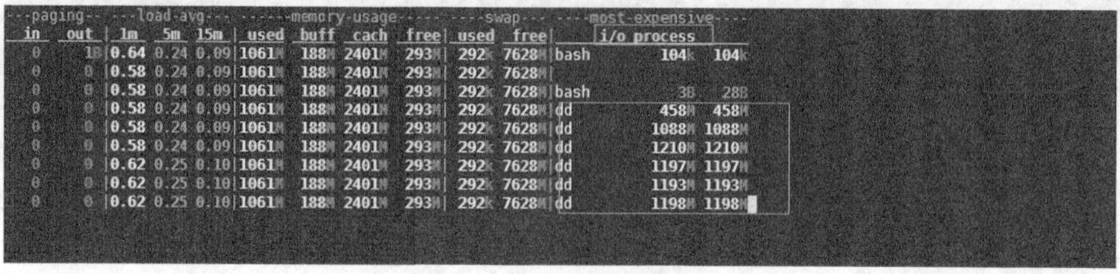

图 4-67 磁盘资源分析

由于这个工具是由 Python 开发的，所以有兴趣的读者可以查看对应目录下的脚本代码来获取更多的扩展。如图 4-68 所示。

```
~$ ls /usr/share/dstat/
```

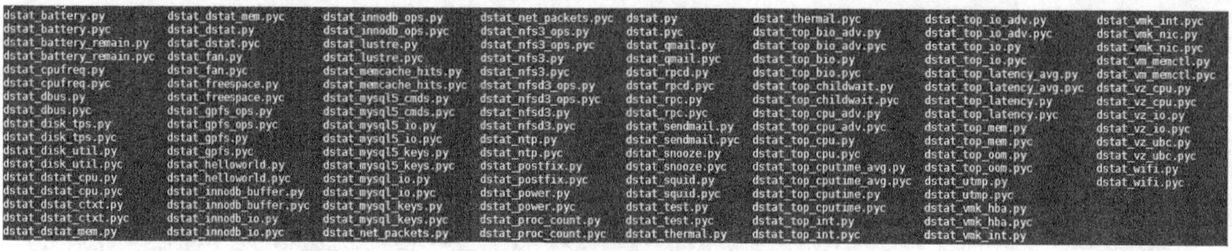

图 4-68 核心目录结构

4.2.3 安全

提到安全这块，很多人的第一印象就是防火墙，确实是如此，安全的第一道防线确实就是防火墙，而防火墙只是一个统称，它分为了软件及硬件两种。众所周知，硬件防火墙是独立于服务器之外，入口之前的设备，比软件防火墙具有更高的性能和抗入侵能力。在一些小公司中，往往并不重视采购独立硬件的防火墙，认为软件防火墙就可以满足他们的需求。对于小流量的攻击或者入侵，软件防火墙足够抵御，对于大流量的攻击探测，就会暴露出明显的性能问题，其中一个就是内核疲于应对来自互联网的攻击探测，而无法处理正常业务系统的请求，从而造成服务器异常。当然，如果是大规模的流量攻击，即使是硬件防火墙也没什么太大作用，此时需要跟机房进行沟通，使用流量清洗、黑洞等技术对攻击进行消退（小机房并没有能力抵抗流量的大攻击）。

需要再次说明一下，如果遇到超大流量的攻击（常见的攻击方式），那么硬件防火墙也往往没有太大的抵御能力，所以在出现这种情况之前，需要你提前跟各种高防供应商进行沟通商谈，机房通常也会提供这样的服务，但它未必有足够的能力抵御 DDoS 这类攻击。

攻击的方式有很多，我们的工作很多是做一些防患于未然的措施，不要等攻击来了才手忙脚乱地去寻找各种方案。

基于安全的考虑，应该尽早开始对防火墙进行配置，基本的配置还是能降低大部分被攻击的风险，尽管软件防火墙的性能并不怎样，但是有总比没有好。Linux 本身内置了 iptables 这种软件防火墙，默认为开启状态，但很多人为了方便，在系统安装好之后，第一时间就把防火墙清空，让其处于全开放的状态，即允许所有的连接通过 TCP/IP 进行访问。事实上这种操作风险很大，初级的黑客只需要通过一定的黑客工具进行探测攻击就有可能获取到系统敏感账号从而进入系统。

Linux 从 2.4 版本内核开始引入了一个全新的包过滤引擎，它就是我们通常所说的 Netfilter。而控制 Netfilter 的工具就是 iptables。我们先查看一下当前系统的内核版本。

```
~$ cat /proc/version
Linux version 4.4.0-87-generic (buildd@lcy01-31) (gcc version 5.4.0 20160609 (Ubuntu 5.4.0-6ubuntu1~16.04.4) ) #110-Ubuntu SMP Tue Jul 18 12:55:35 UTC 2017
```

可以看到，相比早期版本内核版本已经到了 4.X 的版本，不可否认 3.X 的内核版本比 2.X 的版本要好，而 4.X 又比 3.X 版本更加优化，Linux 每一个内核大版本的更新都是一次质的飞越。我们查看一下当前 Iptables 的软件版本，图 4-69 展示了 Netfilter 和常见网络中的数据包流。

```
~$ iptables -V
iptables v1.6.0
```

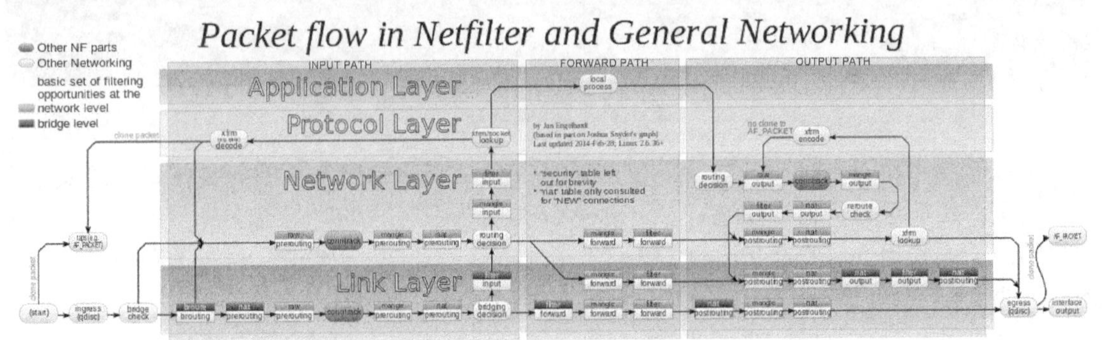

图 4-69 维基配图

默认的 iptables 的表名为 filter，这个表的规则链用于根据报来过滤网络流量。过滤器包含 3 个默认链，内核处理的每一个包都要经过这 3 个链中的一个。这里给出了 iptables 对应表及表中链的关系，希望读者能有所了解。见图 4-70。

iptables 下对应 4 张不同的表，每张表中又对应不同的链表规则，针对我们日常的工作进行了一些相对简单的配置。

关于 Netfilter 的文档可以参考官网说明，必应搜索“iptables wiki”及“Linux netfilter Hacking HOWTO”。

4.2.3.1 拒绝和允许

首先查看一下当前防火墙的规则，可以使用以下指令执行这个操作。结果见图 4-71。

```
~$ sudo iptables -L -nv
```

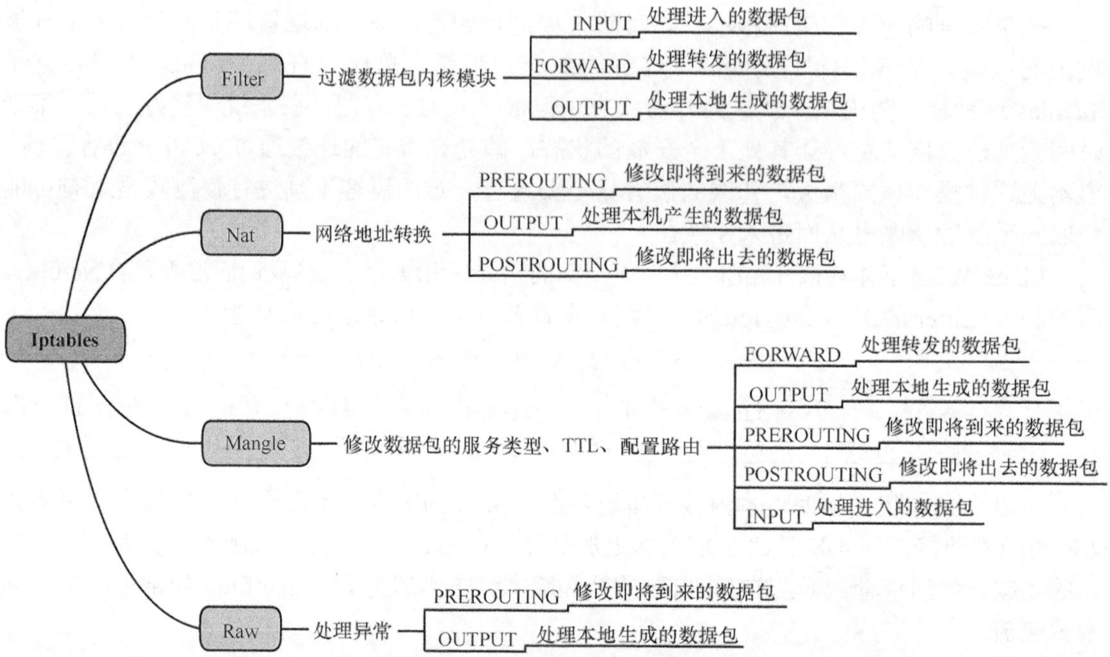

图 4-70 iptables 示意图

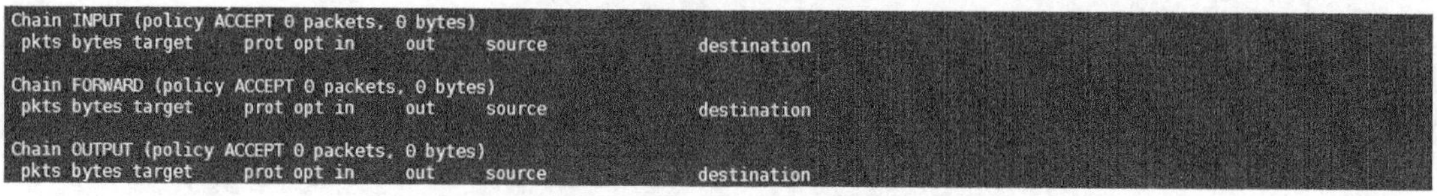

图 4-71 默认规则列表

可以看到系统目前处于开放状态，就是允许外部网络访问主机的各种接口。这实际上并不安全，加上这台机器正在运行 SQL Server 数据库服务，此时暴露在外网中，则是非常危险的。下面使用 telnet 命令检测 1433 端口，只需“telnet ip 地址，1433”即可，结果如图 4-72 所示。

图 4-72 telnet 探测

这种提示说明系统是允许外部访问对应的 1433 端口的，这样风险系数太大了，所以我们需要对这种规则进行适当的处理，比如：

- 只允许某个 IP 访问 1433 端口。
- 只允许某段 IP 访问 1433 端口。
- 拒绝某段 IP 访问 1433 端口。
- 禁止除 1433|22 端口外的其他端口访问。

通常我们并不会禁止所有的 IP 都不允许访问它，除非这个启动的服务端口仅为本地服务器专一使用，作者的机器目前防火墙状态为清空，我们先看一下如何对端口进行限制。

```
~$ sudo iptables -A INPUT -p tcp --dport 1433 -j DROP
```

结果见图 4-73。

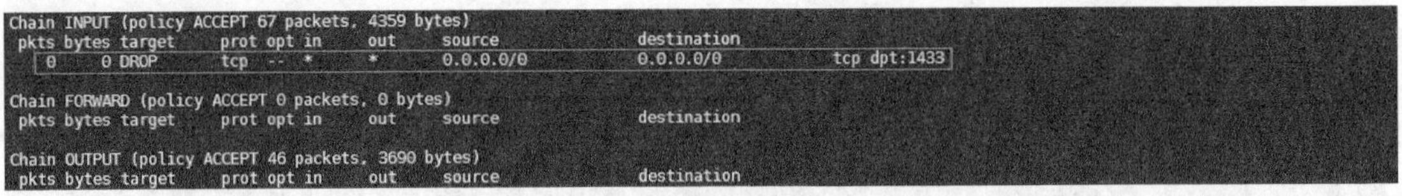

图 4-73　添加策略

可以看到，在链条上多了一个名为 drop 的规则。上述代码的意思是进入服务器的目标端口 1433 采用丢弃拒绝访问，此时我们使用之前在 Windows 上的 telnet 方式来测试端口是否可以连通。

从图 4-74 中可以看到，端口是拒绝访问的。如果我们直接对防火墙进行规则添加，那么可以允许对 1433 端口访问。运行下面指令，结果如图 4-75 所示。

```
~$ sudo iptables -A INPUT -p tcp --dport 1433 -j ACCEPT
```

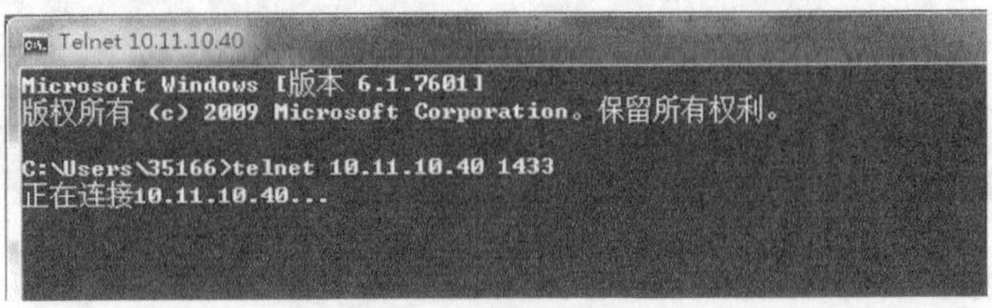

图 4-74　访问情况

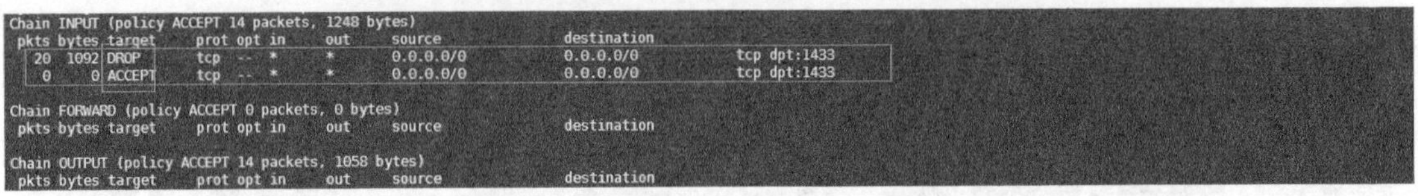

图 4-75　允许访问

链条上有 drop 和 accept 两个规则，细心的读者此时肯定会疑惑，防火墙应该遵循哪个规则？防火墙是根据规则的先后顺序进行判断的，如果它第一次判断到是 drop，那么后面即使是 accept 也是无用的，我们进行一个逆推即可证实该条件是否成立，需要先删除之前的规则。这时你可以有两种删除方法。

- 暴力解法

现在暴力清空 iptables 内容，如图 4-76 所示。

```
~$ sudo iptables -F
```

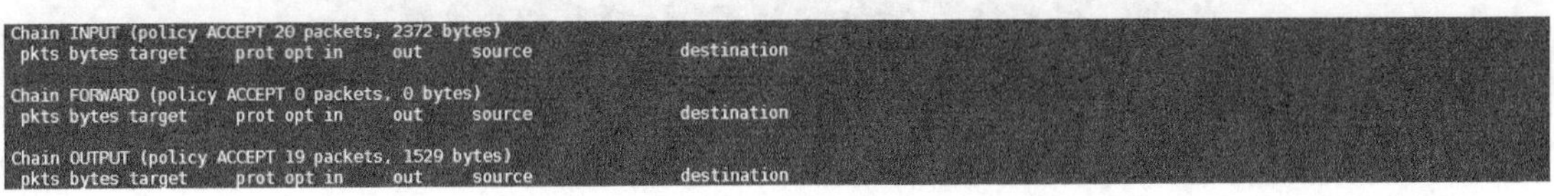

图 4-76　暴力清除

- 手动删除制定规则

首先需要知道链表规则对应的序列号，运行下面代码获取序列号，结果如图 4-77 所示。

```
~$ sudo iptables -L -nv --line-numbers
```

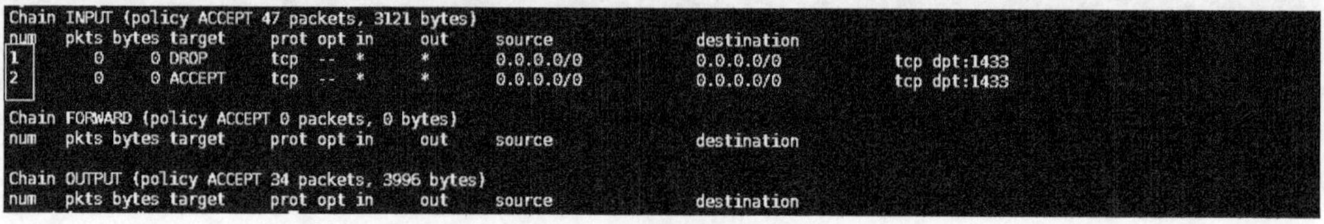

图 4-77　查看链表序号

我们需要删除的是 INPUT 规则链条下的 1 和 2，运行下面代码。

```
~$ sudo iptables -D INPUT 1
```

此时规则链上的 2 变成了原先的 1，此时你可以继续执行上述命令，也可以保留。在这里我们保留，然后添加一条 drop 规则，见图 4-78。

图 4-78　查看链表规则

再次查看，如图 4-79 所示。

```
~$ sudo iptables -A INPUT -p tcp --dport 1433 -j DROP
```

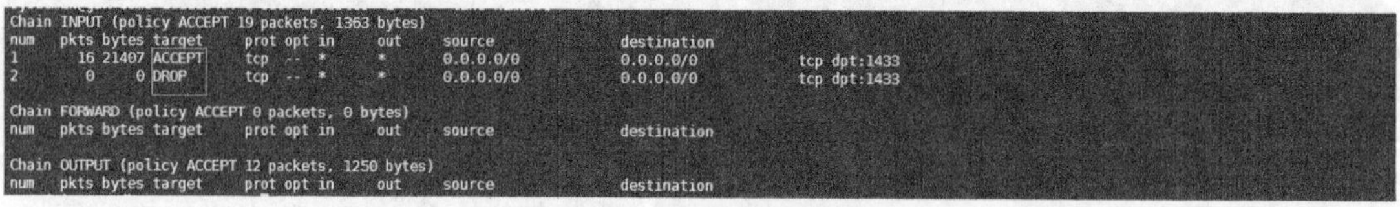

图 4-79　添加拒绝链条

此时我们进行远程端口连接，进行判断是否成功，如图 4-80 所示。

图 4-80　telnet 探测

图 4-80 显示允许连接，这说明链条规则跟先后顺序有很大关系。如果读者在以后的工作中添加规则后并不生效，那么需要考虑是不是因为规则前面已经有了某些限制，所以才

导致新设置的规则无效。

此时，我们的需求发生了变化，它需要我们只访问某个 IP，不允许访问其他 IP。这时，就触发了需要考虑 accept 和 drop 的规则，因为只允许访问指定的 IP。这说明需要先 accept，再 drop，如果不是如此，全局中包含了允许的 IP 范围，则允许的 IP 也会因为前面 drop 的规则而变得不可访问。

```
~$ sudo iptables -F
~$ sudo iptables -L -nv --line-numbers
~$ sudo iptables -A INPUT -p tcp -s 10.11.20.32 --dport 1433 -j ACCEPT
~$ sudo iptables -A INPUT -p tcp --dport 1433 -j DROP
```

查看配置信息，结果如图 4-81 所示，然后再次 telnet，见图 4-82。

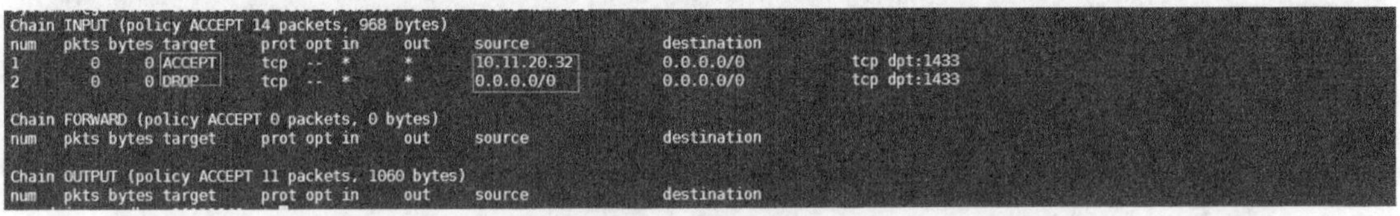

图 4-81 查看链条信息

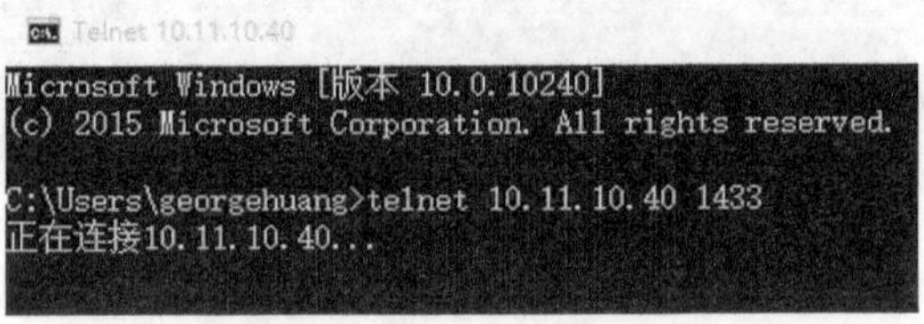

图 4-82 telnet 探测

可以看到，规则已经生效。但是需求可能又发生了变化，这时只需要允许某个段的 IP 访问。这时应该怎么处理呢？比如我们只允许同一个网段的 IP 访问，而不允许其他网段的 IP 访问，可以使用 iptables 来控制 10.11.10.0 等区间以表示网段访问。结果见图 4-83。

```
$ sudo iptables -F
$ sudo iptables -A INPUT -p tcp -s 10.11.20.0/24 -dport 1433 -j ACCEPT
$ sudo iptables -A INPUT -p tcp -s 10.11.10.0/24 -dport 1433 -j DROP
```

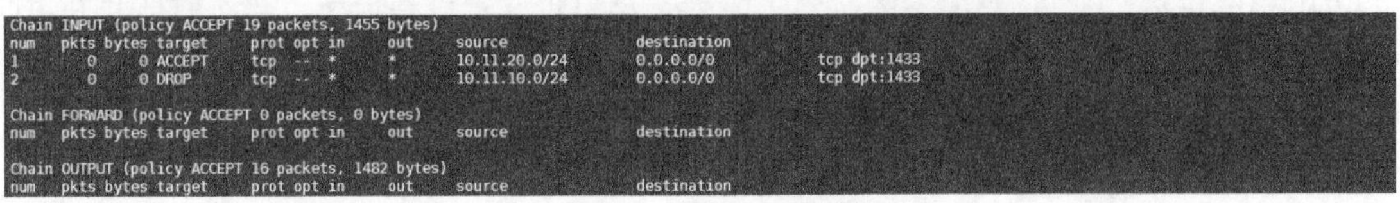

图 4-83 查看链表规则

此时，在允许访问的授权范围内去 telnet 端口。见图 4-84～图 4-86。

从图中可以看到，规则都生效了。我们注意到在代码中直接使用了-F，这只是让读者更加方便地进行操作而已。生产环境在处理规则的时候，要特别留心，因为稍有错误就可能导致无法登录系统，这需要求助机房人员进入机房去处理。

图 4-84　telnet 探测

图 4-85　telnet 探测

图 4-86　telnet 探测

4.2.3.2　跳转

在之前的章节中也讲过类似跳转的案例，即端口跳转。事实上，防火墙也有这样的功能，你可以不用 rinetd 来执行端口跳转，直接使用 iptables 也可以完成它。

由于开启端口跳转（转发）之前，需要开启网卡转发功能，它默认为 1，所以我们需要将其修改成 0。

```
~$ sudo su - root
~# echo "1" >/proc/sys/net/ipv4/ip_forward
```

这里需要切换到 root 账号它才可以使用，否则即使使用 sudo echo“1”来处理也会提示权限禁止。请注意，这是一个临时写入方法，如果机器重启会失效，那么要使其开机时生效，需要通过编辑/etc/sysctl.conf 加入指令。

```
~# vi /etc/sysctl.conf
net.ipv4.ip_forward = 1
~# sysctl -p
~# exit
```

以下代码配置客户端访问 10.10.11.40 的 3433 端口跳转到内部 10.11.10.190 的 1433 端口。

```
~$ sudo iptables -t nat -I PREROUTING -p tcp --dport 1433 -j DNAT --to 10.11.10.190
~$ sudo iptables -t nat -I POSTROUTING -p tcp --dport 1433 -j MASQUERADE
```

查看对应的链条，如图 4-87 所示。

```
~$ sudo iptables -L -nv -t nat
```

```
Chain PREROUTING (policy ACCEPT 8 packets, 1539 bytes)
 pkts bytes target     prot opt in     out     source               destination
    1    52 DNAT       tcp  --  *      *       0.0.0.0/0            0.0.0.0/0            tcp dpt:1433 to:10.11.10.190

Chain INPUT (policy ACCEPT 6 packets, 1235 bytes)
 pkts bytes target     prot opt in     out     source               destination

Chain OUTPUT (policy ACCEPT 11 packets, 740 bytes)
 pkts bytes target     prot opt in     out     source               destination

Chain POSTROUTING (policy ACCEPT 10 packets, 680 bytes)
 pkts bytes target     prot opt in     out     source               destination
    2   112 MASQUERADE  tcp  --  *      *       0.0.0.0/0            0.0.0.0/0            tcp dpt:1433
```

图 4-87 查看链表规则

由于 IP 地址为 10.11.10.40 的这台机器也安装了 SQL Server，所以我们使用客户端工具连接测试，登录查询求证是否是我们跳转的 190 机器。首先连接目标 IP，注意要加上端口号，即“10.11.10.40,1433”，如图 4-88 所示。

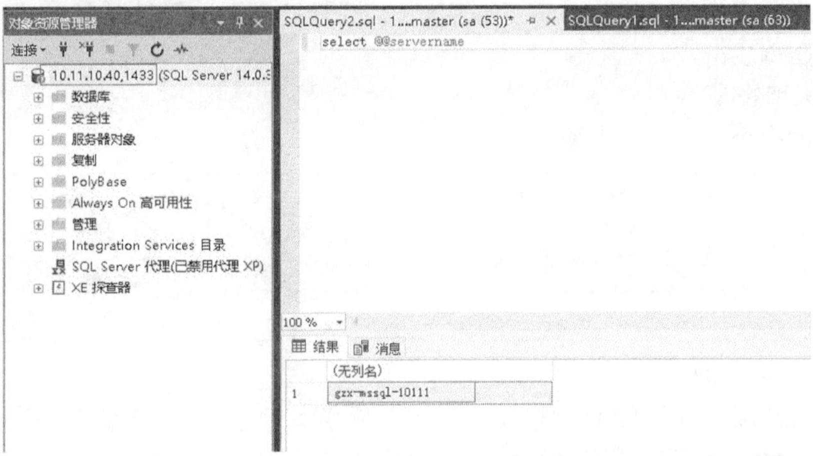

图 4-88 SSMS 登录查询

然后我们直接登录 190 查看对应的主机名。如图 4-89 所示。

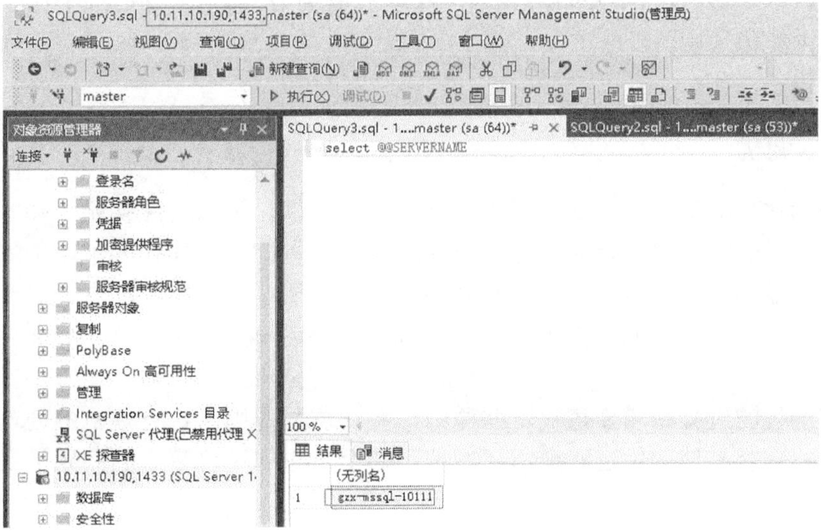

图 4-89 SSMS 登录查询

从图中可以看到，它已经完成了对应的跳转功能。

Tips： NAT 地址转换不仅适用于 1433 这种业务需求，凡是端口映射都可以使用这种方式来处理。不过使用这种方式处理时，日志相对难以追踪，我们更倾向于使用 rinetd 这种轻量级的跳转工具。

为了不对后续使用造成影响，现在删除 NAT 的链表规则。

```
~$ sudo iptables -t nat -D PREROUTING 1
```

4.2.3.3 抵御攻击

DDoS（Distributed Denial of Service）和 CC（Challenge Collapsar）攻击是最常见的网络攻击方式，它们简单粗暴而且见效快。利用硬件或者软件来防御都比较薄弱，尤其是软件防御，但是在没有任何基础条件下，软件防御在一定程度上还是能处理部分攻击的，毕竟减少攻击也是工作的一部分，而不能因为不能完全防御而选择忽视它。下面演示通过配置防火墙来防御攻击。

- 防火墙修改

使用下面指令可修改防火墙设置。

```
~$ sudo iptables -t raw -I PREROUTING -i eth0 -p tcp -m tcp --syn --dport 80 -j
CT --notrack
~$ sudo iptables -A INPUT -i eth0 -p tcp -m tcp --dport 80 -m state --state INVALID,
UNTRACKED -j SYNPROXY --sack-perm --timestamp --wscale 7 --mss 1460
~$ sudo iptables -A INPUT -m state --state INVALID -j DROP
```

- hashsize 修改

这个比较高级，初学者可以暂时略过。有关缓解 SYN 洪水攻击的具体说明，请读者使用必应搜索“Mitigate TCP SYN Flood Attacks with Red Hat Enterprise Linux 7 Beta”。

```
~# echo 1000000 > /sys/module/nf_conntrack/parameters/hashsize
```

请注意在上述修改中，如果机器重启那么它也会失效。事实上，iptables 中的 SYSPROXY 已经集成到内核模块中，所以可以直接使用。如果它未集成到模块中，则需要通过 set 进行添加方能使用。

4.2.4 调优

对于初始化后的服务器，如果运维人员具有前瞻性，那么会在初始化脚本时自动加入调优脚本，使机器在开始运行时就完成所有的性能配置，后期作业的工作量就相对少点。当然，很多机器都已经在线上跑了很长时间，所以需要运维人员手动进行更改（你可以做自动化脚本）。我们需要对哪些方面进行调优呢？作者建议对系统、内核、文件系统及网络进行调优。

我们在调优的过程中需要遵循一些原则，并在这些原则下进行规范的处理。任何一个不规范的流程都容易使调优过程变得不规范，甚至是出现不可复现的问题，我们遵循以下几个原则。

- 在调整任何 Linux 系统之前实施适当的变更管理流程。

- 不允许在生产系统中直接修改设置。
- 永远不要一次性更改多个变量。
- 对可提高性能的参数进行重复性测试，然后进行数据统计。
- 在社区中分享你成功使生产系统得到提升的参数文档。

4.2.4.1 系统

因为系统调优需要很好的功底，同时本书是以 SQL Server 为主线的，所以这里只是提一下，不打算进行演示。

我们应该在系统安装之前，就规划好对应的操作系统，保持操作系统的一致性。而且还要根据业务的需求选择版本，操作系统的版本原则上要保持一致，而在小版本号上的不一致，影响不大。作者还是强烈建议你配置统一的操作系统，这样可以使你编写的脚本无须更改太多，一键处理即可。

操作系统实际上分成社区版和企业版，通俗来说，就是免费跟付费的区别。社区版集成了一些较新的特性到系统版本中，而企业版则是在这些特性经过若干版本后才会融入系统版本中，社区版是不具有任何法律责任来为你承担各种风险的，因为其是自由的。而企业版是有各种商谈协议合同的，并且提供相应的技术支持，当然高端技术集群等技术不在默认的付费范围内。作为一个合格的运维人员，应该根据企业的环境选择对应的操作系统，而不是想当然地选择社区版或者是其他版本。

选择系统的另一个很关键因素就是内核，稍微有一定基础的读者知道，Linux 内核 2.X 已经运作了很多年，而现在已经是 3.X、4.X 的内核版本。如果是老旧的设备，除非出现重大的内核安全漏洞，原则上让内核版本保持默认的状态即可；而对于相对较新的系统，我们也不建议读者对内核进行不断的升级。尽管内核的新特性似乎给性能带来很大的提升，但是我们最终的目的是让业务系统跑得更稳健，而不是为了所谓的性能提升去升级内核。即使是 20%的提升，在业务量上也未必能非常明显地呈现出来，尤其是在云主机中，内核是经过云厂商改造过的版本，随意升级内核版本可能会使原本稳定的状态反而变得不稳定。

4.2.4.2 内核优化

在 Linux 操作系统中一个强大而且有趣的地方是可调，大部分的配置都是可以直接修改的。由于 Linux 中的一切都是文件，所以 Linux 内核的配置也以配置文件的形式存在，其配置文件是 sysctl.conf。读者可以通过这个文件对内核进行调优，这种调优属于动态改变，不会应用于当前已经连接进入的会话。还有一种级别的内核调优则是使用编译内核来达到定制的目的，这并不是我们需要考虑的范围。本书的大部分内容是使用 Shell，通过调用配置文件来达到修改生效的目的，很少会做一些很底层的东西。

对于 Linux 内核的优化，除了前面提到了有关 iptables 的优化外，在微软 SQL Server 中，还需要设定一些特定的参数来满足既定的需求，表 4-6 列出了一些需要优化的内核参数。附录也有更详细的列表。

表 4-6 内核指标

类　目	指　标	值
硬盘	kernel.sched_min_granularity_ns	10000000
	kernel.sched_wakeup_granularity_ns	15000000
	vm.dirty_ratio	40

续表

类　目	指　标	值
硬盘	vm.dirty_background_ratio	40
	vm.swappiness	40
禁用 NUMA	kernel.numa_balancing	0
内核虚拟空间	kernel.numa_balancing	262144

关于 SQL Server On Linux 中的详细配置，可以参考微软官方给出的建议，可自行必应“Performance best practices and configuration guidelines for SQL Server on Linux”。

4.2.4.3 文件系统

文件系统中的优化实际上分成文件系统类型的选取、挂载选项和 I/O 的调度方式等 3 部分。

在微软的官方文档中，建议使用 EXT4 或者是 XFS 文件系统，这点跟其他 RDBMS 是差不多的，作者强烈建议使用 XFS 文件系统进行分区。

将文件系统格式化成 EXT4 或者 XFS 的过程，这里不进行介绍，因为这个在系统安装之时，就可以指定。当然，后面挂盘的时候，在进行格式化的过程中，也可以使用 mkfs.xfs 来进行分区格式化，这跟 Windows 还是很相似的。而在 SQL Server On Linux 中也有对文件系统的要求，如图 4-90 所示。

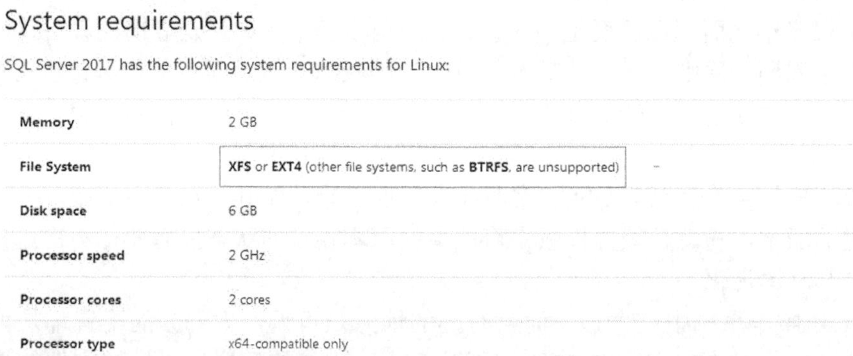
System requirements

SQL Server 2017 has the following system requirements for Linux:

Memory	2 GB
File System	XFS or EXT4 (other file systems, such as BTRFS, are unsupported)
Disk space	6 GB
Processor speed	2 GHz
Processor cores	2 cores
Processor type	x64-compatible only

图 4-90 系统要求

文件系统定下来后，对于挂载，我们需要进行一些配置。在挂载选项中，我们需要添加 noatime 和 nodiratime 的参数来优化文件系统的速度，因为操作系统在运行时需要访问大量文件，而这些访问会记录一些对于我们来说并不关心的信息，配置 noatime 和 nodiratime 可以减少一些 I/O 交互，从而减轻 I/O 负载（事实上只设置 noatime 即可）。结果见图 4-91。

图 4-91 挂载内容

```
~$  sudo vi /etc/fstab
```

修改目录/data 配置参数，添加 noatime，结果如图 4-92 所示。

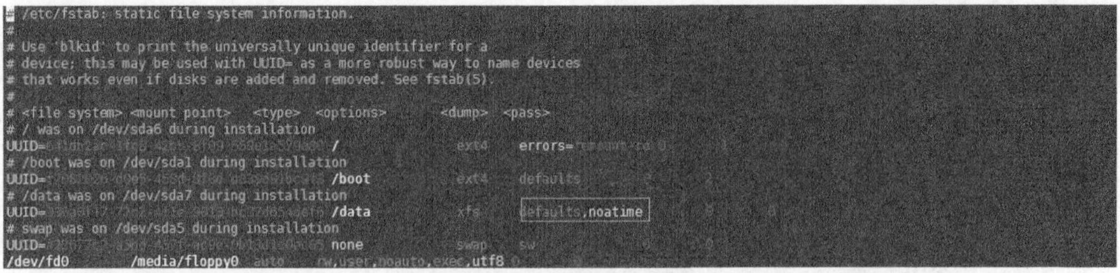

图 4-92 挂载属性配置

请注意，虽然可以使用 remount 来重新挂载对应的盘，但是作者建议此时重启一下操作系统，观察它是否有异常。

```
~$ sudo reboot
```

没有异常后，我们将根目录也添加 noatime，减少 I/O 压力。

```
UUID=641db2ac-1fc8-42bb-8f09-559e1a579e88 /     ext4    noatime, errors=remount-ro 0   1
```

修改完毕后，再次重启操作系统观察它是否有异常，如果没有异常，那么这意味着提高 I/O 性能的设置就已经配置成功了。

除了上述两处需要处理之外，I/O 的调度算法也是很关键的。选择合适的 I/O 调度算法，对于服务器运作有很大的影响，我们通常是建议数据库服务器选择 deadline 算法机制，见图 4-93。

```
~$ sudo vi /etc/default/grub
```

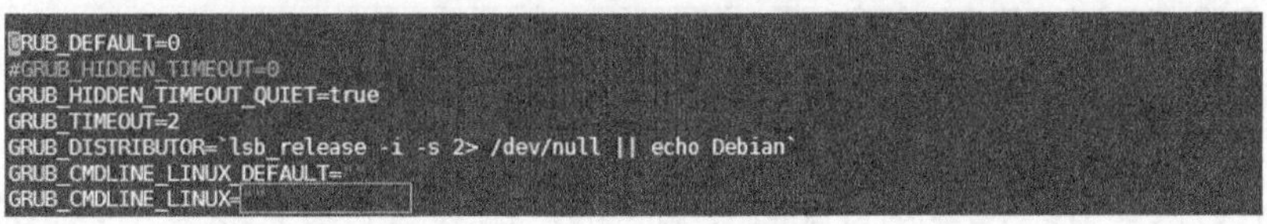

图 4-93 修改 I/O 调度

修改值如下所示。

```
GRUB_CMDLINE_LINUX="elevator=deadline"
```

查看当前的 I/O 调度算法。

```
~$ sudo cat /sys/block/sda/queue/scheduler
noop [deadline] cfq
```

在 Ubuntu 16.04 中，默认的调度算法已经是 Deadline，此时不需要再进行上面的修改，如果你的机器是低版本的（比如 14.X 的版本），则需要进行上述的配置（mssql 最低要求运行在 16.04 版本上）。

关于 I/O 调度算法说明，可自行必应搜索“io scheduling wiki”。

4.2.4.4 网络

事实上，很少人在谈到调优的时候会想到网络的处理，更多人偏向于内核和文件系统，而这也是技术人员经常忽视的一点。

前面提及过如何处理内核，在这里我们需要关注一些参数，根据机器配置不同需要对它们进行额外的调整，表 4-7 列出了这些参数及其说明。

表 4-7 内核指标

参 数	说 明
net.ipv4.tcp_timestamps=0	禁用时间戳
net.ipv4.tcp_sack=1	启用选择应答
net.core.netdev_max_backlog=250000	当网卡接收数据包的速率比内核处理该包的速率还快之时，允许送到队列中数据包的最大数目
net.core.rmem_max=4194304	定义接收窗口的最大大小
net.core.wmem_max=4194304	定义发送窗口的最大大小
net.core.rmem_default=4194304	定义默认接收窗口大小
net.core.wmem_default=4194304	定义默认发送窗口大小
net.core.optmem_max=4194304	每个套接字所允许的最大缓冲区大小
net.ipv4.tcp_rmem=4096 87380 4194304	自动调优所使用的接收缓冲区的值
net.ipv4.tcp_wmem=4096 65536 4194304	自动调优定义的每个套接字使用的内存
net.ipv4.tcp_low_latency=0	允许 TCP/IP 栈适应在高吞吐量情况下有低延时的情况，应禁用
net.ipv4.tcp_moderate_rcvbuf = 1	启用自动调节 TCP 接收缓冲区大小，默认为 1
net.ipv4.tcp_adv_win_scale=2	对接收缓冲区和接收窗口的参数进行微调，默认为 2

将上述内核参数加入 sysctl.conf 即可，然后重启系统。

4.2.4.5 日志记录

Linux 中的大部分组件都是可配置可编辑的，因为它相对比较灵活。日志则是记录包括系统、应用等的详尽信息，系统日志通常放在/var/log/下，而应用日志则通常是放在同层目录或者是应用目录中。这个并没有强制性的要求。

我们还需要了解一些关键的日志，比如，安全日志和内核日志。这两个是非常关键的，通常发生异常时，我们需要查看一下对应的日志是否有什么可疑的情况，当然，如果是黑客入侵，那么这种查看实际上并没有什么帮助，因为对方可能在退出的那一刻把“犯罪现场”清理干净了，所以需要日志远程传输（这并不在本书范围）。我们需要对日志有一个大概的了解，如图 4-94 所示。

读者需要大概了解每个日志所记录的功能，在问题出现之前或者之后，能迅速地诊断，通过日志寻求问题点是运维人员应该具备的基本功。

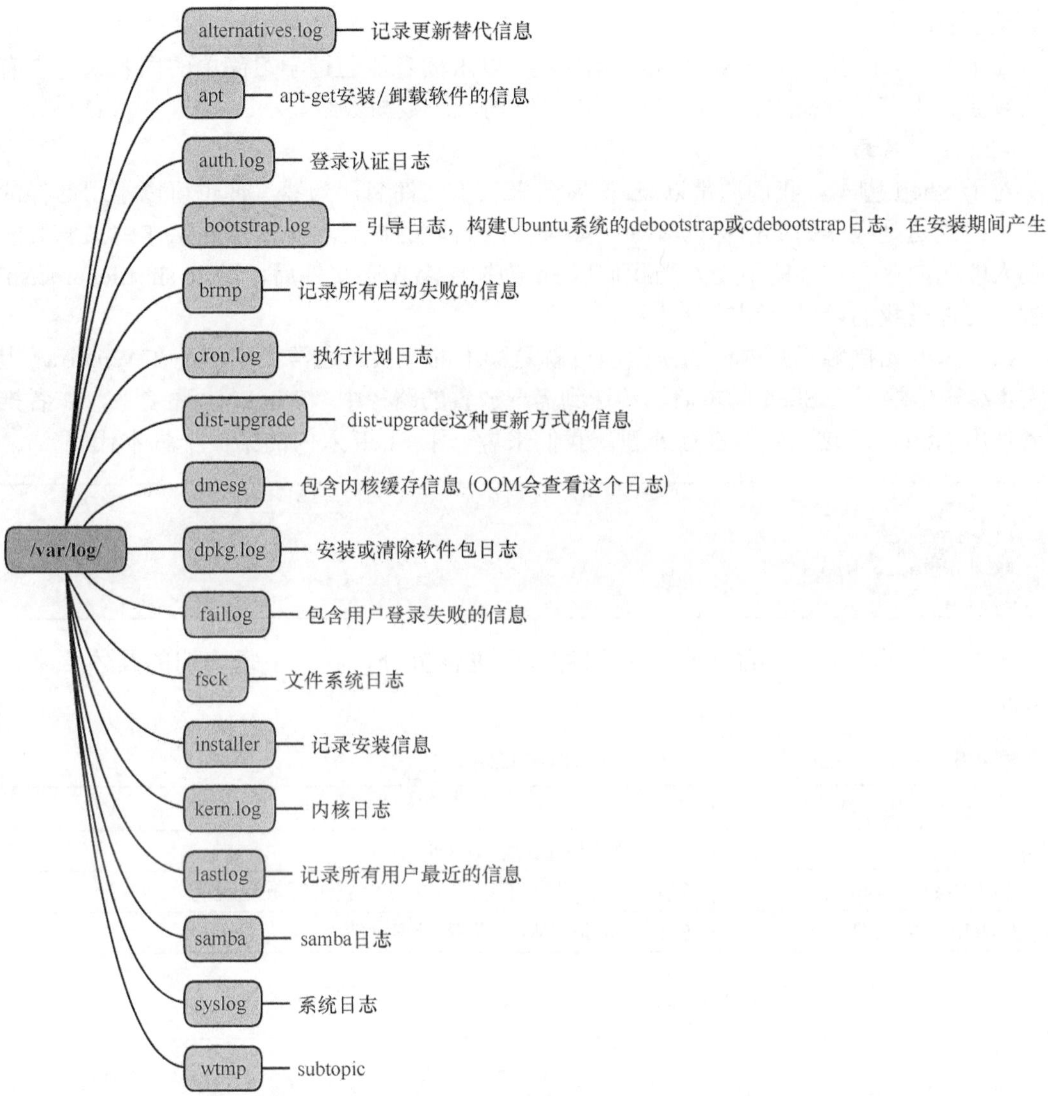

图 4-94 日志介绍

4.2.5 Shell 入门

Shell 是一个简化运维人员工作的好工具，当需要维护少量机器的时候，你可能通过逐个登录到机器上进行手动处理。如果你有几百台机器，那么你还是会采用这种手工处理方式吗？

当然不是！作为一个合格的运维人员，你应该会一些基本的 Shell 编码能力以满足工作的需求，但是如果你认为纯 Shell 就可以胜任企业的需求，那么还是有点不现实的。企业都希望应聘者能有较强的专业技能，而运维人员事实上只有慢慢走向开发型运维才有相对广阔的发展空间。如果你仅会 Shell，那么对于个人的发展来说，未必是一个好事。有兴趣的读者可以在掌握了一些基本技能后，深入学习 Python 这一类语言。但是编写 Shell 时，一些基础的运维是很有用的。在系统的大部分功能中，依然是以 Shell 操作为主，可见其重要性。

在本节中，作者将介绍 Shell 的基本应用，以求读者能通过学习简单的内容来对它有一定的掌握。本节包含概述、基本操作、逻辑结构、函数与数组。

4.2.5.1　概述

对于 Shell 脚本，我们通常以.sh 扩展名来表示文件名，当然，你也可以不用这样的文件名，但是这是大家约定俗称的规则。如果换成其他的扩展名，在协同工作中又怎么能保证别人能明白这个文件的用途？当我们以.sh 为扩展名保存文件后，通过 sh filename.sh 执行脚本文件是我们可以碰到的最外层。

接下来开始接触一些内在的东西，也就是脚本的实质。通常我们都是在 Windows 上使用文本编辑器编写好 Shell 脚本后，传送到需要放置的路径中。Windows 环境下，作者推荐读者使用 Notepad+这类软件进行处理。我们来看一下 Shell 入门的第一个脚本代码。

```
~$ vim firsh.sh
#!/bin/bash
#打印出 Hello Wrold
echo "Hello，World"
```

一个最简单的脚本已经生成，我们将代码进行拆分，看一下每一句的具体含义，见表 4-8。

表 4-8　Shell 说明

代　码　块	说　　明
#!/bin/bash	声明，使用 bash 壳，标准写法
#打印出 Hello Wrold	注释，要养成良好习惯，关键位置进行解释说明
echo "Hello，World"	输出“Hello，World”字符串内容

运行脚本，即可得到对应的输出。

```
~$ sudo sh first.sh
Hello，World
```

4.2.5.2　基本操作

在一个基本脚本中，需要有变量进行承载。在上面的案例中，最简单的无非就是表达式的输出，但我们所处理的事务不仅仅是输出，还有输入。另外问题并没有那么简单，我们拿到一个需要放到内存块中的数据，然后用变量来引用它。

Shell 不像其他编程语言那样需要复杂的定义，Shell 是一门弱语言，直接定义即可。

```
db_ver="SQL Server 2017"
```

只需要在等号右边将字符串赋值。需要注意以下几点。

- 命名只能使用英文字母、数字和下划线，首字母不能用数字（与绝大部分编程语言一样）。
- 变量中间不能有空格，但是可以像代码块使用_来定义。
- 变量定义不能使用关键字（与大部分编程语言一样）。

- 不可以使用特殊字符或标点符号来定义。

怎么引用定义好的变量？很简单，我们借助$符号，使用 echo 输出符进行打印。

```
~$ echo $db_ver
```

当然，我们建议使用以下写法，在变量名前面加花括号{}来增加程序的可读性。

```
~$echo ${db_ver}
```

这是通用写法，事实上你也可以使用单引号来标注。

```
db_ver='SQL Server 2017'
```

输出是一样的，那问题就出现了，使用单引号和双引号的有什么差异？它们的区别在于以下几点。

- 单引号属于原生输出，内容是什么就输出什么。
- 单引号里不能再出现单引号这种标注。
- 双引号内可以有变量。
- 双引号可以转义。

下面演示一个案例，在日常运维中，常需要在对应路径中自动创建一个带有当前日期的目录，格式类似“20180608”这种格式。我们先分析一下应该要做什么准备，首先要知道当前日期，然后对日期进行格式化，接着拼接创建目录。接下来就对其进行演示。

1）日期获取

使用 date 指令获取当前日期。

```
~$ date
Fri Jun  8 15:21:42 CST 2018
```

可以看到，通过 date 可以输出当前日期，由于我们需要的格式是 yyyymmdd，所以需要对这个日期进行处理。

```
~$ date +%Y%m%d
20180608
```

这样就变成了我们需要的文件格式。

2）创建目录

接下来就是创建目录，在 4.1 节中已经介绍过，使用 mkdir 来创建目录。

```
~$ mkdir 20180608
```

现在可以创建目录了，但是有个问题，这是手动制定的日期，并不非常理想，我们需要让它直接从系统中调用，那么该怎么办呢？这里有两种方法，其中一种方法是将 1）中获取的值赋值给一个变量，然后在 mkdir 中直接调用。

```
~$ incr_date='date +%Y%m%d'
~$  mkdir ${incr_date}
```

还有一种方法是直接跳过中间变量进行调用。

```
~$ mkdir 'date +%Y%m%d'
```

创建完毕之后，可以在当前路径下使用 ls 查看是否创建成功。你也可以指定路径来创建文件夹，但是这需要你有这个目录的权限。

```
~$ mkdir /data/'date +%Y%m%d'
mkdir: cannot create directory '/data/20180608': Permission denied
~$ sudo mkdir /data/'date +%Y%m%d'
```

知识点梳理完毕后，我们可以进行脚本编写。

```
~#!/bin/bash

#生成当前日期
incr_date='date +%Y%m%d'
mkdir ${incr_date}
```

这样就完成了当前目录的创建。同样需要注意，确保创建的目录路径有可执行的权限。读者还可能会有疑惑，我是否可以做一个校验来判断这个文件是否存在或者判断当前语句是否执行成功呢？使用状态判断上一指令的执行结果即可。

```
~$ date
Fri Jun  8 16:14:58 CST 2018
~$ echo $?
0
```

使用“$？”就可以对上述指令进行判断。如果指令异常，“$？”输出的是一个大于 0 的数值，那么我们就可以在关键地方“打点”（也叫打断点）来执行一个逻辑判断，若执行结果为 0，则说明没有问题；如果是非 0 的整数，则说明异常，使用 exit 退出脚本。

```
#!/bin/bash
...
代码块
...
exit 0
```

Tips：上述代码使用伪代码进行简化，并不能完整执行，它只是告诉读者这块代码怎么用。

另外 Shell 是可以传参的，在文件中通过$1、$2、$3 进行传值，通常我们执行启动脚本的时候，标准界面如下所示。

```
~$ sudo /etc/init.d/mssql start
~$ sudo /etc/init.d/mssql stop
~$ sudo /etc/init.d/mssql restart
```

其中 start、stop、restart 就是传参指标，当然，你也可以传多个参数。

```
#!/bin/bash
#传入 3 个参数值，同时输出

echo "欢迎来到:$1 世界，"
echo "当前版本为:$2，"
echo "当前日期为$3!"
```

执行脚本可得到如下结果。

```
~$ sh para_num.sh MSSQL 2017 'date +%Y%m%d'
欢迎来到:MSSQL 世界，
当前版本为:2017，
当前日期为 20180608!
```

4.2.5.3 逻辑结构

判断指令是否执行成功的方法是在终端上执行相应的输出即可，但是在脚本里应该如何处理？我们可以用判断语句来判断条件是否成立，假如结果为 0 则输出成功（或者不输出），否则输出告警并退出。结果如图 4-95 所示。

```
#!/bin/bash

#生成当前日期
incr_date='date +%Y%m%d'
mkdir /tmp/${incr_date}
if [ $? -gt 0 ]
then
    echo "程序异常，退出"
    exit 0
else
    ls /tmp
fi
```

图 4-95 结果展示

可以看到，程序在第一次执行的时候就会自动创建该目录，如果程序执行第二次，由于目录已经存在，则会发出警告，见图 4-96。

图 4-96 异常提示

可以看到，程序落入到预设的范围。当然，可以在创建文件的时候，先进行一个判断，这样就可以避免这个问题。

```
#!/bin/bash

#生成当前日期
incr_date='date +%Y%m%d'
```

```
    if [ -d  /tmp/${incr date} ]
    then
        echo "目录已经存在"
    else
        mkdir /tmp/${incr_date}
        ls /tmp
    fi
```

因为之前已经生成了对应的目录，所以此时会产生“目录已经存在”的结果。我们可以删除之前的目录，然后执行，这时会执行对应 else 的假定情况，但是要注意检测目录是否为空。

对于循环而言，我们可以使用 for 来处理。通过循环我们可以实现批量处理，如果需要找出系统对应的账号（出于审计的要求），那么此时需要找出所有系统账号，然后再对账号进行输出。

1）获取系统存在的用户账号

查看/etc/passwd 可以得知原有存在账号的文件信息，结果如图 4-97 所示。

我们要获取的是用“:”（冒号）分割的第一列，结果如图 4-98 所示。

```
    ~$ cat /etc/passwd|cut -d ':' -f 1
```

图4-97　内容分析

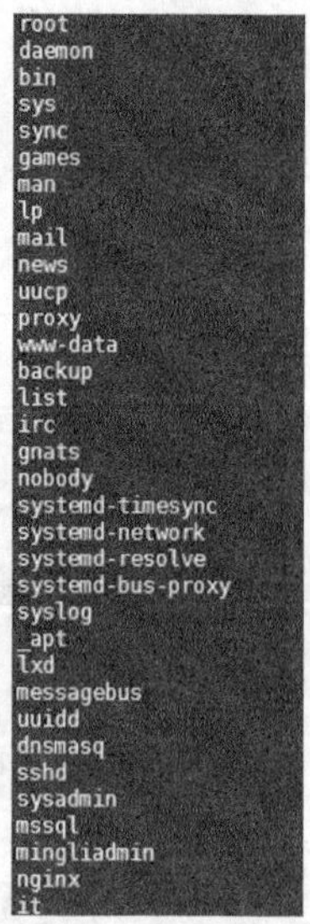

图4-98　脚本过滤结果

2）账号遍历

使用 for 循环可循环打印出列表，当然，在纯 Shell 终端是可以直接输出的，但是在脚本里，我们需要一行行地遍历出来。

```
    #!/bin/bash

    # 指定需要读取的文件
    user_file="/etc/passwd"
```

```
#统计该文件的行数
user_cou='wc -l ${user_file}|cut -d " " -f1'

echo "总计有 ${user_cou} 个账号"
#对账号进行遍历
for line in 'seq 1 ${user_cou}';do
    user_acc='head -${line} ${user_file}|tail -1 | cut -d: -f1'
    echo "在第 ${line} 的系统账号为: ${user_acc}"
done
```

得到的结果如图 4-99 所示。

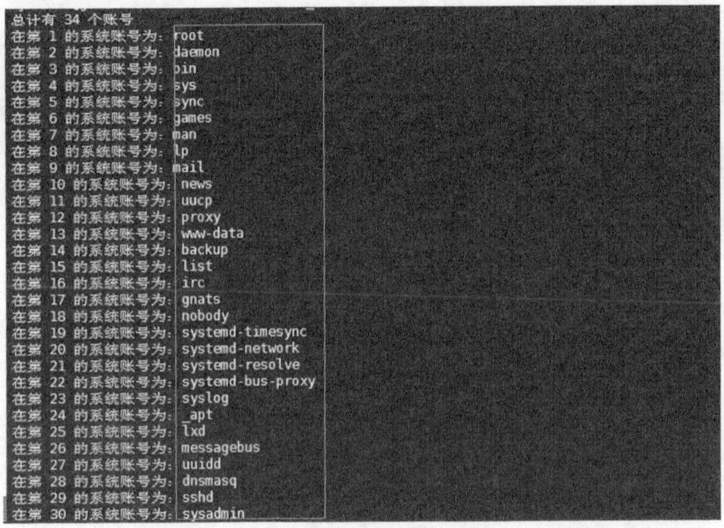

图 4-99　结果展示

从图中可以看到，通过循环可打印出对应的账号。结合前面的 if 语句可对账号进行判断，我们需要判断 UID 为 0（root）和 UID 大于 500 的账号，从账号的存储格式我们可以知道：

```
root:x:0:0:root:/root:/bin/bash
sysadmin:x:1000:1000:sysadmin,,, :/home/sysadmin:/bin/bash
```

粗体部分即为需要进行逻辑判断的内容，然后在代码中添加对应的判断。

```
#!/bin/bash

# 指定需要读取的文件
user_file="/etc/passwd"

#统计该文件的行数
user_cou='wc -l ${user_file}|cut -d " " -f1'

echo "总计有 ${user_cou} 个账号"
#对账号进行遍历
for line in 'seq 1 ${user_cou}';do
```

```
    user_acc='head -${line} ${user_file}|tail -1 | cut -d: -f1'
    user_uid='head -${line} ${user_file}|tail -1 | cut -d: -f3'
    if [ ${user_uid} -eq 0 ]
    then
            echo "当前第 ${line} 为特权账号，账号名为${user_acc}"
    elif [ ${user_uid} -gt 500 ]
    then
            echo "当前第 ${line} 为普通，账号名为${user_acc}"
    fi

done
```

执行结果如图 4-100 所示。

图 4-100　结果展示

这样就可以进行有效的过滤了。

4.2.5.4　函数和数组

数组和函数是编程语言中必不可少的一部分，当我们需要批量操作机器时，机器的 IP 就可以作为一个数组，然后提供给操作之用。

```
 ip=(
"192.168.1.2"
"192.168.1.3"
)
```

如果需要遍历这个数组，那么应该怎么处理？这可以使用下面脚本来完成。

```
#!/bin/bash

# 确定 IP 列表
ip=(
192.168.1.2
192.168.1.3
)

#遍历 ip 数组列表
for((i=0;i<${#ip[*]};i++))
do
    echo ${ip[$i]}
done
```

执行以上代码就可以将数组的信息打印出来。函数是一个封装的个体，可以反复调用和通过参数来控制是否启用某些功能及如何使用，这样也可以减少代码的重复编写，减少冗余。

我们将这定义为一个流程，流程已经封装好，只需要调用即可。现在尝试编号一个最简单的例子，调用 cre_docum()函数来创建目录。

先看一下对应的代码片：

```
cre_docum(){
mkdir /tmp/'date +%Y%m%d%H%M%S'
}
```

调用函数：

```
cre_docum
```

具体的代码如下所示。

```
#!/bin/bash

# 创建一个函数：创建目录
cre_docum(){
    get_curDate='date +%Y%m%d%H%M%S'
    mkdir /tmp/${get_curDate}
    cre_docum_name='basename /tmp/${get_curDate}'
    echo "在 tmp 目录下创建的目录为${cre_docum_name}"
}

#调用函数片
echo "####开始调用函数####"
cre_docum
echo "####完成调用函数####"
```

结果如图 4-101 所示。

图 4-101　结果展示

4.3　总　　结

Linux 是一个操作系统（准确来说是内核），需要学习的内容非常多。由于本书主体是基于 SQL Server On Linux，所以本章是让读者能快速上手并在 Linux 上进行 SQL Server 的安装部署、使用和运维优化。

本章没有太高深的知识点，但是在基础知识的介绍和演示过程中，隐含了许多作者过往工作中的经历和经验，值得读者品味。读者在入门 Linux 之后，需要多加练习，同时切记本章中反复提醒的一些危险操作。

本章的目的是希望读者对 Linux 有一定的感知，如何在实际工作中使用，无法仅靠一章甚至一本书就能实现，需要读者多多练习、总结和交流。

下一章将会趁热打铁，介绍 Linux 上的基础监控。

第 5 章　Linux 基础监控

2 分钟速读

一个合格的运维人员需要有一定的系统环境监控技能，如果对常规的系统指标都不能了然于心，那么很容易在出现异常之时手忙脚乱，更别说快速定位问题、解决问题。

本章将从工作角度出发，给读者构建一个相对完整的监控体系，从而实现对系统的全面掌控。本章不单独讲理论，而是演示工具的使用方法。这里引入两个工具："分布式监控系统 Zabbix"和"基于 Grafana 的监控展现"并进行延伸扩展。

运维人员运维系统，不管是负责 OS、DB 还是网络等，最怕平时懒，出问题时乱，解决问题后不总结。哪怕你有超强的应对问题的能力，也不能每次都"救火成功"。作为一切应用系统的底层基石，操作系统的监控就显得非常重要，同时也有很多困难，因为它不像 DB 层、应用层等只关心自己的部分，操作系统需要全面管理运行在它上面的一切应用和服务。缺少一个好的监控系统，对你有百害而无一利。

长期盘活在 Linux 运维中的监控体系有 Nagios、Cacti、Zabbix、open-falco、lepus 等，以上产品均为开源产品，但它们大多数都对 Windows 体系有比较弱的支持。如今，SQL Server On Linux 已经在 Linux 平台运行，我们可以借助这个平台更好地对 SQL Server 进行监控，发现可能出现的问题，然后结合告警进行提前防范。（本书的目的还是以 SQL Server 为主，所以不会用大篇幅来介绍纯 Linux 的监控。）

Tips： 事实上在 Windows 下，如果会用 PS(PowerShell)，你也可以很好地将系统信息收集到监控平台上，然后借助 PowerBI 等工具进行展现。

当然，市面上也有很多商业版的监控系统，这不在我们讨论的范围之内，有兴趣的读者可以自行去官网了解。作者根据多年经验结合网上的一些介绍，对监控体系的工具做了一些对比（仅为个人看法），如表 5-1 所示。

表 5-1　主流监控产品的对比

产品	部署难度	备注
Nagios	简单	慢慢弃用
Cacti	简单	慢慢弃用
Zabbix	简单	越来越多的企业使用，并进行二次开发
Open-falco	烦琐	较少使用，性能佳，但企业较少使用（小米开源）
Lepus	相对简单	侧重 MySQL 监控
Grafana	简单	将数据插入 influxdb，结合 Grafana 进行展现，灵活

这里强烈推荐使用分布式监控系统 Zabbix 作为监控工具，由于 Zabbix 自身的局限性，所以有时候为了更好地进行图形展现和分析，结合 Grafana 是一个不错的选择。

5.1 分布式监控系统 Zabbix

截至本书完稿时，由于 Zabbix 还没有推出直接支持 SQL Server 作为数据源的版本，所以我们还是选择默认的 MySQL 作为数据存储的数据源。

如果不想混用机器，那么你最起码需要准备两台 Linux 机器（虚拟机也行）：Server（服务端）和 Client（客户端）。本书使用第 2 章中安装的两台用于 SQL Server on Linux 服务器来演示。

5.1.1 安装服务端

我们在这里并不使用源码进行编译安装，而是直接使用官方的 deb 包进行安装，在官方网站中找到对应的 deb 包。

下载地址可自行必应搜索“download zabbix”。接下来是 Zabbix 的安装过程。

代码清单 5-1 下载安装 Zabbix

```
~$ sudo wget http://repo.zabbix.com/zabbix/3.4/ubuntu/pool/main/z/zabbix-release/zabbix-release_3.4-1+xenial_all.deb
~$ sudo dpkg -i zabbix-release_3.4-1+xenial_all.deb
~$ sudo apt update
~$ sudo apt install zabbix-server-mysql zabbix-frontend-php zabbix-agent
```

按照上述步骤即可完成对服务端的安装，它非常方便简单。上面代码首先下载支持源，然后更新仓库源，接着进行安装。上面步骤已经安装了足够支持 Zabbix 运行的 MySQL 组件。请注意，由于 Zabbix-server 暂不支持 SQL Server 的数据库源，所以我们在这里选择一个最通用的方案。

Tips：一定要从项目的角度出发来选择方案。

在 Ubuntu 下默认安装的是 MariaDB 数据库，这是基于 MySQL 的第三方修改版的 MySQL。当然，从 10.X 版本开始这个分支版本已经变得不太一样了，但这并不影响我们监控项目的使用。在安装服务端的时候，默认会把 SQL 模板下载下来，其默认位置如下所示。

```
~$ ls /usr/share/doc/zabbix-server-mysql/
changelog.Debian.gz  copyright create.sql.gz
```

我们需要先进入 MySQL 数据库中，配置允许 Zabbix 连接的授权账号，同时创建 Zabbix 数据库。

```
~$ sudo mysql -uroot -p
>create database zabbix character set utf8 collate utf8_bin;#创建数据库
>grant all privileges on zabbix.* to zabbix@localhost identified by 'SQL Servermon'; #授权
```

```
>flush privileges;
>exit
```

其中-u 表示后面紧跟的是账号（注意没有空格），-p 后面为空则需要手动输入密码。推荐使用这种方式，永远不要在终端面前输入明文密码。因为你在终端上的操作一定程度上都会记录到历史文件中。这样无疑增加数据库暴露的风险。

创建好数据库后，只需要使用 zcat 加管道进行导入。这里-p 后面跟的是数据库名 zabbix。

```
~$ sudo zcat /usr/share/doc/zabbix-server-mysql/create.sql.gz |mysql -uzabbix -p
zabbix   #解压并导入
```

导入后，需要编辑 Zabbix 连接数据库的配置文件：

```
~$ sudo vi /etc/zabbix/zabbix_server.conf
DBPassword=SQL Servermon  #去掉文件内容中的“#”并添加授权的密码即可
```

然后添加中国的时区：

```
~$ sudo vi /etc/zabbix/apache.conf
php_value date.timezone Asia/Shanghai
```

最后，我们重启相关服务：

```
~$ sudo /etc/init.d/zabbix-agent restart
~$ sudo /etc/init.d/apache2 restart
~$ sudo /etc/init.d/zabbix-server restart
```

重启后检查对应的端口是否已经启动，如图 5-1 所示。

```
~$ sudo netstat -lntp|grep zabbix
```

```
tcp        0      0 0.0.0.0:10050           0.0.0.0:*               LISTEN      58145/zabbix_agentd
tcp        0      0 0.0.0.0:10051           0.0.0.0:*               LISTEN      58012/zabbix_server
tcp6       0      0 :::10050                :::*                    LISTEN      58145/zabbix_agentd
tcp6       0      0 :::10051                :::*                    LISTEN      58012/zabbix_server
```

图 5-1　端口检查

图 5-1 显示端口已经启动，这时可以打开 Zabbix 的安装页面进行安装，访问页面 http://ip/zabbix（图 5-1 中第二行所在的服务器对应的 IP），如图 5-2 所示。

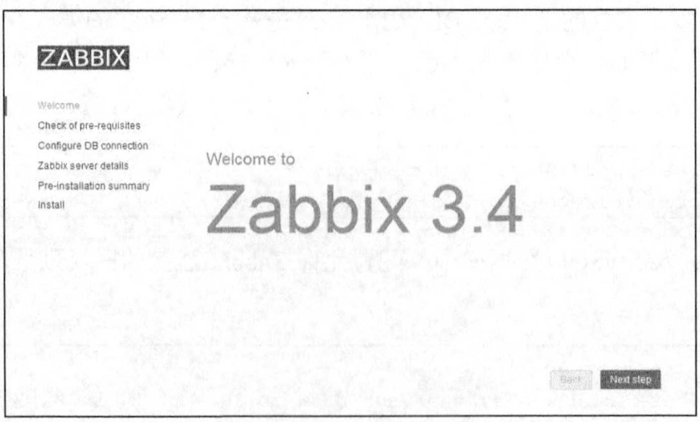

图 5-2　Zabbix-Server 安装页面

直接单击“Next step”，如图 5-3 所示。

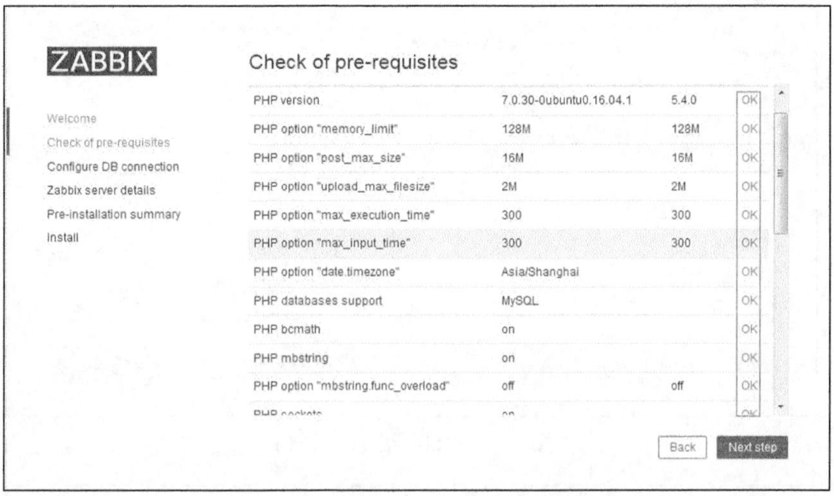

图 5-3 Zabbix-Server 环境要求

请注意右边框住的状态（页面上的字是绿色的）。如果右框中有标红提示，那么这表明缺少依赖的包，从而无法进行下一步。读者找到对应的包后才能继续下一步的操作，在确定没有问题的情况下单击“Next step”，如图 5-4 所示。

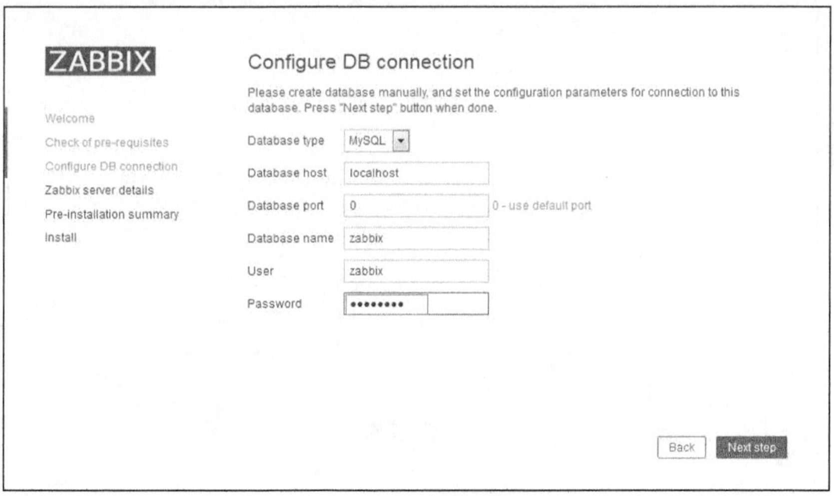

图 5-4 配置 DB 连接

此处是配置连接前面安装的 MySQL 数据库，填入对应的信息后，即可进入“Next step”，如图 5-5 所示。

然后对 Zabbix Server 这台服务主机进行配置。Server 端的端口为 10051，在这里保持默认即可，除非企业有特别要求，否则不需要更改默认的端口显示，直接单击“Next step”，如图 5-6 所示。

至此，Zabbix Server 的页面配置已经完成，单击“Finish”后即可进入登录页面，如图 5-7 所示。

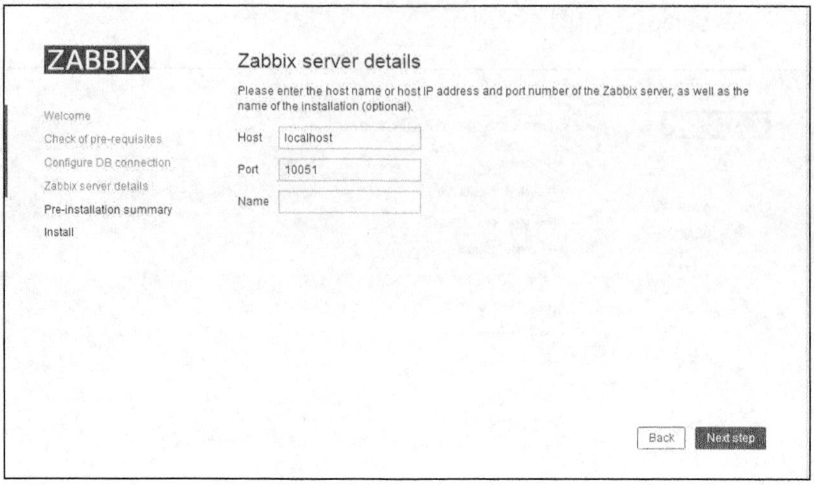

图 5-5　Zabbix-Server 详情

图 5-6　Zabbix-Server 安装完成

图 5-7　Zabbix-Server 登录界面

这里 Zabbix Server 提供了默认的账号和密码，输入后即可登录。查阅官方文档中有以下提示，如图 5-8 所示。

This is the Zabbix "Welcome" screen. Enter the user name **Admin** with password **zabbix** to log in as a Zabbix superuser.

图 5-8　官方文档中的默认账号密码

登录进去之后，Zabbix 中并没有什么可以展示的数据，此时要求我们对页面进行基本的配置从而进行展现，如图 5-9 所示。

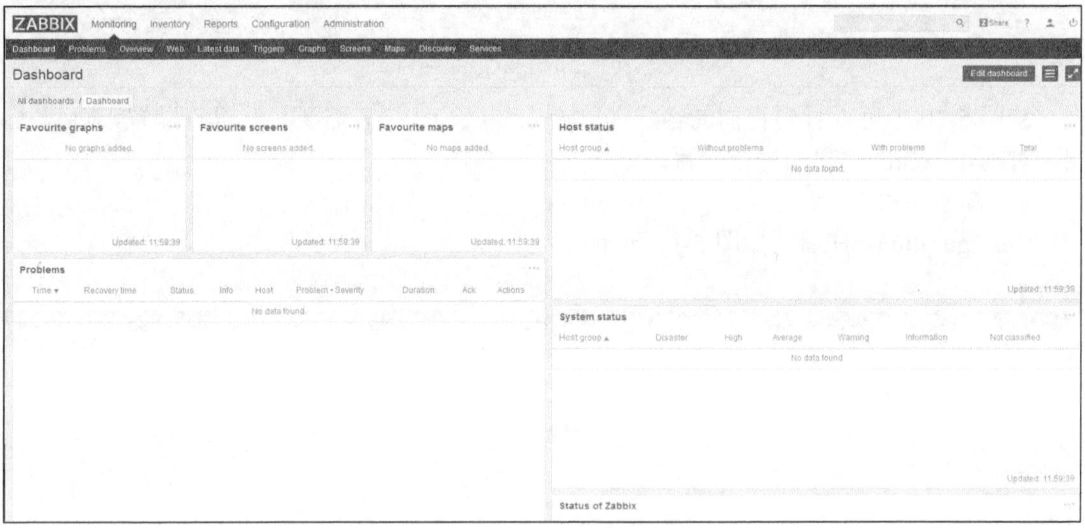

图 5-9　Zabbix-Server 首页

更实时及详细的手册可参考官方文档，必应搜索“zabbix 中文手册”。

5.1.2　安装配置客户端

配置好服务端之后，对于客户端的配置就变得简单多了，只需要安装一个客户端工具即可。

代码清单 5-2　Zabbix 客户端的安装

```
~$ sudo wget http://repo.zabbix.com/zabbix/3.4/ubuntu/pool/main/z/zabbix-release/zabbix-release_3.4-1+xenial_all.deb
~$ sudo dpkg -i zabbix-release_3.4-1+xenial_all.deb
~$ sudo apt update
~$ sudo apt-get install zabbix-agent
```

客户端的配置文件在客户端的/etc/zabbix/中，进入该目录修改对应的配置信息即可。

```
$ cd /etc/zabbix/
$ sudo vim zabbix_agentd.conf
Server=10.11.10.40 #zabbix server 端的 IP
ServerActive=10.11.10.40  #zabbix server 端的 IP
Hostname=10.11.10.190 #客户端的地址，这里要做个记号，后面会引用
```

请根据上述的参数值修改对应的指标，然后启动客户端。

```
~$ sudo /etc/init.d/zabbix-agent restart
```

查证客户端是否成功启动，结果如图 5-10 所示。

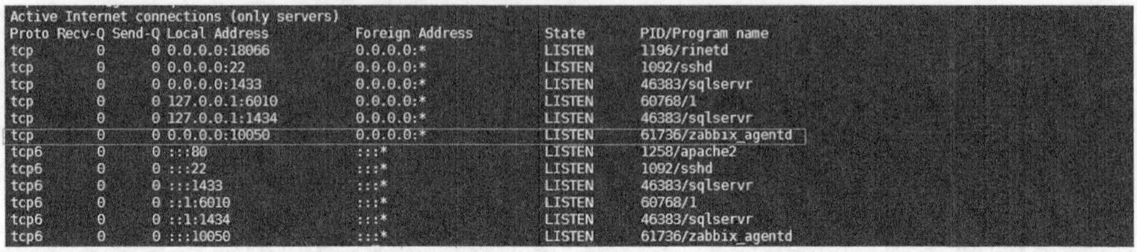

图 5-10　Zabbix-Agent 端口

从图 5-10 中可以看到我们的客户端已经安装成功，接着需要对其进行配置，回到网页端，对刚才添加的客户端进行配置。

- 配置主机

Configuration->Host，如图 5-11 所示。

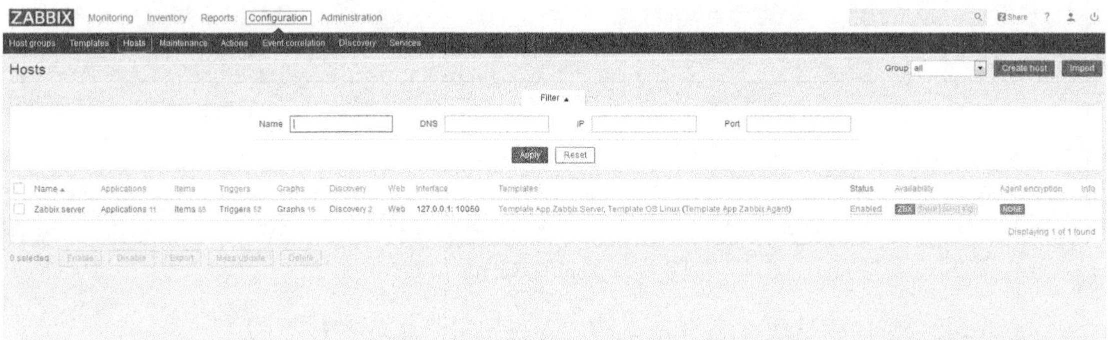

图 5-11　Zabbix-Server 配置客户端

我们需要选择最右上角的“Create Host”执行添加功能，此时弹出创建相应主机的页面，如图 5-12 所示。

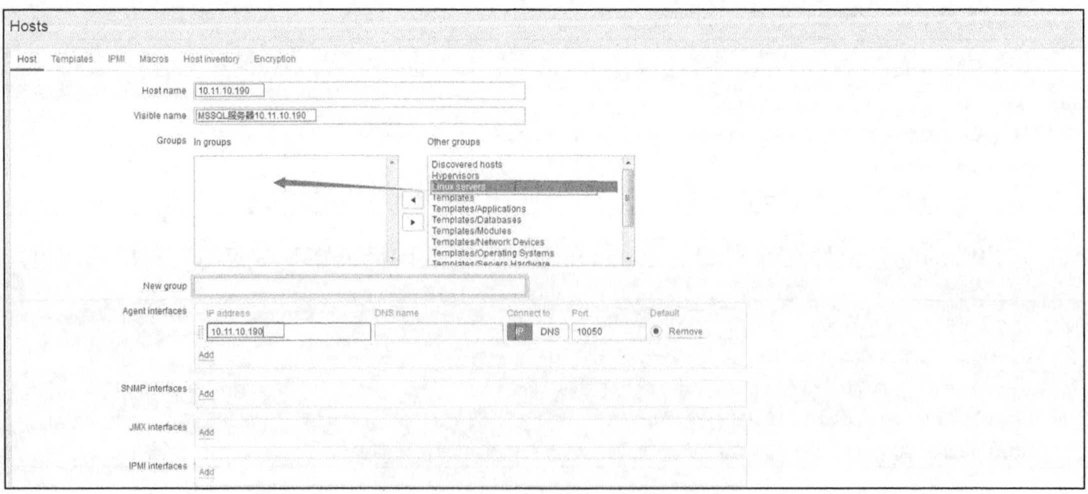

图 5-12　Zabbix-Agent 配置客户端

使用图 5-12 中间的左至按钮将“Linux servers”组添加过去，结果如图 5-13 所示。

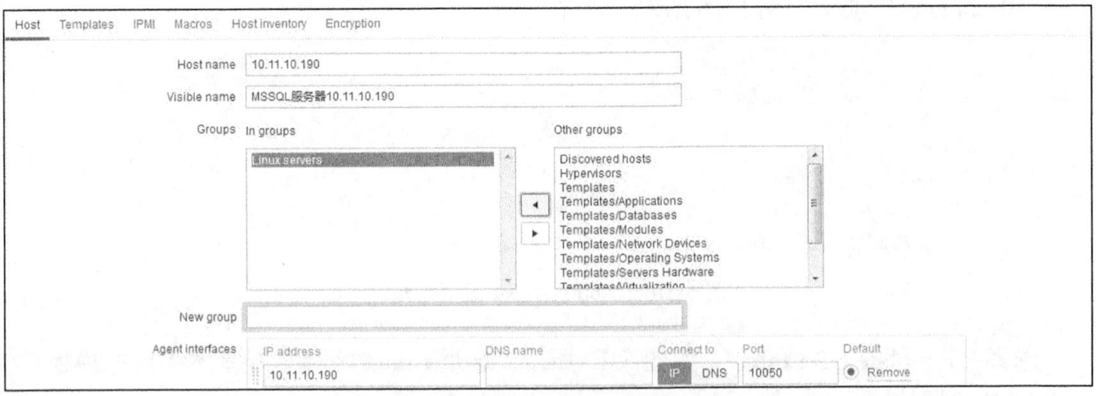

图 5-13 Zabbix-Agent 配置客户端

配置完成之后，需要把页面拉到最下方，找到按钮“Add”，如图 5-14 所示。

图 5-14 Zabbix-Agent 配置客户端

添加完毕后，在页面中多出了刚才配置的主机项，如图 5-15 所示。

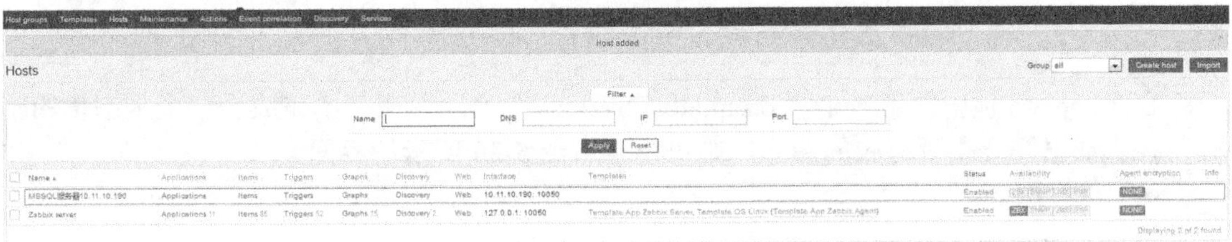

图 5-15 Zabbix-Agent 配置客户端

但是这里仅添加了对应的主机而已，我们还需要添加对应的监控模板。进入该主机，选择“Templates”项，如图 5-16 所示。

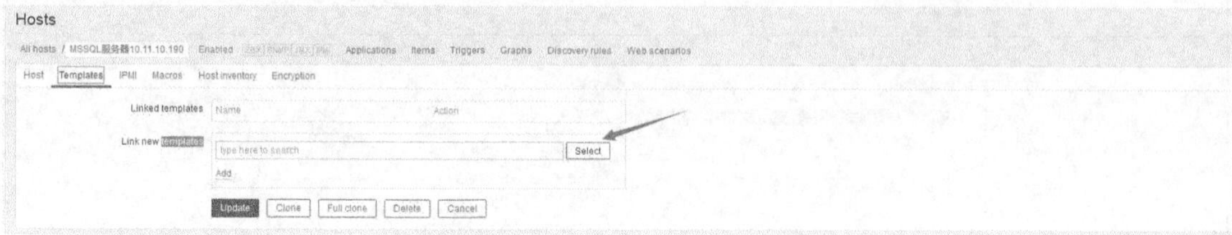

图 5-16　Zabbix-Agent 配置客户端

选择“Template OS Linux”，如图 5-17 所示，这是 Linux 环境下最基本的监控模板，单击“Add”回到界面。

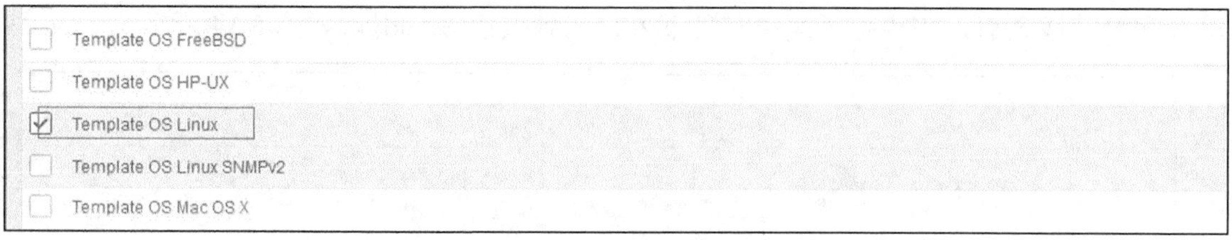

图 5-17　Zabbix-Agent 配置客户端

在这里一定要单击这个“Add”，然后单击“Update”，如图 5-18 所示。

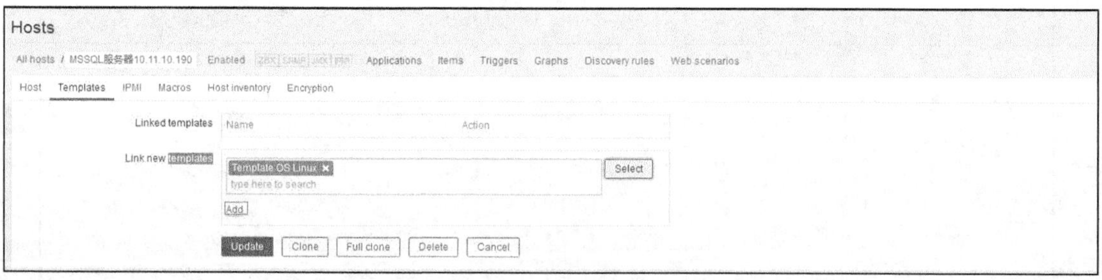

图 5-18　Zabbix-Agent 配置客户端

完成后的界面如图 5-19 所示。

图 5-19　Zabbix-Agent 配置客户端

在 Template 项中多了一个“Template OS Linux”项，现在基本完成了一个常态化的基础监控。如果需要查看对应的图形，则可以点击图 5-20 所示的界面。

- 查看图像

单击 Monitoring->Graphs，如图 5-20 所示。

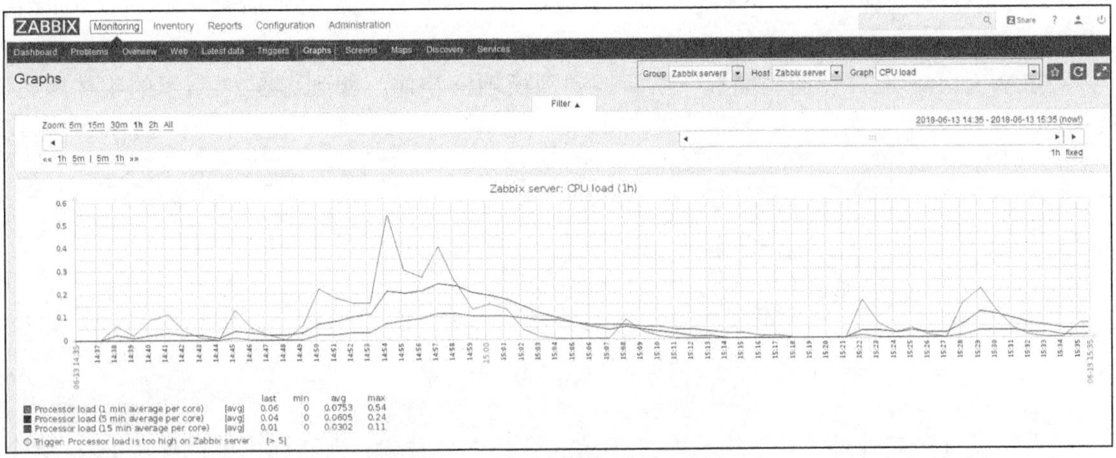

图 5-20　Zabbix-Agent 图形展现

读者可以在图 5-20 右上方选择对应的监控主机，选择后的结果如图 5-21 所示。

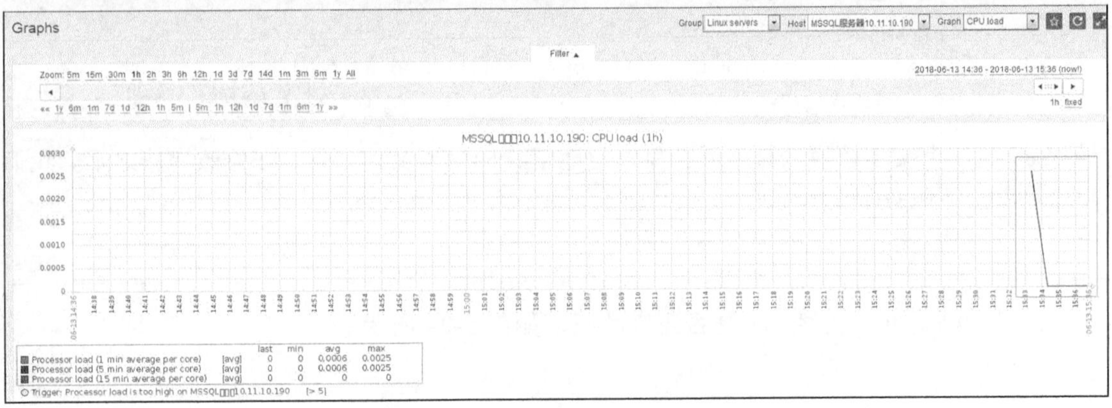

图 5-21　Zabbix-Agent 图形展现

从图 5-21 中可以看到监控图表。但是这可能会出现一些不太兼容的展现，如图 5-22 所示。

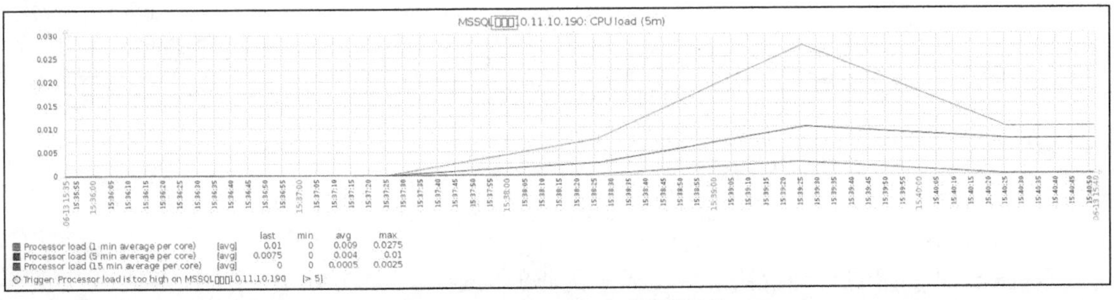

图 5-22　Zabbix-Agent 图形展现

因为 Zabbix Server 页面对中文字体并不支持，所以我们需要修改相应的配置以达到正常显示的目的（当然，你也可以使用纯英文的注解环境，这时可以忽略以下操作）。我们需要从

Windows 中复制对应的中文字体到 Linux 服务器中，将中文字体放到/usr/share/zabbix/fonts/目录下。

在 Windows 上打开控制面板→所有控制面板项→字体，找到图 5-23 所示的字体库。

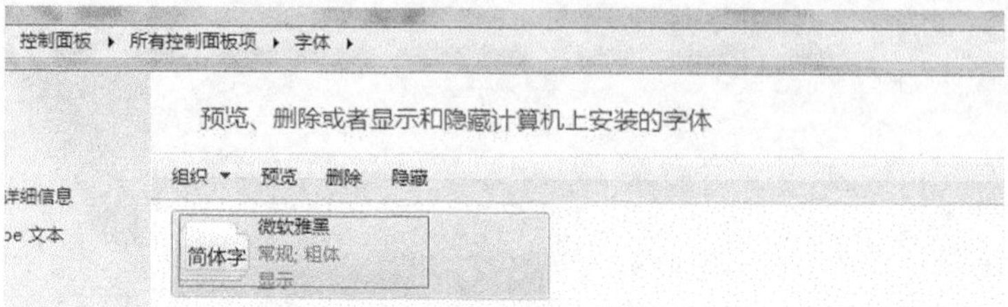

图 5-23 Windows 字体库

右键复制到其他地方，从终端中打开 xftp 进行文件传输，当然你也可以使用 lrzsz 这个指令包进行上传。

```
~$ cd /usr/share/zabbix/fonts/
~$ sudo cp /tmp/msyh.ttf .
~$ cd /usr/share/zabbix/include/
~$ sudo sed -i 's/graphfont/msyh/g' defines.inc.php #替换对应字体
~$ sudo sed -i 's/realpath('fonts')/msyh/g' defines.inc.php #替换对应字体
```

sed 是一个文本替换工具，可以很方便地帮我们处理文本事务。在修改完毕之后，我们需要重启一下服务端。

```
~$ sudo /etc/init.d/zabbix-server restart
```

此时，刷新页面观察一下是否还有乱码，如图 5-24 所示。

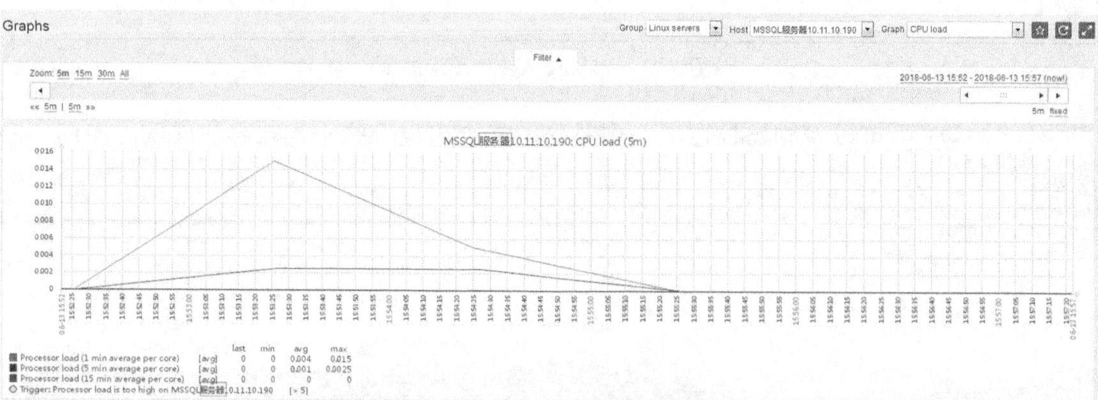

图 5-24 Zabbix-Agent 图形展现

从图 5-24 中可见已经解决了中文显示乱码的问题。

5.1.3 告警设置

下面先看一下常规的图形展示，如图 5-25 所示。

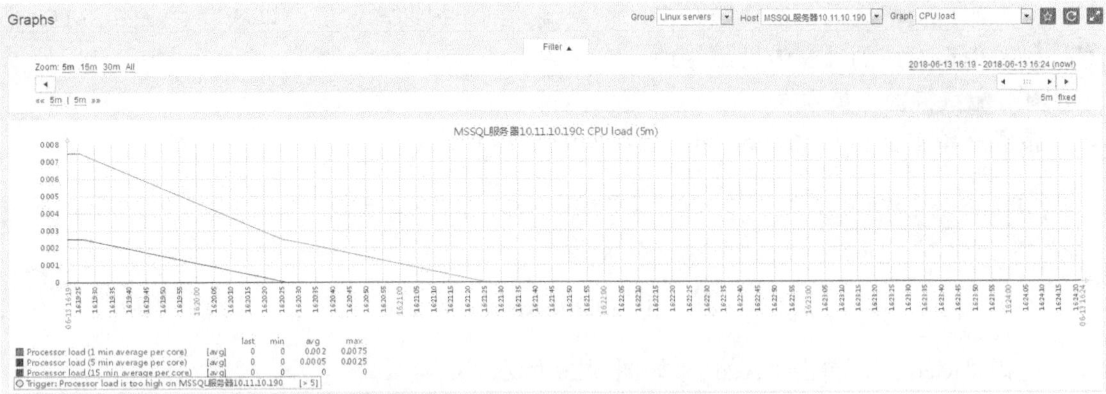

图 5-25 Zabbix-Agent 图形展现

我们注意到在图 5-25 最左下角的地方，有一个相对比较独立的项“Triggers……”，它其实就是触发器，图中所表达的意思是当负载超过 5 的时候，服务器进行告警。但是由于在默认情况下并没有配置告警，即使发生了异常，也没有办法收到告警信息，因此需要对告警进行配置。告警方式有邮箱告警、钉钉告警、微信告警和短信告警。

这里只演示第一种，后面 3 种都是通过脚本调用实现的。需要注意的是，在配置邮箱的时候，请勿使用个人邮箱（如 QQ、网易等），因为告警信息相对比较频繁，大量发送告警邮件可能会被邮箱载体认为是垃圾邮件从而拒收。

- 配置告警邮箱地址

按顺序单击 Administration->Media types，如图 5-26 所示。

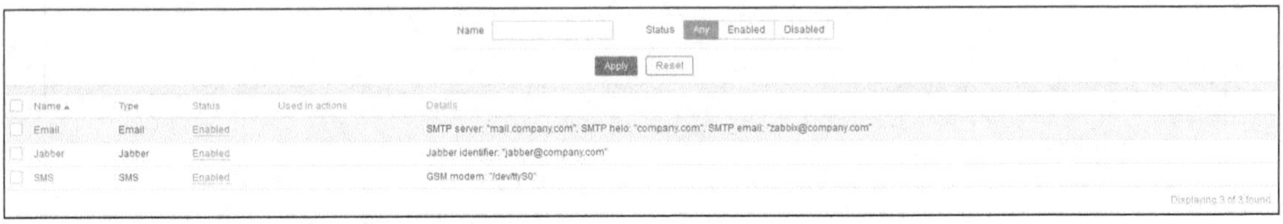

图 5-26 Zabbix-Agent 邮件告警

我们选择“Email”进行告警，如图 5-27 所示。

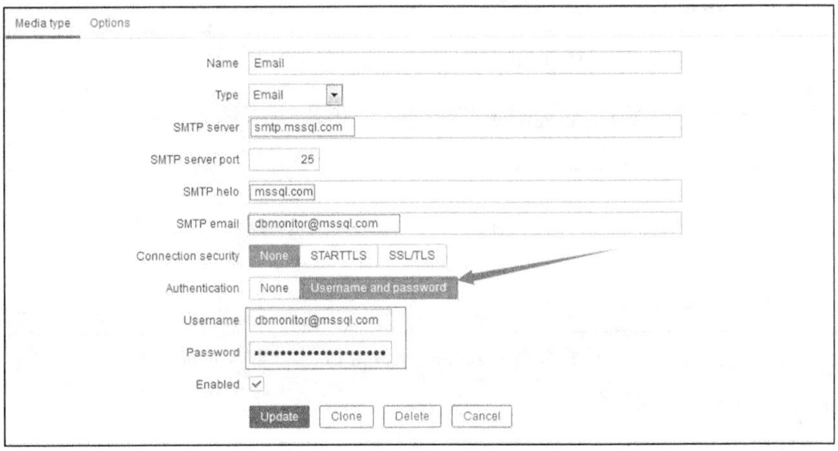

图 5-27 Zabbix-Agent 邮件告警

录入对应信息之前，需要跟负责邮箱系统的同事提前沟通好，以获取对应的 SMTP 信息，以及申请对应的独立告警邮箱地址，然后单击 Update。

● 配置告警人员列表

按顺序单击 Administration->Users，如图 5-28 所示。

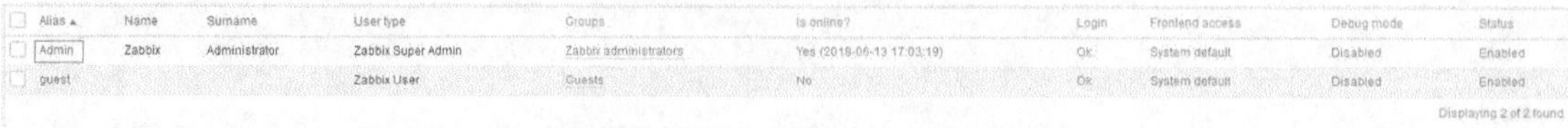

图 5-28　Zabbix-Agent 邮件告警

选择“Media”，单击“Add”，如图 5-29 所示。

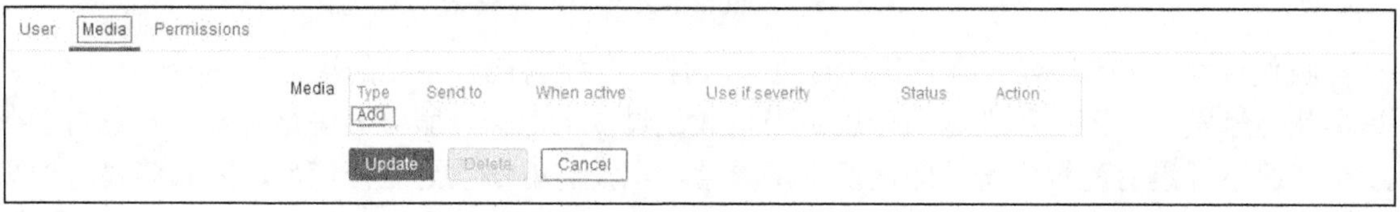

图 5-29　Zabbix-Agent 邮件告警

在图 5-30 中输入接受告警的邮箱地址，比如作者的个人邮箱地址（这里只是演示），单击“Add”，页面将回到图 5-30 所示的页面。

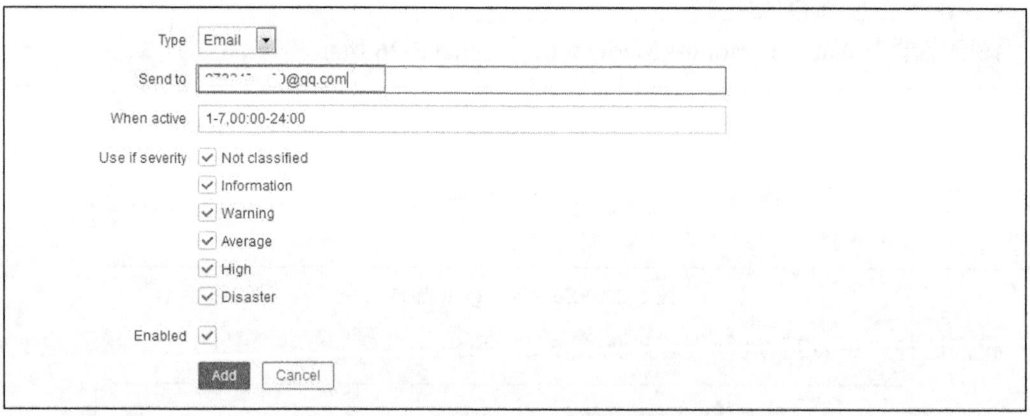

图 5-30　Zabbix-Agent 邮件告警

单击一下“Update”，随后配置对应的动作，如图 5-31 所示。

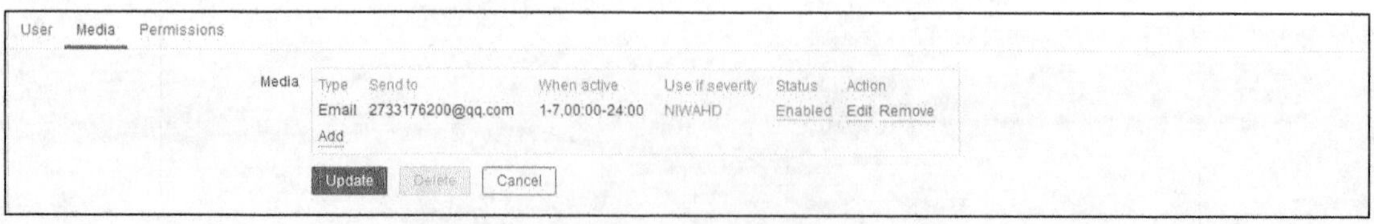

图 5-31　Zabbix-Agent 邮件告警

● 配置动作

按顺序单击 Configuration->Actions，如图 5-32 所示。

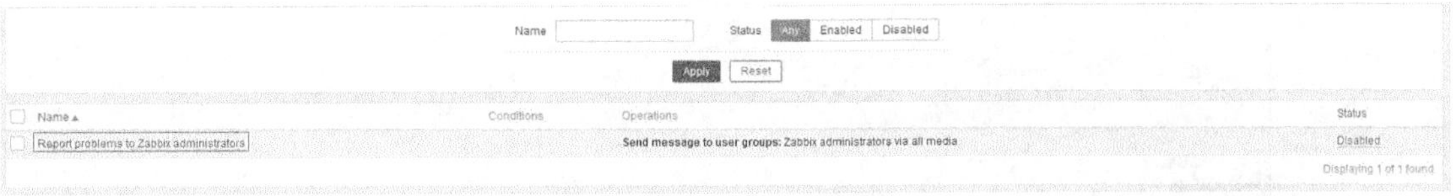

图 5-32 Zabbix-Agent 行为触发

单击对应项的框，如图 5-33 所示。

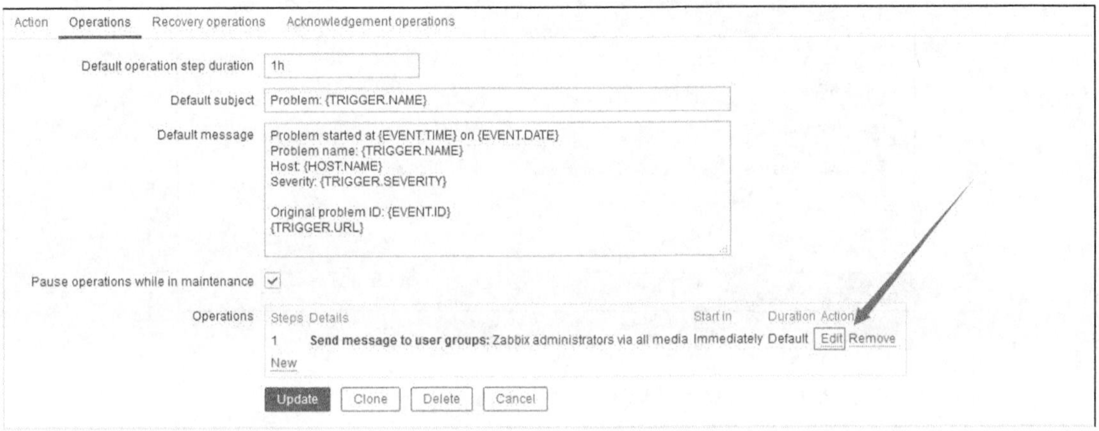

图 5-33 Zabbix-Agent 行为触发

此时，选择“Edit”对配置进行编辑，进入图 5-34 所示的界面。

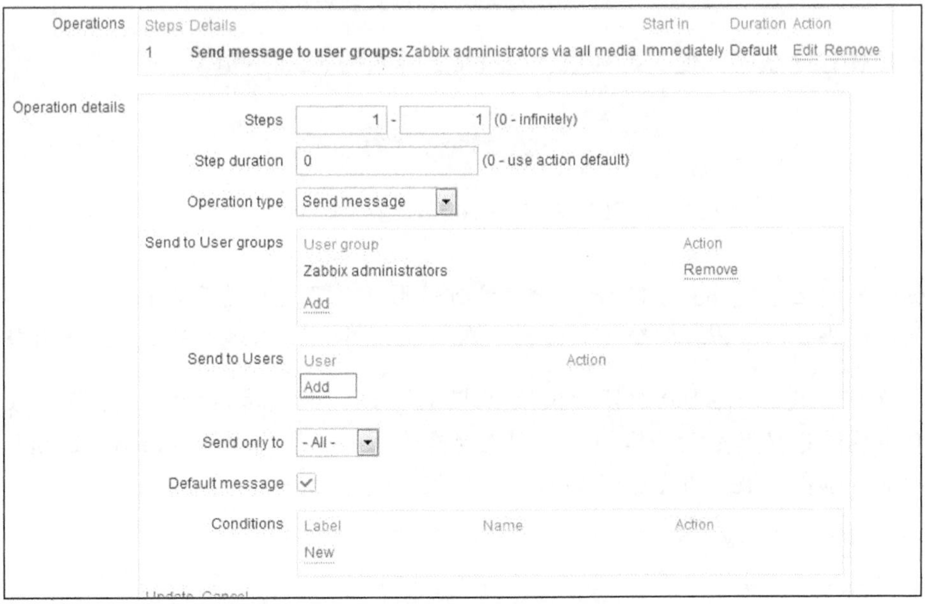

图 5-34 Zabbix-Agent 行为触发

单击“Send to Users”下方的“Add”按钮，进入图 5-35 所示的界面。

一定要先单击下图框住部分的“Update”按钮，再单击外层的“Update”按钮，如图 5-36 所示。

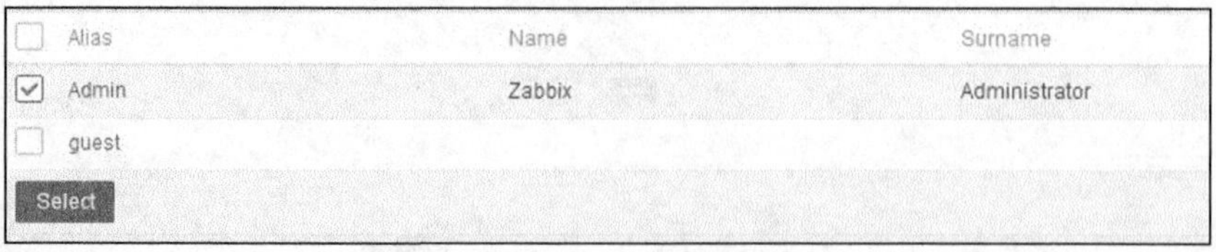

图 5-35　Zabbix-Agent 选择用户

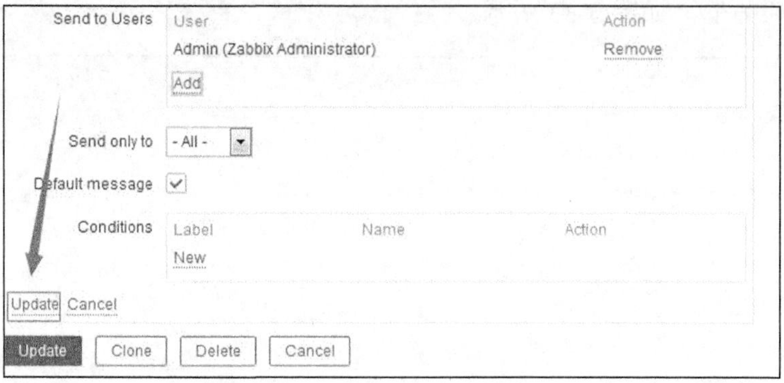

图 5-36　Zabbix-Agent 行为触发

此时页面如图 5-37 所示，注意图中右方的“Disabled”。

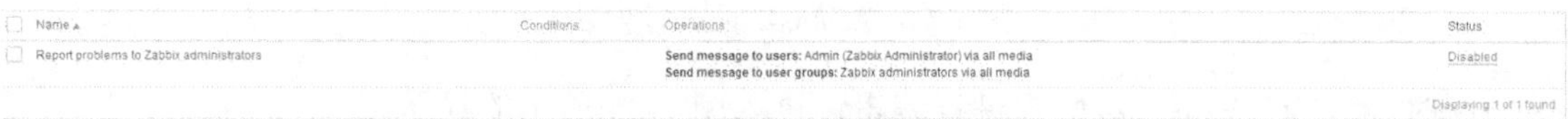

图 5-37　Zabbix-Agent 行为触发

我们单击这个状态，使其切换成“Enabled”，如图 5-38 所示。

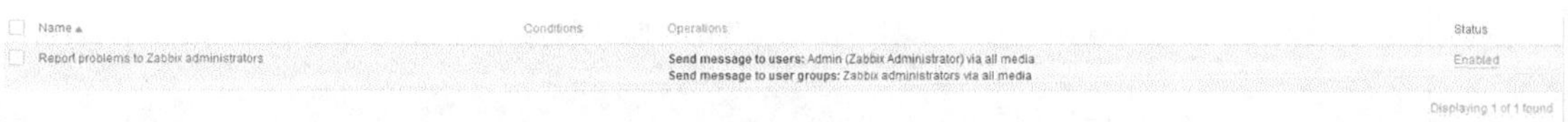

图 5-38　Zabbix-Agent 行为触发

Tips：事实上 “Send to Users” 项在这种情形下并不是可选项，作者只是希望读者能明白如何添加告警，因为我们配置的组就是在 Groups 中，所以这步从逻辑上是可省略的。

接下来在 SQL Server190 机器上模拟负载高的情况，看它是否会触发告警。但是 Zabbix Server 对负载的定义是不太一样的，我们需要修改一下，从 Configuration→Templates 的页面中，找到对应的“Template OS Linux”，如图 5-39 所示。

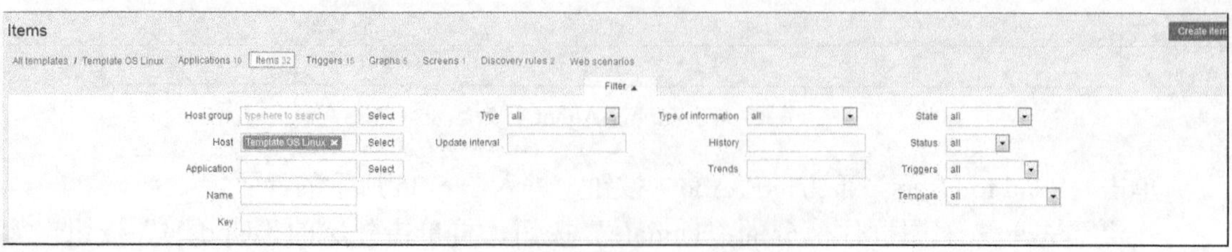

图 5-39　Zabbix-Server 模板修改

找到有关 load 方面的定义，我们需要修改的是以下这 3 个参数，如图 5-40 所示。

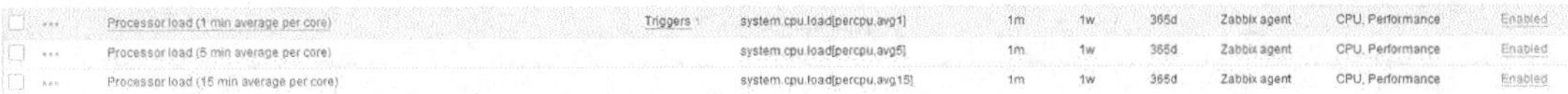

图 5-40　Zabbix-Server 模板修改

图 5-41 是修改前的界面。

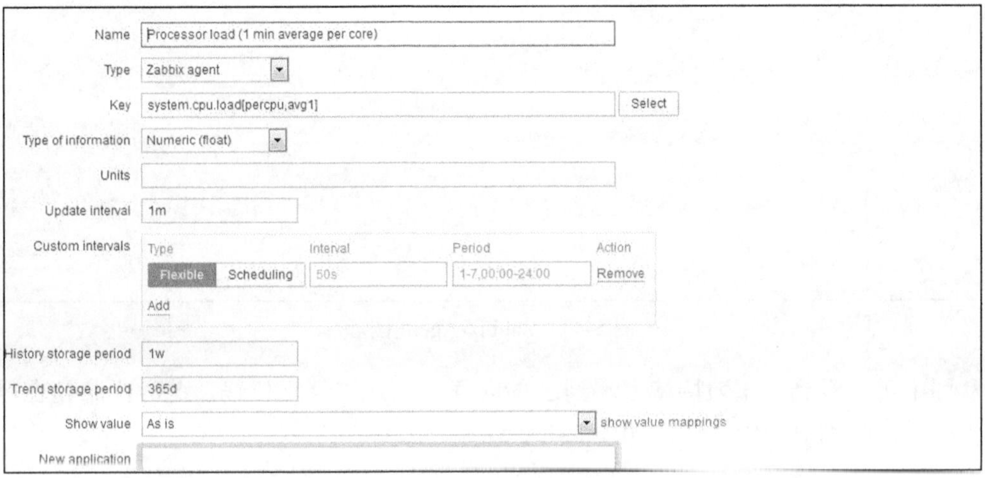

图 5-41　Zabbix-Server 模板修改

然后将其中的 Key 更改成如图 5-42 所示的内容（system.cpu.load(all,avg1)）。

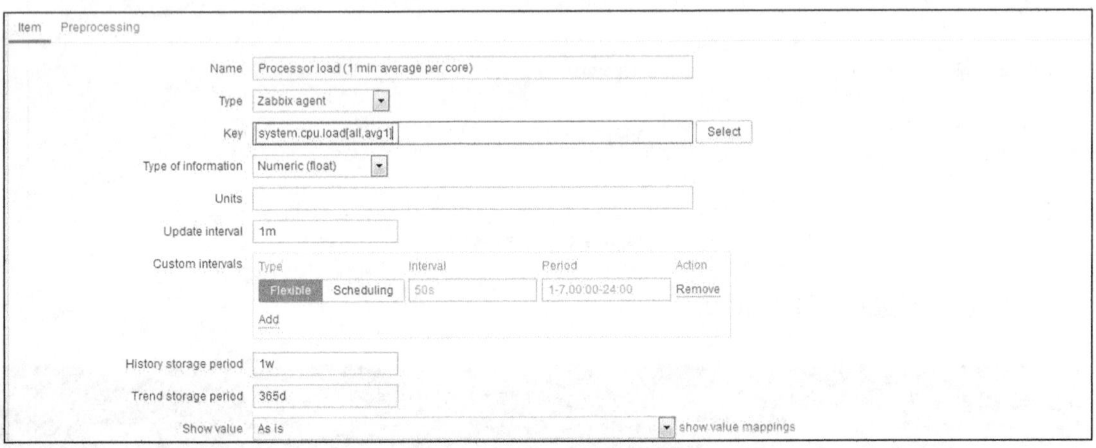

图 5-42　Zabbix-Server 模板修改

随后我们对图 5-43 中的另两个参数进行类似的修改。

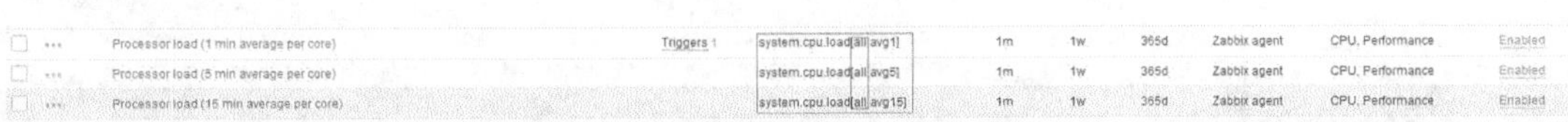

图 5-43　Zabbix-Server 模板修改

提醒：由于版面原因，可能截图中的参数无法看清，读者可以自行在操作界面尝试或看官方文档。

最终结果如图 5-44 所示，我们在客户机上模拟 CPU 过高的情况。

```
~$ dd if=/dev/zero of=/dev/null #模拟代码
```

经过一段时间之后，监控图表如图 5-44 所示。

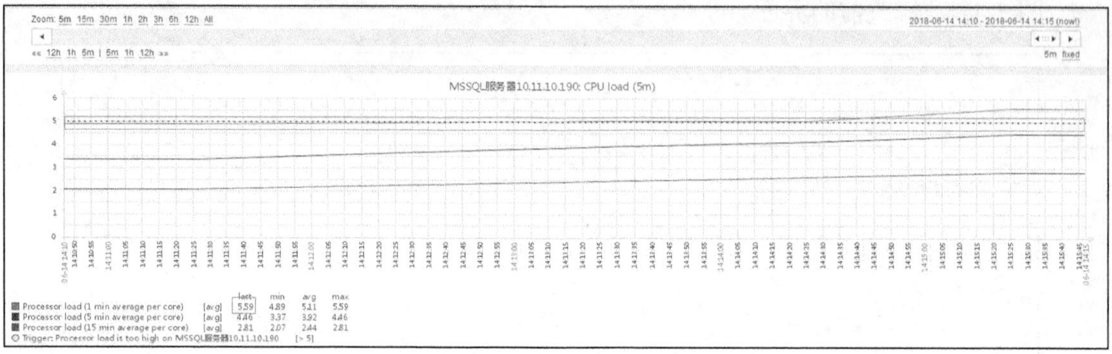

图 5-44　Zabbix-Agent 图形

从图中可以看到，压力持续上涨到 5 的时候，到达告警水位线，此时，邮箱在触发告警级机制后，收到对应的邮件，如图 5-45 所示。

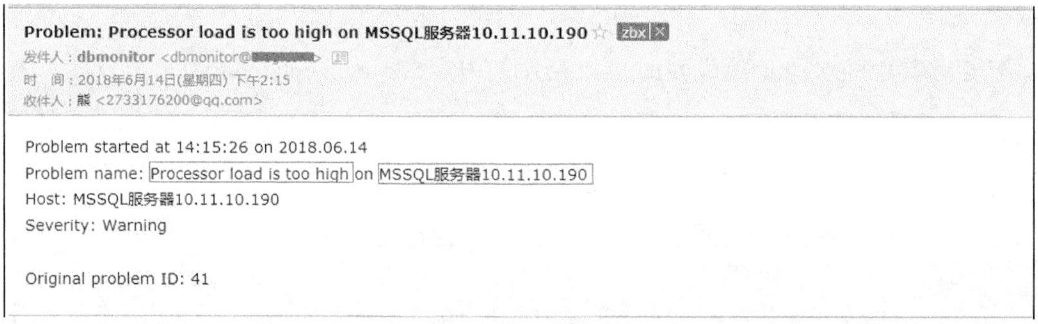

图 5-45　告警邮件

此时系统的负载如图 5-46 所示。

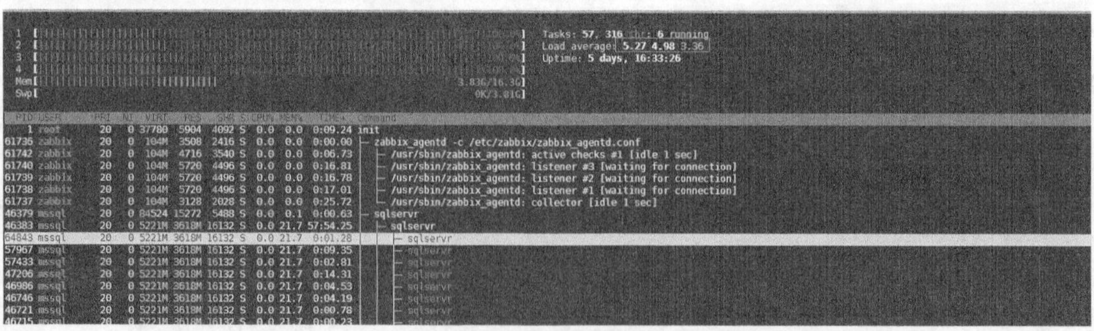

图 5-46　系统负载

当我们终止模拟测试后，其情形如图 5-47 所示。

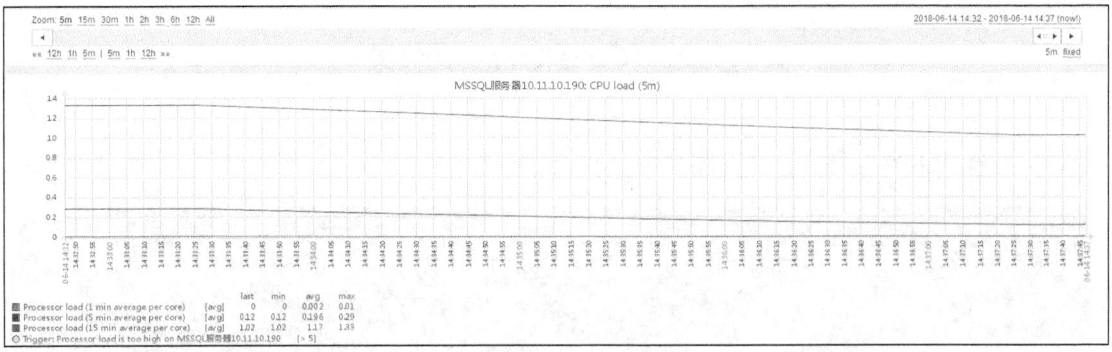

图 5-47 Zabbix-Agent 图形

测试邮件如图 5-48 所示。

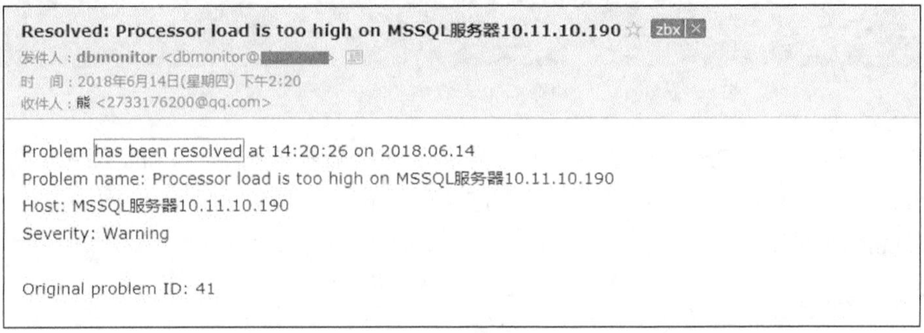

图 5-48 告警邮件

从图 5-48 中可以看到告警已经解决。系统内负载（如图 5-49 所示）的数值也已经下降。

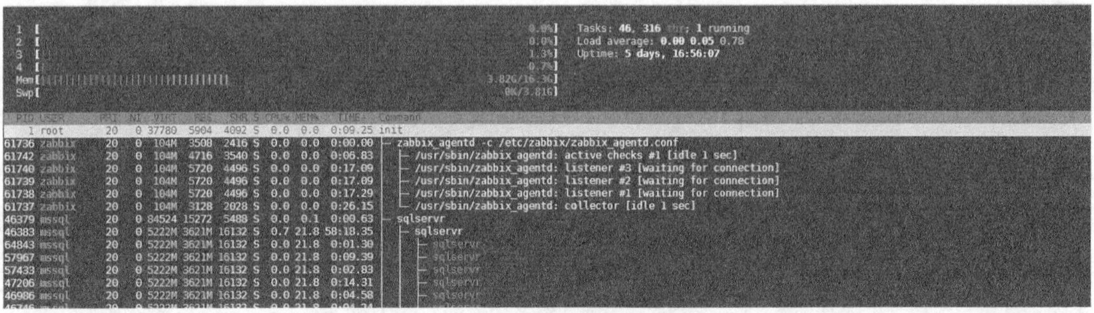

图 5-49 系统负载

现在对 Zabbix 的基础应用已经演示完毕。Zabbix 是一个很强大的工具，它的强大在于可自定义，但是可自定义也意味着非常灵活，需要大量的实操才能掌控。这里只是带领读者入门而已，更多的功能读者可以在使用中慢慢体会。

现在假设你已经监控了一段时间的数据，纯粹在 Zabbix 原生界面或者操作 MySQL 中的数据分析问题还是比较不太直观的，这个时候作者推荐使用 Grafana 来进行展示。

5.2　Grafana 展现

先来看一下 Grafana 的官网图，如图 5-50 所示。

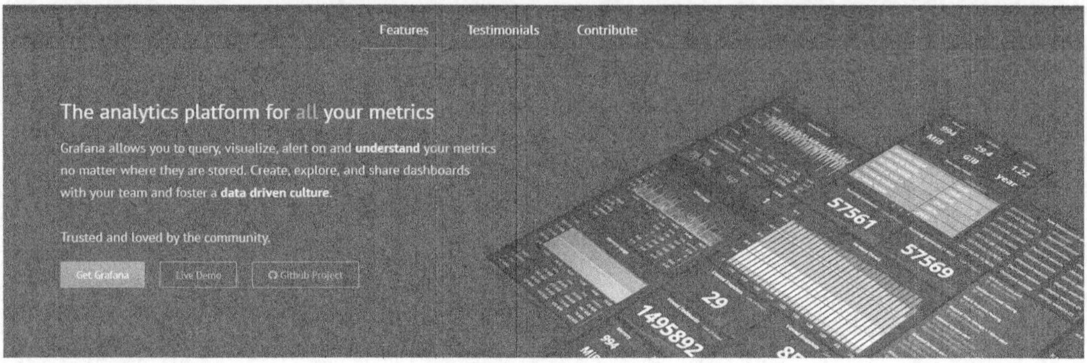

图 5-50　官方介绍

从图中可以看出，Grafana 提供了丰富的展现面板。我们先从一般的应用角度出发，再借助 influxdb（时序数据库）作为更完美的支撑。另外从图 5-50 所示界面的右侧也可以看出很多展现的样式。

5.2.1　部署

首先安装 Server 端。

```
~$ sudo wget wget https://s3-us-west-2.amazonaws.com/grafana-releases/release/grafana_
5.1.3_amd64.deb
~$ sudo dpkg -i grafana_5.1.3_amd64.deb
```

安装好之后，我们可直接启动。

```
~$ sudo /etc/init.d/grafana-server start
```

Grafana 默认启动的是使用端口 3000 进行访问，我们从后台可以看到该进程，见图 5-51。

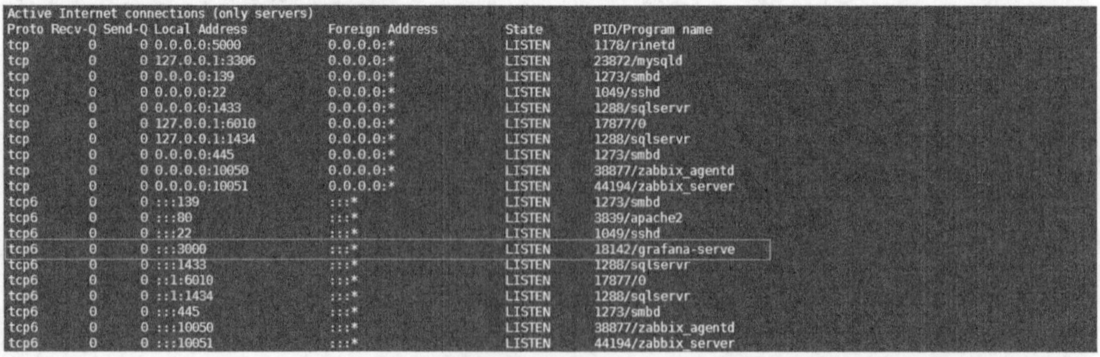
```
Active Internet connections (only servers)
Proto Recv-Q Send-Q Local Address           Foreign Address         State       PID/Program name
tcp        0      0 0.0.0.0:5000            0.0.0.0:*               LISTEN      1178/rinetd
tcp        0      0 127.0.0.1:3306          0.0.0.0:*               LISTEN      23872/mysqld
tcp        0      0 0.0.0.0:139             0.0.0.0:*               LISTEN      1273/smbd
tcp        0      0 0.0.0.0:22              0.0.0.0:*               LISTEN      1049/sshd
tcp        0      0 0.0.0.0:1433            0.0.0.0:*               LISTEN      1288/sqlservr
tcp        0      0 127.0.0.1:6010          0.0.0.0:*               LISTEN      17877/0
tcp        0      0 127.0.0.1:1434          0.0.0.0:*               LISTEN      1288/sqlservr
tcp        0      0 0.0.0.0:445             0.0.0.0:*               LISTEN      1273/smbd
tcp        0      0 0.0.0.0:10050           0.0.0.0:*               LISTEN      38877/zabbix_agentd
tcp        0      0 0.0.0.0:10051           0.0.0.0:*               LISTEN      44194/zabbix_server
tcp6       0      0 :::139                  :::*                    LISTEN      1273/smbd
tcp6       0      0 :::80                   :::*                    LISTEN      3839/apache2
tcp6       0      0 :::22                   :::*                    LISTEN      1049/sshd
tcp6       0      0 :::3000                 :::*                    LISTEN      18142/grafana-serve
tcp6       0      0 :::1433                 :::*                    LISTEN      1288/sqlservr
tcp6       0      0 ::1:6010                :::*                    LISTEN      17877/0
tcp6       0      0 ::1:1434                :::*                    LISTEN      1288/sqlservr
tcp6       0      0 :::445                  :::*                    LISTEN      1273/smbd
tcp6       0      0 :::10050                :::*                    LISTEN      38877/zabbix_agentd
tcp6       0      0 :::10051                :::*                    LISTEN      44194/zabbix_server
```

图 5-51　端口检查

然后通过 http://ip（Server 所在的服务器）：3000/login 即可访问图 5-52 所示的页面。

图 5-52 登录页面

默认账号和密码均为 admin，我们可以对其进行更改，初始界面如图 5-53 所示。

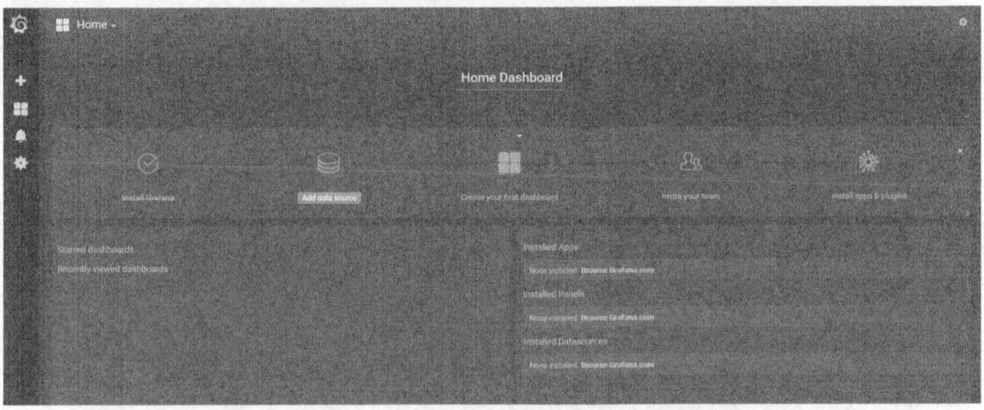

图 5-53 初始界面

我们进入之后可以看到，实际上整个面板还是很简单的，接下来使用 Zabbix 的数据源进行配置连接，以获得具体的数据展现。

5.2.2 数据源选择

要使数据源能接通并展现，我们需要激活对应的 Zabbix 插件，Grafana 中的数据源都是以插件激活的方式来处理的，首先需要安装支持 Zabbix 的数据源。

```
~$ sudo grafana-cli plugins install alexanderzobnin-zabbix-app
~$ sudo /etc/init.d/grafana-server restart
```

结果如图 5-54 所示。

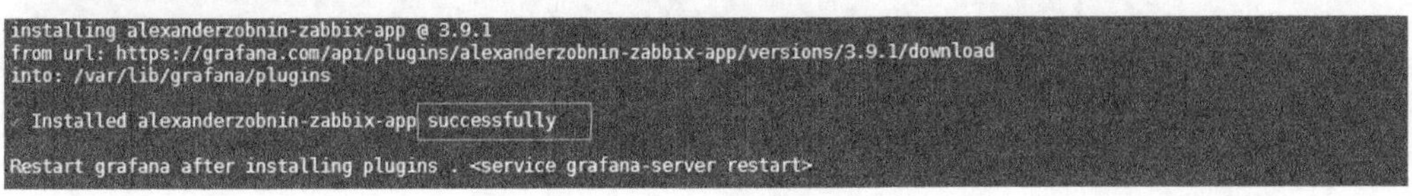

图 5-54 安装插件

然后如图 5-55 所示进入插件界面。

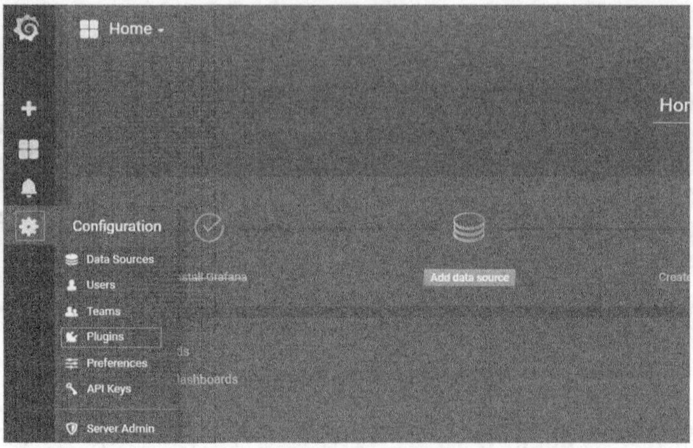

图 5-55　选择插件

在图 5-56 中选择插件。

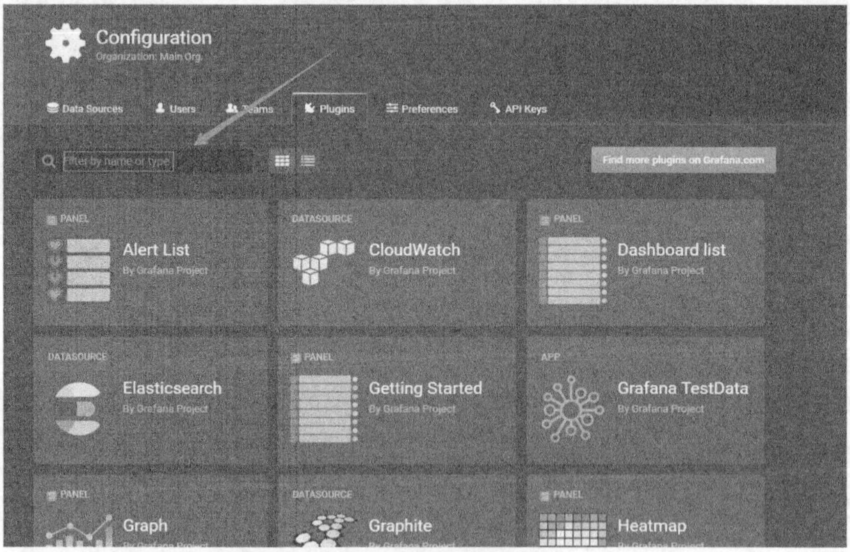

图 5-56　选择插件

为减少操作复杂度，我们直接输入 Zabbix 的关键字进行快速定位，如图 5-57 所示。

图 5-57　选择插件

点击进入使其 Enable，如图 5-58 所示。

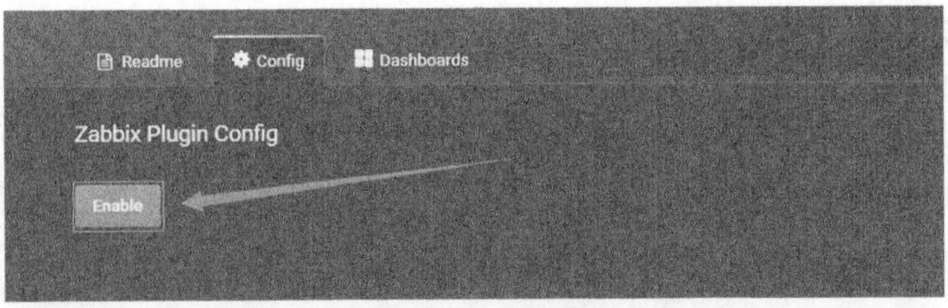

图 5-58 选择插件

激活插件之后，我们就可以进行数据源的配置了，见图 5-59。

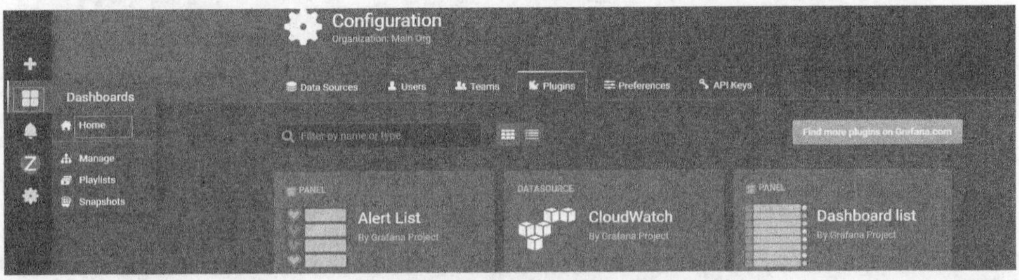

图 5-59 选择插件

回到主页位置，然后选择“Add data source”，如图 5-60 所示。

图 5-60 添加数据源

进入配置界面，输入对应的配置信息，见图 5-61。

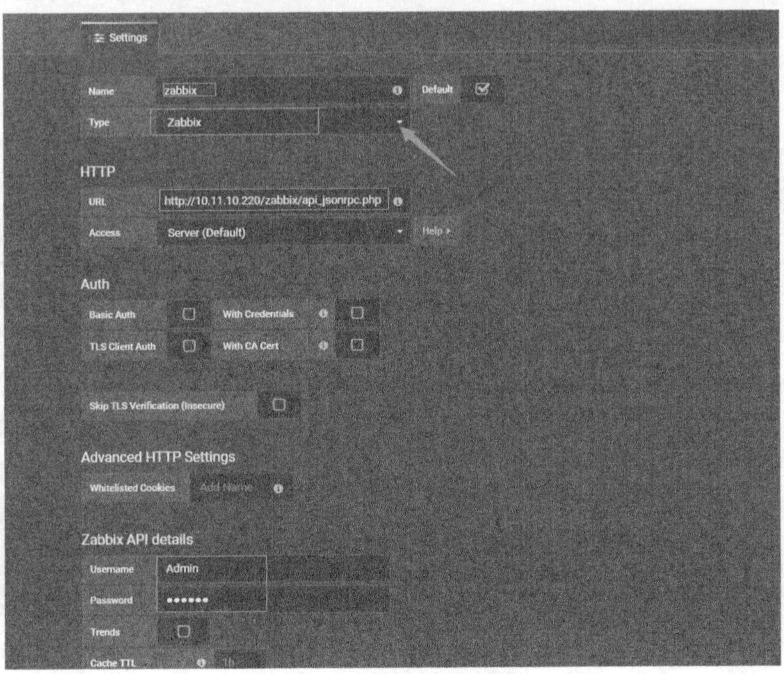

图 5-61 配置连接信息

图中的信息按照下面内容进行填写。

- **Type**：Zabbix。这里我们要选跟 Zabbix 相关。
- **HTTP**：URL: http://10.11.10.220/zabbix/api_jsonrpc.php 这是 Zabbix 调用接口。
- **Username & Password**：Admin:zabbix，这里输入登录 Zabbix 页面的账号和密码。

然后我们单击“Save and Test”，如图 5-62 所示。

图 5-62　配置连接信息

配置完成后，直接单击对应的 Dashboard 即可。见图 5-63。

图 5-63　选择 Dashboard

然后就可以看到图形展现了，如图 5-64 所示。

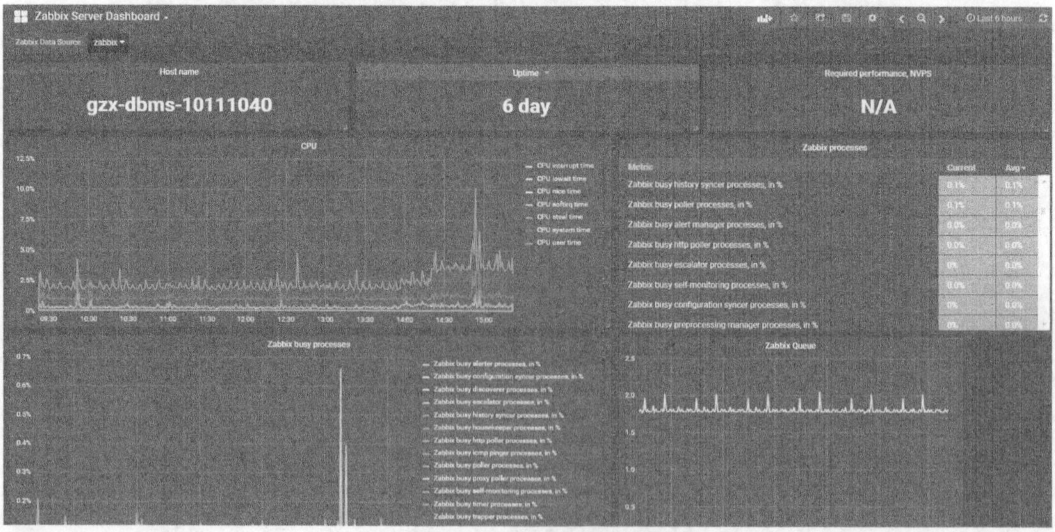

图 5-64　Dashboard 展示

5.2.3　丰富的面板

在 Grafana 中，有很多做工精美的面板供我们选择，我们可以根据业务需求选择其中的一个 Dashboard 也可以自己定制对应的面板，访问 Grafana 官网可以获得更多信息，如图 5-65 所示。

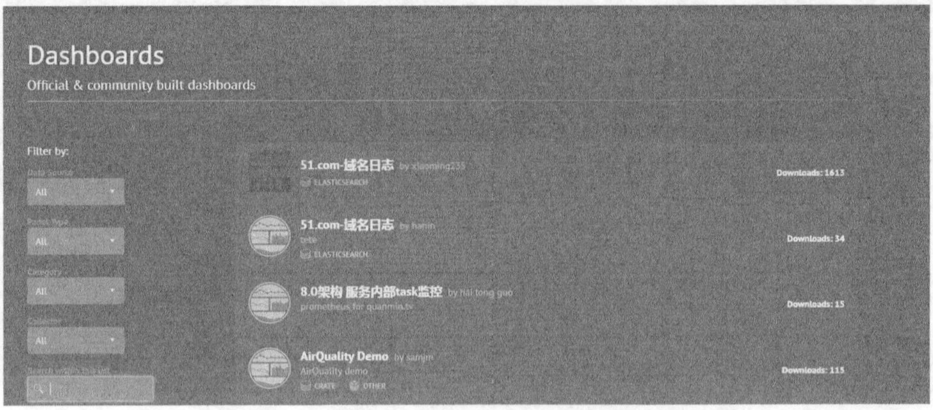

图 5-65　Dashboard 选择

我们在这里输入对应的 Zabbix，会出现图 5-66 所示的面板。

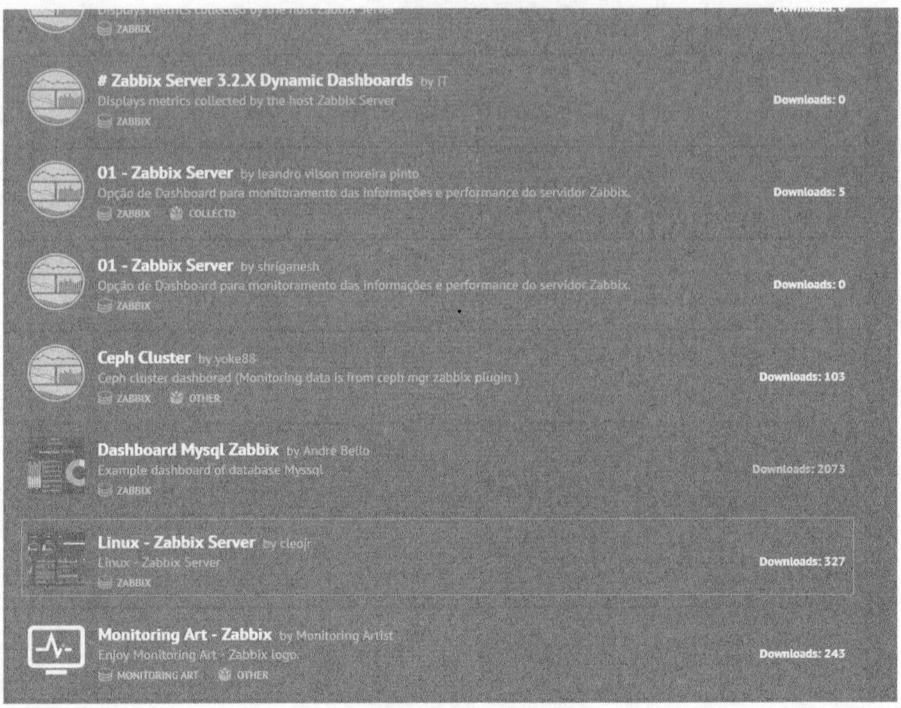

图 5-66　Dashboard 选择

选择之后进入下一个界面，如图 5-67 所示。

直接复制其 json 文件，如图 5-68 所示。

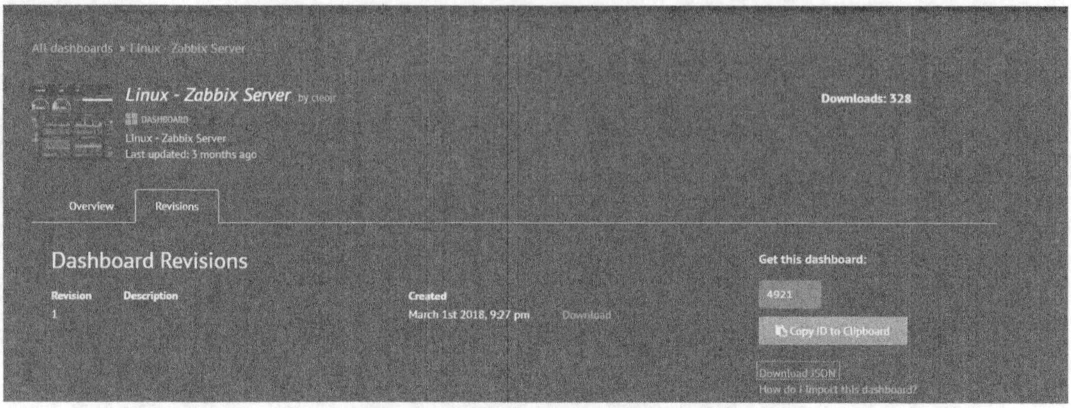

图 5-67　Dashboard 选择

图 5-68　下载 json 文件

然后用文本编辑器（如 Notepad++）打开它，将其默认的主机名修改成符合我们监控的主机名，如图 5-69 所示。

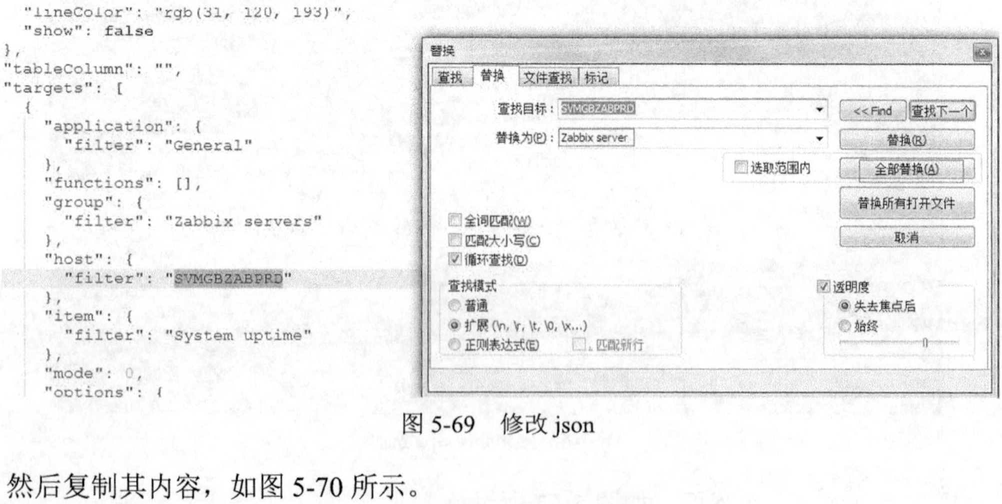

图 5-69　修改 json

然后复制其内容，如图 5-70 所示。

当然，你也可以直接上传刚才修改的 json 文件，如图 5-71 所示。

图 5-70 添加 json 内容

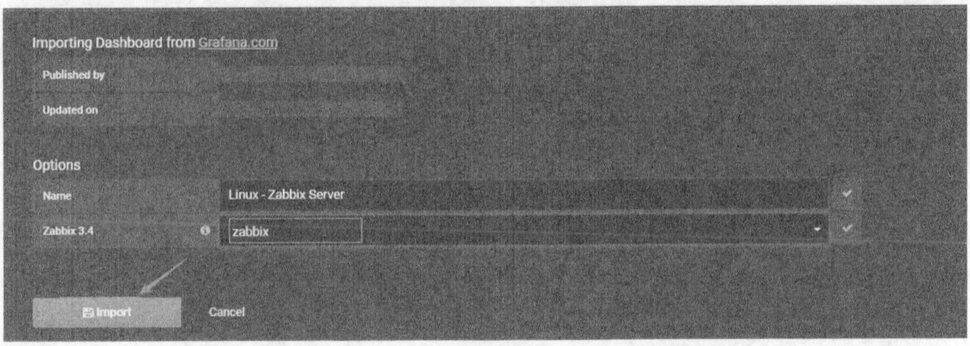

图 5-71 导入

然后进行访问，如图 5-72 所示。

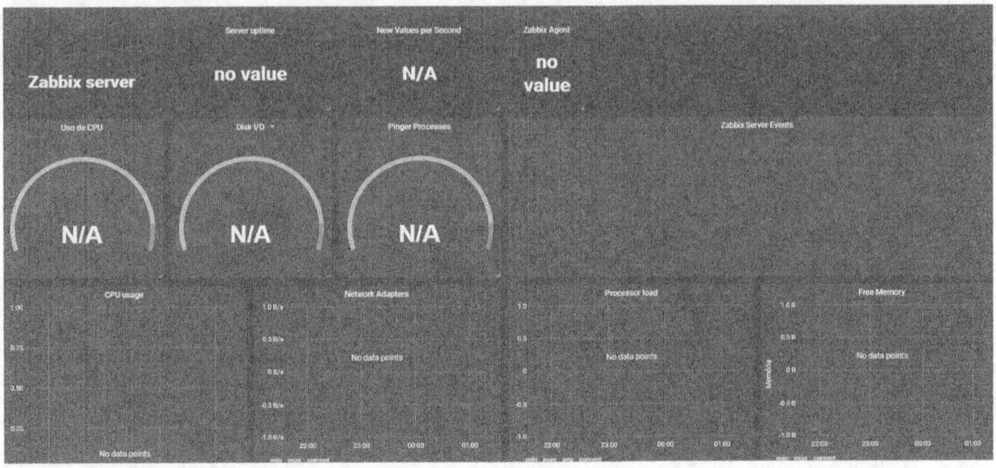

图 5-72 Dashboard 展示

这时发现还是无法展现，那是因为时间不正确，如图 5-73 所示，界面中显示的是前一年的数据。

我们需要将它改成最近 5min，结果如图 5-74 所示。

此时可以看到我们的图形展现出来了。

图 5-73　Dashboard 时间选择

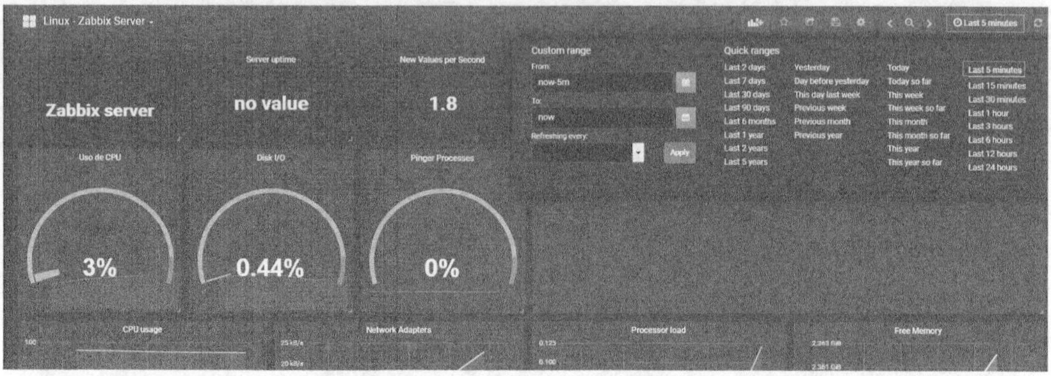

图 5-74　Dashboard 展示

5.2.4　定制

事实上上述图形的展现并不完美，如果需要对所有机器进行统一的方块展现，那么该如何处理？可以按图 5-75 所示步骤在这里新建一个面板来观察我们需要添加的展现图。

图 5-75　自定义 Dashboard

下面我们以 CPU 为例，首先修改标题，如图 5-76 所示。

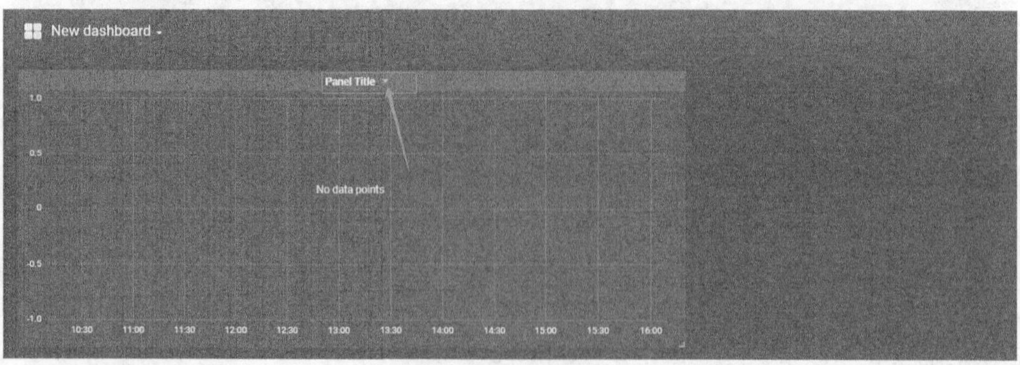

图 5-76　修改标题

在图 5-76 中单击箭头指向的下拉菜单，然后选择“Edit”，得到图 5-77 所示的结果。

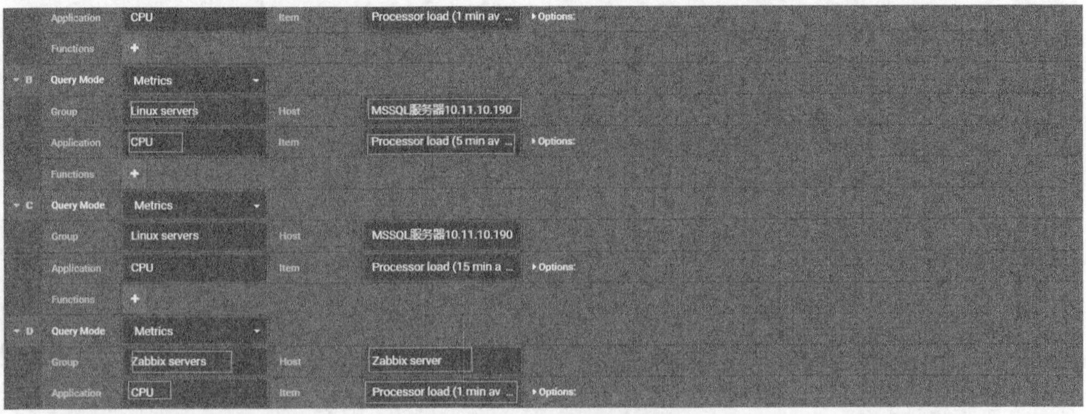

图 5-77 添加监控主机

受限于页面宽度，我们只将 IP 为 190 的机器和作为 zabbix server 的这两台服务器的 CPU 值在 1~15 分钟内的 3 个指标展现出来，见图 5-78。

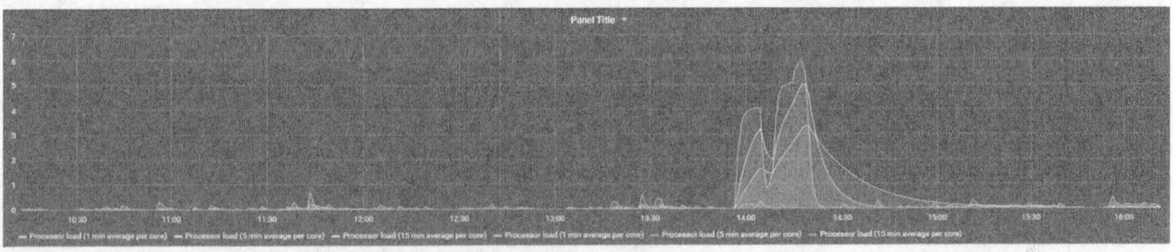

图 5-78 Dashboard 展示

这样展现就完成了，但是由于还是很难看明白对应的是哪台机器，所以我们需要设置一个别名，如图 5-79 所示。

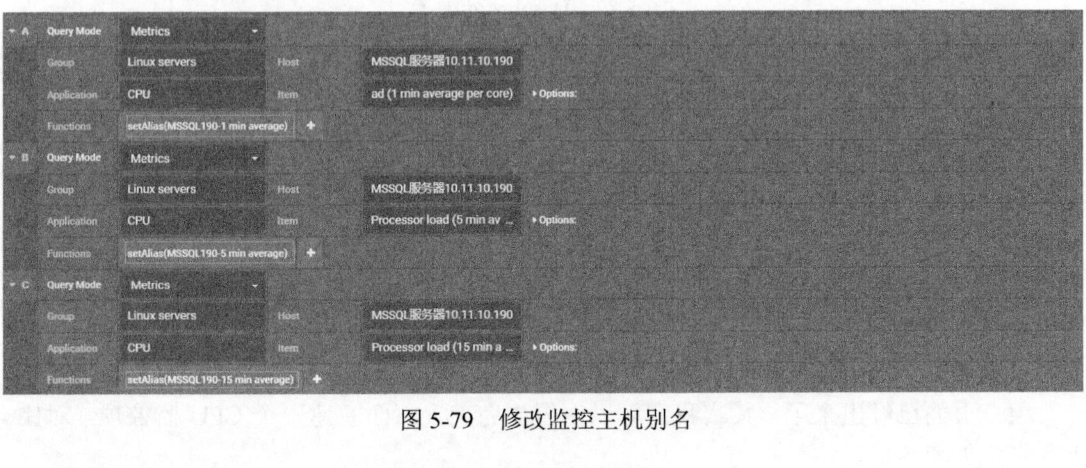

图 5-79 修改监控主机别名

以此类推，把别名都加上，原始图形如图 5-80 所示。

我们可以将其放到右边成为图 5-81 所示的样子。

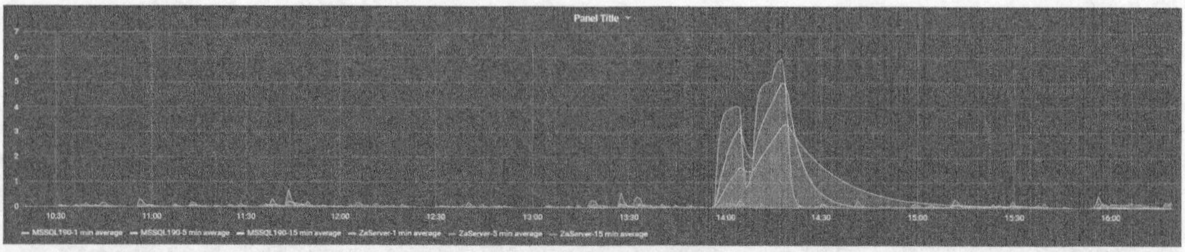

图 5-80　Dashboard 展示

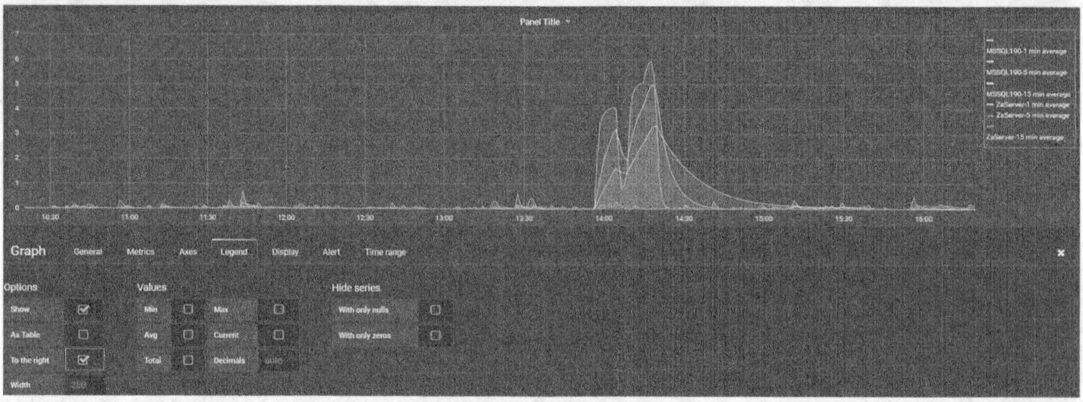

图 5-81　Dashboard 展示

最后修改一下对应的面板标题，如图 5-82 和图 5-83 所示。

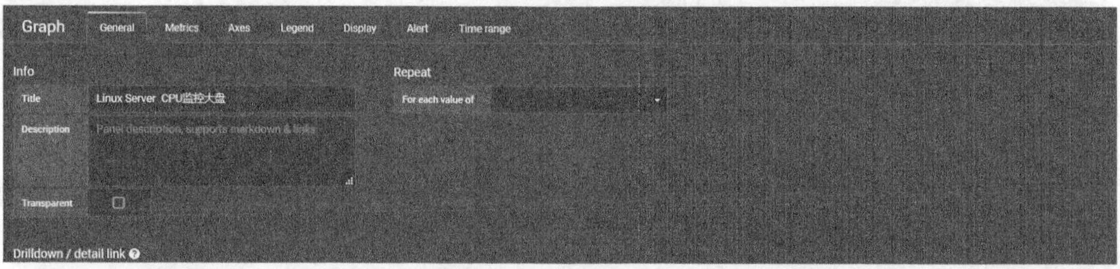

图 5-82　Dashboard 展示

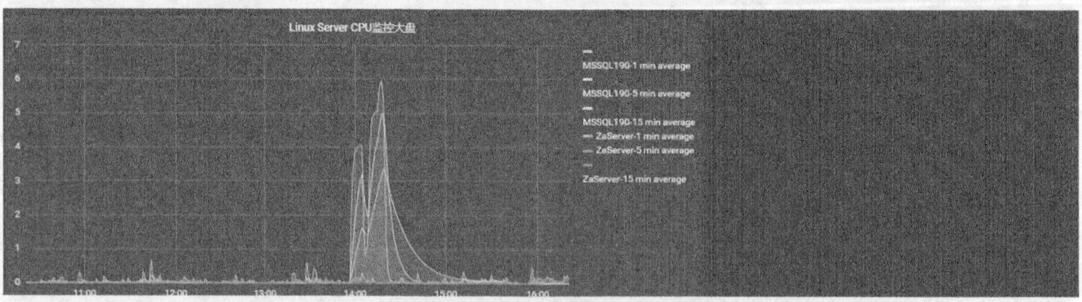

图 5-83　Dashboard 展示（最终结果）

整个页面已经出来了，其实我们可以做得更完美。下面新建一个 CPU 监控项，对比一下区别，见图 5-84。

模糊匹配可以一次性添加所有项，这样是不是更加方便，然后对标题进行修改，见图 5-85。

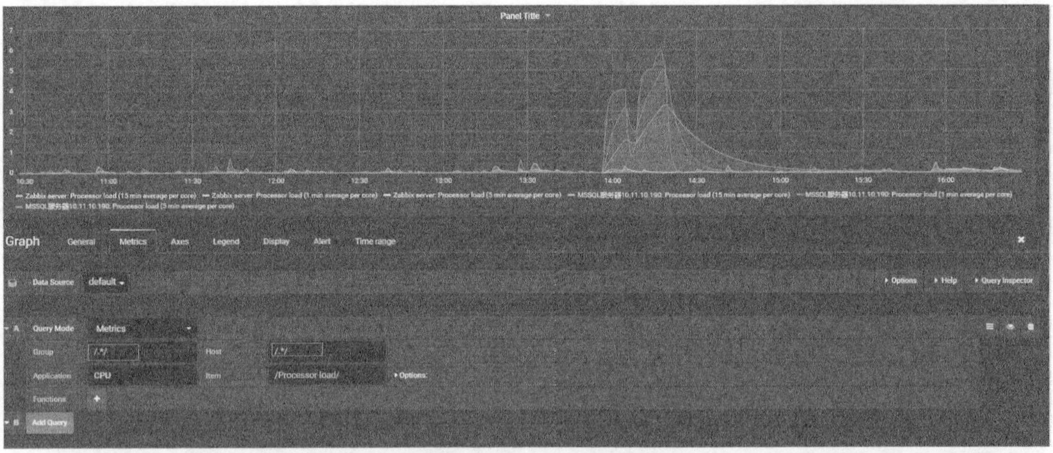

图 5-84　添加监控主机

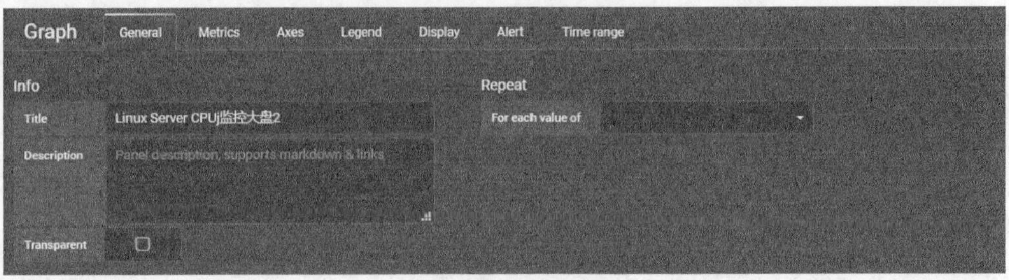

图 5-85　修改标题

接着修改显示，见图 5-86。

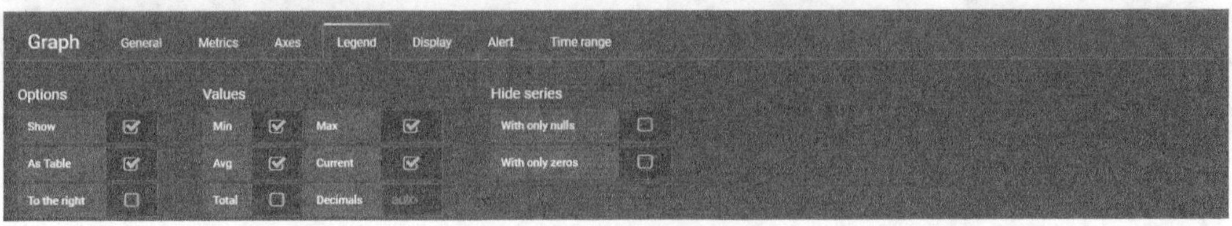

图 5-86　修改显示

最后展示结果，见图 5-87。

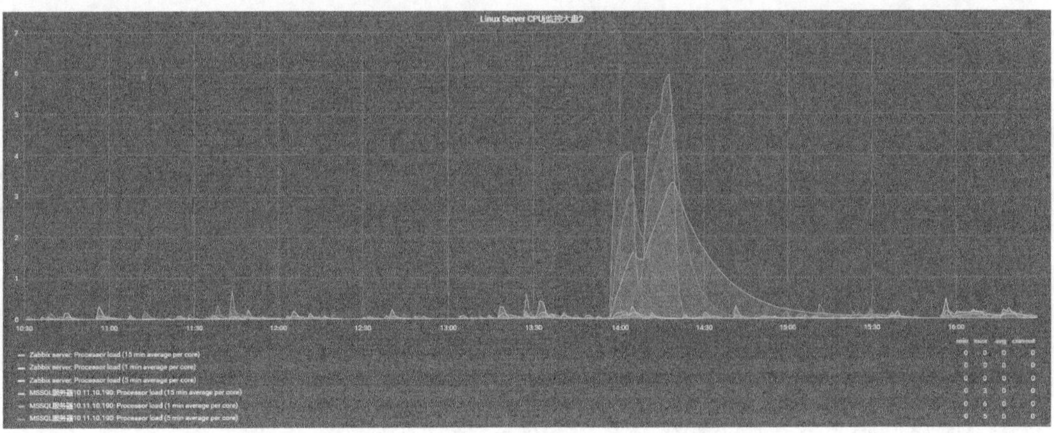

图 5-87　Dashboard 展示

此时监测一下 190 的 CPU，看指标是否会波动，首先修改时间间隔为 5s，见图 5-88。

图 5-88　修改时间

使用前面章节提到的监测 CPU 的脚本，可以看到图 5-89 所示的效果。

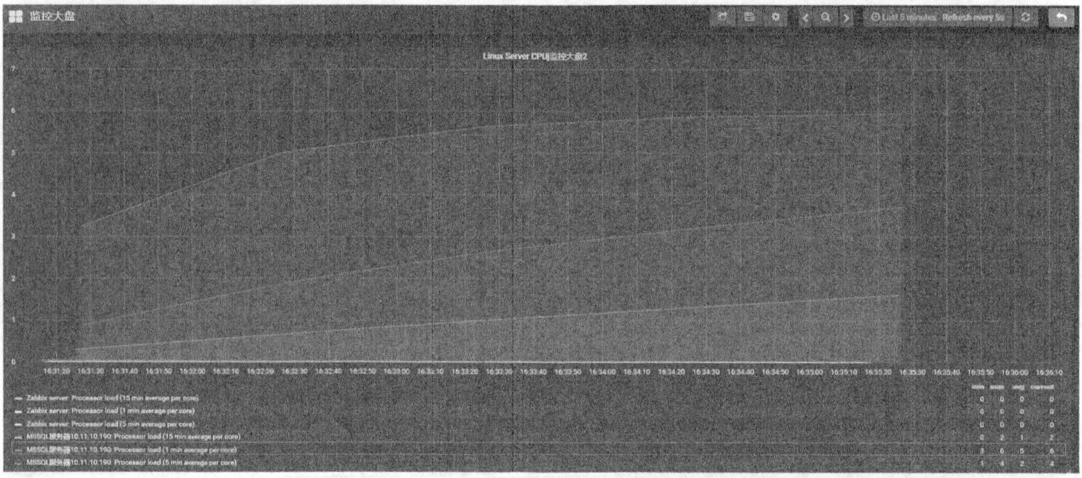

图 5-89　Dashboard 展示

此时我们看到监控图表还是成功地展示了波动的趋势，按照这种方法可将磁盘信息也做一次改进，如图 5-90 所示。

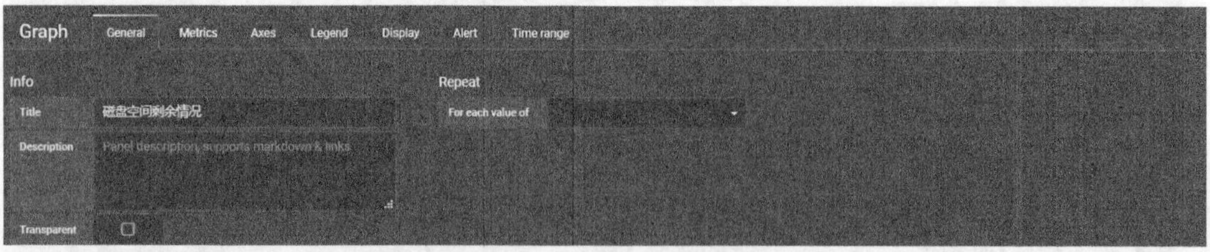

图 5-90　添加监控主机

然后添加指标，如图 5-91 所示。

请注意一下/Free disk space on /.*percentage/这个正则的写法，如果读者能稍微懂一些正则，那么应该问题不大。调整显示方式，如图 5-92 所示。

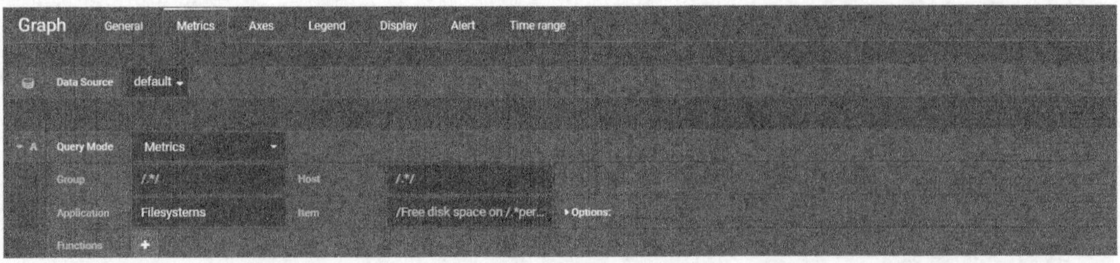

图 5-91 添加监控主机

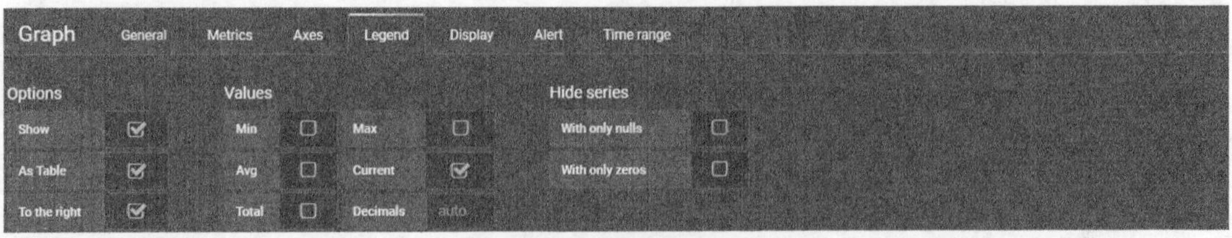

图 5-92 修改显示方式

最终的浏览图如图 5-93 所示。

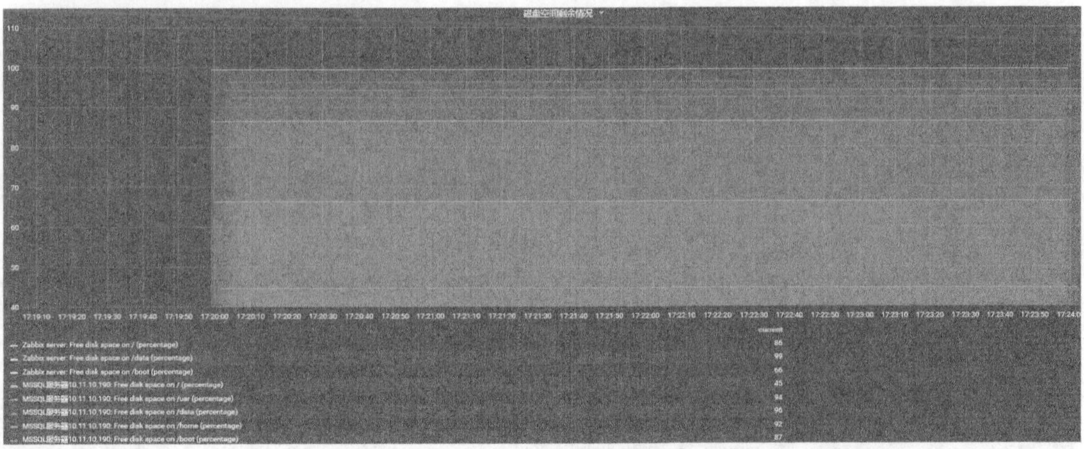

图 5-93 Dashboard 展示

这样我们就可以在一个界面中阅览到你需要监控的机器了。更详细的内容可以参阅 Grafana 官网。

5.3 SQL Server 监控

前面的演示仅是对系统级别的监控展现，由于本书以数据库为主，所以还要监控 DB。作为 DBA，我们更需要的是对 SQL Server 这个服务状态进行展现，就像我们在 Windows 上运行的 SQL Server 需要监控指标一样，在 Linux 环境中也是一样的道理。

长期在 Windows 视窗上维护的 DBA 的手上必然会有一堆 SQL 脚本以获取当前 SQL

Server 的性能指标，擅长 PS 的人可能会通过该脚本进行自动触发，有一定 Python 基础的人则通过 Python 脚本运行后，将数据推送到某个监控平台中。在这里，我们打算使用一个全新的时序数据库 influxdb，将数据插入 influxdb 中，然后 Grafana 读取 influxdb 的指标，灵活地进行展现。当然，这里还需要另外一个用于收集的工具，我们需要通过收集工具，将数据推送到 influxdb 中，这个步骤是必需的。

- 安装 influxdb

执行下面脚本。

```
$ sudo apt-get install influxdb
$ sudo apt-get install collectd-*
```

其中 8083 为 influxdb 的 Web 管理端口，8086 为 API 调用接口。直接进行数据库创建。

```
$ curl "http://10.11.10.41:8086/query?q=CREATE+DATABASE+%22collectd%22&db=collectd"
```

编辑配置文件，添加对应的项。

```
$ sudo vi /etc/influxdb/influxdb.conf
[collectd]
  enabled = true
  bind-address = ":25826"
  database = "collectd"
  typesdb = "/usr/share/collectd/types.db"
$ sudo /etc/init.d/influxdb restart
```

查看对应的端口，如图 5-94 所示。

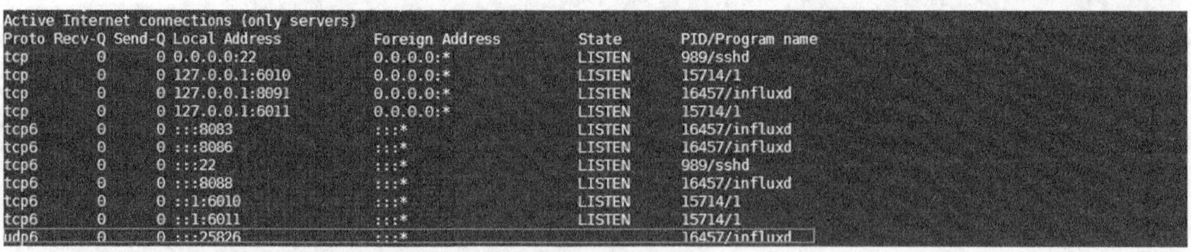

图 5-94　端口检查

- 安装 collectd

执行下面脚本。

```
$ sudo apt-get install collectd
$ cd /etc/collectd/
```

对配置文件进行编辑修改，如下所示：

```
$ sudo cp collectd.conf collectd.conf.bak
$ sudo vi collectd.conf
LoadPlugin network
```

```
<Plugin network>
      Server "10.11.10.41" "25826" #服务端配置
</Plugin>
$ sudo /etc/init.d/collectd restart
```

- 验证

我们登录网页端，查证一下对应的数据是否收集成功，如图 5-95 所示。

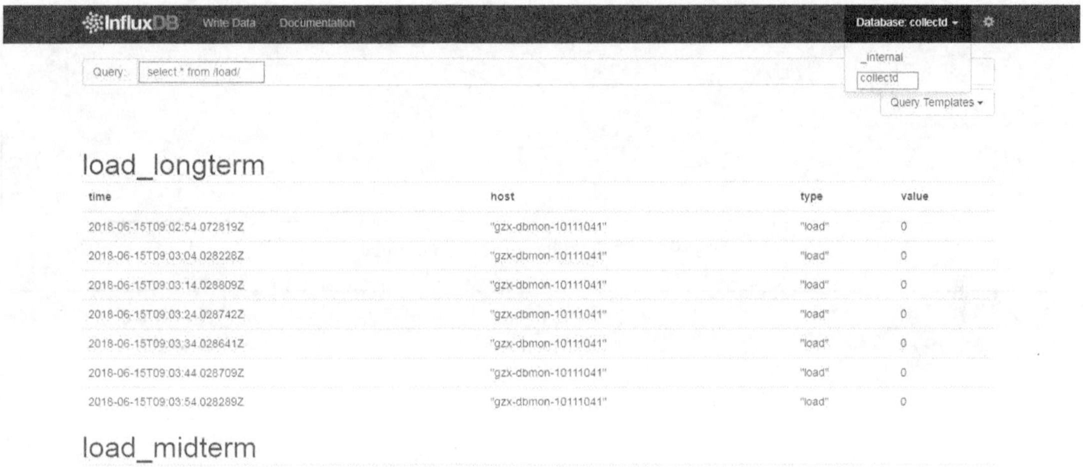

图 5-95　查询数据

从图 5-95 中可以发现，数据已经成功收集。在成功收集数据之后，我们需要继续整改，将 SQL Server 也支持进去。由于需要 dbi 的支持，所以也要同步安装它。

```
$ sudo apt-get install libdbi-dev
$ sudo apt-get install libdbd-*
$ apt-get install freetds*-dev
```

修改 collectd.conf 的配置文件，以配套资源中的文件内容替换源文件。

添加支持文件库：

```
$ sudo  vi /usr/share/collectd/types.db.SQL Server
sql_server_perf_stats perf_stats_value:GAUGE:0:U
sql_server_wait_stats wait_time_ms:DERIVE:0:U, waiting_tasks_count:DERIVE:0:U, max_
wait_time_ms:GAUGE:0:U
$ sudo /etc/init.d/collectd restart
```

启动收集。

```
$ sudo /etc/init.d/collectd restart
```

在 Web 中可以进行查看，结果如图 5-96 所示。

然后搜索模板，结果如图 5-97 所示。

```
select * from /dbi_*/
```

图 5-96　度量界面（measurements）

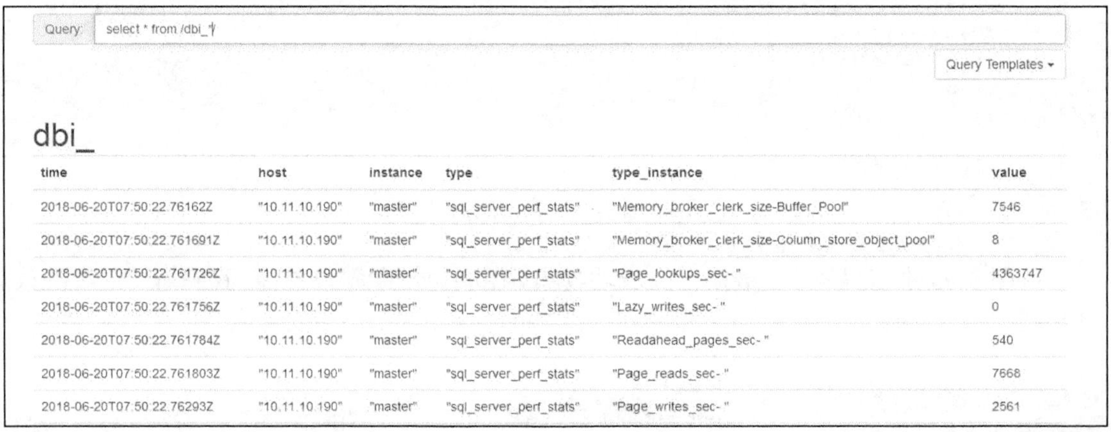

time	host	instance	type	type_instance	value
2018-06-20T07:50:22.76162Z	"10.11.10.190"	"master"	"sql_server_perf_stats"	"Memory_broker_clerk_size-Buffer_Pool"	7546
2018-06-20T07:50:22.761691Z	"10.11.10.190"	"master"	"sql_server_perf_stats"	"Memory_broker_clerk_size-Column_store_object_pool"	8
2018-06-20T07:50:22.761726Z	"10.11.10.190"	"master"	"sql_server_perf_stats"	"Page_lookups_sec- "	4363747
2018-06-20T07:50:22.761756Z	"10.11.10.190"	"master"	"sql_server_perf_stats"	"Lazy_writes_sec- "	0
2018-06-20T07:50:22.761784Z	"10.11.10.190"	"master"	"sql_server_perf_stats"	"Readahead_pages_sec- "	540
2018-06-20T07:50:22.761803Z	"10.11.10.190"	"master"	"sql_server_perf_stats"	"Page_reads_sec- "	7668
2018-06-20T07:50:22.76293Z	"10.11.10.190"	"master"	"sql_server_perf_stats"	"Page_writes_sec- "	2561

图 5-97　SQL 查询

此时，我们需要在 Grafana 中配置支持的 influxdb 源。

```
$ grafana-cli plugins install grafana-influxdb-08-datasource
$ sudo /etc/init.d/grafana-server restart
```

创建连接 influxdb 的授权账号，如图 5-98 所示。

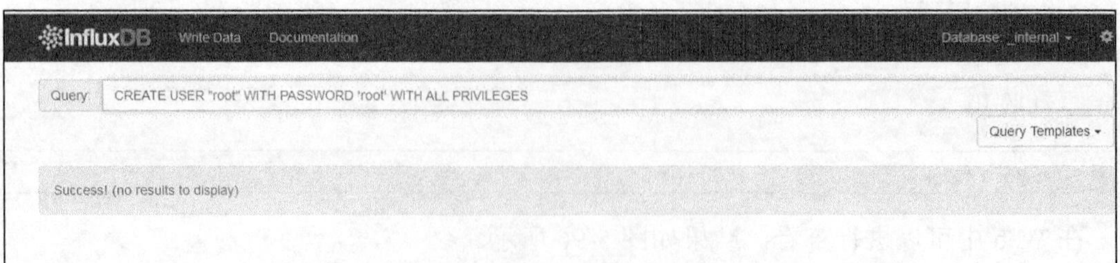

图 5-98　授权

回到 Grafana 的 Web 页面中，如图 5-99 所示。

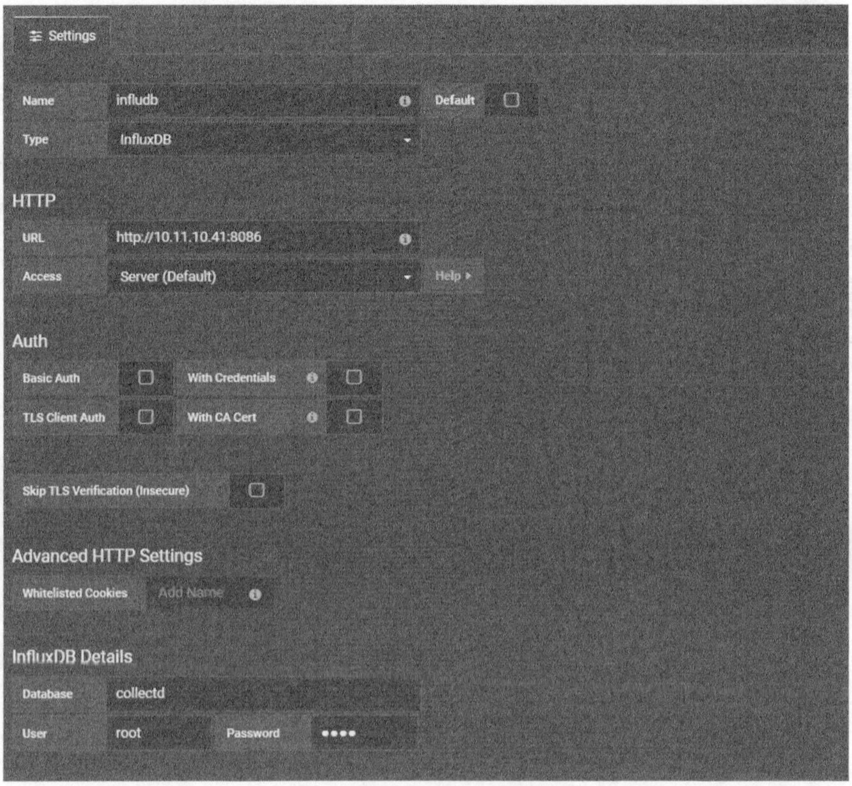

图 5-99 配置连接信息

导入我们定制好的 json 模板，详见配套资源中的“json 模板.json”，导入后可以看到如图 5-100 所示。

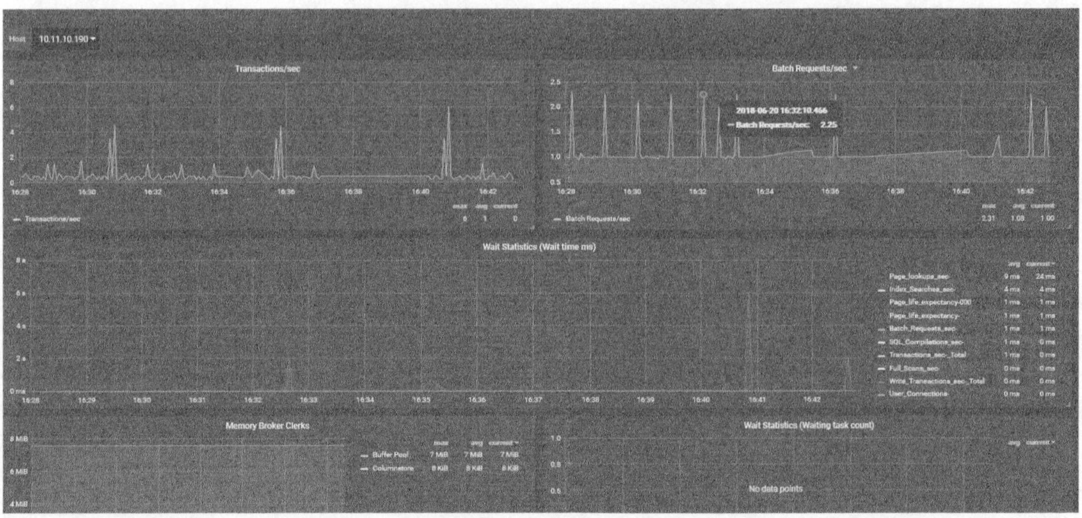

图 5-100 Dashboard 展示

到此为止就完成了对 SQL Server 可视化监控的配置和实现。

5.4 总 结

本章以 Zabbix 搭建、Grafana 展现和 influxdb 时序数据库配置演示了对 Linux 及数据库监控环境的搭建。篇幅有限，这里只能介绍搭建过程，同时基于每个系统的特点，只能搭建一个基础环境。更多的功能和用法需要读者多加熟悉和阅读。

在作者工作经历中，随着服务器的规模和数量增大，监控系统的重要性变得越来越明显，难度也越来越大，尽早掌握几个监控软件对你的工作是很有帮助的。

第 6 章　服务及空间管理

2 分钟速读

现代大型系统几乎都以服务的形式进行封装并在后台运行代码，了解服务的状态及日常维护是管理员的核心工作之一。在空间方面，数据库存储了几乎所有信息，其容量在近几年有了接近指数级的增长，即使在当前磁盘相对便宜的情况下，空间问题依旧是核心风险之一。

本章介绍服务器及数据库的服务和空间管理，以便系统能运行在一个安全、正确和稳定的环境下，本书虽然以 SQL Server On Linux 为主，但是也会尽可能提及一些关于 Windows 平台的知识。

最后啰嗦一句：不要以为 DBA 只需要管好数据库，作者反复提到系统是一个整体，各种因素都可能让你焦头烂额，而多了解一些内容，对你有利无害。

6.1　服务器的服务及空间管理

首先从操作系统层面来看服务和空间管理，其中操作系统包含了 Windows 和 Linux。

6.1.1　Windows 服务及空间管理

Windows 服务相对简单，而且大部分技术人员应该都用过。

6.1.1.1　Windows 服务

在操作系统中，服务以进程的形式表现。比如在 Windows 中，右键选择任务管理器（作者使用的是 Windows10 系统），可以看到进程以唯一的进程号（Process ID，PID）来标识，如图 6-1 所示。

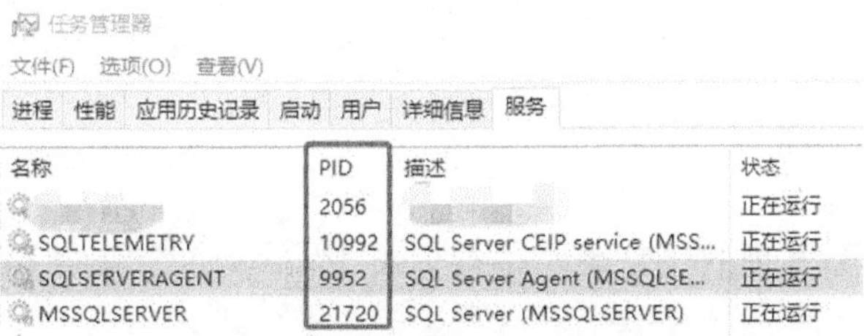

图 6-1　Windows 进程

对于本书而言，最重要的当然就是 MSSQLSERVER（图中 PID=21720）这个进程，这就是我们常说的“SQL Server 数据库引擎服务”进程。其次就是图中 PID=9952 的 SQLSERVERAGENT 服务。这两个服务组成了最基本的 SQL Server 生产环境。

在 Windows 平台中，我们可以使用 cmd→services.msc 命令打开【服务】界面并找到与 SQL Server 相关的服务，如图 6-2 所示，然后通过右键来管理这些服务。

图 6-2　Windows 服务

应该优先以“SQL Server 配置管理器”这个工具来管理 Windows 上的 SQL Server 服务。在 Windows 层面，对服务管理首先是“找到服务”，标识其状态，并对服务进行配置、启动/重启/关闭/禁用等。这一步相对简单，接下来还要了解会影响 SQL Server 的操作系统服务，它们常集中在防火墙、杀毒软件这两类产品。

杀毒软件有很多种，无法一一介绍，请读者注意两个原则。

- 尽量不要在数据库专用服务器上安装杀毒软件，而应该在域层面控制安全。
- 如果非要安装杀毒软件，那么请剔除对数据库文件的扫描。

对于防火墙，一般要做两件事情，开放 SQL Server 所用端口的进入规则和对 sqlservr.exe 进行独立放行。读者可以参考下面操作进行基础配置。

1）使用 cmd→wf.msc 命令打开防火墙配置界面。

2）如图 6-3 所示，选择【新建规则】。

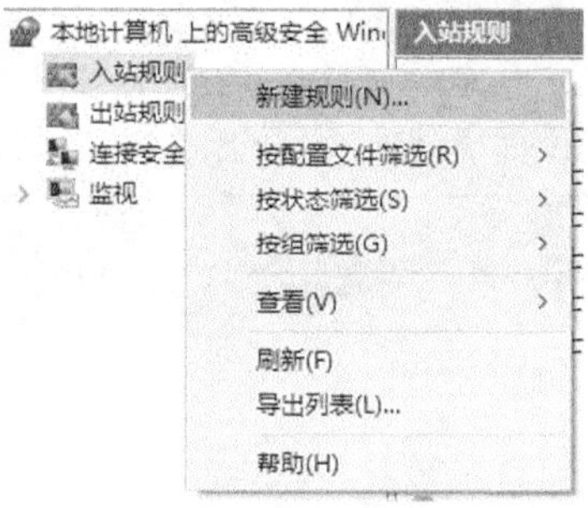

图 6-3　防火墙新建规则

3）规则类型处选择端口，如图 6-4 所示。

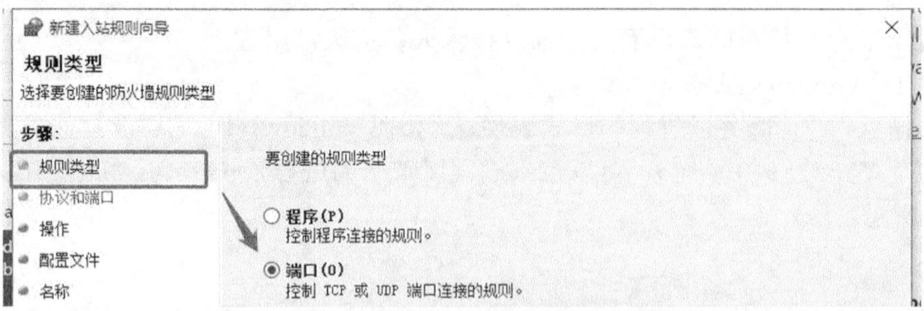

图 6-4　防火墙规则类型

4）输入端口

在【协议和端口】选项的【特定本地端口】中输入 1433 这个 SQL Server 默认的实例端口，如图 6-5 所示。

5）设置允许连接

在【操作】页选择【允许连接】，如图 6-6 所示。

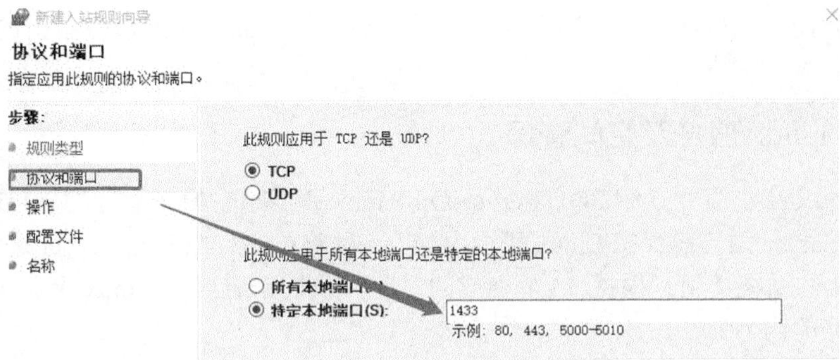

图 6-5 防火墙端口配置

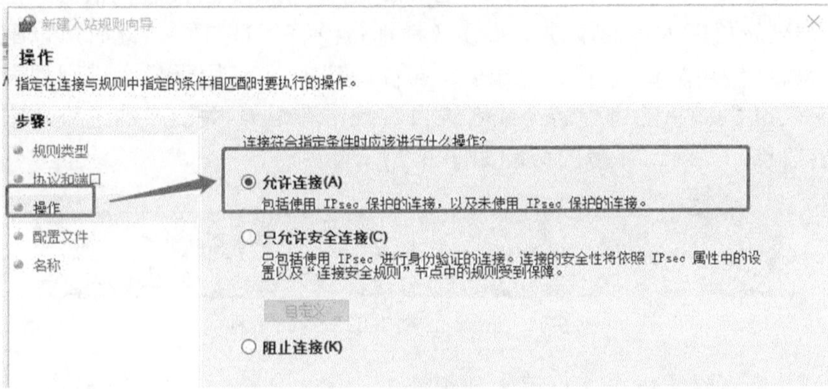

图 6-6 防火墙操作配置

6）按需选择配置文件

在【配置文件】页，可以根据实际情况进行选择，也可以保持默认值。

7）标识策略

在【名称】页中输入策略名字，尽量使用具有标识性的名字。

对于 Windows 上的配置，网上资料已经足够多了，这里就不再赘述，接下来提一下 Windows 上的空间管理。一般在安全性要求很严格的系统中，我们不会使用 1433 端口，会通过 SQL Server 配置管理器更改端口号，在后续的连接字符串中要显式指定端口号（使用“IP，端口”的形式访问，注意不包含双引号）。

6.1.1.2 Windows 空间管理

Windows 的空间管理相对简单，我们要考虑的通常有以下几点。

- 保证系统盘（通常是 C 盘）的存储空间足够。
- 保证数据库中所有库文件所在盘符有足够的存储空间。
- 所有数据库不应该放在系统盘。
- 备份文件所在盘符的存储空间要足够大。

在 Windows 层面，空间相对直观，只要确保存储空间足够，那么剩下的通常就是 I/O 性能的考虑。很多人忽视了对备份文件的归档，对于有条件的环境来说，备份文件应该存储足够长的时间，同时要做到异地最起码异机备份。

对于有高可用的环境，你要预留最少相等的存储空间，而且为了在故障转移期间不会因为性能差异而导致虽然转移成功但是无法承担原有压力而再次崩溃，备机的 I/O 性能也不能太差。

6.1.2　Linux 服务及空间管理

本节的意义在于简要介绍 SQL Server On Linux 跟 Linux 的交互行为。1.5 节已经大概介绍了 SQL Server 如何运行在 Linux 平台上，它借助 SQLPAL 把 SQL Server 进程的请求“翻译”成 Linux 的系统调用。根据 6.1.1 小节的思路，我们来看看在 Linux 上关于 SQL Server 的服务及空间的内容。

6.1.2.1　Linux 服务

第一步当然也是找到进程，在 Linux 上一般使用 ps 命令收集进程信息，但是一个服务器运行的进程列表可能太多而不便于研读（特别是没有 GUI 时），此时可以配合管道命令来过滤，完整命令为`~$ ps -ef | grep sql`。其中，-ef 用于显示进程列表；grep 用于过滤掉不带有 sql 关键字的进程名（或者说只查找带有 `sql` 关键字的进程，它类似筛选条件），并列出信息，其演示环境的截图如图 6-7 所示。

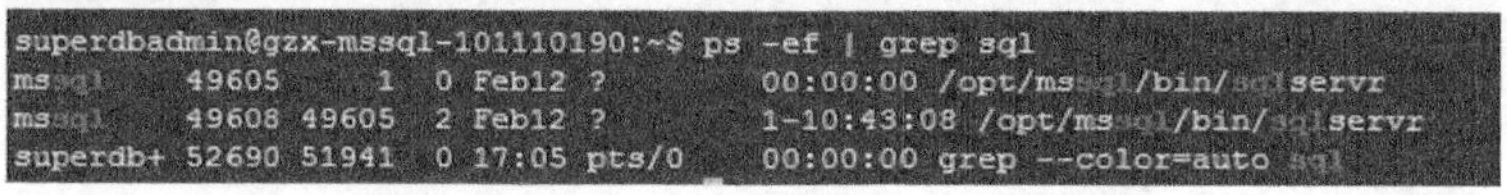

图 6-7　Linux 上的 SQL Server 进程

注意图 6-7 所示结果中第 2 行第 3 列跟第 1 行第 2 列相同，这意味着第 2 行是子进程。换个展现方式，使用`~$ pstree -p 49605`可以查看 49605 这个进程的树形结构，其演示环境结果如图 6-8 所示。

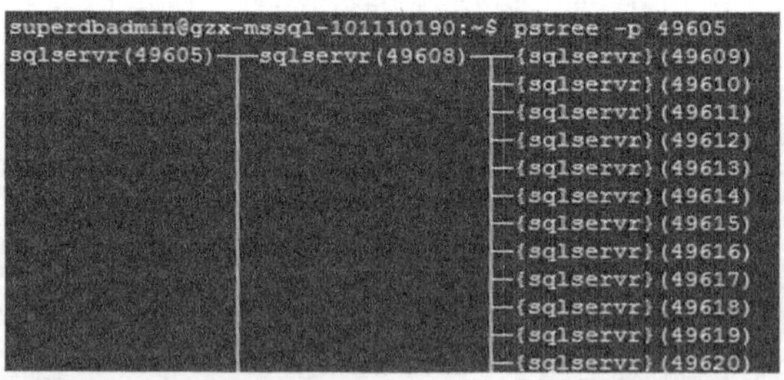

图 6-8　SQL Server 进程树

由于 PID 在每次重启之后都可能不同，所以一般的运维管理不应该以 PID 为参数，在 Linux 上对 SQL Server 服务的管理见 6.2.1 小节。

对于 SQL Server 来说，Linux 上的服务同样要对防火墙有一定的了解，但是这部分已有章节专门介绍，这里就简单提一下要用到的内容。

首先要知道当前机器的 IP 信息`~$ ip addr show`，其演示环境结果如图 6-9 所示。

查看 IP 地址的方法有多种，比如跟 Windows 查看 IP 地址的命令（ipconfig）很相似的命令：ifconfig。这个命令可能更加容易接受，毕竟在 Windows 上 ipconfig 已被广泛使用。

除了 IP 地址之外，对于 SQL Server 而言，更加重要的就是防火墙。由于本书以 Ubuntu

为主体，所以这里以 Ubuntu 中的防火墙配置作为演示，其他 Linux 发行版会有所差异，读者可以根据具体使用到网上查阅对应的方法。

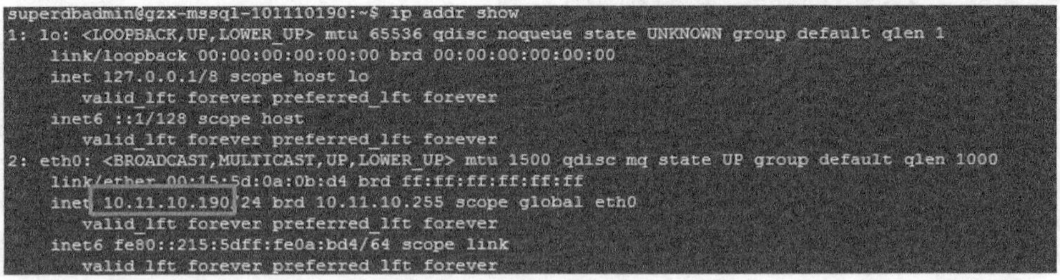

图 6-9 查看 IP 地址

我们常用的工具是 iptables，新版本的 Ubuntu 已经内置它，如果用比较旧的版本（也不能太旧，否则安装不了 SQL Server），则可以使用`~$ sudo apt-get install iptables`来安装。

iptables 有很多功能，我们集中考虑的是进站（input）和出站（output）这两部分（参考的是 Windows 防火墙配置），更详细的内容超出了本书的范围。

首先检查一下默认策略：`~$ sudo iptables -L | grep policy`，结果如图 6-10 所示。

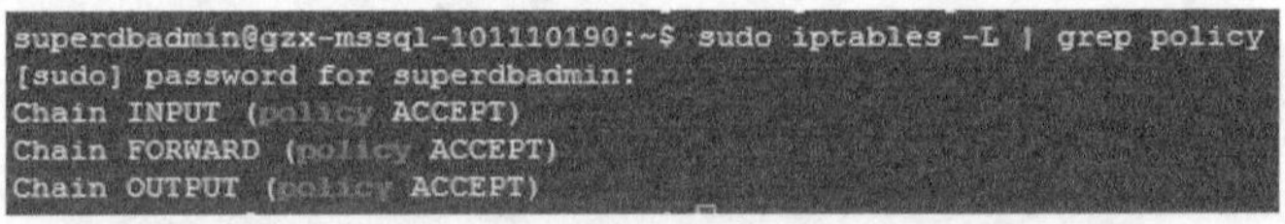

图 6-10 iptables 默认策略

默认情况下是全部允许的，可以使用 iptables 阻止特定 IP 地址或端口的访问，同时允许其他连接接入。从运维的角度来看，更好的方法是“先全部禁止，然后按需开放”，这样更加合理且工作量更低。不过 Linux 服务器一般都是以命令行方式进行操作，与 Windows 可以直接本机登录不一样。如果单纯全部禁止那么连你自己都没法进去，所以更准确来说应该是：先允许管理员专用连接，禁止其他，然后按需开放，这样就保证总会有一个可以连到服务器的操作。

除了 accept 这种允许全部的选项之外，还有 drop（删除全部连接）和 Reject（拒绝）两个选项。drop 用于不知道来源的连接，Reject 用于不知道来源但是又希望保留的连接。

下面开始演示，要提醒一下，接下来的操作会让你无法连接到服务器，所以在此之前，建议有一台替代的机器，或者先把你本机的 IP 地址改一下。如果没有的话，那么建议不要尝试！

第一步在 Windows 机器上使用命令 ipconfig 获取本机 IP 地址，它是 10.11.20.50，然后 ping 一下演示环境（Ubuntu），得到图 6-11 所示的结果，这证明目前网络是联通的。

然后在 Ubuntu 上使用 iptables 把计算机的 IP 删除（DROP），目前是针对单一 IP 地址进行操作。

```
~$ sudo iptables -A INPUT -s 10.11.20.50 -j DROP
```

然后再次 ping 一下服务器，结果显示 ping 不通，见图 6-12。

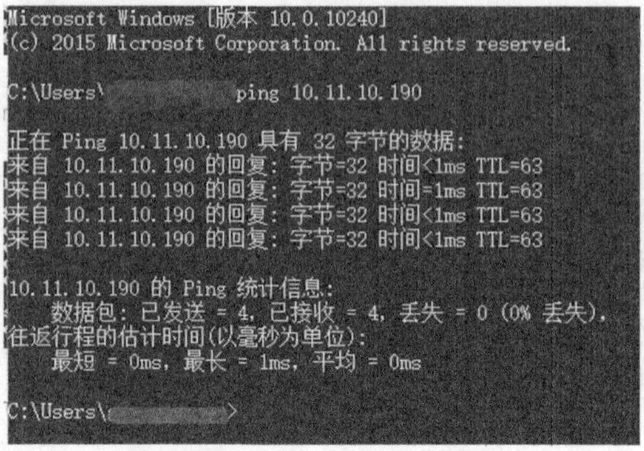

图 6-11　检查连通性

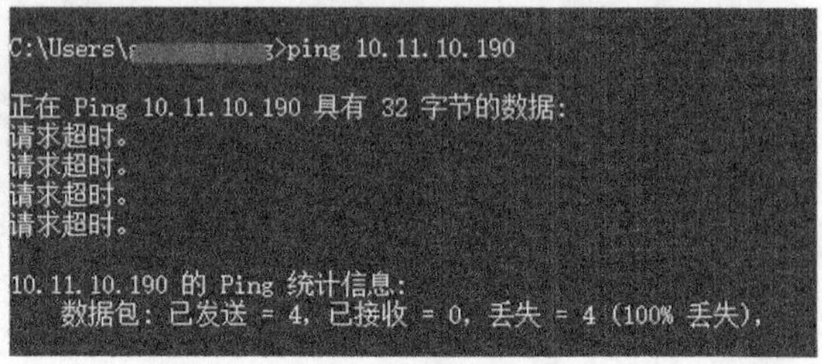

图 6-12　drop 连接后的结果

如果需要拒绝一个范围内的 IP 地址，那么可以使用屏蔽来实现，比如：`~$ sudo iptables -A INPUT -s 10.11.20.0/24 -j DROP`，这里就不演示了。尝试完毕之后记得恢复，不过这个时候需要你改一下本机 IP，因为此时你已经连不上了。当改完 IP 之后，再连到服务器上，如果你不想用原来的 IP，那么可以不管；如果还想用原来的 IP，那么可以使用命令查找 iptables 中的链（chain，数据包传播的路径）。

```
~$ sudo iptables -L INPUT -line-numbers
```

结果如图 6-13 所示，这里 num=2 的那一行就是 drop 的链，接下来使用命令来删除这个链。

```
~$ sudo iptables -D INPUT 2
```

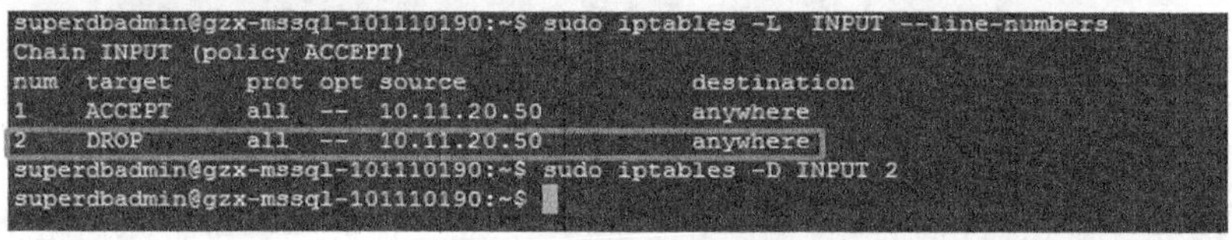

图 6-13　查找 iptables 的链

删除之后，可以使用原有 IP 进行正常访问。接下来就是和 Windows 类似的开放 1433 端口，默认情况下是不拒绝的，如果我们现在假定已经拒绝了，那么需要用下面的命令开启 1433 端口。

```
~$ sudo iptables -A INPUT -p tcp --dport 1433 -j ACCEPT
```

iptables 及 Linux 防火墙是非常复杂的内容，这里仅是想让读者知道“要配置防火墙”。对于初学者来说，不建议自行在正式环境下进行操作，应该与 Linux 系统管理员或者网络管理员一起完成。更多的内容建议读者网上搜索 Linux 防火墙或关于 iptables 的文章。

6.1.2.2　Linux 空间管理

同样与 Windows 类比，Linux 上空间管理的核心思想还是“系统所在的目录空间要够、数据库文件所在的目录空间要够”。由于 Linux 跟 Windows 在概念上有所差异，所以 Linux 上没有盘符这个说法。Linux 中一切都是“文件”，这包括硬件设备（这里指的主要就是物理硬盘）。

当 Linux 服务器运行一段时间之后，可能会察觉到其空间越来越少，如果没有第三方监控系统（在学习阶段很少用到第三方工具），那么就要使用命令来检查（毕竟正式服务器的 Linux 操作系统很少会安装图形化界面），最常见的命令就是 df（disk free，磁盘空闲）。现在来看看演示环境的情况。

```
~$ df -h
```

结果如图 6-14 所示，-h 代表以人可读的形式进行显示。读者也可以尝试不加-h，然后对比一下结果。

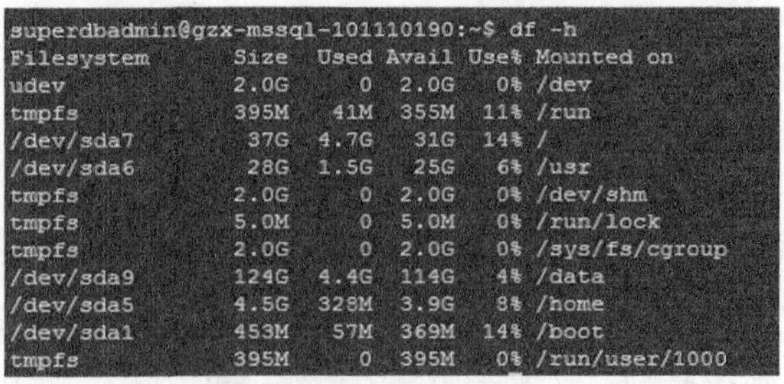

图 6-14 显示界面

当发现空间不足时，最简单的应对方法就是清空/tmp 文件夹。这是用于存储临时文件的文件夹，大部分应用程序会在使用后自行清理，但这不是强制的，所以在服务器运行很久之后，这个文件夹中的内容会很多。可以在所需检查的目录（注意切换目录）下使用`~$ sudo dh -hs`来检查。由于系统跟应用每时每刻都在使用这个目录，所以为了安全清理，需要切换到 level 1（类似 Windows 的安全模式）。

```
~$ sudo killall gdm-binary
~$ sudo telinit 1
```

然后使用 rm -rf 清空。注意在下面命令中不要随意加任何空格，比如写成“rm -rf /空格 tmp”会清空磁盘中所有数据。

```
~$ sudo -rf /tmp/*
~$ sudo reboot
```

除了/tmp 文件夹之外，还可以卸载没用到的软件，这在 Ubuntu 中非常简单，周期性运行命令`~$ sudo apt-get autoremove`会移除系统中未使用的依赖包，更重要的应该是只安装所需的软件。

6.1.3 小结

在正式环境下，服务和空间的管理并不如本章说的那么简单，服务器上往往还包含大量配套服务甚至为了节省成本而共用服务器，我们应把握好大原则，时刻注意保证服务可用和空间可用。下面整理一下所用到的常用命令，以便读者可以快速回顾。

与 Windows 相关的 cmd 命令。

- services.msc：打开 Windows 服务管理界面。
- wf.msc：打开防火墙管理界面。

Linux 上用到的指令。

- ps -ef | grep 关键字：查找包含关键字的进程信息。
- pstree -p 进程 ID：以树形结构显示某个进程 ID 的父子关系。
- ifconfig：查看 IP 信息。
- df/du：查看磁盘空间。

6.2　SQL Server 服务及空间管理

SQL Server 服务管理主要包含服务识别、服务状态管理、服务账号管理及故障侦测。而数据（含图片）存储可以说是当今计算机领域最为消耗空间的部分。所以作为管理数据的软件（如 SQL Server）及其组合体（即数据库）的空间管理就变得尤为重要。下面分别对服务及空间管理进行介绍。

6.2.1　SQL Server 服务管理

我们很容易找到 Windows 上的 SQL Server 服务，如果没找到，那么很可能你没安装完整或者出现严重异常。找到服务后，需要进行权限配置（Windows 上居多），然后进行服务状态管理。下面对此进行简单描述。

6.2.1.1　服务识别

SQL Server 最重要的两个服务就是数据库引擎服务和 SQL 代理服务。每个实例都是一个服务，不管在哪个平台上数据库引擎服务的名字都为 sqlservr（Linux 上见图 6-7）。因为 SQLPAL 使得跨平台的 SQL Server 就是一套代码。

Windows 平台中 SQL Server 默认在\Program Files\Microsoft SQL Server\MSSQL.X\MSSQL\Binn 文件夹下。X 是版本的代称，如作者本机的情况，见图 6-15。

图 6-15　Windows 平台下的 SQL 实例服务路径

路径中“MSSQL14.MSSQLSERVER”中的 MSSQL14 代表的是 SQL Server 2017，后面为默认实例。图中高亮的两个 exe 文件即为 SQL 代理服务和数据库引擎服务。由于在 Windows 平台下找服务很简单，所以这里就不多说了。下面来看看 Linux 平台下的情形。

在 Linux 平台（以 Ubuntu 为例），我们可以通过下面的语句来查询包含 SQL 的进程。

```
~$ ps -ef | grep sql
```

运行上面语句可以看到图 6-16 所示的情况。我们可以看到前两行的第 2、3 列，第 2 行的第 3 列为 24839，它刚好跟第 1 行的第 2 列一致，这意味着第 2 行是第 1 行的子进程。从图中我们也可以看到，在默认情况下，SQL Server 进程所在路径为/opt/mssql/bin/sqlserver。

比较遗憾的是，截至本书出版之时，微软官方尚未公布 SQL 代理的服务细节，但我们可以通过 SSMS 来查看及使用 SQL 代理，这跟在 Windows 平台上的使用是一样的。

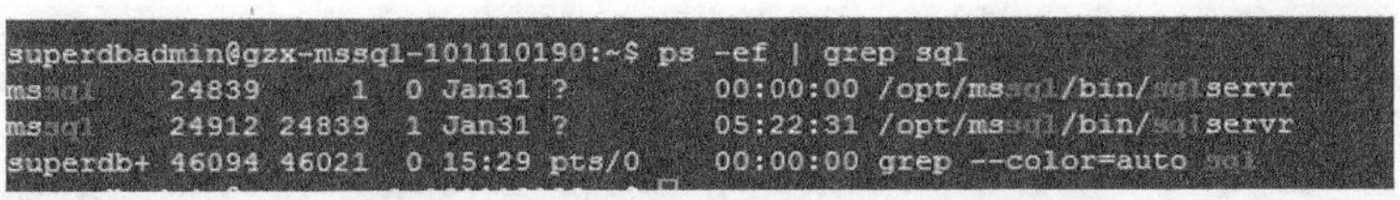

图 6-16 Linux 中的 MSSQL 数据库

6.2.1.2 状态管理

状态管理实际上就是查看状态、变更状态（启动、停止、禁用/启用、重启）。Windows 平台强烈推荐使用 SQL Server 配置管理器，如非必要，不要使用 Windows 的服务管理工具（运行→services.msc）。下面介绍一下 Linux 平台上的服务状态管理，在 Linux 上官方建议使用 systemctl 命令来进行服务的查看、变更操作。

提醒：在实际操作中，下面命令中的.service 扩展名不出现也依旧能运行，官方建议使用完整格式来运行，可以通过 Shell 命令的“tab”自动补全直接输出。

- 查看服务现状

```
~$ systemctl status mssql-server.service
```

结果如图 6-17 所示，active(running)状态证明服务正在运行，后面会说明服务已经运行了多久、当前服务的进程 ID 等信息。

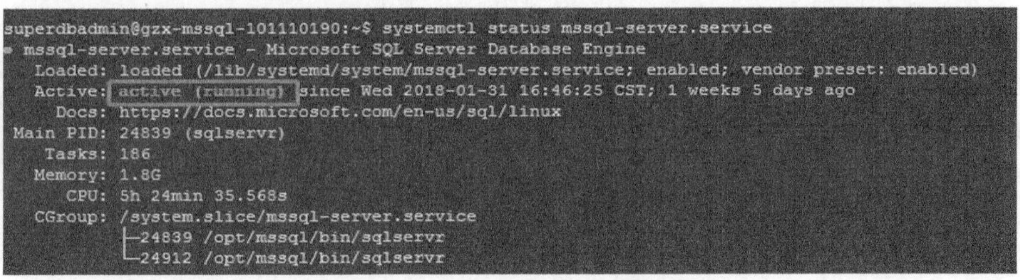

图 6-17 查看 SQL 服务状态

- 停止服务

使用命令`~$ sudo systemctl stop mssql-server.service`可停止服务，结果如图 6-18 所示，停止成功并不会有结果输出，可以使用状态查看来检查。

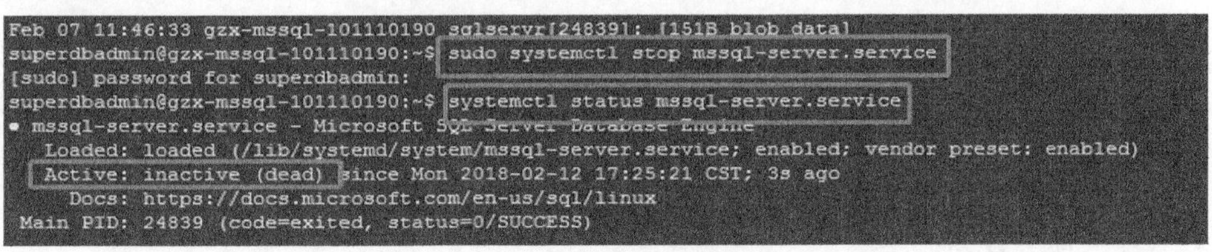

图 6-18 停止 SQL 服务

由于服务一直是运行的，所以这里先停止服务，接下来演示启动服务。

- 启动服务

使用命令`~$ sudo systemctl start mssql-server.service`启动服务，结果如图 6-19 所示。

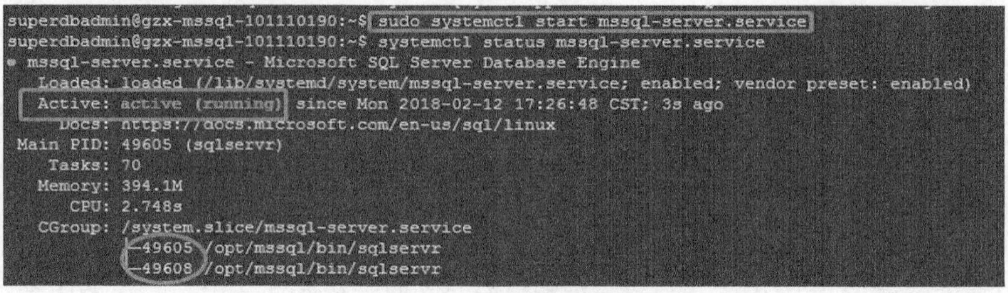

图 6-19　启动 SQL 服务

- 禁用/启用服务

启用服务是启动服务的前提条件，如果服务处于禁用状态，则无法启动。启用和禁用命令分别为 enable 和 disable，完整命令如下所示。

```
~$ sudo systemctl enable mssql-server.service
~$ sudo systemctl disable mssql-server.service
```

启用服务后，可以看到图 6-20 中的框图部分。从图 6-21 的框图部分可以看到禁用服务。

图 6-20　启用 SQL 服务

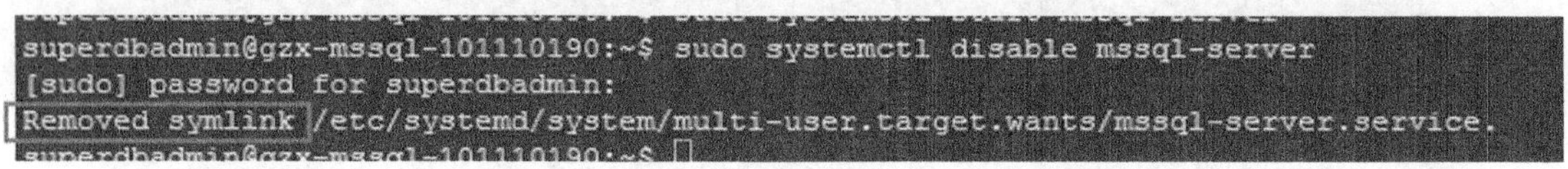

图 6-21　禁用 SQL 服务

可以看到禁用和启用实际上是对/etc/system/system/multi-user.target.wants/mssql-server.service 移除/创建一个 symlink。详细信息读者可自行使用 `man symlink` 查阅。

- 重启服务

重启服务的命令是`~$ sudo systemctl restart mssql-server.service`。此命令很简单，这里就不演示了。需要说明的是重启会导致 SQL Server 的 PID 改变，如果需要使用基于 PID 的一些工具/命令，那么要注意重新获取并修改。

最后说明一下，由于 Linux 上的 SQL Server 在安装过程并没有提供选择服务账号的操作，而在 Windows 上这是有的，所以 Linux 上的 SQL Server 默认以 mssql 这个 Linux 账号作为服务运行账号。读者可以在安装过后，对该账号先修改一次密码。同时记录这个账号的默认权限，以便后续操作时能够用上这些信息。

6.2.1.3　日志查看

在 DBA 日常工作中，一个比较常见的工作是检查服务器何时被重启过，这个工作可以通过 OS 层、DB 层的各种日志及服务进程的状态（如检查服务状态）来获取，一般更有说服力的是检查 SQL Server 的日志。

在 Linux 和 Docker 中，默认 SQL Server 的引擎日志（也称错误日志，其实并非错误才会记录）会存储在/var/opt/mssql/log/errorlog 中。这需要使用 superuser 来查看，完整命令如下，结果如图 6-22 所示。

```
~$ sudo cat /var/opt/mssql/log/errorlog
```

图 6-22 SQL Server 错误日志

当然，长期使用 Windows 的读者可能不习惯这样查看，最简单的方式还是通过 SSMS 来打开日志。

6.2.2 SQL Server 空间管理

在作者近几年的工作当中，空间管理已经快速上升到作者 DBA 日常问题的前 5 名之内。根据个人经验总结，80%甚至 90%的 DB 性能问题的根源来自空间问题。现代大型 DBMS 系统（比如 Oracle、DB2、SQL Server）早已支持 PB 级别的单库规模，到目前为止，作者并未见到甚至听说有生产环境会持续存储这么大规模的活动数据（这里指的是 OLTP 系统）。其核心原因有两个：一是性能问题，这个在性能篇介绍；二是高可用及灾难恢复问题。一个 PB 级别的数据库即使使用最快的存储系统，一次完整备份的时间也是无法接受的。所以对空间的有效管理会对降低各种成本都有帮助，下面就来介绍一下 SQL Server 的空间管理。

6.2.2.1 SQL Server 的空间组成

运行中的数据库会产生网络、内存等缓存，而且由于运行过程中的临时数据，实际存储空间难以精确计算。所以这里讨论的是一个静态服务器及数据库。首先我们要了解在一个纯粹的 SQL Server 服务器中，SQL Server 所使用到的空间有哪些。

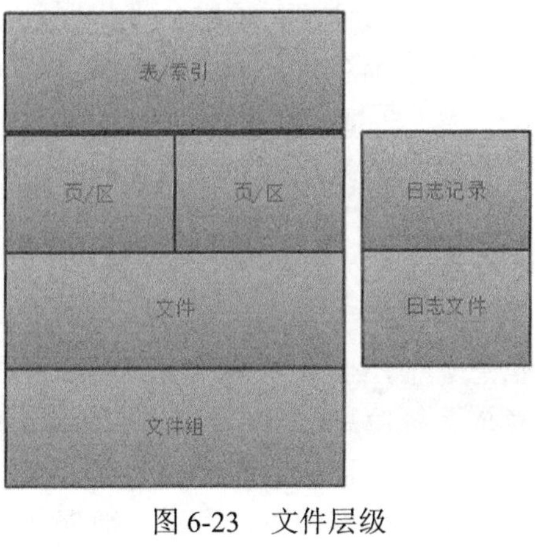

图 6-23 文件层级

如图 6-23 所示，从层次结构来说，自底向上为：

文件（物理概念）/文件组（逻辑概念）→页/区→表/索引→用户看到的数据。对于事务日志文件而言，日志包含很多日志记录，由于日志记录与数据组织形式不一样，所以图中是分开表示的。

如上所述，接下来看图 6-24 所示的内容，在 SQL Server 中，一切以文件为基本进行物理存储，然后通过逻辑概念上的文件组（在操作系统层面上看不到）来组织文件，注意 LDF 文件（事务日志文件）是没有文件组概念的。从图 6-25 中可以看到日志文件对应的文件组显示为“不适用”。回到图 6-24，虚线部分是最基础的数据库文件组成。一个数据库必须最少有一个数据文件和日志文件，扩展名分别为.mdf 和.ldf。这两类文件均可有多个，新加的数据文件扩展名为.ndf。

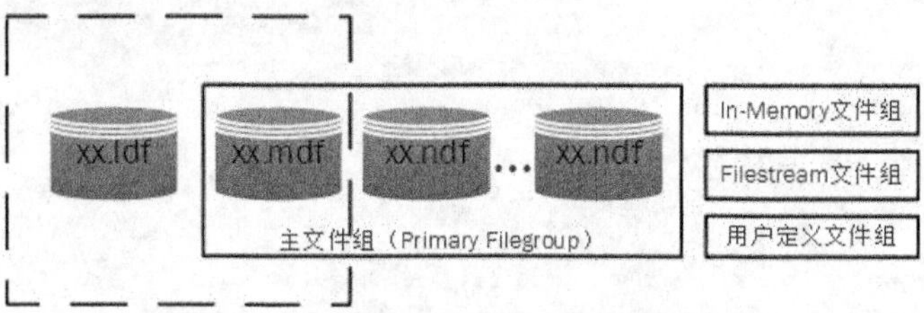

图 6-24　SQL Server 物理存储图

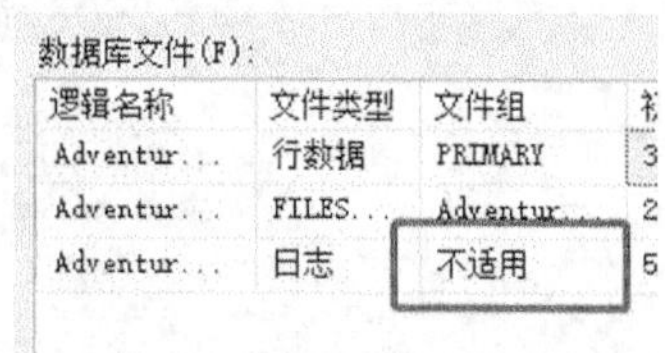

图 6-25　数据文件及文件组

接下来对上面的图进行一些说明。

- 文件扩展名非强制

你可以使用稀奇古怪的只要操作系统能支持的名字作为扩展名，但是没有理由去修改。随意修改会给运维工作带来非常大的影响。

- 日志文件可以有多个

多个日志文件并不能带来性能的提升，仅在首个日志文件空间不足并且无法马上处理时，通过新加 LDF 来减缓日志压力时才建议使用多个日志文件。而当多个数据文件分布在不同的物理驱动器上时，可以通过分摊 I/O 请求来提高性能。

- 每个库必须有一个主文件组

Primary 文件组称为主文件组，同时它也是默认的文件组。默认文件组可以是其他新加的文件组（称为次要文件组）。主文件组包含主数据文件（.mdf）和未存放到次要文件组中的文件（也叫次要文件，扩展名为 ndf）。如果新建了一个用户自定义的文件组并设为默认文件组，则创建对象时会把未明确指定存放的对象放入默认文件组而不是主文件组中。不过注意系统对象及系统表仍然会分配到主文件组中。

- 其他文件组

除了主文件组和次要文件组（称为用户自定义文件组）这两个常规的文件组之外，还有一些特定功能所需的文件组，比如 In-Memory 和 FileStream 文件组。

- 文件组与文件的关系

可以把所有文件都放到一个文件组（一般是主文件组，注意非主文件组不能存储系统信息）中，也可以按照实际情况分布在不同文件组中。从实践层面上说，建议主文件组仅存放系统信息，用户信息应该独立放到若干个文件组及文件中。

- 注意文件增长方式

数据库中的数据在写入数据文件时，用户（含 DBA）并不能指定写入文件组中的哪个文件，只能指定写入哪个文件组。具体写入策略由文件组自己控制。文件组的文件填充是按照“文件空余空间等比例写入”，比如一个文件组有两个文件 A、B，A 有 100MB 可用空间，B 有 200MB 可用空间，在写入数据时，系统内部会把数据按照 1:2 的写入量分摊到 A、B 两个文件中，以便可以尽可能平均 I/O 负载。所以多个文件或者文件组一定程度上能够提升 I/O 性能，如图 6-26 所示。注意这在物理驱动器中才有效。另外由于这种等比例策略，如果规划使用多个数据文件，那么应该尽可能保持文件初始化时大小及增长频率一致，否则会造成单个文件由于大量写入而成为 I/O 热点。

前面讲的是在物理层面的组成，到了数据库层面，我们常见的跟空间有关的对象主要有表、索引，还有一些与 FileStream 相关的文件存储及系统信息（如统计信息等），这些都要占用实际存储空间，这里不打算展开这部分内容。

- 数据的空间使用

从逻辑上说数据是存储在表上的（聚集索引和索引视图实际上也是表本身），表是数据库的基础数据存储单元。从 SQL Server 2005 开始，表实际上等同“分区”，没有进行表分区的表就是一个分区，使用了 SQL Server 表分区的功能表从整体上看是一个表，但是底层有多个分区。图 6-27 所示为表存储结构示意图。

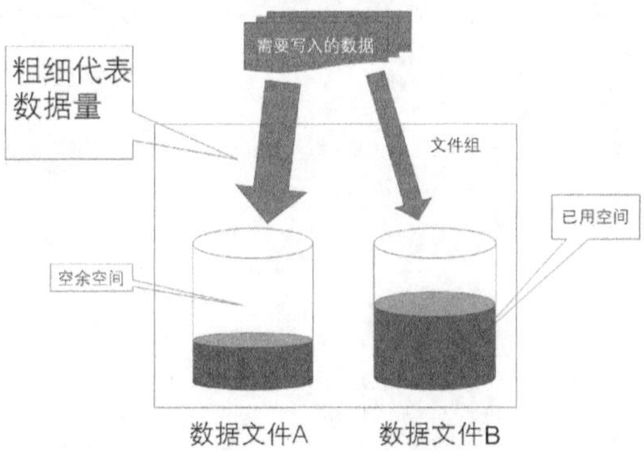

图 6-26 文件组中的文件写入策略

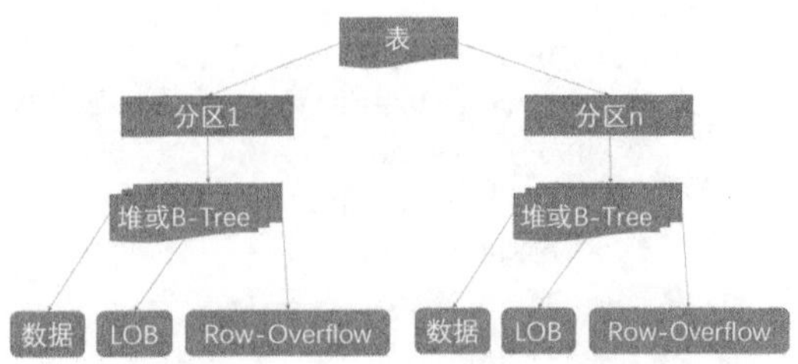

图 6-27 表存储结构示意图

表实际上成为了一个逻辑概念，真正的讨论应该从分区开始。每个分区有一个或多个堆或者 B-Tree（在很多文献中会简称为 Hobt）。一般认为分区跟 Hobt 是相同的。Hobt 又最多可分为 3 种分配单元（allocation_unit）用于存储数据。最常用的是 Data（数据）。如果有 LOB（大型对象数据类型，通常包含 text/ntext/image/nvarchar(max)/varchar(max)/ varbinary(max)/xml）或超过 8000 字节的数据，那么就可能用 LOB 和 Row-Overflow 来分配单元。

分配单元会包含很多“页”，页是数据存储的最小单位，其大小为 8KB。I/O 操作都是页级操作。8 个物理上连续的页称为区，只属于一个对象的区称为统一区，否则称为混合区。

根据表是否有索引及索引的种类，可将其分为 3 类。

- 没有任何索引

它称为堆表，只有一个分区，数据页由 IAM 页（存储表或索引使用的区信息）组织，数据页之间没有任何关系。当一个 IAM 页存满了页和区的信息之后，会出现第二个 IAM，以此类推。IAM 之间有连接，一个 SELECT 语句在底层执行时，它会通过 IAM 遍历所有的区，然后返回符合条件的结果。

- 有非聚集索引但无聚集索引的表

每个聚集索引有对应的分区，在系统表中都有指针关联，但是真正的数据还是以堆表形式存储的。相对来说，它的查找操作比纯堆表高效一些。

- 有聚集索引的表

这个时候，表已经是聚集表而不是堆表了，表只能有堆表和聚集表（B-Tree）两种方式，聚集索引同样由分区连接起来，唯一不同的就是聚集表的叶子节点就是数据本身。

由于篇幅原因，这里不一一演示它们。如果读者自行创建3个空表并插入相同的数据，那么对于上面3类组织方式而言，聚集表和堆表的使用空间几乎一样，而带有非聚集索引的堆表空间最大。这是静态情况。在数据变更时会出现页拆分（page split）的情况，这种拆分的本质是把一个数据页变成两个，并把数据页中50%左右的数据移到第二个页。这个过程可能会出现较大的空间消耗和浪费。

对于服务器上所有数据库表的空间计算，作者汇总并改写了一个网上的脚本，使其在Linux和Windows环境下均可直接运行，读者可以用它进行数据库表空间的检查及再次按需扩展。

代码清单 6-1　检查表行数及所占空间

```
--数据库表行数及所占空间
--创建临时表存储
CREATE TABLE #RowCounts (
    ServerName VARCHAR(256)  --服务器名
    ,DBName SYSNAME  --库名
    ,SchemaName SYSNAME --架构名
    ,TableName SYSNAME --表名
    ,RowCounts INT --表行数
    ,TotalSpaceKB INT -表的总空间，单位 KB
    ,TotalSpaceMB NUMERIC(36, 2)    --以 MB 为单位展示表的总空间
    ,UsedSpaceKB INT  --以 KB 为单位显示表已使用空间
    ,UsedSpaceMB NUMERIC(36, 2)     --以 MB 为单位显示表已使用空间
    ,UnusedSpaceKB INT     --以 KB 为单位显示未用空间
    ,UnusedSpaceMB NUMERIC(36, 2)       --以 MB 为单位显示未用空间
    ,FileGroupName VARCHAR(64) --表所属文件组
    ,ClusteredIndexName VARCHAR(128)    --表上的聚集索引名
    ,IsPartition VARCHAR(10)   --表是否已分区
    )
--遍历服务器中的每个库，把数据插入临时表
INSERT INTO #RowCounts
EXEC sp_MSForEachdb
    'SELECT @@servername as ServerName,''?'' as DBName
    ,s.NAME AS SchemaName
    ,t.NAME AS TableName
    ,p.rows AS RowCounts
    ,SUM(a.total_pages) * 8 AS TotalSpaceKB
    ,CAST(ROUND(((SUM(a.total_pages) * 8) / 1024.00), 2) AS NUMERIC(36, 2)) AS TotalSpaceMB
    ,SUM(a.used_pages) * 8 AS UsedSpaceKB
    ,CAST(ROUND(((SUM(a.used_pages) * 8) / 1024.00), 2) AS NUMERIC(36, 2)) AS UsedSpaceMB
    ,(SUM(a.total_pages) - SUM(a.used_pages)) * 8 AS UnusedSpaceKB
```

```
        ,CAST(ROUND(((SUM(a.total_pages) - SUM(a.used_pages)) * 8) / 1024.00, 2) AS
NUMERIC(36, 2)) AS UnusedSpaceMB
        ,FILEGROUP_NAME(a.data_space_id) AS FileGroupName
        ,isnull(i.NAME,''Heap'') AS ClusteredIndexName
        ,case when p.partition_number>1 then ''Y'' else ''N'' end IsPartition
    FROM [?].sys.tables t
    INNER JOIN [?].sys.indexes i ON t.OBJECT_ID = i.object_id
    INNER JOIN [?].sys.partitions p ON i.object_id = p.OBJECT_ID AND i.index_id = p.index_id
    INNER JOIN [?].sys.allocation_units a ON p.partition_id = a.container_id
    LEFT OUTER JOIN [?].sys.schemas s ON t.schema_id = s.schema_id
    WHERE t.NAME NOT LIKE ''dt%'' -- filter out system tables for diagramming
        AND t.is_ms_shipped = 0 AND i.OBJECT_ID > 255 and i.[type] in (0,1)
    GROUP BY t.NAME,s.NAME,p.Rows,FILEGROUP_NAME(a.data_space_id) ,i.NAME,p.partition_
number,i.[type]'
    --显示数据
    SELECT *
    FROM #RowCounts
    --删除临时表
    DROP TABLE #RowCounts
```

关于索引有专门章节来介绍，这里不重复了。前面提到的是数据的存储结构，下面来介绍一下日志的空间使用。从个人的工作经历来说，日志的空间问题更加危险。

- 日志的空间使用

在网上和接触的项目里面，作者经常听到：SQL Server 的日志文件太大了，若能分离然后删除 LDF 文件再附加就好了。

在这里有必要先提醒大家：不要这样做，有可能（作者遇到过）导致无法附加数据库最终整库废掉。关系数据库极度依赖事务日志，如果非要在数据文件和日志文件里面找最重要的一个，那么它必然是日志文件，它记录了所有的事务及其内容，只有日志写入成功之后，才能开始真正的数据写入及后续操作。

与数据文件的组织方式不同，日志不按页/区的形式来组织。在 SQL Server 内部每一个物理日志文件分为多个虚拟日志单元，单元没有固定大小，而且物理日志文件的虚拟单元个数不定。在多次增长之后，物理日志文件的虚拟单元会很多，从而影响一些高可用（高可用的本质就是使用日志）性能。作者曾经在搭建的一个事务复制环境中发现同步性能很慢，使用 DBCC LOG（库名）来查看的时候发现这个库的虚拟日志单元非常多，后来备份日志再收缩日志文件之后，将虚拟日志单元的数量从十几万降到几百个，同步性能飞速提升。

SQL Server 数据库有完整、大容量日志和简单模式 3 种“恢复模式”。恢复模式的核心区别是控制事务日志是否自动 checkpoint，通常我们会使用完整模式或者简单模式。简单模式一般会自动控制事务日志，在非大容量短时间导入的情况下，很少会暴增。如果是完整模式，那么情况就有所不同了，几乎所有日志文件的暴增情况都使用了完整恢复模式但是从来不进行日志备份，以为完整备份就可以了。这会导致 LDF 文件越来越大，很多时候一个数据库数据文件才几 GB，管控不好的 LDF 文件可以达到几百 GB，这除了以后面试的时候可以美其名曰管理过近 TB 级的数据库之外，恐怕在实际工作中没有任何“好处”。

可以使用 DBCC SQLPERF（LOGSPACE）来查看日志空间的计算，结果准确且不影响性能。

● TempDB 空间的使用

TempDB 是 SQL Server 系统库之一，所有能进入 SQL Server 的用户都有权限访问 TempDB。由于 TempDB 可供整个实例所有的用户使用，所以它往往成为热点。它通常用来保存临时数据，这些临时数据有以下几种。

➢ 用户对象：用户显式创建，常见的就是以#和##开头的表名。
➢ 内部对象：由 SQL Server 自己创建，最常见的是用于散列连接或散列聚合的工作文件（workfile）及一些由 ORDER BY 引起的操作。
➢ 版本存储区：通常在支持快照事务隔离级别时使用。

由于 TempDB 的很多对象都不在系统视图中存储（毕竟是临时对象），所以使用 sp_spaceused 来查询是不准确的。我们可以使用下面脚本进行大概的查询，因为对于操作频繁的服务器来说，TempDB 的对象活动也是非常多的，所以要绝对准确是不可能的，也没有必要。

```
USE tempdb
GO
SELECT  SUM(user_object_reserved_page_count) * 8 AS usr_obj_kb ,
        SUM(internal_object_reserved_page_count) * 8 AS internal_obj_kb ,
        SUM(version_store_reserved_page_count) * 8 AS version_store_kb ,
        SUM(unallocated_extent_page_count) * 8 AS freespace_kb ,
        SUM(mixed_extent_page_count) * 8 AS mixedextent_kb
FROM    sys.dm_db_file_space_usage
```

6.2.2.2 SQL Server 空间问题

上一节简介了 SQL Server 的空间组成，实际上主要消耗空间的是数据本身、索引还有事务日志。我们常常会遇到的空间问题有哪些？作者按照个人经验进行了一个排序，可能读者有不同的见解，欢迎大家交流。

● LDF 暴涨

这种情况最容易出现，通常是数据库设置了完整恢复模式但是没有使用日志备份或者日志备份由于某些原因没有运行，从而导致进行一些大操作（如重建全库索引）时 LDF 文件暴涨，最终磁盘空间不足，数据库变成只读状态。常规的操作应该包括以下几个方面。

➢ 设置 LDF 文件的增长，把默认的百分比改成以 MB 为单位的增长，可以考虑 64 MB/次、128 MB/次或 256MB/次，具体看事务的频率。
➢ 一般在简单恢复模式下不会出现，但是要慎防长事务出现。
➢ 对于非简单模式，一定要做好常规的完整备份+日志备份。要注意完整备份并不截断事务日志。
➢ 如果使用高可用技术（简单模式不存在高可用），那要更加注意 LDF 的增长，因为高可用都基于事务操作的。一旦出现长时间不提交，不仅影响 LDF，还会导致高可用失败。可以在异常时使用 DBCC OPENTRAN 命令来查看是否有打开但未提交或回滚的事务。

● TempDB 文件没有拆分

在繁忙的系统中，这种操作会导致 TempDB 的分配争用，详见 6.2.2.4 节。

- SQL Server 引擎所用账号不具有本机管理员权限

这会影响即时文件初始化功能，影响数据文件增长的性能。在第 15 章的最后案例分享中会提到它。

- 数据库设置了自动收缩功能

这个功能其实微软一直都在宣称要关闭，但是一直没行动。不管怎样，暂时没有适用场景，建议读者不要去用，如果在日常巡检中发现它也应该关闭。这个操作每 30min 自动运行一次收缩文件，它在平时可能没有影响，但是在业务高峰，收缩操作可能会导致大量的锁，从而直接引起数据库的卡顿。经验不多的用户，可能会手忙脚乱而没有想到这一点，在权限控制好的前提下，应定期（如一周）检查一次数据库配置或者添加 DDL 触发器阻止修改。

6.2.2.3 合理管理 SQL Server 空间

合理使用 SQL Server 空间的关键是：够用，但慎用。

够用的意思是从物理层上计划好所需的空间，预留多不预留少。慎用的意思是在逻辑层（数据库层）上，对数据库设计做好评估，不要随便用大型数据类型，特别是一些后期弃用的字段，如 text 等。

要想做到够用，要做到以下的评估。

- 磁盘空间是否足够数据库在数年之内增长所需，如果不够，那么是否可以通过某些方式（如数据归档）来控制。
- 是否能存放至少一天的备份文件，因为出现问题时，最快的恢复方式（高可用和灾难恢复除外）就是本机还原。当数据库很大的时候，从专用备份设备拉到本机还原的时间非常长。
- 在空间能保障的前提下，I/O 是否足够平均。不能为了空间，使用移动硬盘与 SSD 一起为同一个库服务。
- 在虚拟化盛行的今天，虚拟技术带来的好处同时也有不少的“坑”，比如共享资源池。你看到的是 1TB 的空间，整个存储其实没那么多，很容易出现服务器本地上显示空间充足但实际物理空间已经不足。
- 在设计之初，就要考虑到可能需要把文件组中的文件拆分并部署到不同的物理驱动上，这样不仅能提升性能，还能在单盘空间紧张的时候，通过拆分文件到别的盘来分摊空间压力。这个操作应该尽早执行，由于等比例写入的特性，如果后期再添加文件，那可能导致数据写入不均从而引发各种性能问题。
- 预留一部分空间给某些功能，比如查询存储、跟踪、扩展事件、事务复制中的快照复制文件等。这些在平时可能不使用，一旦开启了这些功能，若没有官方指引，按作者的经验可知除了复制功能可能需要接近全库体积的 80%以上空间之外，其他的每个功能最少预留 1GB 的空间。
- 监控好 MSDB 和 TempDB 的空间，MSDB 由于会存储作业和邮件记录，所以有时候它会变得异常大。

要做到慎用，需要考虑以下内容。

- 如前所述，LDF 不要随意创建多个，创建容易删除难。
- 是创建多个文件组，还是少量文件组带有多个文件？作者建议选择文件组内有多个文件，控制文件组的数量。文件组应该按某些大功能（如 FILESTREAM、内存数据库、常规数据文件）的分类来区分，同一类（如纯粹表、索引等）一般有两个（一个表，一个索引）文件组即可，里面可以有多个文件。不过如果使用分区功能，则要考虑是否每个分区需要一个文件组，一旦文件组的数量很多，控制起来会非常困难。在释放空间时，文件组内的文件可以通过鼠标右键选择数据库→【任务】→【收缩】→【文件】中的“通过将数据迁移到同一个文件组中的其他文件来清空文件（E）”这个选项，重新规划同一个文件组中的文件，但是文件组之间则无法移动，除非重建新表使用新的文件组然后把数据和索引导入。

- 数据库设计是否合理：表的数量、冗余度、索引数量、数据类型等都在很大程度上影响了空间。特别注意，索引过多（见第 14 章）和数据类型滥用带来的空间压力。
- 恢复模式：如果你不想管理事务日志（虽然不建议，特别是生产环境），那么可以把数据库设置为简单模式，不过这时就需要缩短完整备份的时间间隔从而减少数据丢失。
- 适当归档历史数据：虽然 SQL Server 早就支持单库 512PB 的规模，但是即使 Oracle，也不会把 512PB 的活动数据放在一个库中。适当地归档不常用的数据到别的库或者别的服务器，能够减轻日常运维中的维护窗口时间（比如完整备份）。对于历史数据，可以考虑使用从 SQL Server 2016 开始提供的 Stretch DB 功能。不过这需要借助 Azure，因此并不总是好的办法。

6.2.2.4　TempDB 空间管理

由于大量使用 TempDB，所以它很容易成为空间和资源热点，通常在安装 SQL Server 后，会对 TempDB 进行数据文件拆分。通常会做以下的工作来配置 TempDB，但是并非全部都要做。

- 设置 TempDB 自动增长

默认其为 10%的增长，由于 TempDB 的频繁使用，所以这在高负载的情况下并不合理。作者一般会预先设置为 64MB/次或 128MB/次，具体看系统规模和负载类型，如果系统运行过程中发现问题，则应调整。

- 设置多数据文件

和用户数据库一样，多个数据文件有利于分摊压力。一般建议从 4 个开始，如果有证据证明分配争用依旧很大，那么再加 4 个， 8 个文件基本上已经够了，再不够的话就应该考虑是否设计和部署上有问题。提醒一下，多文件拆分的一个核心要求是设置同等的初始大小和增长幅度。

- 文件部署

把 TempDB 文件部署在 I/O 磁盘上。要注意尽可能使其与用户数据库使用不同的磁盘。因为极度频繁使用 TempDB 可能会在某些情况下出现 TempDB 库文件的体积短时内暴增，从而影响所在盘的其他数据库。

6.3　SQL On Linux 备份还原

如果不是完全没接触过数据库的读者，那么都应该知道备份的重要性，这里就不多说了。需要提醒一下，备份和还原应该总是“一个”操作，不考虑还原的备份不能认为是有价值的备份。

本节重点是在 Linux 上的 SQL Server 备份，关于 Windows 上的 SQL Server 备份，网上已经有了很多成熟的资料，这里就不赘述了。

备份的本质就是把数据库中的数据页/区写到磁盘的文件上。这就引出了常见的备份失败——执行备份操作的账号（通常是 SQL 引擎服务账号）的权限不够，无法写入到对应的文件中。首先检查执行备份操作的账号是否有对 Linux 的备份文件目录写入的权限。在 SQL Server 里的账号操作，实际上是映射为操作系统的某些账号，如 Windows 上的 Administrator（不建议使用）或者 Linux 上的默认账号“mssql”，这些账号对备份还原操作的权限是否足够是首要关注点。当谈及非特权用户的权限时，我们应该坚持“具体问题具体分析”的原则。要以文件/文件夹为基础条件来谈及用户的权限，脱离了这些谈权限是不合理的。

6.3.1 数据库备份

SQL On Linux 默认的备份目录在“/var/opt/mssql/data”，现在使用“superdbadmin”来查看一下目录的权限。在 CentOS 中可以使用`~$ ll /var/opt/mssql/data`，但是在 Ubuntu 中要使用`-$ ls -al /var/opt/mssql/data`。第一次执行报错，见图 6-28，出现“Permission denied”表示权限不够，所以很自然地加上了 sudo，现在可以看到了。为什么要加 sudo 呢？看一下图 6-28 左下角长方形框住的地方，其含义在前面已经讲解过，可以看到这些文件夹默认是不允许其他非特权用户访问的，因此要加上 sudo 来提升权限。

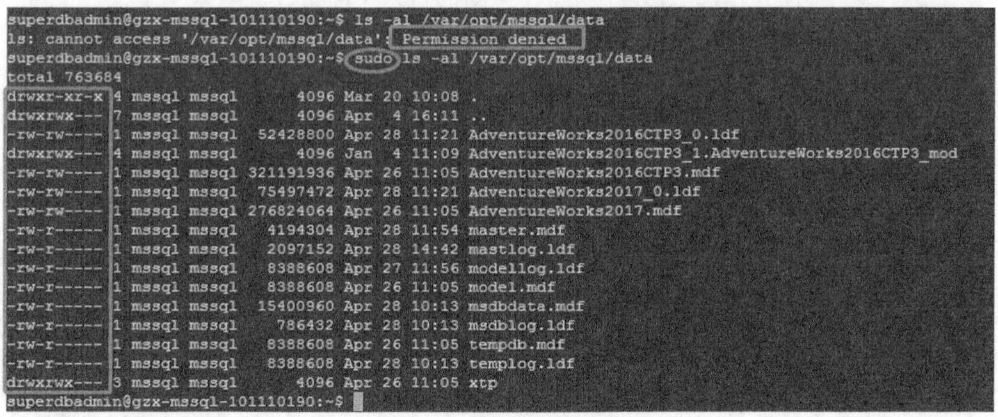

图 6-28 查看默认备份目录

图 6-29 所示为从 SSMS 中打开的服务器属性界面，图中框住的地方是灰色的，即不可改，这是跟 Windows 平台不一样的地方。在 Linux 上，通常还是要用第 3 章中介绍的 mssql-conf 命令来操作的。

本书以实操为目的，作者直接给出 DBA 日常工作建议。不管是在哪个平台，我们在条件允许的前提下都不会把备份文件夹和数据库文件所在的文件夹放在一起，可以考虑在根目录下创建目录（比如/Data）专用于存储备份，也可以简单地在/var 下创建目录使其与数据文件分开。由于演示环境的限制，这里演示在/var 下创建名为 sqlbackup 的目录。

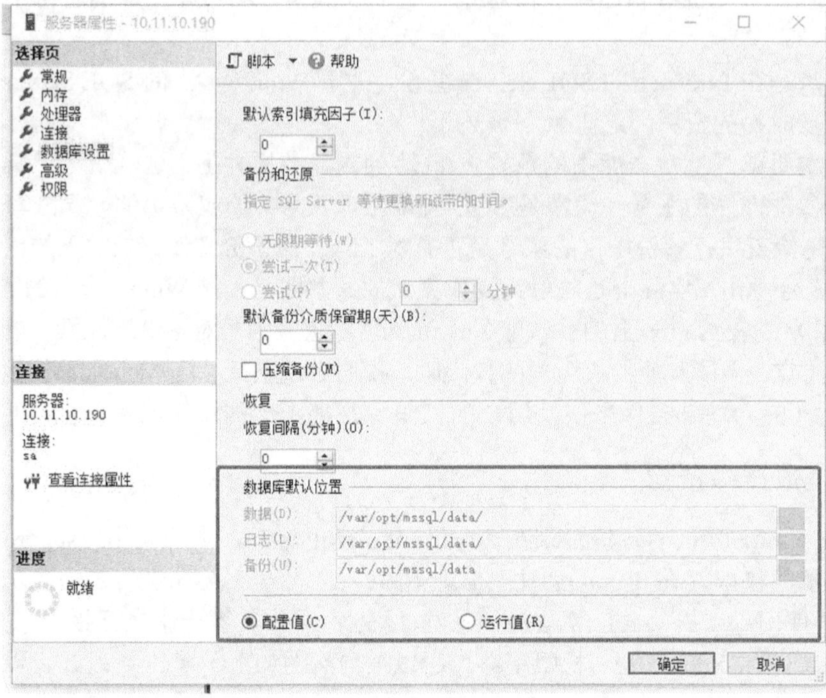

图 6-29　SSMS 中的备份路径

为了达到这个目的应分为 3 步：创建一个新的目录（含配置权限）、修改默认备份目录、校验。

1）创建新的备份目录

使用下面命令在/var 下创建名为 sqlbackup 的目录，如图 6-30 所示。

```
~$ sudo mkdir /var/sqlbackup
```

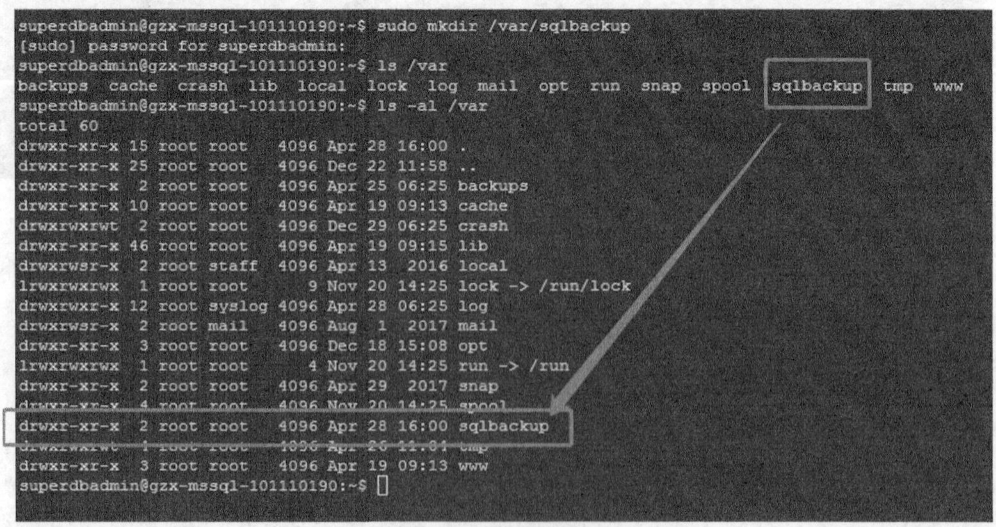

图 6-30　新备份目录

然后使用~$ ls /var 来检查是否创建成功，然后使用~$ ls -al /var 命令来查看权限。

图 6-30 的权限显示新目录的 owner 是 root，为了让 SQL Server 能使用这个目录，需要把 owner 切换成 mssql。这里使用命令 chown 修改文件、目录及其链接的 owner 和组。因为在默认情况下 owner 是创建者，结果如图 6-31 所示。

```
~$ sudo chown mssql /var/sqlbackup
```

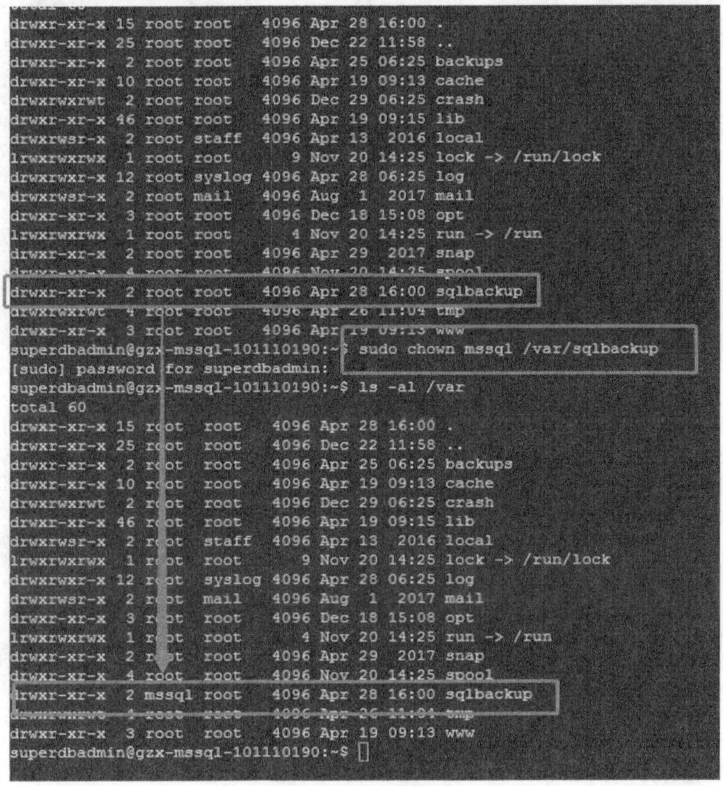

图 6-31 目录授权

此时目录的 owner 已经修改成 mssql，出于安全考虑，root 权限太大而且容易误操作，所以还要修改目录组的 owner。

```
~$ sudo chgrp mssql /var/sqlbackup
```

从图 6-32 中可以看出文件夹的组已经修改成 mssql。

创建目录并配置权限之后，就可以使用 mssql-conf 工具来修改 SQL Server 的默认路径。

2）修改默认路径

在 Linux 上使用 mssql-conf 工具来修改路径。该工具默认位于/opt/mssql/bin/下。

```
~$ sudo /opt/mssql/bin/mssql-conf set filelocation.defaultbackupdir /var/sqlbackup
```

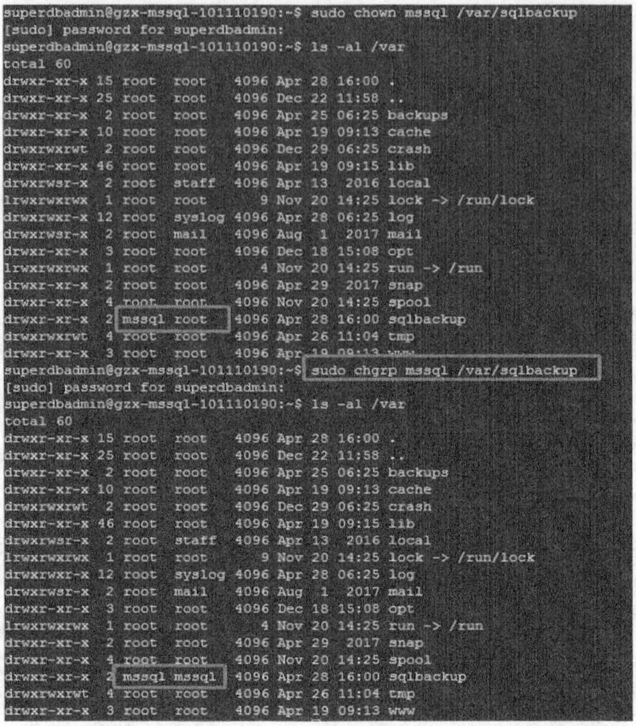

图 6-32 目录授权

代码执行之后，会有提示要求重启 SQL Server 服务，如图 6-33 所示。

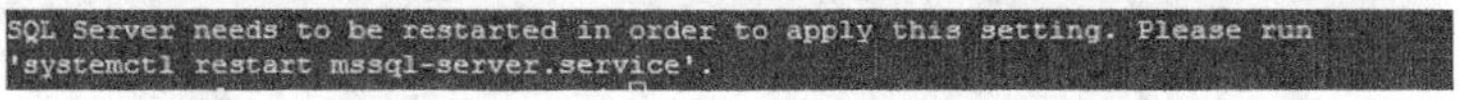

图 6-33 设置备份目录后重启服务

按照提示重启服务之后，再次打开 SSMS 的服务器属性界面，可以看到修改成功，如图 6-34 所示。

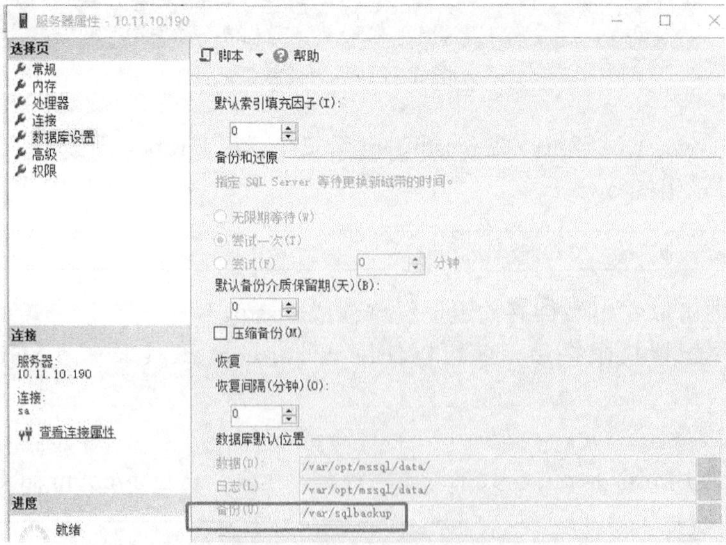

图 6-34 从 SSMS 中查看备份修改之后的信息

到目前为止，备份的准备工作已经完成。我们可以不修改路径然后直接备份到有权限或者已经授权给 mssql 的目录，不过作为有效的运维手段，并不建议在日常工作中过多地覆盖默认值。

3）备份数据库

可以使用 SSMS 来实现备份操作，这与 Windows 上的 SQL Server 操作几乎没有差异，也可以在 sqlcmd 中实现，它们最大的区别就在于路径写法不同。图形化操作就略过了，下面在 sqlcmd 中演示一下。由于前面已经修改了默认路径，所以这里不需要额外指定文件的具体路径，备份结束后，我们再检查文件夹的内容及权限，如图 6-35 所示。

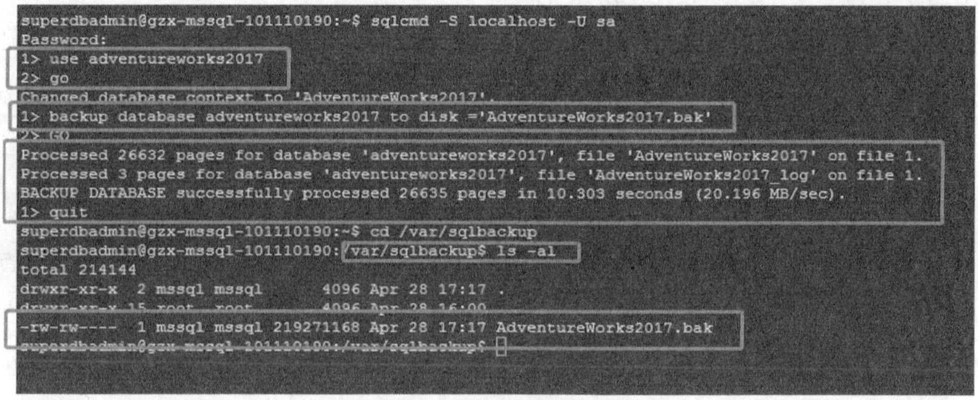

图 6-35 备份数据库

到此为止，备份操作已经完成，接下来演示还原操作。

6.3.2 数据库还原

还原操作在两个平台上都类似，可以使用 SQL 命令或者 SSMS 图形界面来操作。比较常见的差异在于需要还原的数据库是否来自别的地方（如别的服务器或者专用备份设备），然后在还原过程中需要对文件夹进行授权（包括读取备份文件和还原数据库时数据库文件写入对应磁盘的权限）。这种情况什么时候会发生呢？在作者的经历中，这出现在环境迁移的时候，比如有一个以前运行在 Windows 上的系统需要还原到 Linux 上，一般的操作如下所示。

- 在 Windows 上备份数据库，通过某些方式（如 SCP）传到 Linux 上，这是第一次授权，这时需要确保备份文件能够写到 Linux 上。可能这个文件夹还不是备份需要存放的地方。由于只是临时移动所用，所以你可能需要再次调整权限，以便在 Linux 上把备份文件移动到指定的备份文件夹，这是第二次权限调整。
- 如果你的数据库打算直接还原到现在 SQL Server 所在的文件目录，那权限基本上不用调整，如果你需要把库还原到别的文件夹，那么就会引入第三次权限调整。

下面我们来还原一下前面备份的数据库，只是把库名改成“AdventureWorks2017_Test”。

```
RESTORE DATABASE [AdventureWorks2017_Test] FILE = N'AdventureWorks2017'
FROM  DISK = N'/var/sqlbackup/AdventureWorks2017.bak' WITH  FILE = 1,
MOVE N'AdventureWorks2017' TO N'/var/opt/mssql/data/AdventureWorks2017_Test.mdf',
```

```
    MOVE N'AdventureWorks2017_log' TO N'/var/opt/mssql/data/AdventureWorks2017_Test_
0.ldf',  NOUNLOAD,  STATS = 10
    GO
```

除了直接还原，还有一种“还原”数据库的操作——附加数据库。从效果上来说，通常附加的速度快，分离附加（配套操作）在常规运维当中不应该纳入数据库“备份还原”范畴，作者更愿意相信它只是一个应急操作。毕竟很多时候暴力分离操作会导致日志异常。下面我们先把刚还原的“AdventureWorks2017_Test”分离，然后移动到另外一个文件中夹再附加。因为 SSMS 操作没什么特别需要演示的，所以作者尽量使用命令行的方式，同时这也是为了让读者更加习惯使用 Linux 的命令行环境。

1）分离数据库

分离之前我们先要检查一下数据库文件所在的路径，以免分离后找不到文件。

```
SELECT name,physical_name
FROM sys.master_files
WHERE database_id=db_id('AdventureWorks2017_Test')
```

由于 Linux 界面的输出结果没有格式化（需要安装第三方工具，但是作者不想引入过多的工具），所以这里可以使用 SSMS 来查询，结果如图 6-36 所示。注意图中的 name 是逻辑文件名，physical_name 是物理文件名，这两个跟数据库名并不总是一致的。

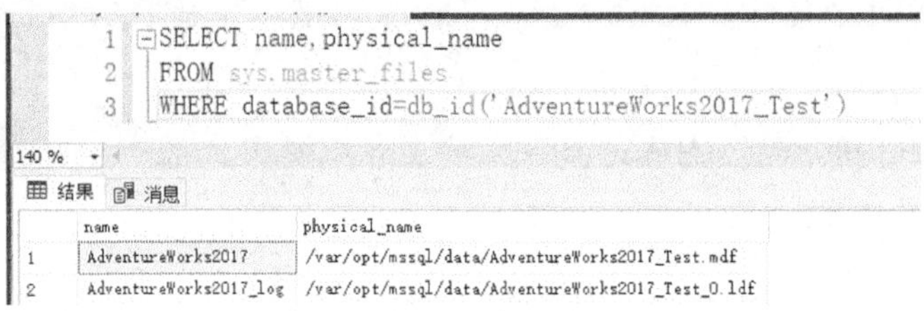

图 6-36　查看数据库物理路径

然后回到 Linux 界面，使用 sqlcmd 执行 T-SQL 命令来分离数据库。

```
EXEC master.dbo.sp_detach_db @dbname = N'AdventureWorks2017_Test'
```

2）移动文件到另外一个目录

这里创建一个名为/var/opt/mssql/testdata/的新目录，并使用 6.3.1 小节中提到的命令授权。下面 3 个命令用于创建和授权。

```
~$ sudo mkdir /var/opt/mssql/testdata/
~$ sudo chown mssql /var/opt/mssql/testdata
~$ sudo chgrp mssql /var/opt/mssql/testdata
```

使用 cp 复制文件，然后用 rm 删除旧文件夹中的文件，其实可以用 mv（等于 Windows 中的剪切）。剪切过程如果出现断网、关机之类的情况，则会导致无法恢复，这是相对危险的，所以建议使用 cp。

在实际复制之前，我们要切换到 mssql 这个账号，由于这个账号并没有提供密码（安装过程没有提供），所以在不得不修改这个账号的密码之前，我们还有其他办法，那就是先切换 root（~$ sudo su - root ），再切换 mssql（~# su - mssql ），注意前面的$已经变成了#，同时“-”前后都有空格。

然后就可以开始复制操作。

```
cp -rv /var/opt/mssql/data/AdventureWorks2017_Test* /var/opt/mssql/testdata/
```

cp、-rv 和*号之间均有空格，*代表模糊匹配，把所有以 AdventureWorks2017_Test 开头的文件复制到对应目录。-rv 显示进度，虽然并没有实际的进度条。在复制完毕之后，可以用 exit 退出账号 mssql 的作用域，回到 root 作用域，然后使用命令~# su - superdbadmin 回到正常的账号作用域中。

文件复制完毕之后，可以进行附加操作，结果如图 6-37 所示。

```
USE [master]
GO
CREATE DATABASE [AdventureWorks2017_Test] ON
( FILENAME = N'/var/opt/mssql/testdata/AdventureWorks2017_Test.mdf' ),
( FILENAME = N'/var/opt/mssql/testdata/AdventureWorks2017_Test_0.ldf' )
 FOR ATTACH
GO
```

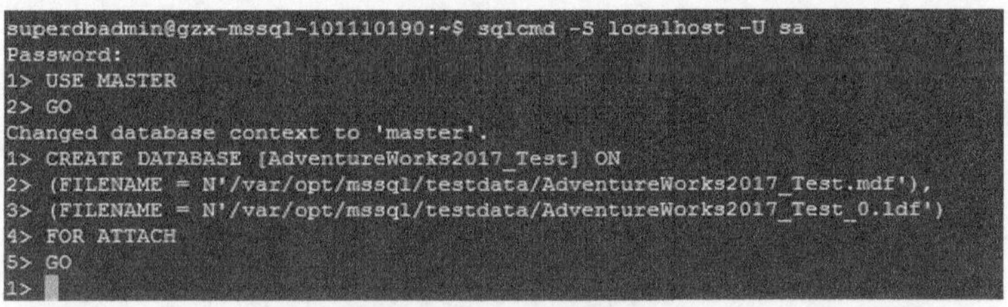

图 6-37　附加数据库

数据库的备份还原基础演示就到这里。对于初学者来说，这基本上够用了，当然使用命令行确实比较累，在真正操作时不妨使用 SSMS 来操作大部分的过程。不过还是建议读者多练习 Linux 上的操作。

另外要提醒一下，备份是为了还原，不能还原的备份是没有意义的。除了真正还原一个数据库并且对数据库进行详细检查之外，没有任何一种方式能够 100%确保备份的有效性。同时数据库的数量之大、容量之大，往往上班的时间都不够用来校验全部数据库的备份，作为 DBA 又不能不做，所以作者日常会周期性或不定期抽检。大概方式如下所示，任何一步失败或者异常都应该当作本次“备份失败”，流程图如图 6-38 所示。

这不是官方的流程，只是个人工作的总结，仅供参考。下面针对图 6-38 所示的一部分内容解释一下。

● 备份文件体积差异且无法解释

有时候体积差异是可以解释的，比如大批量历史数据归档，那么现有数据库的体积可能会比前一个备份文件小很多。

● 如果服务器的空间不足以再次还原一个库

就用 RESTORE VERIFY 来校验，当然若其他服务器空间充足的话可以在别的服务器上实施。

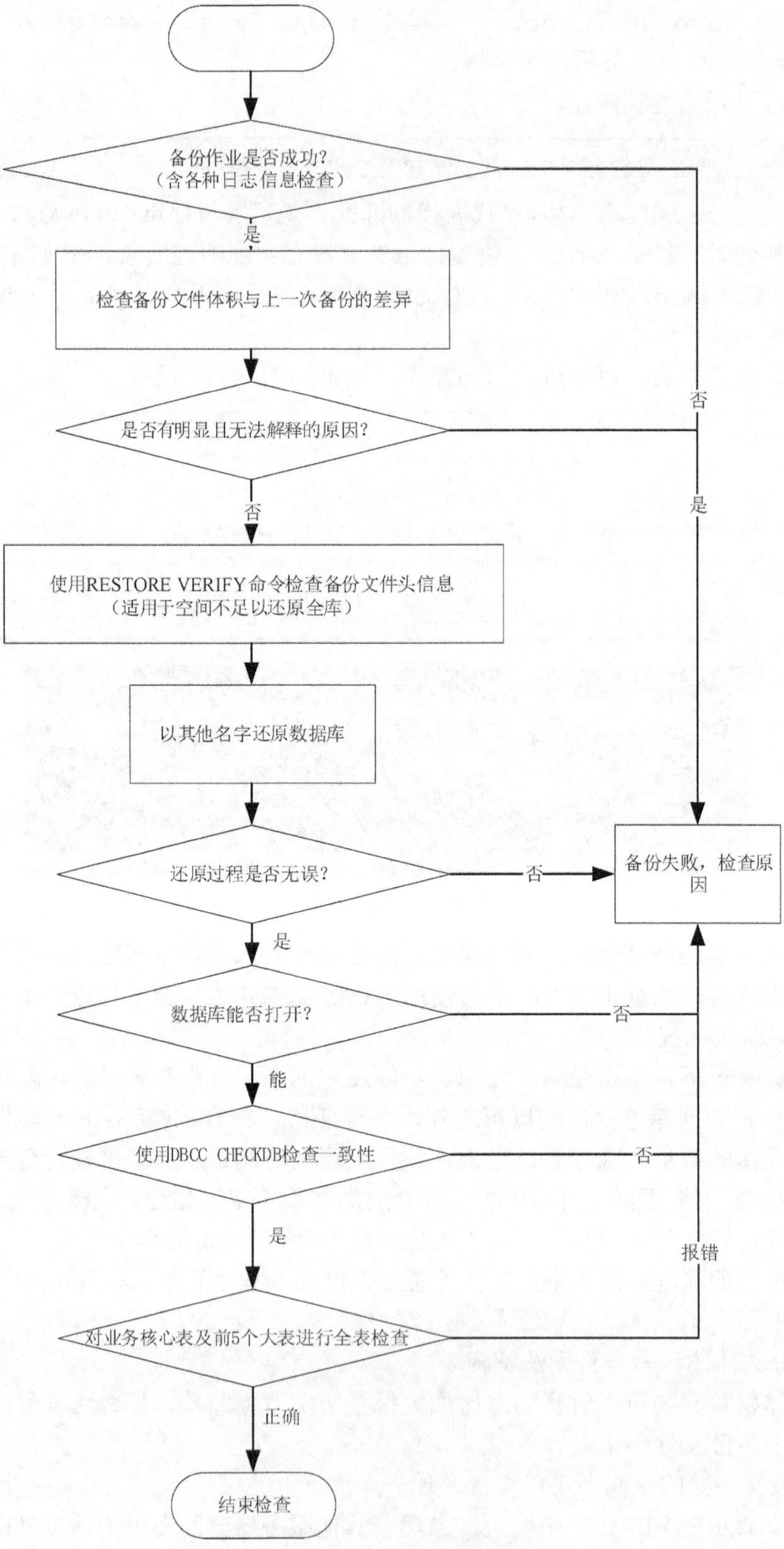

图 6-38　备份校验流程图

- 数据库能否打开

有时候还原过程无误，但是发现数据库变成只读文件或者根本没法打开，这时要检查一下权限的问题，也有可能备份文件有损坏。

- 还原过程失败

作者最常见到的就是还原的数据库无法写入到指定的文件夹，也就是权限问题。

6.3.3 数据库备份还原新用法

从作者实际工作经历来看，备份还原操作并不难，从 SQL 2012 SP1 CU2 开始应保证可以直接备份数据库到微软 Azure Blob 存储，并且从中直接还原到本地或者还原到 SQL Azure（Azure 上的 SQL Server 服务属于 PaaS 范畴）。这里不打算详细演示，毕竟不是每个读者都有 Azure 账号，所以这里就大概说一下流程。

```
create credential MyCredential
with identity = 'mystorageaccount', secret = '<Secret Key>';    --创建证书
backup database MyDb
to url = 'https://mystorageaccount.blob.core.windows.net/mycontainer/MyDb.bak'
with credential = 'MyCredential', stats = 5;    --备份数据库
restore database MyDb
from url = 'https://mystorageaccount.blob.core.windows.net/mycontainer/MyDb.bak'
with credential = 'MyCredential', recovery, stats = 5;--还原数据库
```

对于作者的工作来说，它最大的好处在于它很大程度上解决了空间问题，因为现代数据库往往有严格的审计要求，所以对数据库备份要求很长保留周期（比如 3 年）。目前作者所运维的数据库备份文件（已压缩）大概有 100GB，所有备份文件加起来每天有 TB 级别的大小，用传统方式存储成本很大。而 Azure Blob 相对来说比较便宜，同时具有极高的可用性，可以大大地提高数据库备份文件的安全性和可用性。

同时，在 Blob 上的备份文件可以直接还原到 SQL Azure 上，这对于后期的大数据分析也有帮助。

6.4 总　　结

空间问题成为作者日常工作中除性能问题之外最头痛的问题，因为空间问题涉及软硬件及部门之间的协同。空间问题只是表象，它可能是部署不合理、硬件供应不足，但更多的是数据类型的滥用、文件配置的不合理等因素导致的。这些不仅要跟运维协同处理“紧急空间问题”，也要跟项目组协同处理“由设计导致的问题”，还要在 DBA 的工作中添加必要的监控和控制。

对于服务，由于 DBA 日常所需的工作内容并不多，所以本章篇幅较少，主要的服务是相关工作在于识别、启动、重启、关闭服务和配置账号权限上面。

总之，要保证你的服务器有充足的空间。数据库运维人员可以有更多的时间去专研其他技能，这也让你对外有一个专业的形象。

第 7 章　SQL Server On Linux 数据库安全

2 分钟速读

随着大数据的发展，数据安全性已经再次提到新的高度，过去大部分人重视的是性能，而今天，安全甚至比性能更为重要。

SQL Server On Linux 除了新版 SQL Server 原生的安全功能之外，搭配 Linux 优秀的服务器功能，进一步提升了数据库及宿主服务器的稳定及安全。

由于关于 Linux 安全方面的内容很多，而且有专门的章节介绍 Linux 的运维知识，所以本章主要介绍 SQL Server 层面的安全管理。

- 安全概念
- 始终加密（AE）
- 动态数据掩码（DDM）
- 行级安全性（RLS）
- 时态表

7.1　安 全 概 念

不管过去还是今天，数据的安全性都毋庸置疑地排在前列，不过跟网上宣传的排名不一样，个人认为稳定性应该排在第一，安全在第二，如果系统连用都不能用，那么你就算有最高权限也没意义。

从概念上而言，安全性的本质就是不让非授权用户对数据进行操作（含访问），同时还要对操作进行详细记录。为了实现这个目的，常规手段是从整套系统的外围（通常就是网络层）开始着手逐层抵御非法进入，并且始终保证使用最小所需权限原则。

把安全落实到工作中，首先要保证各层访问均已得到授权，尽可能记录所有行为。然后对操作优先使用最低权限，再根据使用过程逐步提高，切记一开始为了方便就提供最高权限（有一个例外是整体软硬件架构混乱导致无法真正满足权限要求的时候，可能只有使用最高权限这个办法）。接下来就是做好实时记录，这包括账号、权限、用途、有效期等。它需要实时变更，过于久远的记录跟没有记录是一样的。最后就是要关注安全补丁的发布并考虑是否需要加固系统，这一步也可以理解为周期性巡检系统的安全漏洞。

概念性的东西说起来比较枯燥，接下来我们重点介绍和演示一下从 SQL Server 2016 开始引入的一些安全新功能。

7.2 始终加密

其英文为 Always Encrypted，简称 AE。准确来说，AE 是 SQL Server 2016 企业版引入的新功能，这个功能可以说是 SQL Server 2016 引入的多个安全功能中最重要的一个。因为加密对数据管理的重要性日益增加，而 AE 可以对应用程序客户端连接至其他地方（包括网络、服务器、数据库和存储）时加密敏感数据，同时它对原有系统的改动要求非常少，所以强烈建议对重要系统进行评估并使用 AE。

7.2.1 AE 简介

AE 是 SQL Server 2016 的新功能，用于加密静止和运动（传输中）的“列”数据。它跟已有的加密技术有明显的区别，传统的列加密仅能加密静态数据，而 TDE（透明数据库加密）又只能加密整个数据库而不是单列。

通过 AE，客户端应用程序可以对 SQL Server 之外的数据进行加/解密，更好地控制哪些人可以以未加密的状态访问数据，从而强制分离角色并将敏感数据的风险降到最低。过去，SQL Server 特权用户（比如 SA 账号、Windows Administrator 等）可以直接查询数据库中的数据，即使数据已加密，加密密钥往往也存储在本地，特权用户可以通过这些密钥解密。在传统企业的私有环境中因为相对处于内部环境索引所以这并不非常危险，但是在云计算时代，出现了大量的托管环境，很多企业数据都由其他服务商来运维，这就导致了数据的安全风险大增。而 AE 把“加/解密”操作放在客户端而不是数据库中，这样可以使特权用户被怀疑的机会大大降低。企业审计的工作量也随之降低。

为了能够加/解密数据，应用程序必须使用支持 AE 的驱动程序，因为加/解密操作实际上是由驱动程序执行的。提醒一下，AE 是“列级”加密。

要实现 AE，在数据库中需要生成列加密密钥（column encryption key，CEK）和列主密钥（column master key，CMK），列主密钥加密列加密密钥，然后列加密密钥加密实际列数据。列加密密钥存储在实例上，而列主密钥仅存储指向密钥位置的元数据，实际上列主密钥存储在受信任的外部密钥存储区，如 Windows 证书存储区或者 Azure 上。在任何时候数据库引擎都不会以明文形式使用或存储任何密钥。下面我们来演示一下如何使用 AE。

7.2.2 AE 演示

环境准备

从 SQL Server 2016 SP1 开始，所有版本均支持 AE，使用 AE 并不需要做太多事情。演示使用 3.5 节所安装的 AdventureWorks2017 演示数据库。为了避免影响后续学习，仅从该库的 HumanResources.Employee 表中导出数据到一个新表 EmpInfo，并对 EmpInfo 使用 AE，以下是环境准备代码。

```
USE AdventureWorks2017
GO
```

```
--创建演示表
CREATE TABLE EmpInfo(
  EmpID INT PRIMARY KEY,
  JobTitle NVARCHAR(50) NOT NULL,
  LoginID NVARCHAR(256) NOT NULL,
  NatID NVARCHAR(15) NOT NULL);
GO
--导入数据
INSERT INTO EmpInfo(EmpID, JobTitle, LoginID, NatID)
SELECT BusinessEntityID, JobTitle, LoginID, NationalIDNumber
FROM HumanResources.Employee
WHERE NationalIDNumber IS NOT NULL;
```

另外，由于 AE 的限制，T-SQL 无法使用 AE 的全部功能，我们只能使用 SSMS 或 PowerShell 才能执行所有操作，为简便起见，这里使用 SSMS 来演示。

运行向导

最简单的实现方式就是使用 SSMS 的始终加密向导，这也是 SQL Server 从业人员习惯的方式，虽然很多操作并不建议使用 SSMS 而应该使用 T-SQL。启动 AE 向导，选择【加密列】，如图 7-1 所示。

图 7-1 启动 AE 向导

我们跳过【简介】页，直接看【列选择】页，在这里可以选择需要加密的列及配置项。本例加密 LoginID 和 NatID 列，如图 7-2 所示。

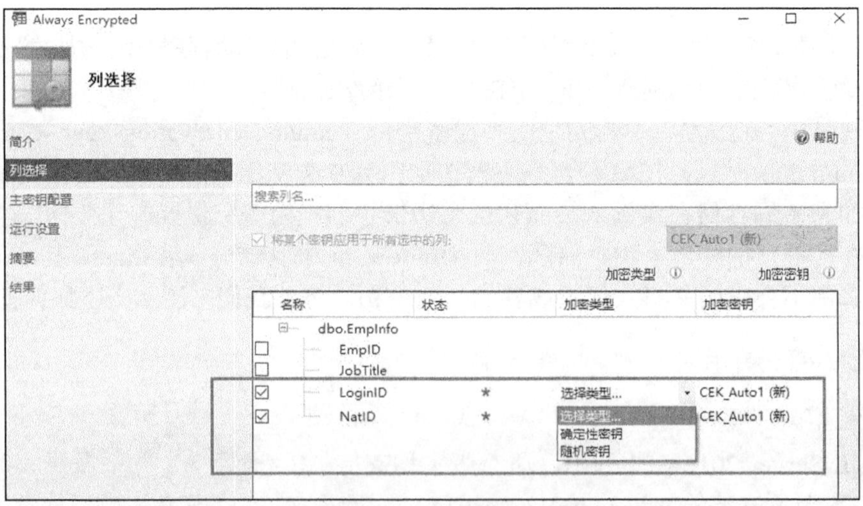

图 7-2 AE 列选择

每列都必须选择加密类型，可选的类型有以下两种。

- 确定性密钥

由特定文本值生成的相同加密值可以用于关联操作、精确查找、分组和索引化，但是不如随机值安全。可以通过推算来猜测真实值，特别是对于一些唯一值很少的列（如 bit 列）。本例使用【确定性密钥】。

● 随机密钥

随机产生加密值更加安全但不能用于关联、精确查找、分组和索引。

除了加密类型，图 7-2 最右边还可以对每个列指定列加密密钥，我们可以自定义或者让向导自己完成。这里使用默认选项“CEK_Auto1（新）”。同时你会发现每列都会出现一个警告图标，如果把鼠标光标停在上面可以看到警告消息，因为加密字符串必须使用 Latin1_General_BIN2 排序规则，如图 7-3 所示。

图 7-3　加密字符串必须使用 Latin1_General_BIN2 排序规则

接下来是【主密钥配置】页，如图 7-4 所示。为了简化操作，这里我们把主密钥存储在当前用户的 Windows 证书存储中，直接单击下一步即可。如果已经创建了一个主密钥，那么可以直接使用，另外也可以将其存储在 Azure 密钥保管库中，这时需要提供必要的登录凭据。

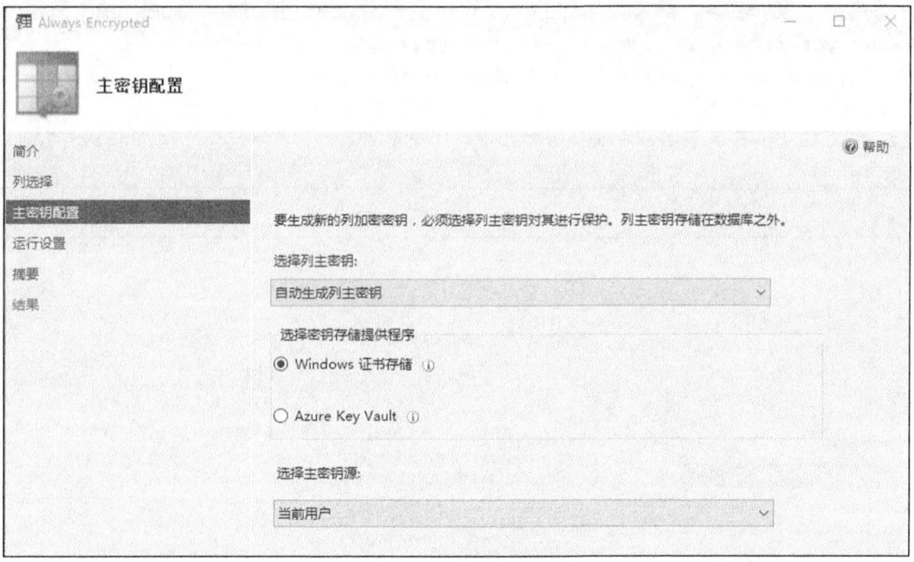

图 7-4　主密钥配置

运行设置页可以选择立即加密或生成 PowerShell 脚本后运行，如图 7-5 所示。

通常我们只需要使用默认设置即可，不过如果读者想使用 PowerShell 来完成，那么也可以参考一下这个 PowerShell 脚本。

```
    # Generated by SQL Server Management Studio
      Import-Module SqlServer
      # Load reflected assemblies
      [reflection.assembly]::LoadwithPartialName('System.Data.SqlClient') | Out-Null
      [reflection.assembly]::LoadwithPartialName('Microsoft.SQLServer.SMO') | Out-Null
      [reflection.assembly]::LoadwithPartialName('Microsoft.SQLServer.ConnectionInfo') |
Out-Null
      # Set up connection and database SMO objects
```

```
    $sqlConnectionString = 'Data Source=localhost\sqlsrv16;Integrated Security=True;
MultipleActiveResultSets=False;Encrypt=False;TrustServerCertificate=False;Packet Size=
4096;Application Name="Microsoft SQL Server Management Studio"'
    $sqlConnection = New-Object 'System.Data.SqlClient.SqlConnection' $sqlConnectionString
    $serverConnection = New-Object 'Microsoft.SqlServer.Management.Common.ServerConnection'
$sqlConnection
    $smoServer = New-Object 'Microsoft.SqlServer.Management.Smo.Server' $serverConnection
    $smoDatabase = $smoServer.Databases['EmpData3']
    # If your encryption changes involve keys in Azure Key Vault, uncomment one of
the lines below in order to authenticate:
    #   * Prompt for a username and password:
    #Add-SqlAzureAuthenticationContext -Interactive
    #   * Enter a Client ID, Secret, and Tenant ID:
    #Add-SqlAzureAuthenticationContext -ClientID '<Client ID>' -Secret '<Secret>' -
Tenant '<Tenant ID>'
    # Change encryption schema
    $encryptionChanges = @()
    # Add changes for table [dbo].[EmpInfo]
    $encryptionChanges += New-SqlColumnEncryptionSettings -ColumnName dbo.EmpInfo.
LoginID -EncryptionType Deterministic -EncryptionKey AEColumnKey
    $encryptionChanges += New-SqlColumnEncryptionSettings -ColumnName dbo.EmpInfo.
NatID -EncryptionType Randomized -EncryptionKey AEColumnKey
    Set-SqlColumnEncryption -ColumnEncryptionSettings $encryptionChanges -InputObject
$smoDatabase
```

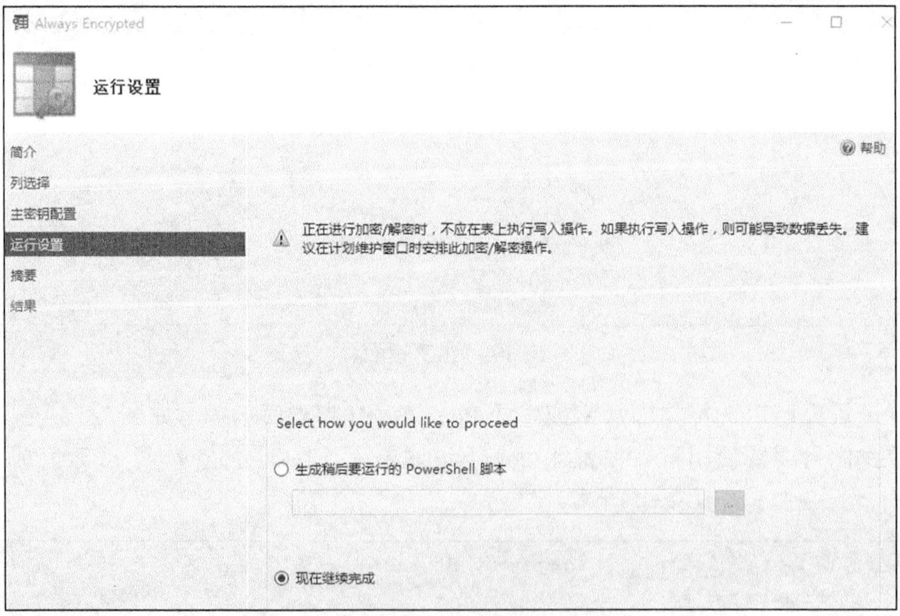

图 7-5 运行设置

接下来就是我们熟悉的“下一步直到完成”操作。操作成功之后，意味着已经对该表的两列实施了 AE 加密。要注意的是，如果对大型表进行加密，那可能会花费很长时间，同时不应该对正在加密的数据执行写入操作，否则有丢失数据的风险。

查看加密数据

在完成 AE 之后，我们来检查一下效果。在 SSMS 中简单查询该表，可见数据确实加密了，如图 7-6 所示。

图 7-6 AE 加密后的数据

前面提到过，AE 应该在 SQL Server 外部进行（SSMS 其实就是外部的一个客户端而已），假设 SSMS 是一个应用程序的客户端（实际上确实也是），那么如何明文查看已加密的数据呢？为此可以在登录界面选择【选项】，然后如图 7-7 所示，输入连接字符串参数。

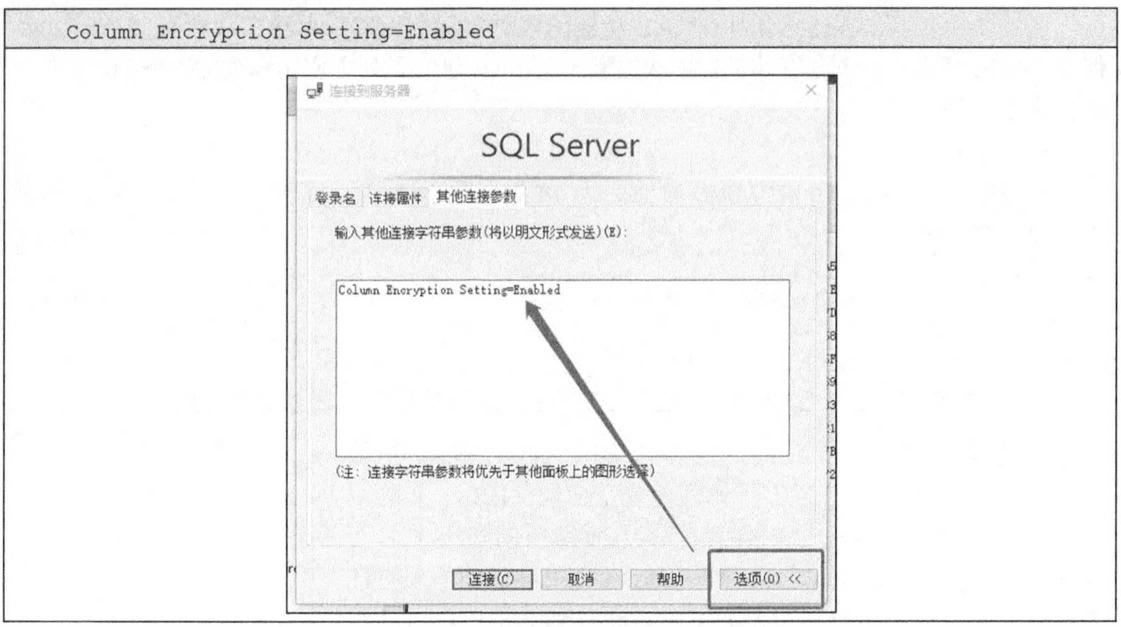

图 7-7 SSMS 连接字符串

重新连接之后，我们再次执行原有语句可以看到如图 7-8 所示，数据已经以明文形式显示了。

这个演示意味着用于访问加密数据的任何客户端应用程序都必须包含支持 AE 的驱动程序（SSMS 使用的是.Net Framework 来提供这种支持，它要在连接字符串中指定），同时需要启用驱动程序来处理加/解密操作。

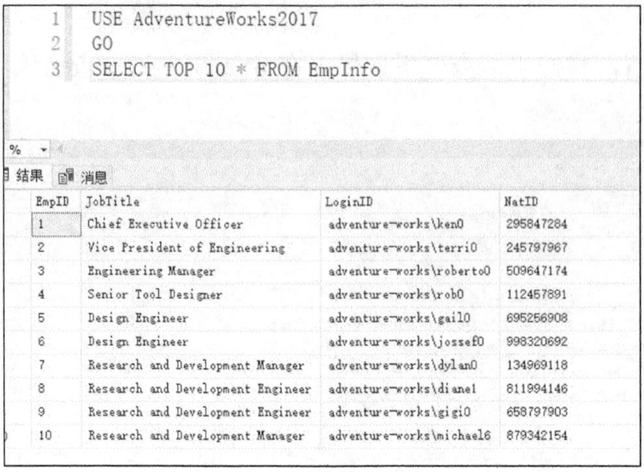

图 7-8　查看明文数据

AE 之后的数据，在数据库中已是密文存储，在传输到客户端（本例的 SSMS）的过程中解密。

7.2.3　创建密钥

在 7.2.2 小节中，我们使用了 SSMS 向导来自动创建密钥，这样做更加简便直接，同时可以绕过 T-SQL 无法完全实现所有 AE 功能的限制。虽然 T-SQL 无法实现所有的 AE 功能，但是 T-SQL 还是可以创建密钥的。再次提醒大家，AE 包含了列主密钥和列加密密钥。我们下面分别手动创建。

列主密钥

命令格式为 `CREATE COLUMN MASTER KEY`，下面命令可以创建一个基于 Windows 证书存储的主密钥。

```
CREATE COLUMN MASTER KEY AEMasterKey
WITH (
  KEY_STORE_PROVIDER_NAME = 'MSSQL_CERTIFICATE_STORE',
  KEY_PATH = 'CurrentUser/my/B27A4A9FCC37F2C5B1807249FE1285CD4A40B88F');
```

与直接使用向导不同，T-SQL 可以创建指向微软 CryptoAPI 或加密 API 商店［如硬件安全模块（HSM）］的主密钥，还能使用 Azure 密钥保存库。上面语句创建一个名为 AEMasterKey 的主密钥，它指向 Windows 证书存储中的现有证书。这意味着证书应已存在，如果不存在，那么可以再次使用 SSMS 来创建。

创建成功的密钥可以在图 7-9 所示的文件夹查看。

使用 T-SQL 创建证书的好处在于你可以选择更多的证书存储选项，如果你不熟悉语法，那么可以在图 7-9 所示的列主密钥下右键选择新建主密钥，然后单击生成脚本按钮。生成之后可以使用下面命令来检查是否成功。

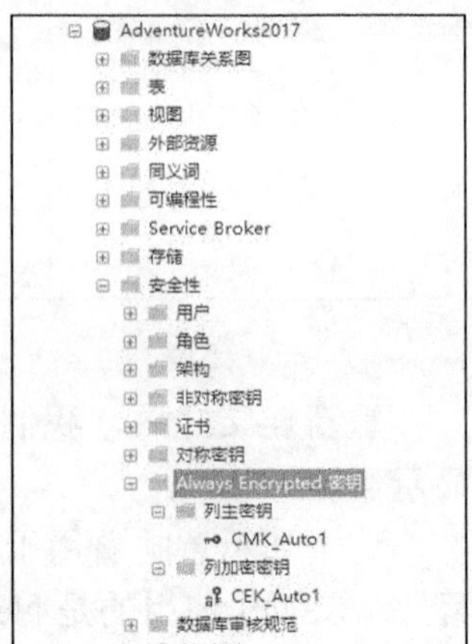

图 7-9　查看 AE 密钥

```
SELECT name KeyName,
  column_master_key_id KeyID,
  key_store_provider_name KeyStore,
  key_path KeyPath
FROM sys.column_master_keys
```

主密钥创建成功之后，就可以创建列加密密钥了。

列加密密钥

同样，可以使用 T-SQL 和 SSMS 来实现创建它，命令为 CREATE COLUMN ENCRYPTION KEY。

```
CREATE COLUMN ENCRYPTION KEY AEColumnKey
WITH VALUES
(
    COLUMN_MASTER_KEY = AEMasterKey,
    ALGORITHM = 'RSA_OAEP',
    ENCRYPTED_VALUE = 0x016E000001630075007200720065006E0074007500730065007200200
F006D0079002F006200320037006100340061003900660063006300330037006600320063003500620031
0038003000370032003400390066006500310032003800350063006400340061003400300062003800380
0660053FD933BC3E3E6E5FFD935F452A5C4113FF56E4D946D78B22A69415FF8EF69D9B3A5541F2463BBC32D
06AC88AE95B4CDBBEE7A9D1DD80043D7C900F28917637F4414565CB3F2B29CEEE5C03DF182C4F62395CDAD5
9A59BFCBD421889DB9EFB2B5250AA597268011B8ACCFFA7A1B5D846BD476BBD8F8239D2681C800E3BCD8484
85AEC6E69FE76D06D2E213FB36FCBCA5E8B75FE67D21C1C05EB7CF819AD9F96701116A2B642F690455FC7DC
48AEEB1825BB20ECD428F910C002EE3D186706E00F76C608EF78FBB147ABA798309092517A39C9C4031B385
7C599B238174AA1E8433A649D63D194278B0A4EFBF15DF4E4B5B4468FB73FC8992B3E34606AB306E2E19BAD
EE4B38288FF77B9A8E45A56BB321091EF0CF3567076ED27D875286CB2232177F610B9A0DAEBFA34ABA9856A
094E26E995987AD050D27954DDB08BED9A34C6D19CBE6B2271A7E716C33850DB8781C9D3B762C0920EED57B
B9D2BA581F7AC1A46EA55962200FD26405FE31005D413BA5B624E5AF2770377A13EB68FB681242B8B719499
175113E84073013BDC6E03E5F82EC070B9151705F1C564106B93E3C7566E41BAD00209AB4587278640FE225
F797DD9BB83284E8A674DFC7F48558441E00BC856161FC93A38E337B050915450E7B0ED848CDB63272B6531
9B26B45119ED081852DEBE53DFF7A6CD21935FC3CBF2C4852AD01CFF0153B76C196F7667 );
```

除了主密钥名字和算法选项之外，还需要提供加密值，这有点难度。在这个过程中需要用一种方法加密密钥值，然后传递到 CREATE COLUMN ENCRYPTION KEY 中。这个方法可以是 SSMS（最简单）或者 PowerShell。

在图 7-9 中右键【新建列加密密钥】，然后输入名字和选择现有列主密钥，剩下的事情就交给 SSMS 即可，如图 7-10 所示。

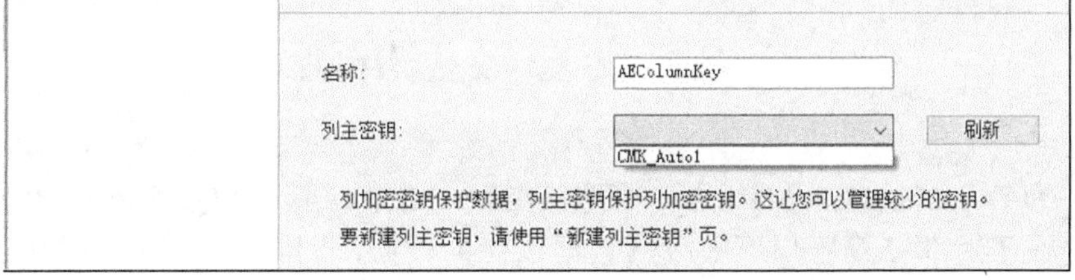

图 7-10 GUI 新建列加密密钥

完成之后，通过 sys.column_encryption_keys 或 sys.column_encryption_keys_values 目录视图来校验是否创建成功。

用密钥创建表

密钥创建之后，除了可以在 AE 向导中直接选择之外，还可以在 T-SQL 中通过建表命令来加密列。使用前面创建的两个密钥来创建一个表并对 NatID 使用 AE 加密。

```
USE AdventureWorks2017
GO
CREATE TABLE EmpNatID(
  EmpID INT PRIMARY KEY,
  NatID NVARCHAR(15) COLLATE Latin1_General_BIN2
    ENCRYPTED WITH (COLUMN_ENCRYPTION_KEY = AEColumnKey,
    ENCRYPTION_TYPE = Randomized,
    ALGORITHM = 'AEAD_AES_256_CBC_HMAC_SHA_256') NOT NULL);
```

注意排序规则和加密类型，这里使用了随机加密。不过当你尝试用 T-SQL 来插入数据时，它会报错。

```
USE AdventureWorks2017
GO
INSERT INTO EmpNatID(EmpID, NatID) VALUES(1, '295847284');
```

错误信息如下：

消息 206，级别 16，状态 2，第 3 行

Operand type clash: varchar is incompatible with varchar(8000) encrypted with (encryption_type = 'RANDOMIZED', encryption_algorithm_name = 'AEAD_AES_256_CBC_HMAC_SHA_256', column_encryption_key_name = 'AEColumnKey', column_encryption_key_database_name = 'AdventureWorks2017') collation_name = 'SQL_Latin1_General_CP1_CI_AS'

任何针对加密列的数据操作（删除和查看除外）都必须在客户端中进行，否则会报错。你可以在 SSMS 中右键选择【编辑前 200 行】手动添加。

7.2.4 小结

在大多数情况下，AE 是相对简单的过程，更多的操作是在客户端特别是驱动上面进行。使用 AE 最好是从 SQL Server 2016 SP1 版本开始，因为这个版本开始不仅所有版本都支持 AE，同时也修复了不少 bug。从目前各功能看来，AE 是从 SQL Server 2016 开始一个很关键的新特性，在不久的将来它势必被广泛使用。

7.3 动态数据屏蔽

其英文为 Dynamic Data Masking，简称 DDM，这个功能从 SQL Server 2016 RTM 开始引入。目的在于对非特权用户屏蔽敏感数据以保护数据，同时能简化应用程序的安全设计和编码（但是不要因此忽略了应用程序的安全保护）。

7.3.1 DDM 简介

简单来说，DDM 实现的效果如图 7-11 所示。和 AE 不同的是，DDM 可以对整列或者列的部分值进行屏蔽；相同的是，它也是基于列（严格来说是列的某些行）进行加密（准确来说是屏蔽）的。常用的场景是信用卡、手机号的屏蔽，这在现在生活（特别是快递单）中见得非常多。另外一个好处在于不改变数据库的实际数据，只是在显示时进行过滤。

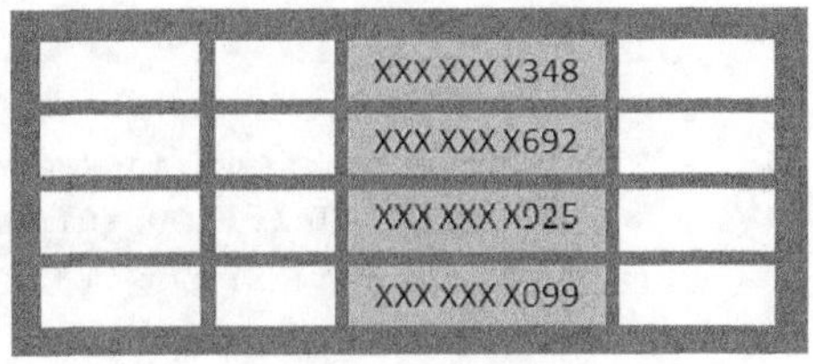

图 7-11 DDM 效果

DDM 作用于列，由 UNMASK 权限控制，有 UNMASK 权限的用户可以看到完整数据，反之则只能看到过滤后的数据。同时，DDM 更多地被视为其他安全功能的“补充”，所以一般建议搭配审计、加密、行级别安全性（详见 7.4 节）一并使用。

屏蔽规则由屏蔽函数控制，但是 NULL 总是显示为 NULL。对于屏蔽后的数据导入/导出的均为屏蔽后的数据。

需要注意，任何功能都有限制和局限，DDM 也对某些数据类型不能使用屏蔽功能。特别注意已经使用了 AE 的列不能再使用 DDM，毕竟对一些加密数据没有屏蔽的必要。

最后需要注意，屏蔽之所以通常是补充手段，因为 DDM 可以通过推断或暴力手段来破解，接下来会演示。

7.3.2 DDM 屏蔽规则

直观来说，DDM 技术是通过对列数据设置一定的函数规则使不具有 UNMASK 权限的用户通过规则来读取数据。这些规则有 4 种。

- Default()

返回数据类型的默认值，如数值型返回 0，日期型返回 1900-01-01 等，如果是 text 数据，则会以“XXXX”字符替代它。

- Email()

只公开邮件地址的第一个字母和@后的常量扩展名“.com”，如 aXXX@XXX.com。

- Random()

仅对数值型有效的以随机数进行过滤，可以指定返回时使用的随机值来屏蔽原始值。

- Partial()

自定义字符串，可以进行自定义规则。

下面我们来演示一下各种规则的使用方法。

7.3.3 DDM 演示

这里依旧使用 AdventureWorks2017 库作为示例，同样以新建一个表为例。

代码清单 7-1 DDM 演示（1）——环境准备

```
USE AdventureWorks2017
GO
```

```
--创建测试表，并定义屏蔽规则
create table dbo.Consultants
(
   ID int not null,
       --自定义字符串，公开第一个字符，最后的 0 代表要公开多少个字符，0 为不公开
   FirstName varchar(32) masked with (function='partial(1,"XXXXXXXX",0)') not null,
       --使用默认值（即 1900-01-01）替换日期
   LastName varchar(32) not null, DateOfBirth date masked with (function='default()') 
not null,
       --自定义字符串，从第一个字符开始屏蔽，显示最后 4 个字符，屏蔽值为 XXX-XXX-
   SSN char(12) masked with (function='partial(0,"XXX-XXX-",4)') not null,
       --电子邮件规则，只显示首字母及扩展常量.com
   EMail nvarchar(255) masked with (function='email()') not null,
       --使用随机值屏蔽，范围为 500~1000
   SpendingLimit money masked with (function='random(500,1000)') not null
);
--插入测试数据
insert into dbo.Consultants(ID,FirstName,LastName,DateOfBirth,SSN,Email,SpendingLimit)
values (1,'Thomas','Grohser','1980-01-01','123-456-7890','tg@grohser.com',10000)
   ,(2,'Dmitri','Korotkevitch','2010-01-01','234-567-8901','dk@aboutsqlserver.com',
10000);
GO
```

代码创建了一个测试表 Consultants，并且对每列分别使用了不同的屏蔽规则，然后插入一些用于测试的原始数据。对于屏蔽后的预期结果已经在代码注释中说明。

接下来需要创建一个账号来演示不具有 UNMASK 权限的用户行为。

```
USE AdventureWorks2017
GO
--创建一个演示账号
create user NonPrivUser without login;
grant select on dbo.Consultants to NonPrivUser;
go
```

注意 UNMASK 是需要额外赋权（ALTER ANY MASK）的，所以在默认情况下都不具有这个权限，除非是 SA 等 sysadmin 或 db_onwer 角色的成员。

我们先以 SA 身份查询一下表，然后使用刚建立的 NonPrivUser 来执行。

```
USE AdventureWorks2017
GO
-- 以 SA 或者 db_owner 这类默认具有 UNMASK 权限的账号进行运行来查看原始数据
select * from dbo.Consultants;
-- 以演示账号再次查询，默认它没有 UNMASK 权限，只能看到屏蔽后的数据
execute as user = 'NonPrivUser';
select * from dbo.Consultants
revert; --注意回收，否则该会话的后续操作均以 NonPrivUser 来执行
```

结果如图 7-12 所示，注意由于最后一列使用了随机数，所以读者得到的结果会不相同。

	ID	FirstName	LastName	DateOfBirth	SSN	EMail	SpendingLimit
1	1	Thomas	Grohser	1980-01-01	123-456-7890	tg@grohser.com	10000.00
2	2	Dmitri	Korotkevitch	2010-01-01	234-567-8901	dk@aboutsqlserver.com	10000.00

	ID	FirstName	LastName	DateOfBirth	SSN	EMail	SpendingLimit
1	1	TXXXXXXXX	Grohser	1900-01-01	XXX-XXX-7890	tXXX@XXXX.com	585.9142
2	2	DXXXXXXXX	Korotkevitch	1900-01-01	XXX-XXX-8901	dXXX@XXXX.com	691.8942

图 7-12 DDM 生效前后的对比

7.3.4 DDM 性能与安全

从 7.3.3 小节中可见，我们只需要对表结构及账号做一些手脚就可以达到目的，对应用程序的修改几乎为零。既然它更多的是一个“补充”功能，那么说明它还是有不足的地方，比如性能与安全。

当 DDM 启用之后，SQL Server 会在数据访问之后（还是按原始数据来读取数据）才进行屏蔽，通常使用 Compute Scalar（计算标量）操作符来实现。如图 7-13 和图 7-14 所示，它们分别为是否有 UNMASK 权限的账号查询数据的实际执行计划，均出现了“计算标量”操作符。注意图 7-14 中的第一行，添加了一行“`grant showplan to NonPrivUser;`”以便该账号也能查看执行计划。

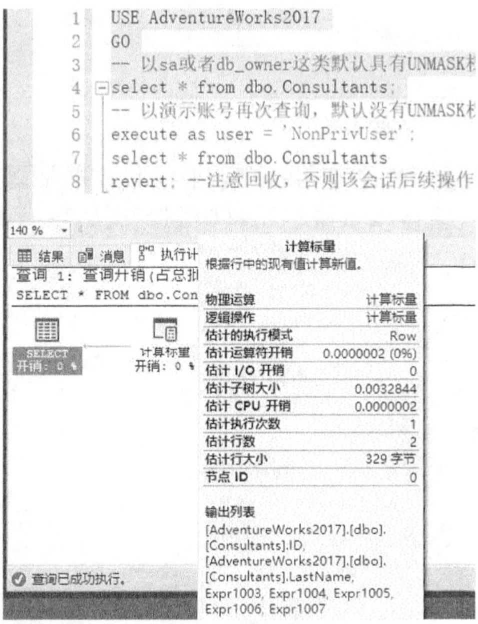

图 7-13 有 UNMASK 权限账号的执行计划

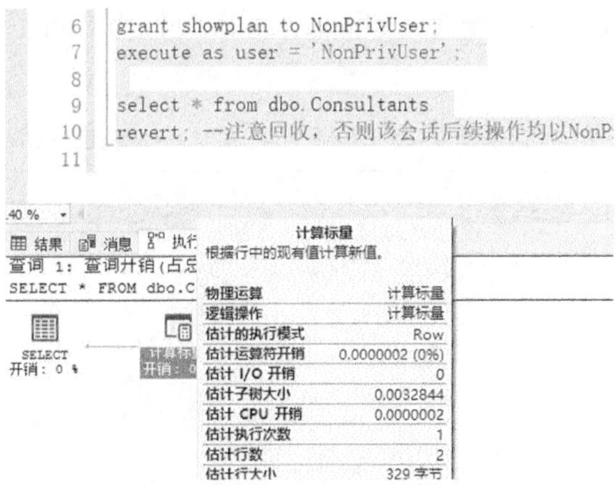

图 7-14 无 UNMASK 权限的执行计划

读者可以再次使用前面建表并插入数据的语句创建一个一模一样的表（Consultans1），但是不添加屏蔽函数，其执行计划中是不存在这个操作符的。虽然开销一样，但是多引入一个操作符必然会多引入一份开销，而且很多时候由于代码简单，开销的差异并非很明显，所以在百分比中看不到这种差异。但是如果查看【消息】页，则可以发现不管这个操作执行多少次，未屏蔽数据的消耗时间比有屏蔽的小，如图 7-15 和图 7-16 所示。

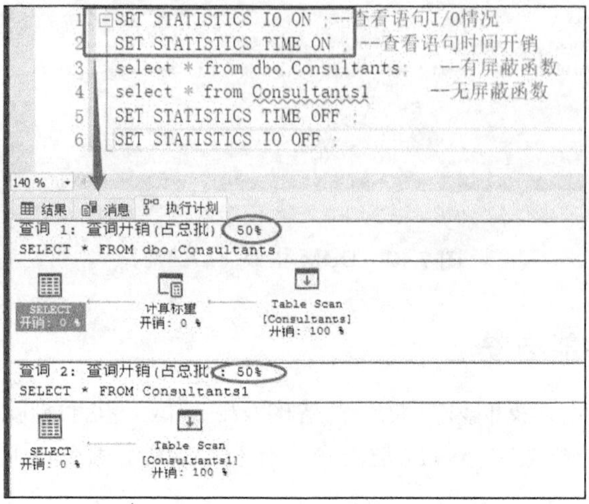

图 7-15　是否使用 DDM 的执行计划

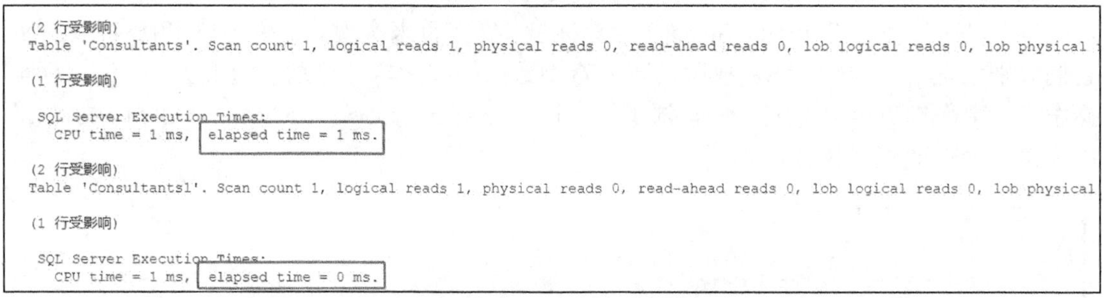

图 7-16　是否使用 DDM 的时间统计信息

在安全方面，DDM 的初衷是通过应用程序使用一组预定义的规则来限制数据暴露，使用即席查询（ad hoc）的非特权用户可以使用一些技术来绕过这种限制，比如下面的演示。

代码清单 7-2　DDM 演示（2）——绕过 DDM 保护演示

```
execute as user = 'NonPrivUser';
--产生测试数据,数据为一个单调递增的单列序列表
;with N1(C) as (select 0 union all select 0) -- 2 行
,N2(C) as (select 0 from N1 as T1 cross join N1 as T2) -- 4 行
,N3(C) as (select 0 from N2 as T1 cross join N2 as T2) -- 16 行
,N4(C) as (select 0 from N3 as T1 cross join N3 as T2) -- 256 行
,N5(C) as (select 0 from N4 as T1 cross join N4 as T2) -- 65,536 行
,PossibleValues(SpendingLimit)
as (select row_number() over (order by (select null)) from N5)   --排序
--使用序列表和 DDM 表关联
select c.ID, p.SpendingLimit, c.SpendingLimit as MaskedLimit
from dbo.Consultants c join PossibleValues p on
    c.SpendingLimit >= p.SpendingLimit - 1 and
    c.SpendingLimit < p.SpendingLimit;
revert;
```

结果如图 7-17 所示，我们可以看到，即使使用 NonPrivUser 这个没有 UNMASK 权限

的账号执行查询操作，同样可以得到原始数据。

要想减轻这种影响，可以禁止用户对有屏蔽数据的表具有 SELECT 权限，这可以通过存储过程等形式封装代码来实现。但是这会造成客户端应用程序的代码变更，此外，还要启用审核功能用于跟踪这种活动。

	ID	SpendingLimit	MaskedLimit
1	1	10001	566.2747
2	2	10001	632.3552

图 7-17 绕过 DDM 保护的结果

由于篇幅有限，这里不打算深入介绍它。如果读者期望进行更深入的了解并且英文水平还可以的话，那么不妨阅读一下国外的系列文章（Stairway to Dynamic Data Masking）。

7.4 行级安全性

Row-Level Security 简称 RLS，是 SQL Server 2016 引入的安全功能。上面提到的 AE 和 DDM 是列级安全性，作为一个成熟的软件怎么能没有行级安全性呢？RLS 和 AE/DDM 的目的都是限制非特权用户访问表中的数据。过去常规的权限控制在整表，假设在一个销售软件中，某些销售人员只能访问客户表的一部分内容（比如自己维护的客户），而区域销售总监可以访问区域内的全部数据，这时 RLS 就可以起到作用。这个功能跟视图有点类似，但是视图有很多限制，而且严格来说它不算是“安全功能”。

RLS 和 DDM 类似，不仅控制了表的数据访问，同时简化了应用程序的设计和编码；跟 AE 不同的是，AE 作用于应用程序的驱动程序中，而 RLS 作用在数据库层。

要想实现 RLS，需要创建名为 policy function 的内联表值函数（inline table-valued function）。

7.4.1 RLS 演示

我们再次使用 AdventureWorks2017 并新建架构和表来进行演示。

代码清单 7-3 RLS 演示——环境准备

```
use AdventureWorks2017
go
--创建客户经理用户
create user ClientManager without login;
go
--创建区域经理用户
create user RegionalManager without login;
go
--创建专用架构
create schema Client;
go
--创建测试表
create table Client.Client
(
    ClientID int not null,
    ClientManager sysname not null,
    Revenue money not null,
```

```
    OtherInfo nvarchar(100) not null
);
--授权两个用户具有 SELECT 测试表的权限
grant select on Client.Client to ClientManager, RegionalManager;
--插入测试数据
insert into Client.Client values
    (1, 'ClientManager', 100000, 'abc')
    ,(2, 'ClientManager', 200000, 'def')
    ,(3, 'ClientManager1', 300000, 'ghi')
    ,(4, 'ClientManager1', 400000, 'jkl')
    ,(5, 'ClientManager2', 500000, 'mno')
GO
```

接下来以客户经理角色来查询，结果如图 7-18 所示，显示正常。

```
--以用户 ClientManager 来尝试执行
execute as user = 'ClientManager';
select * from Client.Client;
revert; --执行完之后注意回收权限
```

然后开始对这个表实施 RLS，首先要创建一个 policy function 来定义用户可以看到什么数据行。本例演示以名字参数作为过滤，在正式系统中，更好的办法是搭配 AD 组成员来替代这个参数。如果用户具有可见权限，则函数返回数据。

	ClientID	ClientManager	Revenue	OtherInfo
1	1	ClientManager	100000.00	abc
2	2	ClientManager	200000.00	def
3	3	ClientManager1	300000.00	ghi
4	4	ClientManager1	400000.00	jkl
5	5	ClientManager2	500000.00	mno

图 7-18　以客户经理角色查询

同时，函数中使用 with schemabinding 子句，目的是不要求用户具有函数内相关表的 SELECT 权限，如果没有这个子句，那么用户就必须要有相关表的 SELECT 权限才能访问。下面是函数的示例。

```
USE AdventureWorks2017
GO
create function Client.fn_LimitToManager(@Manager as sysname)
returns table
with schemabinding
as
return
( select 1 AS fn_LimitToManagerResult
  where @Manager = user_name() or user_name() = 'RegionalManager' )
```

然后创建一个安全策略 LimitMgrFilter 把函数跟表绑定一起。

```
create security policy LimitMgrFilter
add filter predicate Client.fn_LimitToManager(ClientManager)
on Client.Client
with (state = on)
GO
```

可以说现在已经实施了 RLS，然后再次执行查询，结果如图 7-19 所示，数据已经被成功过滤。

成功之后，我们可以通过 SSMS 在数据库层面查看对应的表值函数和安全策略，如图 7-20 所示。

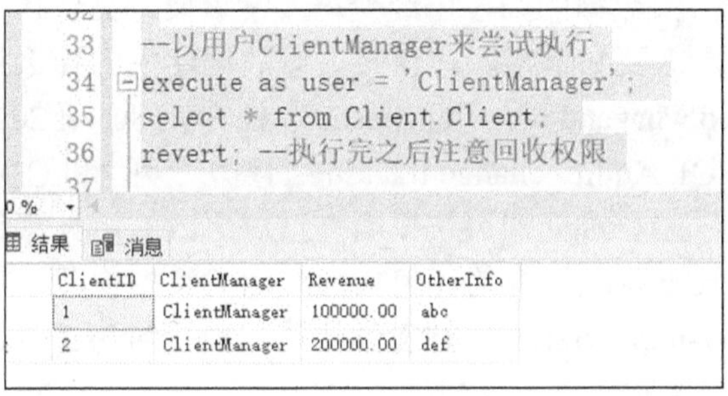

图 7-19 RLS 演示

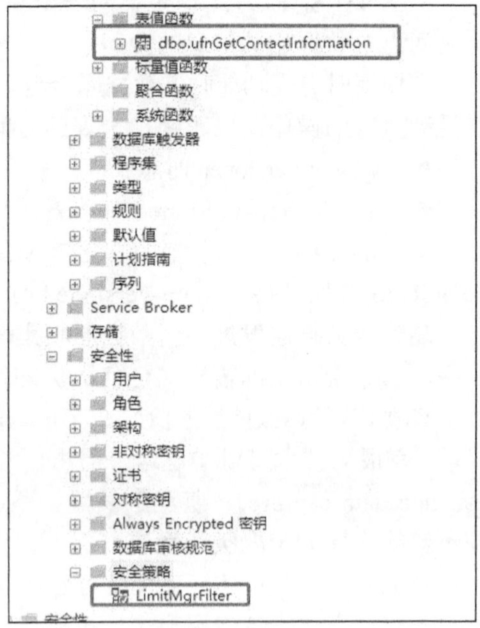

图 7-20 RLS policy function 及安全策略

7.4.2 小结

RLS 除了利用参数过滤用户所能看到的数据之外，还能控制用户不能修改哪些数据，这时只要在安全策略中使用 BLOCK 条件搭配 Filter 即可。两个条件共同作用，Filter 过滤用户不可见的数据，使其不可更新和删除，由于 Filter 不阻止插入操作，所以需要 BLOCK 来阻止。

对于 RLS 的最佳实践，如本节演示代码所示，微软建议使用专用架构来实施 RLS 对象，并且避免在相关函数中使用过多表关联以免影响性能。

读到这里是否有读者会疑惑，RLS 的很多功能都跟视图及触发器相似，那它的强项或存在意义是什么？关于这个官方暂无说明，就作者个人看来它的特点为：一是简单，要实现上面的功能，很多地方需要使用视图搭配触发器，这无疑增加了维护工作量；二是可以在安全策略函数中使用 AD 组成员来控制权限，这一点视图无法实现；三是这种限制逻辑处于数据库层，而不在应用层，这使得安全系统通过减少外围影响可以加强可靠性和健壮性，同时安全系统不需要过度依赖特定的应用程序，方便应用程序的变更甚至重构。

7.5 时 态 表

Temporal Tables 官方翻译“临时表”或“系统版本控制临时表”，不过如果用必应词典翻译，那么也会看到另外一个叫法“时态表”，鉴于临时表这个名字早已使用并且广为人知，本书以时态表来命名。这个功能的作用简单来说就是用于审计或者找人为误操作证据的。

在 ANSI SQL 2011 中定义的一个新特性“temporal table”用于支持由系统控制的在任何时间点对数据相关信息的跟踪。

在使用时态表功能时，数据库会自动执行许多 DBA 和应用程序开发人员多年来必须通过手动执行的操作，以跟踪单个表的时间点版本控制。SQL 2011 对时态表定义了两类。

- System-versioned 时态表：在系统（指 SQL Server）中基于时间的数据变更历史。
- Application-versioned 时态表：从业务角度提供一个有效的数据快照。

至本书完稿为止，微软尚未公布支持 Application-versioned 时态表，但从 SQL Server 2016 RTM 开始支持 System-versioned 时态表。

随着大数据的发展，新数据的收集/产生、旧数据的归档已经变得非常重要。在现代系统中，有一个常见的需求：任何数据的修改，需要知道谁、在何时、对数据库中的什么进行了修改（包括修改前后的值），即 who changed what and when it happened。在 SQL Server 2016 以前，有很多技术可以实现这个需求，比如 SQL Audit、change tracking（修改变更）和 CDC（change data capture），甚至触发器。不过在一些有讲究的系统里面，仅对更改的审计跟踪是不够的（比如金融类的系统）需要保留很长一段时间内的任何指定时间的数据快照。虽然这也能实现，但是其复杂程度可想而知。System-versioned 时态表就是一种新的为了对数据及时修改提供支持的用户表，可实现上面的需求。

7.5.1　SQL Server 时态表

在 SQL Server 中可以使用两个表来实现上面的需求，一个表用于存储活动数据，另外一个表用于存储历史版本（存储当前值和上一个版本）。这种基于表的技术可以仅对需要跟踪的表开启功能而不需要全库修改。

当需要使用时态表时，它需要有 3 个要求。

- 表必须有主键。
- 不允许为 NULL 的 DATETIME2 列用于存储开始生效日期。
- 不允许为 NULL 的 DATETIME2 列用于存储结束生效日期。

两个 DATETIME2 列组成了数据行的生命周期。要注意的是，这个时间是事务时间而非实际 DML 操作时间，因为需要通过事务来保证一致性。

当创建时态表时，建议把生效日期列创建为“HIDDEN”（隐藏），这样做的好处是在常规使用（如 SELECT *）时不查询这些列，又可以通过名字来查询，这是针对时态表的新特性，接下来会演示。

提醒：默认情况下，SQL Server 会把历史表存放在默认文件组中，并创建非唯一聚集索引在两个 DATETIME2 列上。同时在企业版和开发版（实际上是一样的，只是授权方式的问题）中，历史表默认使用页压缩。

7.5.2　SQL Server 时态表的演示

下面我们使用 AdventureWorks2017 库创建一个 dbo.Employees 表，并设置为时态表。

代码清单 7-4 时态表演示（1）——环境准备

```
use AdventureWorks2017
go
create table dbo.Employees
(
    EmployeeId int not null,
    FullName nvarchar(128) not null,
    Position nvarchar(128) not null,
    Salary money not null,
--时间列字段必须为 DATETIME2 类型同时显式定义为 NOT NULL，另外可以对列使用 HIDDEN 选项隐蔽这些列
    SysStartTime datetime2  generated always as row start HIDDEN not null,
    SysEndTime datetime2  generated always as row end HIDDEN not null,
    constraint PK_Employees
    primary key clustered(EmployeeId),
    period for system_time(SysStartTime, SysEndTime)--与 GENERATED ALWAYS AS ROW
{ START | END } 参数和 WITH SYSTEM_VERSIONING = ON 参数结合使用，启用表的系统版本控制
)
with
(
system_versioning = on (history_table = dbo.EmployeesHistory)--启用表的系统版本控制，
历史表名字为 dbo.EmployeesHistory
);
create nonclustered index IDX_Employees_FullName
on dbo.Employees(FullName);
```

创建之后，可以看到出现了如图 7-21 所示的表。

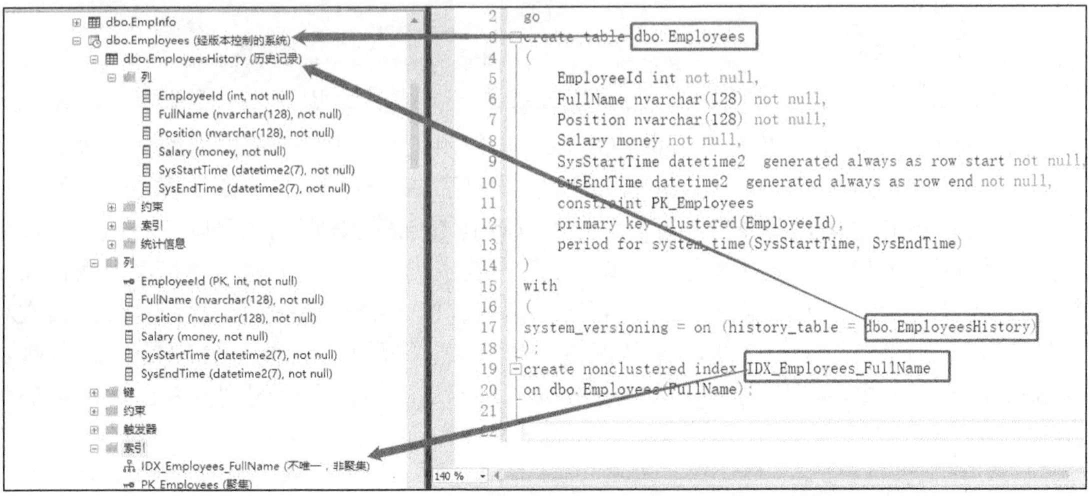

图 7-21 创建时态表之后的表结构

提醒一下，时态表不能简单删除表，如果需要删除，则要先把 system_versioning 改为 OFF，比如下面的语句：

```
alter table dbo.Employees set (SYSTEM_VERSIONING = OFF);
GO
```

```
drop table dbo.Employees;
go
drop table dbo.EmployeesHistory;
```

从图 7-21 中可见创建了一个当前表（版本控制的系统）和历史表（历史记录），并且列是一一对应的。在逻辑上，两表互相关联，在物理上它们确实是独立存储数据和索引的。同时注意历史表上不可以有唯一约束或者外键约束，也不能参与到 CDC、Change Tracking 或事务复制/合并复制中。

当对当前表进行更新或删除时，SQL Server 会自动把影响行复制到历史表，比如删除表中的某些数据会使用 Clustered Index Insert 操作应用到历史表中，但是 SQL Server 不在历史表存储当前版本的行（而在当前表中），所以插入数据不会同步到历史表。

代码清单 7-5 时态表演示（2）——更新删除

```
use AdventureWorks2017
go
--插入测试数据
insert into dbo.Employees(EmployeeId, FullName, Position, Salary)
values
    (1,'John Doe','Database Administrator',85000),
    (2,'David Black','Sr. Software Developer',95000),
    (3,'Mike White','QA Engineer',75000);
--推迟 1min 以便区别
waitfor delay '00:01:00.000';
--更新和删除数据
update dbo.Employees set Salary = 85500 where EmployeeID = 1;
delete from dbo.Employees where EmployeeId = 2;
--查询当前表和历史表的值
select 'dbo.Employees' as [Table], * from dbo.Employees;
select 'dbo.EmployeesHistory' as [Table], * from dbo.EmployeesHistory;
```

代码插入了 3 行测试数据，注意 SQL Server 使用 UTC 时间产生周期列值，然后等待 1min 之后，对 EmployeeID=1 的数据进行更新，并且删除 EmployeeID=2 的数据。如图 7-22 所示，在这些操作之后，查询当前表，这时可以看到 ID=2 的数据已经删除。对比测试数据可以看到 ID=1 的值也被更新。为了知道这个表上发生了什么事情并且变更情况，我们需要查询历史表。在历史表中可以看到并没有记录插入数据（ID=3 的数据没有出现）；其次对更新和删除的记录进行了存储，并且保留了事务发生时间。值得一提的是，在当前表（dbo.Employees）中，我们也使用了 SELECT *，但是表的两个时间列没有出现，这证明 HIDDEN 选项有效。

	Table	EmployeeId	FullName	Position	Salary
1	dbo.Employees	1	John Doe	Database Administrator	85500.00
2	dbo.Employees	3	Mike White	QA Engineer	75000.00

	Table	EmployeeId	FullName	Position	Salary	SysStartTime	SysEndTime
1	dbo.EmployeesHistory	1	John Doe	Database Administrator	85000.00	2018-04-09 03:12:45.5409241	2018-04-09 03:13:45.5562521
2	dbo.EmployeesHistory	2	David Black	Sr. Software Developer	95000.00	2018-04-09 03:12:45.5409241	2018-04-09 03:13:45.5727310

图 7-22 检查数据变更

默认情况下，查询当前表时会从当前快照中获取，这跟常规表类似，此时不访问历史表，从图 7-23 所示内容可以证实。

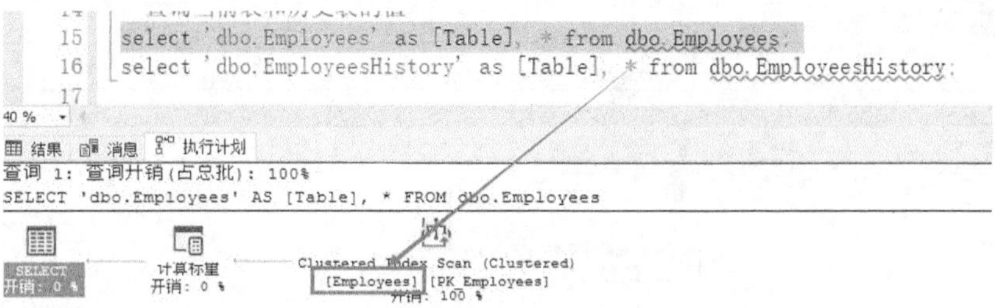

图 7-23 仅查询当前数据时不访问历史表

但是当查询历史数据时，需要在 SELECT 语句中指定 FOR SYSTEM_TIME 子句，这个子句中还有 AS OF <时间>选项，它用于返回对应时间点的数据快照。在这个过程中 SQL Server 会自动关联所有相关表，比如我们单纯查询当前表但使用时间为某个时刻（可以从历史表的 SysStartTime 中查看）的数据时。

```
--查询某个时间点的快照数据
SELECT * FROM dbo.Employees FOR SYSTEM_TIME AS OF '2018-04-09 03:12:45.5409241'
SELECT * FROM dbo.EmployeesHistory
```

结果如图 7-24 所示，可以看到单纯查找当前表也会出现全部数据。

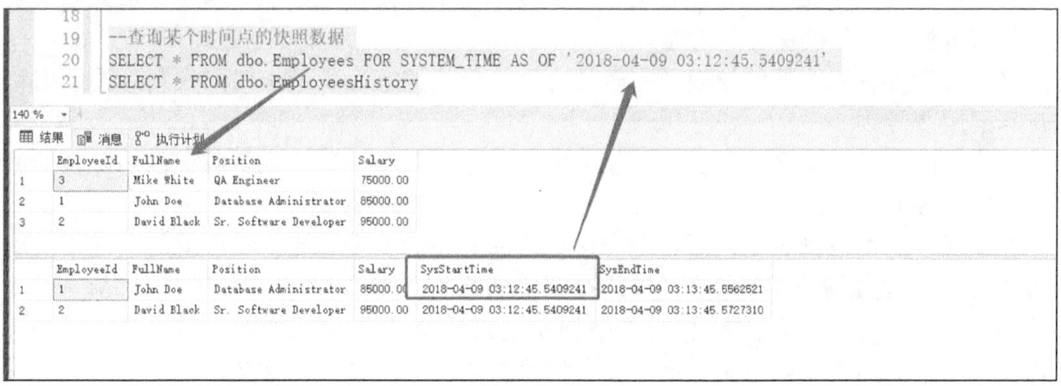

图 7-24 查询某个时点的快照数据

查看实际执行计划，如图 7-25 所示，从图中可以看到，这个查询是从两个表中读取数据并汇总而来的。如果需要查询所有的历史记录，则只需要使用 FOR SYSTEM_TIME ALL 即可。

注意，由于历史表记录的是事务的起始时间，所以有可能会返回某个时间点未提交的数据。更多的使用方法可以参阅官方说明文档，使用必应搜索“sql server temporal tables doc”。

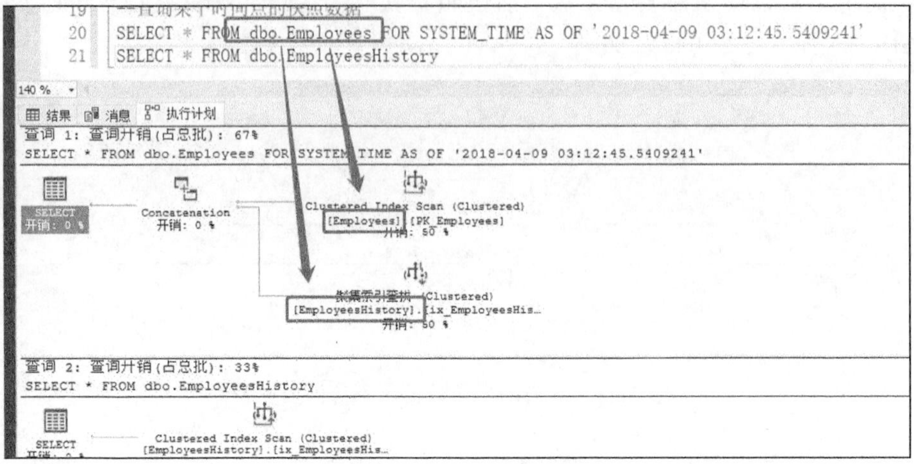

图 7-25　查询汇总数据

7.6　总　　结

本章主要介绍 SQL Server 的新安全功能，这些功能主要在 SQL Server 2016 中出现并不断强化，至本书完稿时，SQL Server 2017 并没有更多值得关注的安全特性，所以本章介绍的主要是 SQL Server 2016 的新特性。在分别介绍了这些特性之后，下面来简单总结一下。

首先，要确保 SQL Server 所在的大环境是安全的，这里包括操作系统、防火墙及安全策略的有效性，并且确保补丁的充足。

其次，确保各种账号的权限及密码是合理、合规的，满足最小权限规则，不乱用特权用户和混用账号。

再次，在应用层和数据库层（统称为设计和编码层面），严格限制各种已知风险的编码方式，比如 SQL 注入等。

在上面步骤都得到满足之后，考虑使用产品自带的安全功能。在可能的情况下，优先考虑使用 AE，这使得数据能够在全链路得到安全保证。然后对敏感字段进行 DDM 操作（比如快递单上的手机号就是最常见的 DDM 使用场景）。如果核心表的数据选择 DDM 还是 RLS 是需要考虑的，那么时刻记住稳定、安全和性能这三方面要不停地权衡。

因为添加安全功能必然会增加性能负担，所以在选择安全功能时，要考虑热点表的现状，不要不顾一切地把所有的安全功能都添加上去。

最后，定期审核和评估现有安全功能是否满足需求，是否还有不足。

提炼上面的总结得出以下几个关键点：全链路保障、始终最小所需权限、权衡安全和性能之后做出功能选择。

第 8 章　Linux 自动化运维演示

2 分钟速读

在自动化运维方面，Linux 有着比 Windows 更高效的维护能力。你不仅可以使用原生的 Shell 环境进行批量运维、更新所属的机器群组，也可以借助第三方工具来实现。在早期运维中，套用 Shell 的方式是最常见的，随着运维工具的开发和开源，越来越多的工具可以直接拿来用。本章将从以下几点介绍自动化运维中工具的使用。

- expect
- Ansible 入门
- 运维思想，在本章也会穿插介绍一些运维思想和经验

自动化运维是一个很大的范畴，现今稍微大一点的企业都希望能够引入与自动化运维相关的一些技术。不过不可否认这并不是一章能说清楚的事情。为了让读者能够有所了解，本章挑选了两个比较常用的自动化运维工具供读者扩充技能，下面分别介绍一下这两个工具 expect 和 Ansible。

8.1　expect

我们在这里使用的这个交互性脚本工具包是 expect，通过这个工具可以模拟人工登录方式从而进行服务的处理。有一定运维经验的人可能会发现在机器数量相对庞大的情况下，通过这种方式是有一定性能问题的，所以本节只做介绍，读者也要根据实际情况进行选用。在各种运维工具还不成熟的时代，它的作用还是非常大的。随着运维工具的逐渐成熟，对 expect 这种交互性脚本的处理相对弱化了很多，作者认为，它依然有很好的参考价值，同时对于小规模的运维及日常学习来说这也足够使用。所以将其放在本章的第一节。

本节中，主要以 Shell 和 Python 模块环境作为演示。

8.1.1　Shell 中的 expect

通常，使用 expect 的一个原因是服务器不允许无密钥直接登录，基于这种情况，我们需要采用 expect 这种交互性命令来处理。当我们首次登录一台服务器之时，所展现到终端的画面如图 8-1 所示。

图 8-1　登录提示

可以看到在第一次登录时，需要你输入“(yes/no)”，当你成功登录之后，展现的界面如图 8-2 所示。

图 8-2　登录提示

可以看到，第一次登录和第二次登录明显有不一样的提示，这是因为当你第一次登录的时候，无法确定被登录主机的安全性，所以会有这个提示咨询你是否要进行连接，如果你要登录这台服务器，那么按照图 8-1 所示的内容，你应该输入“yes”来保证顺利连接登录。

由于 expect 包不是内置的，所以接下来需要先安装 expect 包。

```
~$ sudo apt-get install expect
```

首先我们用 vi 新建一个 Shell 文件。以下是具体的逻辑代码，编辑后保存在自定义路径，这里没有强制指定路径。

代码清单 8-1　expect 逻辑代码

```
#!/bin/bash
login_ip=('10.11.10.40' '10.11.10.190') #IP 列表

for ip in ${login_ip[@]} #对 IP 列表进行遍历
do
   /usr/bin/expect<<-EOF
   set timeout 3
   spawn ssh sysadmin@$ip    #以 sysadmin 用户登录
   expect {
    "*yes/no" { send "yes\r"; exp_continue }
    "*password:" { send "test@123\r" }  #输入密码
    }
   expect "*#"
   send "hostname\r"     #执行指令
   expect "*#"
   send "exit\r"
   interact
   expect eof
EOF
done
```

具体的执行过程如图 8-3 所示。

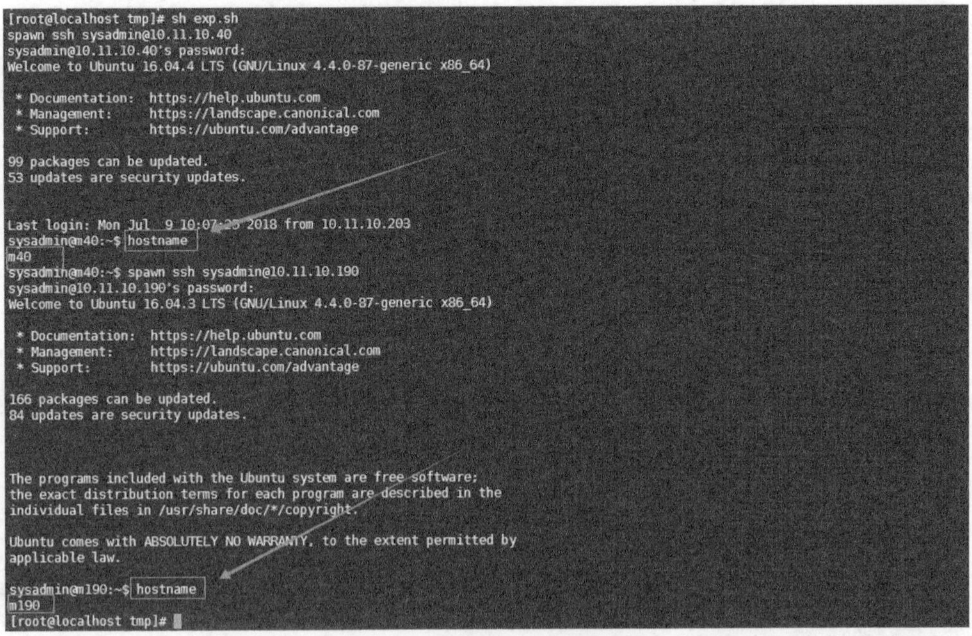

图 8-3 代码清单 8-1 执行过程

从图 8-3 中可以看到服务器批量登录完成。需要注意，它属于一个遍历的过程，即任务为“串行”任务，这在大批量的维护中，并不是最佳方式。本书在这里不打算深入探讨这个问题，只是展现一个基础功能，在了解这个基础功能后，有兴趣的读者可以继续深化以下几个问题。

- 不同服务器的密码不一致应如何登录（本例默认密码是一致的）。
- 怎么批量登录执行。
- 怎么判断脚本是否执行成功。
- 怎么进行免密钥登录以减少交互性。

Tips：免密钥登录一定程度上会给维护带来方便，但是也带来一定的危险，读者应该根据实际的环境进行相应的修改。

8.1.2 Python 模块中的 pexpect

事实上，Python 在运维化平台中应用非常广泛，其模块库也非常丰富。读者只需要找到相应功能的模块库，对模块进行相应的调用就能将自己需要的内容展现出来。而本小节中的 pexpect 就是其中的一个应用，它类似 Shell 中的 expect，在功能上，比 Shell 的工具包会更佳，因为其逻辑性和扩展性都更自由。注意下面是以 root（#）来执行的。

```
~# easy_install pexpect
```

安装完对应的模块之后，可进行对应代码的编写，下面以登录多个 IP 为例。

代码清单 8-2 pexpect 模块代码

```
#!/usr/bin/env python
import pexpect
```

```
def login(port,user,passwd,ip,command):
  child=pexpect.spawn('ssh -p%s %s@%s "%s"' %(port,user,ip,command))
  o=''
  try:
    i=child.expect(['[Pp]assword:','continue connecting (yes/no)?'])
    if i == 0:
      child.sendline(passwd)
    elif i == 1:
      child.sendline('yes')
    else:
      pass
  except pexpect.EOF:
    child.close()
  else:
    o=child.read()
    child.expect(pexpect.EOF)
    child.close()
  return o

hosts=file('hosts.list','r')
for line in hosts.readlines():
  host=line.strip("\n")
  if host:
    ip,port,user,passwd,commands= host.split(":")
    for command in commands.split(","):
      print "+++++++++++++++ %s run:%s ++++++++++++" % (ip,command),
      print login(port,user,passwd,ip,command)
hosts.close()
```

其中 hosts.list 的文件内容为：注意修改实际 IP 地址和账号密码。

```
10.11.10.40:22:sysadmin:xxx（这是密码）:hostname,df -Th,uptime
10.11.10.190:22:sysadmin:xxxx（这是密码）:hostname,free -m,uptime
```

执行代码，如图 8-4 所示。

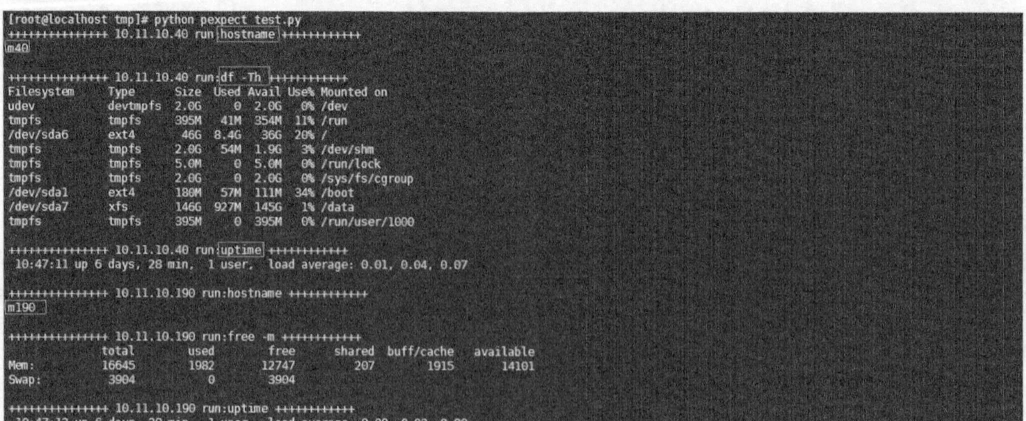

图 8-4 pexpect 结果图

使用 Python 版的 expect 几乎完美地解决了我们在 8.1.1 节中所提出的问题，当然，你也可以让执行过程变得更完美，这点读者可以自己进行一些相应的处理。

8.1.3 Python 模块中的 paramiko

除了 pexpect，在 Python 中还有一个 paramiko 模块，使用 paramiko 更简单、更加方便和更灵活。需要使用 easy_install 安装 paramiko 模块。

```
~# pip install paramiko
```

编写对应的代码如下所示。

代码清单 8-3 paramiko 代码

```
#!/usr/bin/python
#coding:utf8
import paramiko
paramiko.util.log_to_file('/tmp/prmk_ssh.log')
def prmk_ssh(ip,username,passwd,cmd):
    try:
        ssh = paramiko.SSHClient()
        ssh.set_missing_host_key_policy(paramiko.AutoAddPolicy())
        ssh.connect(ip,22,username,passwd,timeout=5)
        stdin,stdout,stderr = ssh.exec_command(cmd)
        print stdout.read()
        print '+++++++++++++++ %s OK +++++++++++++++'%(ip)
        ssh.close()
    except :
        print '+++++++++++++++ %s Error +++++++++++++++'%(ip)
prmk_ssh("10.11.10.40","sysadmin","实际密码","hostname;df -Th;uptime")
prmk_ssh("10.11.10.190","sysadmin","实际密码","hostname;df -Th;uptime")
```

代码运行结果如图 8-5 所示。

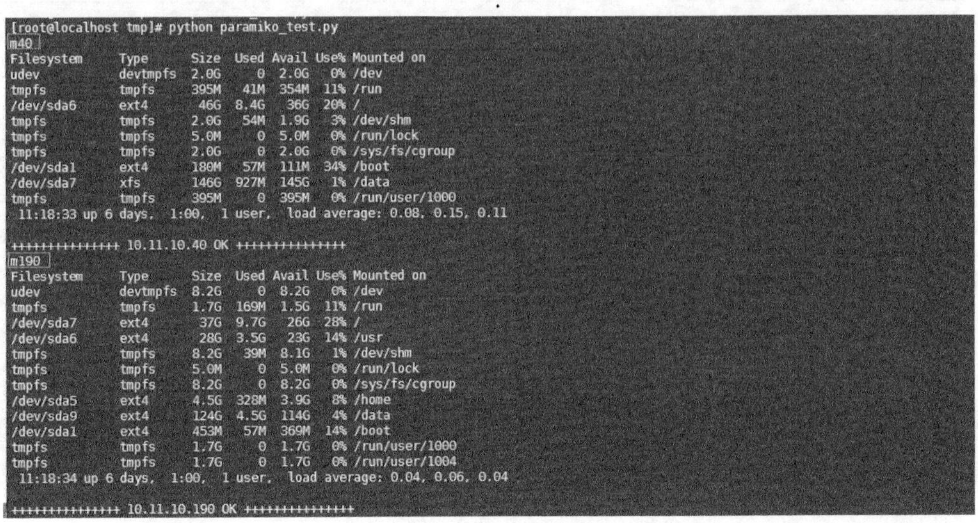

图 8-5 paramiko 例子

8.1.4　小结

在上面的 3 种方式的选择中，优先级从低到高，优先推荐 paramiko，读者如果能掌握 Python 及其相关技能，那么就能在运维过程中减少很多不必要的麻烦和工作量。

8.2　Ansible 入门

在今时今日看来，expect 略显粗糙，很难应对大规模服务器运维，所以本章介绍一个新工具——Ansible。这个工具是很专业的，有专门的书籍介绍它，其中一本是《Ansible 自动化运维技术与最佳实践》。为了带领读者入门，本节重点会偏向 Ansible 的介绍和使用，但并不是说在开源市场中就没有其他工具，Puppet、Chef、Vagrant 等都是自动化运维工具，而 Ansible 从 2012 年开始到现在热度一直未减，而且其社区的关注度和代码的贡献者一直都处于靠前的状态。一个运维工具的完善来源于不停地打补丁和增加功能，正因为如此，作者才更倾向于介绍 Ansible 的使用，它的优势在哪里？

- 部署简单
- 管理方便
- 无须代理，直接使用 SSH
- 最简单的 IT 运维工具
- 支持多语言开发模块

8.2.1　安装部署

我们采用独立服务器进行安装配置（这里使用 CentOS 系统），剥离开之前所介绍过的 m40 和 m190 两台机器，这样，可以方便地控制。在这里使用最新版来安装，需要先下载对应的 git 源。

```
~# yum -y install git
~# git clone https://github.com/ansible/ansible.git
~# cd ./ansible
~# source ./hacking/env-setup -q
~# pip install paramiko PyYAML Jinja2 httplib2 six
~# python setup.py install
```

按上面步骤进行安装，请勿忽略上述的每一个步骤。安装完毕之后，我们需要查看当前的版本号，结果如图 8-6 所示。

```
~# ansible --version
```

图 8-6　版本信息

由于 Ansible 为避免密码交互，我们需要将控制的客户机设置成免密码登录，即允许 Ansible 这台服务机能直接 SSH 到 m40、m190 这两台机器上，而不需密码验证。具体操作如下，结果如图 8-7 所示。

```
~# ssh-keygen
```

图 8-7　密钥对

通过上述指令将生成对应的公钥私钥，而此时，我们只需要执行 ssh-copy-id 指令将密钥下发到对应的客户机中，即将控制主机的公钥文件 id_rsa.pub 下发到客户机的~/.ssh/目录下，结果如图 8-8 所示。

```
~# ssh-copy-id sysadmin@10.11.10.40
~# ssh-copy-id sysadmin@10.11.10.190
```

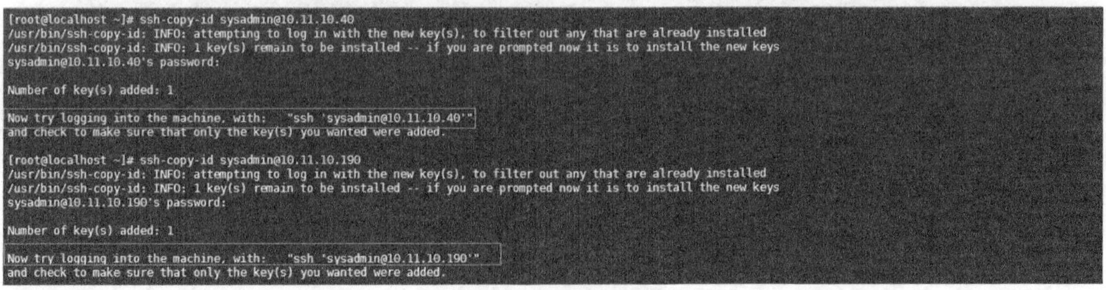

图 8-8　密钥复制

此时我们验证登录，如图 8-9 所示。

```
~# ssh sysadmin@10.11.10.40
~# ssh sysadmin@10.11.10.190
```

SSH 的免密钥如图 8-9 所示，这说明已经配置成功，此时，我们需要使用 Ansible 来登录，其配置文件在/etc/ansible/hosts 中。

```
~# mkdir /etc/ansible/
~# vi /etc/ansible/hosts
[dbs]
10.11.10.40
10.11.10.190
```

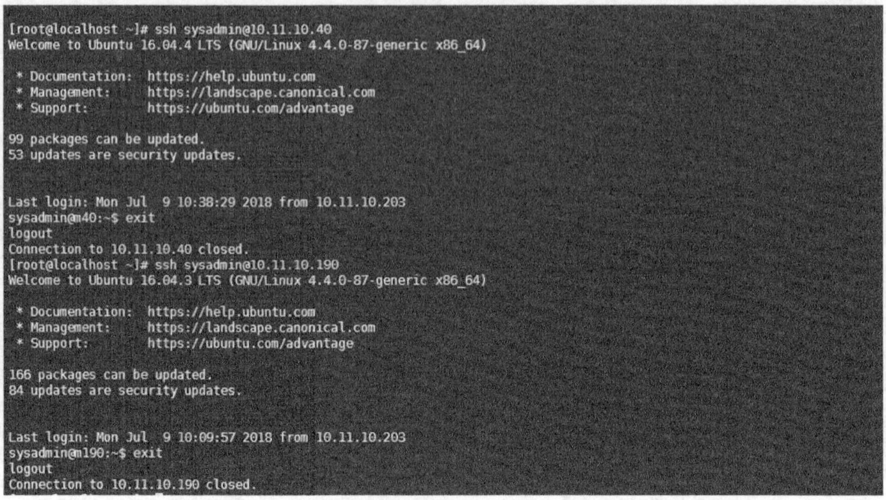

图 8-9　免密钥登录

配置完毕后，使用 ping 操作检查连通性，如图 8-10 所示。

```
~# ansible all -m ping -u sysadmin
```

图 8-10　ping 测试

可以看到，需要输入密码提示，我们使用的是作为免密钥登录的账号 sysadmin，而在执行的时候属于 root 账号，这里其实是存在歧义的。作为运维人员，其实并不推荐使用 root 的密钥对，我们使用的正确方式应该如下所示。

```
~# su - sysadmin
~$ ssh-keygen
~$ ssh-copy-id 10.11.10.40
~$ ssh-copy-id 10.11.10.190
```

此时，我们执行刚才的 ping 测试，结果如图 8-11 所示。

```
~$ ansible all -m ping
```

图 8-11　ping 测试

通过两种检测方法，ping 连接都是没有问题的。

8.2.2 基本操作

前面已经探测到对应的网络连接没有任何问题，此时，我们可以做一个小的测试，使每台登录节点的机器中都输出对应的信息，例如“Hlello,MSSQL”。我们按照刚才配置的hosts资源文件进行配置，指令如下，结果如图 8-12 所示。

```
~$ ansible all  -m shell -a '/bin/echo Hello,MSSQL!'
```

图 8-12 返回信息

从图中可以发现，信息流能得到正常反馈。这只是一个简单的演示，接下来我们进入核心的操作过程，比如我们需要将 m40、m190 两台服务器中的文件复制到相应目录中，应该怎么处理？传统的做法是你自己写对应的逻辑实现，然而 Ansible 已经内置了对应的模块，如下所示，结果如图 8-13 所示。

```
~$ cat /tmp/df.log
```

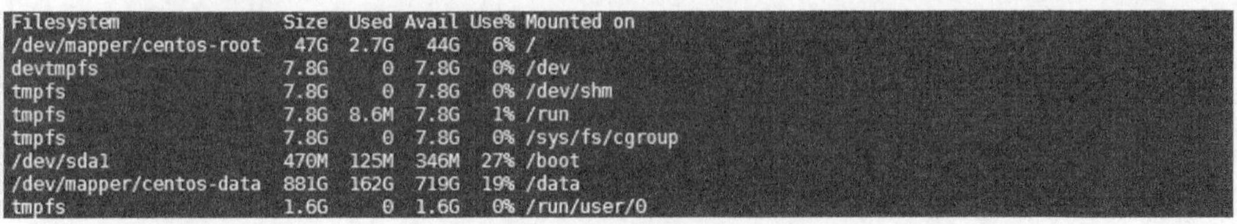

图 8-13 源文件内容

我们需要把 df.log 文件传送到 m40、m190 机器上，结果如图 8-14 所示。

```
~$ ansible dbs -m copy -a 'src=/tmp/df.log dest=/tmp/df2.log ' -o
```

图 8-14 执行结果

从图中可以看到已经成功完成了上述几个简单的操作。作者在这里只是简单罗列了一两个小知识点并进行了扩充了解，毕竟本章只能进行简介，希望读者去阅读官方指南以获取最佳实践。

如果碰到不同机器不同账号密码时该怎么办？这就需要我们对 hosts 配置文件进行相应的修改，而 hosts 中对应的一些常用变量，如图 8-15 所示。

作者强烈建议你设置成免密钥的登录方式以减少不必要的麻烦。事实上如果在配置文件中明文指定密码，那么这也是不安全的，既然如此还不如使用免密钥对方式进行配置。

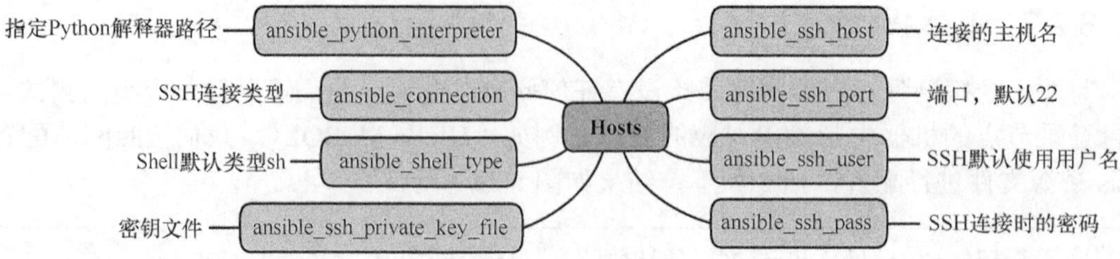

图 8-15　hosts 变量

8.2.3　进阶

虽然 Ansible 最核心的组件是 playbook，但本书并不打算详细介绍该组件的功能应用，了解到相应的内容后，还需要读者自己阅读参考对应的官方手册。

我们首先需要了解 yaml 的基本语法，然后才能了解相应的应用其特性。playbook 的语法格式为 yaml 格式，示例如下。

```
---  #定义为 yaml 文件
- hosts: dbs    #此处跟 hosts 中的标签名一致
  #connection: local
  become: yes   #是否使用 sudo 切换
  become_user: root   #切换的用户
  tasks:
   - name: Install htop   #安装 htop 软件
     apt:
       name: htop
       state: present   #安装
```

配置完毕后，需要对 yaml 文件进行语法检查。

```
~$ ansible-playbook nginx.yaml --syntax-check
playbook: nginx.yaml
```

如果语法错误，则会如图 8-16 所示。

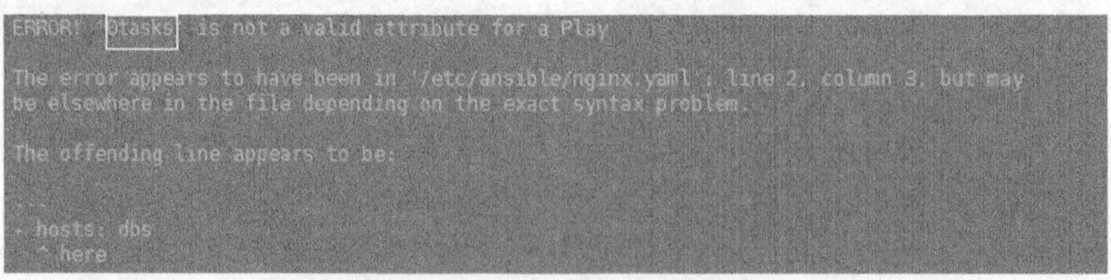

图 8-16　语法错误

此时，我们查看对应的 host 主机有哪些适配，如图 8-17 所示。

```
~$ ansible-playbook nginx.yaml --list-hosts
```

图 8-17 目标主机

在检查无误之后，直接使用安装指令即可进行安装，如图 8-18 所示。

```
~$ ansible-playbook -i hosts nginx.yaml  --extra-vars='ansible_become_pass=密码'
```

图 8-18 安装

当然，playbook 的用法非常多，其自带的功能模块也很多，有兴趣的读者查阅官网进行了解。这里只提供一个基本功能的演示，毕竟这不是本书的重点。

Ansible 为我们批量操作数据库提供了可能性，当然你不使用 Ansible 进行批量处理数据库也是可行的，其他方法也有很多，这里列举一些在工作中可能会用到的方法。

- 批量更新系统、软件、配置文件、用户增删
- 批量维护业务应用或数据库（启动、关闭、重启）
- 自动化运维后台实现

8.2.4 架构图及架构说明

本小节提供两个图，一个是 Ansible 的架构图（见图 8-19），一个是作者整理的关键用途简介图（见图 8-20）。根据作者的经验来看，先看图了解大体，再进行深入研究会更加高效。

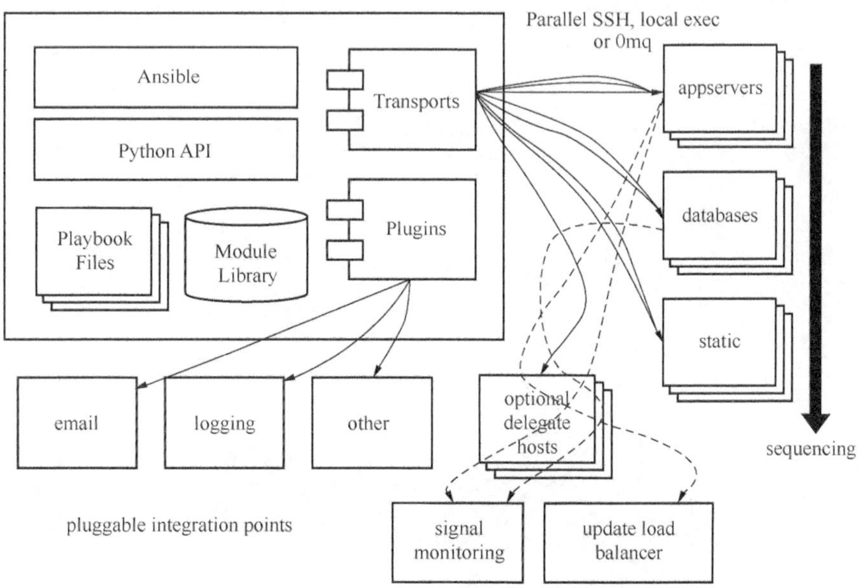

图 8-19 架构图

图 8-19 所示为 Ansible 的架构图，作者在这里使用思维导图的模式，将其整体的关键用途进行整理，如图 8-20 所示。

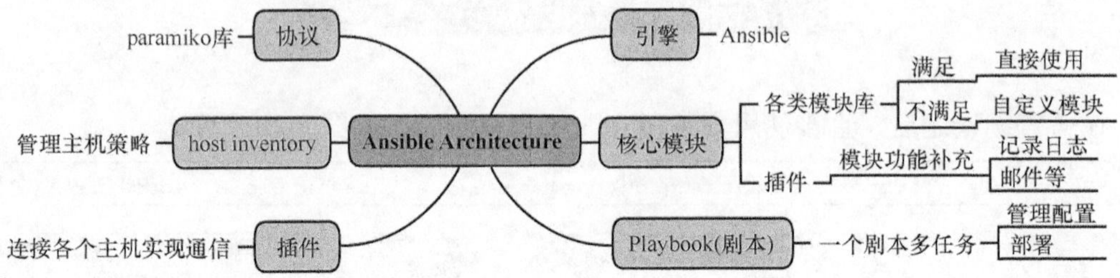

图 8-20　架构说明

8.3 总　　结

自动化运维在运维工作中非常重要和有用，由于本书的重点不在这里，所以本章以介绍为主，让读者有知识储备，为后续的深入学习做准备。

如果读者在没有其他自动化运维工具可选的情况下，不妨深入了解 Ansible，就目前而言这个工具在自动化运维领域还是做得不错的。

第 9 章　数据库监控

2 分钟速读

作者认为无监控不运维，没有监控的运维和优化是不专业的，也是不可信的。要运维数据库，必须要有足够、可信的监控。需要监控的东西随便都可以列出几千项，况且监控的还不一定用得上。作者在本章只列出并介绍一些工作过程中用到的监控手段/工具。它不可能完全覆盖实际环境的方方面面，希望读者能够从中体会出一些思路、方法。本章的内容有以下几个方面。

- 监控理论：作者的一些经验总结。
- 监控工具：在监控数据库过程中常用的工具。
- 监控分析：监控结果如何使用。
- 监控展示：我想展示什么给你看？

很遗憾：本章偏理论，所以不会有太多的截图和实操。很多内容会穿插在其他各章。

9.1　监控理论

监控是运维中的一部分，本章可能会混用一些概念。如果在搜索引擎上搜一下监控的内容，那么可以看到它确实非常多，而且也有很多是非常有价值的。在这个不缺信息的时代，过多的信息反而容易造成混乱。作者更愿意从反方向去思考这个问题，把运维过程类比成健康管理，把运维对象类比成“病人”或者“客户”。这就引出了几个问题。

- 我的对象是谁，它们现在是什么状况？（获取基础信息并建库，简称为 CMDB。）
- 了解对象的日常，比如吃什么（数据流入），消化吸收如何（数据处理、优化能力等），身体素质和抵抗能力如何（系统的表现、健壮性），排泄情况如何（这个有点恶心，不管系统还是人都需要定期清理一些“垃圾”）。这里只是进行类比，具体内容并不真的是这些，读者重点看一下思想。
- 存在的问题是什么？严格来说，不存在没有问题的系统，我们要运维管理的对象就是现有系统中的问题。
- 结合前 3 个问题综合分析，并制定针对性的改进计划。之所以叫针对性，因为每个系统/人都有特点不能期望有一个通用方法，比如你不能让一个体重 300 斤而且膝盖受伤的人每天长时间跑步，这样可能导致膝盖恶化甚至有残疾的风险。你可以考虑让他进行一段时间的快走锻炼。

- 用小步快走的方式不断地施行计划并在此过程中进行必要的调整。
- 详细总结得失，这一步至关重要。当你把一个系统运维好，很多思路、工具都可以尝试用在同类的系统上面，但是切记不要生搬硬套。

有了上面的类比之后，就可以进行下一步工作——针对上面的每一步进行专业的知识点和工具查找。工具方面详见下一节，这里先继续理论解释。

从专业角度来看，监控分 3 大块：监控什么（内容和目的）？怎么监控（方法/流程）？监控的意义（结果的用途）？

9.1.1　监控的内容和目的

既然要监控，那监控的内容和目的就成了第一个问题。我们进行监控，一是为了让自己知道现状，心里有底。二是为了在出现问题时能快速定位。三可以用来进行各种规划、预估、评估工作。因为有了监控数据，自然能够回答现在系统资源的压力如何？要不要加资源？能不能降配置等问题。

回到主题上，再次强调我们没法监控所有的内容并且往往这是没有意义的。应该多考虑 2/8 原则，把最常见的内容监控起来，然后在运行过程中适当增减，不要期望一次性就把监控系统（这里暂且称为系统）搭建好然后以后一劳永逸。

监控和运维需要面向业务，它不但关心单点 IT 资源的运行状态，更关心整个业务系统的健康状态。同时需要有趋势分析，并且能快速发现故障点，减少业务中断。

总体来说，监控的目的就是让系统运行得顺畅、健康。我认为运维的目的就是把系统控制在平衡状态。一旦失衡，就会出现各种问题。而监控，就是发现失衡的一个重要手段。

关于监控的内容，对于 DBA 来说我们首要的服务对象是 DB，然后就是 DB 的外围。作者认为的监控内容主要包括以下几个方面，不同的 DBMS 可能有一些差异，但是这不影响整体。

数据库层

数据库层面要监控的东西很多，根据作者 10 年的经历提取出一些自认为重要的内容，当然读者可以根据自己的现实环境进行增减。

- 数据库信息：版本、补丁、服务运行账号及其权限等。
- 数据库服务是否运行且无异常。
- SQL 代理服务及其作业是否正常运行。
- 数据库是否及时备份（含周期性备份）。
- 数据库错误日志（OS 日志中数据库部分）是否有常见的错误或者警告。
- 数据库服务器是否空间充足且可控。
- 数据库服务器是否有资源压力。最直观的就是 CPU，至于磁盘 I/O 和内存略微复杂。
- 是否有常见的问题语句：非 SARG 写法、过度使用游标、简单循环等。
- 数据库的连接数、请求数。这个没有标准，更多的是一个“度量”。
- 语句的执行情况及资源使用。
- 索引信息：数量、种类、使用情况、索引碎片信息（动态的）等。

- 锁、事务数量。
- 数据库账户及其权限。
- 数据库配置变更信息。知道各种 Who、When、Where、What 等的含义。
- 高可用情况（如无搭建则不需要）。

服务器层

在一些有些规模的公司里面其实很少由 DBA 主导服务器层面，通常对其有专门的运维，但是 DBA 应该全面了解周边环境，这样才能有一个全局的把握，以下是一些参考内容。

- 服务器软硬件信息。
- SQL Server 各服务账号的权限信息。
- 防火墙配置。
- 服务器存储配置。
- 杀毒软件。并不建议在数据库服务器上使用它，如果企业指定必须安装，那么建议配置杀毒软件规则为“不扫描”数据库文件。

网络层

网络层相对于服务器层来说，会更加少地让 DBA 所触及。但是在作者的工作经历中，网络问题比服务器问题更加严重，其中一个原因就是 DBA 能触及的范围太小，而网络管理员对数据库的认知又少。下面列一些对 DBA 而言比较重要的网络方面的内容，如果有精力，那么读者应该了解更多与网络相关的知识，毕竟在云时代、大数据时代和物联网时代，大家已经无法逃脱网络的影响。

- TCP/IP 相关信息。
- 防火墙信息，这里指的是机器之间甚至不同区域之间企业内的防火墙。
- 端口情况。
- 网络性能及流量情况。比如流量在某个时间段异常变大，那么这有可能是服务器被攻击、人为传输数据库、数据或者备份文件到别的地方。

应用层

一个静态的数据库几乎不会出现任何问题，出现问题是因为数据库“动起来”了。而这个动作发出者通常就是应用程序，所以了解应用的运行情况，对数据库的运维有极大的帮助。我们需要了解和监控的核心主要集中在应用对数据库“做了什么”上面。为了了解这些信息，需要监控至少下面两个内容。

- 应用操作日志，这个多为应用开发人员提供。
- 应用程序传递到数据库的核心功能所使用的语句及参数。

数据库运维人员并不总能轻易获取上面的内容。这是一个目标和方向。我们首先应该收集上面的信息，然后考虑扩展，因为上面的内容已经足够多，足够应对常见的需求。

监控原则

对于监控，作者认为不管监控什么、手段如何，一定要有一些原则。

- 动态信息为先

尽可能获取动态信息，也就是持续的信息，切记用某个时刻获取的数据来作为依据。在获取信息时，我们不一定总能做到实时，但是最起码力求监控不间断。

- 整体思维

任何时候都从整体去思考，并且站在企业的业务角度思考而不是针对某个技术。

- 异常优先

应该监控和记录所有的异常。比如 SQL Server 的 LDF 文件在 10min 内突然从 1GB 涨到 100GB。或者某些 SQL Server 配置被改动（特别是自动收缩功能），都应该记录。

- 为使用而监控

有了监控就要做警报、分析。初期我们可能只设定阈值进行报警或者作业自动响应，但是后续应该逐步改进，中长期的目标应该是自动化或者半自动化响应。

- 先要有，再考虑好

不要拘泥于使用什么方式，只要能达到目的，哪怕用 Excel 来做也无妨（当然还是建议改进一下工具）。

- 具体问题具体分析

监控因人而异，因系统而异。你问我要监控什么，抱歉，除了网上能找到的各种 Checklist 之外，我给不出别的建议，你应该根据自己的情况和运维的系统逐步完善。比如作者任职的几家公司，有些存在明显的磁盘空间压力，那么重点应监控空间情况。有些则是数据库锁严重，那么则应重点监控锁、事务等。

总的来说，监控内容应该对系统了解之后，得出威胁系统安全和稳定的因素，并按重要性进行计划性监控。监控之后，尽可能使用事件触发的形式来发送警报。在有余力的情况下可以考虑借用大数据甚至人工智能技术，对监控手段特别是一些阈值进行动态调整、自动响应等。

9.1.2　监控的方法/流程

监控的本质就是收集信息，而且是“长期收集足够广度和深度的信息”。我们要进行监控，首先要做一件事——建立基线。基线就是系统在正常运行时的一些指标。比如数据库在运行一段时间且业务量稳定的情况下，CPU 的平均利用率可能是 25%，那么这个值就可以作为一个基线。注意基线并非一成不变，要随时调整，随着业务量的逐步增长、数据库的连接数、网络吞吐量等它可能会明显增大，这时候再使用过去的指标来判断系统是否有问题就不合理了。

从时效来分，监控方法分为长期和短期两种。从工具来分，它分产品自带和第三方。对于工具，作者建议必须熟练掌握产品（OS、RDBMS）自带的监控工具，然后选择一个比较合适的第三方工具作为补充和扩展，目前作者使用的是 Zabbix，它已经在第 5 章中已介绍了。另外还有 MRTG、Ganglia、Cacti、Nagios、Smokeping、OpenTSDB、Open-Falcon 等一些工具，部分介绍可以搜索一篇公众号文章《开源还是商用？十大云运维监控工具横评》。如果你使用的是公有云环境，那么公有云上也提供一定程度的监控。上面提到的这些工具主要用于监控服务器，还可以使用一些付费软件来监控数据库，比如 Redgate、Toad 等。

前面反复提到，我们要收集动态、长期的数据，所以不管使用第三方还是自带工具，都应该考虑如何长期收集。对于 OS 层面，不管是 Windows 还是 Linux 都提供了计划任务这类功能。可以写一些 Shell/PowerShell 脚本甚至 Python 脚本来周期性收集数据。而 Windows 还提供了与性能计数器相关的工具来实现，接下来会稍微介绍一下它。另外 Windows 环境还有 System Center 这种系统可以管理产品。而 Linux 上则因为其开源的特性，出现了更多的管理工具。由于本章介绍的是数据库监控，所以不打算对 OS 监控过多介绍。对于 DB 层面，最常用的长期监控莫过于 SQL Server 作业，还有 SQL 跟踪、Extended Events（扩展事件）等。

不管使用什么工具，我们的核心流程分为 6 步。

- 数据采集：从数据库中周期性查询所需数据并传到数据存储产品中。
- 数据存储：存储采集的数据，进行一些必要的预处理和简单处理。
- 数据分析：通过某些汇总甚至算法对数据进行分析。
- 数据展示：通过一些工具来展示分析结果，微软的 PowerBI 是不错的选择。
- 监控警报：在数据分析阶段就应该对数据进行警报检测，一旦检查到符合警报的情形，就应该发送给相关人员。在数据展示时，通常是以总结性的描述来展示需要注意但不紧急的情况。
- 警报处理：前期以人工响应为主，后期应该逐步完善以自动化处理为主，但是人工响应还是必需的。另外注意，警报发送和处理都应该分等级。

如果读者了解大数据技术，那么可以发现前 4 步是很典型的大数据流程。我们在初期建立并不断调整基线，对采集的数据进行对比，从中发现异常和趋势，最后展示需要关注的结果。

9.1.3 监控的意义

这里是指监控结果的用途。假设现在你已经搭建好一个比较完善且合理的监控系统并且已经正常运行了一段时间，那么理论上应该有足够的数据进行分析了。这些数据要怎么用？这里举几个作者工作中遇到的例子。

例子 1：事后分析。大概两年前，作者运维的 SQL Server 在每天 7 点左右会出现卡顿，并且在数据库中使用常规工具均没有检查出问题。到了 9 点又恢复正常。按常理先检查了 SQL Server 的作业，它没有问题。然后检查 Windows 的计划任务，发现有一个作业在每天 7 点开始把备份到本地的数据库备份文件剪切到同一个网段的另外一台服务器（两台服务器的物理距离不超过 1m）上。如果这个作业又刚好在 9 点结束，那么很有可能就是这个问题。接下来通过已经部署的 Windows 计数器进行 I/O 分析，这个时间段并没有明显异常。那问题在哪里呢？两台在内网内的机器剪切几十 GB 的备份文件哪怕慢，也不应该影响系统。这个时候想起还有 Zabbix 监控，由于监控是长时间运行，已经有接近一个月的数据，所以它足够找到规律。通过对 Zabbix 中的指标进行逐个排查和跟别的环境对比，发现这个时间段内网络出口流量猛增。这很有可能就是网络带宽限制了。经过 IT 运维对网络进行检查，发现两台服务器之间使用旧式交换机进行连接，这个交换机的性能很差，它直接限制了剪切速度并且导致了正常的业务数据不能流出，最终系统表现出响应慢。

例子 2：智能调控。在作者目前运维的环境中空间压力很大，多次因为空间不足导致停机。后来加入了空间增长的监控，它可以实现趋势预警，而不是一些低端第三方监控系统的简单粗暴的“空间已用 80%开始警报”的逻辑。有时候因为 LDF 的突增，可能在几分钟内它就会涨到 300GB。这个对于很多监控系统而言是没有考虑到的。

例子 3：巡检报告。有时候公司需要 DBA 周期性编写数据库的巡检报告，这时候，监控数据就成了报告的信息来源。通过监控数据，特别是长期的监控数据，可以编写出具有说服力的报告。而且还能通过进一步的计算来应对前面提到的现有系统资源压力如何等问题。

另外作者还有几个未实现的想法，这里分享一下，读者如果有能力，不妨尝试一下。我们知道绝大部分的监控系统都是通过预设的阈值来发送警报的，比如 CPU 80%、磁盘空间 80%等。你有没有想过，当一个业务闲时若还会出现 CPU 70%的情况，那是不合理的或者需要关注的。此时监控系统还没到达发送警报的阈值，所以很多运维人员就忽略了。作者对此想在足量监控数据的基础上，借助一些大数据分析算法甚至 AI 算法自动调整监控系统的阈值。假设上面的情况已经周期性持续了 1 个月，那么有理由让监控系统分时段设定阈值。

当实现动态调整阈值时，更深一层的方法作者认为是自动响应，或者叫自愈。在未来几年甚至 10 年内可能人工智能还不足以使监控系统能够 100%地自动处理所有警报，但这可能是未来的改进方向，同时也是释放运维人员双手的好时机，运维人员可以更多地对基础架构等方面进行钻研。

对于数据库，我们甚至可以通过监控系统对当前压力进行分析和自动调控，进行服务甚至数据库拆分，实现负载进一步均衡跟资源最大化。虽然很多公有云已经实现这些功能，但它是比较核心的机密，我们无法直接使用，但是不排除可以在企业私有云中实现。

此外自动部署、资源自动调控甚至实现私有云也要依赖于好的监控系统。当然，常见的系统架构调整/改进、性能优化等本身就是监控系统应该具有的功能。

9.1.4　小结

监控是运维的核心工作及内容之一，运维之所以累，很多时候是因为没有优秀的监控。即使我们购买了现有监控系统，也不代表它就能运维得好。作者目前还没有见过一个现成的数据库运维系统能完全满足工作需求。所以作者选择了 Zabbix 这类开源产品，尝试逐步去定制化功能。

在监控中，首先要把能想到的且工作中确实出现并影响到系统的内容纳入监控系统，然后长期地收集数据，并进行数据分析和预警、警报和响应工作，在实施过程中逐步减少人工干预和异常情况。

9.2　监控工具

除了书中提到的 Zabbix 之外，我们在工作中主要会使用 OS 和 DBMS 自带的监控工具。下面简要介绍一下它们，有些工具在其他章节会穿插演示。虽然上面比较明显地拆分成 OS 层和 DB 层，作者建议读者知道就好，因为这些年的技术发展，纯 DBA 已经越来越不值钱，你必须赶紧扩充技能，其中一个就是抛弃过去专注数据库内部技术而不管其他方面的这种思想，所以建议读者首先不要想着这是 IT 运维的事情或这是网管的问题，赶紧参与进去吧！作者还是以 DBA 的角度开始介绍工具，但是不会具体区分是哪层技术，毕竟系统是一个整体。

9.2.1 SQL 跟踪

这是 SQL Server 中的老牌跟踪工具，可以毫不夸张地说完整的跟踪足够编写任何关于 SQL Server 的报告，但是其内部机制决定了它是一个高开销的工具，不合理的使用会压垮服务器。从 SQL 2008 开始它逐步被扩展事件（Extended Events，xEvents）替代。作者用它的唯一场景就是在没有部署过其他监控的服务器上进行故障侦测，有一个默认跟踪的功能可以找到很多有价值的信息。它是默认开启的，占用少量资源。除了深入探讨之外，一般不建议使用 SQL 跟踪。通常 SQL 跟踪的使用场景有以下几个。

- 数据文件自动增长和收缩

使用代码清单 9-1 可以查询文件自动增长的信息。

代码清单 9-1 默认跟踪查询自动增长

```
    SELECT  TE.name AS [EventName] ,  T.DatabaseName , t.DatabaseID , t.NTDomainName ,
t.ApplicationName , t.LoginName , t.SPID , t.Duration , t.StartTime , t.EndTime
    FROM    sys.fn_trace_gettable(CONVERT(VARCHAR(150), (
    SELECT TOP 1  f.[value]
    FROM sys.fn_trace_getinfo(NULL) f WHERE   f.property = 2 )), DEFAULT) T JOIN sys.
trace_events TE ON T.EventClass = TE.trace_event_id
    WHERE   te.name = 'Data File Auto Grow' OR te.name = 'Data File Auto Shrink'
    ORDER BY t.StartTime ;
```

这个脚本不会告诉你为什么增长，但是它会告诉你增长了多久（Duration 列），从中发现是否存在 I/O 问题和数据库配置问题。

- 日志文件自动增长和自动收缩

自动收缩是个隐形杀手，对于刚接手的环境，可以用代码清单 9-2 来检查。更好的方法应该是全面检查后添加这个部分的异动记录以便知道为什么又恢复自动收缩。

代码清单 9-2 默认跟踪查询是否启用了自动收缩

```
    SELECT  TE.name AS [EventName] ,
            T.DatabaseName ,
            t.DatabaseID ,
            t.NTDomainName ,
            t.ApplicationName ,
            t.LoginName ,
            t.SPID ,
            t.Duration ,
            t.StartTime ,
            t.EndTime
    FROM    sys.fn_trace_gettable(CONVERT(VARCHAR(150), (
    SELECT TOP 1 f.[value]
    FROM    sys.fn_trace_getinfo(NULL) f  WHERE   f.property = 2 )), DEFAULT) T JOIN
sys.trace_events TE ON T.EventClass = TE.trace_event_id
    WHERE   te.name = 'Log File Auto Grow'
            OR te.name = 'Log File Auto Shrink'
    ORDER BY t.StartTime ;
```

运行的结果更多的是告诉你数据库是否启用了自动收缩日志的功能（应该禁用）。由于这不是非常重点的知识，所以介绍到此为止。

另外提一下，很多人过去使用的 Profiler 工具实际上就是一个界面化的跟踪而已。

9.2.2　扩展事件

也叫 xEvent（这在网上搜索时可能会用到或者某些国外文章中会简写成这样），在第 12 章会详细介绍。这个功能从 SQL Server 2008 开始引入，但是在 SQL Server 2012 出现界面化操作之后才广泛使用。扩展事件出现的目的是为了替代 SQL 跟踪，它不仅能实现几乎所有的跟踪功能，还具有如其名字所说的“扩展”功能。个人认为这个扩展有两个含义，一是扩展了 SQL 跟踪中无法实现的功能，二是监控本身已经具有可扩展性。

由于微软已经停止了对跟踪进行改进，所以对很多新功能（如 AlwaysON、In-Memory 等）跟踪都已经不能做到最起码的支持。扩展事件是作者强烈建议读者后续应该深入研究的功能之一。

扩展事件足够用一本书的篇幅来详解，这里无法再做过多的介绍，读者可以在第 11 章中得知一二，也可以在作者博客上找到一些资料。

9.2.3　动态管理视图/动态管理函数

它们分别简称为 DMV/DMF，它们从 SQL Server 2005 引入用于取代 SQL Server 2000 时代的系统表，让系统更加安全（SQL Server 2000 时代的系统表是可以修改的）、信息更加丰富。至完稿时，DMV/DMF 都一直在强化且已被业界广泛使用，可见这个功能也是微软主推的运维工具之一。DMV 与 DMF 可以统称为 DMO（动态管理对象）。

如果读者的阅读面比较广，那么可以从各种博客、书籍上看到从 SQL Server 2005 开始（特别是在 SQL Server 2008 以后），DMV/DMF 在优化和监控工作中占据了不少于 95%的份额。

这里同样不打算专门介绍它，因为本书已经大面积使用了。希望读者最起码能做到“看得懂”“改得了”，不一定要会编写。当你看得懂某个用 DMV 编写的监控脚本之后，会根据实际需求进行改写，这样目的就已经达到。随着经验的累积，自己编写将不再困难。

另外希望读者有一个好习惯，把见到的一些脚本记录起来以便后续使用。

9.2.4　性能计数器及数据收集器集

这是 Windows 平台专有的。在 Windows 环境下使用 cmd→perfmon 命令打开，如图 9-1 所示，图中【性能监视器】显示某些计数器的实时行为，默认 1min 滚动一次。对于监控来说，其作用不大，更多是在演示某些行为（比如即时文件初始化等导致的 I/O 行为）时观察变动情况。要进行长期监控，需要使用【数据收集器集】这个功能。这个功能本质上就是一堆计数器，通过配置好的计数器可将数据持续收集然后写入文件。作者在 CSDN 上传了一个 Excel 文件，读者有兴趣的话可以下载，看看可能有用的计数器列表并按图 9-2～图 9-6 所示的方式添加到计数器中。本书配套资源中也包含此文件，读者也可到异步社区下载。

图 9-1 性能监视器

使用演示

按照图 9-2～图 9-6 所示的顺序进行操作，首先用鼠标右键新建一个【数据收集器集】。

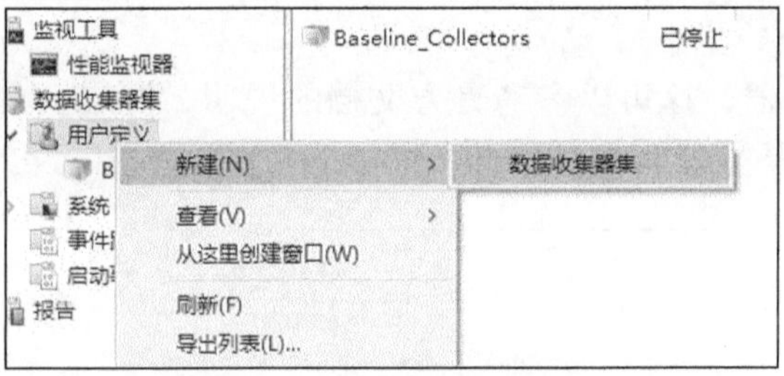

图 9-2 新建数据收集器集

输入收集器集的名字，比如 DBInfos。如果已经有一个模板，则选择【从模板创建】；如果第一次使用，则使用【手动创建】。当创建完一个合适的收集器后，用鼠标右键打开已存在的收集器，选择【保存模板】，把配置保存成一个 XML 文件，后期别的服务器可以使用【从模板创建】来简化它。

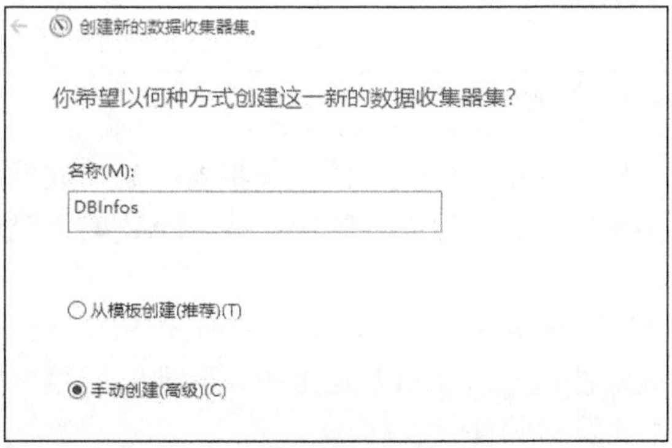

图 9-3 输入名字

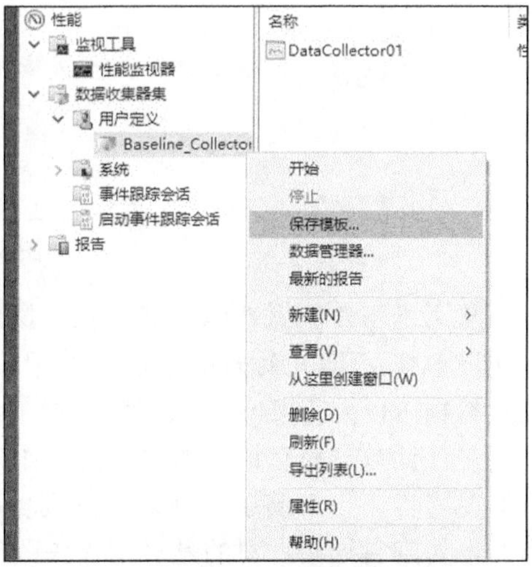

图 9-4 导出现有模板

如图 9-5 所示，这个收集器集可以收集很多内容，一般作者用于收集【性能计数器】，读者也可以按需选择。

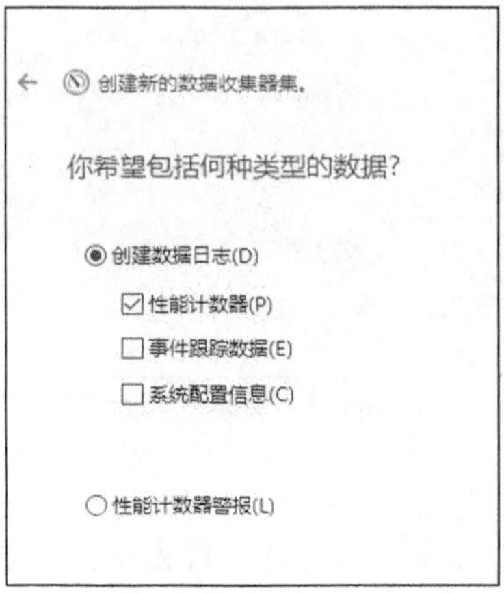

图 9-5　选择监控数据

接下来是选择计数器，这可以参考官方文档的说明、网络上具体需要监控的内容还是上传的 Excel 中提到的计数器。

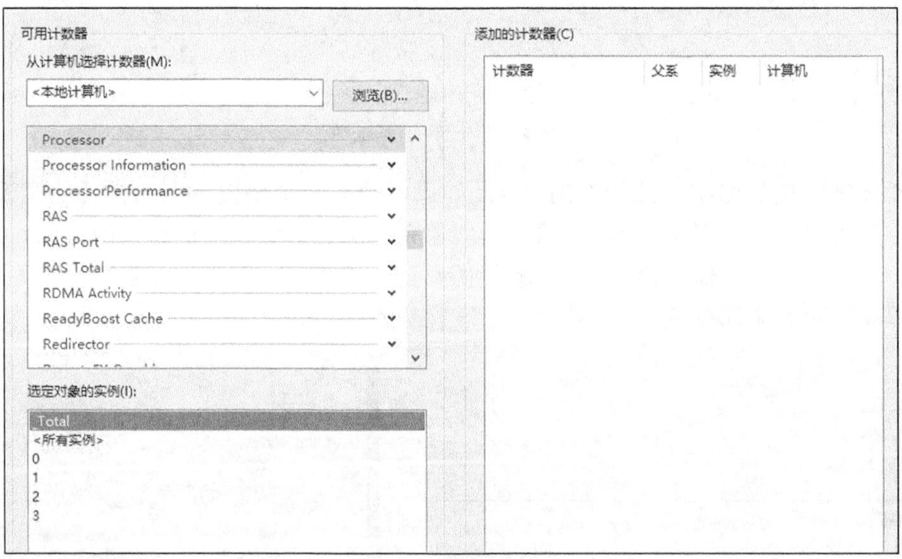

图 9-6　选择计数器

接下来就是配置一些存储路径。操作很简单，这里不详细截图。收集器收集的数据可以通过 PAL 工具进行解析，也可以考虑使用 Python 之类的语言进行分析。PAL 的下载地址及教程可以到 GitHub 上查看。

另外计数器还有很多用途，比如作为警告的触发条件。下面演示了如何在 SQL Server 中触发警告，这个演示是测试作业成功后发送邮件，不过在日常运维中，除非特别重要的作业，否则它通常针对的是“运行失败”的作业发送邮件。

在 SQL Server 里面，警告通常使用【数据库邮件】发送警告邮件给管理员，不过近几年这种方式已经比较落后，如阿里的钉钉还有 Zabbix 配合微信都能直接发送信息，这比邮件更加实时。不过这里还是以发送邮件进行演示。尽管工具是多种和变化的，但是思路却相对固定。

下面的步骤在两种平台上绝大部分能通用，在 Linux 上的特殊配置会专门说明，因为本书以 Linux 为主。

1）启用数据库邮件

由于数据库邮件默认属于“高级功能”，所以需要使用下面脚本开启。

```
USE master
GO
sp_configure 'show advanced options',1
GO
RECONFIGURE WITH OVERRIDE
GO
sp_configure 'Database Mail XPs', 1
GO
RECONFIGURE
GO
```

2）创建专用账号

执行下面脚本时注意修改邮箱地址和邮件服务器名。

```
EXECUTE msdb.dbo.sysmail_add_account_sp
@account_name = 'SQLAlerts',
@description = 'Account for Automated DBA Notifications',
@email_address = 'sqlagenttest@gmail.com',
@replyto_address = 'sqlagenttest@gmail.com',
@display_name = 'SQL Agent',
@mailserver_name = 'smtp.gmail.com',
@port = 587,
@enable_ssl = 1,
@username = 'sqlagenttest@gmail.com',
@password = '<password>'
GO
```

3）创建默认配置文件

可以创建多个配置文件，但是必须要检查默认文件是否有期望的配置文件，否则可能发送到别的邮箱。

```
EXECUTE msdb.dbo.sysmail_add_profile_sp
@profile_name = 'default',
@description = 'Profile for sending Automated DBA Notifications'
GO
```

4）添加账号

将 public 账号添加到数据库邮件配置文件中。

```
EXECUTE msdb.dbo.sysmail_add_principalprofile_sp
@profile_name = 'default',
```

```
@principal name = 'public',
@is_default = 1 ;
```

5）将账号添加到配置文件中

这里把第二步创建的账号添加到配置文件中。

```
EXECUTE msdb.dbo.sysmail_add_profileaccount_sp
@profile_name = 'default',
@account_name = 'SQLAlerts',
@sequence_number = 1;
```

6）发送测试邮件

到了这一步，就可以发送测试邮件了，但是并非所有客户端都将数据库邮件识别为安全邮件，所以不排除它会到垃圾箱中，需要配置邮件客户端。

```
EXECUTE msdb.dbo.sp_send_dbmail
@profile_name = 'default',
@recipients = 'recipient-email@gmail.com',
@Subject = 'Testing DBMail',
@Body = 'This message is a test for DBMail'
GO
```

7）使用 mssql-conf 或环境变量设置数据库邮件配置文件

这部分是 Linux 特有的。

```
# mssql-conf
sudo /opt/mssq/bin/mssql-conf set sqlagent.databasemailprofile default
# 环境变量
MSSQL_AGENT_EMAIL_PROFILE=default
```

8）设置操作员

操作员（更多的是一个邮件地址）用于接收警告。

```
EXEC msdb.dbo.sp_add_operator
@name=N'JobAdmins',
@enabled=1,
@email_address=N'recipient-email@gmail.com',
@category_name=N'[Uncategorized]'
GO
```

9）使用 SQL 代理测试作业是否成功

```
EXEC msdb.dbo.sp_update_job
@job_name='Agent Test Job',
@notify_level_email=1,
@notify_email_operator_name=N'JobAdmins'
GO
```

在 Windows 平台中，我们可以借助计数器发出一些警告，如 Log 使用率，如图 9-7～图 9-10 所示，首先用鼠标右键选择 SQL Server 代理，选择【警报】。

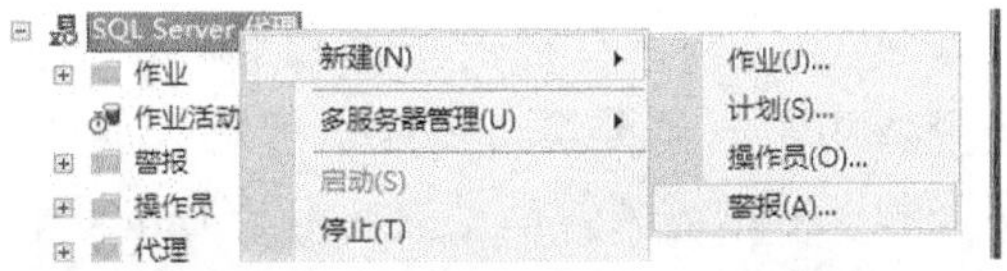

图 9-7 SQL Server On Windows 新建警报

如图 9-8 所示，选择【SQL Server 性能条件警报】，下面的内容就会联动。

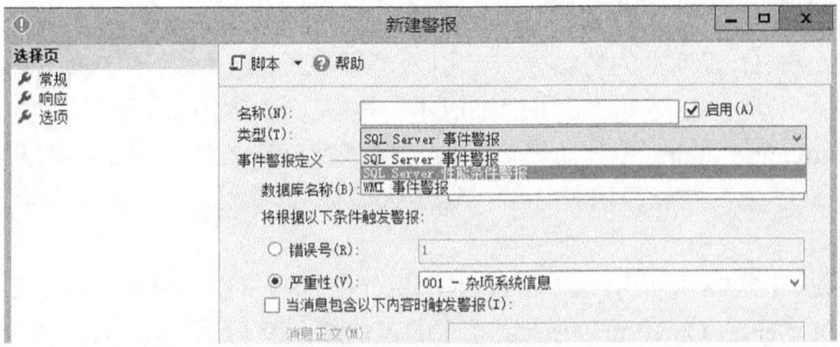

图 9-8 警报类型选择

选择对象为 Databases，计数器为 Percent Log Used，实例可以选择单库或者全部，然后条件设为 80%，如图 9-9 所示。

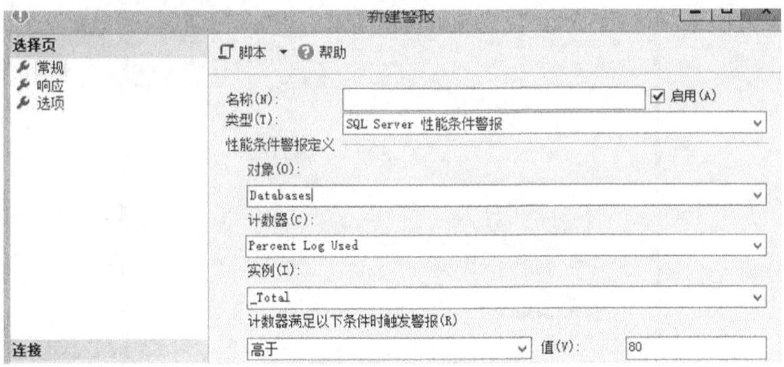

图 9-9 警报条件选择

在【响应】页可以选择针对性的响应操作和通知操作员（实际上就是发邮件给操作员），如图 9-10 所示。针对这个警报，我们可以调用日志备份作业，除非日志异常无法截断，否则一般日志作业可以解决最起码的环境问题，但是还是要人工检查原因。

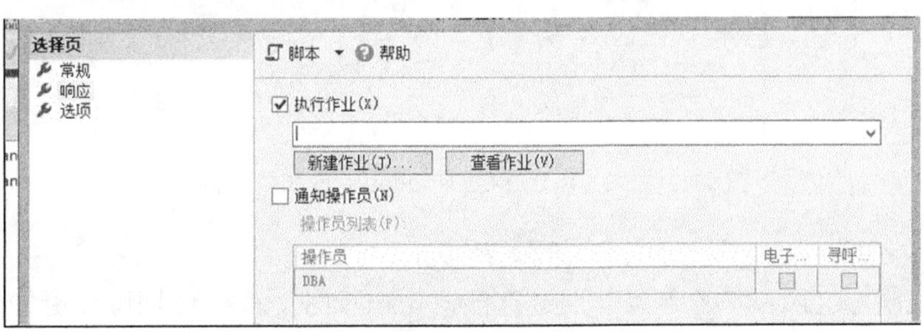

图 9-10 响应警报

这种方式可以对很多常见的问题进行提前预警和响应，但是问题到了一定的复杂程度后，单纯的这种方式已经没有用了，需要组合搭配很多功能甚至工具。关于这部分的使用，读者可以在网上搜索更多资料。不过需要提醒的是，由于 Linux 平台不存在计数器这种功能，所以在 SQL Server On Linux 上，至发稿为止警报类型只有“SQL Server 事件警报”这一种。

关于 Linux 平台上的一些监控工具、功能，详见相关章节，这里就不重复介绍。

9.2.5　SQL Server 新工具

随着 SQL Server 新版本的持续发布，引入了很多工具，特别从 SQL Server 2008 开始，引入了各种监控工具。这大大降低了运维成本，其中比较常用的有管理数据仓库（MDW）、查询存储、Automatic tuning（自动优化）等，除了 MDW 之外，由于其他两个更多是为了性能服务的，所以会在性能篇进行详解，这里仅做简介。

- MDW

从 SQL Server 2008 开始引入，目前 SQL Server 2017 的 Windows 版还支持它，至本书发稿为止，SQL Server On Linux 仍未支持 MDW。如图 9-11 所示，上一部分是 Linux 版，下一部分是 Windows 版的 SQL Server。因为本书的目标是 SQL Server On Linux，所以这里不打算进行介绍。

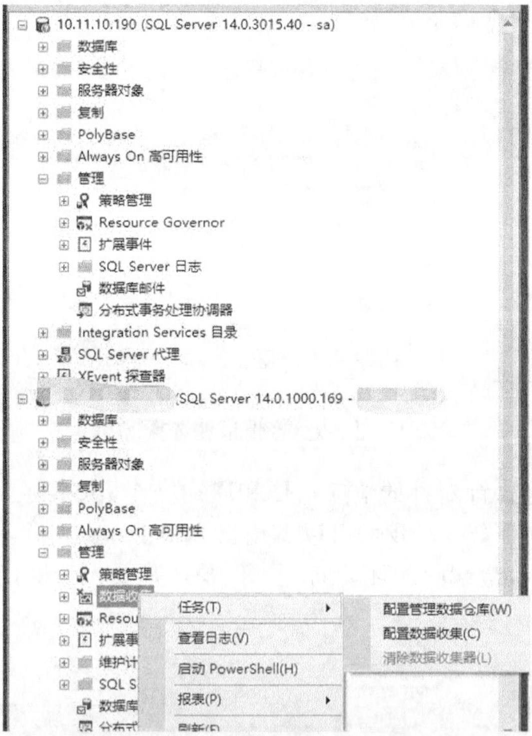

图 9-11　SQL Server On Windows 的 MDW 向导

- 查询存储

从 SQL Server 2016 开始引入，通过存储语句运行时的执行计划可以更加全面地了解执行的过程和信息，详细内容在性能篇介绍。

- 自动优化

这个功能从 SQL Server 2017 开始引入，是为性能而引入的，在这里提及是因为它的本质是监控、收集并进行适当优化。由于这是本书一个重点介绍的功能，所以在这里不展开。

9.2.6 专家工具

SQL Server 问世 40 年以来，专家早已编写了很多非常优秀的脚本用于日常监控，作者收录了几个常用的脚本，它们都是非常长的脚本，没法展示出来，读者可以到网上搜索。

1）sp_WhoIsActive

一个获取“正在运行”会话执行情况的自定义存储过程，默认在 master 库。其最新版本已经支持 SQL Server 2017，下载之后，可直接在 SQL Server 中执行，然后在查询窗口直接输入 sp_WhoIsActive（T-SQL 默认不区分大小写）就可以出现结果，它非常好用，同时具有丰富的参数。读者如果打开源代码，则会发现复杂到你不想看下去的程度。至于用法，读者可以阅读一下说明文档，这是作者日常工作中第一个 Troubleshooting 所使用的工具！它对于作者来说有几个最有效的亮点。

- 获取正在运行的 SQL 的执行计划。因为是一次性全部查询，所以相对于其他 DMV 编写的获取脚本而言，这个更加快速。
- 获取阻塞信息，不过相对于接下来介绍的另外一个工具，它不够直观，特别是有数百个会话时比较痛苦。
- 会话发起者所使用的 PID。作者有过一次经历，前端应用的一些 bug 在 SQL Server 中造成了死循环，通过这个工具找到了应用所在服务器的 PID，通过这个 PID 大概定位到是应用的哪个服务。

更多的用法请读者自己在使用中体会，这里无法一一列举。

2）dba_BlockTracer

在数据库性能问题中，最常见的就是阻塞。一个会话可能会阻塞成百上千个其他会话甚至自己，怎么在一个高负载系统中找到阻塞的源头？可以直接执行这个存储过程，如果系统有阻塞，则会显示两个结果，一个是阻塞源，一个是被阻塞的会话，一般针对第一部分进行处理即可消除阻塞。当然并不是什么阻塞都那么好处理，特别是发生在 SQL Server 外部的阻塞。

代码如下所示，如果读者觉得太长则可以使用存储过程名字到网上搜索。

代码清单 9-3 dba_BlockTracer

```
    CREATE PROC [dbo].[dba_BlockTracer]
    AS
    /*--------------------------------------------------
     Purpose: Shows details of the root blocking process, together with details of any
blocked processed
    --------------------------------------------------
    Parameters: None.
    Revision History:19/07/2007    Ian_Stirk@yahoo.com Initial version
    Example Usage:1. exec YourServerName.master.dbo.dba_BlockTracer
    -------------------------------------------------*/
    BEGIN
       -- Do not lock anything, and do not get held up by any locks.
```

```
    SET TRANSACTION ISOLATION LEVEL READ
       UNCOMMITTED
    -- If there are blocked processes...
    IF EXISTS(SELECT 1 FROM sys.sysprocesses WHERE
       blocked != 0)
    BEGIN
       -- Identify the root-blocking spid(s)
       SELECT  distinct t1.spid  AS [Root blocking spids]
          , t1.[loginame] AS [Owner]
          , master.dbo.dba_GetSQLForSpid(t1.spid) AS
            'SQL Text'
          , t1.[cpu]
          , t1.[physical_io]
          , DatabaseName = DB_NAME(t1.[dbid])
          , t1.[program_name]
          , t1.[hostname]
          , t1.[status]
          , t1.[cmd]
          , t1.[blocked]
          , t1.[ecid]
       FROM  sys.sysprocesses t1, sys.sysprocesses t2
       WHERE t1.spid = t2.blocked
         AND t1.ecid = t2.ecid
         AND t1.blocked = 0
       ORDER BY t1.spid, t1.ecid
       -- Identify the spids being blocked.
       SELECT t2.spid AS 'Blocked spid'
          , t2.blocked AS 'Blocked By'
          , t2.[loginame] AS [Owner]
          , master.dbo.dba_GetSQLForSpid(t2.spid) AS
            'SQL Text'
          , t2.[cpu]
          , t2.[physical_io]
          , DatabaseName = DB_NAME(t2.[dbid])
          , t2.[program_name]
          , t2.[hostname]
          , t2.[status]
          , t2.[cmd]
          , t2.ecid
       FROM sys.sysprocesses t1, sys.sysprocesses t2
       WHERE t1.spid = t2.blocked
         AND t1.ecid = t2.ecid
       ORDER BY t2.blocked, t2.spid, t2.ecid
    END
    ELSE -- No blocked processes.
       PRINT 'No processes blocked.'
END
```

3）usp_who5

增强型的 sp_who2，可以到 sqlservercentral 网站下载脚本。

上面的工具都可以直接执行，结果也很直观。现实环境的问题错综复杂，工具更多就像医院的化验单，如何解读需要实践加理论并反复检验。另外作者从这 3 个工具的代码中不仅学到了很多知识，还体会到了“好的代码自带文档说明”。

9.2.7 传统工具

SQL Server 中的传统运维工具也有很多，比如 SQL Server 的 Errorlog、SSMS 中的【活动和监视器】（见图 9-12），甚至操作系统层面的关于 DB 的事件日志等。当然最常用的还是 SQL 跟踪和自定义的一些脚本。

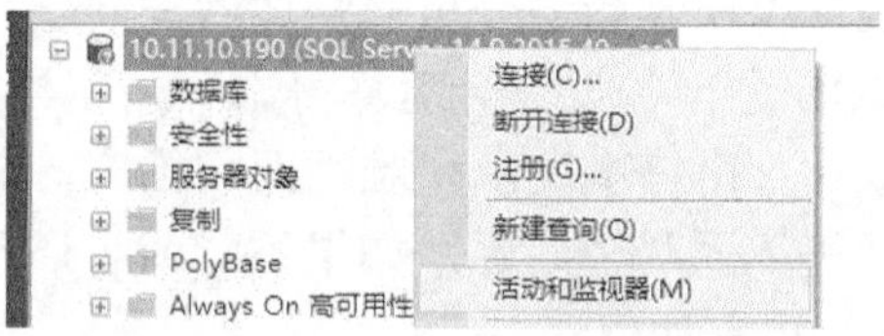

图 9-12 SQL Server 活动和监视器

由于监控脚本极其多，根据需要监控的内容（如 CPU、I/O 等）又有多种脚本，所以无法在本书一一列举，但是会在其他章节用到的时候列出来一些。

9.2.8 使用方法

介绍了这么多工具可能让读者混乱了，在第 11 章会有具体流程介绍，这里先整理一下。

1）硬件准备

需要准备存储监控数据的环境，不管是真正的大数据平台还是数台服务器（空间要够大）。

2）获取 OS 层的信息

通过 OS 层的工具获取服务器正常运行时的信息，建立服务器基线。

3）获取 DB 层的信息

DB 层的工具通常需要组合使用，建立数据库的基线。

4）创建监控数据库

这个库可能是关系数据库，也可能是 NoSQL 甚至 NewSQL 等，并且库可以在服务器本地，也可以在专用的监控服务器上。

5）长时间收集

一般借助 SQL 代理，周期性调用作业使监控数据插入/更新监控数据库，这些数据在插入或更新过程中可以进行一定的预处理，比如与上一个周期的数据进行简单运算得出差异值。

6）高级应用

借助算法和工具，对数据进行分析展示及预警等。

如果仅对前面提到的工具而言，那么上面流程过程一般分为 3 部分。

- 使用 9.2.4 节中的性能计数器或 Linux 中的工具长时间运行在服务器上，用于收集 OS 层的信息。
- 在 SQL Server 内部，配置 9.2.2 节所述的扩展事件并运行。

- 启用 9.2.5 节中的适合工具，最后使用 SQL 代理把各种 DMO 编写出来的工具周期性插入监控数据库中。

得到数据之后，借助其他工具对这几部分的结果进行统一分析。

9.3　监控分析

监控做得再好，如果不分析监控数据，那也不能称为好的监控。可视化是最直观的分析，哪怕只有一个线条，也可以通过趋势分析来发现潜在问题。

很多分析都是通过 T-SQL 进行各类聚合运算得出一些差异值，然后贴到 Excel 中生成图形。但是这种工作方式量大、出错率高，很难大面积推广，而且还相对静态。

监控分析的用处在于回答下面几个问题，如果不能或者还不够，那么需要改进监控。

- 我们的系统目前运行情况如何？
- 异动是否合理且可解释？
- 资源是过剩还是不足或者刚好？
- 同类系统是否能借用这些数据来进行容量预估？
- 最核心的问题是过去的故障是否通过监控从而大大降少？
- 运维人员（包括你自己）是不是越来越轻松了？

另外分析是多种多样的，正如前面提到的，当你看到网络流量在系统空闲时突然暴增且持续，那么就应该马上发出警告和检查问题。核心思想还是一个“提前发现异常”。

今时今日，单纯靠人眼去发现异常已经过时了。作者推荐大家学好 Python，使用 Python 来分析数据，它不仅是关系数据库中的数据，还有基于日志的分析。推荐 Python 的理由有几个。

- SQL Server 2017 已经内置支持 Python。
- Python 是大数据分析甚至 AI 的首选语言（当然 R 也不错，不过因为第三点所以作者认为其不是首选）。
- 在这几年 Linux 发行版已经内置 Python，不需要额外安装，只需要按需升级。可见 Linux 对 Python 的重视程度。

当使用 Python 进行分析之后，可以添加一些挖掘算法来找到监控数据中有价值的信息，可以把监控系统当作一个业务系统来进行大数据挖掘。

扩展阅读

监控分析可以是很有深度的话题，请微信搜索“百度日常业务监控中的智能运维分析”“京东大规模数据中心网络运维监控之眼”“运维改革探索（一）：用多层级监控实现可视化运维”。

9.4　监控展示

在 5.1 节读者应该已经看到了不少图表。正所谓一图抵千言，图表确实是一个好东西，直观、全面。除了直观和全面之外，展示运维结果的最重要目的是——展示风险。

这里无法手把手地教读者如何展示，有些想法可以分享给读者，这些想法是基于作者工作过程和看到别人展示界面而来的，仅供参考和抛砖引玉。

- 首页要精要

不要在首页展示最详细的内容，这样无法发现问题，这有点像《金字塔原理》一书的核心思想："先提出总结性思想，然后提出具体的思想"。太花哨反而不实用。

- 首页突出异常

运维监控要的不是告诉人"系统多稳定"，而是告诉别人哪里已经发生问题，最好还能提醒别人哪里将要发生问题。这就好像作者过去做邮件警报，我不会每个作业成功后都发送邮件，几十台服务器上百个库发一次看都看不过来。所以我会对失败的作业设置邮件。当然一些核心的作业也不妨设置成功发送邮件，比如备份。

- 非最底层页面不要展示完整的错误信息

作者见过某些企业的 Zabbix 监控系统（应该还没完善），他们号称搭建好了监控系统，但是进去之后会发现满屏的 Windows 错误日志和 SQL Server 日志。这实际上就是暴力地从服务器中把日志搬过来而已。我们能够容忍不完美并且应逐步迭代完善，但是要明白我们的目标和时刻都应向着目标前进。在一个成熟的监控展示中，展示的一定是经过预处理的结果。比如你可以从 SQL Server 错误日志中抓取具有错误、警告和一些已知错误号或者需要关注的事件号信息，并进行简要的分词组合。比如错误号 833 是 SQL Server 向磁盘发出请求但是 15s 内未响应的事件，这种事件必须处理。在展示的过程中，没有必要把整个错误都贴出来，它原来的错误内容大概是"SQL Server has encountered 2 occurrence(s) of I/O requests taking longer than 15 seconds to complete on file [F:\..."。我们可以只展示"I/O requests taking longer on 服务器+库 on file [F:\xxx"，然后再去服务器上检查。

- 使用一切方式让看的人能快速定位问题

这些方式可能包括必须带上服务器（甚至所属项目）和库（有可能是文件）、版本内容（如 OS、DBMS 等）。

- 按优先级顺序展示

在完善过程中，可能需要不断调整展示的顺序。比如作者在运维过程中，空间问题是首要的，我在首页中就会考虑优先显示空间已经不足的服务器。

- 注意动态调整

这里的动态调整主要是调整阈值。在现实环境中，可能没有过多的最佳实践，要周期性检查阈值的触发是否合理。还有就是刷新的频率。过快会带来压力，过慢又可能不够及时。一切都需要在过程中调整和完善。

- 不妨添加趋势预测

这是比较高级的部分，在收集一定时间的数据之后，就可以对这些运维数据进行一些挖掘分析，甚至反推到警报系统中。

提醒：读者可以参考微软的 PowerBI 工具或者其他的"敏捷 BI"工具来进行展示。它们比传统方式快且好看，同时还附带有一些挖掘功能。

其实监控展示是非运维人员或者直接运维人员用于评估运维系统的最重要的因素之

一。作者很看重运维监控系统，同样也看重展示，毕竟在大量服务器运维中，实在没有办法一一检查，突出核心和正确的信息对运维工作有益无害。

9.5　总　结

监控是一门高深学问，专业的大规模监控并不比DBA工作轻松。如果大家在网上搜一下，就会找到大量的与监控相关的文章。恰恰由于有大量的信息，反而容易导致混乱和浪费时间，所以作者根据自身经验整合出本章，希望能让读者在后续阅读时有所把握。

由于监控是系统全生命周期都应该存在的内容，所以本章主要还是以简介为主，在其他章节都可以看到监控的身影。

第 3 篇　性能篇

本篇包含第 10～16 章，首先从理论出发，描述了何为性能及如何进行专业的故障侦测和性能优化，然后介绍并演示了 SQL Server 上的一些新工具及性能优化新功能。最后对常见的影响性能因素（包括索引、事务、阻塞等）进行专门的介绍。

本篇最后一章为 In-Memory OLTP 的简介和演示，目的在于让读者体会新版本中用于大幅度提升性能的重点技术的强大功能，增强读者自信心。

第 10 章 SQL Server 性能优化方法论

2 分钟速读

本章是性能篇的开章，是目录篇，也是总结篇，以理论介绍为主。重点介绍如何对SQL Server 进行性能优化，里面包含了作者的经验之谈，也有国内外专家甚至官方建议。在读者实战过程中，当实在找不到如何应对时，不妨回过头来看一下本文章，说不定有新思路。

本章内容包括以下方面。

- 性能简介
- 性能优化的误区
- 常见影响因素
- 常规性能优化流程

在本章会介绍一些案例，因为都是商业案例，所以不能演示。

10.1 性能简介

我们都知道性能优化，总以“快”来简单地定义性能的好坏。不可否认，系统的响应时间（就是用户感知的快慢）是性能的核心指标之一。查询一行数据却要运行 1 小时的语句，你非要说它性能好，这个恐怕没谁会接受。当你真正从专业方向上讨论性能时，响应速度就不是唯一指标。

在作者的经历当中，性能不仅是快，还要稳定。这个稳定主要表现在随着数据库规模稳定增长甚至暴增时，性能依旧不会出现非预期的下降（也称断崖式下降）。100 个用户用一个系统很快，10 000 个用户还用这个系统，慢一点是可以接受的。但是若从 100 个用户增长到 110 个，性能就完全不行了，除非你言之有理，不然你很难说它没有性能问题。

换个角度，DBA 和运维人员经常会被各式各样的人问到“为什么数据库那么慢？”，如果你再问慢到什么程度，那么往往得到的是模棱两可的答案“就是卡、慢”。作为专业人员，需要对性能问题进行一个清晰的定义，不然会浪费时间去定位问题。作者认为，性能应该是“在现有资源还没有达到最大吞吐量的前提下，系统（不单指数据库）若不能满足合理的预期表现，则可以定义为性能问题”。这里有几个关键词。

- 没有达到最大吞吐量：意味着不是硬件不足。

- 合理的预期表现：你不能要求很快扫描完一个几亿行的数据表。绝对的多快好省是不存在的，即使是 NoSQL 能秒出（快），也不代表多、好、省这几个表现也存在。

当然，也存在一些非正式的定义：比如资源消耗明显过多、运行速度的下降超过预期等。总之，我们定义性能是为了能够更好地定位问题，因为很多问题并不是性能问题（比如权限、硬件或者一些 bug 等），不同的问题有不同的应对方案，所以要先定义问题。

Tips：*应该总是从整体去思考性能问题，不能从单一表现就马上下定论。*

如何定义性能问题？除了一些常识性的方法之外，我们可以使用一些性能指标，最常见、最重要的指标有 3 个。

- **响应时间**：这个显而易见。响应速度快，性能问题一般比较少，如果响应速度明显不合理，那么很可能就存在性能问题，不过并非绝对。
- **吞吐量**：吞吐量不是越大越好，如果通路不顺畅，那么量大会压垮系统。
- **可扩展性**：是否具有通过简单地增加资源就可以解决或者缓解问题的能力。

另外，在《SRE Google 运维解密》一书中，也有 4 个黄金监控指标可以参考。

- **延迟**：处理请求所需要的时间，这个实际上就是响应时间。
- **流量**：简单来说就是各种请求数。
- **错误**：请求失败的速率。
- **饱和度**：通常是系统中目前最为受限的某种资源中某个具体指标的度量，比如 I/O 等。

这两类指标本质上都是一样的，它们都关注响应的速度、资源的利用率情况。一开始提到的"快"是其中一个指标而已。

另外作者也在很多地方提到，DBA 很像一个"中医"，不过最好还是中西医结合。我们进行优化，就是对病人进行治疗，追求的不是绝对的症状消失，追求的应该是"相对平衡"，把系统调整到平衡状态而不是追求每个功能都足够地优秀。当然，理论归理论，尽可能最小化每个 SQL 的响应时间、合理增加吞吐量、减少网络延时、优化磁盘 I/O 及 CPU 处理时间，实际上也是我们要做的事情。

简而言之，性能优化的目标是通过一系列的手段使系统能够协调、平衡地运作，合理地响应外部及内部请求，实现资源利用最大化。

10.2 性能优化的误区

和上面说的不同，这里作者更想希望分享一下个人感悟。在个人工作过程中，发现很多关于性能的"误解/误区"，按常见程度排序，跟大家分享一下。

1）加硬件能缓解性能问题

这也许是对的，但是一个企业的核心系统，通常都不会存在真正的资源严重不足的情况。在医学上，这种类似于外科手术，不到万不得已还是不要用。

2）只要数据库性能好就没问题

以前出现过大量应用程序的性能问题，这些问题几乎跟数据库没有关系，但是往往都期望通过简单地优化数据库就可以彻底解决它，比如开发者总是很有惰性地将本该在应用层实现的逻辑丢到 DB 层进行实现。举两个案例。

a）**某 ERP 系统**：表比较大有 2 亿行代码左右，库大小为 3TB，极度严格地遵循第三范式的设计。这本身不是问题，但是完全没有冗余，一个简单的查询操作涉及了 9 个表加一个表变量。退一步说，这也不是非常严重的问题，因为实际上并没有造成性能影响。它的根源在应用端，典型的“需要用户交互”，而且用户操作流程非常长，步骤多，同时也存在用户之间的交叉操作等。结果就是用户的操作往往导致事务的长期开启，从而表现为数据库存在大量的等待。

b）**某考勤系统**：数据量不多有 7 万人员，1600 多个部门架构。在加载部门资料的树形结构时，应用端出现未响应现象，通过 Profiler 跟踪发现应用端先查询顶级部门，然后轮询所有部门，而且每次只操作一条数据，然后在前端展示。结果 Profiler 抓出约 1700 条 SQL，每一条执行时间其实只需要 0.01s，但是 1700 条就要 17s，而且频繁的交互会对连接池、网络等带来严重的负担，同时没有对数据进行缓存，结果可想而知。

3）任何数据库性能问题都可以通过索引来解决

这是大错特错的事情。根据作者经验可知首先应检查日志，如果日志没问题，那么看一下等待信息，有时候可以发现其实是文件增长配置不正确，这个时候并不能通过修改数据库索引来解决。另外，从作者优化经历来看，先改 SQL 或者表结构成效远大于索引。因为索引可能可以减缓单个 SQL 的性能问题，所以很可能导致其他语句出现性能问题。（简单来说，先检查基础信息，再考虑 SQL 优化，最后才是索引。）

4）SQL Server 不能支持大数据量

这个误区很荒唐，但是很多人就是这么认为的。差设计、差编码、差部署（包括随便用一些低端硬件）导致几百万行的单表都出现严重性能问题，然后却下定论 SQL Server 不能支持这种量级，更不能理解的是他们武断认为 MySQL 可以支持得很好。需要说明的是作者不贬低其他产品，也不认为 SQL Server 是万能的。重点在于“你选型/（诊断）时是否进行了客观的了解跟自身的评估”。

5）编码过于偏激或极端

很明显的例子就是很多项目组会强制“全部使用存储过程”或者“全部不允许使用存储过程，全部在程序端拼接或实现”。要记住过犹不及这个成语，而且也要记住每个功能都有自己适用的场景。

上面的几点只是比较具有代表性的误区。作者的意图是让读者知道，性能优化是一个技术，也是一门艺术，同时也是一门内功。在你下定论存在性能问题并打算优化时，先了解清楚问题所在，不要随便人云亦云。特别在当今面向搜索引擎编程的时代，很多人面对性能问题时，首先就是搜索，找到类似的就修改，结果得不偿失。

另外，优化并不总是一定要跟具体产品绑定的，特别在有经验之后，你更应该理解很多优化技巧、思维是可以用在如 Oracle、MySQL 等上的，只是具体实现的差异。也不要忘了要对某个产品进行深入了解，毕竟没有人能够完全精通所有主流数据库管理系统的优化细节。就好像正规的非儿科医生也不敢乱给婴幼儿看病一样！

10.3 常见影响因素

人不舒服了，不外乎外因和内因，外因可能是天气、环境污染或者外部伤害等。内因就是自身抵抗力。中医治病和优化的主要手段就是从内因着手，配合外因进行改善。毕竟这是一本实操的书，光有理论不行，还得有具体的内容，为了减少初学者的迷惑，根据作者经历、官方资料及国内外专家数十年的总结，影响关系数据库性能（暂且回到 SQL Server，大部分还是通用的）的常见因素有以下几个。

- 应用程序的体系架构
- 应用程序设计
- 数据库设计
- 事务和隔离级别
- T-SQL 编码
- 硬件资源及其配置
- SQL Server 配置

10.3.1 应用程序的体系结构

过去以 B/S、C/S 结构为主，目前来说服务器环境也依旧如此。随着时代的发展，产生了越来越多的体系结构，不过这不是本书的内容，在这里提出来是为了让读者知道首先我们要了解体系结构，同时要时刻注意当前系统中体系结构的每个组成部分都可能导致用户感知到性能下降。同时更重要的是“不要只认为是数据库出现了性能问题”或者“一定是数据库出现了问题”，要时刻注意整体思考！整体思考！整体思考！

10.3.2 应用程序设计

同样这部分不是本书的内容，从 10.2 节可以看出，从整体上来说，应用设计又确实明显地影响着性能，而且这种性能问题并不容易快速修复，很多 C/S 结构还需要重新编译生成并分发到所有用户机器上进行更新。

除了前面提到的例子之外，作者还见过很多前端设计问题，如从前端导入大量数据（如一个大型 Excel 文件）时，开发人员过多地在前端临时存储→复杂运算这些数据，从而导致用户机器出现内存溢出等问题。还有一种场景是前端使用游标等方式读取数据库早已查询出来的庞大数据集，整个过程一方面很慢，另外一方面数据库服务器因为需要临时存储这些结果集供前端来加载，所以会导致内存占用过久影响其他请求对资源的申请。最后一个常见案例就是需要用户交互或者在一个操作（表现为一个事务）过程中，前端处理一部分数据库处理一部分，再交给前端来处理，这个本质上跟需要等待用户交互差不多。其影响是事务持续时间过久，导致资源加锁一直无法释放，对核心表的并发影响非常大。

需要注意的是，一个合格的 DBA 必须懂得如何从各种日志中找寻到应用程序处理业务操作的过程，简称“甩锅”。常见的是当研发人员发现业务数据异常丢失时，作为维护人员，最有效的方法是逆向分析业务逻辑的过程。经过分析之后发现原来是由于研发人员调用接口时触发了 bug，从而导致数据插入到不正确的库或表中，引发了数据丢失的假象。分析日志可以为运维工作“洗清冤情”。由于 SQL Server 自 SQL Server 2005 开始已经无法直接查看 LDF 中的内容，我们可以使用第 12 章中提到的工具或者使用其他技术来对操作进行记录。

10.3.3 数据库设计

这实在是太重要了，糟糕的设计会导致 SQL 语句无法改写或者改写消效非常大，这也会导致索引效率极低甚至无效。如何设计一个好的系统，这本身就没有标准，读者有余力可以读一下一些专门写数据库设计的书籍。

考虑到本书的读者在这方面可能经验不足，作者在此给出一些小建议。

- **了解业务**：这是重中之重，系统是为了满足业务要求而出现的，不是艺术品，是日用品。能满足业务的系统才是有用的系统，性能只是其附属属性之一。另外对于一个已有性能问题的系统，了解业务逻辑你才能更好地优化它。
- **优先考虑第三范式设计**：要注意适当冗余一些字段，至于冗余哪些，需要了解业务和需求之后才能给出答案。
- **坚持“少”原则**：设计之时要幻想一下编码，表关联要尽可能少，数据类型要恰当，不要动不动就用各类 max、GUID 等，同时要考虑后续数据归档时的难度（比如最起码要留几个时间字段及状态标识）。
- **列名命名清晰无歧义**：作者改写过很多 SQL，发现很多字段由于开发人员缺少命名规范，因此要逐个进行相关表检查才发现其属于哪个表。如果命名时就能够唯一标识，那么可以为后续工作减轻不少负担。
- **原则上建议表都有主键**：除非用于导入数据的临时表，否则在很多情况下聚集表的性能跟维护成本都优于堆表。同时某些高可用［如事务复制（replication）和 SQL Azure］是强制要求表有主键的。
- **物理部署合理**：在数据库的物理部署中，尽可能把用户对象（表、索引）放在新建的文件组中，原有的主文件组仅给系统对象用。

很多人问作者如何优化，就 10 年经历而言，作者觉得上面的“了解业务”和坚持“少”原则就是我的答案。需要读者在实践过程中体会它。

10.3.4 事务和隔离级别

这部分在第 15 章专门介绍。事务和隔离级别是常见的性能根源之一，由于并发的要求，ACID 的重要性导致了成熟的 RDBMS 都需要事务在尽可能增加并发的前提下保护数据。从性能上来说，应该要花心思确保每个事务都最小化，同时要确保异常都被捕获。

隔离级别决定了事务的行为，某些隔离级别使事务必须持续到结束才释放锁。在绝大部分情况下，默认行为已经足够好，在没有足够经验之前不建议修改隔离级别。

10.3.5 T-SQL 编码

T-SQL 是操作数据库的工具，用于对数据库的数据结构进行操作，大部分的数据库性能问题来自不合理的编码，另外编码的规范性对性能的影响不可估量。

编写 SQL 语句的核心思维还是“少”原则，几千行的存储过程往往不见得高效，能一步操作完成的就不要多步操作，坚持面向集合的 T-SQL 操作数据几乎无一例外地比面向过程的 While 循环和游标高效。举 3 个经过抽象的真实例子，这些都有严重地面向过程的缩影存在。

- **更新不合理**：某个系统对一个表（假设有 10 列）进行数据更新，原代码一共包含 9 条更新语句，每个语句只更新该表一行数据的一个列。把这些语句合并，并使用 UPDATE SET col1=xxx, col2=xxx,col3=xxx ...，可以看出性能明显提升 10 倍以上。从业 10 年之后，作者已经无法理解为什么要拆开来写。暂且把它归到面向过程的编程影响上吧！
- **不必要的循环 1**：几年前作者运维一个系统时，有一个功能升级之后整个系统性能下降严重，经过跟踪发现是一个存储过程导致的。这个存储过程的逻辑很简单，对一个较大的表（几千万行数据）使用游标轮询，发现符合 Where 条件的数据就会 SELECT 出来。很明显，这个不符合面向集合的思维，该存储过程上线后仅执行了 3 次就造成了 6600 万次 I/O，而且时间需要几分钟。经过跟开发人员确认以后，把代码直接改写成 SELECT XXX FROM 表 Where 列 BETWEEN xxx AND xxx，所有问题都解决了（当然索引已经用上了）。不管是 I/O 还是时间和以前相比都不在一个量级上。
- **不必要的循环 2**：在公司运维优化一个报表存储过程中，一开始这个存储过程使用 While 循环查询数据，插入临时表，再一次性输出。由于服务器是客户的，客户要求 24h 重启一次。经过跟踪推算，这个存储过程在当前数据量下需要 33h 才能完成，所以这个存储过程从来没有执行完毕过，经过几个星期的业务研究和编码改写，把 While 循环改用临时表等方式一次性输出，结果只需要 10s 左右。用户体验大大增强。至作者离开该公司时，从未有客户反映该存储过程再次出现问题。

从上面 3 个例子再次印证了“了解业务”你才能更好地改写，坚持面向集合的操作能大幅度提升效率。在从业 10 年以来，太多的 T-SQL 性能问题无法一一总结，这里只是分享几个作者印象深刻的案例给大家。

10.3.6 硬件资源及部署

这个应该不用多说，你不应该期望用一台计算机就能把系统跑得像在超算上面一样快（微型系统除外），同理，你为什么要求移动硬盘上的数据库能跑得跟 SSD 上的库一样快呢（很遗憾，作者遇到了）？

数据库系统是资源密集型系统，需要有最基本的保证。资源哪怕充足，不合理的配置也会出现问题，抛开授权等导致资源未充分利用等小概率事件，一个常见的系统使用了虚拟化技术，虚拟化技术是大趋势，也要深入了解。虚拟化技术确实会因为 hypervisor 等原因不如独占的物理机好，但是随着时代发展，它们间的差异不大。虚拟化技术有很多“共享”的概念，这会使你产生资源充足的“幻觉”，这部分太专业，就不多说了。

10.3.7 SQL Server 配置

SQL Server 配置不合理会对性能造成明显影响，而且往往不容易发现。绝大部分的人会把目光集中在 SQL 和索引及硬件上。在 Windows 平台，已经运行了多年的 SQL Server 已经比较傻瓜，默认配置往往能够运行得很好，Linux 平台则需要一些调整，详见第 3 章。

关于 SQL Server 配置，有几个地方需要注意。

- SQL Server 引擎服务账号

Windows 平台需要具有本机管理员或成员的权限，或者授予执行卷维护任务的权限，这是为了使 SQL Server 能对数据文件使用即时文件初始化功能其细节介绍在网上有很多，这里不占用篇幅。Linux 平台下，这一步做得比较好。如果你没有修改 mssql 这个用户权限，那么默认已经启用，详见作者博客文章。必应搜索"SQL Server On Linux 中的即时文件初始化 CSDN"，请注意因为网上有各种真实的转载（主要是转载后直接抹掉作者的图和链接，以自身原创的形式发布），所以搜索时建议加上 CSDN，因为作者博客在 CSDN 上。

- TempDB 部署

不管是 Windows 还是 Linux 平台，都建议把 TempDB 存放在独立的驱动上，减少分配争用。由于 TempDB 每次重启服务都会按照 model 系统库来重建，所以极端情况下也可以放在 Raid 0 上以最大化性能（Raid 0 最快但安全性最低）。另外为了进一步减少争用，通常会对 TempDB 中的数据文件进行拆分，建议拆分成 2 个或 4 个。如果后续发生明显的 TempDB 争用问题，那么可以拆分到 8 个，再往后就不建议了。提醒一下，SQL Server 2017 在安装过程中是有明确的界面让你拆分的，而之前的安装则是完成后手动拆分。可见 TempDB 多文件越来越被重视。

- 用户数据库和日志文件的隔离存放

由于数据文件在读写行为上是随机读写的，而日志文件只能顺序读写，所以这意味着多个数据文件在不同的物理驱动器上可以实现并行读写以提高 I/O 性能。多个日志文件只能写完一个再写另外一个，所以常规建议是一个日志文件（指事务操作日志文件，LDF 文件）和多个数据文件（数据文件前期建议属于一个文件组但不建议为主文件组）。

- 数据库配置

安装环境后，调整数据库的默认设置，这包括新数据库和备份文件的存放路径、限定最大服务器内存、勾选【数据库设置】中的【压缩备份】，如图 10-1 和图 10-2 所示，其他设置可以在运行过程中按需调整。

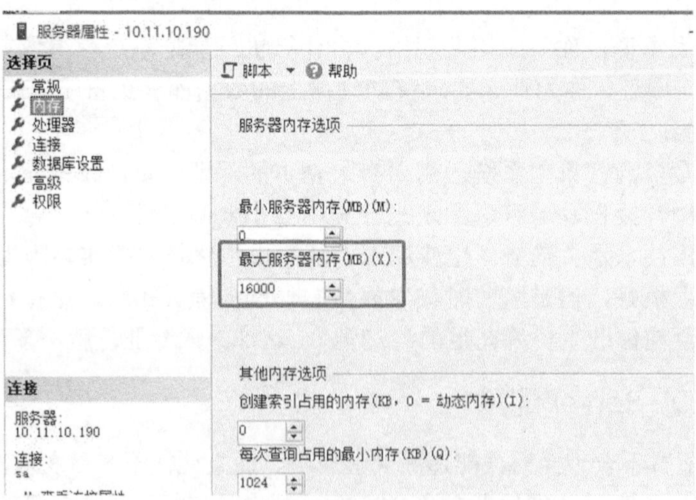

图 10-1　调整最大服务器内存

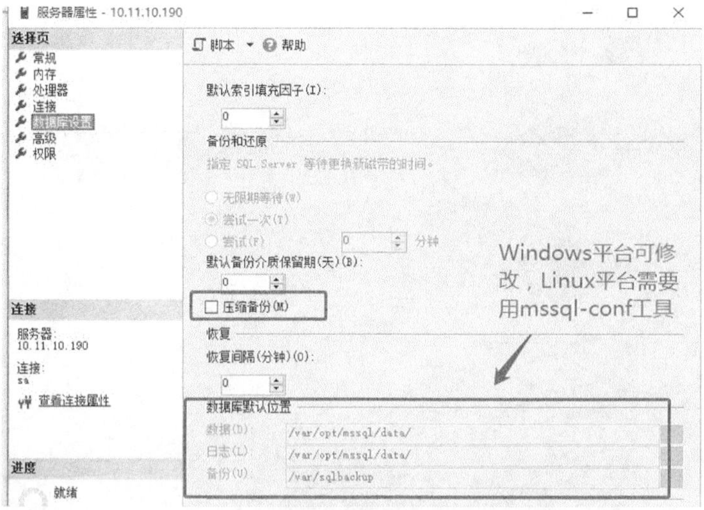

图 10-2　开启压缩备份和数据库默认位置

更多的配置内容会贯穿本书，这里就不赘述了。

10.4　常规性能优化流程

图 10-3 是作者另外一本书《SQL Server 性能优化与管理的艺术》中出现的图，时至今日作者认为这个流程还是适用的。下面大概说一下。

- **先判断是否为性能问题**：因为作者遇到过网线松了却上报数据库卡的情况，这明显是在数据库中无法“优化”的问题。如果不是性能问题，那么另找其他方法。
- **是否有现成的处理手段**：这里考验的是处理人员有没有日常积累和总结。如果有，那么不妨先使用（这类似于数据库的执行计划缓存），毕竟很多时候解决性能问题是很迫切的。
- **尽可能收集各种性能数据**：如果毫无头绪，那比较悲剧，需要广撒网了。
- **问题分类**：即使是性能问题，也有很多种，比如数据库外部（主要是配置）或者内部问题，也可能是非数据库性能问题。如果是内部，那么是索引问题，还是阻塞问题，还是其他？
- **针对不同分类使用不同的方案**：这是具体问题具体分析的原则。若确实是资源不足，则要调整或者增加资源；若是数据库设计不合理则修改设计；若是索引不合理当然就要调整索引；若是编码不合理则修改编码。每类问题都有不同的应对手段。
- **提出解决方案**：在定位问题之后，就可以提出解决方案了。有时候没有现成的方案，不妨大胆假设小心求证。
- **测试验证**：如果条件允许，最好执行这一步，如果实在没办法，那么也只能做好回退方案（最起码执行完整备份）后再操作。
- **部署方案**：经过验证的方案可以部署，但是要时刻跟踪效果。
- **跟踪和总结**：不管成功与否，都应该进行总结。
- **迭代循环**：循环前步确保问题已经解决或者缓解，优化是没有止境的，很多时候要不停地循环一些步骤。

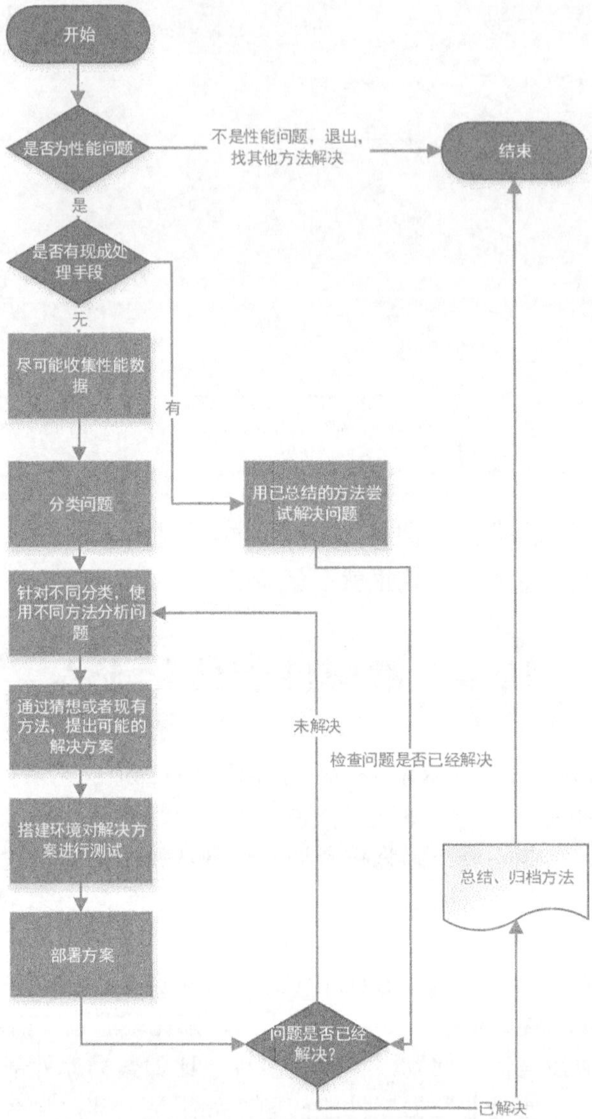

图 10-3　性能优化流程

10.5　扩 充 阅 读

上面的内容对于初学者来说可能还是太虚幻，接下来作者再提供几个步骤，这些步骤来自国外专家的著作，读者不妨综合参考一下。

- 理解用户反馈的真实含义。
- 检查所有可用的日志。
- 检查当前资源利用率，最好是跟性能基线进行对比。
- 从等待信息（见第 14 章）和队列信息着手，初步过滤掉干扰项。
- 针对等待信息和队列信息定位现有资源问题（如 CPU、内存、I/O 等）。

- 根据资源问题查找对应的配置是否合理、是否有异常，然后研究引起资源问题的是否是 SQL 语句。
- 对 SQL 语句进行分析改写或修改设计。
- 在上述步骤完成后依旧效果不明显，则应考虑研究索引。
- 在第 4～第 8 步中，你可能需要分析执行计划、索引使用情况、语句的写法、数据库设计、死锁、阻塞这一系列的内容。

10.6 优化 Checklist

下面给出一些 Checklist 供读者参考，特别是读者还没有头绪的时候，不妨先看看作者的建议是否可用。

10.6.1 数据库设计

数据库设计可以说是影响性能和运维最明显的地方，太多的案例说明由于不合理的设计，不论后期如何改写 SQL、设计索引都很难提升性能。这也为运维工作带来严重的影响。因此在设计时，不妨考虑以下的建议。

- 权衡范式和反范式：优先考虑使用范式。适当冗余一些经常用于仅查询的字段（反范式），减少表关联带来的性能影响。
- 在适当的地方使用约束：对核心功能要多考虑。约束可以保护数据，也可以对数据进行一定的预处理。数据的准确性和一致性都永远比性能高。
- 考虑使用非 dbo 的架构：这主要是从安全方面考虑的，安全方面由于权限的校验等也可能会出现性能影响。不要因为可能有影响就放弃对安全的追求。
- 优先使用最佳实践设计索引：但是要注意索引永远没有最完善的一天，持续监控和优化才是最佳实践。
- 注意编码和命名规则：前面提到过，这对性能优化和故障侦测的影响不可估量。

10.6.2 语句设计

语句使数据库“动起来”，然后引出一系列的问题。作为驱动数据库运行的语句，其好坏直接影响性能。要说明的是语句也受数据库设计的影响，这不仅是因为编程人员的水平问题。

- 使用 SET NOCOUNT ON：可以减少运行后返回的消息，对于使用非常频繁的系统来说，还是有一定帮助的。
- 规范化编程：比如库内表关联使用[架构名].[表名]的方式，这一步可以减少权限和对象校验的开销。
- 避免使用非 SARG 写法。
- 不要滥用提示。
- 避免嵌套过多的视图或者函数。
- 避免隐式转换。
- 尽可能将游标改写成其他集合性操作。

10.6.3 配置

以下提供的具体值多为作者过往经验，读者如果没有头绪时可以考虑使用，但是应该持续关注效果。

- 设置最大内存：公式已在第 3 章介绍。
- 并行开销阈值（Cost threshold for parallelism）：默认值为 5，即对开销预估超过 5s 的查询可能会使用并行来执行。这对 OLTP 而言并不合理，可以适当放大该值，作者常用的是 25，仅供参考。
- 最大并行度（Max degree of parallelism）：一般与并行开销阈值搭配使用，意味着一旦发生并行操作，最多可以使用多少个处理器，默认是不限制（即全部使用），在 OLTP 中这种方式会比较危险，建议降低该值，作者常用的是 2～4（前提是服务器核数够多）个。
- ad hoc（即席查询）负载优化：可参考作者 CSDN 文章《配置 SQLServer（3）——配置对即时负载的优化》。
- 填充因子（Fill factor）：它是在索引创建和重建（重组不算）时起作用的，对索引的内部碎片有影响，作者对 OLTP 系统一般设置为 75%。
- 数据库文件部署：
  - 拆分 TempDB 数据文件和用户数据文件，最好分开物理驱动部署。
  - 分开数据文件和日志文件的部署位置。
  - 避免使用 RAID 5 来存放日志文件，因为它有写惩罚，而日志主要是写为主。
- 关闭数据库层面的自动关闭（auto_close）或自动收缩（auto_shrink）功能。
- 开启统计信息自动更新功能。
- 如果是 Linux 平台，那么还需要对 I/O 调度算法进行更改、对磁盘挂载项进行优化。

由于本书不是性能优化的专门书籍，所以对此无法一一详细介绍，有兴趣的读者可以看作者另外一本书《SQL Server 性能优化与管理的艺术》。

10.7 总　　结

性能问题千千万万，以不变应万变是最好的方法，读者应该在深入理解关系数据库理论和特定产品特性的前提下，多练习和思考。对于高可用的性能问题举个例子。SQL Server 的高可用都基于日志的“同步和重做”，一旦出现性能问题，我们的思路就应该从其组成部分着手。以 AlwaysON 为例，AlwaysON 的大概流程是主库事务提交后将其写入本地 LDF 或缓存中（从 SQL Server 2016 开始有所不同），然后通过网络传输到其他副本，再在副本上重做，这时性能问题可能就在以下过程中：是否主库写入太慢（比如事务量很大或者 I/O 不行），是否网络存在异常或者压力导致传输不合理，是否副本服务器也存在 I/O 问题从而导致重做过慢。

按照上面的思路，当你熟悉了关系数据库理论和产品的特性之后，在对绝大部分问题没有头绪时，都可以通过研究原理来发现问题并处理它如果不清楚本章中提到的一些内容术语，那么可以先跳过，大部分会在接下来的章节中介绍。

第 11 章　SQL Server On Linux 故障侦测

2 分钟速读

很多人都知道“性能优化”（performance tuning），但是却忽略了“故障侦测”（troubleshooting）。实际上故障侦测往往是在性能优化之前，就如看病一样，这一步才是望闻问切或者检验手段，用来定位问题，而性能优化更多的是根据定位结果进行针对性的“治疗”。

本章分为以下两大部分。

- 简要介绍 SQL Server 查询生命周期，以此为铺垫让读者对其有一个大概的了解，明白 SQL Server 的运行机制。只有了解了运行机制，才不会通过猜测或者碰运气的方式来进行不专业的性能优化。
- 常见故障侦测手段。尽可能提及适合跨平台的方法，以便扩充读者技能。同时也会介绍 SQL Server 新版本中引入的有用的功能。由于篇幅有限，为保持章节的相对简洁，有一些内容在本章以简介为主，而在后续章节专门介绍，比如阻塞、等待方面。

11.1　SQL Server 查询生命周期

如果要想成为一名专业人员，那么知其然更要知其所以然，不了解查询的运行机制，又如何对其进行专业的优化呢？查询的运行机制足够写一本厚厚的书，并且除非你有工作需要，不然真的深入学习也没有多大意义，为此，本节以简介为主，力求“够用”。

本节相对偏理论一点，但是对指导实践还是很有帮助的，建议读者静下心来读一下。

11.1.1　查询优化和执行

由于查询处理器是 SQL Server 的核心，所以公开的资料非常少，作者收集和整理了大量资料提取出以下几个重要内容，但是这并不是全部。

查询周期

从高层次来看，一个 T-SQL 语句从客户端发起到客户端最终接收结果（无论是否有结果）的大概流程如图 11-1 所示。

当 T-SQL 语句传入 SQL Server 后，首先会进行**语法分析**（parse），进行编译和检验语句的语法，然后转换成 SQL Server 能识别的结构（逻辑查询树）。这个树包含了各种逻辑关系代数运算符，比如 inner join、outer join 等。

图 11-1 T-SQL 生命周期

下一步为**绑定**，这一步把逻辑树的节点与数据库实际对象绑定。这一步的作用是校验所有查询引用的对象都存在数据库中，把逻辑树转换成绑定树，并且加载各种元数据属性（比如 CHECK/NOT NULL 约束）。

SQL 优化器使用绑定树作为**优化**阶段的输入，然后通过优化产生预估执行计划。执行计划也是一个“树”，但是它包含了物理运算符，这些物理运算符查询执行阶段的实际操作，比如逻辑运算符中的 inner join，到了物理运算符后会转换成嵌套循环（nested loop）、合并连接（merge join）或散列连接（hash join）中的一个。

在优化阶段，优化器并不会总是尝试寻找最优方案，而是“尽可能”寻找。这就为后续的性能优化埋下了隐患，抛开语句、设计等因素，如果优化器寻找的方案并非最优甚至非常不合理，则性能就会出现问题。这个时候就要进行性能优化。

之所以只能尽可能寻找最佳方案，是因为很多时候可选方案太多，比如对于 inner join，2 表关联只有 1 种方案，这很简单；3 表关联，就有 6 种方案；如果 10 表关联，那么可能就有 3628800 种方案。这种情况很明显是无法长期、频繁进行遍历的，所以优化器只能在有限的时间内使用优先资源进行有限的优化。

当优化器产生执行计划之后，执行引擎负责根据执行计划把数据从内存缓存中提取出来并返给客户端，完成整个流程。这个过程中执行计划（实际的执行计划）可能会有所改变，比如使用并行执行（见下文）。

下面再稍微进一步介绍查询优化。

查询优化

优化过程可细分为图 11-2 所示的多个阶段。

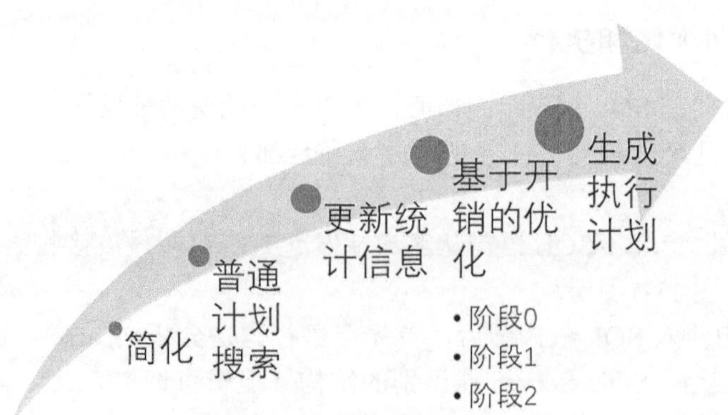

图 11-2 优化阶段

优化器的执行阶段从左到右进行。简化（simplification）阶段会对查询进行简化，移除一些无用条件，比如在开发人员常用的 WHERE 1=1 AND XXX 拼接格式中，1=1 实际上是无意义的，仅为了拼接。另外有些情况下，如果关联表存在显式的外键定义，那么也可能会出现不需要关联某个表而直接查询另外一个表的情况。

经过简化之后，优化器会搜索是否有可用的普通执行计划（trivial plan）用于该查询。当语句有且只有一种执行方式可用或者其他可选方式明显都不适合的时候，可能出现这种情况，如下面代码所示。

```
use tempdb
go
create table dbo.test
 (
    ID int not null,
    Col1 int not null,
    Col2 int not null,
    constraint PK_test primary key clustered(ID)
);

select ID, Col1, Col2 from dbo.test where ID = 11111;
```

很显然，由于只存在一个聚集索引，所以使用聚集索引来进行操作，如图 11-3 所示。

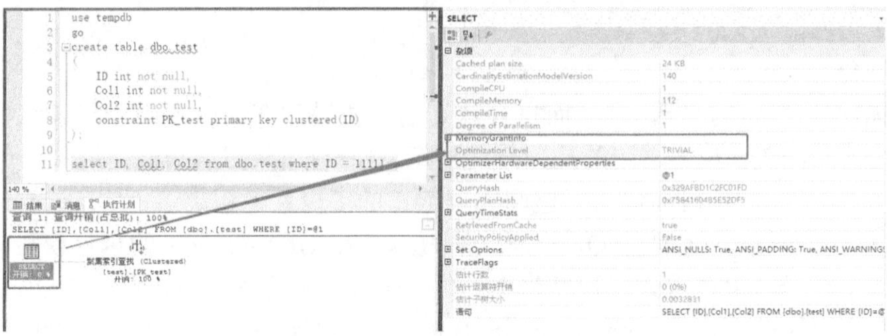

图 11-3　普通执行计划

鼠标右键选择 SELECT 运算符→【属性】，在优化级别（optimization level）处可以看到"TRIVIAL"。在这个案例里面，由于聚集索引扫描开销比聚集索引查找高，所以优化器同样不会考虑聚集索引扫描，这个猜测可以通过下文"查询提示及表提示"的方式来验证。

如果没有找到普通计划，那么 SQL Server 首先会检查是否需要更新统计信息（后续章节会介绍），如果有必要，则会触发更新，默认情况下统计信息是同步更新的。优化器此时会等待统计信息更新完毕后才执行下一步，也就是真正的基于开销的优化（cost-based optimization，CBO）阶段。

CBO 阶段又细分为几个不同的阶段，随着阶段的增多，优化时间也随之变长。

1）阶段 0

事务处理是针对多表（最少 3 个）的 OLTP 类型系统的，在查询数据较少的情况下，使用索引来支持查询。这一阶段通常会使用嵌套循环，不过有时候也会考虑使用散列连接。在这个阶段优化器只会考虑少量的优化规则。

2）阶段 1

快速计划使用几乎所有 SQL Server 可用的优化规则，同时它可能会运行两次，对比串行和并行执行计划哪个更好。绝大部分的查询都在这一阶段完成优化。

3）阶段 2

完全优化使用最综合、全面的分析，这也是运行最久的分析阶段，对所有可用的优化规则进行全盘分析。

每个阶段都有自己的条目（entry）和终止条件，比如阶段 0 要求最少有 3 表关联，否则将不会使用这个阶段进行优化。如果执行计划的预估开销超过了阈值，那么优化器会终止这个阶段的优化，进入下一个更复杂的阶段，直到找到“足够好”的执行计划。如果对此有兴趣的话，那么可以开启 T8675 跟踪标记来查看，并使用 T3604 来重定向输出。除此之外，从 SQL Server 2008 开始，还可以使用一个 DMV（sys.dm_exec_query_optimizer_info）来返回优化器的详细信息。

在优化过程中，所有候选执行计划都会存储在查询优化器中名为 Memo 的空间中，并对 Memo 中的执行计划进行开销预估，最终选择开销最低的那个传输给执行引擎作为最终的执行计划。

前面多次提到“开销”，这个开销怎么计算？由于微软并未公布计算公式，所以我们从实际过程中总结得出其计算来源主要包含：CPU 当前繁忙程度、基数预估（在第 12 章重点介绍）、行大小、预期内存使用、随机和顺序 I/O 操作的数量、并行开销、表结构等。这些因素也成为性能优化的考虑因素。

查询执行

查询优化的产物是执行计划，而执行计划需要传递到存储引擎中才能最终执行。执行计划是一个树形结构，我们常用的是图形化展示。整个执行计划包含各种图标和有向箭头，图标叫“运算符”，箭头粗细代表了返回数据数量的多少，越粗越多。

在 SQL Server 2012 之前，SQL Server 使用基于行（row-based）的执行模型，每个运算符向一个或多个子节点请求数据行并将返回结果向上（其父节点）传递。从 SQL Server 2012 开始，引入了新的批模式（batch mode）执行模型，它主要用于数据仓库类型的查询。下面来看看执行计划的样子。

```
USE AdventureWorks2017
GO
select top 10 soh.OrderDate,soh.shipdate,sod.OrderQty,sod.UnitPrice
from [Sales].[SalesOrderHeader] SOH
inner join [Sales].[SalesOrderDetail] SOD
on SOH.SalesOrderID=SOD.SalesOrderID
order by soh.OrderDate
```

使用快捷键“Ctrl+M”展示实际执行计划，并手动执行语句。注意如果使用展示预估执行计划（Ctrl+L），那么会直接出现执行计划而不需要手动执行语句，其结果如图 11-4 所示。

SQL 语句很简单，两表关联并取出两表的某些列，然后对 SalesOrderHeader 中的 OrderDate 进行排序。其实际执行计划也不算复杂，注意图中标注了顺序及对应的操作。下面来简要分析一下这个执行计划。

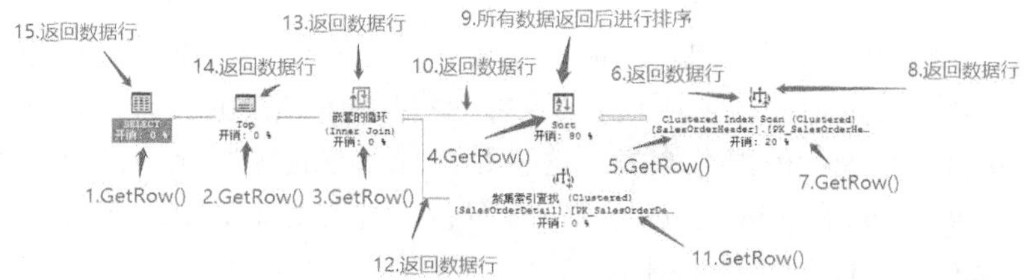

图 11-4 基于行的执行模型

第 1 步是 SELECT 操作。整个执行计划的根节点调用 GetRow()函数从 Top 运算符（第 2 步）中获取数据。

第 2 步为 Top 操作。同理，对嵌套循环调用 GetRow()函数获取数据。

第 3～10 步首先是嵌套循环，它来自 SQL 语句中的 inner join，inner Join 是逻辑运算符，而嵌套循环是物理运算符。从代码中可以看到嵌套循环的数据源来自两个表，其右边（实际上是下一层）对 Sort 操作返回的结果调用 GetRow()，这个 Sort 的结果是来自 SalesOrderHeader 通过调用 GetRow()而来的。图 11-4 中有两个 GetRow()和返回数据行，这是一个形象化表示，意味着进行了多次聚集索引扫描并多次返回，每一次都是一组 GetRow()和返回数据。当这个运算符上的数据全部查找完毕之后（每次返回一条存储在 Sort 运算符对应的内存中但不进行进一步操作）。通过第 9 步排序所有数据，然后通过第 10 步返回数据。

第 11、12 步聚集索引查找。聚集索引查找和第 5～8 步的聚集索引扫描均为执行计划树的叶子节点，并且是实际操作数据的运算符，而这个执行计划中的其他运算符只对这两个叶子运算符返回的结果进行加工处理。同样，这个运算符也发生了 GetRow()和返回数据行的操作。不同的是，这里只有一组，因为通过索引定位（在第 13 章详解）只需要一次就可以把数据查询出来。

第 13 步再次回到嵌套循环。这一次，运算符从聚集索引扫描并排序后的结果（第 10 步中的数据）中取出一行数据，然后在第 12 步中遍历，如果有符合关联条件的数据，则向左边 Top 运算符返回，然后从第 10 步中取出第二条数据，重复这个操作。直到第 10 步中的所有数据都遍历一次。如果没有符合条件的数据，那么也是同样的逻辑，只是数据返回为 0。

第 14 步 Top 运算符对第 13 步返回的数据（此时已排序）提取 Top 条件指定的数量，然后返回给 SELECT，SELECT 运算符接收到数据之后，最终返回结果给客户端。整个执行过程到此结束。

图 11-4 简化掉了另外两个方法 Open()和 Close()，跟 GetRow()一样每个运算符执行的时候均会调用这些方法。Open()用于初始化，然后调用 GetRow()，而 Close()就是运算符完成之后关闭这个运算符的执行。

在这个过程中，运算符根据行为分为非阻塞运算符（non-blocking）和阻塞运算符（blocking）两大类。其主要区别在于前者的子运算符一旦返回数据，则马上处理并输出，如第 14 步的 Top，后者会等待子运算符全部操作完毕之后才会进行下一个操作，如 Sort。这很好理解，你不可能每次都对一条数据排序。

之所以提到这个分类，是因为每个运算符都需要申请一定的内存（称为内存授予，Memory Grant）来运行。可以想象，非阻塞运算符由于每次一有结果就要处理，所以相对而言需要存储并处理的量很少，所需内存也少；而阻塞运算符由于需要等待并存储相对大量的数据，所以必然导致所需内存增多。这也是为什么在性能优化中需要注意一些运算符的出现（如多次 sort、hash join），因为这些运算符往往都是资源需求多，开销大的，同时又并非必需的。这个在 11.2 节会介绍。

这里建议大家可以下载一个免费的执行计划分析工具 SentryOne，大家可以自己体会一下，它可能不能完全替代 SSMS 的执行计划（生产环境可能不允许安装第三方工具），它可以作为一个分析时的补充。由于本书并非专门介绍性能优化数据，所以这部分点到为止。如果读者感兴趣，可以考虑作者的另外一本书《SQL Server 性能优化与管理的艺术》，该书主要专注于性能优化方面。下面介绍一下运算符这个前面多次提到的概念。

常见运算符

运算符是执行计划的组成单元之一，主要用于完成某个特定的任务。对于执行计划来说，它有逻辑和物理运算符两类。主要区别是它们用于查询生命周期的不同阶段。在语法分析和绑定阶段，使用逻辑运算符；在优化阶段，逻辑运算符转换成物理运算符。比如前面演示的 inner join（逻辑运算符）在优化过程就转换成 nested loop（物理运算符）。执行计划使用的运算符很多，除了最常见的表扫描/索引（含聚集索引）查找扫描等运算符之外，还有一些重要且常见的运算符，下面来简要介绍一下，本章介绍的运算符有关联（join）、聚集、假脱机（spool）和并行执行。

- **关联**

也就是 join，我们常见的有嵌套循环、合并连接和散列连接 3 种关联算法。关于每个算法的说明，详见附录 C，这里就不重复说明，因为这非常重要且可能经常使用，所以作者认为放在附录里更加有意义。表 11-1 仅列出 3 种关联算法的对比。

表 11-1　关联算法对比

关联算法	嵌套循环	合并连接	散列连接
最佳使用场景	输入量小，关联条件有索引更优	中大型表且索引键已排序	中大型表关联
是否要求输入已排序	No	Yes	No
是否要求相等匹配（使用等号）	No	Yes	Yes
是否阻塞操作	No	No	Yes（仅在 build 阶段）
是否使用内存	No	No	Yes
是否使用 TempDB	No	No（多对多关联时除外）	Yes，在出现拆分时需要
是否预排序	Yes（外表输入，图形化执行计划的上方）	Yes	No

- **聚集**

聚合就是计算一个集合的数据并返回单独值的过程，常见的是 MIN、MAX、SUM、AVG 和 COUNT。这些是逻辑运算符，它们对应的物理运算符分为流聚合和散列聚合两类。

➢ 流聚合（stream aggregate）：基于已排序的输入进行聚合，一般在使用 group by 语句对一些已排序的列进行聚合时，再执行计划就会出现流聚合。问题在于“已排序”，这意味着流聚合会与 Sort 运算符一起出现（如果 group by 列并没有索引支持的话）。这是优化的一个关注点。

➢ 散列聚合（hash aggregate）：它和散列连接类似，用于大型输入且需要在内存中存储散列表。同时可能会拆分 TempDB 从而影响性能。

表 11-2 列出一些两种聚合的关键点。

表 11-2　两种聚合运算符的对比

聚合	流聚合	散列聚合
最佳场景	小规模且输入已排序	中大型未排序输入
是否要求输入排序	Yes	No
阻塞操作	No，但是在排序时可能会阻塞	Yes
使用内存	No	Yes
使用 TempDB	No	Yes，在拆分时会出现

关于聚合特别是流聚合，要注意额外的排序，这个开销往往很大，常常超过了聚合本身。在这种情况下，创建合适的索引对消除排序会有很大帮助。

● 假脱机

符号名为 Spool，它在很多问题语句中会出现，是在内存或者 TempDB 中的缓存或临时表。它可把在执行过程中需要多次访问的数据放进去从而减少多次执行。具体的内容作者已经在一篇文章《SQL Server Table Spool 优化》中写明，为控制篇幅，就不再赘述，必应搜索“SQL Server Table Spool 优化 CSDN”。

使用 SET STATISTICS IO 命令可以看到，假脱机临时表通常会出现 worktables 这个对象，这个也是性能优化的关注点。虽然假脱机的初衷和作用是为了提高查询性能，但是却会加重 TempDB 的负载，更好的办法是创建合适的索引。从 SQL Server 2016 开始，添加了一个新的查询提示“NO_PERFORMANCE_SPOOL”，它可以阻止执行计划添加假脱机操作，在 TempDB 负载很重的情况下，这个提示很有用，但是这也意味着假脱机本身带来的性能好处也随之消失，可能会在其他情景下性能下降。所以需要慎重使用它并做好监控。

● 并行执行

英文名为 Parallelism。通过同时使用多个 CPU 来执行查询可以降低查询的响应时间。这里提出来必然意味着它也有问题。并行执行是使用多个线程把一个查询所需的数据拆分成多个子任务，每个子任务负责某部分数据的处理，最后汇总一起。这个过程似乎很合理很高效，但是它有两个常见的影响。

➢ 线程间死锁

在数据库中有多个数据文件并且文件分布在 I/O 性能差异很大的磁盘时尤为明显。这有点像木桶效应，I/O 慢的盘上进程获取数据慢，I/O 快的盘上获取快，快的进程需要等待慢的进程完成才可以提交整个操作。这不仅是性能问题，这时候的线程类似于会话独立操作，如果存在死锁的环路设计，那么虽然这是一个语句，但是也可能在线程之间出现死锁，这种死锁相对于会话级别的死锁而言更加难侦测。常用的处理办法是优化查询，减少并行。

➢　服务器整体性能下降

最突出的表现是 CPU 长期爆满。在默认情况下，SQL Server 并没有限制使用多少 CPU 来执行并行查询操作。作者曾经遇到过一个系统，因为没有控制，所以 CPU 长期被少数语句占满，这代表了什么？后面一堆查询都在等待前面这几个并行执行完成才有资源可以进行相关操作，所以某个语句并行执行会降低响应时间（可能只降低了一点），CPU 资源却被严重消耗，从而使整个系统反而更差。

查询提示及表提示

你是否在很多代码中见过“WITH (NOLOCK)”这样的形式？这就是提示中最常见的表提示。优化器在大部分时间都能做出当前最佳的优化决定，但是毕竟无法永远实现绝对最优（从 SQL Server 2017 开始引入的一些新优化功能进一步改进了这部分的不足）。因此很多时候需要人工干预，而提示则是一种人工干预手段。

提示是一个强大但又很危险的工具，在提升性能的同时，又可能出现反效果。必须要有丰富的经验跟大量的依据作为支撑，才能使其发挥最大作用。系统特性的改变（比如统计信息更新）、数据分布的均匀程度等，都可能导致某些平时运行不错的语句出现断崖式下降。记住提示并非是一劳永逸的功能。准确来说，数据库中并没有什么是可以一劳永逸的。

提示的总类很多，从大类来分有表提示、查询提示和索引提示，接下来简要介绍一些常见的提示。

- 索引提示

准备来说，索引提示是表提示里面的一种，因为索引不能独立于表而存在。同时它在使用时，需要跟在表名之后并指定索引 ID 或者索引名。在使用索引提示时，还能指定强制扫描还是查找操作，比如下面的演示。

```
USE AdventureWorks2017
GO
--原始脚本
select top 10 soh.OrderDate,soh.shipdate,sod.OrderQty,sod.UnitPrice
from [Sales].[SalesOrderHeader] SOH
inner join [Sales].[SalesOrderDetail] SOD
on SOH.SalesOrderID=SOD.SalesOrderID
order by soh.OrderDate

--添加索引提示
select top 10 soh.OrderDate,soh.shipdate,sod.OrderQty,sod.UnitPrice
from [Sales].[SalesOrderHeader] SOH with (index=IX_SalesOrderHeader_CustomerID)
inner join [Sales].[SalesOrderDetail] SOD
on SOH.SalesOrderID=SOD.SalesOrderID
order by soh.OrderDate
```

这里使用了前面的语句，并在第二个语句中添加了索引提示，使其强制使用别的索引。我们从执行计划中可以看到效果，百分比越高，理论上性能越差，因为开销越大。从图 11-5 中看到强制索引会导致性能更差。

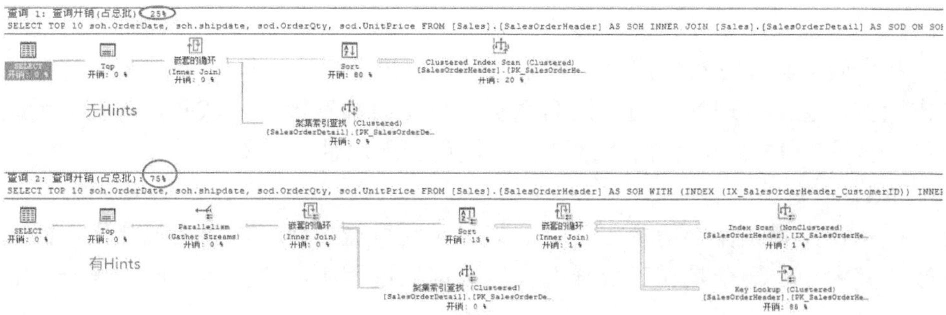

图 11-5 使用提示后的效果

这里演示的目的有两个：一是说明使用提示可以改变优化器的行为；二是说明并非所有提示都好。其中一个适用场景是在组合索引中统计信息不可能准确时。比如在 IoT（物联网）应用中，多个传感器数据均存储在一个大表中，而且每个传感器还有不同的类别。在查询特定类别的数据时，有些数据量可能很少适合查找操作，有些量很多适合扫描操作。当长期只查询特定类型的数据时，可以考虑使用提示来指定，这意味着在扫描操作更合适时，它则会影响性能。

➢ 强制排序提示

注意别让名字误导了，这个排序不是指语句最后的 ORDER BY，而是表关联的顺序。作者曾经遇到过一个语句，它的写法看上去很合理，但是执行计划却显示出不一样的关联顺序，从而导致 Missing Join Predicate 这类警告。在特定情况下，可以在语句最后使用 `Option (force order)` 来强制优化器使用语句编写时的关联顺序来减少这种情况。更重要的是要深究为什么优化器会改写你的查询，原因可能是索引不合理，或统计信息不合理等。

➢ 关联提示

前面说过，物理关联有 3 大类：关联、合并和散列。关联提示有两种类型，第一种是指定两表之间的关联总类，如 T1 inner join T2（假设优化器使用合并连接）改写才有 T1 inner loop join T2，这种可以强制优化器使用嵌套循环连接；第二种是在代码最后使用 OPTION() 子句，比如下面代码。

```
select *
from
    TableA inner loop join TableB on TableA.ID = TableB.AID
    join TableC on TableB.ID = TableC.BID
option (loop join, merge join)
```

这个代码意味着首先对 A/B 两表进行循环连接，然后对于未指定的关联（即 A 与 B）进行关联，其结果集再与 C 进行关联，这时可以使用循环连接或者合并关联两种方式。这个效果有点类似于 `option(force order)`。

● FORCESEEK/FORCESCAN 提示

这是典型的索引提示（注意是表提示的一种）。FORCESEEK 强制不使用索引扫描操作，FORCESCAN 强制不使用索引查找操作。这个提示从 SQL Server 2008 SP1 开始可用。在作者另外一个工作案例中，一个大型数据库（容量约 3TB）中的第三方应用程序开发商在几乎所有的代码中都使用了 FORCESEEK，美其名曰查找比扫描更好。这种绝对的定论很明显违反了具体问题具体分析的原则。该系统的数据量非常大，即使 Where 条件搜索也经常出现扫描操作，这是合理的，而开发商强制查找使锁数量极大，从而导致整个系统实际上内存不足（详见第 15 章），同时阻塞严重，最后表现出性能下降。

- FAST N 提示

这个提示在作者工作经历中不常见，却又曾经得益与此。这个提示让优化器快速返回指定行数。其中一个场景是在后台导入大量数据的过程中，希望尽快展示第一页的数据时它可用。

```
SELECT * FROM TB WHERE OrderDate>@Date order by OrderDate desc
Option(FAST 50)
```

完整的提示说明及案例可以访问官方文档。切记，提示只是人工干预，在人工干预之前，要多思考为什么优化器没有给出预期的结果，同时还要了解这样优化的原因。

11.1.2 小结

本节极其简单地介绍了优化、T-SQL 的生命周期以及与优化相关的概念，主要目的是让大家对一些术语有所了解，以便在后续章节中能够更容易理解这些基础知识。

11.2 常用故障侦测手段

第 10 章及本章的前面部分已经提到过，在性能优化的过程中，我们首先要“望闻问切”对故障进行侦测定位。只有准确定位问题的根源（root cause），才能更快、更有效地解决问题，同时也显示出你很专业。

经过了 30 多年的演化，不管是 SQL Server 还是其他同类的 RDBMS，都积累了非常多的侦测手段及方法论，但是有很多已经过时或者花费的人力物力都比较大。为了跟上时代步伐，本节介绍一些主流好用的故障侦测手段。

虽然本节集中在 DB 层面，但是永远不要认为 SQL Server 存在于真空中，一个静止的系统几乎不会出现任何问题，它此时只是个文件而已，一旦用起来，各种问题就会出现。各种各样的应用使用数据库，同时数据库又在一个不可能完全专用的操作系统中，各种物理服务器、虚拟服务器、存储配置、网络等都可能导致问题的出现。

从用户角度来看，大部分的问题都以“性能”为表象（比如运行慢、无响应、超时、断开连接等），但是根源可能在各种地方。下面介绍一些常用的侦测故障手段。这些手段大部分独立于操作系统，也就是说很多内容是可以在 Linux 和 Windows 平台上通用，有些如扩展事件结果存储文件时，要考虑 Linux 和 Windows 中的文件路径及权限问题。

11.2.1 扩展事件

扩展事件（extended events 或 xEvents）首次出现在 SQL Server 2008 中，真正用起来是在 SQL Server 2012，因为 SQL Server 2012 才出现界面化操作。从 xEvents 诞生开始，它就

被提到非常重要的位置，微软及大量 SQL Server 专家广泛将其用于性能监控和故障侦测方案中。它最初的目标是替代高开销并且扩展性不强的 SQL 跟踪（或者 SQL Profiler），xEvents 轻量级、可扩展、配置容易，这使其快速取代了 SQL 跟踪的地位。之所以要替代 SQL 跟踪，很大程度是因为它的“性能”问题。如果实际用过 Profiler（可以导出 SQL 跟踪），就知道在一个性能有问题的系统中再开 Profiler 不管是否合理配置，都会很明显地进一步压垮系统。SQL 跟踪跟 xEvents 一样都是基于“事件”触发的，但是它有一个致命伤，也是跟 xEvents 的本质区别之一，这就是对事件数据的过滤顺序。跟踪行为是先收集再过滤，而合理的 xEvents 是先过滤再收集，如果收集了大量的事件又具有合理的筛选条件，那么很容易就能感受到二者的性能差异。

接下来对 xEvents 进行一些介绍。

- 包（packages）：包用于封装扩展事件的对象，可以理解为元数据的容器。每个扩展事件对象都由包名和对象名两部分组成。因为包不为事件定义功能边界，所以把不同包中的对象一起使用是没有问题的。
- 事件（events）：特定的操作的代码。不同的版本有不同的事件数量，比如 SQL Server 2008 SP2 中有 253 种，SQL Server 2016 RTM 中就达到 1301 种。从 SQL Server 2012 开始，SQL Trace 的每个事件都有对应的扩展事件，反过来则不成立，因为 SQL Trace 从 SQL Server 2012 开始就被逐步抛弃。可以使用下面语句检查扩展事件及其解释。

```
select xp.name as [Package], xo.name as [Event], xo.Description
from sys.dm_xe_packages xp join sys.dm_xe_objects xo on
    xp.guid = xo.package_guid
where
    (xp.capabilities is null or xp.capabilities & 1 = 0) and -- 排除私有包
    (xo.capabilities is null or xo.capabilities & 1 = 0) and -- 排除私有对象
    xo.object_type = 'event'
order by xp.name, xo.name
```

- 谓词（predicates）：简单来说就是定义事件什么时候被触发的布尔条件。比如收集高 CPU 开销的语句可以定义谓词对 sql_statement_completed 事件筛选 cpu_time 超过一定阈值的语句。谓词类似跟踪中的过滤条件。如前所述，过滤数据的先后顺序是它们核心区别之一。
- 操作（actions）：这是扩展事件中“扩展”的理由。操作提供了对事件进行额外信息收集的能力。注意，额外的信息收集意味着额外的开销，有些信息收集的开销并不高，有些却会导致扩展事件的性能断崖式下降，比如对缓存中的执行计划进行收集。
- 目标（target）：当事件数据被收集并且事件已触发之后，就转到目标上用于存储和保留原始数据或执行某些数据分析操作。一个会话可以使用多个目标，目标中最常用的是 ring_buffer，它是在内存中有预设大小的一块存储空间，一旦空间满就会覆盖最旧的数据，ring_buffer 数据是实时的。它最常见的用途是进行当前故障侦测，但不适合进行长期监控，除非周期性把数据转存到文件或者数据库的表中。

扩展事件的内容其实非常多，作为微软重点发展的一个功能，其玩法也很多，本书的目的是为用而学，所以不想花费大量篇幅进行理论性的介绍。下面提供一些作者常用的扩展事件脚本，希望能为大家的工作带来帮助。

- TempDB 拆分（spill）

收集 hash_warning 和 sort_warning 事件，适用于 SQL Server 2012 及以上版本。

代码清单 11-1　扩展事件（1）——TempDB Spill 监控

```
create event session [TempDB Spills]
on server
add event sqlserver.hash_warning -对 hash_warning 进行监控
(
    action ( sqlserver.session_id, sqlserver.plan_handle, sqlserver.sql_text )
    where ( sqlserver.is_system=0 ) -剔除系统会话
),
add event sqlserver.sort_warning -监控 sort_warning
(
    action ( sqlserver.session_id, sqlserver.plan_handle, sqlserver.sql_text )
    where ( sqlserver.is_system=0 ) --剔除系统会话
)
add target package0.event_file -目标
( set filename='c:\ExtEvents\TempDB_Spiils.xel', max_file_size=25 ), --注意修改实际
路径,max_file_size 单位为 MB,限定文件大小
add target package0.ring_buffer -使用 ring_buffer 作为存储目标
( set max_memory=4096 ) -ring_buffer 最大 4MB
with  -- 扩展事件会话属性
(
    max_memory=4096KB
    ,event_retention_mode=allow_single_event_loss -允许当缓存满时丢失单个事件数据
    ,max_dispatch_latency=15 seconds
    ,track_causality=off
    ,memory_partition_mode=none
    ,startup_state=off
);
```

这个脚本既可以把数据存储在 c:\ExtEvents 中（注意使用时修改实际路径），也可以从 ring_buffer 中查看，下面代码分别实现了这两种方式，同样注意路径。

代码清单 11-2　扩展事件（2）——TempDB Spill 查看结果

```
--从文件中查看结果：
;with TargetData(Data, File_Name, File_Offset)
as
(  select convert(xml,event_data) as Data, file_name, file_offset
from sys.fn_xe_file_target_read_file('c:\extevents\TempDB_Spiils*.xel', null, null ,null)
)
,EventInfo([Event Time], [Event], SPID, [SQL], PlanHandle, File_Name, File_Offset)
as (  select
  Data.value('/event[1]/@timestamp','datetime') as [Event Time]
  ,Data.value('/event[1]/@name','sysname') as [Event]
  ,Data.value('(/event[1]/action[@name="session_id"]/value)[1]','smallint') as [SPID]
,Data.value('(/event[1]/action[@name="sql_text"]/value)[1]','nvarchar(max)') as [SQL]
        ,Data.value('xs:hexBinary((/event[1]/action[@name="plan_handle"]/value)[1])'
```

```
            ,'varbinary(64)') as [PlanHandle]
        ,File_Name, File_Offset
    from TargetData
)
select ei.[Event Time], ei.File_Name, ei.File_Offset, ei.[Event], ei.SPID, ei.SQL
    ,qp.Query_Plan
from EventInfo ei outer apply sys.dm_exec_query_plan(ei.PlanHandle) qp
--直接查看
;WITH TargetData (Data)
AS (
SELECT convert(XML, st.target_data) AS Data
FROM sys.dm_xe_sessions s
JOIN sys.dm_xe_session_targets st ON s.address = st.event_session_address
WHERE s.NAME = 'TempDB Spills'
AND st.target_name = 'ring_buffer'
),EventInfo ([Event Time],[Event],SPID,[SQL],PlanHandle)
AS (
SELECT t.e.value('@timestamp', 'datetime') AS [Event Time]
,t.e.value('@name', 'sysname') AS [Event]
,t.e.value('(action[@name="session_id"]/value)[1]', 'smallint') AS [SPID]
,t.e.value('(action[@name="sql_text"]/value)[1]', 'nvarchar(max)') AS [SQL]
,t.e.value('xs:hexBinary((action[@name="plan_handle"]/value)[1])', 'varbinary(64)')
AS [PlanHandle]
FROM TargetData
CROSS APPLY TargetData.Data.nodes('/RingBufferTarget/event') AS t(e)
)
SELECT ei.[Event Time],ei.[Event],ei.SPID,ei.SQL,qp.Query_Plan
FROM EventInfo ei
OUTER APPLY sys.dm_exec_query_plan(ei.PlanHandle) qp
```

完成之后，由于默认事件是不开启的，所以我们还要启动事件会话，下面代码包含了启动、停止和删除。

```
-- 启动事件会话
alter event session [TempDB Spills] on server state=start;
-- 停止事件会话
alter event session [TempDB Spills] on server state=stop;
-- 删除事件会话
drop event session [TempDB Spills] on server;
```

对于结果，读者可以自己执行一下，它分析起来不难。

- 高开销查询

这个工具非常有用，其中的条件可根据实际需要进行调整。它对很多无法实时获取的问题语句进行收集和存储，作者经常用这个工具查找一些非工作时间内出现的性能语句。

代码清单 11-3 扩展事件（3）——高开销查询监控

```
CREATE event session [Expensive Queries] ON SERVER ADD event sqlserver.sql_statement_
completed (
action(sqlserver.plan_handle) WHERE (
```

```
(-- 时间单位为ms,收集大于 500 万 ms 或逻辑读或写大于等于 10000
cpu_time >= 5000000 OR logical_reads >= 10000 OR writes >= 10000
)
AND sqlserver.is_system = 0  --剔除系统会话
))
,ADD event sqlserver.rpc_completed (
WHERE (
(cpu_time >= 5000000 OR logical_reads >= 10000 OR writes >= 10000
)
AND sqlserver.is_system = 0
)) ADD target package0.event_file (SET filename = 'c:\ExtEvents\Expensive Queries.
xel')—注意修改路径
WITH (event_retention_mode = allow_single_event_loss);

--从文件查看结果
;WITH TargetData (
Data,File_Name,File_Offset
)
AS (
SELECT convert(XML, event_data) AS Data
,file_name
,file_offset
FROM sys.fn_xe_file_target_read_file('D:\ExtendedEvent\Expensive*.xel', NULL, NULL, NULL))
,EventInfo (
[Event],[Event Time],[CPU Time],[Duration],[Logical Reads],[Physical Reads],[Writes]
,[Rows],[Statement],[PlanHandle],File_Name,File_Offset
)
AS (
SELECT Data.value('/event[1]/@name', 'sysname') AS [Event]
,Data.value('/event[1]/@timestamp', 'datetime') AS [Event Time]
,Data.value('((/event[1]/data[@name="cpu_time"]/value/text())[1])', 'bigint') AS
[CPU Time]
,Data.value('((/event[1]/data[@name="duration"]/value/text())[1])', 'bigint') AS
[Duration]
,Data.value('((/event[1]/data[@name="logical_reads"]/value/text())[1])', 'int') A
S [Logical Reads]
,Data.value('((/event[1]/data[@name="physical_reads"]/value/text())[1])', 'int')
AS [Physical Reads]
,Data.value('((/event[1]/data[@name="writes"]/value/text())[1])', 'int') AS [Writes]
,Data.value('((/event[1]/data[@name="row_count"]/value/text())[1])', 'int') AS [Rows]
,Data.value('((/event[1]/data[@name="statement"]/value/text())[1])', 'nvarchar(max)')
AS [Statement]
,Data.value('xs:hexBinary(((/event[1]/action[@name="plan_handle"]/value/text())[1]))',
 'varbinary(64)') AS [PlanHandle]
,File_Name,File_Offset
FROM TargetData
)
SELECT ei.[Event],ei.[Event Time],ei.[CPU Time] / 1000 AS [CPU Time (ms)]
,ei.[Duration] / 1000 AS [Duration (ms)],ei.[Logical Reads],ei.[Physical Reads]
,ei.[Writes],ei.[Rows],ei.[Statement],ei.[PlanHandle],ei.File_Name,ei.File_Offset
```

```
,qp.Query Plan
FROM EventInfo ei
OUTER APPLY sys.dm_exec_query_plan(ei.PlanHandle) qp
```

除了修改文件存储路径之外，其他的基本上都可以直接执行。注意启动会话。这是作者最常用的一个脚本，周期性地查看数据可以获取服务器最近的问题语句，不过对于大型系统，查询事件可能会有点久。作者通常会使用这个脚本和11.2.2小节提到的一个名为sp_WhoIsActive的存储过程来进行常规性的语句优化和阻塞分析。

- 分页情况

它常用于分析索引是否合理。

代码清单 11-4 扩展事件（4）——分页监控

```
create event session PageSplits_Tracking
on server
add event sqlserver.transaction_log
(
    where operation = 11  and database_id = 17
)
add target package0.histogram
(
    set
        filtering_event_name = 'sqlserver.transaction_log',
        source_type = 0, -- event column
        source = 'alloc_unit_id'
)
;with Data(alloc_unit_id, splits)
as
(
    sel ect c.n.value('(value)[1]', 'bigint') as alloc_unit_id, c.n.value('(@count)[1]',
'bigint') as splits
    from
    (
        select convert(xml,target_data) target_data
        from sys.dm_xe_sessions s with (nolock) join sys.dm_xe_session_targets t on
            s.address = t.event_session_address
        where s.name = 'PageSplits_Tracking' and t.target_name = 'histogram'
    ) as d cross apply
        target_data.nodes('HistogramTarget/Slot') as c(n)
)
select
    s.name + '.' + o.name as [Table], i.index_id, i.name as [Index]
    ,d.Splits, i.fill_factor as [Fill Factor]
from Data d join sys.allocation_units au with (nolock) on
        d.alloc_unit_id = au.allocation_unit_id
    join sys.partitions p with (nolock) on au.container_id = p.partition_id
    join sys.indexes i with (nolock) on p.object_id = i.object_id and p.index_id =
i.index_id
    join sys.objects o with (nolock) on i.object_id = o.object_id
    join sys.schemas s on o.schema_id = s.schema_id
```

小结

扩展事件是轻量级、可扩展性强的监控及侦测工具，用于替代过去的 SQL 跟踪。由于其功能太强大，所以实在无法在一个小节中说明，作者会尽可能地在自己的博客中完善和整理，并且尽量以实战为目的。

11.2.2 常规侦测手段

在作者的角度来看，本节完全可以独立变成好几章，篇幅有限并且本书的目标群体相对初级，所以不打算做过多的介绍。作者希望大家在继续阅读之前明白几个经验之谈，这些看似无聊甚至无用的经验，在作者 10 年的工作生涯中一次次地被证实是正确的。

- 性能是持续变化的，不存在一劳永逸的可能。
- 事情之间都是有关联的（Everything is related），永远不要过早地对单一问题下定论。
- 一个尺寸并不适应所有（One Size Doesn't Fit All），不要期望有一个工具或者概念可以解决所有问题。
- 坚持具体问题具体分析。
- 适当遵循 2/8 原则，权衡得失，要极致而不是极端。

下面开始本节的内容。性能根源各种各样，每次都全面检查并不现实，总是不检查就去调索引、重启服务器、加硬件等也是错误的。我们必须有一个快速排除干扰项的方法，作者将这个方法分为长期监控和实时监控两大类。

长期监控的主要目的是对整个系统进行持续监控，以便了解整个系统的真实情况，以免误判。简单来说，体检就是实时监控，它只代表你那一时刻的身体状况，可能由于你跑步去医院，所以导致你的心肺功能“不正常”从医学上来说，最有价值的还是不间断的持续监控。长期监控有利于对系统进行全面和准确的评估和改进，这是实时监控无法比拟的。

实时监控更像我们常规的体检，主要用来应对突发状况。运维人员大部分情况下都在使用这种方式，因为在传统运维过程中，很少有人每天甚至每小时都去检查一遍全部服务器/数据库。

新时代的运维人员应该以长期监控为主，同时要具备实时监控的能力。其实在大部分手段中，只要把实时监控封装成周期性运行并存储永久存储介质中即可。

监控手段

长期监控的方案有很多种，我们常用的有第三方工具、SQL 作业、Windows 性能计数器和一些警报系统。随着时代的发展，第三方工具做得越来越好，作者推荐以第三方工具特别是开源工具作为监控主体，目前作者接触比较多的是 Zabbix，当然这并不是强制的。还有就是配置一些周期性运行的SQL作业并把结果存成文件或者存入专用监控数据库中以便后续分析。Windows 平台可以使用“数据收集器集”来监控，该功能很简单，资料也很多，部署演示也在 9.2.4 节中提到过，更多使用方式读者可网上搜索。

读者可以考虑使用 PowerBI 等工具对长期监控的数据进行分析，不过这部分超过本书范畴。

对于实时监控，我们能用的工具就更多了。作者认为，对于实时监控的原则应是“不能对现有系统带来明显额外负载的前提下，快速过滤干扰项”。显然，SQL Profiler 并不是最好的手段。作者常用的工具有几个（仅供参考），它们是 SQL Server 等待信息、第三方存储过程、各种错误日志。当然这是数据库层面的，对于非数据库层，也应该有监控。

11.2.3 查询存储

在过去，DBA 很头痛的一件事情是在你不能登录服务器的时候（比如休假），某个语句出问题了，而你又无法获取当时的执行计划。查询存储从 SQL Server 2016 开始引入，它的主要功能是收集已执行的查询、统计信息和执行计划等数据，并将其存储在磁盘中，它可以用于“事后分析”。常见的使用场景有以下几种。

- 查找最耗资源的查询。
- 获取查询执行的完整历史记录。
- 获取关于查询回归的信息（优化器生成的新执行计划比旧的还差），可以快速查找性能回归并通过强制前一个执行计划来修复。
- 获取特定时间内一个查询执行了多少次。

概述

- 查询存储是数据库级别的特性，需要对单库进行启用和配置。
- 可以通过内置报表和 DMV 快速分析结果。
- 查询存储从 SQL Server 2016 开始引入，不限定具体版本，均可使用。
- 查询存储在 SQL Azure 上默认开启。
- 查询存储最小所需权限为 VIEW DATABASE STATE，可以用这个命令在需要启用的数据库中授权 Grant VIEW Database State to（用户名）;

启用

下面我们使用 AdventureWorks2017 进行演示。鼠标右键选择需要配置的数据库名，选择【属性】，然后选择【查询存储】（英文版是【Query Store】）如图 11-6 所示。

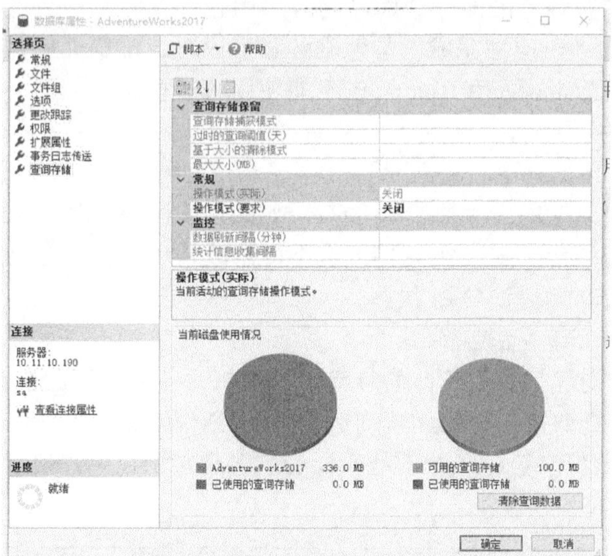

图 11-6 查询存储配置界面

在右边【常规】的【操作模式（要求）】下拉框中选择【读写】，如图 11-7 所示。

图 11-7　选择操作模式

选择操作模式之后，可以发现其他内容也随之变化了，如图 11-8 所示，读者可以与图 11-7 进行对比。

单击【确定】之后，可以发现图 11-9 中多了很多内容，这些是报表。

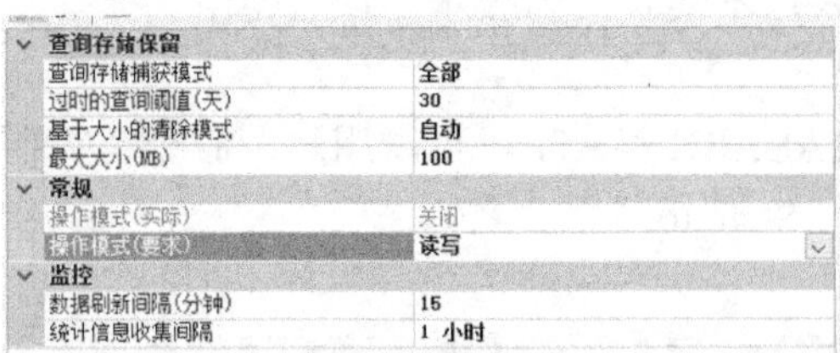

图 11-8　选择操作模式后的默认值

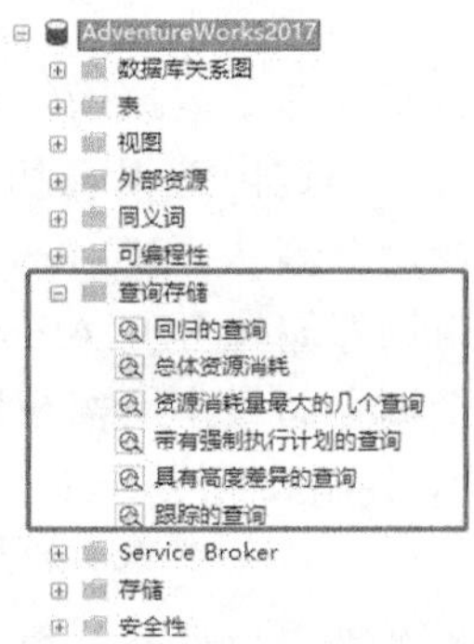

图 11-9　查询存储内置报表

如果需要对很多服务器的同一个库名同时启用查询存储，那么可以使用【本地服务器组】来使用 T-SQL 命令一次性完成。本地服务器组已在运维篇介绍，只要使用下面命令即可启用查询存储，注意 master 和 TempDB 不能使用查询存储。

```
ALTER DATABASE [AdventureWorks2017] SET QUERY_STORE = ON;
```

根据微软统计，该功能会大概带来 3%～5%的性能影响。接下来再看看配置项中的其他选项。首先就是【操作模式（实际）】，它不可修改，用于显示当前查询存储的状态，可为“关闭”“只读”和“读写”3 种状态。

- 关闭：关闭查询存储功能。
- 只读：新查询运行时的统计信息或不收集执行计划。下面会介绍其用处。
- 读写：收集查询执行计划和查询运行时的统计信息。

这个选项跟【操作模式（要求）】是一样的，就是一个显示。使用下面语句可以切换操作模式的选项。

```
ALTER DATABASE AdventureWorks2017
SET QUERY_STORE = ON (OPERATION_MODE = READ_ONLY);
```

接下来是【监控】中的【数据刷新间隔（分钟）】，如图 11-10 所示，默认为 15min，这意味着每 15 min 内存中的运行时统计信息和执行计划就会刷新到磁盘中。如果时间设置太短，则刷新频繁会降低性能（不要以为刷新了内存就空余出来，它还是会重用，反而增加 I/O 负担）。如果时间设置太长，则在刷新之前如果出现重启或者奔溃，会丢失很多未及时写入磁盘的信息。

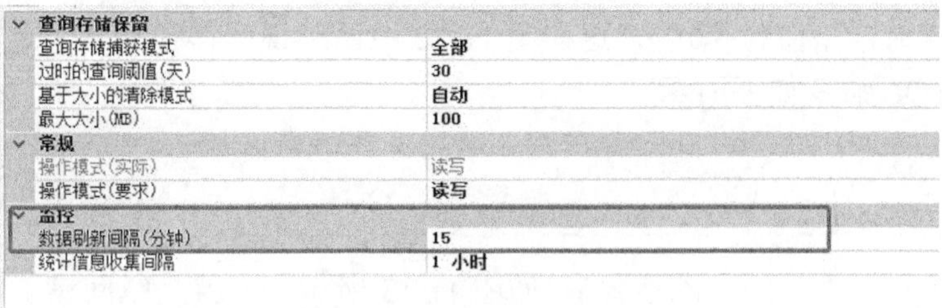

图 11-10 数据刷新间隔

这部分的功能转换成 T-SQL 命令如下所示。

```
ALTER DATABASE AdventureWorks2017
SET QUERY_STORE = ON (DATA_FLUSH_INTERVAL_SECONDS = 900);
```

图 11-10 中的下一个【统计信息收集间隔】代表聚合运行时统计信息的粒度。默认为 60min，它过低意味着收集的粒度更细，需要更多的硬盘空间来存放信息。对应的 T-SQL 命令所示。

```
ALTER DATABASE AdventureWorks2017
SET QUERY_STORE = ON   ( INTERVAL_LENGTH_MINUTES  = 60   );--分钟
```

注意这个值不能乱填，否则会出现以下报错。

```
Msg 12432, Level 16, State 1, Line 1 SQL Server Query Store Interval length cannot be changed because an invalid value was provided. Please try again with a valid value (1, 5, 10, 15, 30 & 60).Msg 5069, Level 16, State 1, Line 1 ALTER DATABASE statement failed.
```

接下来是【查询存储保留】中的“最大大小（MB）”，界面翻译是“主机数据库内分配给查询存储的最大大小”。其默认值为 100MB，如图 11-11 所示。查询存储的数据存储在启用该功能的数据库内，并且不会自动增长，一旦收集的数据达到最大大小，它会把【操作模式】的选项切换成“只读”，然后就不再收集新的查询信息。

图 11-11 最大大小

对应的 T-SQL 命令如下所示。

```
ALTER DATABASE AdventureWorks2017
SET QUERY_STORE = ON (MAX_STORAGE_SIZE_MB = 1024);
```

然后是【查询存储捕获模式】，这在图 11-12 中已经说明得很清楚了。

对应的 T-SQL 命令如下所示。

```
ALTER DATABASE AdventureWorks2017
SET QUERY_STORE = ON (QUERY_CAPTURE_MODE = ALL);
```

然后就是【基于大小的清除模式】，如图 11-13 所示。它就是空间满了之后怎么办，实际上，容量到了【最大大小（MB）】的 90%时，清理进程就会移除最久和相对来说开销不高的查询数据，直到容量到达 80%的时候停止清理。如果选择【关】，那么达到 90%的空间时不会清理，如果继续增长，达到最大大小设置，则会把操作模式切换成只读。

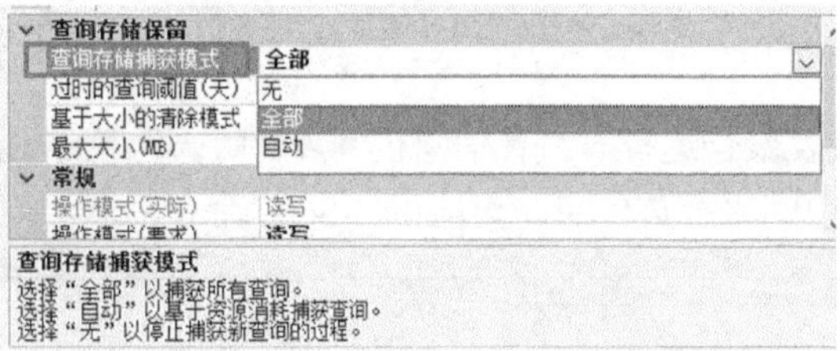

图 11-12　查询存储捕获模式

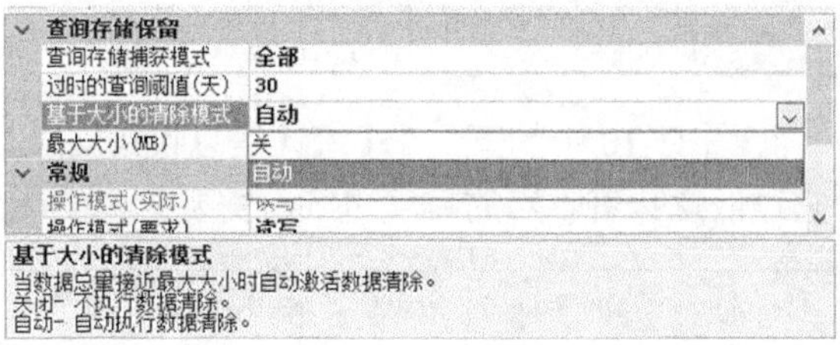

图 11-13　基于大小的清除模式

对应的 T-SQL 命令如下所示。

```
ALTER DATABASE AdventureWorks2017
SET QUERY_STORE = ON (SIZE_BASED_CLEANUP_MODE = AUTO);
```

最后就是【过时的查询阈值（天）】，从收集开始，默认保留 30 天。对应的 T-SQL 命令如下所示。

```
ALTER DATABASE AdventureWorks2017
SET QUERY_STORE = ON (CLEANUP_POLICY = (STALE_QUERY_THRESHOLD_DAYS = 30));
```

除了上面几个可以在界面上找到的选项之外，还有一个只能通过 T-SQL 命令来操作的选项 “MAX_PLANS_PER_QUERY”，其 T-SQL 命令如下所示。

```
ALTER DATABASE AdventureWorks2017
SET QUERY_STORE = ON (MAX_PLANS_PER_QUERY=200);
```

这个设置限定了在单个查询中最大存储多少个执行计划，其默认为 200 个。

在配置界面中，还有一个按钮就是清空查询存储数据，类似 Truncate table 的效果，如图 11-14 右下角所示。

也可以用 T-SQL 命令 `ALTER DATABASE AdventureWorks2017 SET QUERY_STORE CLEAR;`

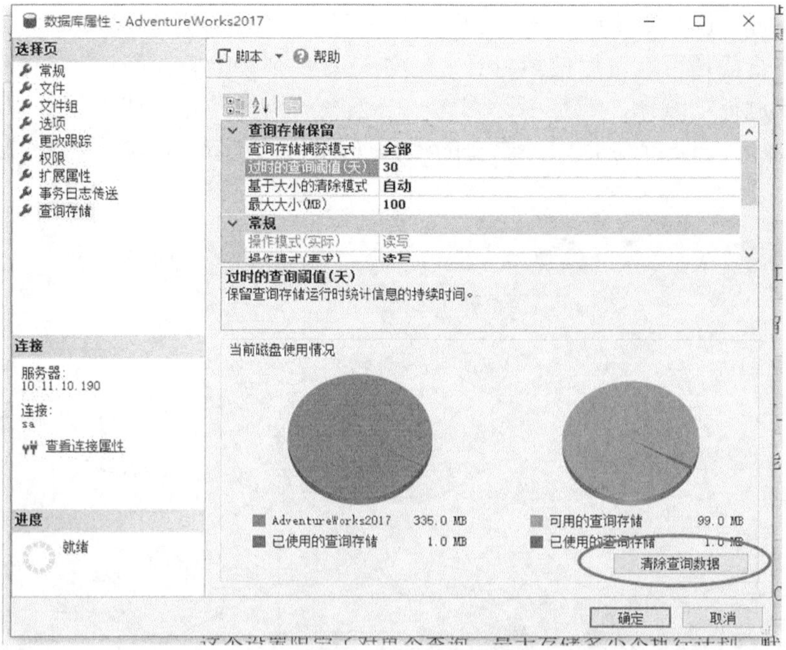

图 11-14 清除查询数据

技术内幕

接下来简要介绍一下这个技术，首先从高层面来看这个技术，如图 11-15 所示。

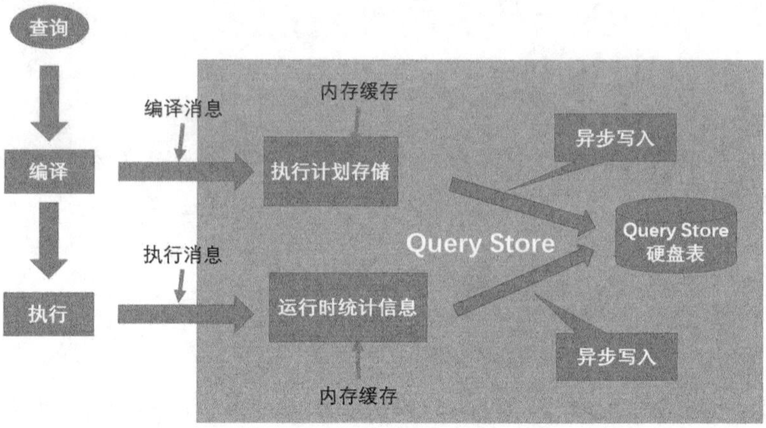

图 11-15 查询存储工作流

查询存储包含计划存储（plan store）和运行时统计信息（runtime statistics store）存储两个部分，它们分别在编译和执行阶段收集。在编译阶段，计划存储更新存储的数据和校验是否有强制计划可用。在执行阶段，SQL Server 更新执行过程中的统计信息。每个存储都包含内存缓存和硬盘存储两部分，新数据会存入缓存，同时由 DATA_FLUSH_INTERVAL_SECONDS［即数据刷新间隔（分钟）］异步配置写到磁盘中。也可以使用 `sys.sp_query_store_flush_db` 存储手动刷新数据到磁盘中。

当启用查询存储之后，之所以会有 3%～5%的性能下降，是因为不仅要收集更多的信息，还要在执行时进行更多的检查，如图 11-16 所示。在执行一个查询时，SQL Server 会从计划缓存中查找是否有可用的执行计划，如果有，则会检查是否因为统计信息的变更或其他因素导致进行重编译，或是否已创建一个强制的执行计划，或者旧的强制执行计划从查询存储中删除。在这个过程中，原有的流程（见 11.1.1 节）添加了额外的一些查找和交互工作。

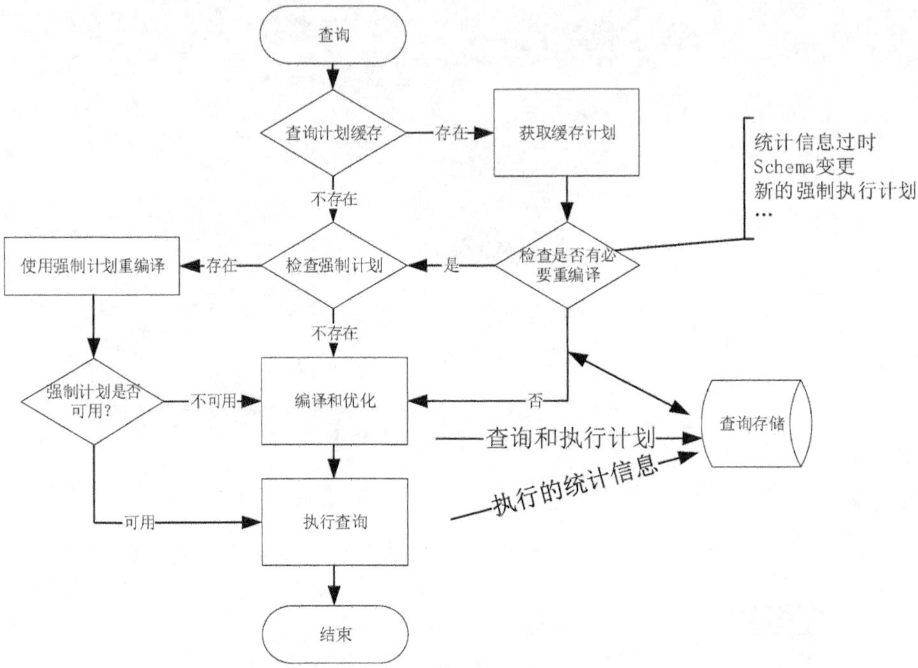

图 11-16　查询处理流程

查询存储是很重要的功能，作者为了控制篇幅，不打算深入介绍其内部机制，更多信息请查看第 12 章。

11.3　总　　结

故障侦测是处理运维和性能问题的前置步骤，用于定位问题的种类和原因，为后续运维和优化提供信息来源。对 DBA 和运维人员来说它非常重要。我们可以通过第三方工具（比如 Zabbix）来监控，然后把监控数据进行分析后得出侦测结果，也可以使用一些自带工具和自编写的 SQL 语句进行实时问题侦测。要注意在所有的侦测手段实施之前，要习惯性先检查 OS 日志和 SQL Server 的日志，以便尽快缩小检查范围。另外也不要忽视用户的反馈信息，很多时候这也是非常有用的，然而又不能全信，因为很多用户会误导你去验证他认为是问题的那些部分。

在熟练使用故障侦测的方法和工具之后，应该尽快搭建长期有效的运维系统，避免信息缺失和不够准确。

第 12 章　SQL Server 性能优化新工具

1 分钟速读

如果纯粹能运行在 Linux 上，那么 SQL Server On Linux 就没那么值得推荐了。之所以推荐 SQL Server On Linux，当然还有其他亮点，其中一个就是它（含 Windows 上的 SQL Server 2017）提供了很多新的工具和特性，这能够更智能地协助 DBA 管理数据库。

本章将介绍 SQL Server 2017 的一些性能优化新工具，如自动计划更正、实时查询统计信息、自适应查询处理和查询存储。

12.1　简　　介

SQL Server 2016 和 2017 除了提供了跨平台之外，还在管理和性能方面提供了很多新的特性，本章主要集中在这两个版本的性能提升方面。从大类上看，SQL Server 性能方面有以下几个方面。

- 自动优化（Automatic Tuning）：从 SQL Server 2017 出现。
- 智能查询处理：主要为自适应查询处理（adaptive query processing），它从 SQL Server 2017 出现。
- 性能监控和优化：包含实时查询统计信息（live query statistics）和查询存储（query store）。
- 另外一些不打算在本书中提及的还有基数预估改进及 Windows Server 2016 对 SQL Server 的改进提升。

本章将对前 3 点进行较为详细的介绍。本章依旧使用基于 Ubuntu 上的 SQL Server 2017 中 AdventureWorks2017 数据库进行演示。

12.2　查 询 存 储

之所以称为简介，因为它在第 11 章已经有所提及。这里主要是进行补充。因为这个功能是后面功能的基石，所以放到本节。

查询存储（query store）可以让用户研究查询计划和性能，并且找到影响性能的原因等。其很重要的功能是“存储执行计划”，在过去，可以通过借助 DMO 编写脚本周期性查询执行计划并插入一个表中存储。如果读者试过（作者试过）那么就会发现，它的时效性很低，存储空间很大。这两点其实不难解决，既然出现了新的更好用的功能，那么又何必重复造轮子，何况还没有自带功能好呢？关于如何使用查询存储，可以见第 11 章。

12.2.1 查询存储中的信息

对于很多操作（如统计信息变更，表、索引的变更），在 SQL Server 中缓存的执行计划可能会随着时间改变。而执行计划缓存又仅存储最近的执行计划，更头痛的是执行计划有可能因为内存压力而被清除。这就导致了查询性能回归（在某些情况下，新的执行计划可能没有前一个好，这样新的执行计划可能会导致性能回归）所需的资源和时间开销都很大。

而查询存储可以保留每个查询的多个执行计划，并可以使用某些强制策略以引导查询处理器对某个查询使用特定的执行计划，这称为计划强制（plan forcing）。在 SQL Server 2008 开始就有类似的 USE PLAN 查询提示，查询存储的计划强制不需要用户在应用程序中进行修改。

等待信息是另外一个有助于排查 SQL Server 性能问题的信息来源。长期以来等待信息是基于实例级别的，难以用于特定查询，从 SQL Server 2017 和 Azure SQL 开始，可以在查询存储中添加另一个纬度来跟踪查询的等待信息。

查询存储的功能如下所示。

- 通过强制使用前一个执行计划修复本执行计划造成的性能回归。
- 确定在特定时间内查询执行的次数。
- 标识在过去 *x* 个小时内的前 *n* 个（执行时间、内存占用等排名）查询。
- 审核特定查询的执行计划的历史记录。
- 分析特定数据库的资源（CPU、I/O 和内存等）使用模式。
- 在特定资源上正在等待的前 *n* 个查询。
- 了解特定查询或者执行计划的等待性质。

总的来说，该功能使得过去 DBA 很难甚至无法获得的性能信息成为了可能。

12.2.2 查询存储包含的内容

查询存储就是存储查询的内容，它包含 3 个存储。

- **计划存储**：用于保存执行计划信息。
- **运行时统计信息存储**：用于保存执行统计信息。
- **等待信息存储**：用于保存等待的信息。

max_plans_per_query 配置限定了计划存储中可存储的计划数量。为了提升性能，它使用异步方式写入信息，同时为了减少空间的使用量，它会按固定时间周期聚合运行时统计信息存储中的运行时执行计划的统计信息。12.2.3 小节将简要演示一下，这部分是对第 11 章的补充。首先我们需要对数据库开启查询存储，如果在第 11 章已经开启过则不需要重复执行。

```
ALTER DATABASE AdventureWorks2017 SET QUERY_STORE = ON;
```

接下来我们人为制造一个参数嗅探的例子。

代码清单 12-1 参数嗅探例子

```
USE AdventureWorks2017
GO
IF OBJECT_ID('EmployeesNew','U') IS NOT NULL
DROP TABLE dbo.EmployeesNew
GO
CREATE TABLE dbo.EmployeesNew (
    ID INT NOT NULL
    ,Number VARCHAR(32) NOT NULL
    ,NAME VARCHAR(100) NOT NULL
    ,Salary MONEY NOT NULL
    ,Country VARCHAR(64) NOT NULL
    ,CONSTRAINT PK_EmployeesNew PRIMARY KEY CLUSTERED (ID)
    )
GO
--
WITH N1 (C)
AS (
    SELECT 0
    UNION ALL
    SELECT 0
    ) -- 2 rows
    ,N2 (C)
AS (
    SELECT 0
    FROM N1 AS T1
    CROSS JOIN N1 AS T2
    ) -- 4 rows
    ,N3 (C)
AS (
    SELECT 0
    FROM N2 AS T1
    CROSS JOIN N2 AS T2
    ) -- 16 rows
    ,N4 (C)
AS (
    SELECT 0
    FROM N3 AS T1
    CROSS JOIN N3 AS T2
    ) -- 256 rows
    ,N5 (C)
AS (
    SELECT 0
    FROM N4 AS T1
    CROSS JOIN N4 AS T2
    ) -- 65,536 rows
    ,Nums (Num)
AS (
    SELECT row_number() OVER (
            ORDER BY (
```

```
                    SELECT NULL
                    )
            )
    FROM N5
    )
INSERT INTO dbo.EmployeesNew (
    ID
    ,Number
    ,NAME
    ,Salary
    ,Country
    )
SELECT Num
    ,convert(VARCHAR(5), Num)
    ,'USA Employee: ' + convert(VARCHAR(5), Num)
    ,40000
    ,'USA'
FROM Nums;
GO
WITH N1 (C)
AS (
    SELECT 0
    UNION ALL
    SELECT 0
    ) -- 2 rows
    ,N2 (C)
AS (
    SELECT 0
    FROM N1 AS T1
    CROSS JOIN N1 AS T2
    ) -- 4 rows
    ,N3 (C)
AS (
    SELECT 0
    FROM N2 AS T1
    CROSS JOIN N2 AS T2
    ) -- 16 rows
    ,Nums (Num)
AS (
    SELECT row_number() OVER (
            ORDER BY (
                    SELECT NULL
                    )
            )
    FROM N3
    )
INSERT INTO dbo.EmployeesNew (
    ID
    ,Number
    ,NAME
```

```
    ,Salary
    ,Country
    )
SELECT 65536 + Num
    ,convert(VARCHAR(5), 65536 + Num)
    ,'Canada Employee: ' + convert(VARCHAR(5), Num)
    ,40000
    ,'Canada'
FROM Nums;
--创建非聚集索引
CREATE NONCLUSTERED INDEX IDX_EmployeesNew_Country ON dbo.EmployeesNew (Country);
GO

CREATE PROC dbo.GetAverageSalary @Country VARCHAR(64)
AS
SELECT Avg(Salary) AS [Avg Salary]
FROM dbo.EmployeesNew
WHERE Country = @Country;
```

然后让其发生参数嗅探：在一个新窗口执行。

```
while 1 = 1
begin
    exec dbo.GetAverageSalary @Country='USA';
    waitfor delay '0:00:01.000';
end;
```

同时在第二个新窗口执行。

```
dbcc freeproccache;
exec dbo.GetAverageSalary @Country='CANADA';
```

12.2.3 何时使用查询存储

以下场景可以考虑使用查询存储。

- 找出使用执行计划回归的查询。
- 识别并优化资源靠前的查询。
- A/B 测试。
- 升级 SQL Server 期间稳定性能。
- 识别并改进即席工作负载。

识别执行计划回归的查询

在常规情况下，可能因为数据基数变更、索引变更、统计信息变更等导致相同的查询使用不同的执行计划。大部分情况下，新的执行计划会比之前的执行计划更好，或者差不多，也可能出现差距很大的时候，这种情况叫作“计划选择更改回归”(plan choice change regression)。在查询存储出现之前，很难定位和解决这类问题，因为没有“过去的情况”可以查询。

使用查询存储可以快速实现以下内容。

● 在过去一段时间（一小时、一天或者一周等）内发生执行指标降级（execution metrics degraded）的所有查询。

这个可以从 SSMS 的【回归的查询】中查看，如图 12-1 所示。

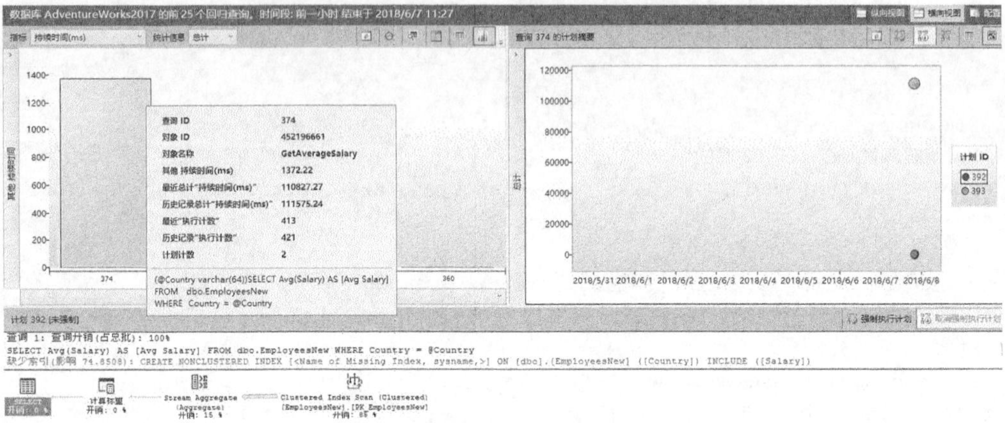

图 12-1　回归的查询

按住 Shift 键然后用鼠标把图 12-1 右边两个计划 ID 选中后单击比较计划，可以看到如图 12-2 所示的情况。

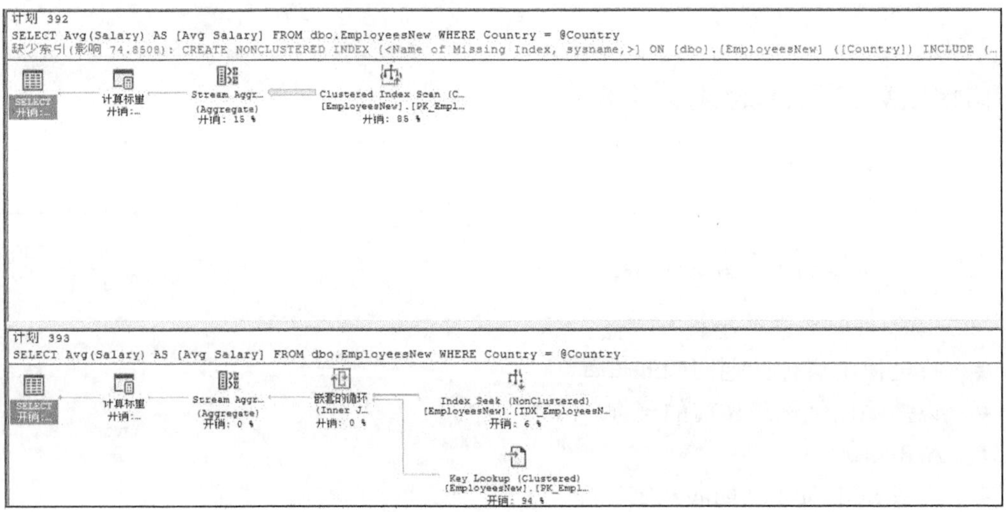

图 12-2　计划比较

● 强制执行计划

也可以使用图 12-3 所示的强制执行计划把性能更好的执行计划强制到性能较差的查询上。一般来说，我们会对图中右上方小图中较低部分（图中计划 ID 为 392）的执行计划强制给较高的计划 ID，这个图代表执行时间的长短，数值越高证明执行时间越长。我们都希望语句能更快地执行，要注意它并不是总是以这个来区分的，应该按实际类型来分析。

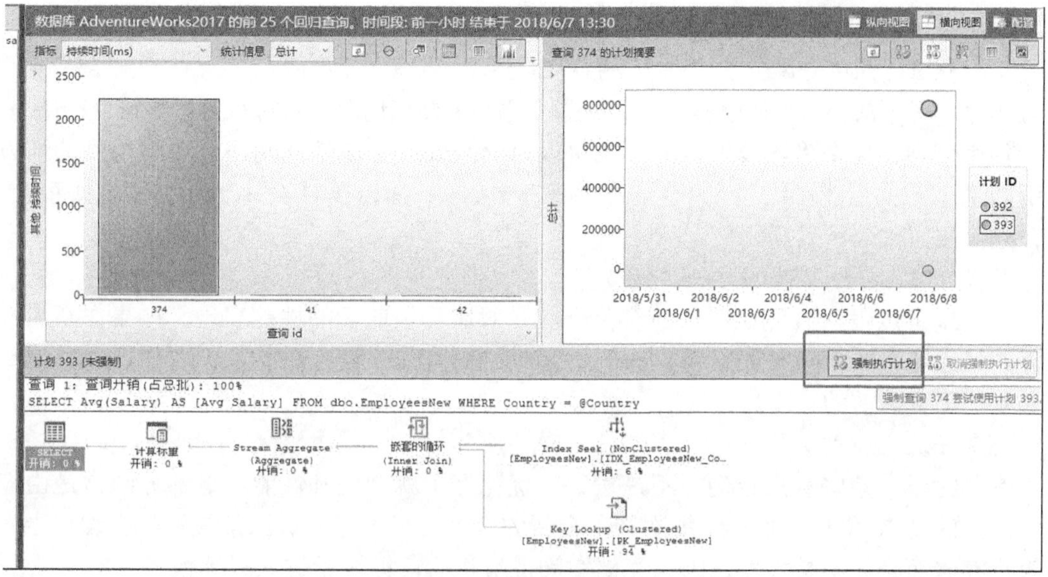

图 12-3　强制执行计划

识别并优化资源消耗排名靠前的查询

正式系统通常会有成百上千个查询产生，真正消耗大量资源的一般只是少数几个，也就是所谓的 2/8 原则。这种情况下可以使用图 12-4 所示的界面打开“最大几个资源使用者”，并选择指标来查看。

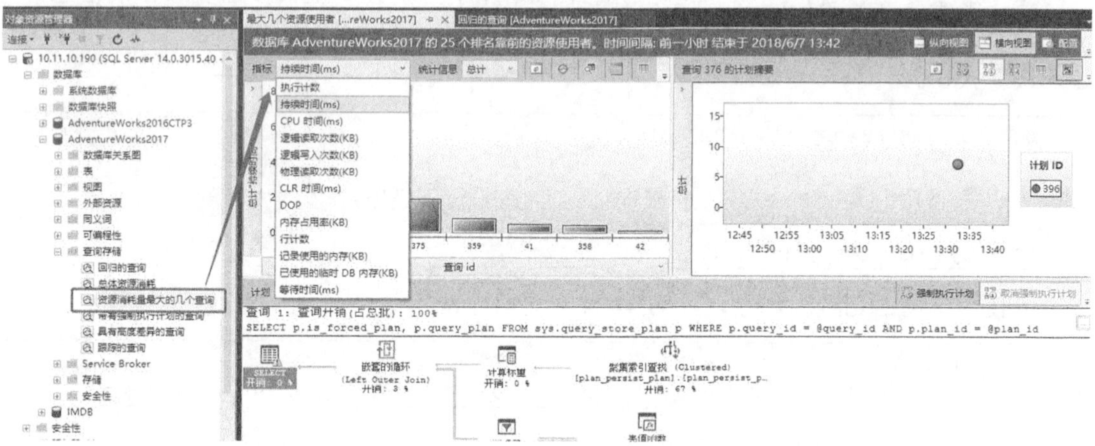

图 12-4　最大几个资源使用者

如果发现这里的查询确实存在不理想的情况，那么可以根据不同性质有针对性地处理。

- 查询具有多个执行计划：如果最后一个执行计划明显不如前面的，则可以通过强制计划保证 SQL Server 今后使用强制的执行计划运行。
- 执行计划中是否提示了缺少索引：对索引进行检查，详见第 14 章。
- 确保所需的基础表统计信息是最新的。
- 确保查询所用的索引已经进行过碎片整理。
- 考虑重写代码。比如尽可能利用参数化，减少动态 SQL，减少非 SARG 写法等。

A/B 测试

A/B 测试，简单来说就是为同一个目标制定两个方案（比如两个页面），让一部分用户使用 A 方案，另一部分用户使用 B 方案，记录下用户的使用情况，看哪个方案更符合设计。

使用查询存储来“比较”性能，也可以用它来辅助生成性能基线。更常用到的地方是索引创建/修改的性能对比。因为查询存储保存了历史，所以在对索引改动之后可以通过“对比计划”按钮来分析效果。

升级 SQL Server 期间保持性能稳定

这一步有点跟 A/B 测试类似。实际上就是对比升级前后的性能表现。如果在新版本上已经无法通过某些手段（如索引、改写、强制计划等来）稳定性能，则考虑通过数据库兼容级别还原到之前的版本。

识别并改进即席工作负载

有些时候，某些重点查询并不是进行“优化”了就会提升性能。这部分经常是由应用程序产生的动态 SQL 来负责，每次产生全新的查询时，大部分资源都被消耗在编译上。这对查询存储而言并不是好事，因为存储空间被浪费后，很快就进入只读模式。

可以使用【资源消耗率最大的几个查询】界面，然后选择【执行次数】的指标，对查询 ID 相同但仅执行一次的查询进行参数化或者使用计划指南功能来改写。

12.2.4　查询存储最佳实践

- 设置最大大小（MB）

这是最重要的设置，因为在运行过程中数据库本身就会产生很多需要收集的信息，当达到最大大小时，查询存储会编程为只读并停止收集。可以周期性用下面语句检查查询存储的最新大小。

```
USE [QueryStoreDB];
GO
SELECT actual_state_desc, desired_state_desc, current_storage_size_mb,
    max_storage_size_mb, readonly_reason
FROM sys.database_query_store_options;
```

并使用下面语句进行修改，注意 1024 只是一个演示值。

```
ALTER DATABASE [QueryStoreDB]
SET QUERY_STORE (MAX_STORAGE_SIZE_MB = 1024);
```

- 统计信息收集间隔

默认为 1 小时，如果觉得更细的粒度有利于解决问题，那么可以考虑降低间隔，但是这会直接影响存储大小。修改命令如下所示。

```
ALTER DATABASE [QueryStoreDB] SET QUERY_STORE (INTERVAL_LENGTH_MINUTES = 60);
```

- 基于大小的清理模式

这是建议激活的功能，它可确保查询存储始终以读写模式运行。

```
ALTER DATABASE [QueryStoreDB]
SET QUERY_STORE (SIZE_BASED_CLEANUP_MODE = AUTO);
```

12.3 自 动 优 化

自动优化从 SQL Server 2017 开始引入，提供了一个对潜在查询性能问题进行深入了解、提出建议解决方案并自动解决已标识问题的方式。

在提交 SQL 查询到 SQL Server 之后，查询优化器会基于查询处理树、统计信息及其他信息产生候选执行计划，并通过对候选执行计划的开销进行评估，找到开销最小的那个作为最终执行计划。在这个过程中，会有一些因素影响执行计划的质量。

- 数据统计信息过时。
- 不合理的索引（没有索引、索引未能支持查询等）。
- 低效的 SQL 写法。
- 代码重编译等。

SQL Server 2016 引入的查询存储可以协助 DBA 监控和了解在 SQL Server 的运行过程中发生了什么。如果启用了这个功能，那么会收集查询语句的编译和执行时间等统计信息，然后通过这些信息识别存在执行计划性能回归的语句，并分析原因。可以使用 plan forcing 强制查询使用更优的执行计划。

SQL Server 2017 对这个功能进行了更进一步的改进。数据库引擎通过查询存储的分析，检测到回归时为用户做出的决策，从而使数据库引擎自动强制前一个“好”的执行计划。

SQL Server 2017 的自动优化功能可以识别和更正由计划选择回归（plan choice regression）导致的性能问题。数据库引擎内置了智能机制，它可以动态地调整工作负载来自动调整和提升查询性能。

12.3.1 自动优化的工作原理

自动优化持续监控和不断了解工作负载的特征，然后识别潜在问题并改进。这里实际上有 3 步：监控和提取特征→学习、分析→部署和验证，不断循环这 3 步。另外有很重要的几点。

- 持续监控：只有持续地监控，才能获取准确和有价值的信息。
- 自学习：SQL Server 2017 添加了智能机制，在持续监控的前提下，使用数据进行“训练”和学习，从而摆脱了过去的“根据经验设定阈值”的现象。
- 验证：自动优化不仅能“帮你部署更优的方案”，还能保证所进行的更改不降低性能。至完稿为止，SQL Server 2017 提供了两类自动优化功能。
- 自动计划更正：可用于 SQL Server 2017 和 Azure SQL Database，用于标识有问题的查询执行计划并修复。
- 自动索引管理：仅用于 Azure SQL Database，自动添加索引和删除问题索引，由于本书不考虑 Azure SQL Database，所以这部分将略过。

提醒：在继续下面操作之前，强烈建议使用 3.3.1 小节中的方法更新 SQL Server 以确保当前实例是最新的，否则可能在执行过程中出现一些异常现象。

12.3.2　自动计划更正

这个功能用于标识 SQL 计划选择回归问题并自动修复，其方法是通过强制使用最后一个已知合理的执行计划。每当发现有计划回归问题，使用 sp_query_store_force_plan 存储过程来强制使用前一个好的执行计划。在查询存储中已经"存储"了这些内容，从 SQL Server 2017 开始才提供了"修正建议"，另外 SQL Server 2017 还可以自动执行这些建议及发现与执行计划变更相关的其他问题。

当数据库引擎发现存在性能回归并且找到更好的执行计划时，数据库引擎会自动监控强制计划（就是将要被覆盖回归查询的计划）的性能。一旦强制计划并不优于回归计划，则会取消强制部署并让数据库引擎重编译。如果发现它更好，那么强制计划会保留直到由某些原因（如统计信息变更、表/索引结构更改等）导致的重编译为止。

自动强制计划在重启 SQL Server 实例后会失效（因为所有计划缓存都已经被清除）。

12.3.3　自动优化的演示

要使用自动计划进行更正，首先检查是否启用了自动优化功能，因为其默认是关闭的。

```
USE AdventureWorks2017
GO
SELECT name, desired_state_desc, actual_state_desc, reason_desc
FROM sys.database_automatic_tuning_options;
```

从图 12-5 中可以看出，目前它确实是关闭的，下面对其进行开启。

name	desired_state_desc	actual_state_desc	reason_desc
FORCE_LAST_GOOD_PLAN	OFF	OFF	NULL

图 12-5　检查是否启用自动计划更正

但执行之前需要先检查兼容级别，如果不是 140 或更高的值，则执行修改兼容级别的语句，因为自动优化是 SQL Server 2017（兼容级别 140）的新特性。

```
USE [master]
GO
ALTER DATABASE [AdventureWorks2017] SET COMPATIBILITY_LEVEL = 140
GO
```

然后开启自动优化，并指定在每次检测到某些计划更改回归时强制使用最近一个良好的计划。

```
USE AdventureWorks2017
GO
ALTER DATABASE current    --注意 current 不要改动，它就是名字而不是特定库名，当然使用库名也行
SET AUTOMATIC_TUNING ( FORCE_LAST_GOOD_PLAN = ON);
```

再次查询启用效果之后如图 12-6 所示，可见它已经开启成功。

注意启动之后，数据库引擎将自动对需要优化的执行计划进行处理。强制预估 CPU 高于 10s，或新计划（即发生计划回归的计划）中的错误数高于建议计划的错误数，经过校验

后证明强制使用比当前计划更好的计划来替换当前计划。

	name	desired_state_desc	actual_state_desc	reason_desc
1	FORCE_LAST_GOOD_PLAN	ON	ON	NULL

图 12-6 再次检查是否启用成功

提醒：在作者写作本书的过程中使用的 SSMS（14.0.17254.0）存在一些 bug，执行某些语句的时候会莫名报错，比如上面启用自动优化命令时就会这样，如果读者遇到了，则可以试一下直接用 Linux 的 Shell 中的 sqlcmd 或者升级 SSMS 版本。

如果不使用自动优化，那么用户必须要定期监控并找到回归查询。可使用 sp_query_store_force_plan 来查找计划回归，最好的办法是强制最后一个已知良好的计划。如果发现手动强制没有效果，那么应该取消强制（使用 sp_query_store_unforce_plan），并让数据库引擎自己决定最佳计划。

在演示之前，使用下面语句清空各种缓存。

```
 --清空过程缓存 Clear procedure cache
ALTER DATABASE SCOPED CONFIGURATION CLEAR PROCEDURE_CACHE;
--清空 Query Store
ALTER DATABASE current SET QUERY_STORE CLEAR ALL;
```

然后创建一个测试表，其中 1 行的 type 值为 1，然后 9999999 行的等 pe 值为 2，让其数据分布严重不均。

代码清单 12-2 计划回归（1）——建表并产生测试数据

```
USE AdventureWorks2017
GO
drop table if exists flgp;
create table flgp (
       type int,
       name nvarchar(200),
       index ncci nonclustered columnstore (type),
       index ix_type(type)
);
insert into flgp(type, name)
values (1, 'Single');
insert into flgp(type, name)
select TOP 9999999 2 as type, o.name
from sys.objects, sys.all_columns o,sys.all_columns e
```

然后清空缓存，并循环 30 次执行下面语句，以产生一个“好”的执行计划。接下来的操作可以打开实际执行计划来查看，第一次执行可以看到散列聚合操作符。

代码清单 12-3 计划回归（2）——在 QueryStore 中产生好的执行计划

```
ALTER DATABASE SCOPED CONFIGURATION CLEAR PROCEDURE_CACHE;
EXECUTE sp_executesql @stmt = N'SELECT COUNT(*) FROM flgp WHERE type = @type', @p
arams = N'@type int', @type = 2
GO 30
```

接下来清空缓存，然后使用 type=1 作为参数执行上面的查询，这一次散列聚合变成了流聚合。

```
    ALTER DATABASE SCOPED CONFIGURATION CLEAR PROCEDURE_CACHE;
    EXECUTE sp_executesql @stmt = N'SELECT COUNT(*) FROM flgp WHERE type = @type',
@params = N'@type int', @type = 1
```

接下来再次执行查询 type=2 的语句，这次循环 15 次，因为 SQL Server 最少需要执行 15 次来收集足够的信息，所以现在再查看执行计划，这时可以看到还是流聚合而不是一开始的散列聚合。

```
    EXECUTE sp_executesql @stmt = N'SELECT COUNT(*) FROM flgp WHERE type = @type',
@params = N'@type int', @type = 2
    GO 15
```

执行下面的语句获取信息。

代码清单 12-4 计划回归（3）——获取修复问题和其他信息的预计脚本

```
SELECT reason, score,
      script = JSON_VALUE(details, '$.implementationDetails.script'),
      planForceDetails.*,
      estimated_gain = (regressedPlanExecutionCount+recommendedPlanExecutionCount)
                  *(regressedPlanCpuTimeAverage-recommendedPlanCpuTimeAverage)/1000000,
      error_prone = IIF(regressedPlanErrorCount>recommendedPlanErrorCount, 'YES','NO')
FROM sys.dm_db_tuning_recommendations
  CROSS APPLY OPENJSON (Details, '$.planForceDetails')
    WITH (  [query_id] int '$.queryId',
            [current plan_id] int '$.regressedPlanId',
            [recommended plan_id] int '$.recommendedPlanId',
            regressedPlanErrorCount int,
            recommendedPlanErrorCount int,
            regressedPlanExecutionCount int,
            regressedPlanCpuTimeAverage float,
            recommendedPlanExecutionCount int,
            recommendedPlanCpuTimeAverage float
          ) as planForceDetails;
```

部分截图如图 12-7 所示。

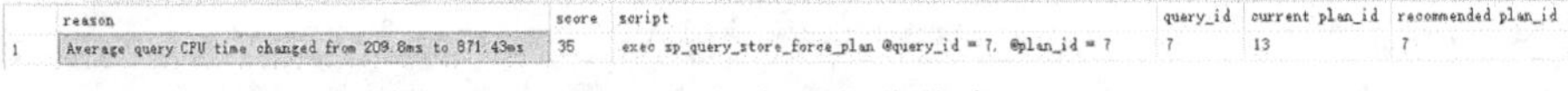

图 12-7 自动优化信息

图中显示了计划回归的信息，其中 reason 说明了 CPU 时间从 209.8ms 增加到 871.43ms，在读者机器上这个值可能会不同。

在这里，我们可以手动替换强制计划 ID。

```
exec sp_query_store_force_plan @query_id = 7, @plan_id = 7
```

另外可以在查询存储的回归查询界面中查到，如图 12-8 所示。

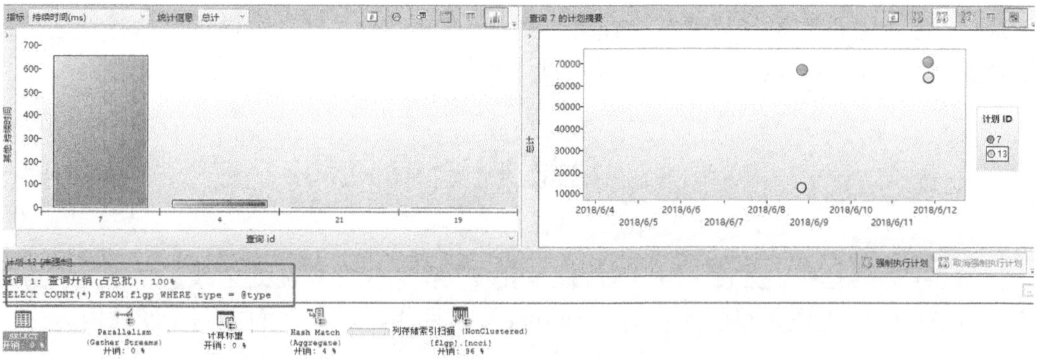

图 12-8 查询存储对应的内容

由于我们开启了自动更新（还有一种手动更新，对于实操来说必要性不强这里就不演示了），所以实际上执行计划已经强制使用了上一个好的执行计划。可以使用下面脚本来校验。

代码清单 12-5 计划回归（4）——查看是否自动计划更正

```
SELECT reason, score,
       JSON_VALUE(state, '$.currentValue') state,
       JSON_VALUE(state, '$.reason') state_transition_reason,
       JSON_VALUE(details, '$.implementationDetails.script') script,
       planForceDetails.*
FROM sys.dm_db_tuning_recommendations
  CROSS APPLY OPENJSON (Details, '$.planForceDetails')
    WITH (  [query_id] int '$.queryId',
            [new plan_id] int '$.regressedPlanId',
            [recommended plan_id] int '$.recommendedPlanId'
          ) as planForceDetails;
```

结果如图 12-9 所示，注意框图中的“LastGoodPlanForced”，它代表着已经强制更新。

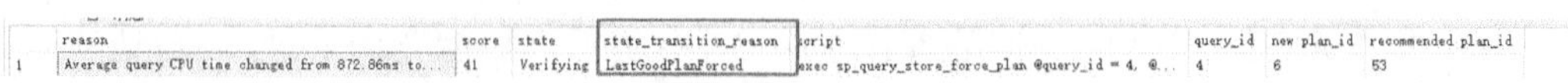

图 12-9 查看是否已经自动强制更新计划

另外还可以在查询存储的【带有强制执行计划的查询】中进行查看，可以看到右边的【强制执行计划】变灰，这证明已经强制过，如图 12-10 所示。

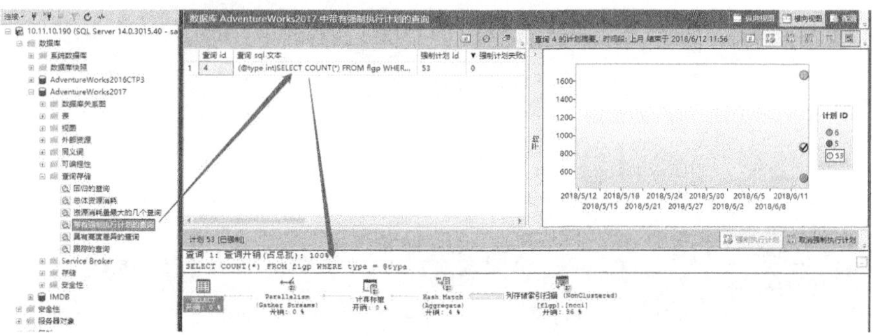

图 12-10 从查询存储中再次检验

最后，当读者再次执行最后一个循环次数为 15 次的查询时，可以看到执行计划已经从流聚合变回散列聚合，这证明已经自动更新了计划。

12.4　自适应查询处理

SQL Server 2017、Azure SQL Database 引入了新一代的查询处理改进功能，它可与优化策略与应用程序工作负载的运行时（runtime）条件相适应，从而提高系统性能。

12.4.1　旧式优化行为

在优化阶段，基数预估（cardinality estimation）负责预估执行计划中每一步需要处理的行数。它使用统计技术和假设相组合，当预估足够准确时，优化器可以得到明确的决策。反之，将会导致优化器选择低效的执行方式从而影响性能。不正确的估算可能会导致以下几个问题。

- 低效执行计划导致语句运行缓慢。
- 过大的资源开销（CPU、内存、I/O 等）。
- 因为内存授予不足（每个操作符都需要一定的内存申请，这称为内存授予）导致磁盘文件分页。
- 因为过量的内存授予降低了吞吐量和并发性。

不正确预估的原因包括但不仅限于缺少或者使用过时的统计信息、不合理的编码（非 SARG 写法）或者使用了一些 SQL Server 无法提前预估的功能（如多语句表值函数、表变量、XQuery 等），这些导致 SQL Server 只能做出常规假设而不能动态评估。

在 SQL Server 2017 之前，通常只能在事后发现并修复因为基数预估不正确而带来的性能问题， SQL Server 2017 的自适应查询处理可以在语句运行过程中实现这个操作。

12.4.2　新式优化行为

如图 12-11 所示，自适应查询处理在 MSDN 中属于“智能查询处理”，自适应查询分为 3 个功能提升。

- 批处理模式自适应连接（batch mode adaptive joins），下称自适应连接。
- 批处理模式内存授予反馈（batch mode adaptive memory grant feedback）
- 交错执行（Interleaved Execution）。

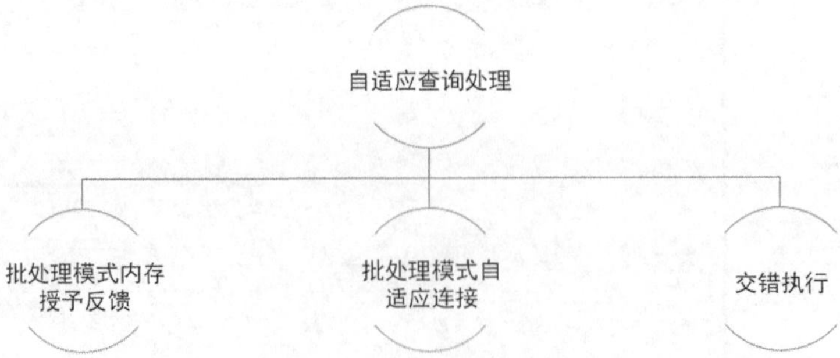

图 12-11　自适应查询组成

接下来简要介绍一些基础知识，同时进行实操演示。注意因为是从 SQL Server2017 开始引入的，所以同样需要检查数据库兼容级别是否为 140。

```
ALTER DATABASE [AdventureWorks2017] SET COMPATIBILITY_LEVEL = 140;
```

另外说明一下，批处理模式以行组为单位进行操作，通常使用列存储索引来实现。

12.4.2.1 批处理模式自适应连接

在执行计划中，物理连接有 3 种运算符（连接算法）：嵌套循环、合并连接和散列连接，具体说明见附录。优化器对它们的选择强烈依赖运算符中两个输入数据集（注意每一个连接操作有且只有两个输入）的基数预估。如果基数预估错误，则优化器可能会选择错误的连接算法。

批处理模式自适应连接功能可延迟选择散列或者嵌套循环方法。直到扫描第一行输入后再决定。它可以定义决定何时切换到嵌套循环的阈值，可以在执行过程中根据实际数据量动态地切换连接从而提高性能。

提醒：批处理模式自适应连接主要处理散列连接和嵌套循环连接的切换。

其工作原理如下所示。

- 如果生成连接输入的行数足够小，则使用嵌套循环连接更优，此时切换到嵌套循环算法。
- 如果超过了特定阈值，则不切换，依旧使用散列连接。

这里隐含另外一个意思，批处理模式自适应连接是以“Hash Match Join(HM)”开始的，然后在达到特定阈值（行数）时切换成嵌套循环（NL）。

自适应连接引入了一个新的运算符“Adaptive Join”，这个运算符就有点特殊，它有 3 个输入，第一个是外部（hash join 中的 build）输入，第二个是 HM 或 NL 中的一个，第三个是 NL 输入（如果被采纳）。如果阈值不足以切换到 NL，则第三个输入不会生效。

下面来看看例子，注意修改兼容级别为 140，同时开启“包括实时查询统计信息”的按钮，见图 12-12 中最上方的按钮，它在实际执行计划的右边。关于实时查询统计信息将在 12.5 节介绍。

代码清单 12-6 自适应查询处理（1）——批处理模式自适应连接

```
    USE AdventureWorks2017
    GO
    --创建列存储索引以便优化器考虑使用批处理模式(SQL 2012 引入)
    create nonclustered columnstore index dummy on Sales.SalesOrderHeader(SalesOrderID)
where SalesOrderID = -1 and SalesOrderID = -2;
    go
    --开始执行
    declare @TerritoryID int = 1;
    select  sum(soh.SubTotal)
    from Sales.SalesOrderHeader soh
        join Sales.SalesOrderDetail sod on soh.SalesOrderID = sod.SalesOrderID
    where soh.TerritoryID = @TerritoryID;
    go
```

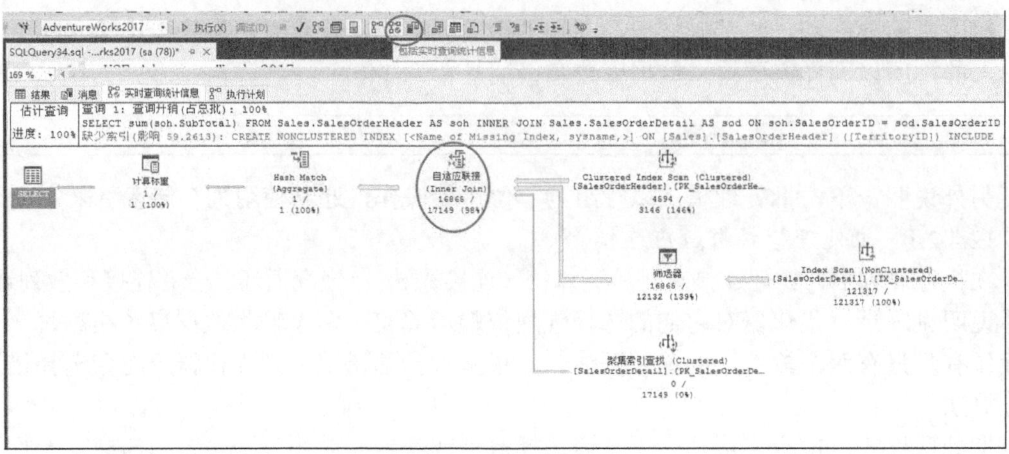

图 12-12　自适应连接实例

图 12-13 是图 12-12 的放大图，并且做了标记。5 就是自适应连接运算符，如果图不够清晰，读者可以自行尝试操作。

1．是非聚集索引扫描（返回 121317 行）。

2．为散列连接生成阶段提供数据的列存储索引扫描（返回实际的 4594 行，3146 是估计行数）。

3．在本例中意义不大。注意 16865/12132 这个值中的 16865（即实际行数），正是因为这个值在本例中超过了阈值，才使得自适应连接不选择 NL。

4．是自适应连接中的特有分支，如果超过阈值则会选用这个分支。从图中可以看到有“0/17149”，其中 0 为实际影响行数，这意味着未选用。

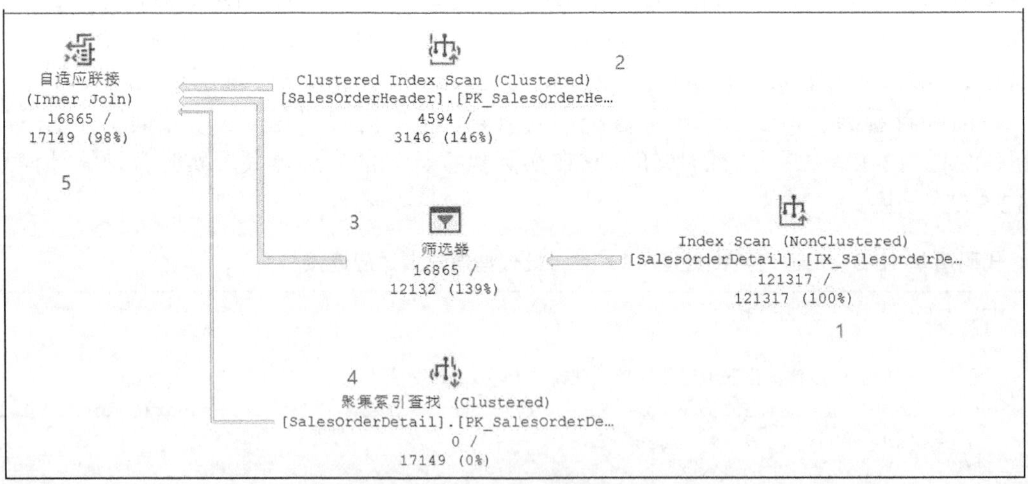

图 12-13　自适应连接放大图

如果把鼠标移到 5，可以看到如图 12-14 所示，注意框图中的值（266.434）。这意味着只有小于这个值的时候才适合用嵌套循环连接，但是图 12-14 的实际行数（见 Actual Number of Rows）为 16865，超过了阈值，所以使用 HM 更为合适。

自适应连接的优点在于能够根据输入的扫描行数动态地切换关联算法。由于需要动态切换，这意味着需要额外的评估和资源准备，因此相对来说它的开销更高。

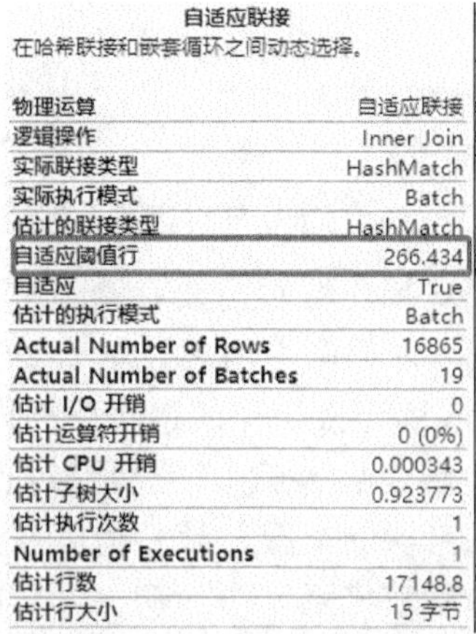

自适应联接
在哈希联接和嵌套循环之间动态选择。

物理运算	自适应联接
逻辑操作	Inner Join
实际联接类型	HashMatch
实际执行模式	Batch
估计的联接类型	HashMatch
自适应阈值行	266.434
自适应	True
估计的执行模式	Batch
Actual Number of Rows	16865
Actual Number of Batches	19
估计 I/O 开销	0
估计运算符开销	0 (0%)
估计 CPU 开销	0.000343
估计子树大小	0.923773
估计执行次数	1
Number of Executions	1
估计行数	17148.8
估计行大小	15 字节

图 12-14 自适应连接运算符属性

一般情况下，我们不需要对它干预太多。如果发现切换带来的开销已经大到影响性能而且用散列连接并不见得不好的时候，那么可以通过命令禁用该功能。

```
ALTER DATABASE SCOPED CONFIGURATION SET DISABLE_BATCH_MODE_ADAPTIVE_JOINS = ON;
```

注意这里设置为 Disable，所以它为 ON，不要想当然认为 OFF 才是关闭。

12.4.2.2 批处理模式内存授予反馈

本例使用 AdventureWorks2017 数据库创建一个测试表进行演示，脚本如下。由于这里的内存授予应用在批处理模式，所以需要创建一个列存储使其成为批处理模式，如果不创建，内存反馈则无效。

代码清单 12-7 自适应查询处理（2-1）——批处理模式内存授予反馈_演示环境

```
Use AdventureWorks2017
GO
CREATE TABLE dbo.MemoryGrants
(
  ID INT PRIMARY KEY CLUSTERED,
  Ordering INT,
  Crap1 VARCHAR(10),
  Crap2 VARCHAR(1000),
  Crap3 VARCHAR(8000)
);

INSERT dbo.MemoryGrants WITH (TABLOCK)
       ( ID, Ordering, Crap1, Crap2, Crap3 )
SELECT
    c,
  c % 1000,
  REPLICATE('X', c * 10 % 10),
  REPLICATE('Y', c * 1000 % 1000),
  REPLICATE('Z', c * 8000 % 8000)
```

```
FROM (
SELECT TOP (100000) ROW_NUMBER() OVER (ORDER BY (SELECT NULL)) AS c
FROM sys.messages AS m
CROSS JOIN sys.messages AS m2
) x
--添加列存储索引
create columnstore index ColIX_MemoryGrants on MemoryGrants(Ordering)
```

当查询运行时，需要内存来支持，特别需要存储临时数据用于排序或关联操作。在计算所需内存时，有必要内存和额外内存两个内存授予需要计算。

- 必要内存：运行排序和散列连接操作的最小所需内存。
- 额外内存：用于临时存储数据的内存。它可通过行的大小及行数得出。

很多时候出现内存授予发生错误的情况的核心原因是基数预估不正确。其中参数嗅探问题就是一个典型的例子，比如参数化查询中，初次编译的语句参数所影响的行数很小，那么可能优化器会使用索引查找来生成执行计划并缓存。如果后续的常用参数是影响行数很多的数据，那么可能索引扫描更加合理。在这种情况下，其实就发生了计划回归。另外一个侧面来说，缓存的执行计划所需内存授予较少，但是常用参数所需的较大，这就导致了内存授予不足。

内存授予不管过小还是过大都会存在问题。如果过小，则查询可能因为内存不足而拆分到 TempDB 中运行，哪怕 TempDB 在 SSD 上，性能也远不如内存。如果过大，就会造成浪费，也导致其他请求内存不足造成等待，并影响并发。

针对这个问题，从 SQL Server 2017 开始引入了批处理模式内存授予反馈，它提供了一个“反馈”实际内存需要的功能给计划缓存（plan cache），并更新计划缓存供后续使用。

反馈机制在以下情况下会触发。

- 发生了磁盘拆分。
- 内存授予最少两次大于实际内存的使用。

一旦其中一个条件发生了，那么内存授予就会重新计算，并以新值更新计划缓存。

批处理模式内存授予反馈主要针对的是计划缓存的更新。为了监控内存授予信息，这里快速创建一个扩展事件。

代码清单 12-8　自适应查询处理（2-2）——批处理模式内存授予反馈_扩展事件

```
--创建事件会话
CREATE EVENT SESSION [QueryMemoryGrantUsage] ON SERVER
ADD EVENT sqlserver.query_memory_grant_usage(
    ACTION(sqlserver.sql_text)
   )
WITH (MAX_MEMORY=4096 KB,EVENT_RETENTION_MODE=ALLOW_SINGLE_EVENT_LOSS,MAX_DISPATCH_LA
TENCY=30 SECONDS,
MAX_EVENT_SIZE=0 KB,MEMORY_PARTITION_MODE=NONE,TRACK_CAUSALITY=OFF,STARTUP_STATE=OFF)
GO
--启动会话
ALTER EVENT SESSION [QueryMemoryGrantUsage] ON SERVER
STATE=START;
```

创建之后，打开图 12-15 所示的监控。

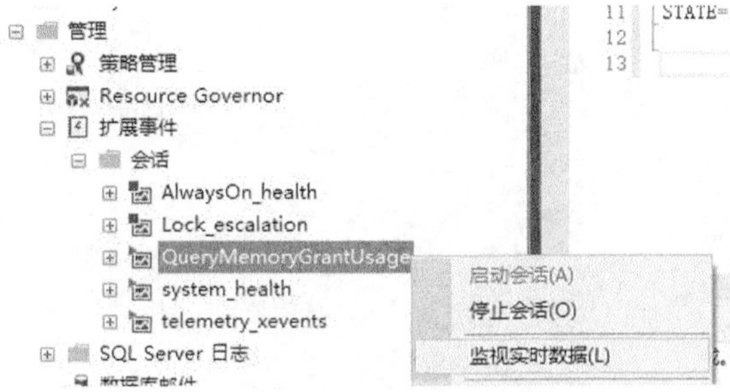

图 12-15 打开扩展事件

开启实际执行计划后执行语句。

```
use AdventureWorks2017
GO
SELECT mg.ID, mg.Ordering, mg.Crap1, mg.Crap2, mg.Crap3 --Returning all columns
FROM dbo.MemoryGrants AS mg
ORDER BY mg.Ordering
GO
```

结果如图 12-16 所示，注意图中的框图部分。

不需要执行任何操作，只需要再次执行查询语句，结果如图 12-17 所示。

图 12-16 原始查询的内存授予情况

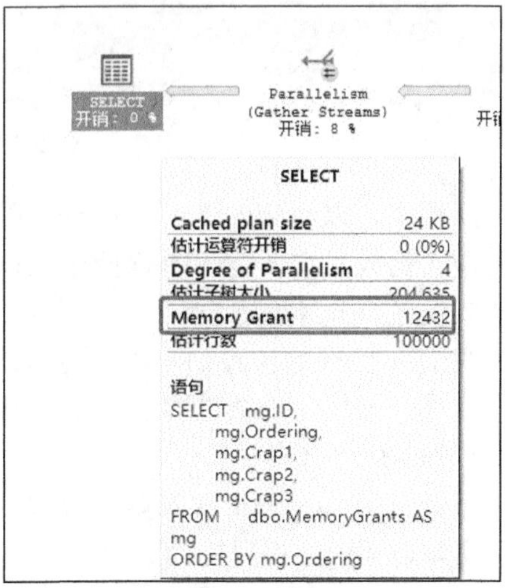

图 12-17 内存授予反馈生效后的执行计划

回到刚才的扩展事件界面，为了直观查看，可以在图 12-18 中把列显示出来。

结果如图 12-19 所示。说明一下，图中前两行是不禁用内存授予反馈的情况，下面两行是使用下面代码中注释的提示在语句级别禁用内存授予反馈的结果。

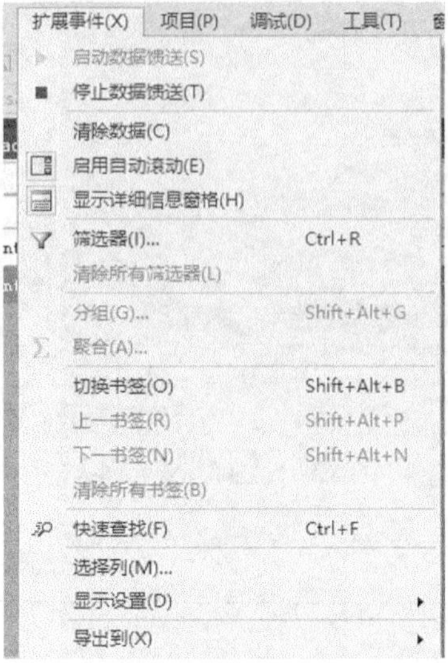

图 12-18　在扩展事件中列出其他列

```
use AdventureWorks2017
GO
SELECT mg.ID, mg.Ordering, mg.Crap1, mg.Crap2, mg.Crap3 --Returning all columns
FROM dbo.MemoryGrants AS mg
ORDER BY mg.Ordering
--OPTION (USE HINT ('DISABLE_BATCH_MODE_MEMORY_GRANT_FEEDBACK'));
GO
```

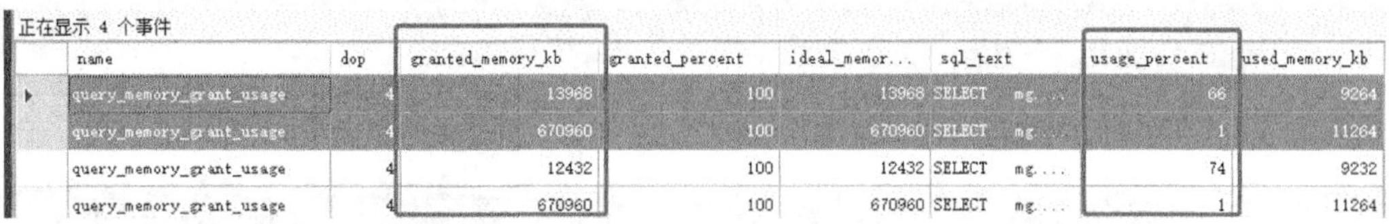
正在显示 4 个事件

name	dop	granted_memory_kb	granted_percent	ideal_memor...	sql_text	usage_percent	used_memory_kb
query_memory_grant_usage	4	13968	100	13968	SELECT mg....	66	9264
query_memory_grant_usage	4	670960	100	670960	SELECT mg....	1	11264
query_memory_grant_usage	4	12432	100	12432	SELECT mg....	74	9232
query_memory_grant_usage	4	670960	100	670960	SELECT mg....	1	11264

图 12-19　扩展事件内容

从图中可以看到，当使用提示功能禁用之后，即使它反复执行也存在内存授予不正确的问题。另外总结一下，内存授予反馈在这里需要执行两次或以上才生效，因为最少执行两次或发生拆分才会触发。

我们的目标是使预估内存授予维持在一个合理且与实际内存使用相近甚至相等的水平，这是性能优化中很重要的一个目标。

12.4.2.3　交错执行

本例使用 AdventureWorks2017 数据库进行演示，在前面两个功能中，处理过程是单向的。比如自适应连接只能为 HM→NL，不能反过来。在很多情况下 SQL Server 依旧无法得知或者获取正确的基数预估，比如多语句表值函数（multi-statement table valued function，MSTVF）。SQL Server 2014 之前认为 MSTVF 总返回 1 行数据，SQL Server 2014 增强到 100 行，但是却无法得知实际有多少。本书多处提到不正确的统计信息会导致性能断崖式下降。交错执行则针对这种情况做出响应。当优化截断发现操作是交错执行的候选项（目前仅是 MSTVF，后续可能会添加更多的候选项）时，因此优化暂停。先执行子树并获取准确的基数估计，然后恢复父节点的执行，从而获取更新的基数预估。下面实操一下。

首先修改兼容级别低于 140，因为这个功能是从 SQL Server 2017（兼容级别 140）开始引入的，降低兼容级别意味着禁用这个功能，然后开启实际执行计划并查看图 12-20 所示的内容。

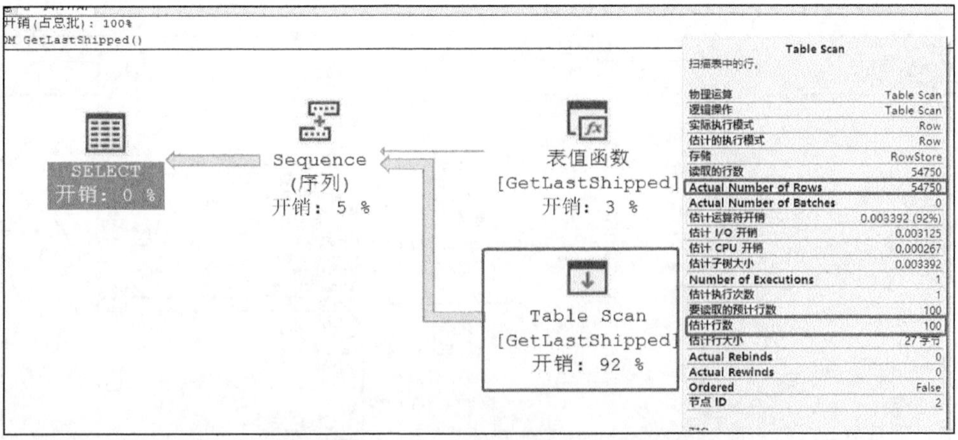

图 12-20 未使用交错执行的统计信息

代码清单 12-9 自适应查询处理（3）——交错执行

```
Alter database AdventureWorks2017 set compatibility_level = 130
GO
USE AdventureWorks2017
GO
CREATE or ALTER FUNCTION dbo.GetLastShipped()--新语法
RETURNS @CustomerOrder TABLE
    (
    SaleOrderID    INT          NOT NULL,
    CustomerID      INT          NOT NULL,
    OrderDate       DATETIME     NOT NULL,
    OrderQty        INT          NOT NULL
    )
AS
BEGIN
    INSERT @CustomerOrder
    SELECT a.SalesOrderID, a.CustomerID, a.OrderDate, b.OrderQty
    FROM Sales.SalesOrderHeader a
        INNER JOIN Sales.SalesOrderDetail b
            ON a.SalesOrderID = b.SalesOrderID
        INNER JOIN Production.Product c
            ON b.ProductID = c.ProductID
    WHERE a.OrderDate = (
                        Select Max(SH1.OrderDate)
                        FROM Sales.SalesOrderHeader As SH1
                        WHERE SH1.CustomerID = A.CustomerId
                        )
    RETURN
```

```
END
GO
--打开执行计划来查看
select * from GetLastShipped()
```

然后把 130 改成 140，再次执行，如图 12-21 所示。

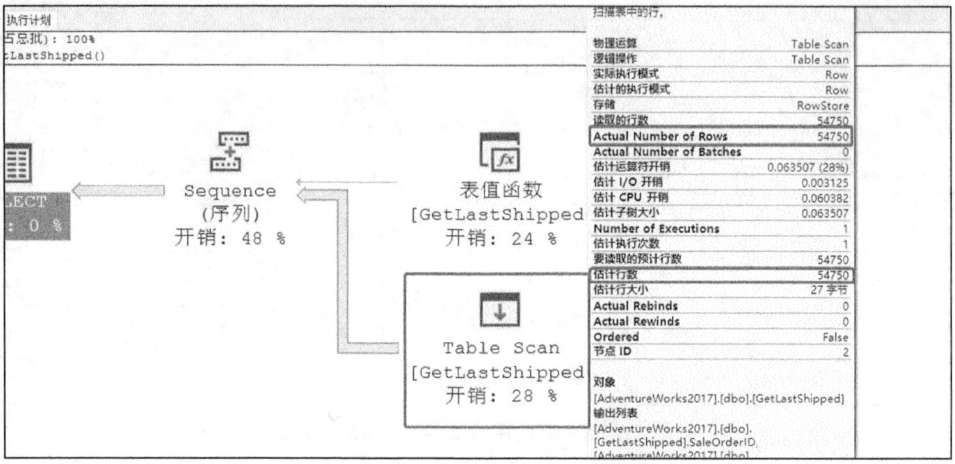

图 12-21 使用交错执行的统计信息

同时注意到执行计划的百分比也随之变更。我们知道估计行数和实际行数最好相等或者接近，这是优化中的一个核心检查点，也要注意优化表值函数。

另外，库级别的禁用（同样不需要修改兼容级别，因为影响面太大，所以可能影响其他需要的功能），可以使用语句来修改。

```
ALTER DATABASE SCOPED CONFIGURATION SET DISABLE_INTERLEAVED_EXECUTION_TVF = ON;
```

12.5 实时查询统计信息

实时查询统计信息（live query statistics）是 SSMS 中的一个新按钮，它可以显示从一个运算符执行到另外一个运算符的过程。并且显示运算符层面的执行统计信息。在过去，侦测查询的性能问题通常都要跑出结果之后才能检查执行计划及统计信息，有些问题的查询可能要跑几十小时（作者处理过跑 33 小时的语句）。这明显不利于检查问题，虽然可以通过预估执行计划进行分析，但是预估执行计划跟实际执行计划有时候会存在较大的差别，特别是在并行执行过程中。

从 SSMS 来说，实时查询统计信息是从 SQL Server 2016 才引入的， SQL Server 2014 的数据库引擎已经支持它。

提醒：该功能主要用于故障排查，它会明显降低查询性能。

打开该功能很简单，单击图 12-22 所示的按钮然后执行查询，或者如图 12-23 所示，单击右键查询界面的空白处，选择框图部分即可。

图 12-22 包括实时查询统计信息按钮

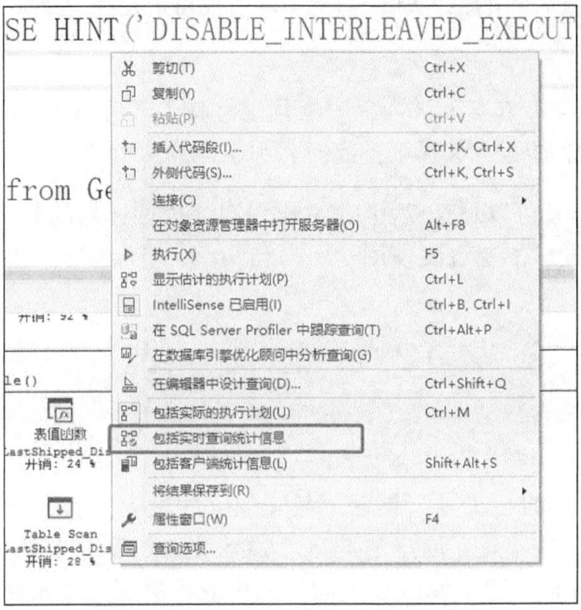

图 12-23 从查询界面启动 LQS

这个功能可以在查询运行过程中显示运行的数据流、消耗时间、实际行数和估计行数。如图 12-24 所示，虚线部分是正在运行的部分，书籍截图是静态的，无法显示出来，这个过程其实是动态流动，读者可以自行尝试。

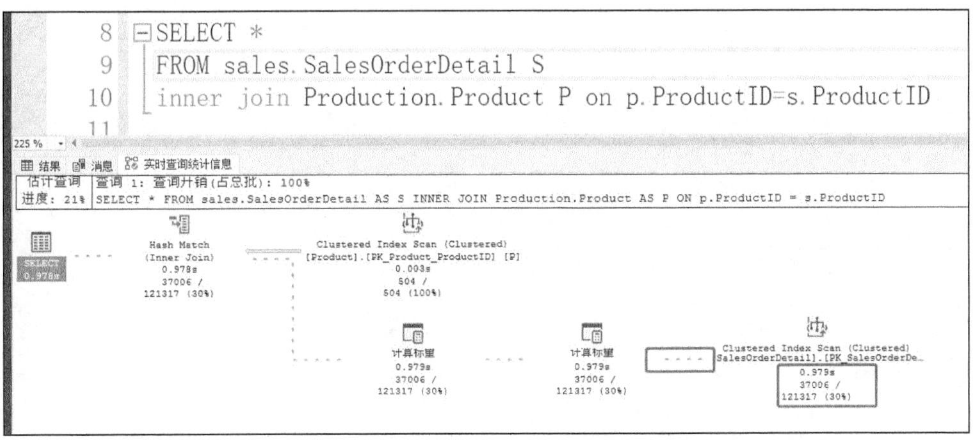

图 12-24 LQS 执行过程

LQS 简单来说，就是把实际执行计划的运行过程都显示出来，同时它又具有绝大部分实际执行计划的信息。可以说它是实际执行计划的增强版，如果不是因为性能会有所影响，那么它几乎可以完全取代实际执行计划。

通过 LQS 可以直接看到每个运算符的运行时间、行数等重要信息，它有个不足的地方就是每个运算符相对于整个执行计划的百分比开销没有直接显示出来，我们也可以通过秒数来发现哪些运算符可能存在性能问题。

另外 LQS 还有一个很常用的场景就是发现阻塞。如果一个运算符使用的秒数一直在增加但是实际行数（秒数后面的值）却一直为 0，那很可能这个运算符所在对象（表或索引）上存在了阻塞。

LQS 的限制：就目前版本来说，实时查询统计信息还有一些限制，包括列存储索引、内存优化表和本机编译的存储过程都不支持实时查询统计信息。

在当前版本中，读者可以适当使用 LQS 作为实际执行计划的分析补充资料。切记，LQS 会降低查询的执行速度，不要过度使用。

12.6　总　　结

本章通过演示的方式介绍了从 SQL Server 2016～2017 甚至 SQL Server 2014 开始就出现的性能优化/故障侦测的新工具，这些工具在很大程度上弥补了几十年来在 SQL Server 的优化过程中存在的一些不足。这些工具除了 LQS 之外，都或多或少地依赖查询存储作为数据来源，所以在启用时，除了修改适当的数据库兼容级别之外，需要优先启用查询存储。

庆幸的是，这些新工具特别是自适应查询基本上不需要过多的人工干预，默认情况下它已经启用或者只需要一个命令就可以启用，这降低了使用门槛。期待微软在后续更新中不断完善这些新工具的智能化和兼容性，减少限制。

第 13 章 SQL Server 索引优化

2 分钟速读

索引是数据库优化传统工具里面最能提升性能的利器。索引有提高查询性能（注意是查询性能）和维护数据一致性两大类功能。

简单来说，索引就是关于数据的目录，用于快速查找（查找性能）。而提供查找功能的前提就是对数据进行合理组织和维护（一致性），二者缺一不可。但是大部分从业人员都把关注点集中在查找性能上，另一点请读者多多注意。

随着数据量的增大，索引的种类也越来越多，从 SQL 2012 开始引入了列存储索引，其目标是提高静态大规模数据的访问速度。影响索引性能的关键因素是索引的体积，而这个体积又由索引定义的列数、列的数据类型、数据量等综合因素所影响。

本章内容有以下几个方面。

- 索引及统计信息基础：了解索引的一些知识。
- 索引种类：介绍索引的种类。
- 索引优化：介绍索引存在的问题，并且如何解决。
- 索引建议：一些创建和优化索引的建议。

索引的内容同样可以写一本书，所以这里以“实操”为宗旨，尽量多演示。不过请读者注意，如果作者作为面试官，那么本章的内容将会是笔试或者面试的题目。

13.1 简　　介

数据库从业人员都应该知道索引是个好东西，很多问题通过对索引进行改造即可获得满意的结果。从而很多人以为性能优化就是改索引，或者什么问题都可以通过索引来解决。显然这是不可能的。

读者应该多多少少听过索引是把双刃剑，如果用不好的话，那么秒级的查询可以运行数小时。更常见的例子是当你通过调整某个索引把一个慢查询提升一定速度（可能提升不多）之后，发现对表上其他所有的增删改查操作都慢了。

为了达到预期效果，首先要对索引有一定的了解，然后再进行优化，而且应是整体优化。接下来的篇幅就集中在介绍索引的基础知识（只能是基础）、索引种类（聚集索引、非聚集索引、列存储索引）及一些优化分析和建议。

13.2 索引基础

虽然说实操，但是一些基础知识还是有必要介绍的，同时由于本书的目标读者可能还不熟悉一些技术细节，所以本节简要介绍一些在索引使用过程中会用到的知识。

13.2.1 索引目标

前面提到，索引有以下两个目标。

第一个经常被忽略，就是按预期的顺序排列和组织数据。某些索引的变种（如约束、主键）可以用于维护数据的一致性，注意主键更多的是用来确保数据一致性，对于性能的提升能力并没有非聚集索引那么强。在对索引进行监控并决定删除一些“无用”索引时，要把这些具有维护数据一致性功能的索引排除在外。

第二个就是提升查询性能。不管是 OLTP 还是分析型系统，查询都约占 80%的 DML 操作。很多增删改操作都要先 SELECT 再处理，所以查询的性能至关重要，以至于很多性能优化方面的书籍直接使用查询优化来替代性能优化。但是也要注意即使查询快了，并不代表全部功能都快。增删改会对所有触发索引维护操作，并且可能导致碎片增加从而降低性能，低效频繁的增删改操作也可能因为锁的问题导致查询速度下降。

在作者看来，理想的索引应该具有的特点本质上来说，就是一个字“少”!

- 表上的索引个数尽可能少，又能为绝大部分 DML 操作提供性能提升。
- 索引碎片率增长缓慢。
- 索引键的唯一度很高（特别是索引定义的第一列）。

13.2.2 索引组织和分类

谈到索引的组织，首先要谈表的组织，因为索引不能独立于表而存在，索引是表上的一个对象。表有堆表和聚集表两种组织类型，某一时刻表只能属于其中一种组织类型。

- 堆表

没有聚集索引的表，哪怕上面有非聚集索引。这种表并没有真正的顺序可言，特别是当表所在的文件组内有多个数据文件时，数据的插入和查询顺序都不能得到保证，唯一能保证查询结果的方式是使用 ORDER BY 子句。

- 聚集表

有聚集索引的表，这种表在物理上也是无序的。由聚集索引的键值把数据页串联起来，从而显得“有序”。聚集表有且只有一个预设顺序，在查询过程中会按照键值返回顺序数据，这对于刚好需要这个顺序的查询而言，减少了一次排序操作。要知道大量数据的排序操作是需要非常大开销的。

考点 1：不管是堆表还是聚集表，数据的物理顺序都是“无序”的，通过某些方式（如 IAM、页的偏移量）来组织形成顺序，唯一能确保返回顺序的方法是 ORDER BY 子句。

从索引的分类来说，索引有聚集索引和非聚集索引两大类。形象类比的话，聚集索引就是新华字典的目录，它按照字母顺序（也就是书的编写顺序）来检索章节；而非聚集索引就是字典中的偏旁部首目录，同样它可以检索数据但是偏旁部首对应的章节可能遍布整本字典，也就是不按顺序排列。这两类索引在未明确指定是列存储索引之前，均为 B-Tree（读 B 树，而不是 B 减树）索引。

列存储索引（columnstore index）是 SQL Server 2012 新引入的一类索引，本质上，它还是分为聚集索引（SQL Server 2014 出现）和非聚集索引两类。

不包含列存储索引的 T-SQL 创建语法很简单：

```
create [Clustered]/[Nonclustered] index 索引名 on 表名 (键名)
[include (包含列名)]
```

聚集索引需要明确指定 Clustered 关键字。如果不指定，则为非聚集索引，后面的 include 关键字代表是否包含索引，包含索引是非聚集索引，后续会演示它。也就是说没有显式指定 Clustered 关键字的索引都是非聚集索引。

考点 2：SQL Server 的主键会默认在定义时自动创建聚集索引，由于主键是可以创建成非聚集索引的，所以初学者不要以为主键就是聚集索引，或者只有主键才能进行聚集索引，这是常见的考题。

图 13-1 对 SQL Server 的索引进行了一个大概分类，可以看到分类的依据是它是否为聚集索引。在聚集索引（左上角）中，分类较为简单，只有常规的聚集 B-Tree 索引（方形图标）和聚集列存储索引（圆形图标）。它们的本质区别是前者使用行存储，而后者使用列存储。

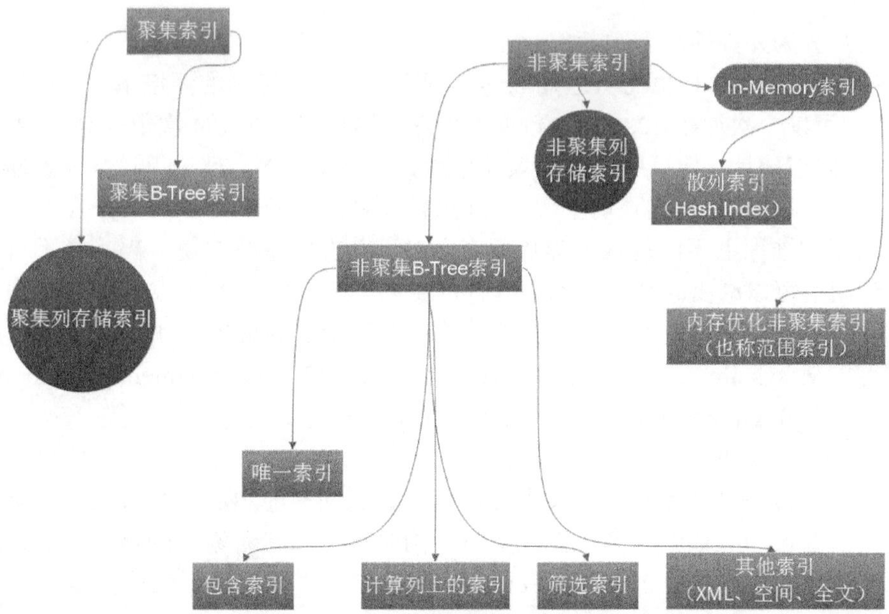

图 13-1 索引分类

在图中占据大部分内容的是非聚集索引。非聚集索引的分类包括传统非聚集 B-Tree 索引（图中方形）、非聚集列存储索引（圆形）和 In-Memory 索引（椭圆形）。非聚集 B-Tree 索引又可以细分成唯一索引（使用 UNIQUE 关键字）、包含索引（使用 include 关键字）、计算列上的索引、筛选索引（使用 Where 条件）和其他本书不打算介绍的索引（如 XML、空间索引和全文索引等）。

In-Memory 索引可以分为散列索引（它还是非聚集索引）和内存优化非聚集索引。

13.2.3 索引术语

接下来先介绍一些与索引相关的术语。

- IAM 页

其英文为 Index Allocation Map，它是一种分配映射页。每个表/索引都有一些列的 IAM 页，这些页由 IAM 链串起来。IAM 是做什么的呢？它是入口，在 SQL 访问堆表或索引时，首先访问 IAM 页，从中找到实际索引或数据页的位置。如果非要查找堆表的顺序，那就只能找 IAM 中记录的数据页顺序，不过这似乎没什么意义。

- 根节点

索引的实际起始点（数据访问顺序为 IAM→根节点→中间节点→叶子节点）

- 中间节点

处于根节点和叶子节点之间的节点层。

- 叶子节点

索引树最末端的一层。除了根节点有且只有一个之外，一般索引都有中间节点层和叶子层（即多个节点）。同一层之间的节点用双向链表连接。对于聚集索引而言，叶子节点存储的是数据本身；对于非聚集索引而言，叶子节点存储索引键及指向实际数据页的指针。

- 碎片

索引碎片分为外部碎片和内部碎片。

  - **外部碎片**：指页与页之间的连续程度。在连续度高的环境下，SQL Server 最高可以一次加载 128KB 的数据到内存，这可以减少 I/O 次数提高性能。
  - **内部碎片**：指页中的数据填充程度，填充得越多，理论上访问次数越少。我们常说的碎片指的是内部碎片。（这是作者出考题不可少的部分。）

索引的日常维护主要也是减少碎片程度。对于动态的系统来说，碎片是不可避免的，合理地设计索引可以减少碎片的增速。碎片的主要影响是它导致了数据页/索引页的增多，从而影响 I/O 和索引层级，最终导致性能下降。对于索引的维护见 13.6.2 小节。关于索引的碎片率可以从 sys.dm_db_index_physical_stats 函数中的 avg_fragment_size_in_pages（内部碎片）和 avg_fragmentation_in_percent（外部碎片）得知。

- 索引层次/层级

是指从索引树的根节点到叶子节点的层数。索引的性能由层数直接决定，层数越多，查找过程需要经过的层数就越多，性能越慢。同时这也意味着索引的体积越小，加载到内存的开销就越小。所以小型索引的层数更小、体积更小，定位数据的速度越快。

13.2.4 索引访问方式

索引访问方式可简单地分类为扫描、查找和书签查找。

- **扫描（scan）**

它出现在堆表和 B-Tree 结构（堆表上的非聚集索引也算是 B-Tree 结构）中。扫描过程是全表/全索引遍历，并不是傻瓜式地胡乱遍历，而是根据 IAM 中存储的信息来遍历。常见的扫描有聚集索引扫描、非聚集索引扫描、表扫描，还有不常见的远程扫描和远程索引扫描。由于数据源是整个数据集，所以通常它是高开销操作，并不适合繁忙的 OLTP 系统，更适合数据仓库查询。

- **查找（seek）**

堆表不存在查找操作，因为查找是通过键值来进行的，所以只有聚集索引和非聚集索引两类。如果是多列索引，那么查找操作仅对索引的最左列进行。比如一个索引有且顺序为 ABC 三列，而语句中出现的 where A='a' AND B='b' AND C='c'或 Where A='a' and B='b'或者 Where A='a'等都可以使用索引进行查找操作。如果 Where 只有 B='b'或者 C='c'等没有 A 列出现，则索引不能进行查找操作，通常这时使用扫描。注意从 SQL 2005 开始 Where 条件的列顺序已经无关紧要。另外，查找操作也适用于范围查询，比如对于上面的索引，如果 Where A >'a' and A<'z'是可以用到索引查找的，但是 WhereA='a' and B>'b' and B<'z'对 B 的范围查找并不会用到索引查找，仅会对 A='a'进行查找。

- **书签查找（bookmark lookUp）**

一种特殊的访问操作符，用户无法指定，只有 SQL Server 可以控制。简单来说就是协助查找或扫描操作时进行额外的数据获取。书签查找可以应用于任何数据结构，包括堆和 B-Tree。它有两种方式，分别称为 RID Lookup（RID 查找）和 Key Lookup（键值查找）。注意从 SQL Server 2008 开始，书签查找这个名字已经被 RID 查找和键值查找所替代，书签查找仅作为这两个查找的统称。从性能优化方面来说，出现书签查找意味着你的非聚集索引无法覆盖特定查询所用到的列。大部分情况可以通过修改现有非聚集索引来去除书签查找，毕竟它往往意味着引入了额外的 I/O。不过也有一些情况（比如 SELECT *）非聚集索引往往不会也不应该覆盖所有的列，这个时候可能书签查找甚至聚集索引操作反而更高效。在作者的优化经历中，很关注是否有书签查找。因为在绝大部分 OLTP 系统中，都不应该使用 SELECT *，出现书签查找可能意味着索引的列不足以支持查询，需要关注这些索引是否有问题。

考点 3：对于 OLTP 类型而言，应该尽可能多地出现查找操作，千万不要盲目地追求索引查找，因为很多时候扫描反而更加高效（你试试对百万行的表进行全部查询，它一定是使用扫描）。

13.2.5 SARG

关系数据库中有一个很重要的概念 SARGable（Search Argument able predicates），简称 SARG。简单来说，就是可以高效使用索引的写法。在性能优化中，应该先考虑把语句改写成 SARG 写法，再考虑改索引，因为很多时候索引是合理的，只是你没有用好。

常见的非 SARG 写法，即应该改写的写法包含但不限于以下几种。

- WHERE 条件符号左边出现标量函数，如 WHERE UPPER(列名)='A'，一般可以改写成 WHERE (列名='A' OR 列名='a')。

- LIKE 写法中百分号在前，如 WHERE 列名 LIKE '%A'。考虑使用第三方工具实现，全文检索虽然可以，但是它对中文支持不理想。
- WHERE 列-1=某个值，应该改写成 WHERE 列=某个值+1。
- LEFT(Column,3) = 'ABC'改写为 Column LIKE 'ABC%'。
- DATEADD(day,7,Column) > GETDATE()改写为 Column >DATEADD(day,-7,GETD ATE())等。

另外还有隐式类型转换也会导致优化器未选择合适的索引或索引访问方式，从而导致性能下降。非 SARG 写法的例子无法枚举，读者在优化性能时，强烈建议先检查语句是否可以改写，在无法改写的前提下，检查执行计划是否存在非预期的扫描操作，如果有，那么就要看看是否因为非 SARG 写法导致的。

非 SARG 写法导致很多索引查找变成索引扫描的原因是 SQL Server 维护了一个关于索引的统计信息，而这些统计信息比较死板（比如创建时你的数据是小写的），那么它只认可小写。一旦你使用 UPPER（列名）这种方式，由于 SQL Server 不知道列中大写数值的分布情况，所以这个统计信息等同无效，只能通过扫描来确保从所有数据中查到所需结果。这从结果上来看就是所谓的“索引失效”，其实索引并没问题只是你的写法不合理而已。

考点 4： 遇到问题语句，先检查写法是否有不合理的地方，非 SARG 写法首先要改掉，然后再考虑简化语句，最后才考虑索引。很多时候非 SARG 写法实在不好改，这时候应该扩展思维，不要总局限在 T-SQL 层，可能这在应用层就能轻易解决。

13.2.6　列存储索引

环境准备

这里的演示实例的执行时间会比较长，建议读者先跑起来再继续看。

代码清单 13-1　列存储索引演示——环境搭建

```
USE AdventureWorks2017
GO
--创建演示表
CREATE TABLE orders (
    AccountKey INT NOT NULL
    ,customername NVARCHAR(50)
    ,OrderNumber BIGINT
    ,PurchasePrice DECIMAL(9, 2)
    ,OrderStatus SMALLINT NOT NULL
    ,OrderStatusDesc NVARCHAR(50)
    )
-- OrderStatusDesc
-- 0 => 'Order Started'
-- 1 => 'Order Closed'
-- 2 => 'Order Paid'
-- 3 => 'Order Fullfillment Wait'
-- 4 => 'Order Shipped'
-- 5 => 'Order Received'
--创建聚集索引
```

```
CREATE CLUSTERED INDEX orders_ci ON orders (OrderStatus)
GO
--插入 300 万行数据，同时让 95%的订单都处于已接收状态，即 OrderStatusDesc=5
DECLARE @outerloop INT = 0
DECLARE @i INT = 0
DECLARE @purchaseprice DECIMAL(9, 2)
DECLARE @customername NVARCHAR(50)
DECLARE @accountkey INT
DECLARE @orderstatus SMALLINT
DECLARE @orderstatusdesc NVARCHAR(50)
DECLARE @ordernumber BIGINT

WHILE (@outerloop < 3000000)
BEGIN
    SELECT @i = 0
    BEGIN TRAN
    WHILE (@i < 2000)
    BEGIN
        SET @ordernumber = @outerloop + @i
        SET @purchaseprice = rand() * 1000.0
        SET @accountkey = convert(INT, RAND() * 1000)
        SET @orderstatus = convert(SMALLINT, RAND() * 100)

        IF (@orderstatus >= 5)
            SET @orderstatus = 5
        SET @orderstatusdesc = CASE @orderstatus
                WHEN 0
                    THEN 'Order Started'
                WHEN 1
                    THEN 'Order Closed'
                WHEN 2
                    THEN 'Order Paid'
                WHEN 3
                    THEN 'Order Fullfillment'
                WHEN 4
                    THEN 'Order Shipped'
                WHEN 5
                    THEN 'Order Received'
                END

        INSERT orders
        VALUES (
            @accountkey
            ,(convert(VARCHAR(6), @accountkey) + 'firstname')
            ,@ordernumber
            ,@purchaseprice
            ,@orderstatus
            ,@orderstatusdesc
            )
        SET @i += 1;
```

```
    END
    COMMIT
    SET @outerloop = @outerloop + 2000
    SET @i = 0
END
GO

--创建非聚集列存储索引
CREATE NONCLUSTERED COLUMNSTORE INDEX orders_ncci ON orders (
    accountkey
    ,customername
    ,purchaseprice
    ,orderstatus
    ,orderstatusdesc
    )
GO

--插入 20 万未接受状态的数据
DECLARE @outerloop INT = 3000000
DECLARE @i INT = 0
DECLARE @purchaseprice DECIMAL(9, 2)
DECLARE @customername NVARCHAR(50)
DECLARE @accountkey INT
DECLARE @orderstatus SMALLINT
DECLARE @orderstatusdesc NVARCHAR(50)
DECLARE @ordernumber BIGINT

WHILE (@outerloop < 3200000)
BEGIN
    SELECT @i = 0
    BEGIN TRAN
    WHILE (@i < 2000)
    BEGIN
        SET @ordernumber = @outerloop + @i
        SET @purchaseprice = rand() * 1000.0
        SET @accountkey = convert(INT, RAND() * 1000)
        SET @orderstatus = convert(SMALLINT, RAND() * 5)
        SET @orderstatusdesc = CASE @orderstatus
                WHEN 0
                    THEN 'Order Started'
                WHEN 1
                    THEN 'Order Closed'
                WHEN 2
                    THEN 'Order Paid'
                WHEN 3
                    THEN 'Order Fullfillment'
                WHEN 4
                    THEN 'Order Shipped'
                WHEN 5
                    THEN 'Order Received'
```

```
                END

        INSERT orders
        VALUES (
            @accountkey
            ,(convert(VARCHAR(6), @accountkey) + 'firstname')
            ,@ordernumber
            ,@purchaseprice
            ,@orderstatus
            ,@orderstatusdesc
            )

        SET @i += 1;
    END
    COMMIT
    SET @outerloop = @outerloop + 2000
    SET @i = 0
END
GO
```

列存储索引从 SQL Server 2012 开始引入，对静态、大量数据的性能提升非常重要，本章只介绍一些使用场景，避免让初学者混淆。从 SQL Server 2016 开始引入了“实时运行分析”（real-time operational analytics），它可以同时对同一个数据库运行分析和 OLTP 工作负载。过去，OLTP 和分析型系统因为工作负载的不同，一般都要分开。分析型系统通常会定期从 OLTP 中经过 ETL 把数据抽取到分析数据库中存储并分析。它的特点是数据量相对大很多，数据存储时间很久，时效性比较低。

随着大数据技术的发展，传统方式已经无法满足业务需求，所以出现了实时运行分析技术。借助这些技术，从 OLTP 中可直接获取分析数据，它在保证时效性的同时也减少了对 OLTP 系统的影响。另外也不需要使用 ETL 和独立的数据仓库，这减少了复杂性和成本。

这个技术的核心就是可更新的列存储索引。列存储索引维护一个数据的副本，这样可以避免对 OLTP 的正常运行造成影响。SQL Server 自动维护索引的变更，这样可以确保分析数据的准实时性。这种设计可以用于磁盘表和内存优化表，不过从性能上考虑建议优先使用内存优化表。一个内存优化表只能有一个列存储索引。

架构简介

在索引中，数据的存储分为行存储和列存储。传统的索引是 B-Tree 索引，是行存储索引。列存储索引以物理方式存储大部分数据并且自带压缩和解压功能，从而可以快速查询大型表的某些列。

列存储索引将数据行分组成可管理的单元，每个单元称为行组（rowgroup）。比如上面演示实例的元组如图 13-2 所示。

代码清单 13-2 列存储索引行组信息

```
--查看一下列存储行组物理信息
select object_name(object_id), index_id, row_group_id, delta_store_hobt_id, state_de
sc, total_rows, trim_reason_desc, transition_to_compressed_state_desc
```

```
from sys.dm_db_column_store_row_group_physical_stats
where object_id = object_id('orders')
```

从图 13-2 中的 total_rows 可以看出每个行组的数据分布情况。

	(无列名)	index_id	row_group_id	delta_store_hobt_id	state_desc	total_rows	trim_reason_desc	transition_to_compressed_state_desc
1	orders	2	4	72057594066763776	OPEN	200000	NULL	NULL
2	orders	2	3	NULL	COMPRESSED	694562	RESIDUAL_ROW_GROUP	INDEX_BUILD
3	orders	2	2	NULL	COMPRESSED	726179	RESIDUAL_ROW_GROUP	INDEX_BUILD
4	orders	2	1	NULL	COMPRESSED	530683	RESIDUAL_ROW_GROUP	INDEX_BUILD
5	orders	2	0	NULL	COMPRESSED	1048576	NO_TRIM	INDEX_BUILD

图 13-2　列存储索引行组信息

性能对比

首先是简单的汇总。图 13-3 左边是强制不使用列存储索引的情况，右边是由优化器自行选择。由于 300 万行数据的执行时间太快（不超过 1s），所以为了看出差异，这里加了 SET STATISTICS IO 和 TIME 两个统计命令，可以看出二者之间还是有明显差异的。

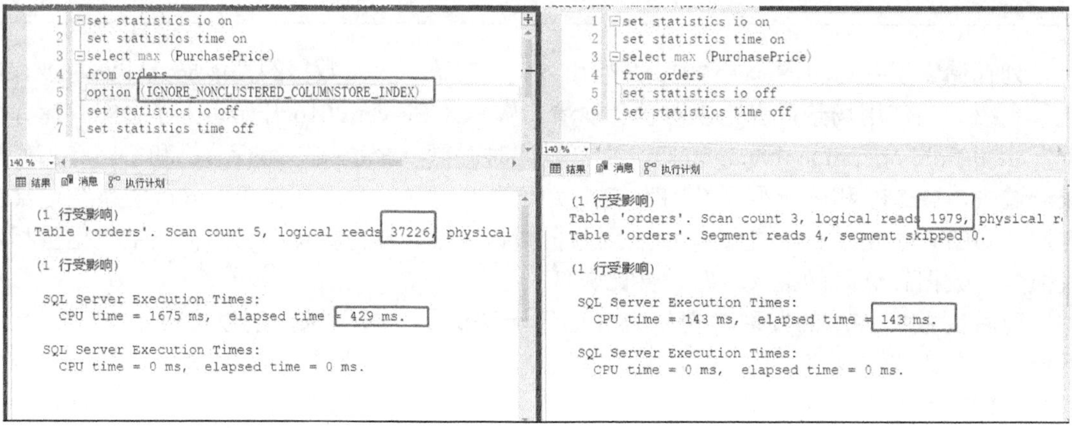

图 13-3　简单查询对比

接下来看一个复杂一点的情况，如图 13-4 所示。

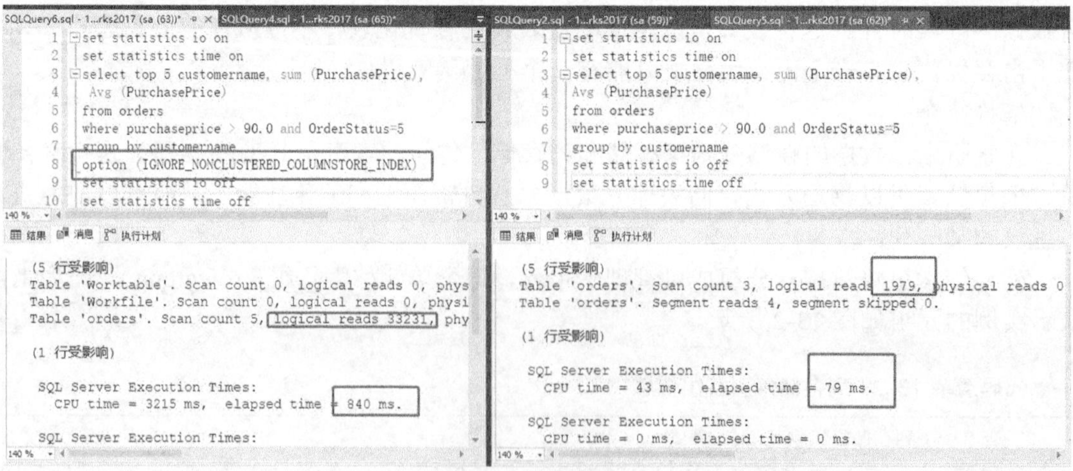

图 13-4 复杂查询对比

这次差异更大了。从两个图中可以看到，是否使用列存储索引是有差别的。在 300 万这种现今已经不能算大数据量的环境下，差异不大，如果到了 3 亿，那么差异就会很明显。如果检查执行计划。见图 13-5，那么可以发现不用列存储索引的语句会提示缺少索引，你可能需要额外添加非聚集的行存储索引，这会导致表上的索引过多。

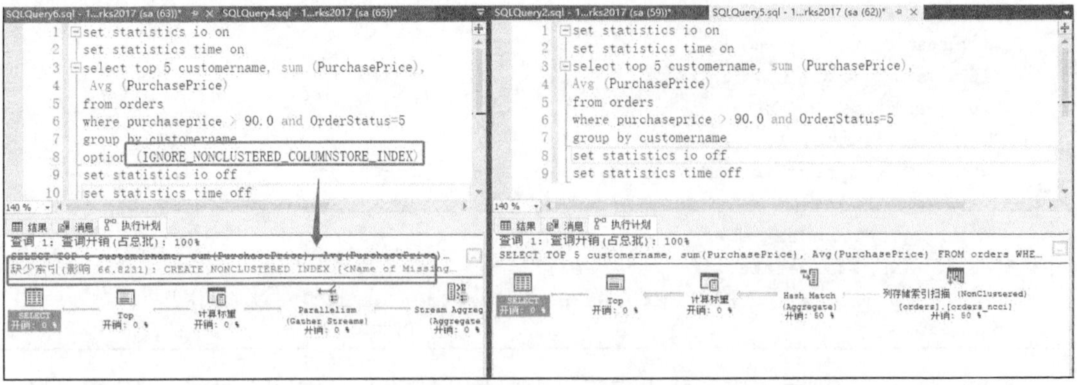

图 13-5 对比执行计划

列存储索引自带压缩功能，这能够进一步降低索引的体积，从而降低检索的层次。它在使用时也要考虑一些问题。

- 表有多大？作者认为这个没有绝对标准，应该是在日常使用中感觉行存储索引已经无法支持的时候考虑这个问题。
- 查询瓶颈在大范围扫描吗？因为列存储索引更适合大范围扫描而不是精确查找。
- 系统是否要执行大量的更新和删除？尽管列存储可更新，但是静态数据更佳，查询和修改比建议为 9:1。

总的来说，在性能优化阶段应该先考虑设计、语句的优化，再考虑传统 B-Tree 行存储索引，最后考虑列存储索引。

13.3 统计信息基础

统计信息是描述表和索引数据分布的“系统表”。SQL Server 优化器通过分析统计信息而得知用户请求中涉及的表、索引的分布情况，然后搭配其他资源信息综合评估出尽可能最优的执行计划以供执行引擎获取并返回数据。可以粗略认为，统计信息是优化器的入口和主要依据，统计信息（更准确来说是基数预估，cardinality estimation ）的准确与否直接影响性能。

这里不打算介绍具体细节，重点在如何查找索引的统计信息是否有问题。因为统计信息若有问题，索引就算合理也没用。

13.3.1 查找关于索引的信息

- 用户查找索引的信息及时间

代码清单 13-3　用户使用索引的信息

```
USE AdventureWorks2017
GO
--查看表上所有索引的用户查找操作及最后查找时间
SELECT
  OBJECT_NAME(i.object_id) AS table_name
  ,i.name AS index_name
  ,ius.user_seeks
  ,ius.last_user_seek
FROM sys.indexes i
  INNER JOIN sys.dm_db_index_usage_stats ius
         ON i.object_id = ius.object_id
         AND i.index_id = ius.index_id
         AND ius.database_id = DB_ID()
WHERE ius.object_id = OBJECT_ID('Sales.SalesOrderDetail')--过滤具体表
 GO
```

这个查询可以识别热点表和热点索引，同时知道索引最后在什么时候使用过。另外通过 seek 的数量可以大概发现索引在 OLTP 类型系统中是否被合理使用，如果 seek 很低，但是 scan 很高，那么可能是索引或者写法不合理。只需要在脚本中把 user_seeks 改成 user_scans 即可找到关于 scan 的信息。改成 user_lookups 就可以查到关于 lookup 操作的信息，很多时候我们要关注 lookup 这类操作，因为它可能是隐含的性能瓶颈。

还有一个就是 user_updates，这里的 update（更新）包含增删改操作。一般更新非常高甚至远高于 seek+scan+lookup 的索引，这可能意味着索引设置不高效。作者见过的例子是以前这个索引有用，但后来没用了。它因为聚集索引的变更导致只有 user_update 的值，seek+scan+ lookup 的值为 0，这种索引可以列入待删除范畴。

- 系统查找索引的信息及时间

代码清单 13-3 是被用户操作（如增删改查）引发的，而代码清单 13-4 则是由系统操作引发的，这种操作通常是由统计信息自动更新等触发的变更。

代码清单 13-4　系统使用索引的信息

```
SELECT OBJECT_NAME(i.object_id) AS table_name
  ,i.name AS index_name
  ,ius.system_seeks
  ,ius.system_scans
  ,ius.system_lookups
  ,ius.system_updates
  ,ius.last_system_seek
  ,ius.last_system_scan
  ,ius.last_system_lookup
 ,ius.last_system_update
FROM sys.indexes i
  INNER JOIN sys.dm_db_index_usage_stats ius
         ON i.object_id = ius.object_id
         AND i.index_id = ius.index_id
         AND ius.database_id = DB_ID()
```

```
WHERE ius.object_id = OBJECT_ID('Sales.SalesOrderDetail')
```

- 索引上的 DML 活动

这里的 DML 操作同样是增删改操作，这个脚本可以分析索引上的数据发生了什么变动，比如非聚集索引更新频繁，那么就要看一下上面的列是否合理定义。

代码清单 13-5 索引上的 DML 信息

```
SELECT OBJECT_SCHEMA_NAME(ios.object_id) + '.' + OBJECT_NAME(ios.object_id) AS table_name
    ,i.name AS index_name
    ,ios.leaf_insert_count
    ,ios.leaf_update_count
    ,ios.leaf_delete_count
    ,ios.leaf_ghost_count
FROM sys.dm_db_index_operational_stats(DB_ID(),NULL,NULL,NULL) ios
     INNER JOIN sys.indexes i
       ON i.object_id = ios.object_id
         AND i.index_id = ios.index_id
WHERE ios.object_id = OBJECT_ID('dbo.KungFu')
ORDER BY ios.range_scan_count DESC
```

关于这些 DMV 实在是太多了，无法一一列举，读者可以根据上面列出来的 DMV 中使用的系统视图、函数到官网中进行查找阅读。

13.3.2 简要说明

关于索引的统计信息，有几个要重点关注的内容。

- 统计信息只针对多列索引的第一列创建，所以索引的首列选择非常重要。
- 索引创建时自动创建统计信息。
- SQL Server 自动创建的统计信息为单列统计信息，若需多列统计信息，则需要手动创建。

13.3.3 常规建议

统计信息内容很多而且非常重要，对于初学者来说，也不一定要经常分析统计信息的内容和行为。为了让系统和索引能够稳定、正常地发挥，下面给出几个建议希望能在读者的工作过程中所有帮助。

- 如非必要不要改动数据库和实例级别的默认配置，建议保持 AUTO_UPDATE_STATISTICS 设置为 ON。
- 针对慢查询，在执行其他故障排查之前，先确保统计信息的最新状态。
- 在 SQL Server 环境变更（如迁移服务器、升级版本）后，手动重建索引并更新统计信息。
- 对于查询中的 WHERE 条件为多列时，检查是否存在支持相关的索引，如果没有，可以考虑手动创建多列统计信息来支持。
- 可以参考 GitHub 中的一个工具 usp_AdaptiveIndexDefrang.sql。

13.4　索引种类

从大类来分，索引有 4 类：堆、聚集索引、非聚集索引、其他索引。除此之外，还有一些索引“变种”：主键、唯一索引、包含索引、分区索引和筛选索引。下面来简单介绍一下它们。

13.4.1　堆表

堆表可以说是索引，也可以说是非索引。在讨论索引的时候，堆表是一个重要内容，所以这里把堆表也放到索引里面，堆表就是没有聚集索引的表。堆表的特点是数据无序，除非使用 ORDER BY 子句，否则 SQL Server 并不保证数据返回的顺序。同时，表只能是堆表或者聚集表中的一个。新建的表为堆表直到添加聚集索引。

13.4.2　聚集索引

聚集索引和堆表相对应，但是它们实际上都是表本身，只是组织方式不一样。堆表的组织是零散的，而聚集索引是以 B-Tree 结构组织数据。表的实际数据存储在聚集索引的叶子节点中。

聚集索引中的数据以索引键的定义在数据页/索引页的偏移量中排序。聚集索引最好的形象化理解就是书的目录。每个表只能有一个聚集索引，毕竟书的目录也只能有一个。使用 T-SQL 命令 `CREATE CLUSTERED INDEX` 索引名 `ON` 表名（列名）来创建聚集索引。

13.4.3　非聚集索引

有时候，如果我们需要按照关键字来搜索书的内容，特别是在电子书时代，那么这种操作更加容易，按照关键字来查找的方式就是非聚集索引的使用场景。非聚集索引的索引页存储了索引键列及聚集索引或堆表的数据页引用。

和堆表/聚集索引不一样，它最大可以使 999 个非聚集索引在一个表中，而且通常表上都会有多个非聚集索引来支持不同的查询。在性能方面，非聚集索引的作用往往大于聚集索引。

13.4.4　其他索引类型

SQL Server 中除了上面 3 类主要索引及 13.2.6 小节中提到的列存储索引之外，还有 XML 索引、空间索引和全文检索索引。它们主要针对特殊应用场景，这里就不做过多介绍了。

13.4.5　索引变种

除了“索引”，还有一些也可以归纳到“索引”范畴，称其为索引变种。最常见的有以下几类。

- **主键**（primary key）：这个就不用多说了，其最主要的功能是确保每行数据都具有全表唯一性。从性能上来说，主键的作业很小，它是维护数据一致性的最重要手段之一，不可乱动。另外注意 SQL Server 默认对主键创建聚集索引，所以要注意是否有必要修改这个行为。

- **唯一键**（unique key）：从行为上来说它类似主键，一个表只能有一个主键，而唯一键可以有多个。它们之间的区别还在于对 NULL 的行为，唯一键允许有 NULL，但是只能有一个 NULL，主键则不允许。
- **分区索引**：分区表和分区视图是从 SQL Server 2005 开始引入的功能，其主要针对大型系统特别是数据仓库类型的系统。从 SQL Server 2005 开始，表实际上就是一个分区，未使用分区功能的表就是一个分区，使用了分区功能的表就是多个分区。分区的好处是在不修改逻辑结构的前提下，在 SQL Server 层把表拆分成多个物理结构且对用户透明。同时锁升级、索引都可以基于分区层面，这解决了超大型表的很多运维和性能问题。
- **筛选索引**（filtered index）：默认情况下，非聚集索引包含了表中的每一行数据，但是表规模一旦到达了一定程度后，这就会带来很多明显的性能问题和运维开销。其中一个就是统计信息不准确，因为统计信息最多只能存储 200 个值，所以表/索引的数据量越大，200 个值所能表现的数据分布就越粗糙。筛选索引通过在索引定义中使用 WHERE 条件，只对符合条件的数据创建索引，从而减少了索引的数据量。如果它用得不好反而有问题，因为可能经常要用到的数据未包含在 WHERE 条件中，也就是不在索引里面。

考点 5：常规的性能优化多数集中在对非聚集索引的利用上，对因为排序导致的严重性能问题，就要考虑是否应该修改聚集索引使其预排序功能得到充分利用。注意，非聚集索引也有排序功能。

13.5 索引分析与优化

为用而学一直是作者的目标，也是本书的主旨。作者在本书中过滤了很多细节和技术内幕，希望读者能真正知道怎样使用，再去了解内在理由，当然也会适当地介绍一些必要的基础知识。到了现在，就是本章的核心所在，如何去分析和优化一个问题索引。至于如何创建索引，在下一节介绍。

13.5.1 问题隔离

在出现一个性能问题时，首先要把问题隔离开来。很多时候，表征一样的问题其根源（root cause）是不一样的。应用系统中某个功能执行速度慢，到底是索引问题，还是资源问题？是语句问题还是事务问题？

目前而言，只能进行一个大概的隔离，然后进行精细化的分析。隔离软硬件问题相对简单，到了软件层面，需要使用第 11、12 章介绍的技术来进一步定位问题。不过很多时候确实需要经验，比如大部分的索引问题都集中在语句层面，当你很幸运地见到有一些性能问题的语句时，并且其执行计划都是使用某个索引或者某个表，这时问题就简单很多。

退一步说，如果你暂时也没有头绪，那么直接从索引着手也不失为一种解决办法，但是不建议这么做。下面开始假设确实是索引有问题。然后我们该怎么做？

13.5.2　索引问题分类

对于索引问题，根据作者的经验来说，常常会出现一个死循环的问题：系统初期索引不足，然后添加索引（并不是所有企业内部都只有 DBA 或者资深人员才有权限，往往在很多功能的开发、升级或者补丁当中也包含开发人员认为要加的索引语句），但是加的索引又不正确，这导致在没有充分分析的前提下，以为索引还是不够，就继续不停地加索引，最后导致索引过多，后来觉得索引完全没用或者创建错了又删掉，导致索引又不足。接下来大家都猜到了，循环上面的流程。这里作者整理了一个简单的图，见图 13-6。

虽然这个死循环看上去有点不现实，但是却又很常见。下面来分析一下过程。

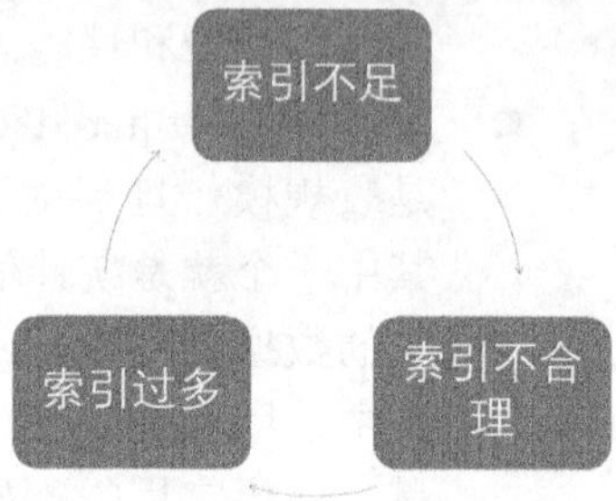

图 13-6　索引问题

- **索引过多**：索引过多的常见原因是开发人员甚至 DBA 在未经实际充分分析的前提下，以为索引不够才不支持查询，所以按自己的想法添加索引。这就引出了几个风险，注意这是风险，运气好的话你加的索引可能刚好是对的。
  - **扰乱优化器分析**：在优化器对语句优化的时候，它会考虑各种索引的效果。如果索引很多，那么不仅导致分析的次数以阶乘形式增加，还会使优化器可能选择了不对的索引，这也会导致分析的开销，特别是时间和 CPU 的增多。
  - **存储空间增大**：每个索引都需要一定的存储空间，表数量越大、索引定义列越多，需要的空间存储越多，服务器的空间压力越大。
  - **维护开销增大**：主要指重建、重组索引或者调整索引的开销。数量越多、空间越大，维护的开销越大。每个非聚集索引都与聚集索引关联，简单的增删改都可能导致聚集索引的变更从而影响所有的非聚集索引。最终导致增删改的性能也随之下降。
- **索引不足**：在现代系统的设计中，没有主键或者聚集索引的表很少。假定设计中都有聚集索引（默认由主键产生）。如果这个表是核心表、热点表，那么它会频繁使用。当索引不足的时候，几乎所有操作都会跑到聚集索引上去，这明显是不高效的。更加严重的是非读操作。增删改操作会导致聚集索引的压力、加锁（见第 16 章），从而影响查询性能。从 SQL Server 2005 开始执行计划中就有缺失索引（missing index）的提示。它可以很好地提醒用户你的语句可能缺少索引支持，但是其实并非一定，很可能是存在的索引不正确。不过有些系统，特别是上线不久的系统，确实会存在索引不足甚至没有索引的情况。
- **索引不正确**：在多列索引中，索引的第一列是最重要的，如果第一列选择了不正确的列，那么会出现很多性能问题。哪怕在单列索引中，如果使用选择度很低的索引，那么往往也会导致优化器不选择这个索引或者只使用扫描操作。在典型的 OLTP 系统中这种操作很低效，这也经常导致开发人员认为索引不够，需要加索引。其实在很多现实环境中，通过改一下现有索引很多问题都能解决。

面对这 3 类索引问题，我们要做的是打破这个死循环，那么从哪里着手呢？作者建议：

先对现有索引进行分析，去除多余的索引，减少干扰项，然后考虑是否可以整合、修改，从而解决索引不足的问题。简单来说，首先减少索引数量，让单个索引的效果最大化。

哪些是多余的索引？在第一次排查时，作者认为以下这些索引可以先标识为多余索引或者需要关注的索引。

- **单列索引**：正式系统中很少使用单列索引。在作者 10 年工作经历中，真的使用单列索引的情况不过 10 例。
- **首列相同的索引**：作者见过几个系统，其中单表索引数量超过 20。这些系统的共性为很多索引的首列是相同的，不管是多列索引之间还是单列索引与多列索引之间。这些大部分可以通过合并成一个索引来减少索引数量。
- **首列数据类型不合理的索引**：在多列索引中，首列的重要性最高，很多问题索引的首列往往是一些数据类型不合理的列，比如超长（GUID、长字符串）列、或者超短（bit）列等。

在找到这些索引之后，可以先标识起来作为重点关照对象，然后开始进行比较专业的分析。

13.5.3 索引优化

当分清楚是哪类问题之后，就可以有针对性地进行操作。在这 3 类问题中，不正确最为复杂。常见的不正确问题归纳起来为列选择不合理、没有重复使用包含索引。

单列索引

首先来看看作者最常见的一类“单列索引”。很多开发人员都喜欢用单列索引，而且理由很奇葩，他们认为一个 SQL 假设用了 10 列，那么可以用 10 个单列索引来分别查询再合并起来，这样索引的“体积”更小，而且“组合灵活”。我们来看看这个例子，为简化复杂度，这里只用两个索引。

代码清单 13-6 单列索引优化案例

```
use AdventureWorks2017
go

--创建测试表 1
select * into Person.Address_New1
from Person.Address
GO
--创建测试表 2 ，并与测试表 1 进行对比
select * into Person.Address_New2
from Person.Address
GO
--为两表添加主键
ALTER TABLE Person.Address_New1 ADD CONSTRAINT
    PK_Address_New1 PRIMARY KEY CLUSTERED
    (
    AddressID
    ) WITH( STATISTICS_NORECOMPUTE = OFF, IGNORE_DUP_KEY = OFF, ALLOW_ROW_LOCKS = O
N, ALLOW_PAGE_LOCKS = ON) ON [PRIMARY]
```

```
GO
--添加主键
ALTER TABLE Person.Address_New2 ADD CONSTRAINT
    PK_Address_New2 PRIMARY KEY CLUSTERED
    (
    AddressID
    ) WITH( STATISTICS_NORECOMPUTE = OFF, IGNORE_DUP_KEY = OFF, ALLOW_ROW_LOCKS = O
N, ALLOW_PAGE_LOCKS = ON) ON [PRIMARY]
GO
--表 1 创建两个单列索引
Create index IX_Address_New on person.Address_New1(city)
GO
Create Index IX_Address_New_ModifiedDate on person.Address_New1(ModifiedDate)
GO
--表 2 创建一个复合索引
create index IX_Address_New_ModifiedDateCity on person.Address_New2(ModifiedDate,City)
GO
--对比查询
SET STATISTICS IO ON ;
SELECT *
FROM Person.Address_New1
where city ='Bothell' and ModifiedDate between '2007-01-01' and '2009-12-31'
GO
SELECT *
FROM Person.Address_New2
where city ='Bothell' and ModifiedDate between '2007-01-01' and '2009-12-31'
SET STATISTICS IO OFF;
```

对比一个查询是否有提升的一个方法是把改进前后的语句（如果可以如本例那样同时得到）放在一个查询界面并使用实际执行计划同时执行它们，看它们的百分比比例。绝大部分情况下，百分比越高的理论上开销越大。如果不能获取，那也可以使用代码中的 SET STATITISTICS IO 命令来获取 I/O 情况，结果如图 13-7 所示。从图中可以看到，复合索引在这里更加高效，从 I/O 数量上来说也更少。

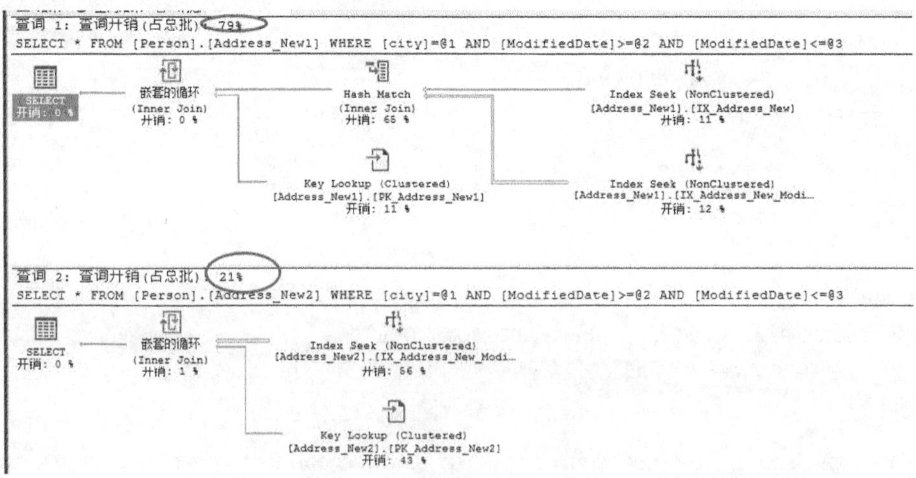

图 13-7　单列索引优化案例

通常我们关注的是 logical reads 的数量和 Workfile/Worktable 的出现。一般来说，logical reads 应该越小越好，Workfile/Worktable 尽可能少出现。下面的结果中，表 Address_New1 的 logical reads 为 26，但是 Scan count 的值为 2，意味着总共 2×26 次，而表 Address_New2 是 26 次。另外，Address_New2 不需要 Workfile 和 Worktable，所以整体上 I/O 开销会比 Address_New1 小，理论上性能更佳。

在科学上证明一个猜想是对的比较难，但是证明它是错的，只要一个例子就可以了。这里不想证明它是错的，毕竟对于有些场景（特别是非 OLTP 类型的系统），单列索引可能更好。作者只是希望大家不要走极端。

单列索引之所以作者不推荐，因为它被滥用了，另外索引数量会因此大幅度增长从而引起其他问题。而在大部分情况下，单列索引都可以通过整合来减少，又不明显引起性能下降。

复合索引

在现实系统中，大部分合理的复合索引（这里包含使用 include 关键字的包含索引）一个就能够支持多个查询，从而减少很多不必要的索引，多列索引创建是有讲究的，特别是第一列，这个讲究主要集中在以下几个方面。

- 首列的数据类型应该尽可能小，而且应尽可能避免为字符串类型。
- 首列选择度尽可能高，就是首列的唯一值应该尽可能多。
- 对于仅出现在 SELECT 中的列，可以把列放到 include 关键字中。
- 如果很多查询都使用相同的列（一个或多个）作为谓词（Where/Join），那么这是非常理想的索引列，并且适合作为一个索引。

这里比较重要的是第 2、3 点。第 3 点比较容易，除非你的语句使用了 SELECT *（通常不建议这样用）。看一下语句，把出现在 SELECT 中又不在 Where/Join/Group by/ORDER BY 中的列加到 include 关键字中即可。相对于 SQL Server 2005 之前的做法（把所有列加到索引定义中），这可以减少索引体积。因为 include 中的列仅存储一个指针，而全部列加到索引定义中会较大，在绝大部分情况下，它们的效果微乎其微。

对于第 2 点，优化器需要访问统计信息，而唯一值又影响了统计信息的精确度，由于最晚从 SQL Server 2008 开始，Where 条件中的列顺序已经没有影响，所以在选择多列索引时，首列的选择依据主要就是选择度。选择度怎么计算？最简单的计算公式是：

```
SELECT(SELECT COUNT(DISTINCT 列)*1.0 FROM 表)/(SELECT COUNT(1) FROM 表)
```

如图 13-8 所示，在单列索引的例子中，当我们需要考虑是使用 city 还是 Modified Date 做首列时，通过计算可以发现 city 的选择度更高。用 city 做首列的性能更佳，见图 13-9 的演示。要注意这列是否存在大量 NULL，如果存在，则不适合做索引首列甚至索引列。

缺少索引

缺少索引的极端情况就是没有索引。在一个运行很久的系统中这种情况相对较少，更多的是索引不合理或者不能完全覆盖查询导致。见下面语句。

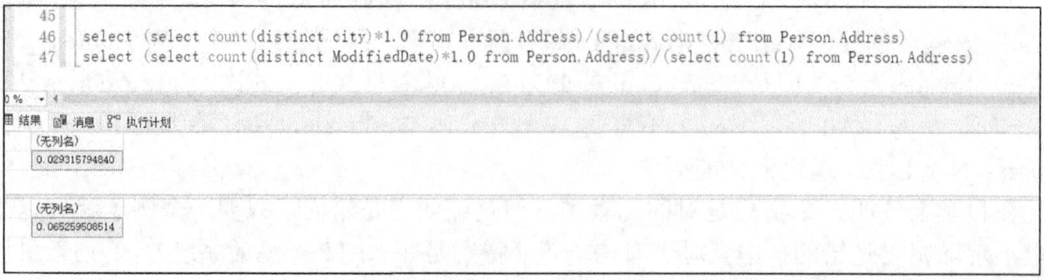

图 13-8　选择度计算

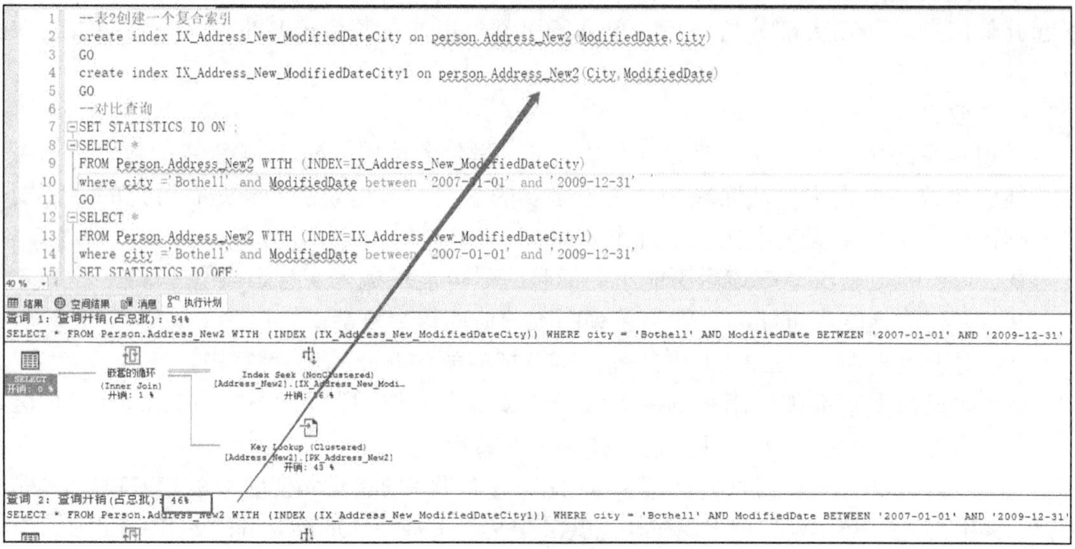

图 13-9　选择度的影响

代码清单 13-7　缺少索引优化案例

```
use AdventureWorks2017
go

--创建测试表 1
select * into Person.Address_New3
from Person.Address
GO

ALTER TABLE Person.Address_New3 ADD CONSTRAINT
    PK_Address_New3 PRIMARY KEY CLUSTERED
    (
    AddressID
    ) WITH( STATISTICS_NORECOMPUTE = OFF, IGNORE_DUP_KEY = OFF, ALLOW_ROW_LOCKS = O
N, ALLOW_PAGE_LOCKS = ON) ON [PRIMARY]
GO
--创建一个非聚集索引
CREATE INDEX IX_Address_StateProvinceID on Person.Address_New3(StateProvinceID)
GO
```

```
SELECT AddressLine1,city,StateProvinceID,PostalCode
FROM Person.Address_New3
WHERE StateProvinceID=79
```

打开实际执行计划并执行，可以看到图 13-10 所示的绿色字体。

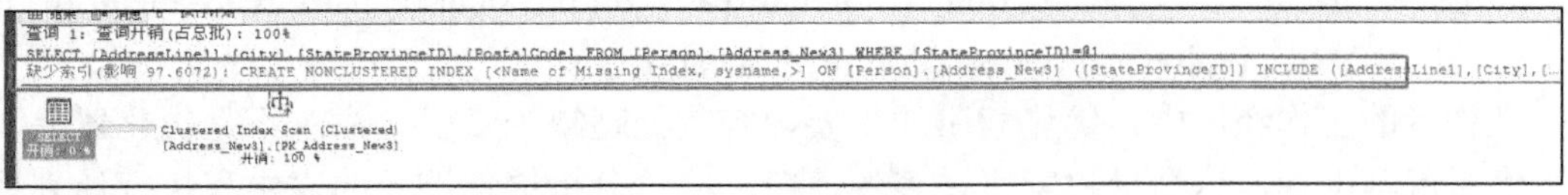

图 13-10 缺少索引提示

因为索引只定义了 StateProvinceID 列，没有包含其他 SELECT 中的列，所以前面提到只有在 SELECT 中的列我们可以加到 include 关键字中，下面我们来新建一个索引，在正式环境中，只要修改现有索引即可。为了进行对比，这里使用新建索引。

代码清单 13-8 缺少索引优化对比

```
--创建一个包含列非聚集索引
CREATE INDEX IX_Address_StateProvinceID_Include on Person.Address_New3(StateProvinceID)Include(AddressLine1,City,PostalCode)
GO
SET STATISTICS IO ON
SELECT AddressLine1,city,StateProvinceID,PostalCode
FROM Person.Address_New3 with (index=IX_Address_StateProvinceID)--强制使用索引
WHERE StateProvinceID=79


SELECT AddressLine1,city,StateProvinceID,PostalCode
FROM Person.Address_New3 with (index=IX_Address_StateProvinceID_Include)
WHERE StateProvinceID=79
SET STATISTICS IO OFF
```

结果如图 13-11 所示，从百分比可见其提升效果。

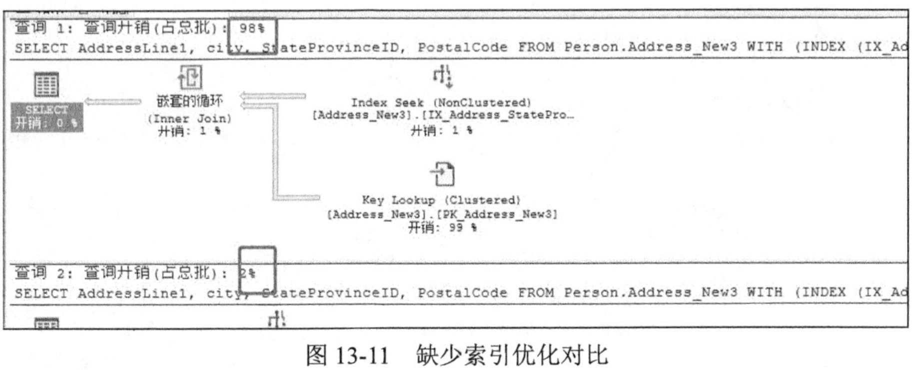

图 13-11 缺少索引优化对比

下面是图 13-11 的 I/O 统计信息，前面提到我们对这些值通常关注的是 logical reads，对比 Address-New 3 两次不同索引的运行结果，I/O 数量的差异非常大（见粗体部分）。

（2636 行受影响）

Table 'Address_New3'. Scan count 1, logical reads **5452**, physical reads 0, read-ahead reads 12, lob logical reads 0, lob physical reads 0, lob read-ahead reads 0.

（1 行受影响）

（2636 行受影响）

Table 'Address_New3'. Scan count 1, logical reads **30**, physical reads 0, read-ahead reads 0, lob logical reads 0, lob physical reads 0, lob read-ahead reads 0.

在作者的工作经历中，优化索引的主要内容就处理缺少索引。注意不是优化器提醒你缺少索引就马上加，这会导致索引过多的情况，应该分析语句涉及的表中和执行计划里面用到的索引是否覆盖查询所使用的列。如果有，那么对现有索引进行修改即可。不到万不得已不要加索引。加索引可能只是几秒的事情，但是删索引却要有依据，这个依据很可能需要持续监控很多天的索引运行状态才能得出。

多余索引

多余索引有时候不是真正多余，因为它可能是为了支持某些周期性操作而存在的，比如财务的月度、季度对账可能一个月才用一次，删了不合理。下面提供几个 DMV，读者可以用这些进行收集，然后周期性检查是否真的没有用到或者确实不高效。如果是，那么就可以删除它。不过合理的时间应该要足够长，比如一个月，所以前面说删除一个索引可能要进行很久的论证。

代码清单 13-9 查询索引问题的 DMV

```
-- 未使用的索引
SELECT  OBJECT_NAME(i.[object_id]) AS [Table Name] ,
        i.name
FROM    sys.indexes AS i
        INNER JOIN sys.objects AS o ON i.[object_id] = o.[object_id]
WHERE   i.index_id NOT IN ( SELECT  ddius.index_id
                            FROM    sys.dm_db_index_usage_stats AS ddius
                            WHERE   ddius.[object_id] = i.[object_id]
                                    AND i.index_id = ddius.index_id
                                    AND database_id = DB_ID() )
        AND o.[type] = 'U'
ORDER BY OBJECT_NAME(i.[object_id]) ASC;

--需要维护但是未用过的索引
SELECT  '[' + DB_NAME() + '].[' + su.[name] + '].[' + o.[name] + ']' AS [statement] ,
        i.[name] AS [index_name] ,
        ddius.[user_seeks] + ddius.[user_scans] + ddius.[user_lookups] AS [user_reads] ,
        ddius.[user_updates] AS [user_writes] ,
        SUM(SP.rows) AS [total_rows]
FROM    sys.dm_db_index_usage_stats ddius
        INNER JOIN sys.indexes i ON ddius.[object_id] = i.[object_id]
                                    AND i.[index_id] = ddius.[index_id]
        INNER JOIN sys.partitions SP ON ddius.[object_id] = SP.[object_id] AND SP.
[index_id] = ddius.[index_id]
        INNER JOIN sys.objects o ON ddius.[object_id] = o.[object_id]
        INNER JOIN sys.sysusers su ON o.[schema_id] = su.[UID]
```

```
WHERE   ddius.[database_id] = DB_ID() -- current database only
        AND OBJECTPROPERTY(ddius.[object_id], 'IsUserTable') = 1
        AND ddius.[index_id] > 0
GROUP BY su.[name] ,
        o.[name] ,
        i.[name] ,
        ddius.[user_seeks] + ddius.[user_scans] + ddius.[user_lookups] ,
        ddius.[user_updates]
HAVING  ddius.[user_seeks] + ddius.[user_scans] + ddius.[user_lookups] = 0
ORDER BY ddius.[user_updates] DESC ,
        su.[name] ,
        o.[name] ,
        i.[name]

-- 可能不高效的非聚集索引 (writes > reads)
SELECT  OBJECT_NAME(ddius.[object_id]) AS [Table Name] ,
        i.name AS [Index Name] ,
        i.index_id ,
        user_updates AS [Total Writes] ,
        user_seeks + user_scans + user_lookups AS [Total Reads] ,
        user_updates - ( user_seeks + user_scans + user_lookups ) AS [Difference]
FROM    sys.dm_db_index_usage_stats AS ddius WITH ( NOLOCK )
        INNER JOIN sys.indexes AS i WITH ( NOLOCK ) ON ddius.[object_id] = i.[object_id]
                                              AND i.index_id = ddius.index_id
WHERE   OBJECTPROPERTY(ddius.[object_id], 'IsUserTable') = 1
        AND ddius.database_id = DB_ID()
        AND user_updates > ( user_seeks + user_scans + user_lookups )
        AND i.index_id > 1
ORDER BY [Difference] DESC ,
        [Total Writes] DESC ,
        [Total Reads] ASC;


--没有用于用户查询的索引
SELECT  '[' + DB_NAME() + '].[' + su.[name] + '].[' + o.[name] + ']' AS [statement] ,
        i.[name] AS [index_name] ,
        ddius.[user_seeks] + ddius.[user_scans] + ddius.[user_lookups] AS [user_reads] ,
        ddius.[user_updates] AS [user_writes] ,
        ddios.[leaf_insert_count] ,
        ddios.[leaf_delete_count] ,
        ddios.[leaf_update_count] ,
        ddios.[nonleaf_insert_count] ,
        ddios.[nonleaf_delete_count] ,
        ddios.[nonleaf_update_count],
        'drop index '+ i.[name]+' on   '+'[' + DB_NAME() + '].[' + su.[name] + '].
[' + o.[name] + ']'+';'
FROM    sys.dm_db_index_usage_stats ddius
        INNER JOIN sys.indexes i ON ddius.[object_id] = i.[object_id]
                                 AND i.[index_id] = ddius.[index_id]
        INNER JOIN sys.partitions SP ON ddius.[object_id] = SP.[object_id]
```

```
                                              AND SP.[index_id] = ddius.[index_id]
           INNER JOIN sys.objects o ON ddius.[object_id] = o.[object_id]
           INNER JOIN sys.sysusers su ON o.[schema_id] = su.[UID]
           INNER JOIN sys.[dm_db_index_operational_stats](DB_ID(), NULL, NULL,
                                                           NULL) AS ddios ON ddius.[i
ndex_id] = ddios.[index_id]
                                                                 AND ddius.[object_
id] = ddios.[object_id]
                                                                 AND SP.[partition_
number] = ddios.[partition_number]
                                                                 AND ddius.[database
_id] = ddios.[database_id]
    WHERE   OBJECTPROPERTY(ddius.[object_id], 'IsUserTable') = 1
            AND ddius.[index_id] > 0
            AND ddius.[user_seeks] + ddius.[user_scans] + ddius.[user_lookups] = 0
    ORDER BY ddius.[user_updates] DESC ,
            su.[name] ,
            o.[name] ,
            i.[name]
```

这里列出的索引可以分别放到 Excel 中，然后找出都有或者出现次数很多的索引作为重点关照的索引。另外特别注意主键（PK）和外键（FK），它们的主要功能在于维护数据一致性，而不是提高性能，所以可能长期没有用到它们，非必要的情况下不要删除。

查询使用的索引

这是很实在的工具，在实际使用中可能会用到，这里分享给大家，下面为现有索引信息。

代码清单 13-10　现有索引信息

```
    SELECT
       @@SERVERNAME AS [ServerName]
       , DB_NAME() AS [DatabaseName]
       , [SchemaName]
       , [ObjectName]
       , [ObjectType]
       , [IndexID]
       , [IndexName]
       , [IndexType]
       , COALESCE([0],[1],'') AS [Column1]
       , ISNULL([2],'') AS [Column2]
       , ISNULL([3],'') AS [Column3]
       , ISNULL([4],'') AS [Column4]
       , ISNULL([5],'') AS [Column5]
       , ISNULL([6],'') AS [Column6]
       , ISNULL([7],'') AS [Column7]
       , ISNULL([8],'') AS [Column8]
       , ISNULL([9],'') AS [Column9]
       , ISNULL([10],'') AS [Column10]
       , CASE
```

```
        WHEN [IsIncludedColumn] = 0x1 THEN 'Yes'
        WHEN [IsIncludedColumn] = 0x0 THEN 'No'
        WHEN [IsIncludedColumn] IS NULL THEN 'N/A'
       END AS [IsCoveringIndex]
     , [IsDisabled]
    FROM (
     SELECT
        SCHEMA_NAME([sObj].[schema_id]) AS [SchemaName]
        , [sObj].[name] AS [ObjectName]
        , CASE
          WHEN [sObj].[type] = 'U' THEN 'Table'
          WHEN [sObj].[type] = 'V' THEN 'View'
          END AS [ObjectType]
        , [sIdx].[index_id] AS [IndexID]  -- 0: Heap; 1: Clustered Idx; > 1: Nonclu
stered Idx;
        , ISNULL([sIdx].[name], 'N/A') AS [IndexName]
        , CASE
          WHEN [sIdx].[type] = 0 THEN 'Heap'
          WHEN [sIdx].[type] = 1 THEN 'Clustered'
          WHEN [sIdx].[type] = 2 THEN 'Nonclustered'
          WHEN [sIdx].[type] = 3 THEN 'XML'
          WHEN [sIdx].[type] = 4 THEN 'Spatial'
          WHEN [sIdx].[type] = 5 THEN 'Reserved for future use'
          WHEN [sIdx].[type] = 6 THEN 'Nonclustered columnstore index'
         END AS [IndexType]
        , [sCol].[name] AS [ColumnName]
     , [sIdxCol].[is_included_column] AS [IsIncludedColumn]
        , [sIdxCol].[key_ordinal] AS [KeyOrdinal]
        , [sIdx].[is_disabled] AS [IsDisabled]
     FROM
        [sys].[indexes] AS [sIdx]
        INNER JOIN [sys].[objects] AS [sObj]
          ON [sIdx].[object_id] = [sObj].[object_id]
        LEFT JOIN [sys].[index_columns] AS [sIdxCol]
          ON [sIdx].[object_id] = [sIdxCol].[object_id]
          AND [sIdx].[index_id] = [sIdxCol].[index_id]
        LEFT JOIN [sys].[columns] AS [sCol]
          ON [sIdxCol].[object_id] = [sCol].[object_id]
          AND [sIdxCol].[column_id] = [sCol].[column_id]
     WHERE
        [sObj].[type] IN ('U','V')       -- Look in Tables & Views
        AND [sObj].[is_ms_shipped] = 0x0  -- Exclude System Generated Objects
    ) AS [UnpivotedData]
    PIVOT
    (
     MIN([ColumnName])
     FOR [KeyOrdinal] IN ([0],[1],[2],[3],[4],[5],[6],[7],[8],[9],[10])
    ) AS [ColumnPivot]
```

下面代码为索引物理统计信息。

代码清单 13-11　索引物理统计信息

```
SELECT
   @@SERVERNAME AS [ServerName]
   , DB_NAME() AS [DatabaseName]
   , SCHEMA_NAME([sObj].[schema_id]) AS [SchemaName]
   , [sObj].[name] AS [ObjectName]
   , CASE
      WHEN [sObj].[type] = 'U' THEN 'Table'
      WHEN [sObj].[type] = 'V' THEN 'View'
      END AS [ObjectType]
   , [sIdx].[index_id] AS [IndexID]
   , ISNULL([sIdx].[name], 'N/A') AS [IndexName]
   , CASE
         WHEN [sIdx].[type] = 0 THEN 'Heap'
         WHEN [sIdx].[type] = 1 THEN 'Clustered'
         WHEN [sIdx].[type] = 2 THEN 'Nonclustered'
         WHEN [sIdx].[type] = 3 THEN 'XML'
         WHEN [sIdx].[type] = 4 THEN 'Spatial'
         WHEN [sIdx].[type] = 5 THEN 'Reserved for future use'
         WHEN [sIdx].[type] = 6 THEN 'Nonclustered columnstore index'
     END AS [IndexType]
   , ISNULL([sPtn].[partition_number], 1) AS [PartitionNumber]
   , [sdmfIPS].[alloc_unit_type_desc] AS [IndexAllocationUnitType]
   , [IdxSizeDetails].[IndexSizeInKB]
   , [sIdx].[fill_factor] AS [FillFactor]
   , CAST([sdmfIPS].[avg_fragmentation_in_percent] AS NUMERIC(5,2)) AS [AvgPctFrag]
FROM
   [sys].[indexes] AS [sIdx]
   INNER JOIN [sys].[objects] AS [sObj]
      ON [sIdx].[object_id] = [sObj].[object_id]
   LEFT JOIN  [sys].[partitions] AS [sPtn]
      ON [sIdx].[object_id] = [sPtn].[object_id]
      AND [sIdx].[index_id] = [sPtn].[index_id]
   LEFT JOIN (
            SELECT
               [sIdx].[object_id]
               , [sIdx].[index_id]
               , SUM([sAU].[used_pages]) * 8 AS [IndexSizeInKB]
            FROM
               [sys].[indexes] AS [sIdx]
               INNER JOIN [sys].[partitions] AS [sPtn]
                  ON [sIdx].[object_id] = [sPtn].[object_id]
                  AND [sIdx].[index_id] = [sPtn].[index_id]
               INNER JOIN [sys].[allocation_units] AS [sAU]
                  ON [sPtn].[partition_id] = [sAU].[container_id]
            GROUP BY [sIdx].[object_id], [sIdx].[index_id]
   ) [IdxSizeDetails]
      ON [sIdx].[object_id] = [IdxSizeDetails].[object_id]
      AND [sIdx].[index_id] = [IdxSizeDetails].[index_id]
   LEFT JOIN [sys].[dm_db_index_physical_stats] (DB_ID(),NULL,NULL,NULL,'LIMITED') [
sdmfIPS]
```

```
        ON [sIdx].[object_id] = [sdmfIPS].[object_id]
        AND [sIdx].[index_id] = [sdmfIPS].[index_id]
        AND [sdmfIPS].[database_id] = DB_ID()
WHERE
    [sObj].[type] IN ('U','V')            -- Look in Tables & Views
    AND [sObj].[is_ms_shipped] = 0x0    -- Exclude System Generated Objects
    AND [sIdx].[is_disabled] = 0x0      -- Exclude Disabled Indexes
```

下面代码为索引被使用情况。

代码清单 13-12 索引被使用情况

```
SELECT
    @@SERVERNAME AS [ServerName]
    , DB_NAME() AS [DatabaseName]
    , SCHEMA_NAME([sObj].[schema_id]) AS [SchemaName]
    , [sObj].[name] AS [ObjectName]
    , CASE
        WHEN [sObj].[type] = 'U' THEN 'Table'
        WHEN [sObj].[type] = 'V' THEN 'View'
        END AS [ObjectType]
    , [sIdx].[index_id] AS [IndexID]
    , ISNULL([sIdx].[name], 'N/A') AS [IndexName]
    , CASE
        WHEN [sIdx].[type] = 0 THEN 'Heap'
        WHEN [sIdx].[type] = 1 THEN 'Clustered'
        WHEN [sIdx].[type] = 2 THEN 'Nonclustered'
        WHEN [sIdx].[type] = 3 THEN 'XML'
        WHEN [sIdx].[type] = 4 THEN 'Spatial'
        WHEN [sIdx].[type] = 5 THEN 'Reserved for future use'
        WHEN [sIdx].[type] = 6 THEN 'Nonclustered columnstore index'
      END AS [IndexType]
    , [sdmvIUS].[user_seeks] AS [TotalUserSeeks]
    , [sdmvIUS].[user_scans] AS [TotalUserScans]
    , [sdmvIUS].[user_lookups] AS [TotalUserLookups]
    , [sdmvIUS].[user_updates] AS [TotalUserUpdates]
    , [sdmvIUS].[last_user_seek] AS [LastUserSeek]
    , [sdmvIUS].[last_user_scan] AS [LastUserScan]
    , [sdmvIUS].[last_user_lookup] AS [LastUserLookup]
    , [sdmvIUS].[last_user_update] AS [LastUserUpdate]
    , [sdmfIOPS].[leaf_insert_count] AS [LeafLevelInsertCount]
    , [sdmfIOPS].[leaf_update_count] AS [LeafLevelUpdateCount]
    , [sdmfIOPS].[leaf_delete_count] AS [LeafLevelDeleteCount]
FROM
    [sys].[indexes] AS [sIdx]
    INNER JOIN [sys].[objects] AS [sObj]
        ON [sIdx].[object_id] = [sObj].[object_id]
    LEFT JOIN [sys].[dm_db_index_usage_stats] AS [sdmvIUS]
        ON [sIdx].[object_id] = [sdmvIUS].[object_id]
        AND [sIdx].[index_id] = [sdmvIUS].[index_id]
        AND [sdmvIUS].[database_id] = DB_ID()
    LEFT JOIN [sys].[dm_db_index_operational_stats] (DB_ID(),NULL,NULL,NULL) AS [sdmfIOPS]
        ON [sIdx].[object_id] = [sdmfIOPS].[object_id]
```

```
        AND [sIdx].[index_id] = [sdmfIOPS].[index_id]
WHERE
    [sObj].[type] IN ('U','V')          -- Look in Tables & Views
    AND [sObj].[is_ms_shipped] = 0x0    -- Exclude System Generated Objects
    AND [sIdx].[is_disabled] = 0x0      -- Exclude Disabled Indexes
```

下面代码为缺少索引信息。

代码清单 13-13　缺少索引信息

```
SELECT
    @@SERVERNAME AS [ServerName]
    , DB_NAME() AS [DatabaseName]
    , SCHEMA_NAME([sObj].[schema_id]) AS [SchemaName]
    , [sObj].[name] AS [ObjectName]
    , CASE [sObj].[type]
        WHEN 'U' THEN 'Table'
        WHEN 'V' THEN 'View'
        ELSE 'Unknown'
      END AS [ObjectType]
    , [sdmvMID].[equality_columns] AS [EqualityColumns]
    , [sdmvMID].[inequality_columns] AS [InequalityColumns]
    , [sdmvMID].[included_columns] AS [IncludedColumns]
    , [sdmvMIGS].[user_seeks] AS [ExpectedIndexSeeksByUserQueries]
    , [sdmvMIGS].[user_scans] AS [ExpectedIndexScansByUserQueries]
    , [sdmvMIGS].[last_user_seek] AS [ExpectedLastIndexSeekByUserQueries]
    , [sdmvMIGS].[last_user_scan] AS [ExpectedLastIndexScanByUserQueries]
    , [sdmvMIGS].[avg_total_user_cost] AS [ExpectedAvgUserQueriesCostReduction]
    , [sdmvMIGS].[avg_user_impact] AS [ExpectedAvgUserQueriesBenefitPct]
FROM
    [sys].[dm_db_missing_index_details] AS [sdmvMID]
    LEFT JOIN [sys].[dm_db_missing_index_groups] AS [sdmvMIG]
        ON [sdmvMID].[index_handle] = [sdmvMIG].[index_handle]
    LEFT JOIN [sys].[dm_db_missing_index_group_stats] AS [sdmvMIGS]
        ON [sdmvMIG].[index_group_handle] = [sdmvMIGS].[group_handle]
    INNER JOIN [sys].[objects] AS [sObj]
        ON [sdmvMID].[object_id] = [sObj].[object_id]
WHERE
    [sdmvMID].[database_id] = DB_ID()  -- Look in the Current Database
    AND [sObj].[type] IN ('U','V')      -- Look in Tables & Views
```

注意不是查到缺少索引就要添加，具体的使用方法请读者在实际工作中体会和完善。

13.6　索 引 建 议

13.6.1　索引误区

这里介绍几个索引误区，但是不打算演示和深入说明它们，大家知道就可以了，很多误区是因为走了极端。

- 数据库完全不需要索引：理由可能是“库很小” “库可能不会用太久”“非核心系统”“内存比库大，性能无所谓”。很多时候，你以为用不久的库会保留很久甚至从不重要的系统变成重要的系统。另外对于库小这个问题，在当今环境下，它可以在几天内以非预期的速度增长。最后，不管是否完全在内存中，有索引和无索引的性能是天渊之别。
- 主键总是聚集索引：这两个在本质上是不一样的，主键是约束，聚集索引是索引。有时候确实需要把主键设置为非聚集索引。你可以对一个堆表先创建聚集索引，再指定主键，这样就会发现主键是非聚集索引。
- 联机索引重建不会引起阻塞：会的。即使是使用 SQL Server 2017 的“可恢复重新生成操作”也不能减少，这个功能只是使重建事务不会一直打开。从性能上来说，它并没有帮助，甚至会带来大概 10%的下降（官方测试）。
- 聚集索引以物理顺序排序：这是重点误区。聚集索引确实有顺序，而且在很多查询中能够通过预排序来减少排序开销。但是，它真正有序的只是索引页的 offset array。

13.6.2 索引维护建议

索引维护工作本质上就是减少碎片率，对索引降低碎片率的操作有 3 种：重建、重组和“删除再新建”，第 3 种一般很少用，因为重建本质上就是这个操作。还有一种偏门但是在系统卡顿时可能更有效的方法就是：新建一个索引用于替代旧索引，等待一段短时间后（目的是让查询转移到这个新索引上），把原有问题索引删除。在卡顿的时候，如果直接使用重建或者重组，那么对性能影响都很大，而这种方式的影响相对较小。

我们可以使用下面的语句来查看某个表的碎片情况。

代码清单 13-14 索引碎片情况

```
SELECT index_type_desc  ,index_depth  ,index_level   ,page_count
,record_count
  ,CAST(avg_fragmentation_in_percent as DECIMAL(6,2)) as avg_fragmentation_in_percent
  ,fragment_count   ,avg_fragment_size_in_pages
  ,CAST(avg_page_space_used_in_percent as DECIMAL(6,2)) as avg_page_space_used_in_percent
FROM sys.dm_db_index_physical_stats(DB_ID(),OBJECT_ID('表名'),
NULL,NULL,'DETAILED')
```

关于索引维护，作者不建议没有经验的读者自行使用。

13.7 总　　结

索引是非常重要又非常难理解的内容，本章还有很多内容如碎片等没有写出来，作者另外一本书《SQL Server 性能优化与管理的艺术》有对其进一步的介绍。

在索引使用中，切记不停地加索引，每个索引都应该加得有理有据，删的有理有据。同时做好一切必要的回滚方案，非紧急情况下不要在业务繁忙时进行操作。

第 14 章　SQL Server 等待信息

2 分钟速读

在一个系统出现性能问题但是又不知道由哪里引起时，除了需要各种日志检查之外，还可以从等待信息中找到一些眉目。截至最新版本，等待信息都只用于性能和故障上面，对 SQL Server 本身的运行没有什么影响。可以说等待信息是一份很好的“检验报告”。

本章将引入等待信息的介绍，并讲解常见的等待信息及其应对方案。熟练使用等待信息，可以快速定位大部分问题甚至找到解决方案。最后会讲解作者的一个案例，说明为什么等待信息如此有用。

14.1　我们在等待什么

先来说作者日常生活中遇到的一个例子。每天作者都坐地铁去上班，坐地铁的流程大概是先在入口处刷卡（或者买票），然后进入地铁的“收费范围”（其实我也不知道这个地方怎么称呼，总之给了钱你才能进去），再通过电梯到达站台处候车，然后上车，到达目的地后下车，上电梯，刷卡离开地铁的“收费范围”，最后去往公司上班。下班的流程也是一样的。

在大城市上下班高峰期坐过地铁的人都应该清楚，上面的流程何等理想化，现在来描述一下现实的流程。

- 持卡到入口处，往往此时已经有一堆人在排队，依次刷卡进站候车，你需要排在队列的最后，然后等待轮到你刷卡，这是第 1 个**等待**过程。
- 在你刷卡进站之后，因为人流过多，所以地铁工作人员会在原本可以直线走到电梯的路上架起很多铁栅栏，你只能跟着栅栏绕行比较远的路之后才到扶梯口，然后坐扶梯下去到候车区，绕栅栏的过程是第 2 个**等待**过程。坐扶梯有时候也要等，这是第 3 个**等待**过程。
- 到达候车区后，防护门前面往往也会有很多人在排队，你又要排队候车。高峰情况下，从你下电梯到防护门的那段路还会有很多需要你绕行的栅栏，这是第 4 个**等待**过程。
- 车到站，幸运的话你能挤上，不然就再等下一趟，这是第 5 个**等待**过程，挤上车之后，等待到站下车。
- 一般下车后不会有什么栅栏，地铁希望你尽快离开，以便减少人流。这时候会比较顺畅，你可以很快到达出站口准备刷卡。

- 到了出站口，又需要排队刷卡离开，这时候会出现两种常见现象：第一种是刷卡的时候才发现余额不足，需要去补票，这时需要你离开排队的队伍，补票后重新回到队尾；第二种情况是不常坐地铁的人，在刷卡或者投币之后，门开了但是刷的是隔壁队伍的门，这时候他需要插队到隔壁然后离开，或者由于机器灵敏度等原因，投币后门没有马上打开，刷卡的人会很紧张地反复找投币、找工作人员等。折腾了一段时间后，终于离开地铁站，后面的队列才开始继续向前移动。这是第 6 个**等待**过程。

读者看到上面的描述是否觉得有点不耐烦，也许你的感觉就是对的，这就是“等待”带来的不愉快。SQL Server 也一样，SQL Server 也不喜欢“等待”。

14.2 简　　介

根据作者个人读书的步骤可知，首先需要知道我们的研究对象“是什么”，理解“为什么”，然后就是“怎么用”，最后可能就是“注意事项”。我也以这种顺序从专业的方面来介绍等待。

14.2.1 等待的含义

现在来分析一下以上描述的这个过程。从上面的描述中可以看到其实行程不是很顺畅，在很多地方你都必须“排队”，你在等待某些东西（如列车到站等）时就是等待。理想情况下，SQL Server 应该在接到请求后就能马上处理，由于很多原因，使得 SQL Server 必须处于等待状态。这些等待的原因会记录下来，这个记录叫作**等待状态**。在系统中，以 Wait State 来标识。

回到上面的例子中，比如在排队出站时，还没有轮到我刷卡出站，这个过程我花费的时间为“信号等待时间”（即 signal wait time），也就是说**我准备好了，但是没轮到我**。在 SQL Server 的概念中，我处于可运行状态（runnable state）。当轮到我刷卡时，我发现卡上余额不足，这时候我要离开队列去补票，此时我处于挂起状态（suspended state），相应花费的时间称为 suspended time。一旦补票成功，我要回到出站队列末尾，重新排队等待出站，此时我又处于 runnable state，当最终轮到我刷卡出站时，我处于正在运行状态（running state）。

从轮到我开始刷卡（已经排完队并站在刷卡机前）到出站完毕（成功通过闸机）的实际总时间称为 running time，对于 SQL Server 来说，也称为 CPU 时间。

查询执行时间=【CPU 时间】+【suspended time】+【signal wait time】

而从例子中可以看到，一个过程可能会有多个 runnable state，所以 signal wait time 等于全部 runnable 所耗费的时间总和。

较为正式的解释如下所示。

Running：查询正在 CPU 上执行的时间。

Runnable：准备好执行，但是等待某些资源，也就是它可以执行可是 CPU 在服务其他请求，这也叫作信号等待时间（signal wait time，由于后续使用的脚本展示结果都是英文，所以我尽量使用英文，以便查找）。

Suspended：查询正在等待，可以转换成 runnable，也叫作查询等待时间，这部分时间应该越少越好。

理想状态下，最好应该是只有 running 时间，但是现代系统的并发数和操作复杂度几乎不可能存在纯 running 时间。这是优化系统的一个“目标”。

14.2.2　需要等待信息的原因

据目前资料表明，等待信息主要提供给 SQL Server 使用者对其进行问题定位和性能优化，SQL Server 内部并不需要用到这些信息。对于性能问题，等待信息是很有用的一个工具。通过等待信息，大多数情况下都可以快速、明确定位问题，从而解决问题。而且绝大部分性能优化方法论都从等待信息入手，等待和队列（后续会介绍）是定位和优化性能问题的利器。

这也是为什么等待信息会用单独一章来讲解，作者希望通过对等待信息的描述和使用，让读者能够从中获益并解决日常工作中大部分的性能问题。

14.2.3　保存等待信息

等待信息可以通过动态管理对象（DMO）查询，而这些数据都是在上一次服务器启动或者手动清空之后累计的。如果你幸运的话，那么在发生性能问题甚至故障之前，你还可以访问这些数据；如果不幸运的话，那么可能有价值的数据会被清空，影响问题的处理。从实践上来说，应该定期收集并存放与 DMO 相关的信息到一些表或者文件中。

SQL Server 2008 R2 有 490 种等待状态（2014 CTP1 甚至多达 759 种，SQL 2016/2017 又增加了更多的等待状态），常用有价值的其实不多。总的来说，等待类型分为资源等待、队列等待和外部等待 3 类。在日常使用中，通常会过滤掉与系统相关的等待类型，因为它们对诊断性能瓶颈没有多大用处，并且过滤掉等待时间为 0 的类型。

代码清单 14-1　过滤不常用的等待状态

```
    SELECT wait_type, signal_wait_time_ms, wait_time_ms
    FROM   sys.dm_os_wait_stats
    WHERE  wait_time_ms > 0 AND wait_type
    NOT IN ( 'CLR_SEMAPHORE', 'CLR_AUTO_EVENT', 'LAZYWRITER_SLEEP', 'RESOURCE_QUEUE',
'SLEEP_TASK', 'SLEEP_SYSTEMTASK', 'SQLTRACE_BUFFER_FLUSH', 'WAITFOR','LOGMGR_QUEUE', '
CHECKPOINT_QUEUE', 'REQUEST_FOR_DEADLOCK_SEARCH', 'XE_TIMER_EVENT','BROKER_TO_FLUSH',
'BROKER_TASK_STOP', 'CLR_MANUAL_EVENT', 'DISPATCHER_QUEUE_SEMAPHORE',
    'FT_IFTS_SCHEDULER_IDLE_WAIT', 'XE_DISPATCHER_WAIT', 'XE_DISPATCHER_JOIN','SQLTRACE_
INCREMENTAL_FLUSH_SLEEP' )
    ORDER  BY signal_wait_time_ms DESC
```

如果生产环境需要收集性能问题，那么最好的办法就是先把等待信息清零，然后重新开始收集。大家都知道，重启可以清零。由于生产环境可以清零的可能情况少之又少，所以，此时可以使用命令来清空并且不需要重启。

```
    DBCC SQLPERF('sys.dm_os_wait_stats',CLEAR)
```

由于统计信息只能用于性能分析，而且对于外部，SQL 引擎不需要调用，所以这个操作不会对实例造成影响。

14.3 等待信息元数据

上面出现的 sys.dm_os_wait_stats 只提供实例级别的汇总信息，对于突发的性能问题，它的汇总值变化不大，所以单纯从这个 DMV 中很难看出端倪。下面根据实际场景介绍一下如何使用等待信息。

现在假设系统出现了阻塞（详见第 15 章），阻塞引起了等待（比如前面的排队导致了等待）。首先来看谁是正在阻塞的进程。当 A 正在更新一个表并把表锁住时，B 也想去读这个表，此时 B 就必须等待 A 完成为止。可以使用这个 DMV：sys.dm_os_waiting_tasks 查看当前正在处于等待状态的会话（sessions）并展示会话所等待的资源。如果某个会话正在等待某些锁资源，那么在这个 DMV 结果中的 blocking_session_id 列就会有这个 session_id。

另外一个 DMV：sys.dm_exec_requests 返回当前实例上的每个用户和内部连接信息。

下面来讲述一下常见的等待类型及其应对方法，绝大部分等待的优化思路都一样，先监控看看是否已经出现问题，然后分析这类等待的形成原因，然后进行处理。

这些常见的等待类型有以下几种。

- 并行执行
- 多任务等待
- I/O 等待
- 备份还原等待
- 锁定等待
- 数据库日志等待
- 外部资源等待

14.4 并 行 执 行

如果你要泡一壶茶来喝，那么比较聪明的方法是先洗干净烧水的水壶，然后开始烧水，在烧水的过程中，洗茶壶、茶杯，水开了之后就泡茶。在这个过程中，隐含了一个并行操作——在烧水的过程中做别的事情。计算机也一样，除了单次运算的速度要够快之外，它会尝试并行操作很多事情。比如你可以打开一个视频，然后一边上网一边聊 QQ，这些都是可以同时执行而不需要按顺序执行的。SQL Server 当然也能并行运算。

并行操作的一个问题就是如何进行资源协调。当两个进程都需要用同样的资源时，并不总能保证它们都能用上，其中一个资源必须等待。

并行操作的另外一个问题就是协同操。正因为协同，所以可以加快运行速度，但是当协同失去平衡的时候，就会出现问题。并行操作最常见的等待类型是 CXPACKET。

14.4.1　CXPACKET

这种类型有点像平时所说的木桶效应，一个木桶的容量取决于组成木桶的最短的那块木条的长度。如果一个查询由多个线程组成，那么只有在最慢的线程完成之后，整个查询才会完成，在此之前其他线程哪怕早已完成，也要等待。在这种情况下，SQL Server 就出现了 CXPACKET 等待。

CXPACKET 是其中一个最常见的并行等待，在多 CPU 环境下，这种等待经常会出现。并行执行最重要的目的就是使运算更快。它可以针对一个单独的查询使用多个线程共同完成，每个线程单独处理数据集的一部分。应该注意的是，某些等待并不总是表示系统性能存在问题，CXPACKET 就是其中一种。比如软件公司通常会招聘多个开发人员去完成功能开发。每天上下班时，总需要每个人串行“打卡”，这时候 CXPACKET 就会出现在打卡过程中，因为这个时候必须串行而不是并行，所以你可能觉得打卡过程中所用的时间是浪费的。从整体来说，你可以雇佣更多的人完成功能开发，理想情况下这是可以加快项目的开发进度。不过不应该因为打卡这几秒的浪费而无视他们在一整天中对进度的贡献。

在并行过程中，如果某个线程处于落后状态，那么 CXPACKET 等待状态就会产生。在上面的例子中，如果你为了移除这种等待状态而减少雇员，比如剩下一个，那么整体的项目进度将会严重延迟。由于等待状态就是表示有一定的资源问题，所以需要分析这种情况。前面提到过，对问题的分析需要全面、整体，并且应区分应用系统类型。OLTP 系统的特点是事务数量多，正常来说，事务的持续时间不会很久。而 OLAP 等系统的事务量可能不多，持续时间往往很久。如果 OLTP 系统的 CXPACKET 等待状态频繁出现且持续时间很长，那就意味着有问题了。

考虑数据库的这方面配置。首先要了解如果是 OLTP 系统，那么理想情况下事务很短，这时候通过并行运行来提高运行速度不是必要的。对于这类系统，有一个极端方法（如非必要不要用）可以把最大并行度（max degree of parallelism）设为 1，强制 SQL Server 不去使用并行操作，从而减少不必要的资源等待。

代码清单 14-2　修改 SQL Server 的最大并行度

```
SELECT * FROM sys.configurations
WHERE name LIKE '%Max Degree of Parallelism%'
GO
EXEC sys.sp_configure N'show advanced options',N'1'
GO
RECONFIGURE
GO
EXEC sys.sp_configure N'Max Degree of Parallelism',N'1'
GO
RECONFIGURE
GO
```

如果它是 OLAP 系统，由于事务时间普遍较长，所以并行操作往往能提高速度和资源利用率，这时候可以让 SQL Server 自己控制并行，也就是把最大并行度设为 0（即不限制）。

下面脚本用于查询在计划缓存中存在并行查询的语句。

代码清单 14-3 存在并行查询的语句

```
SELECT TOP 10 p.*, q.*, qs.*, cp.plan_handle
FROM   sys.dm_exec_cached_plans cp
CROSS apply sys.Dm_exec_query_plan(cp.plan_handle) p
CROSS apply sys.Dm_exec_sql_text(cp.plan_handle) AS q
JOIN sys.dm_exec_query_stats qs  ON qs.plan_handle = cp.plan_handle
WHERE  cp.cacheobjtype = 'Compiled Plan' AND p.query_plan.value('declare namespace
p="http://schemas.microsoft.com/SQL Server/2004/07/showplan";
max(//p:RelOp/@Parallel)', 'float') > 0
OPTION (MAXDOP 1)
```

14.4.2 CXPACKET 的潜在问题

现实世界上很难有理想化的情况，比如可能同时存在 OLTP 和 OLAP 系统在同一个服务器上，如果不平衡好，那么将会有一方出现问题，甚至导致双方都不能得益。CXPACKET 的潜在风险在于导致并行过程的性能下降。为了减少这种风险，可以对并行进行控制。

根据一些专家的建议，对于这种情况可以把最大并行度设为 2，也就是最多使用两个 CPU，然后设置并行度阈值（cost threshold for parallelism）为一个很高的值［比如 25（一个运行超过 25s)］，使得小事务查询依旧不使用并行操作，只有开销很高的时候（高于阈值）才开始使用并行操作。但是这时候最多使用两个 CPU。

```
--这里的值是秒的意思
EXEC sys.sp_configure N'cost threshold for parallelism',N'25'
GO
EXEC sys.sp_configure N'Max Degree of Parallelism',N'2'
GO
RECONFIGURE WITH OVERRIDE
GO
```

注意，上面的“两个 CPU、阈值为 25”并不是什么最佳实践的值（作者不相信什么是最佳实践），具体值需要进行测试。这里只是一个思路而已。

14.4.3 降低 CXPACKET 等待

如果这种等待类型长期处于高值，那么肯定要降低它。面对问题，我们首先要思考问题是如何产生的，有什么特点，然后针对这些情况进行处理，以不变应万变地处理大部分问题。

在单 CPU 情况下，你几乎看不到这种等待类型。这通常出现在多 CPU 环境下，下面是常见的引起 CXPACKET 等待类型的情况。

- 在可变类型列中，数据分布存在严重倾斜，比如在某列 varchar 类型的数据中，有些数据的长度是 60 字节，有些却达到 500 字节，这样的数据在查询对应部分时，会导致执行计划不够高效，也导致统计信息的可参考性降低。在并行执行时，容易出现某个线程执行很快但是另外一个执行很慢，从而增加了 CXPACKET 的出现概率。应对方案是优化设计，尽可能控制数据分布。

- 在并行过程中，如果一个线程出现了资源瓶颈，则会导致这个线程的速度比其他线程要慢，从而影响整体运行速度。
- 查询所需的数据存放在不同的 I/O 子系统中，而这些子系统的性能又存在差异，最终的结果会跟上面第二种情况类似。但是这种情况的发生可能性很低。应对方案是检查数据文件的部署是否不合理，比如一个文件组（一个表只能属于一个文件组）中的多个数据文件是否一部分在移动硬盘中，一部分在 SSD 上。当然这个例子有点极端。
- 在查询所需的数据中，不同部分的碎片不同，所需的 I/O 也不同，从而导致不同部分的运行速度也不同。应对方案是保证有合理的索引及索引维护得当。

我们可以对这些原因进行针对性处理。从本质上来说，还是要优化硬件布局、数据库设计、索引等，让查询在执行并行操作时更加“均匀”。

14.4.4 CXPACKET 深度分析

CXPACKET 意味着发生了并行操作，而在这个过程中某些/个线程被阻塞。分析等待信息不应该望文生义，不要马上将服务器级别的 MAXDOP 设置为 1，也就是禁用并行。更多的分析可以从另外一个等待状态 PAGEIOLATCH_XX 入手，比如是否存在 PAGEIOLATCH_SH 等待，这意味着进行大范围的扫描，特别是检查导致 CXPACKET 请求的执行计划是否合理。

我们从 CXPACKET 出现的情景中可以预估到最大可能就是数据库设置和查询性能问题。性能问题往往是由于缺少聚集索引或者不高效的执行计划导致扫描操作，还有可能由于过期的统计信息、Distinct 结果集无法预估执行计划（优化器也无力准确判断复杂查询的结果集，可以借助临时表来实现这个问题）导致优化器选择了不合适的执行计划，这些因素都有可能引起 CXPACKET 等待甚至其他一些列的连锁反应。

重要：分析等待信息不应该望文生义、不应该单一分析。

14.4.5 CXPACKET 建议

如果并行操作失去了“平衡”，则会使 CPU 压力增大。根据个人实践和其他文献的建议，在出现类似问题时可以尝试以下方法。记住是尝试，由于问题的起因可能有很多，所以不能保证它们能处理所有类型的问题。

- 针对碎片问题，当然是减少碎片。
- 在物理文件的存放上避免出现同一查询的不同部分因为 I/O 性能差异而出现差异。简单来说，就是保证数据文件所在盘的性能相等。
- 尽可能保持统计信息的实时性。
- 由于过多的线程（thread）会导致上下文切换开销，也容易引起 CXPACKET 等待，所以在改动这方面配置时，需要严谨的测试和监控。
- 这是绝大部分性能问题的终极方案——优化。从数据库设计、查询编码、索引设计上进行优化。据个人经验可知，最常见的类型是由于查询性能过低，导致 SQL Server 选择并行操作，而并行操作又存在一些问题，从而出现这种等待。
- 扩展第 5 点，在保持统计信息的实时性和存在适当的索引前提下，可以设置查询中的 MAXDOP。实例级别的 MAXDOP 应该考虑负载类型，比如是纯 OLAP/OLTP 还是混合类型。最后才是前面提到的把“cost threshold parallelism”的值设高。

14.5 多任务等待

多任务和并行有点类似，都是同时执行，其区别在于并行是一个任务并行，而多任务是多个任务并行。如果你和一个正在专注玩竞技游戏的人说一些他不是很感兴趣的问题，碍于交情他可能还是会听你说，不过可想而知，他两样都没“做好”。不过在有些情境下却能做好，比如和朋友一边走路一边聊天。走路这个“任务”不需要停下来让聊天这个“任务”先执行，它们可以同时并行执行。这就是多任务并行操作。

在 SQL Server 运行过程中，常常会有不同类型的任务在运行，其中由这种操作产生的最常见的等待类型是 SOS_SCHEDULER_YIELD。

14.5.1 SOS_SCHEDULER_YIELD

14.5.1.1 介绍

我们想象一下在公司用饮水机喝水。当你很渴站在饮水机前面倒一杯喝一杯再倒再喝的时候，后面排队等倒水的人就只能不耐烦地等待。当然，前提是他需要你正在倒的水（比如冷水）。有时候基于礼貌或者别人需要先喝水（比如别人需要吃药或者他也很渴），那应该倒完一杯水之后先离开饮水机，让其他人倒。

SOS_SCHEDULER_YIELD 等待类型就发生在一个任务**自愿放弃**当前资源占用，让给其他任务使用的时候，比如离开饮水机让别人去倒水。

现代关系数据库管理系统早已支持多个任务同时运行，SQL Server 的运行机制之一就是减少 runnable 的线程等待，也就是说，SQL Server 希望尽快运行 runnable 的线程。SQL Server 以协同模式运行，SQL Server 会在必要的时候让出某个资源以便其他线程先执行，通常来说这种情况是临时的。当长期、大量出现这种等待类型的时候，这有可能意味着 CPU 存在压力，这时候可以检查这个 DMV 中的数据，使用 sys.dm_os_schedulers 看看当前有多少 runnable 的任务在你的系统中运行。在作者本机中可以看到如图 14-1 所示的情形。

```
SELECT scheduler_id,current_tasks_count,
runnable_tasks_count,work_queue_count,pending_disk_io_count
FROM sys.dm_os_schedulers
WHERE scheduler_id<255
GO
```

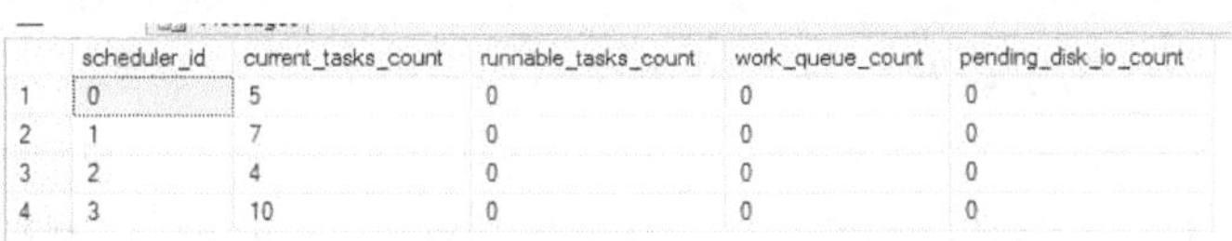

	scheduler_id	current_tasks_count	runnable_tasks_count	work_queue_count	pending_disk_io_count
1	0	5	0	0	0
2	1	7	0	0	0
3	2	4	0	0	0
4	3	10	0	0	0

图 14-1 当前 SQL Server 中的 runnable 数量

暂时没有 runnable 的任务。如果不加 Where 条件，则其显示如图 14-2 所示。

	scheduler_id	current_tasks_count	runnable_tasks_count	work_queue_count	pending_disk_io_count
1	0	5	0	0	0
2	1	7	0	0	0
3	2	5	0	0	0
4	3	10	0	0	0
5	1048578	1	0	0	0
6	1048576	2	0	0	0
7	1048579	1	0	0	0
8	1048580	1	0	0	0
9	1048581	1	0	0	0
10	1048582	1	0	0	0
11	1048583	1	0	0	0
12	1048584	0	0	0	0

图 14-2　不加 Where 条件的 runnable 数量

由于那些 1048584 这个值是 SQL Server 内部使用的，所以我们需要加上 Where 条件限定小于 255。通常我们需要关注 runnable_tasks_count 这列的数据，如果见到长时间存在两位数的数值（记住是长时间存在），那么这意味着 CPU 可能存在压力，无法应付当前负载。

14.5.1.2　SOS_SCHEDULER_YIELD 潜在问题

回到饮水机的问题，当等待喝水的人很少时，可能在你让出饮水机供其他人使用时，很快就可以重新轮到你喝水。当存在很多 waiting(runnable)任务时，也就是说有大量的人在等待使用饮水机时，你可能需要等待一段很长的时间。这也就是 SOS_SCHEDULER_YIELD 的问题。

从专业的角度来说，当有大量任务处于等待时，可能需要检查是否因为处理器或者内存压力引起了这种等待。Windows 下可以借用一些性能计数器（如%ProcessorTime）和其他相关计数器来监控。Linux 下可以使用 Top 等命令来查看，具体详见相关章节。

也许读者会问，为什么又和内存扯上关系了？想象一下，在一个繁忙的公司里面，一个 20m^2 的办公室中有 10 个人在工作，他们的工位上都有大量的文件夹，办公室基本上都满了。但是有一天，为了节省成本把办公室换成只有 10m^2（听起来有点残忍）大小的，工作还要继续，文件夹可能会叠在一个角落里面，寻找起来相当麻烦。CPU 和内存的关系也类似，内存像是 CPU 的一个工作间，足够的内存可以提供 CPU 操作所需的资源。

14.5.1.3　SOS_SCHEDULER_YIELD 扩充说明

除了前面所述，这种等待类型还意味着线程用完了 4ms 的时间片，主动放弃 CPU 又或者存在自旋锁。

如果没有大量的 runnable 队列或者大量的 signal wait，那么证明不一定是 CPU 有问题，因为这两个指标是 CPU 压力的一个体现。当出现这种情况的时候，需要检查执行计划中是否存在大量的扫描操作。

14.5.1.4　降低 SOS_SCHEDULER_YIELD 等待

正如前面所述，这个等待通常与 CPU 压力有关，最简单的解决方案就是增加 CPU 或者提升 CPU 性能。不过服务器也不是随便可以更改的，另外现今服务器普遍都有足够的 CPU 资源，所以不应该为了解决问题而解决问题，多考虑其产生原因。当查询需要大面积扫描时也会消耗 CPU 资源，下面脚本可以查看使用最多 CPU 的查询，可以针对这些结果进行优化。除了下面脚本找到的查询之外，还可以找运行时间最长的脚本进行优化。

代码清单 14-4　使用最多 CPU 的查询

```
SELECT  SUBSTRING(qt.text, ( qs.statement_start_offset / 2 ) + 1,
```

```
                    ( ( CASE qs.statement_end_offset
                          WHEN -1 THEN DATALENGTH(qt.text)
                          ELSE qs.statement_end_offset
                        END - qs.statement_start_offset ) / 2 ) + 1) ,
        qs.execution_count ,
        qs.total_logical_reads ,
        qs.last_logical_reads ,
        qs.total_logical_writes ,
        qs.last_logical_writes ,
        qs.total_worker_time ,
        qs.last_worker_time ,
        qs.total_elapsed_time / 1000000 AS total_elapsed_time_in_S ,
        qs.last_elapsed_time / 1000000 AS last_elapsed_time_in_S ,
        qs.last_execution_time ,
        qp.query_plan
FROM    sys.dm_exec_query_stats qs
        CROSS APPLY sys.dm_exec_sql_text(qs.sql_handle) qt
        CROSS APPLY sys.dm_exec_query_plan(qs.sql_handle) qp
ORDER BY qs.total_worker_time DESC --CPU时间
```

除了上面的查询，还可以使用性能计数器查找编译、重编译、索引重建等高 CPU 开销的操作。

14.5.2 多任务类型

在 SQL Server 中，有两个概念，它们是 preemptive 和 nonpreemptive 等待。

14.5.2.1 preemptive 多任务

通常来说这种等待是非协同操作。当 SQL Server 正在执行一个任务时，操作系统可能觉得这个任务使用了过多的资源导致其他任务等待，所以操作系统会中断这个任务并把 CPU 让给其他任务（通过提高这个任务的优先级来实现）。这会导致 SQL Server 被迫放弃执行当前任务。对于 SQL Server 来说，这不是一件好事，这种外部进程迫使 SQL Server 屈服会大幅度降低 SQL Server 的性能，需要关注这些情况的发生。毕竟你也不喜欢总是被别人打断自己专注进行的事情。

14.5.2.2 nonpreemptive 多任务

这是一种协同操作。线程调度由 SQL Server 管理，而不是由操作系统来调度，这样由 SQL Server 控制线程的优先级。

14.5.2.3 SQL Server 内部的多任务管理

SQL Server 默认运行在 nonpreemptive 模式下，在大部分情况下这种方式是最佳的。但是当 CLR、外部存储过程和其他外部组件运行在 SQL Server 上时，它是以 preemptive 模式运作的，这样就可能导致 preemptive 等待。

在 SQL Server 早期版本中没有这类等待，统一以 suspended 来标识。从 SQL Server 2008 开始，出现了以 Preemptive_开头的等待类型，如 Preemptive_ABR、Preemptive_OS_SQLCLROPS、Preemptive_XE_DISPATCHER。如果看到这种类型长期处于高值，则建议针对性研究其原因。毕竟这种 SQL Server 外部的问题很难单纯在 SQL Server 内部进行优化和处理。

14.5.3 多任务潜在问题

当你上学时，希望进入好的学校遇到好的老师；当你工作时，希望遇到一个好的老板。SQL Server 也一样，在非协同（preemptive）调度下调度需要平衡以便系统顺畅运行。这种调度由操作系统通过提高任务优先级来控制任务运作，比如打开两个视频播放窗口，并且都加载视频，此时最小化窗口 A 然后打开窗口 B。Windows 通常会对正在运行的程序赋予更高的优先级，从而抢夺优先执行的资源也就是所谓的 preemptive。

操作系统通常不会过多干预 SQL Server 的内部机制，有时候 SQL Server 会自己和操作系统进行交互，这时 preemptive 模式就会用在外部代码调用中。最常见的就是带有 UNSAFE assemblies 的 CLR 程序和外部存储过程（如 xp_cmdshell 等），SQL Server 对这些操作的管理鞭长莫及，使用不当的话可能会引起长时间的阻塞。

14.5.4 降低多任务等待

有等待当然要考虑降低，非协同模式会带来很多问题，通常在等待类型中会以 PREEMPTVIE_<种类>_<功能名/类名>的格式进行显示。通过这个命名格式可以找到非协同操作的任务。这种等待实在有太多可能性，很难有一个准确的解决方案，这不仅要有很好的 SQL 基础，还要有一定的.NET 方面的基础。

14.6 I/O 等待

SQL Server 两大常见的资源问题是内存和 I/O 子系统（通常就是硬盘）方面的，内存没有比较专门的等待类型，而 I/O 子系统有，所以这里先介绍 I/O 方面的等待情况。

如果你觉得 SQL Server 所在的服务器存在 I/O 问题，那么必须找出一些明确的数据才能给基础架构部门或者硬件供应商提问题，因为升级硬件或者改动存储往往都是伤筋动骨的事情，最要命的还是钱。本节将介绍与 I/O 相关的一些等待状态。I/O 子系统的等待类型主要以 PAGEIOLATCH_XX 为表征。

PAGEIOLATCH_XX

绝大部分的表空间都是数据所占用，索引和其他属性相对来说占用的空间较少。而每个数据页在内存占用 8KB 的空间，数据量越大所需的内存空间就越多。当两个任务同时访问同样的内存页时，绝大部分情况下是不会有问题的，但是依据任务的内容可能会出现一些异常情况。

闩锁（latch）是保护事务的轻量级对象，相对于数据库锁（lock）而言，latch 是物理锁，而 lock 是逻辑锁。当数据传递给数据库引擎时，存储引擎必须确保没有其他任务能修改这个数据。为了实现这个需求，存储引擎会在这个数据上申请闩锁，然后加载数据到内存，最后释放闩锁。

PAGEIOLATCH_XX 等待类型用于描述数据页的 I/O 争用。其中 XX 代表不同类型方面的等待。绝大部分的 PAGEIOLATCH_XX 可以把问题归咎于底层的子系统（通常就是磁盘）。这些假设往往是对的，因为这类等待往往暗示着任务正在等待数据从磁盘加载到内存的缓存中，而最常见的等待类型是 PAGEIOLATCH_EX。这个类型意味着任务正在等待一个 I/O 请求的闩锁，它可能暗示磁盘子系统的性能问题。

当 SQL Server 需要数据时，它会从磁盘读取到内存的缓存中（前提是数据不在内存中），这时 SQL Server 需要分配一个缓存页来存放数据，它能够通过加上排他缓存页闩锁来实现不允许其他任务访问这部分。长时间的这个等待意味着磁盘子系统出现了问题。当然，问题不是绝对的，当查询性能低下需要大量数据加载（如丢失索引、大范围扫描等操作）时，也可能引起瞬间的内存压力。除了这种等待类型，还有其他的等待类型。

PAGEIOLATCH_EX 的潜在问题

通常来说，数据从磁盘加载到内存缓存中的时间不会很长，一旦数据进入缓存提取的速度会很快，并且查找过程不会产生任何等待。但是有特殊情况，如果 10 个任务都需要同时请求相同的数据，那么第一个任务会申请加载数据，其他 9 个任务都必须等待，直到数据加载完毕为止。如果这时磁盘已经超载，那么第一个请求会花费较长时间。同样，如果内存不足，那么在缓存中的数据会过早地被冲刷掉（从缓存中清空），从而引起 9 个任务再次等待下一轮加载。

降低 PAGEIOLATCH_EX 等待

当缓存正在加载和卸载时，都会对其中的数据加上闩锁。这意味着其他进程必须等待，直到释放闩锁且数据依旧存在缓存中为止。快速加载和长时间驻留能最大程度地降低等待。这类等待和其他等待类似可以评估下面的方案。

- 提升 I/O 子系统的速度。
- 当内存或者压力出现问题时也会引起这种等待，检查与内存相关的计数器或 Linux 上的内存指标，查看是否存在内存问题。如果存在，则尝试优化或者改善内存。
- 分开 LDF/MDF/TempDB 文件的存放位置，减少资源争用。
- 检查文件统计信息，看看高 I/O 读写操作出现在什么文件上。
- 检查系统是否有合适的索引，丢失索引和不合理的索引都会造成大面积的扫描。添加有效的索引可以减少 I/O 请求，缓解 I/O 压力，使用覆盖索引（非聚集索引中的一种）来替代聚集索引是一个不错的选择，它可以明显降低 CPU、内存和 I/O 的压力（因为一般非聚集索引包含的列都比聚集索引少，聚集索引实际上是全表索引）。
- 更新统计信息，使 SQL Server 查询优化器能选择最优执行计划。
- Windows 平台下检查下面的性能计数器：
    - SQL Server:Memory Manager\Memory Grants Pending >2
    - SQL Server:Memory Manager\Memory Grants Outstanding
    - SQL Server:Buffer Manager\Buffer Hit Cache Ratio>90%
    - SQL Server:Buffer Manager\Page Life Expectancy 超过 1000 为佳，300 为底线
    - Memory:Available Mbytes
    - Memory:Page Faults/sec
- 检查与磁盘相关的计数器：
    - Average Disk sec/Read
- Average Disk sec/Write

- Average Disk Read/Write Queue Length

关于 Linux 上的 I/O 和内存指标，详见相关章节。

PAGEIOLATCH_DT/KP/SH/UP

KP、DT 分别是 Keep 闩锁、Destroy 闩锁的缩写，KP 与除 DT 外的其他闩锁兼容，也就是说可以在除已经加了 DT 闩锁外的资源上申请 KP 锁。当一个线程想“查看”缓存中的数据时，可以加上 KP 闩锁，不需要在乎上面是否有其他闩锁。它可确保在查看缓存时不会被其他线程销毁这部分数据。当你需要销毁缓存时，需要申请 DT 闩锁。读者已知这个闩锁和其他类型的闩锁不兼容，不然销毁不了。

比如你需要清空某个页，并把这个页加入缓存的空闲列表以便其他线程能用它来存放新的数据时可以使用 DT。由于此时我们不希望别的线程使用或者访问这个页，所以在整个操作中会加上 DT 闩锁。SH 是 Share 的缩写。

IO_COMPLETION

下面 3 种资源对任何系统来说都是至关重要的：IO/CPU/内存。而在这些之中，对于 SQL Server 来说，最重要的是 I/O。想象一下，CPU 和内存在硬件升级中相对容易，但是 I/O（特别是磁盘）就不容易了。除了 PAGEIOLATCH_XX 之外，还有一类与 I/O 相关的等待类型，称为 IO_COMPLETION，这种等待类型发生在一个任务正在等待非数据页 I/O 的 I/O 操作。这个等待可标识你的系统有 I/O 瓶颈。遇见这种等待时，需要检查是否有请求导致这种等待的出现。

降低 IO_COMPLETION

当你遇到一个 I/O 问题时，可以检查下面的内容。

- 合适地放置文件。比如 LDF、MDF 和 TempDB 最好分开物理磁盘进行存储，热点表也应该借助独立文件组分开到独立的磁盘。
- 检查文件统计信息，特别关注高 I/O 读写的文件。
- 检查错误日志和其他错误信息，是否存在与 I/O 相关的错误。
- 如果正在使用 SAN，则检查 SAN 的吞吐量是否配置得当。
- 有没有索引导致过度的表扫描或者对扫描都会导致这种可能，适当的索引能明显降低 I/O 带宽。使用合适的覆盖索引来替代聚集索引可以降低大量的 CPU/内存/ I/O 资源。
- 检查与内存相关的计数器：
    - SQL Server:Memory Manager\Memory Grants Pending
    - SQL Server:Memory Manager\Memory Grants Outstanding
    - SQL Server:Buffer Manager\Buffer Hit Cache Ratio
    - SQL Server:Buffer Manager\Page Life Expectancy
    - Memory:Available Mbytes
    - Memory:Page Faults\sec
    - Memory:Pages\sec
- 检查与磁盘相关的计数器：
    - Average Disk sec\Read
    - Average Disk sec\Write

➢ Average Disk Read\Write Queue Length

当 DML 语句修改数据时，内存中应修改的数据页会稍后存储到磁盘上，以便不会导致 DML 操作过久。而写入磁盘的操作可能会在 DML 操作完成之后很久才触发，并且首先要写入日志文件，所以日志文件的写性能非常重要。基于这个理由，当有大量事务需要写入事务日志文件和数据文件中，且数据都集中在相同的存储磁盘上时，读的速度就会降低。

当 checkpoint 长时间没有触发时，堆积的日志就会非常多。在 checkpoint 发生时，可能会有大量的脏页需要同时写入存储文件。这会导致短时间内 I/O 响应变慢，如果你发现这仅是短时间发生的，那不需要过多在意，但是需要适当调整或者研究原因。等待状态的监控通常都以时间段为单位，不应该一看到差异就觉得有问题。可以通过监控与 I/O 相关的计数器及每秒事务量的变化情况来进行进一步的研究。

ASYNC_IO_COMPLETION

这个等待类型标识任务正在等待一个 I/O 请求来完成操作。若一个应用程序连接 SQL Server 并处理数据时变得非常缓慢，那么可能就会出现这种等待类型。除此之外，一些长时间运行的操作如 BACKUP、CREATE/ALTER DATABASE 或者其他操作都有可能产生这种等待类型。

ASYNC_IO_COMPLETION 潜在问题

当遇到这类等待时，检查下面的可能性

- 检查代码（前后端均要检查）是否使用了低效的处理，或者低效的循环。
- 合理部署文件位置。
- 检查文件的 I/O 统计信息。
- 检查错误日志及 Windows 错误信息。
- 检查 SAN 的配置是否合理。
- 是否有不合理的索引或者不存在索引（这部分往往是最常见的）导致表扫描或者索引扫描。通过合适的索引来降低 CPU、内存和 I/O 的使用率。

降低 ASYNC_IO_COMPLETION

这种等待类型相关的计数器有以下几种。

- 与内存相关的计数器：
  - ➢ SQL Server:Memory Manager\Memory Grants Pending
  - ➢ SQL Server:Memory Manager\Memory Grants Outstanding
  - ➢ SQL Server:Buffer Manager\Buffer Hit Cache Ratio
  - ➢ SQL Server:Buffer Manager\Page Life Expectancy
  - ➢ Memory:Available Mbytes
  - ➢ Memory:Page Faults/sec
  - ➢ Memory:Pages/sec
- 与磁盘相关的数器：
  - ➢ Average Disk sec/Read
  - ➢ Average Disk sec/Write

- Average Disk Read/Write Queue Length

14.7　备份和还原等待

备份还原的详细信息不是本书的内容，备份还原对数据库的运行极其重要，而且在此过程中往往会出现一些问题。题外话，很多 DBA 或者兼职 DBA 会备份但是不会还原。

绝大部分情况下你不会等待备份。生活总不会那么理想，即使备份操作运行在后台，一些不合理的备份设置也会对系统带来明显的影响。下面介绍与备份相关的等待 BACKUPIO/BACKUPBUFFER。

这类等待发生在备份任务正在等待所需的数据或者数据缓存，或者正在读取数据文件。也有一种可能是由于数据或者磁盘正在初始化，而且没有使用 SQL Server 2005 以后出现的即时初始化功能，导致 Windows 使用填 0 的方式进行初始化。

降低 BACKUPIO/BACKUPBUFFER 等待

备份等待的确不常见。在作者当年参与的银行项目中，银行里面大面积使用磁带备份机制。如果管理失当（比如使用了过时的磁带驱动、挂载磁带速度缓慢等，并且直接备份到磁带而不是备份到本地再转移到磁带），那么这些会导致出现 BACKUPXXX 等待。

另外，如果第三方软件使用不当，也会导致这些等待，而且由于你基本上无法知道源代码，所以很难跟踪。

这部分的等待信息相对较少，影响却很大。作者遇到过由于 I/O 吞吐量过小，一个几十 GB 的库完整备份了一个多小时，期间所有操作无法响应，还影响了上面部署的镜像、发布订阅这两个高可用，从而导致最后重建。这类等待虽然不常见，但是一旦发现，基本上不要等待，而是应马上检查并处理。

14.8　锁 定 等 待

日常应用中，锁定等待当之无愧占据了榜首。这部分内容在第 9 章有专门提到，这里做一个介绍。当多个任务正在协同访问相同的资源时，一般来说不会有任何问题。读取的时候一个会话不阻塞另外的会话。当第三个会话进入并试图删除整个数据库时，SQL Server 会阻止这种操作，直到所有共享锁全部释放为止。SQL Server 通过锁机制会保证这种访问的安全性，同时这带来了一定程度的阻塞。

锁定是一种保护措施，如果这种保护发生在你想用的对象上并且阻塞你的操作，那么可能就不是一件好事了。当你使用的是共享锁时，它不会阻塞表或者行的使用，它会“暗中保护”着。有些操作会导致 SQL Server 申请排它锁，这意味着所有其他操作都不能在这个排它锁释放前使用这些加了排它锁的数据。

锁定等待通常以 LCK_*开头，其中最常见的是 LCK_M_XXX。

LCK_M_XXX

一个更新操作发生在某些行上时，会有一些情况导致更新操作不成功，比如数据错误、触发器影响、违反约束等。这样操作会回滚，在开始执行和回滚过程中，其他任务都不会访问这部分数据，直到操作成功或者失败。也可以认为更新操作比其他 DML 需要更多、更严格的锁类型及数量。而 SELECT 语句相对来说只需要少量的锁，通常多个 SELECT 语句可以运行在相同表的相同数据中。当进行删除操作时，意味着不允许其他操作发生在这个数据上及这个数据已经不需要存在，删除会申请一个排它锁。第 9 章已经专门说明锁方面的知识，在这里不赘述。

这里想说的是，需要了解锁带来的影响，比如 SELECT 语句不建议与更新语句同时运行。更应该把 SELECT 放到更新后面。当更新操作被阻塞的时候，SELECT 也就无法执行，也必须等待。

由于 LCK_M_XXX 通常在任务需要时修改数据，所以锁住这部分资源（通常是排它锁），导致其他任务需要等待。常见的类型有以下几种。

LCK_M_BU：等待获取大容量更新锁

LCK_M_IS：等待获取意向共享锁

LCK_M_IU：等待获取意向更新锁

LCK_M_IX:：等待获取意向排它锁

LCK_M_S：等待获取共享锁

LCK_M_SCH_M：等待获取架构更新锁

LCK_M_SCH_S：等待获取架构共享锁

LCK_M_SIU：等待一个带有意向更新锁的共享锁

LCK_M_SIX：等待一个带有意向更新锁的共享锁

LCK_M_U：等待获取更新锁

LCK_M_UIX：等待获取带有意向排它锁的更新锁

LCK_M_X：等待获取排它锁

降低 LCK_M_XXX

在没有禁用锁升级选项时，当很多小型行、页锁转换为表锁时会发生锁升级，即使你未锁住全表。锁升级会导致 CPU、内存资源的高消耗，SQL Server 通过锁升级来减少整体开销。

通常来说，删除操作仅删除你不需要的旧数据，这部分的锁不阻塞其他不访问这部分数据的会话。如果你大面积删除数据，也会导致行、页锁升级到表锁。

虽然如此，但是从日常工作情况来看，锁并不是根源，往往是由于不合理的索引导致的，可以通过 sys.dm_os_waiting_tasks 找到最开始被阻塞的会话。这部分常见的原因是 I/O、网络及内存原因，进而分析为什么会产生阻塞及这样的阻塞是否合理、可接受。

对这类等待类型的解决方法需要找到被阻塞的进程的源头（也就是阻塞这个进程的那个进程），常见的原因是大范围查询并随后更新，或者表/索引扫描造成了锁升级，锁住了本不需要的部分，影响了其他进程运行。对此：

- 如果可能，则使用分区锁（SQL Server 2005 以后才支持）。
- 尝试创建索引，使扫描转变成非聚集索引查找。

- 把大批量更新事务拆分成多个小事务。
- 尝试使用不同隔离级别或者快照隔离。
- 避免不必要的锁。

在合理的情况下，读写不应该互相阻塞，可以尝试修改隔离级别或者使用并发来防止锁升级或者持有锁过久的情况。

14.9　数据库日志等待

假定读者已经知道什么是日志文件及其作用，据日常使用及论坛所见，大部分人对日志还有严重的误解。由于数据库日志用于完整跟踪数据库中发生的操作行为，所以其非常重要，可以毫不夸张地说，如果非要从数据文件和日志文件中区分重要性，那无疑是日志文件。

日志文件在数据库管理、数据一致性及性能方面都有很重要的作用，由于日志文件天生的顺序读写特性，不像数据文件通过在多个物理磁盘上创建多个数据文件实现并行读写来提高性能，日志文件虽然可以创建多个，但是顺序读写的特性导致其不能使用并行读写，所以想通过使用多个日志文件来提高性能是不可取的。

14.9.1　WRITELOG 等待

这是日志等待中最常见的等待类型。在事务量很高的系统中，这种等待比较常见。当数据修改时，它会在日志缓冲区和缓存中都记录操作，当日志缓冲区中的数据在 checkpoint 时写入磁盘，就会发生这种等待。有时候会在客户端，用户停止了一个正在运行并且运行了很久的事务，它会引起其回滚，从而导致这种等待的发生。

14.9.2　降低 WRITELOG 等待

常见的手段是把日志文件和数据文件及其他文件（如 TempDB）存放到独立的磁盘中，另外就是避免游标等低效操作，也要加快提交事务的频率，最后检查与 I/O 相关的计数器。

除此之外，删除没用的非聚集索引，减少由日志开销、修改索引键或使用填充因子减少的页分裂，修改程序架构，把负载分摊到多个服务器或者数据库中。这些都能减少这类等待情况。

14.9.3　扩充说明

不要一见到这种等待就以为是 I/O 问题，也不要直接增加日志文件，上面已经说过，增加日志文件解决不了这类问题。应该进行更加深入的分析。

- 查看 sys.dm_io_virtual_file_stats 中的数据。
- 查看 LOGBUFFER 等待（见下节介绍），看是否存在对日志缓冲区（log buffer）的争抢。
- 查看日志文件所在磁盘的磁盘等待队列。
- 查看事务的平均大小，见代码清单 14-5。
- 查看是否有大量的页分裂，因为这样也会导致大量的日志。

下面脚本是检查活动事务的日志情况。

代码清单 14-5 检查活动事务日志情况

```
SELECT  DTST.[session_id] ,
        DES.[login_name] AS [Login Name] ,
        DB_NAME(DTDT.database_id) AS [Database] ,
        DTDT.[database_transaction_begin_time] AS [Begin Time] ,
  -- DATEDIFF(ms,DTDT.[database_transaction_begin_time], GETDATE()) AS [Durationms],
        CASE DTAT.transaction_type
          WHEN 1 THEN 'Read/write'
          WHEN 2 THEN 'Read-only'
          WHEN 3 THEN 'System'
          WHEN 4 THEN 'Distributed'
        END AS [Transaction Type] ,
        CASE DTAT.transaction_state
          WHEN 0 THEN 'Not fully initialized'
          WHEN 1 THEN 'Initialized, not started'
          WHEN 2 THEN 'Active'
          WHEN 3 THEN 'Ended'
          WHEN 4 THEN 'Commit initiated'
          WHEN 5 THEN 'Prepared, awaiting resolution'
          WHEN 6 THEN 'Committed'
          WHEN 7 THEN 'Rolling back'
          WHEN 8 THEN 'Rolled back'
        END AS [Transaction State] ,
        DTDT.[database_transaction_log_record_count] AS [Log Records] ,
        DTDT.[database_transaction_log_bytes_used] AS [Log Bytes Used] ,
        DTDT.[database_transaction_log_bytes_reserved] AS [Log Bytes RSVPd] ,
        DEST.[text] AS [Last Transaction Text] ,
        DEQP.[query_plan] AS [Last Query Plan]
FROM    sys.dm_tran_database_transactions DTDT
        INNER JOIN sys.dm_tran_session_transactions DTST ON DTST.[transaction_id] =
DTDT.[transaction_id]
        INNER JOIN sys.[dm_tran_active_transactions] DTAT ON DTST.[transaction_id] =
DTAT.[transaction_id]
        INNER JOIN sys.[dm_exec_sessions] DES ON DES.[session_id] = DTST.[session_id]
        INNER JOIN sys.dm_exec_connections DEC ON DEC.[session_id] = DTST.[session_id]
        LEFT JOIN sys.dm_exec_requests DER ON DER.[session_id] = DTST.[session_id]
        CROSS APPLY sys.dm_exec_sql_text(DEC.[most_recent_sql_handle]) AS DEST
        OUTER APPLY sys.dm_exec_query_plan(DER.[plan_handle]) AS DEQP
ORDER BY DTDT.[database_transaction_log_bytes_used] DESC;
-- ORDER BY [Duration ms] DESC;
```

14.9.4 Logbuffer 等待

这种等待类型相对较少出现，当一个任务正在等待存储记录到日志缓冲区中时，就会产生这种等待。高值可能以为这是日志所在的磁盘无法响应请求。

14.9.5 Logbuffer 的潜在问题

日志相对数据来说占用的空间较少。如果日志文件（LDF）放在一个非常慢的磁盘上，但是数据文件放在非常快的磁盘上时，那么就会出现这种等待。

14.9.6　降低 Logbuffer 等待

解决方案通常是合理存放各类文件，避免类似游标等编程技巧及加快事务提交的频率。

另外可以查看 sys.fn_vertualfilestats 函数找到与 I/O 相关的问题。并检查与 I/O 相关的计数器。比如使用 SELECT * FROM fn_virtualfilestats(1,1)来查看数据库 ID 为 1，文件号为 1 的统计信息。

读者可能意识到 WRITELOG 和 LOGBUFFER 等待的处理手段非常类似，但是不要认为它们是相同的。不过它们的确有共同点，只是需要分开对待而已。

14.10　外部资源等待

在日常使用中，纯 SQL Server 内部运行是很少见的，很多时候必须借用一些外部资源，比如 xp_cmdshell、BCP、CLR 等，这时候就会出现对应的等待类型。

14.10.1　MSSQL_XP 等待

当一个外部存储过程引发等待时，就会出现这个等待类型。外部存储过程在 SQL Server 内部执行，但是 SQL Server 对其无管理能力，除非你知道外部存储过程的代码及运作机制，否则很难知道为什么会出现这种等待。MSSQL_XP 意味着任务正在等待外部存储过程的完成。外部存储过程执行完毕，这种等待就会停止。

14.10.2　降低 MSSQL_XP 等待

根据前面的说明可知，降低这种等待的重要手段是清晰了解外部存储过程的代码。有些时候，使用第三方工具进行类似备份的操作时，它调用了外部存储过程，这导致了这类等待，这时候可能只能联系这个工具的开发商或者技术支持团队来解决问题。

针对这类问题，首先要定位是哪个外部存储过程，然后进行分析优化。

14.10.3　OLEDB 链接服务器等待

这类等待在外部资源的等待类型中相当常见，主要发生在链接服务器或者远程查询执行的过程中。

14.10.4　降低 OLEDB 等待

当 SQL Server 调用 SQL Server Native Client OLEDB 程序时，就会产生这类等待，SQL Server 使用 OLEDB API 来查询远程服务器的数据。

当远程服务器性能不足时，或者 SQL Server 与远程服务器连接不够快时，就需要等待远程服务器响应请求，然后就产生了这类等待类型。

针对这种情况，首先检查链接服务器的配置。

然后检查与磁盘相关的计数器：

- Average Disk sec/Read
- Average Disk sec/Write
- Average Disk Read/Write Queue Length

14.10.5 OLEDB 扩展说明

出现这类等待意味着使用了 OLEDB 机制。建议先检查等待的查询是什么，如果使用了链接服务器，那么就要检查导致链接服务器延时的原因。检查是否链接服务器性能过低。

另外 DBCC CHECKDB、某些 DMV 也会使用 OLEDB 命令。

14.11 其他常见等待类型

本书多次提到问题是无法全部枚举的，我们应该在合理配置的前提下，把精力放在常见的等待类型中，在 SQL Server 日常运行过程中，常见的资源等待类型主要有 CPU、内存、I/O、网络及锁等待。

除了前面各节中提到的等待类型，还有一些其他等待类型，它们包括 RESOURCE_SEMAPHORE、THREADPOOL、PAGELATCH_XX、LATCH_XX、ACCESS_METHOD_XX、FGCB_ADD_REMOVE、DBCC_XX、Miscellaneous，下面简要介绍一下它们。

14.11.1 RESOURCE_SEMAPHORE

查询等待授予内存（一些操作如 SORT）时，需要内存。如果这类等待很多并且持续高值，则可能意味着并发量大且查询中发生了大量消耗内存的操作。

14.11.2 THREADPOOL

查询正在等待可用的 Worker 线程，可能出现大量的并行计划用完了 Worker。

14.11.3 PAGELATCH_XX

很多人把这类等待和 PAGEIOLATCH_XX 会混淆，其他等待意味着等待访问内存中的数据页。常见的有 SH 和 EX，SH 意味着读取页，EX 意味着修改页。不要以为这种等待就会增加 I/O 和内存，应该先找出等待的数据页类型。

最常见的是 TempDB 争用，通常可以通过增加 TempDB 文件来缓解它。一般从 4 个开始添加，每次增加 4 个，并且减少临时表的使用或者提高临时表的效率。注意这只是经验而已。

14.11.4 ACCESS_METHOD_XX

常见的 ACCESS_METHOD_XX 有以下几种形式。

- ACCESS_METHOD_DATASET_PARENT
- ACCESS_METHOD_SCAN_RANGE_GENERATOR

- ACCESS_METHOD_HOBT_VIRTUAL_ROOT

前两个发生在并行扫描操作，第 3 个发生在页的根节点分裂上。基于它们发生的情况，应该有针对性分析，比如分析执行计划缓存，看是否存在大量扫描和散列操作。还有查看是否存在大量页分裂的索引。

14.11.5　FGCB_ADD_REMOVE 闩锁

这种等待常见于增加、删除、增长、收缩文件组中的文件上，对文件组控制块（FGCB）所加的闩锁。

对于这类问题，可以做好前期规划，检查文件组的自动增长设置，它不应该设置过低，以免频繁增长。

14.11.6　DBCC_XX

常见类型有以下几种。

- DBCC_MULTIOBJECTSCANNER
- DBCC_FILE_CHECK_OBJECT
- DBCC_FPS_STATUS
- DBCC_CHECK_AGGREGATE
- DBCC_OBJECT_METADATA

由于 DBCC 命令都是内部事件，所以一般不需要过多关注，除非在整个服务器的等待信息中这些已经长时间高居榜首。切记不要随意停止一致性检查。

14.11.7　Miscellaneous

这种类型通常又包含了 EXECSYNC（并行线程在运行时交换信息）、ASYNC_IO_COMPLETION（等待非数据文件 I/O 完成，如日志文件填 0 或者写入备份集）、IO_COMPLETION（等待非数据文件 I/O 完成，如回滚事务和事务复制中读取日志）、WRITE_COMPLETION（等待非缓存 I/O 完成，如创建 PFS 页）。

14.12　案　　例

在作者运维的系统中，曾经出现过这样一个情况：接手某套系统初期，这套系统在全国多地的物理机房都有部署，软硬件几乎一样。有一天作者对某一台机器进行核心表重建索引，发现时间很久，而在此之前作者对其他机房的数据库（有些规模比这台更大）执行同样的操作时，时间消耗没有这台明显。这个时候作者做了两件事：

- 检查 SQL Server 错误日志。发现有错误 833(SQL Server has encountered x occurrence(s) of I/O requests taking longer than 15 seconds to complete on file [x:\xxx…]，这是很常见的问题。读者可以自行查找错误号的具体说明，作者接着检查 file [x:\xxx]文件，发现就是这个数据库的数据文件。
- 检查当前等待信息。发现重建索引的会话等待状态为“write_completion”。

根据这个现象结合个人经验，大概猜出了问题所在：因为当时数据库的可用空间不多，重建索引在理论上需要 120%索引体积空间，这个时候数据库发生了自动增长，重建索引在等待自动增长完成。什么问题会导致自动增长过慢呢？通常是 SQL Server 引擎账号权限不够，没有使用即时文件初始化功能。经过验证，发现确实如此，当时的服务账号权限不高。后来修改账号之后，重建索引的速度明显提升，并且已经达到了其他机器的水平。由于是真实环境，作者过滤了很多细节。在这里提到的目的是，利用错误日志和等待信息，在大部分情况下可以快速定位问题，最起码可以把大方向定下来。

14.13 总　　结

等待信息通常是性能优化的切入点，通过等待信息侦测定位问题从而解决问题。问题的种类很多，我们应该关注常见类型，不需要什么等待都研究，除非你很不幸遇到一些罕见的类型。

分析时切记望文生义，应该综合分析再下结论，比如 LCK_M 等待过久，通常也会引起 CXPACKT 等待的出现。一般建议一次性分析前 5 个最高等待的类型。

除此之外，由于等待信息非常容易丢失，所以必须做好日常收集，不要出现问题的时候才去查看。

从上面几类等待情况及应对方案中，细心的读者可能已经意识到解决方案大同小异，等待的形成原理都差不多，只是发生地点不一样而已。而解决方法在本质上就是“疏通”。简单来说，不管是系统部署前期还是出现问题之后，我们都先从各种错误日志中找一下是否有一些眉目，如果没有，那么先查看等待状态，从中识别问题所在。同时建议读者尽早检查服务器的软硬件配置和数据库的配置，配置层面的问题影响很大，而且改动起来很麻烦，要尽早处理，减少不必要的问题。

第 15 章　事务与阻塞

2 分钟速读

事务是关系数据库理论中最重要的概念之一，而且当前 NoSQL/NewSQL 等概念与传统关系数据库（也称 OldSQL）的核心区别就在事务处理上面。

事务引出了隔离级别、锁、阻塞。如果这些使用不当，则会对数据库性能带来明显的影响，很多时候事务的影响单纯提升硬件是无法解决的。

本章以介绍事务为主线，把其他的相关知识连接起来，这些知识包括以下内容。

- 事务的基础
- 锁
- 阻塞
- 死锁
- 锁升级
- 事务设计建议

通过这些知识，希望读者能够获取、分析和优化事务及锁的问题。

在作者的 DBA 经历中，影响 SQL Server 或者主流关系数据库系统的核心因素按影响面和提升效率来说，有数据库设计、编码质量、索引设计、统计信息维护、事务控制、硬件资源。可能不一定正确，但是这是实践得出来的结果，往往硬件问题还是不很明显的，毕竟 128GB 内存、512GB SSD 就可以满足一个中型系统的硬件所需，而且费用也并不是很高。

事务虽然排在较后，但是并不意味着它的影响能力差，而是因为在绝大部分情况下，SQL Server 的默认行为足以支持常规需要，所以很多人没有对此有足够的重视。

15.1　环境准备和术语介绍

15.1.1　环境准备

本章演示环境将在 SQL Server On Linux 的 AdventureWorks2017 库上进行。

在演示过程中，会使用一个自定义视图来查看资源情况，读者请建在当前库中。

代码清单 15-1　查看事务与阻塞工具——视图

```
USE AdventureWorks2017
```

```
GO
IF EXISTS ( SELECT  1 FROM  sys.views WHERE   name = 'DBlocks' )
DROP VIEW DBlocks ;
GO
CREATE VIEW DBlocks
AS
SELECT  request_session_id AS spid ,
DB_NAME(resource_database_id) AS dbname ,
CASE WHEN resource_type = 'OBJECT'
THEN OBJECT_NAME(resource_associated_entity_id)
WHEN resource_associated_entity_id = 0 THEN 'N/A'
ELSE OBJECT_NAME(p.object_id)
END AS entity_name , index_id , resource_type AS resource ,
        resource_description AS description ,
        request_mode AS mode , request_status AS status
FROM    sys.dm_tran_locks t LEFT JOIN sys.partitions p
ON p.partition_id = t.resource_associated_entity_id
WHERE   resource_database_id = DB_ID()
AND resource_type <> 'DATABASE' ;
```

15.1.2 术语

在开始之前，先介绍一下一些术语，以免读者混乱。

- 会话

其英文为 session，一个 SQL Server 连接，有唯一的 SESSIONID 值。事务跟会话相关联。会话在成功接入 SQL Server 之后，就在某个事务隔离级别下运行，在运行过程中可以修改隔离级别。本书对事务和会话可能会混用。

- 锁定

其英文为 locking，由会话对资源申请资源拥有关系。

- 阻塞

其英文为 blocking，最少有两个会话，如果会话 1 对资源进行锁定，而会话 2 此时需要访问被锁定的资源，那么会话 2 就要等待会话 1 释放资源才能访问（前提是锁定的类型较高，下面会介绍）。这种情况是会话 1 阻塞了会话 2，或者会话 2 被会话 1 阻塞。

15.2 事务与 ACID

在讨论事务前，需要先确定 SQL Server 实例的事务隔离级别。隔离级别是事务实现的前提，通过影响锁的行为从而影响系统的并发性能。

事务是一系列操作的集合，强制保证数据库中数据的一致性和持久性。每个事务都要在一定程度上实现 4 个特征，简称 ACID。

- A 为 Atomicity 即原子性。确保每个事务要么全做，要么全不做。最常见的例子就是银行转账，转出账户必须扣费，转入账户必须增加金额，这是一个事务操作，缺一不可。

- C 为 Consistency 即一致性。保证任何数据库事务都将数据库从一个一致的状态带到另一个，并且没有违反任何的数据库规则和约束。一致性是数据库最重要的特性。不管是 OldSQL、NoSQL 还是 NewSQL，都必须保证最起码和最终的一致性。而关系数据库要做得是强一致性。
- I 为 Isolation 即隔离性。确保每个事务在提交之前都是隔离的，不能存在交叉事务的现象。
- D 为 Durability 即持久性。一旦事务提交，就应该认为永久有效，哪怕出现系统软硬件奔溃。SQL Server 通过在提交阶段把事务刷新到磁盘的事务日志文件中来实现持久性。

在 ACID 特性中，隔离性（I）是最复杂最难实现的，因此，SQL Server 引入了事务隔离级别这个功能来控制隔离性。

SQL Server 总共提供了 6 种隔离级别，按行为区分成乐观和悲观两类。下面进行简介。

15.2.1　事务隔离级别和数据一致性

事务隔离级别影响着事务的生命周期，从而影响锁的持续时间和影响面。接来下将介绍锁。

悲观隔离级别：也称悲观并发。包括 READ UNCOMMITTED、READ COMMITTED、REPEATABLE READ 和 SERIALIZABLE。悲观并发假定系统中有足够多的并发数据修改操作，这样就会出现问题，并且会导致数据完整性问题，除非它采取措施防止它们（通常就是加锁）出现，并且对读写都加锁。

乐观隔离级别：也称乐观并发。它从 SQL Server 2005 开始引入，包括 READ COMMITTED SNAPSHOT 和 SNAPSHOT。与悲观并发相反，它假定系统中有足够少的冲突数据修改操作，以至于任何单个事务都不太可能修改另一个事务正在修改的数据。乐观并发的默认行为是使用行版本控制（row-version）的技术，也可以使用基于快照的隔离，其核心方法就是通过在 TempDB 上维持一个唯一的读副本供读事务访问，而写操作依旧在本事务发生的库上。

综合来说，隔离级别对数据加锁并维持到特定的阶段才释放，使数据在一定周期内不被其他事务所改动，从而达到隔离的效果。所以也可以说，锁是隔离级别的产物。

隔离级别的另一个出现理由是在多用户环境下，数据一致性会出现以下的可能问题。

- 脏读：在 READ UNCOMMITTED 中，事务 T1 可以读取未提交事务 T2 的数据，这些未提交的事务 T2 可能还没完成完整的操作或者会出现回滚，从而导致 T1 得到的数据是不正确的。
- 不可重复读（non-repeatable reads）：同一个事务内，再次访问相同数据时得到不同的结果。这个情况出现在事务读取数据时，其他事务修改或者删除了数据。
- 幻读（phantom reads）：在相同的事务的再次访问时出现了新的数据。

4 种隔离级别的一致性问题如表 15-1 所示。

表 15-1 事务隔离级别和数据一致性问题

事务隔离级别	脏读	不可重复读	幻读
READ UNCOMMITTED	Y	Y	Y
READ COMMITTED	N	Y	Y
REPEATABLE READ	N	N	Y
SERIALIZABLE	N	N	N

从表 15-1 可见，只有 SERIALIZABLE 隔离级别才能防止所有一致性问题，因为它把并发操作降到串行操作了。这在现实环境下显然是不可接受的。

前面提到，隔离级别可通过加锁操作来实现，接下来先介绍一下锁的内容。

15.2.2 锁类型

锁的主要种类

SQL Server 通过锁来支持事务的隔离需求，而锁是作用在“资源”上的，这些资源通常为数据行、页、表（也称对象）、库等。作者见过很多奇葩的代码，在所有表提示中使用 rowlock 提示，美其名曰让锁控制在行级别减少锁升级，里面的术语接下来会介绍。这种想法是非常危险的。不过这也引出了一个特性，在 SQL Server 默认情况下，确实是申请行锁可以最小化并发问题。

本章将使用下面的 DMV 编写的 SQL 语句来查看某个会话 ID 申请的锁资源信息，当然还可以有其他很多方式，比如扩展事件、SQL Profiler 等。

```
select resource_type, resource_description,
        request_type, request_mode, request_status
    from sys.dm_tran_locks
  -- where request_session_id = @@spid;
```

在 SQL Server 中，有不下 20 种锁类型，我们常用的有以下几种。

- 排它锁：也称 X 锁。在写操作（增删改和合并）时申请，对影响行加锁并持续到事务结束。某个时刻只能有一个事务申请并持有，其他事务必须等到持有 X 锁的事务释放锁位置。**事务隔离级别并不影响 X 锁的行为。**
- 共享锁：也称 S 锁，在读操作（主要是 SELECT）时申请，由于共享，所以多个会话可以同时访问 S 锁的资源。
- 意向锁：也称 I*锁，*代表多种类型。虽然行锁可以提高并发，但是从性能角度来说，行锁却没有很好的特性，比如要对表进行修改时，如果只有行锁，那么会话必须扫描全表，检查是否所有行都加上行锁了。这种行为的开销对大表而言非常巨大。SQL Server 借用意向锁来解决这类问题，在数据表和页层面加这类锁，同时意味着其子对象（比如行）也存在锁。
- 更新锁：也称 U 锁。在数据修改过程中，可能需要先查询再更新。在查询阶段，使用 U 锁，对查询出来的数据进行加锁，告知其他事务这些数据将要更新。加锁成功后，把 U 锁升级到 X 锁然后进行实际更新。

锁的兼容

这是很重要的概念。在上面提到的锁中，是否兼容会导致是否有阻塞。兼容的锁（如都是

S 锁）互相并不阻塞，可以照常执行。而不兼容的锁（如 X 锁）跟其他任何锁都不兼容，先获得 X 锁的会话就阻塞其他后续的会话。主要锁类型的兼容性如表 15-2 所示。

表 15-2　锁兼容

锁类型	IS	S	IU	U	IX	X
IS	Y	Y	Y	Y	Y	N
S	Y	Y	Y	Y	N	N
IU	Y	Y	Y	N	Y	N
U	Y	Y	N	N	N	N
IX	Y	N	Y	N	Y	N
X	N	N	N	N	N	N

表 15-2 说明了以下几点。

- 意向锁（I*）之间互相兼容。
- 排它锁和所有锁都不兼容。
- U 锁与 U 锁、X 锁均不兼容。
- U 锁与 S 锁兼容。

X 锁不受隔离级别的影响，S 锁受隔离级别的影响。

15.2.3　锁演示

下面来分别演示一下上面介绍的各种锁类型。排它锁会在各种修改操作中出现，所以这里不单独演示。

例子 1：READ COMMITED 下的 SELECT

```
USE AdventureWorks2017 ;
SET TRANSACTION ISOLATION LEVEL READ COMMITTED ;
BEGIN TRAN
SELECT  *
FROM    Production.Product
WHERE   Name = 'Reflector' ;
--查看锁情况
SELECT  *
FROM    DBlocks
WHERE   spid = @@spid ;
COMMIT TRAN
```

演示环境的结果如图 15-1 所示，具体的数值（如 SPID、INDEX_ID、Description 等）根据实际环境而定。

	spid	dbname	entity_name	index_id	resource	description	mode	status
1	75	AdventureWorks2017	DBlocks	NULL	OBJECT		IS	GRANT

图 15-1　READ COMMITED 下 SELECT 的锁情况

图 15-1 显示 Production.Product 表上并没有锁，只有 DBLocks 这个视图有 IS 锁。因为语句仅进行了 SELECT 操作，所以只需要申请 S 锁。默认情况下，SQL Server 在语句执行

后马上释放锁而不需要等待事务结束，所以接下来的视图查询时已经没有锁了。其实还有一个 DATABASE 锁，只是视图定义时已经过滤掉。

例子 2：REPEATABLE READ 下的 SELECT

本例在 REPEATABLE READ 事务隔离级别下进行 SELECT 操作。

```
USE AdventureWorks2017 ;
SET TRANSACTION ISOLATION LEVEL REPEATABLE READ ;
BEGIN TRAN
SELECT   *
FROM     Production.Product
WHERE    Name LIKE 'Racing Socks%' ;
SELECT   *
FROM     DBlocks
WHERE    spid = @@spid
AND entity_name = 'Product' ;
COMMIT TRAN
```

结果如图 15-2 所示，在 REPEATABLE READ 隔离级别下，S 锁持续到事务结束。同时由于表有聚集索引，所以所有的数据已经在索引的叶子节点上。留意 index_id 这列，它有 1 和 3 两个数字，这证明使用了两个索引，除了聚集索引还有一个非聚集索引在 Name 列。

	spid	dbname	entity_name	index_id	resource	description	mode	status
1	75	AdventureWorks2017	Product	NULL	OBJECT		IS	GRANT
2	75	AdventureWorks2017	Product	3	PAGE	1:10449	IS	GRANT
3	75	AdventureWorks2017	Product	3	KEY	(0f0fbc9d5730)	S	GRANT
4	75	AdventureWorks2017	Product	1	PAGE	1:16135	IS	GRANT
5	75	AdventureWorks2017	Product	3	KEY	(6425b542d963)	S	GRANT
6	75	AdventureWorks2017	Product	1	KEY	(bb0048e930ef)	S	GRANT
7	75	AdventureWorks2017	Product	1	KEY	(424c237ed5e3)	S	GRANT

图 15-2 REPEATABLE READ 下 SELECT 的锁情况

可以看到在键上都是 S 锁，而数据和索引页包括表（object），则为 IS 锁。

例子 3：SERIALIZABLE 下的 SELECT

接下来看看在 SERIALIZABLE 下的 SELECT 行为。

```
USE AdventureWorks2017 ;
SET TRANSACTION ISOLATION LEVEL SERIALIZABLE ;
BEGIN TRAN
SELECT   *
FROM     Production.Product
WHERE    Name LIKE 'Racing Socks%' ;
SELECT   *
FROM     DBlocks
WHERE    spid = @@spid
AND entity_name = 'Product' ;
COMMIT TRAN
```

结果如图 15-3 所示，S 锁在键资源上，IS 锁在父页和对象中。最主要的区别是非聚集索引的行上有很多 RangeS-S 锁，这是一种键范围锁，重点在范围上面，它不仅锁住所需数据，还锁住索引这些数据之前的数据。它可以阻止其他事务插入新的值到表中。

	spid	dbname	entity_name	index_id	resource	description	mode	status
1	75	AdventureWorks2017	Product	NULL	OBJECT		IS	GRANT
2	75	AdventureWorks2017	Product	3	PAGE	1:10449	IS	GRANT
3	75	AdventureWorks2017	Product	3	KEY	(0f0fbc9d5730)	RangeS-S	GRANT
4	75	AdventureWorks2017	Product	1	PAGE	1:16135	IS	GRANT
5	75	AdventureWorks2017	Product	3	KEY	(6425b542d963)	RangeS-S	GRANT
6	75	AdventureWorks2017	Product	1	KEY	(bb0048e930ef)	S	GRANT
7	75	AdventureWorks2017	Product	3	KEY	(4caa3239a9e1)	RangeS-S	GRANT
8	75	AdventureWorks2017	Product	1	KEY	(424c237ed5e3)	S	GRANT

图 15-3　SERIALIZABLE 下 SELECT 的锁情况

实际上，当这个事务正在运行时，其他事务不能插入数据到 Pinch Bolt 到 Rear Brakes 之间。

例子 4：READ COMMITTED 下的 UPDATE

前面 3 个例子介绍的是 SELECT，那么看看更新的行为，同样它以默认设置开始。

```
USE AdventureWorks2017 ;
SET TRANSACTION ISOLATION LEVEL READ COMMITTED ;
BEGIN TRAN
UPDATE  Production.Product
SET     ListPrice = ListPrice * 0.6
WHERE   Name LIKE 'Racing Socks%' ;
SELECT  *
FROM    DBlocks
WHERE   spid = @@spid
AND entity_name = 'Product' ;
COMMIT TRAN
```

如图 15-4 所示，index_id=1 表示永远是聚集索引。在这里，会对实际需要修改的数据页（在聚集索引的叶子节点上）加 X 锁。然后在其所在的页和表加上 IX 锁。

	spid	dbname	entity_name	index_id	resource	description	mode	status
1	75	AdventureWorks2017	Product	NULL	OBJECT		IX	GRANT
2	75	AdventureWorks2017	Product	1	PAGE	1:16135	IX	GRANT
3	75	AdventureWorks2017	Product	1	KEY	(bb0048e930ef)	X	GRANT
4	75	AdventureWorks2017	Product	1	KEY	(424c237ed5e3)	X	GRANT

图 15-4　READ COMMITTED 下 UPDATE 的锁情况

SQL Server 在查找需要更新的数据时会使用 U 锁。在实际进行更新时会把 U 锁升级到 X 锁。由于在使用 DBlocks 视图查看时实际已经开始了更新操作，所以 U 锁是看不到的。除非使用查询提示来强制 U 锁。

例子 5：SERIALIZABLE 下的 UPDATE（带有索引）

接下来修改例子 4 中的隔离级别，然后再次使用。

```
USE AdventureWorks2017 ;
SET TRANSACTION ISOLATION LEVEL SERIALIZABLE ;
BEGIN TRAN
UPDATE  Production.Product
```

```
SET     ListPrice = ListPrice * 0.6
WHERE   Name LIKE 'Racing Socks%' ;
SELECT  *
FROM    DBlocks
WHERE   spid = @@spid
AND entity_name = 'Product' ;
COMMIT TRAN
```

结果如图 15-5 所示，这一次又出现了 RangeS 锁，后面是 U 而不是 S 了。S 用于阻止插入，但是 U 可以阻止其他事务更新数据。

	spid	dbname	entity_name	index_id	resource	description	mode	status
1	75	AdventureWorks2017	Product	NULL	OBJECT		IX	GRANT
2	75	AdventureWorks2017	Product	3	PAGE	1:10449	IU	GRANT
3	75	AdventureWorks2017	Product	3	KEY	(0f0fbc9d5730)	RangeS-U	GRANT
4	75	AdventureWorks2017	Product	1	PAGE	1:16135	IX	GRANT
5	75	AdventureWorks2017	Product	3	KEY	(6425b542d963)	RangeS-U	GRANT
6	75	AdventureWorks2017	Product	1	KEY	(bb0048e930ef)	X	GRANT
7	75	AdventureWorks2017	Product	3	KEY	(4caa3239a9e1)	RangeS-U	GRANT
8	75	AdventureWorks2017	Product	1	KEY	(424c237ed5e3)	X	GRANT

图 15-5 SERIALIZABLE 下 UPDATE（带索引）的锁情况

例子 6：SERIALIZABLE 下的 UPDATE（不使用索引）

下面看一下没有使用聚集索引的更新情况。

```
USE AdventureWorks2017 ;
SET TRANSACTION ISOLATION LEVEL SERIALIZABLE ;
BEGIN TRAN
UPDATE  Production.Product
SET     ListPrice = ListPrice * 0.6
WHERE   Color = 'White' ;
SELECT  *
FROM    DBlocks
WHERE   spid = @@spid
AND entity_name = 'Product' ;
COMMIT TRAN
```

结果如图 15-6 所示。首先可以看到行数变得很多（这里有 519 行），同样所有的锁发生在 index_id=1 的聚集索引上。

	spid	dbname	entity_name	index_id	resource	description	mode	status
1	75	AdventureWorks2017	Product	1	KEY	(c1db7eafefe0)	RangeS-U	GRANT
2	75	AdventureWorks2017	Product	1	KEY	(852c69481e40)	RangeS-U	GRANT
3	75	AdventureWorks2017	Product	1	KEY	(65dbe8576a26)	RangeS-U	GRANT
4	75	AdventureWorks2017	Product	1	KEY	(a9c532038a49)	RangeS-U	GRANT
5	75	AdventureWorks2017	Product	1	KEY	(212cffb08b86)	RangeS-U	GRANT
6	75	AdventureWorks2017	Product	1	KEY	(ffffffffffff)	RangeS-U	GRANT
7	75	AdventureWorks2017	Product	1	KEY	(f9fe4926a395)	RangeS-U	GRANT
8	75	AdventureWorks2017	Product	1	KEY	(bd095ec17235)	RangeS-U	GRANT
9	75	AdventureWorks2017	Product	1	KEY	(5dfedfde3653)	RangeS-U	GRANT
10	75	AdventureWorks2017	Product	1	KEY	(d1e0058ae63c)	RangeS-U	GRANT
11	75	AdventureWorks2017	Product	1	KEY	(1909c839e7f3)	RangeS-U	GRANT
12	75	AdventureWorks2017	Product	1	KEY	(b19110bd160a)	RangeS-U	GRANT
13	75	AdventureWorks2017	Product	1	KEY	(f566075ae7aa)	RangeS-U	GRANT
14	75	AdventureWorks2017	Product	1	KEY	(1591864583cc)	RangeS-U	GRANT
15	75	AdventureWorks2017	Product	1	KEY	(998f5e1153a3)	RangeS-U	GRANT
16	75	AdventureWorks2017	Product	1	KEY	(516691a2526c)	RangeS-U	GRANT

查询已成功执行。 10.11.10.190 (14.0 RTM) sa (75) AdventureWorks2017 00:00:00 519 行

图 15-6 SERIALIZABLE 下 UPDATE（不带索引）的锁情况

由于 color 列上没有现成的非聚集索引，所以使用聚集索引进行全表扫描，从而导致全

表加上了 RangeS-U 锁。读者自行测试时可以看到有 4 行数据被修改，所以对应的会有 RangeS-X 锁，还有一些 IU 锁、IX 锁。

15.3　阻　　塞

阻塞是一个最常见的性能问题。从作者的工作经历而言，在性能优化中，除非能从错误日志里面找到明确的问题，否则阻塞就是第一个切入点。一旦阻塞发生，整个系统的性能都可能断崖式下降。

在实际系统中，阻塞和死锁都不可避免，因此要把握好度。过度的阻塞从用户角度来说就是性能问题，因为堵住了，就会觉得卡、慢甚至超时。除了死锁之外，性能“慢”不一定是阻塞问题的标志。可以通过优化语句来减缓甚至解决它。阻塞问题肯定会导致系统整体“慢”。本节将介绍一下如何侦测阻塞问题。

15.3.1　阻塞演示

阻塞的原因有很多种，我们无法一一列举，只能“伪造”出一个阻塞，它足以说明很多问题。阻塞的一个例子是在多会话情形下事务的持续时间过长。我们在 AdventureWorks2017 库下进行演示，代码很简单就不给出来了。

注意在图 15-7 中顶部的两个圆框标志了这两个窗口的会话 ID，一个是 72，一个是 71。接下来先执行会话 ID 为 72（即左边）的部分，不要执行回滚，接下来执行右边部分。可以看到它一直在运行。现在，阻塞形成了，先不急着关闭，因为后面还要用。

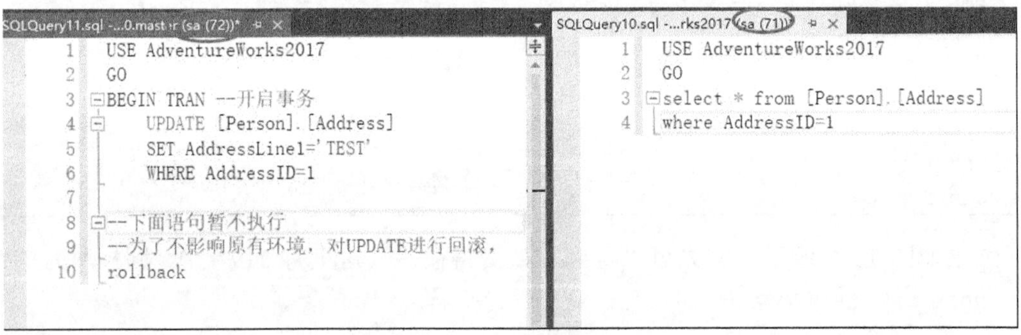

图 15-7　阻塞演示

15.3.2　阻塞侦测方法

其中一个侦测系统阻塞问题最简单的方法是检查阻塞信息。而更合理的侦测阻塞步骤可以分为 3 步。

- 找到阻塞对应的语句。
- 找到阻塞的原因。
- 解决根本问题。

SQL Server 提供了很多工具来侦测阻塞问题。这些工具可以分为两类：第一类主要由

DMV 定制编码，它特别适合进行实时侦测；第二类用于长时间收集并用于后续分析。

接下来一边介绍一边实操。

15.3.3 阻塞信息实时侦测

在第 9 章说过，我们更希望得到长时间的监控数据，但是锁/阻塞问题是一个例外，因为锁/阻塞问题一旦发生，影响效果会非常明显，必须马上处理，这个时候实时数据更加有效。

实时侦测的核心工具是 sys.dm_tran_locks 这个 DMV，它提供了当前活动请求的信息，包括锁申请及其状态（如 GRANT、WAIT 的列表），还有请求的资源及其他有用信息。

在上面未提交/回滚的例子中，我们再开一个窗口执行 DBlocks 视图和两个 DMV 查询。

```
select * from DBlocks
GO
select session_id,wait_time,wait_type,blocking_session_id
from sys.dm_exec_requests  where session_id =71
GO
select session_id,wait_duration_ms,wait_type,
blocking_session_id,resource_description
from   sys.dm_os_waiting_tasks where session_id =71
```

结果如图 15-8 所示。从第一个结果集可以看到，spid（session_id）为 71 的会话状态是等待（Wait），而 72 的为授予（GRANT），而且资源描述（description）是相同的，这意味着 72 得到了这个资源的授权并添加了 X 锁，而 71（就是 SELECT）正在等待（wait）SQL Server 分配对这个资源的 S 锁。

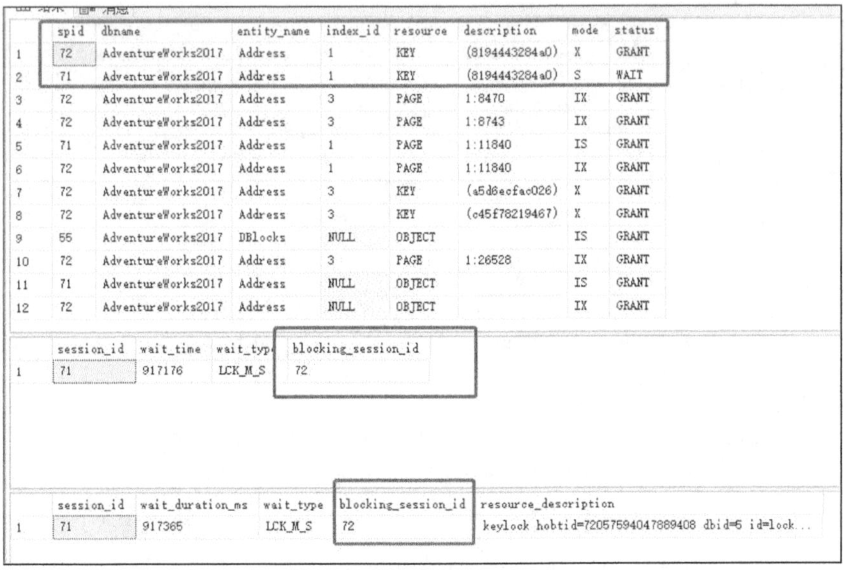

	spid	dbname	entity_name	index_id	resource	description	mode	status
1	72	AdventureWorks2017	Address	1	KEY	(8194443284a0)	X	GRANT
2	71	AdventureWorks2017	Address	1	KEY	(8194443284a0)	S	WAIT
3	72	AdventureWorks2017	Address	3	PAGE	1:8470	IX	GRANT
4	72	AdventureWorks2017	Address	3	PAGE	1:8743	IX	GRANT
5	71	AdventureWorks2017	Address	1	PAGE	1:11840	IS	GRANT
6	72	AdventureWorks2017	Address	1	PAGE	1:11840	IX	GRANT
7	72	AdventureWorks2017	Address	3	KEY	(a5d6ecfac026)	X	GRANT
8	72	AdventureWorks2017	Address	3	KEY	(c45f78219467)	X	GRANT
9	55	AdventureWorks2017	DBlocks	NULL	OBJECT		IS	GRANT
10	72	AdventureWorks2017	Address	3	PAGE	1:26528	IX	GRANT
11	71	AdventureWorks2017	Address	NULL	OBJECT		IS	GRANT
12	72	AdventureWorks2017	Address	NULL	OBJECT		IX	GRANT

	session_id	wait_time	wait_typ	blocking_session_id
1	71	917176	LCK_M_S	72

	session_id	wait_duration_ms	wait_type	blocking_session_id	resource_description
1	71	917365	LCK_M_S	72	keylock hobtid=72057594047889408 dbid=6 id=lock...

图 15-8 查找锁情况（1）

另外两个结果集均标识了 71 被 72 阻塞（blocking_session_id 为阻塞源头），同时也表明正在等待 LCK_M_S（共享锁），不过这个结果还是有点不够直观。

下面这个语句能找到阻塞更多的信息。

代码清单 15-2 查看事务与阻塞工具——查询语句

```
select
    tl.resource_type as [Resource Type]
    ,db_name(tl.resource_database_id) as [DB Name]
    ,case tl.resource_type
when  'OBJECT' then object_name(tl.resource_associated_entity_id
,tl.resource_database_id)
        when 'DATABASE' then 'DB'
        else
            case when tl.resource_database_id = db_id()
                then
                    (  select object_name(object_id, tl.resource_database_id)
                       from sys.partitions
                       where hobt_id = tl.resource_associated_entity_id )
                else '(Run under DB context)'
            end
    end as [Object]
    ,tl.resource_description as [Resource]
    ,tl.request_session_id as [Session]
    ,tl.request_mode as [Mode]
    ,tl.request_status as [Status]
    ,wt.wait_duration_ms as [Wait (ms)]
    ,qi.sql
    ,qi.query_plan
from
sys. dm_tran_locks tl with (nolock) left outer join
sys.dm_os_waiting_tasks wt with (nolock) on
            tl.lock_owner_address = wt.resource_address and tl.request_status = 'WAIT'
    outer apply
    (
        select
            substring(s.text, (er.statement_start_offset / 2) + 1,
                 ((  case er.statement_end_offset
                            when -1
                            then datalength(s.text)
                            else er.statement_end_offset
                      end - er.statement_start_offset) / 2) + 1) as sql
            , qp.query_plan
        from
            sys.dm_exec_requests er with (nolock)
                cross apply sys.dm_exec_sql_text(er.sql_handle) s
                outer apply sys.dm_exec_query_plan(er.plan_handle) qp
        where
            tl.request_session_id = er.session_id
    ) qi
where
    tl.request_session_id <> @@spid
order by
```

```
    tl.request session id
option (recompile)
```

结果如图 15-9 所示。这个结果相比而言更加有用，读者可以像 DBlocks 一样将其封装起来，不管是视图还是存储过程。作者更加喜欢用存储过程，最起码不用写 SELECT *，不过对于一些要过滤的数据，视图不失为一个好的方法。

	Resource Type	DB Name	Object	Resource	Session	Mode	Status	Wait (ms)	sql	query_plan
1	DATABASE	AdventureWorks2017	DB		37	S	GRANT	NULL	NULL	NULL
2	DATABASE	AdventureWorks2017	DB		37	S	GRANT	NULL	NULL	NULL
3	DATABASE	AdventureWorks2017	DB		37	S	GRANT	NULL	NULL	NULL
4	DATABASE	msdb	DB		53	S	GRANT	NULL	NULL	NULL
5	DATABASE	msdb	DB		54	S	GRANT	NULL	NULL	NULL
6	DATABASE	AdventureWorks2017	DB		55	S	GRANT	NULL	NULL	NULL
7	DATABASE	AdventureWorks2017	DB		71	S	GRANT	NULL	SELECT * FROM [Person].[Address] WHERE [Address...	<ShowPlanXML xmlns="http://schemas.microsoft.co...
8	OBJECT	AdventureWorks2017	Address		71	IS	GRANT	NULL	SELECT * FROM [Person].[Address] WHERE [Address...	<ShowPlanXML xmlns="http://schemas.microsoft.co...
9	PAGE	AdventureWorks2017	Address	1:11840	71	IS	GRANT	NULL	SELECT * FROM [Person].[Address] WHERE [Address...	<ShowPlanXML xmlns="http://schemas.microsoft.co...
10	KEY	AdventureWorks2017	Address	(8194443284a0)	71	S	WAIT	1225869	SELECT * FROM [Person].[Address] WHERE [Address...	<ShowPlanXML xmlns="http://schemas.microsoft.co...
11	PAGE	AdventureWorks2017	Address	1:11840	72	IX	GRANT	NULL	NULL	NULL
12	KEY	AdventureWorks2017	Address	(8194443284a0)	72	X	GRANT	NULL	NULL	NULL
13	PAGE	AdventureWorks2017	Address	1:8743	72	IX	GRANT	NULL	NULL	NULL
14	KEY	AdventureWorks2017	Address	(c45f78219467)	72	X	GRANT	NULL	NULL	NULL
15	PAGE	AdventureWorks2017	Address	1:8470	72	IX	GRANT	NULL	NULL	NULL
16	KEY	AdventureWorks2017	Address	(a5d6ecfac026)	72	X	GRANT	NULL	NULL	NULL
17	PAGE	AdventureWorks2017	Address	1:26528	72	IX	GRANT	NULL	NULL	NULL
18	DATABASE	AdventureWorks2017	DB		72	S	GRANT	NULL	NULL	NULL
19	OBJECT	AdventureWorks2017	Address		72	IX	GRANT	NULL	NULL	NULL

图 15-9 查找锁情况（2）

这个脚本不仅显示了刚才的信息，还显示了 SQL 语句及其执行计划。当然，用在 10.2.6 节中提到的工具也可以得到类似的结果。

在现实系统中，返回结果可能非常多，这明显不利于快速发现和处理问题。我们可以进一步改写代码，这样就可以返回阻塞和被阻塞的会话而不返回其他对解决问题不重要的内容。

代码清单 15-3 查看事务与阻塞工具——改进查询语句

```
select
    tl1.resource_type as [Resource Type]
    ,db_name(tl1.resource_database_id) as [DB Name]
    ,case tl1.resource_type
when  'OBJECT' then object_name(tl1.resource_associated_entity_id
,tl1.resource_database_id)
        when 'DATABASE' then 'DB'
        else
            case when tl1.resource_database_id = db_id()
                then
                     (  select object_name(object_id, tl1.resource_database_id)
                        from sys.partitions
                        where hobt_id = tl1.resource_associated_entity_id )
                else '(Run under DB context)'
            end
    end as [Object]
    ,tl1.resource_description as [Resource]
    ,tl1.request_session_id as [Session]
    ,tl1.request_mode as [Mode]
    ,tl1.request_status as [Status]
    ,wt.wait_duration_ms as [Wait (ms)]
      ,qi.sql
```

```
    ,qi.query plan
from
    sys.dm_tran_locks tl1 with (nolock) join sys.dm_tran_locks tl2 with (nolock) on
        tl1.resource_associated_entity_id = tl2.resource_associated_entity_id
    left outer join sys.dm_os_waiting_tasks wt with (nolock) on
        tl1.lock_owner_address = wt.resource_address and tl1.request_status = 'WAIT'
    outer apply
    (
        select
            substring(s.text, (er.statement_start_offset / 2) + 1,
                ((  case er.statement_end_offset
                            when -1
                            then datalength(s.text)
                            else er.statement_end_offset
                      end - er.statement_start_offset) / 2) + 1) as sql
            , qp.query_plan
        from
            sys.dm_exec_requests er with (nolock)
                cross apply sys.dm_exec_sql_text(er.sql_handle) s
                outer apply sys.dm_exec_query_plan(er.plan_handle) qp
        where
            tl1.request_session_id = er.session_id
    ) qi
where
    tl1.request_status <> tl2.request_status and
    (
        tl1.resource_description = tl2.resource_description or
        ( tl1.resource_description is null and tl2.resource_description is null )
    )
option (recompile)
```

结果如图 15-10 所示，这次就干净很多了。

	Resource Type	DB Name	Object	Resource	Session	Mode	Status	Wait (ms)	sql	query_plan
1	KEY	AdventureWorks2017	Address	(8194443284a0)	71	S	WAIT	6409131	SELECT * FROM [Person].[Address] WHERE [Address...	<ShowPlanXML xmlns="http://schemas.microsoft.co...
2	KEY	AdventureWorks2017	Address	(8194443284a0)	72	X	GRANT	NULL	NULL	NULL

图 15-10　只查找与阻塞有关系的会话

通过这个脚本我们可以看到一些信息，阻塞必须要有两个或以上的会话在争用相同资源。这就引出了两个解决问题的思考点。

- 为什么阻塞源的会话要对资源进行加锁？
- 为什么被阻塞的会话要申请这个资源上的锁？

由于被阻塞的会话更容易发现（因为明显地卡、超时、慢等），所以很容易得到其语句和对应的执行计划。然后用前面的脚本找到阻塞源，并分析或重新执行代码。

从代码分析可知，71 和 72 会话都在访问 AddressID=1 的值，由于这一列是聚集索引，所以可以通过索引进行查找操作而不需要扫描。当 72 先执行 UPDATE 的时候，对这个键申请了 U 锁随后升级为 X 锁。会话 71 在 SELECT 时，要对这个键值添加 S 锁。根据 15.2.2 节中提到的锁兼容级别可知，X 锁和其他任何锁都不兼容，所以会话 71 就需要等待 72 释放已授予（grant）的 X 锁。

在这个例子中，我们使用 BEGIN TRAN 但不提交/不回滚的原因是要模拟事务足够长，这也是一个常见的阻塞原因，很大一部分阻塞都是因为 X 锁持有时间太长而产生的。如果持有时间不长，那么即使锁住的资源很多，也不会造成大面积的影响。对于这类问题，一般就是加快事务的提交（或结束）。换句话来说，就是要加快更新性能。当然本例非常简单，执行起来已经足够快了，所以没必要改进。对于大表执行更新、删除这类操作时，对 Where 条件添加合适的索引是很必要的。

持续时间过久是核心问题，另外一个问题是多个会话使用了不同的隔离级别，其导致的也是事务（也就是锁）的持续时间问题。还有就是锁数量太多（可能因为没有索引支持导致表扫描）导致锁升级（15.5 节会介绍），从而影响了其他会话访问表中其他键值的数据。

不管什么类型，找出阻塞源和被阻塞的会话，然后分析阻塞原因才是根本。

15.3.4 阻塞信息收集

对于阻塞，除了编码之外，设计也是一个重要因素。DMV 收集的数据通常适合拿来应急，但是要进行设计层面的分析，就不怎么够了。另外，DBA 不管是否有轮岗，总有不能随传随到的时候，有时候进行分析时，DMV 也显然没办法得到想要的数据。这个时候，就要进行持续的监控。

在 SQL Server 中有一个配置叫“blocked process threshold”，它用于检查系统中的阻塞和生成报告。可以在 SSMS 中使用 sp_configure 来设置。配置值的单位为秒，微软建议最少要有 5s，但是也不要太长，一般要小于查询超时时间，否则收集不到信息。就作者经历而言，对于繁忙的系统，5s 比较合适，对于小型或者不是非常重要的系统，10s 也可以。

下面提供一个扩展事件收集阻塞的脚本，脚本来自 SQL Server MCM 的文章，可必应搜索“Finding Blocked Processes and Deadlocks using SQL Server Extended Events”。

创建事件，注意修改对应路径和确保目录已存在。

代码清单 15-4 查看事务与阻塞工具——扩展事件

```
CREATE EVENT SESSION [blocked_process] ON SERVER
ADD EVENT sqlserver.blocked_process_report(
    ACTION(sqlserver.client_app_name,
           sqlserver.client_hostname,
           sqlserver.database_name)) ,
ADD EVENT sqlserver.xml_deadlock_report (
    ACTION(sqlserver.client_app_name,
           sqlserver.client_hostname,
           sqlserver.database_name))
ADD TARGET package0.asynchronous_file_target
(SET filename = N'c:\temp\XEventSessions\blocked_process.xel',
     metadatafile = N'c:\temp\XEventSessions\blocked_process.xem',
     max_file_size=(65536),
     max_rollover_files=5)
WITH (MAX_DISPATCH_LATENCY = 5SECONDS)
GO
```

设置对 5s 以上的阻塞进行收集。

```
EXEC sp_configure 'show advanced options', 1 ;
GO
RECONFIGURE ;
GO
/* Enabled the blocked process report */
EXEC sp_configure 'blocked process threshold', '5';
RECONFIGURE
GO
/* Start the Extended Events session */
ALTER EVENT SESSION [blocked_process] ON SERVER
STATE = START;
```

查看数据，注意修改路径。

```
WITH events_cte AS (
  SELECT
    xevents.event_data,
    DATEADD(mi,
    DATEDIFF(mi, GETUTCDATE(), CURRENT_TIMESTAMP),
    xevents.event_data.value(
      '(event/@timestamp)[1]', 'datetime2')) AS [event time] ,
    xevents.event_data.value(
      '(event/action[@name="client_app_name"]/value)[1]', 'nvarchar(128)')
      AS [client app name],
    xevents.event_data.value(
      '(event/action[@name="client_hostname"]/value)[1]', 'nvarchar(max)')
      AS [client host name],
    xevents.event_data.value(
      '(event[@name="blocked_process_report"]/data[@name="database_name"]/value)[1]',
'nvarchar(max)')
      AS [database name],
    xevents.event_data.value(
      '(event[@name="blocked_process_report"]/data[@name="database_id"]/value)[1]', 'int')
      AS [database_id],
    xevents.event_data.value(
      '(event[@name="blocked_process_report"]/data[@name="object_id"]/value)[1]', 'int')
      AS [object_id],
    xevents.event_data.value(
      '(event[@name="blocked_process_report"]/data[@name="index_id"]/value)[1]', 'int')
      AS [index_id],
    xevents.event_data.value(
      '(event[@name="blocked_process_report"]/data[@name="duration"]/value)[1]',
'bigint') / 1000
      AS [duration (ms)],
    xevents.event_data.value(
      '(event[@name="blocked_process_report"]/data[@name="lock_mode"]/text)[1]', 'varchar')
      AS [lock_mode],
    xevents.event_data.value(
```

```
        '(event[@name="blocked process report"]/data[@name="login sid"]/value)[1]', 'int')
        AS [login_sid],
      xevents.event_data.query(
        '(event[@name="blocked_process_report"]/data[@name="blocked_process"]/value/
blocked-process-report)[1]')
        AS blocked_process_report,
      xevents.event_data.query(
        '(event/data[@name="xml_report"]/value/deadlock)[1]')
        AS deadlock_graph
    FROM    sys.fn_xe_file_target_read_file
      ('C:\temp\XEventSessions\blocked_process*.xel',
       'C:\temp\XEventSessions\blocked_process*.xem',
       null, null)
      CROSS APPLY (SELECT CAST(event_data AS XML) AS event_data) as xevents
  )
  SELECT
    CASE WHEN blocked_process_report.value('(blocked-process-report[@monitorLoop])[1]',
'nvarchar(max)') IS NULL
         THEN 'Deadlock'
         ELSE 'Blocked Process'
         END AS ReportType,
    [event time],
    CASE [client app name] WHEN '' THEN ' -- N/A -- '
                           ELSE [client app name]
                           END AS [client app _name],
    CASE [client host name] WHEN '' THEN ' -- N/A -- '
                            ELSE [client host name]
                            END AS [client host name],
    [database name],
    COALESCE(OBJECT_SCHEMA_NAME(object_id, database_id), ' -- N/A -- ') AS [schema],
    COALESCE(OBJECT_NAME(object_id, database_id), ' -- N/A -- ') AS [table],
    index_id,
    [duration (ms)],
    lock_mode,
    COALESCE(SUSER_NAME(login_sid), ' -- N/A -- ') AS username,
    CASE WHEN blocked_process_report.value('(blocked-process-report[@monitorLoop])[1]',
'nvarchar(max)') IS NULL
         THEN deadlock_graph
         ELSE blocked_process_report
         END AS Report
  FROM events_cte
  ORDER BY [event time] DESC ;
```

15.4 死　　锁

死锁是特殊的一种阻塞，发生在多会话甚至单会话的多线程（并行执行）过程中，它们互相阻塞，形成环路。

15.4.1　死锁演示

首先来看看比较典型的死锁。下面的代码分别在两个窗口中执行，并且注意图 15-11 中的顺序，一共有 4 步。

1）在左边窗口（SPID=81）执行更新

```
USE AdventureWorks2017
GO
BEGIN TRAN
UPDATE  Purchasing.PurchaseOrderDetail
SET     OrderQty = OrderQty + 200
WHERE   ProductID = 922
AND PurchaseOrderID = 499;
GO
```

2）在右边窗口（SPID=82）执行更新

```
USE AdventureWorks2017
GO
BEGIN TRAN
UPDATE  Production.Product
SET     ListPrice = ListPrice * 0.9
WHERE   ProductID = 922;
GO
```

3）回到左边窗口再执行更新语句

```
UPDATE  Production.Product
SET     ListPrice = ListPrice * 1.1
WHERE   ProductID = 922;
GO
```

4）在右边窗口执行更新语句

```
UPDATE  Purchasing.PurchaseOrderDetail
SET     OrderQty = OrderQty - 200
WHERE   ProductID = 922
AND PurchaseOrderID = 499;
GO
```

步骤如图 15-11 所示，第 3 步执行开始后，第一个窗口应该处于阻塞状态。此时还没有发生死锁，只是发生了阻塞等待。到了第 4 步，大概 3s 之后就会发生死锁。结果如图 15-12 所示。

显示如下错误信息：

消息 1205，级别 13，状态 51，第 18 行

Transaction (Process ID 82) was deadlocked on lock resources with another process and has been chosen as the deadlock victim. Rerun the transaction.

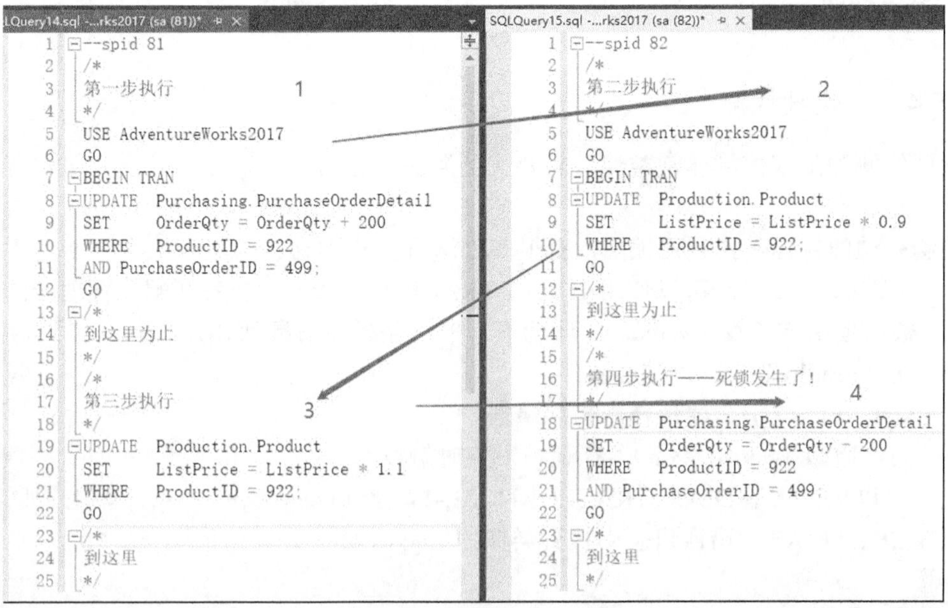

图 15-11　死锁演示（1）

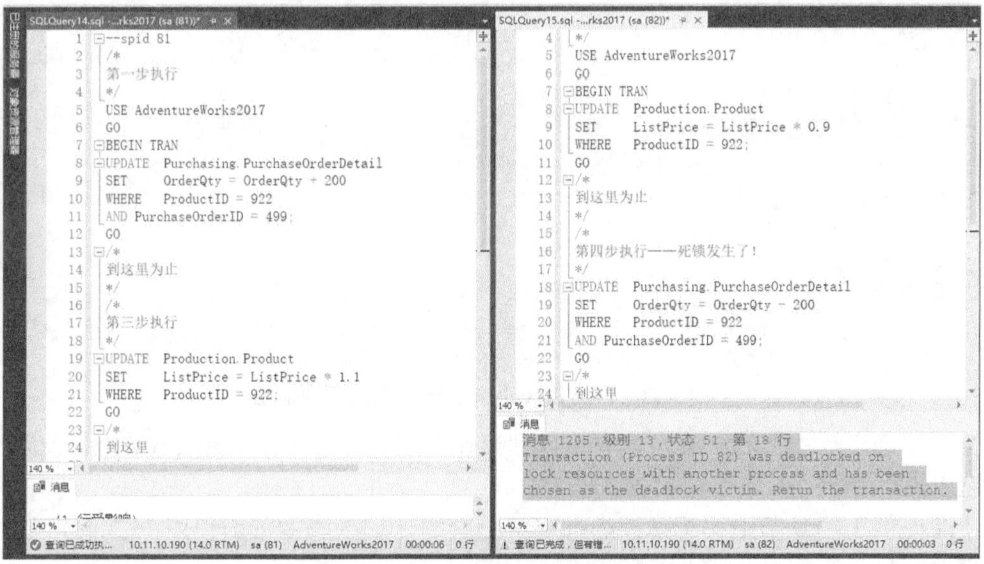

图 15-12　死锁演示（2）

注意，上面的 Process ID 实际上是会话 ID（Session_ID 或 SPID），这个跟机器有关，读者环境下不一定是这个 ID。

典型死锁发生在互相争用相同资源并且无法通过等待来解决时。在 SQL Server 中，有一个系统任务“Deadlock Monitor”每 5s 运行一次并检查是否有死锁。当死锁被侦测到时，SQL Server 会回滚其中一个被认为影响面最小的事务（通常是事务日志空间较小的那个，因为回滚开销小）来解决死锁。如果系统中有死锁，那么这个间隔可能会变短，有些情况下，可以每秒运行 10 次！

关于详细的死锁信息，可以阅读作者另外一本书《SQL Server 性能优化与管理的艺术》。

15.4.2　死锁侦测

死锁侦测和阻塞侦测非常类似，需要找到源头，分析原因，然后处理（虽然有点不切实际但又是事实）。

侦测死锁的目标是找到死锁图，有很多方法可以找到它。

- 跟踪标记 1222：可以使用 DBCC TRACEON(1222,-1)或者在配置管理器的启动参数中使用-T1222（Windows 环境下）来保存死锁信息到 SQL Server 错误日志中。
- xml_deadlock_report 扩展事件。
- SQL Trace。但是建议使用扩展事件。
- 创建通知（notification），在死锁发生时触发。

读者可以执行一下 DBCC TRACEON(1222,-1)，然后重新执行 15.4.1 节中的死锁演示，就可以在 SQL Server 的错误日志中找到类似的信息，如图 15-13 所示。

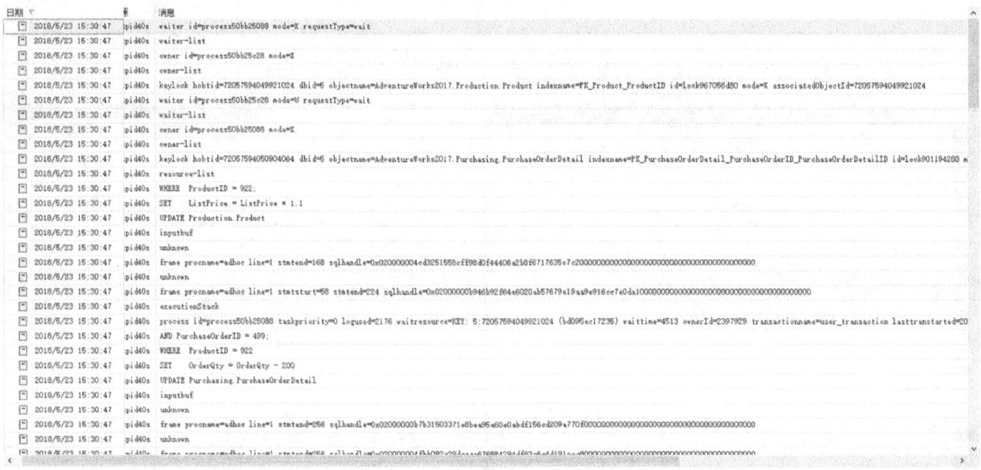

图 15-13　SQL Server 错误日志中的死锁信息

分析死锁不是本书的初衷，读者可以阅读作者另外一本书《SQL Server 性能优化与管理的艺术》。

下面提供 15.3.4 节中关于死锁的扩展事件脚本，这个脚本依旧使用 15.3.4 节中创建的扩展事件，只是查看的方式不一样。

代码清单 15-5　查看事务与阻塞工具——死锁扩展事件

```
CREATE TABLE bpr (
    EndTime DATETIME,
    TextData XML,
    EventClass INT DEFAULT(137)
);
GO

WITH events_cte AS (
```

```
        SELECT
            DATEADD(mi,
            DATEDIFF(mi, GETUTCDATE(), CURRENT_TIMESTAMP),
            xevents.event_data.value('(event/@timestamp)[1]',
               'datetime2')) AS [event_time] ,
            xevents.event_data.query('(event[@name="blocked_process_report"]/data[@name=
"blocked_process"]/value/blocked-process-report)[1]')
                AS blocked_process_report
        FROM    sys.fn_xe_file_target_read_file
            ('C:\temp\XEventSessions\blocked_process*.xel',
             'C:\temp\XEventSessions\blocked_process*.xem',
             null, null)
            CROSS APPLY (SELECT CAST(event_data AS XML) AS event_data) as xevents
    )
    INSERT INTO bpr (EndTime, TextData)
    SELECT
        [event_time],
        blocked_process_report
    FROM events_cte
    WHERE blocked_process_report.value('(blocked-process-report[@monitorLoop])[1]',
'nvarchar(max)') IS NOT NULL
    ORDER BY [event_time] DESC ;

    EXEC sp_blocked_process_report_viewer @Trace='bpr', @Type='TABLE';
```

使用里面的 sp_blocked_process_report_viewer 可更直观地查询内容，脚本很长，读者可以到 Github 自行下载。

15.4.3 降低死锁概率

首先要清楚，在实际系统中死锁是在所难免的。我们能做的只是“降低”发生的概率。由于本书偏向运维层面，所以这里只给出一些建议。

- 优化查询：减少 OLTP 等系统的不合理扫描，检查索引、写法等。
- 减少锁的持有时间：锁是不可避免的，要减少锁特别是 X 锁的持有时间。
- 非必要情况下不改动默认事务隔离级别或者混用事务隔离级别。
- 在相同事务中，如果用到了多个索引，则可以避免多次更新同一行数据。
- 添加 TRY/CATCH 逻辑捕获并处理死锁异常。

15.5 锁 升 级

从并发角度来看，行锁是很好的，但是它有很大开销，特别是对内存。每个锁都要 128 字节（64 位）的内存资源来维护。为了降低这种开销，SQL Server 引入了锁升级技术。

15.5.1 锁升级概述

在 SQL Server 实例层面，一旦一个语句对同一个对象申请超过 5000 个行锁或页锁时，SQL Server 就会尝试把行锁或页锁升级到更高的锁，比如表锁或者分区锁（二者只能选其一）。如果此时没有其他事务/会话对相同的资源持有不兼容的锁，那么升级会成功进行，并释放行锁或页锁。如果升级失败，则维持原有锁定，在随后的 1250 个锁申请时再次尝试。

不过注意虽然这是官方提供的值，但是下面会演示一下，并非真的那么准确。官方没有说明原因，但是作者认为，单纯的 5000 行的概念还是太片面，可能要考虑列数、数据类型等，甚至服务器配置因素。但是关于这点作者暂不打算深究，大家记住不要有过多的锁。

锁升级的初衷是通过减少锁的数量来减少资源消耗。它也有不好的地方，比如对于 S1、S2 两个会话。S1 只需要查询百万级别表的一行数据。而 S2 只需要更新这个表的一行数据。如果 S2 进行了全表扫描那么可能就会触发锁升级，从而把全表锁住用于更新。这个时候 S1 完全处于被阻塞状态而无法进行看似简单的查询。

15.5.2　锁升级侦测

下面先来演示一下锁升级的例子，同样在 AdventureWorks2017 上，通过 SELECT INTO 把 SalesOrderHeader 表的数据插入一个新表 SalesOrderHeader_New 中，SELECT INTO 不会把表上的索引属性带过去，这样可以模拟表扫描带来的大量锁定。

然后在 Where 条件中限定刚好返回 5000 行（即 5000 个行锁）的情况，然后进行删除操作，因为默认隔离级别下 SELECT 是执行完就释放 S 锁，所以捕获比较困难，而 DELETE 需要加 X 锁，能持续到事务结束。注意代码最后一部分是回滚，以确保数据可以重复使用。

```
use AdventureWorks2017
go
--创建测试表
select * into Sales.SalesOrderHeader_New from Sales.SalesOrderHeader
go

begin tran
--查询刚好 5000 行数据
select count(1) from Sales.SalesOrderHeader_New where salesorderid<48659
--删除这些数据
delete from Sales.SalesOrderHeader_New where salesorderid<48659

--查看锁数量
SELECT resource_type,resource_subtype,request_mode,count(1) as [LockCounts]
FROM SYS.dm_tran_locks
WHERE request_session_id=@@SPID
GROUP BY resource_type,resource_subtype,request_mode

--注意回滚
--rollback
```

执行结果如图 15-14 所示，可以看到 RID（因为没有索引）申请了 X 锁且数量为 5000。

现在进一步把数量从 5000 改到 6000，把 SalesOrderID 从 48659 改成 49569，结果如图 15-15 所示，这一次显示有 6000 个锁，但是并没有发生锁升级。

	(无列名)
1	5000

	resource_type	resource_subtype	request_mode	LockCounts
1	DATABASE		S	1
2	OBJECT		IX	1
3	PAGE		IX	128
4	RID		X	5000

图 15-14　5000 行锁情况

	(无列名)
1	6000

	resource_type	resource_subtype	request_mode	LockCounts
1	DATABASE		S	1
2	OBJECT		IX	1
3	PAGE		IX	153
4	RID		X	6000

图 15-15　6000 行锁情况

然后把 SalesOrderID 改成 53659，让其包含 10000 行数据，这一次可以看到 RID 锁的数量明显降低。如图 15-16 所示。

	(无列名)
1	10000

	resource_type	resource_subtype	request_mode	LockCounts
1	DATABASE		S	1
2	EXTENT		X	9
3	OBJECT		X	1
4	PAGE		X	97

图 15-16　锁升级情况

在 Windows 平台，直接就有 SQL Server Access Methods:Table Lock Escalations/sec 的计数器可以用于侦测。而在 Linux 平台可以通过扩展事件来实现这些。下面做个简单的演示。

这里不进行任何负责的操作，只捕获 lock_escalation 事件。

```
CREATE EVENT SESSION [Lock_escalation] ON SERVER
ADD EVENT sqlserver.lock_escalation
ADD TARGET package0.event_file(SET filename=N'Lock_escalation',max_file_size=(10))
WITH (STARTUP_STATE=OFF)
GO
```

然后在 SSMS 中找到并启用这个扩展事件，如图 15-17 所示，然后再次执行上面锁升级的例子，鼠标右键单击扩展事件选择查看目标数据，如图 15-18 所示。

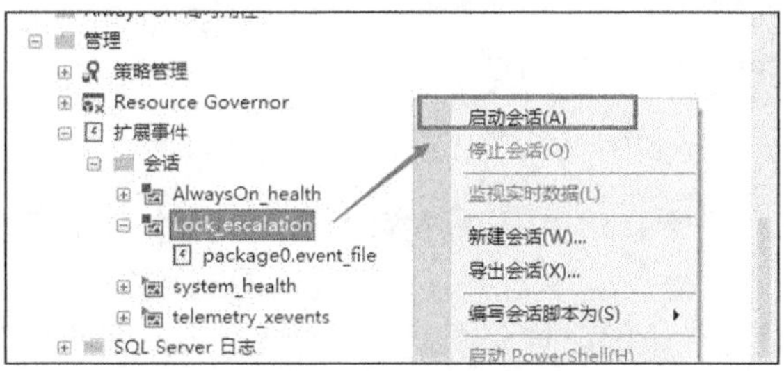

图 15-17　启动扩展事件会话

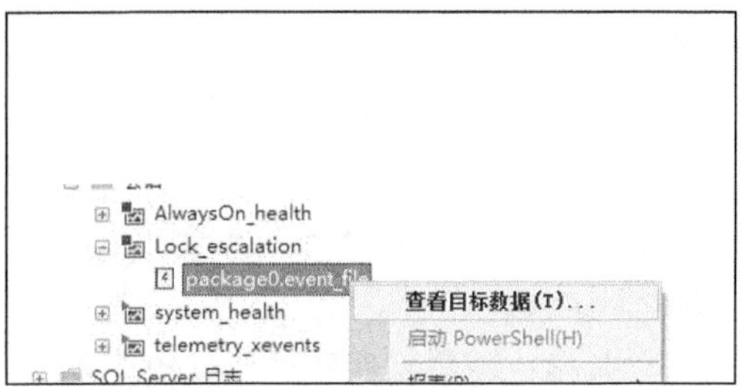

图 15-18　查看结果

结果如图 15-19 所示。

另外还有一个 DMV，它是针对索引级别来查询锁升级信息的。

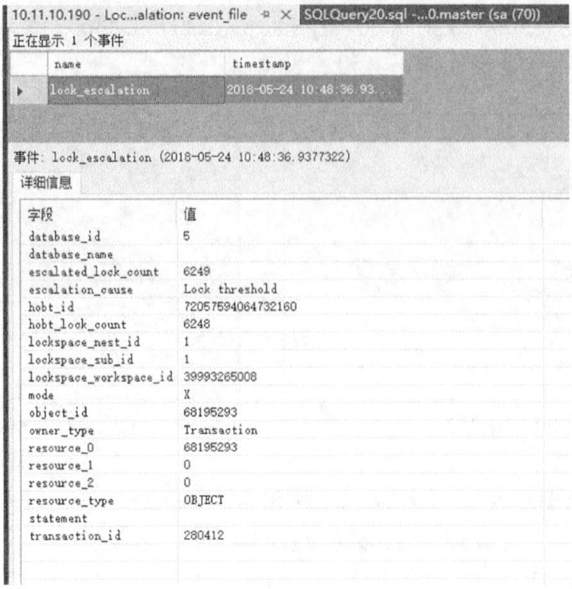

图 15-19　锁升级扩展事件结果

代码清单 15-6　查看索引级别锁升级信息

```
    SELECT OBJECT_NAME(ios.object_id) AS table_name
        ,i.name AS index_name
        ,ios.index_lock_promotion_attempt_count
        ,ios.index_lock_promotion_count
    FROM sys.dm_db_index_operational_stats(DB_ID(),OBJECT_ID('Sales.SalesOrderDetail'),
NULL,NULL) ios INNER JOIN sys.indexes I ON i.object_id = ios.object_id AND i.index_id =
ios.index_id
    ORDER BY ios.range_scan_count DESC
```

最后要说的是，不要随便使用各种提示或者修改数据库配置来试图更改锁升级行为或者其他行为。因为这些功能就像做手术，不是每个医生都懂会做手术，更何况不是每个人都是数据库的“医生”。在你手艺还不到位之前，保持默认配置或者让有实际经验的专业人士来调整。

15.6　事务设计建议

阻塞发生在相同资源的多会话争用过程。多个会话申请不兼容的资源会导致锁冲突最终造成阻塞。

SQL Server 在处理数据时会申请锁，并且受行数的影响。在不合理的情况下，即使只查询一行或更新一行数据，也可能申请成千上万的锁，特别是在扫描操作中。

合理的查询及索引优化可以降低锁的申请数量，这样可以降低锁升级的风险，减少资源消耗的同时，也提高了并发性。

除了降低锁数量，另外一个降低锁冲突的方法是减少锁的持有时间。X 锁总是在事务结束时才释放。S 锁在 REPEATABLE READ 和 SERIALIZABLE 隔离级别下也持续到事务结束。持续时间越长，冲突和阻塞发生的概率就越大。因此，缩短事务的运行时间也可以有效地减少锁的时间，除了不要在事务过程中引入用户交互这类操作之外，还要注意一些网络问题、链接服务器问题，这些可能会因为中断而产生事务未提交等现象。

建议：确保事务尽可能短（包括范围和持续时间）。

从细节上来说，更新操作应该尽可能靠近事务的结尾，这样可以减少 X 锁的持有时间，同时可以在一些情况下借用临时表来产生中间结果或执行中间操作。

建议：修改操作应该放在事务末尾。

在同一个事务内，避免多次更新相同的数据，特别是在各个 UPDATE 语句更新不同非聚集索引上的数据时，由于 SQL Server 是按索引来申请锁的，所以无形中会产生几倍的锁数量。同时这也增大了死锁的风险。

建议：不要在一个事务中多次更新数据。

特别在 OLTP 系统中，由于会话量很大，所以锁升级的影响面非常广。相对来说，OLAP 等会话量少，且本身属于数据大的系统行为，适当的锁升级反而能提高性能。所以在 OLTP 系统中，监控锁升级行为很有必要。

建议：应该对系统的锁升级进行监控。

在一个事务中，混用 DML 和 DDL 是非常不好的，特别是 DDL，很多 DDL（比如修改表结构）不仅会导致部分重编译、统计信息无效，还会引起执行计划混乱等性能问题，除此之外，行锁和对象锁（表/分区锁）都会因此增加。

建议：不要在同一个事务中混用 DDL 和 DML。

代码应该要有错误捕获和处理逻辑。

选择合适的事务隔离级别。因为事务隔离级别影响了 S 锁的持续时间，同时也有可能引起范围锁（可序列化隔离级别），所以选择正确的事务隔离级别并非易事。很多时候需要权衡，因为某些隔离级别是会增加阻塞和 TempDB 的压力。

在大部分情况下，默认的 READ COMMITTED 已经足够，只要对事务逻辑和代码性能进行优化很多问题都能迎刃而解。在 OLTP 特别是繁忙的系统中，尽量避免使用 REPEATABLE READ 甚至 SERIALIZABLE 事务隔离级别。它们的并发度非常低，会明显引起阻塞。

另外一个极端是过度使用 READ UNCOMMITTED（或者使用表提示 WITH NOLOCK）。首先它不能解决因为写操作操作导致的阻塞，另外脏读问题可能也很明显。还有它会导致语句运行失败，作者就遇到过几次，因为 WITH NOLOCK 的原因，同时有事务在更新删除数据（实际上是归档操作），所以导致在表扫描过程中出现找不到数据的情况，有时候还会导致重复读相同的数据。具体分析比较多，这里就不多说了。

常规情况下，使用 READ COMMITTED SNAPSHOT 隔离级别（RCSI）会比 READ

UNCOMMITTED/REPEATABLE READ/SERIALIZABLE 更好。同时注意，RCSI 也是 SQL Azure 中的默认隔离级别。

对于数据仓库类型的系统，情况就有点不一样，它通常有大量静态数据并在某个时间段有大量的更新。对于静态数据，有什么类型的隔离级别都没所谓；对于需要更新的数据来说，考虑使用乐观并发。如果需要在更新过程出报表，那么应考虑事务或者语句级别的隔离级别，而不是库层面的隔离级别。

15.7　总　　结

由于关系数据库的根源在于 ACID，所以实现 ACID 就引出了事务隔离级别和锁。为了保证 ACID 能尽可能地实现，在各个事务隔离级别中，锁的行为会有所不同。锁的行为又引发了阻塞、死锁甚至锁升级，从而影响系统的性能。

总的来说，事务、锁对性能实际上没有多大的提升效果。请读者记住，数据库系统并不是为了性能而存在的，它以实现数据一致性为前提，然后考虑其他方面。读者曾经听过很多工作十几年的程序员问，能不能不要事务和锁，我只要性能！很遗憾，不可以，不要以为 WITH NOLOCK 就可以实现。

善用事务隔离级别，不使用一些奇怪的操作（如混用 DML、DDL），正确地设计数据库、优化语句、索引，很多事务和锁问题都能解决最起码是减缓。切记不要本末倒置，要在确保数据正确的前提下进行优化。

第 16 章　In-Memory OLTP 简介

2 分钟速读

本章只介绍一个技术，而且仅能简介和适度的演示。之所以把一个技术单独成为一章，是因为它太重要了。纵观微软客户案例可以看到几乎无一例外地在提及新版本所带来的好处中，都出现了这个技术——In-Memor，可见其重要性。

同时这个技术在合理使用的前提下是能够提升性能最高的技术。一般来说，对于频繁处理大量 INSERT 操作（其中典型的就有物联网应用）的 OLTP 和复杂、繁忙的计算系统很适合使用 In-Memory 技术。

本章主要介绍怎么使用它，还有一些注意事项，详细的内容可以单独成书，加之本书的初衷不在于详细介绍技术内幕。本章内容有以下几个方面。

- 案例演示
- 技术简介
- 快速上手
- 注意事项
- 最佳实践

16.1 案例演示

下面先来看看实际效果，提醒一下，由于少量数据并不能看出 In-Memory 的性能优势，所以这里使用了 100 万次循环插入，这个操作对于本书演示环境而言略显不足。作者调整服务器内存到 16GB 来使其运行起来，但是没有尝试具体到达多少内存刚好满足要求，读者如果有充足的资源不妨也提到这个层面，提升内存有两个注意事项。

- 修改 Linux 内存：修改 Linux 的“memory.memorylimitmb”值为 16000 MB（预留一点给操作系统），参考 3.3.4.3 小节。
- 修改 SQL Server 最大内存。

代码清单 16-1　环境准备

```
USE AdventureWorks2017
GO
--确保兼容级别最少为 130
```

```
    SELECT d.compatibility_level FROM sys.databases as d WHERE d.name = Db_Name();
    GO
    --如果不为 130，则建议修改兼容级别，但这非必需的
    ALTER DATABASE CURRENT SET COMPATIBILITY_LEVEL = 130
    GO
    --修改隔离级别
    ALTER DATABASE CURRENT SET MEMORY_OPTIMIZED_ELEVATE_TO_SNAPSHOT=ON
    GO
    --创建 In-Memeory 专用文件组
    ALTER DATABASE AdventureWorks2017 ADD FILEGROUP AdventureWorks2017_mod CONTAINS
memory_optimized_data
    GO
    ALTER DATABASE AdventureWorks2017 ADD FILE (NAME='AdventureWorks2017_mod',
    FILENAME='/var/opt/mssql/data/AdventureWorks2017_mod') TO FILEGROUP AdventureWork
s2017_mod
    GO

    USE AdventureWorks2017
    GO
    --创建内存优化表
    CREATE TABLE dbo.ShoppingCart (
    ShoppingCartId INT IDENTITY(1,1) PRIMARY KEY NONCLUSTERED,
    UserId INT NOT NULL INDEX ix_UserId NONCLUSTERED HASH WITH (BUCKET_COUNT=1000000),
    CreatedDate DATETIME2 NOT NULL,
    TotalPrice MONEY
    ) WITH (MEMORY_OPTIMIZED=ON)
    GO

    --插入测试数据
    INSERT dbo.ShoppingCart VALUES (8798, SYSDATETIME(), NULL)
    INSERT dbo.ShoppingCart VALUES (23, SYSDATETIME(), 45.4)
    INSERT dbo.ShoppingCart VALUES (80, SYSDATETIME(), NULL)
    INSERT dbo.ShoppingCart VALUES (342, SYSDATETIME(), 65.4)
    GO
    --创建存储过程
    CREATE PROCEDURE dbo.usp_InsertSampleCarts @InsertCount int
     WITH NATIVE_COMPILATION, SCHEMABINDING, EXECUTE AS OWNER
      AS
    BEGIN ATOMIC
    WITH (TRANSACTION ISOLATION LEVEL = SNAPSHOT, LANGUAGE = N'us_english')
        DECLARE @i int = 0;
        WHILE @i < @InsertCount
         BEGIN;
          INSERT INTO dbo.ShoppingCart VALUES (1, SYSDATETIME() , NULL) ;
          SET @i += 1;
         END;
    END;

    --循环执行 100 万次
    EXEC usp_InsertSampleCarts 1000000
```

```
--验证插入结果
SELECT COUNT(*) FROM dbo.ShoppingCart
```

执行循环插入 100 万次，（演示环境的结果）如图 16-1 所示，时间总共 20s：

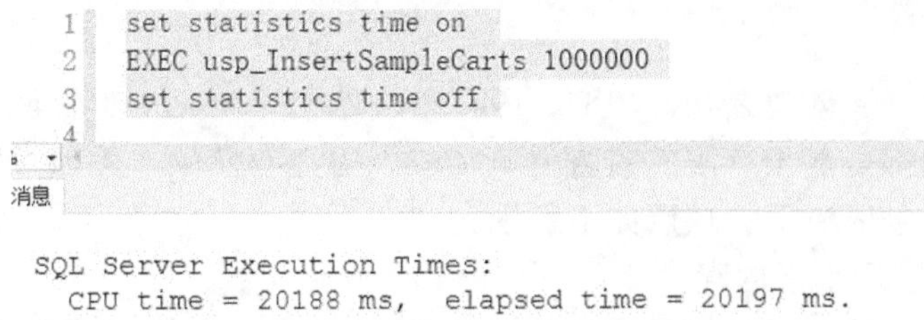

图 16-1 使用 In-Memory 执行 100 万次插入的时间消耗

如果要进行对比，则可以把存储过程的逻辑提取出来。要提醒读者的是，这种循环 100 万次的插入会是非常耗时和耗资源的操作。除非你的机器很强劲，不然你可以去泡杯茶或者喝咖啡了，本书演示环境不足以在可接受的时间内执行，所以改成了 10 万次。

```
declare @starttime datetime2
set @starttime=SYSDATETIME()
declare @i int
set @i =0
WHILE @i < = 100000  --改为10万次
     BEGIN;
      INSERT INTO dbo.ShoppingCart VALUES (1, SYSDATETIME() , NULL) ;
      SET @i += 1;
     END;
select DATEDIFF(ss,@starttime,SYSDATETIME())
```

演示环境结果如图 16-2 所示。

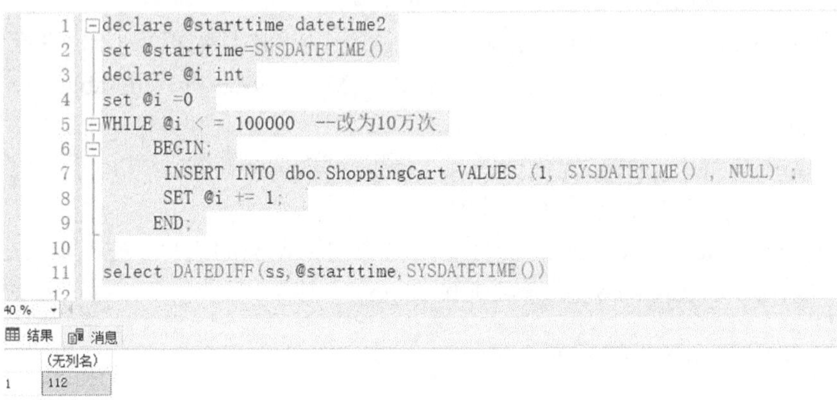

图 16-2 T-SQL 循环 10 万次插入的时间消耗（单位秒）

粗略对比之后发现，简单的 T-SQL 循环 10 万次插入，耗时大概 112 秒，相对于前面使用 In-Memory 技术，时间差了 6 倍。同时要注意，In-Memory 例子是运行 100 万次，普通插入是运行 10 万次，这还不是简单的线性增长！而且如果读者实操会发现使用 In-Memory100

万次的压力感知很小，而 10 万次的 T-SQL 循环插入明显会有卡顿。

16.2　技术简介

由于在关系数据库创建之初，CPU、内存和磁盘空间（含 I/O 性能）都很有限，所以关系数据库的理论都是基于有限的资源并且依赖于磁盘存储的，然后按需载入内存以供使用。这种模式在现今环境下的缺点如下所示。

- 磁盘的速度远小于内存。
- 锁、闩锁争用。在内存充足情况下还好，一旦内存不够，就需要把内存中的数据频繁地在内存和磁盘之间进行移动，移除内存中“可能不常用”的数据，并从硬盘从载入所需的数据。由于磁盘的 I/O 性能，这就造成了各种阻塞。
- 传统优化技术几乎已到达极限。传统的索引优化、分区和代码改造在现今大规模数据环境下，确实已经出现了很大的性能瓶颈。

基于这些原因，各主流关系数据库厂商都在保持关系数据库基础稳定的前提下，大力研发一些新技术，其中内存技术成了提升性能的首要手段。SQL Server 从 2014 版本开始正式引入内存技术，可以说是主流 RDBMS 中最早的一个。并且在后续不断进行改进，特别在 SQL Server 2016 中，内存技术已经非常成熟和稳定。

微软的内存技术代码名叫“Hekaton”，它是希腊语中的 100 倍，以期望提升 100 倍的性能，虽然目前还没做到，但是 20～40 倍是已经实现了。Hekaton 更多地称为“In-Memory OLTP”引擎。从名字来看，这个技术的对象是 OLTP 系统，在合适的环境下，它也可以很好地为 OLAP 类型的系统服务。

16.2.1　术语简介

先介绍一些术语和简称。

- 磁盘表（Disk-based Tables）：也就是传统的表，以 8KB 数据页为单位进行分配和组织。
- 内存优化表或简称内存表（非官方术语）（Memory-optimized Tables）：并没有 8KB 的概念。
- Interop：解析引用内存优化表的 T-SQL。可以简单理解为专用于访问混合表（内存表+磁盘表）的传统 T-SQL 技术。
- Natively Compiled modules：能把对象转换成机器码的组件，它与 Interop 的差别在于 Natively Compiled 只能访问纯 In-Memory 对象。

16.2.2　In-Memory 的目标

- 优化主内存的数据存储。前面提到磁盘存储结构是基于页的，但 In_Memory 的数据不以这种方式进行存储，这使其可以消除复杂的缓存结构和管理代码。另外磁盘上不保留常规（非列存储）索引，而是在加载内存时重新创建。
- 消除锁和闩锁。锁和闩锁是除了事务日志维护之外消耗性能最大的部分，同时是常规优化技术中出现频率最多的瓶颈。In-Memory 内部的数据结构都是无锁/无闩锁的。它使用多版本并发控制来保证事务的一致性。从用户角度来看它类似于 SNAPSHOT 事务隔离级别，但是却又不需要用到 TempDB，这种架构能够更好地使用多 CPU/多核心硬件的性能。

- 本机编译（native compilation）：T-SQL 是一种声明式语言，对 CPU 消耗很大，即使一个简单的语句都可能需要成千上万条 CPU 指令。In-Memory 通过把行访问逻辑（compiling row-access logic）、存储过程和用户自定义函数编译成本机机器语言来解决这个问题。

16.2.3 体系结构

In-Memory 集成在 SQL Server 数据库引擎中，不需要独立安装和付费。其体系结构如图 16-3 所示。

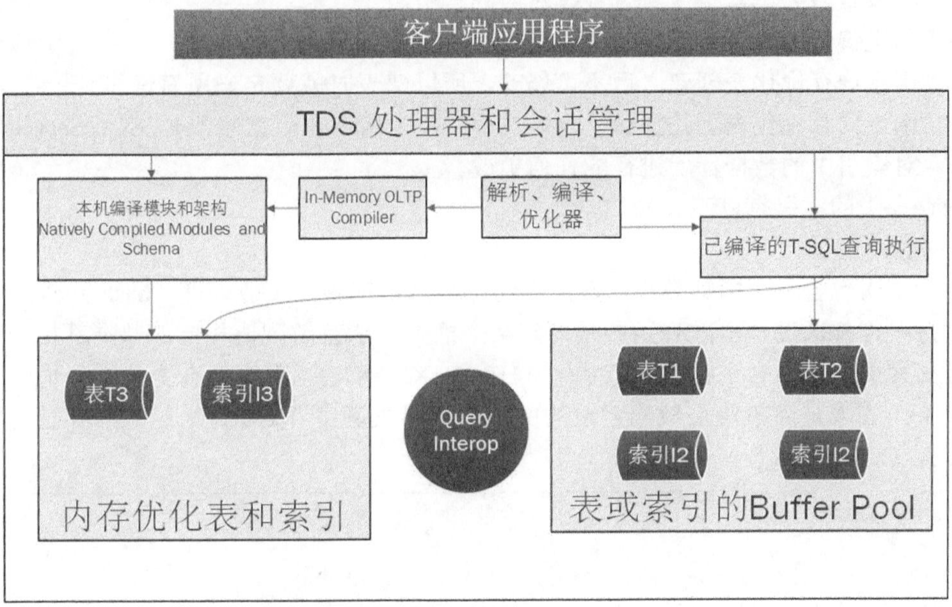

图 16-3 In-Memory 体系结构及其组件

图 16-3 左边是本机编译的流程，右下角是传统表和索引，可以看出本机编译并不能访问它们，而已编译的 T-SQL 查询则可以访问这两类表。

In-Memory OLTP 有几个重要概念。

- 内存优化表：把数据存储在内存优化表（memory-optimized tables）中，这些表完全驻留在内存，并且与磁盘表有不同的存储结构，同时内存优化表不以数据页为存储结构，而是由内存指针连在一起。另外，内存优化表是处于缓冲池之外，且不与磁盘表共享内存。
- Query Interop Engine：SQL Server 与 In-Memory 引擎交互的两种方式之一，它以常规方式与传统表进行交互。绝大部分的 T-SQL 功能和结构都使用这种方式来交互。
- Natively Compiled modules：另外一种 SQL Server 与 In-Memory 引擎交互的方式。它通常以存储过程、自定义函数和触发器的形式出现。这种方式把代码编译成本机机器码并载入 SQL Server 中处理内存。相比 Query Interop 而言，其性能更快但是重构难度较大，且仅能与内存优化表交互。

- 内存优化表的索引：不以传统 B-Tree 结构存储，支持散列索引，并设计成无锁或无闩锁结构提高并发性。内存表上的索引不存储在磁盘，由内存表在修改操作过程中自动维护。
- 独立文件组：读者在 16.1 节中应该看到额外创建了一个文件组。In-Memory OLTP 把数据存储在独立的基于 FILESTREAM 的文件组中。

16.2.4　内存优化表索引

内存表上的索引要求有以下几个功能。

- 所有内存优化表必须有最少一个索引。
- 单表最多 8 个索引，包含主键对应的索引。
- 除主键之外没有 UNIQUE 索引。
- 由于内存优化表创建之后不可修改，所以建表时就要定义所有索引。
- 由于内存优化表上的索引完全是内存结构，所以在数据修改时, SQL Server 不记录对索引中的数据行所进行的任何更改。

内存表中的索引有以下 3 种。

- 散列索引

散列索引包含一个指针数组，数组中的每个元素都为一个散列桶（hash bucket）。索引键值的每一行都通过一个散列函数映射到某个桶中，所有散列值相同的数据都指向同一个桶。散列索引非常适合进行等值查找（WHERE XX=XX），但当存在大量重复值时其效率很低。下面脚本是简单定义散列索引的例子，使用关键字 HASH 来标识，并且需要定义 BUCKET_COUNT 数量。

```
CREATE TABLE T1
(
[Name] varchar(32) not null PRIMARY KEY NONCLUSTERED HASH
WITH (BUCKET_COUNT = 100000),
[City] varchar(32) null,
[State_Province] varchar(32) null,
[LastModified] datetime not null,
) WITH (MEMORY_OPTIMIZED = ON, DURABILITY = SCHEMA_AND_DATA);
```

- 范围索引

散列索引的难点在于桶数的估算。如果你觉得无法估算，或者使用范围索引会得到更好的性能时，那么就应该考虑使用范围索引。范围索引使用名为 Bw-tree 的新数据结构存储数据，它是 B-tree 的变种，无锁/无闩锁。

跟 B-Tree 的主要差异在于它的索引页是固定页，一旦创建则不可修改。同时，Bw-Tree 的页指针是逻辑页而不是物理页，有一个映射表（mapping table）用于解释物理页和逻辑页的关系。范围索引的定义与常规索引无差异，本章后续会演示。

- 列存储索引

从 SQL Server 2012 开始首次引入，当时只能用于静态数据。从 SQL Server 2014 开始引入了可更新的聚集列存储索引。虽然 In-Memory OLTP 带有 OLTP 字样，但是若合理使用，它也能对分析类查询带来好处。

传统的索引是行式存储，虽然索引只定义某些列作为键值，但是实际上它会以行的形式存储；而列式存储则真正只把索引定义中的列存储下来，合理的列式索引体积及层级远小于传统存储。索引的效率取决于索引的层级（访问次数）和体积（页数量，直接影响 I/O），因此列存储效率非常高，特别在大数量的情况下，其优势非常明显。具体演示在第 13 章介绍。

16.3 快速上手

下面进行完整的演示，然后进行必要的说明，从头开始创建一个 In-Memory 数据库。

16.3.1 创建数据库

所有包含内存优化表的数据库（不管新建还是现有库）都必须有一个“MEMORY_OPTIMIZED_DATA”文件组。它用于存储数据和 SQL Server 恢复内存优化表数据的差异文件对（delta file pairs）。语法上需要使用“CONTAINS MEMORY_OPTIMIZED_DATA”选项。下面我们来创建一个 IMDB 的库。

```
USE Master;
GO
CREATE DATABASE IMDB
ON
PRIMARY  (NAME = IMDB_data, FILENAME = '/var/opt/mssql/data/IMDB_data.mdf'),
FILEGROUP IMDB_mod_FG CONTAINS MEMORY_OPTIMIZED_DATA
(NAME = IMDB_mod, FILENAME = '/var/opt/mssql/data/IMDB_mod');
/*--对现有库添加文件组
ALTER DATABASE AdventureWorks2017
ADD FILEGROUP AW_mod_FG CONTAINS MEMORY_OPTIMIZED_DATA;
GO
ALTER DATABASE AdventureWorks2017
ADD FILE (NAME='AW_mod', FILENAME='/var/opt/mssql/dataAW_mod')
TO FILEGROUP AW_mod_FG;
GO
*/
```

注意代码使用的是 Linux 的路径，Windows 的就不演示了。也可以使用代码中注释的部分进行现有库的文件组添加。里面的 IMDB 为（In-Memory DataBase），MOD（Memory Optimized Data），这些不是必需的但是较为通用。

当有了一个属性为“CONTAINS MEMORY_OPTIMIZED_DATA”的文件组和文件之后，就可以在数据库中创建内存优化表和其他 In-Memory OLTP 对象。如果服务器库很多，那么可以用下面的脚本来检查是否可以包含内存优化表。

```
EXEC sp_MSforeachdb 'USE ? IF EXISTS (SELECT 1 FROM sys.filegroups FG
JOIN sys.database_files F
```

```
ON FG.data space id = F.data space id
WHERE FG.type = ''FX'' AND F.type = 2)
PRINT ''?'' + '' can contain memory-optimized tables.'' ';
GO
```

演示环境的结果如图 16-4 所示，服务器均满足要求。

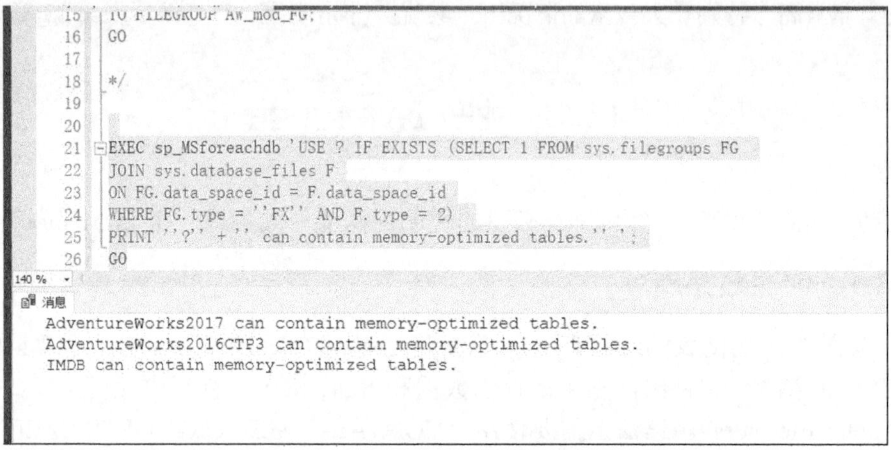

图 16-4　检查实例上的数据库是否可以使用内存优化表

16.3.2　创建表

在磁盘表的语法基础上，使用 MEMORY_OPTIMIZED = ON 子句来标识是否支持内存优化表。注意，到目前为止内存优化表只支持以下数据类型。

- bit
- 所有 integer 类型：tinyint, smallint, int, bigint
- 所有 money 类型：money, smallmoney
- 所有浮点类型：float, real
- date/time 类型：datetime, smalldatetime, datetime2, date, time
- numeric 和 decimal
- 字符串：char(n), varchar(n), nchar(n), nvarchar(n), sysname, varchar(MAX), nvarchar(MAX)
- Binary 类型：binary(n), varbinary(n), varbinary(MAX)
- Uniqueidentifier

内存优化表需要定义 DURABILTY 值，它可以是 SCHEMA_AND_DATA（默认）或 SCHEMA_ONLY。后者在数据变更时不记录日志，数据也不会永久存储在磁盘，由于其架构会记录在元数据中，所以在数据库恢复时表结构可以重用（但清空数据）。

另外一个强制限制是内存表必须有最少一个索引，这可以通过主键约束来满足。除了使用 SCHEMA_ONLY 选项的表之外，都必须定义主键。虽然主键自带唯一性，但是内存表上的索引并不能使用 UNIQUE 关键字。分别使用单列索引和多列索引下面创建两个表。

代码清单 16-2 创建内存表

```
USE IMDB
GO
CREATE TABLE dbo.people
(
[Name] varchar(32) not null PRIMARY KEY NONCLUSTERED,  --单列索引
[City] varchar(32) null,
[State_Province] varchar(32) null,
[LastModified] datetime not null,
) WITH (MEMORY_OPTIMIZED = ON, DURABILITY = SCHEMA_AND_DATA);

CREATE TABLE dbo.people2
(
[Name] varchar(32) not null PRIMARY KEY NONCLUSTERED,
[City] varchar(32) null,
[State_Province] varchar(32) null,
[LastModified] datetime not null,
INDEX T1_ndx_c2c3 NONCLUSTERED ([City],[State_Province]) --多列索引
) WITH (MEMORY_OPTIMIZED = ON, DURABILITY = SCHEMA_AND_DATA);
```

当内存表创建完成之后，In-Memory OLTP 引擎会产生和编译 DML 例程（routines）以访问内存表，并且把例程加载成 DLL。SQL Server 并不直接操作内存表中的数据，而是调用 DDL 来实现。另外注意在 SQL Server 2016 之前，内存表的字符串强制创建为 BIN 排序规则，SQL Server 2016 之后移除限制。

创建之后，通过语句可以查看是否为内存表及其 DURABILITY 属性。

```
--查看内存表
select name,durability_desc
from sys.tables where is_memory_optimized =1
```

结果如图 16-5 所示。

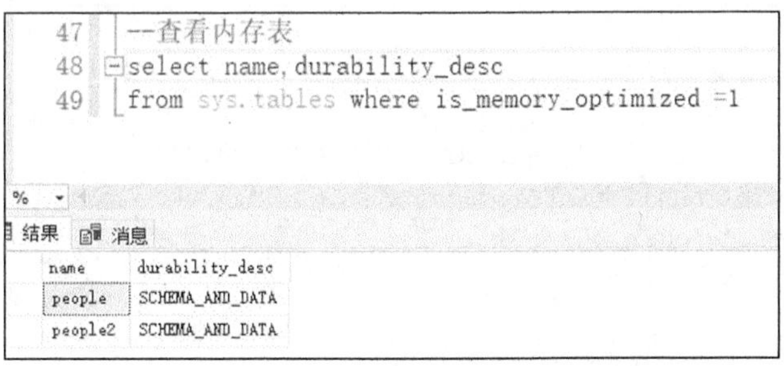

图 16-5 查看内存优化表及其 durability 属性

16.3.3 Natively Compiled 存储过程

这是与 In-Memory 交互的两类操作之一。使用它性能提升更高，限制也更多，比如仅能访问内存优化表而不能操作普通磁盘表。Natively Compiled 存储过程的定义跟传统存储过程大同小异，但是有一些额外的内容（如下面模板）。常规的 T-SQL 存储过程的内容只

在最后的“存储过程内容”中，Natively Compiled 存储过程需要提供更多的选项。

```
create proc dbo.NativelyCompiledProc
(
/* 参数 */
@Param1 int not null = 1
,@Param2 int
)
with
native_compilation     -- 标识是 natively compiled 存储过程
,schemabinding         -- 必选
,execute as owner      -- 可选
as
-- Natively compiled SPs are executed as atomic blocks
begin atomic with
(
transaction isolation level = snapshot  -- 必选
,language = N'English' -- 必选
,delayed_durability = off  -- 可选
,datefirst = 7 -- 可选
,dateformat = 'mdy' -- 可选
)
/* 存储过程内容 */
end
```

注意里面的“必选”选项，特别是 schemabinding 和 snapshot。具体的例子已经在 16.1 节中演示过，这里就不赘述。

16.3.4 Interpreted T-SQL

这是另外一种与 In-Memory 交互的方式，其优点是它可以跟传统 T-SQL 一样运行，可以访问各种表，如图 16-6 所示。

```
--创建普通磁盘表
create table dbo.people3
(
[Name] varchar(32) not null PRIMARY KEY NONCLUSTERED,
[City] varchar(32) null,
[State_Province] varchar(32) null,
[LastModified] datetime not null
)

--插入测试数据
insert into people2(name,city,LastModified) values('a','GZ',SYSDATETIME())
insert into people3(name,city,LastModified) values('a','BJ',SYSDATETIME())
GO
--使用 T-SQL 查询(这里只是演示关联两表不报错，并无实际意义)
select *
from people2 a inner join people3 b on a.name=b.name
```

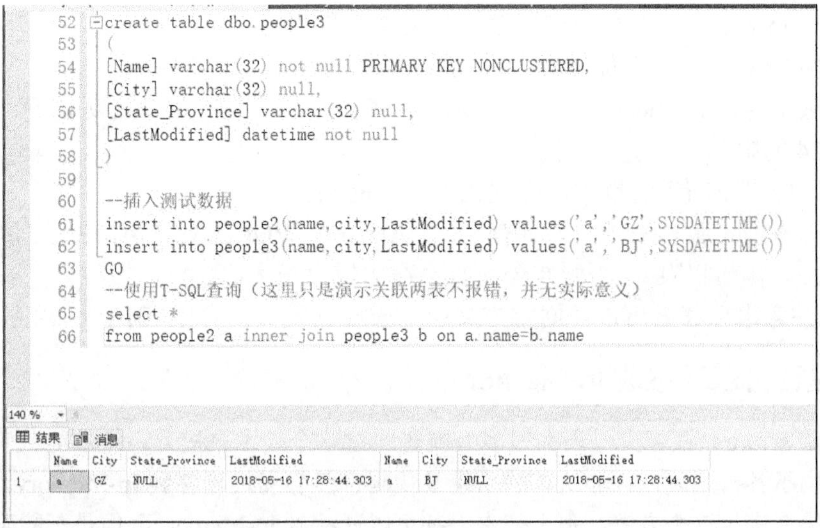

图 16-6 使用 Interpreted T-SQL 访问表

为了作对比，下面使用存储过程试一下。

代码清单 16-3 NativelyCompiled 存储过程脚本

```
create proc dbo.NativelyCompiledProc
with
native_compilation    -- 标识是 natively compiled 存储过程
,schemabinding        -- 必选
,execute as owner     -- 可选
as
begin atomic with
(
transaction isolation level = snapshot  -- 必选
,language = N'English' -- 必选
,delayed_durability = off  -- 可选
,datefirst = 7 -- 可选
,dateformat = 'mdy' -- 可选
)
select a.name as Aname,b.name as Bname,a.city as Acity,b.city as Bcity
from people2 a inner join people3 b on a.name=b.name
end
```

会发现创建失败，错误信息如图 16-7 所示，这表明了 Natively Compiled 存储过程并不能访问非内存优化表（例子中的 people3）。

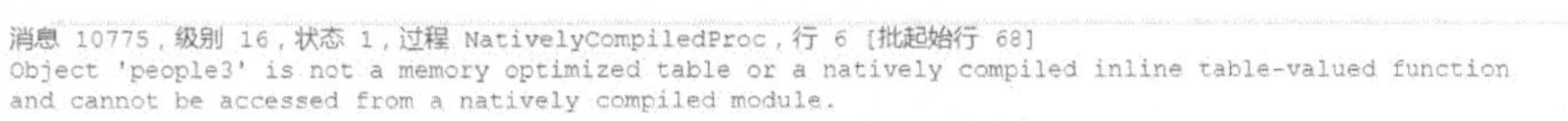

图 16-7 Natively Compiled 存储过程不能访问非内存优化表

16.4 注意事项

下面简要列一下 In-Memory 的注意事项。

- 启用 In-Memory 的数据库需要额外创建文件组。
- 不能 Truncate 内存优化表，只能使用删除。
- 如果使用 In-Memory 技术，则建议使用 SQL Server 2016 及以上版本，因为 SQL Server 2014 的限制比较多。
- 可用磁盘空间需为持久内存优化表大小的两倍。
- SQL Server 服务账号需要具有 SE_MANAGE_VOLUME_NAME（可以执行即时文件初始化的权限），否则在创建时会产生较大压力。

更多的注意事项读者可以访问官方文档，必应搜索"内存中 OLTP（内存中优化）"。

判断是否可以迁移成 In-Memory

既然 In-Memory 很强大，那么很多人就想通过这个技术来提升系统性能或者解决现有的性能问题。由于各种限制，并非所有的系统及代码都能轻易地迁移到 In-Memory。这里提供一个方案，如果能满足这个方案，那么基本上都可以迁移到 In-Memory，但是不能确保 100%。

能否迁移的核心问题在于能否把现有的表切换成内存优化表。至于原有的代码，改写一下问题就不大了。

- 我们要确定资源是否满足。本书的初始环境只有 3GB 内存，显然效果不明显。由于内存表需要完全驻留在内存中，所以内存在无法准确预估时，作者建议找出系统的核心表和热点表，大概估算出总体积作为最小内存。安全建议最少为 2 倍数据大小，但是可能不是总能满足。
- 检查数据库是否满足要求。这可以使用 16.3.1 节中的脚本进行检查。
- 作者建议除非是新项目，否则不要大规模转换，特别是大型系统。建议对核心表和热点表进行检查，检查方法为直接使用 SSMS 找到某个可能需要迁移 In-Memory 的表，右键选择【内存优化顾问】，如图 16-8 所示。

图 16-8　内存优化顾问

检查里面的报告，然后考虑里面提到的建议是否可行，表是否可以更改等。如图 16-9 所示。

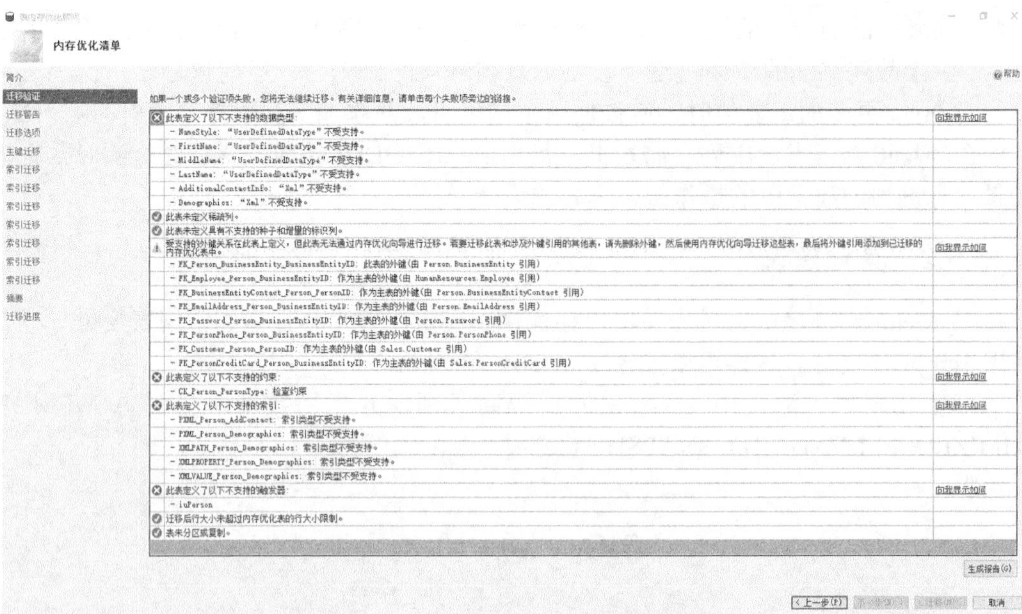

图 16-9 检查是否能迁移到内存优化表

当向导上的检验项都成功之后，就可以进行测试性的迁移。

16.5 最 佳 实 践

接下来是读者最喜欢的环境，虽然作者一直不看好最佳实践，但是在入门之时，有些建议还是要坚持看一下。

16.5.1 索引优化

统计信息和重编译

In-Memory OLTP 不维护单独列的修改计数器，更新统计信息会触发 Interop 查询的重编译，Natively Compiled 存储过程的执行计划不会因此重编译，只能通过删除并重建存储过程。

注意 DBCC SHOW_STATISTICS 不会返回内存表上的统计信息。

常规索引指引

创建内存表时使用范围索引，仅在范围索引性能不佳时考虑使用散列索引。

对于内存表上的散列索引，有以下建议。

- 尽可能不要超过或低估散列索引的桶数。桶数应该最少与索引键的唯一值相等。
- 由于每个桶都占用内存，所以提供过多的桶数会浪费内存。过少的桶数意味着出现更多的散列冲突（hash collision），导致查找操作过度集中在某些桶中，从而影响性能。遗憾的是实际桶数是无法准确预估的，所以一般建议不能低于索引键的唯一值。同时，桶数宜多不宜少。

低选择度的列优先使用范围索引。

- 当索引键的唯一值很少时，会出现大量重复值，桶链（bucket chains）会非常长。由于散列算法的原因，这样会增加散列冲突的概率。一般建议当索引键上有超过 100 或更多的重复值时，应该使用范围索引，并添加多列以提高索引的唯一性。

混合环境可以考虑使用列存储索引，特别是对于 OLTP 系统又需要进行实时数据分析的场景。外键列创建索引的操作跟常规表的设计一样。

16.5.2　其他建议

在 In-Memory 环境中，优先使用内存优化表变量，因为其行为和常规表变量一样，又不占用 TempDB 资源。这样可以减轻 TempDB 的负担。

内存优化表尽可能使用 SNAPSHOT 隔离级别，并启用数据库层面的 MEMORY_OPTIMIZED_ELEVATE_TO_SNAPSHOT 选项。

16.6　总　　结

In-Memory OLTP 技术在合理使用下，能够提高 10～40 倍的性能，特别适合于频繁增删改查的 OLTP 系统。正如本书一直提醒的那样，没有绝对好的功能和绝对坏的功能，在决定使用之前，读者应该多阅读一些注意事项，并评估现有系统是否能够满足要求。

在确定可以实施 In-Memory 技术之后，还要分清哪些表和代码可以使用 In-Memory 技术，特别是在索引设计时。如何选择合适的索引和索引配置都是一个挑战，因为不合理地使用，反而会带来性能下降甚至系统不稳定。

In-Memory 技术还有非常多的技术细节，可惜本书不是专门讲 In-Memory 的，只能做一个简介。让读者“知道”有这个功能，并且在有余力的情况下进行扩展阅读。作者也会在本书完稿之后陆续将其更新到博客中。

第 4 篇　架构篇

本篇只有一章，仅演示 SQL Server 的 AlwaysON 在 Linux 上的搭建过程，因为这个技术非常重要，所以足以单独成章。另外又因为这个技术很复杂，所以即使使用一章的篇幅，也只能用于演示，不足以深究技术细节。跟着本章能入门，这已经达到了作者的目的。

第 17 章　SQL Server On Linux 高可用介绍

2 分钟速读

在企业级环境中，高可用几乎是必备的架构之一。没有高可用的架构，业务连续性得不到保障。企业数据的重要性随着大数据的兴起变得前所未有的重要，同时业务连续也一直是企业对系统的最低要求。对于企业级环境来说，核心系统应该尽可能地使用优秀的高可用技术来保障。

由于篇幅所限，并且本书希望给读者介绍最新技术，所以在架构篇以 AlwaysON 这门技术为对象。在 Windows 平台已经有很多关于它的资料和成熟方案，因此本章只以 Linux 环境进行演示。

17.1　简　　介

高可用的目的是保证系统的连续性和数据安全。连续性很重要，对于绝大部分企业来说，核心系统的停止服务意味着直接的经济损失，更别说潜在的损失往往会更大。另外一个目的则是保护数据安全，高可用的本质就是冗余，冗余的数据能够在一些不可抗或者意外中使数据在异地（可能仅是另外一台虚拟机）得以保存下来。

作为目前微软主推的高可用技术，AlwaysON 从 SQL Server 2012 开始引入之后被不停地大幅度强化。本章不打算从头介绍 AlwaysON 这门技术，而是演示在 Linux（这里使用 Ubuntu）中搭建两节点的 AlwaysON 环境，作者在后续会逐步完善相关内容并放到博客中。

说明： AlwaysON 是 SQL Server 中可用性功能的总称，包含了可用性组（Availability Group，AG）和 FCI（Failover Cluster Instance）。在日常使用中，由于我们更多地把 AlwaysON 与 AG 混用，所以本书中的 AG 和 AlwaysON 如非特殊说明指的是同一个技术。

17.1.1　使用 AlwaysON 的优点

在运维中，高可用（HA）和灾难恢复（DR）这两个术语容易混淆。很多技术都只实现其一，如果后续读者使用与 AlwaysON 相关的 DMV 时会发现，这些 DMV 的名字都有 hadr 这 4 个字母，这意味着 AlwaysON 同时实现 HA 和 DR。总的来说，AlwaysON 能实现以下功能。

- 多数据库故障转移：可用性组（AG）可以包含一个或多个用户数据库，发生故障转移时以 AG 为单位进行操作，这种情况对于一个应用系统需要使用多个数据库环境时很有帮助。

- 通过 AG 监听器实现透明的故障转移：每个 AG 都有一个监听器，应用只需要连接到监听器，不需要关心实际数据库在哪个实例上。
- 多同步/异步副本：一个 AG 支持最多 8 个次要副本（加上主副本一共 9 个），同步还是异步意味着，主副本是否需要等待次要副本确认已收到事务然后才能在主副本上把事务固化到磁盘中。
- 活动的次要副本可用于读/备份操作：可以对一个或多个次要副本配置成支持只读操作或允许在次要副本中进行备份操作，这些操作可以减缓主副本的压力，同时实现读写分离。
- Automatic seeding：从 SQL Server 2016 开始出现，SQL Server 自动对可用性组中的每个数据库创建次要副本。
- 只读路由：通过配置把只读请求借助监听器转移到只读副本中。
- DR：使用分布式 AG 或多子网 AG 来实现灾难恢复，也就是异地机房容灾。

除了上面的功能之外，AG 还有很多其他用法，特别是搭配其他高可用技术，但是内容太多，这里就不展开，本章还是以搭建演示为主。

17.1.2 Linux 上的 AlwaysON 可用性组

AlwaysON 从 SQL Server 2012 开始引入，其本质是将数据库中的每个事务发送到另外一个实例，从而提供数据库级别的保护。这里的实例又称为副本或者节点，参与 AlwaysON 的实例可以是独立实例，也可以是故障转移群集实例（到目前为止它为 Windows 独有）。

副本之间的数据同步（实际上是事务发送和重做）可以是同步或者异步进行，企业版最多支持 3 个同步副本。允许写（事务发出源）的副本称为主副本（primary），接收事务的副本称为次要副本（secondary）或者辅助副本。

Linux 上的体系结构如图 17-1 所示。

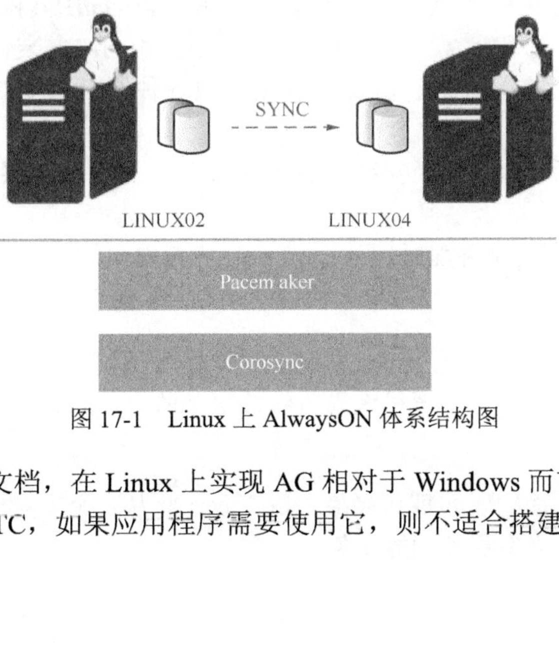

图 17-1 Linux 上 AlwaysON 体系结构图

根据微软的官方文档，在 Linux 上实现 AG 相对于 Windows 而言有一些差异。

- 不支持 MSDTC，如果应用程序需要使用它，则不适合搭建在 Linux 上。

- 不使用 WSFC（Windows Server Failover Cluster，Windows 故障转移群集）而使用 Pacemaker。
- 不需要 Windows 环境中的 AD 域支持。
- 故障转移（failover）的方式有所不同。
- 某些设置在 Windows 上可以直接使用 T-SQL 语句来实现，而在 Linux 上需要使用 Pacemaker。

对于 Linux 环境，群集类型有 External 和 None 两种可用值。

External 意味着 AG 底层运行在 Pacemaker 上，AG 的故障转移模式也要设置为 External（SQL Server 2017 出现），此时支持自动故障转移。与 WSFC 不同，AG 的 Pacemaker 部分是在 AG 配置之后才创建。

None 意味着对 AG、Pacemaker 都没有要求，选择该类型的服务器即使使用了 Pacemaker，也对 AG 不可见并且不可管理。这种类型仅支持手动故障转移。

注意： SQL Server 不允许在可用性组创建完成后修改群集类型。

另外 AG 还有一个组件叫监听器（listener），它可以提供一个虚拟 IP 地址给应用程序，让应用程序不需要关心当前主副本在哪里，为自动故障转移做准备。

由于 Linux 基础群集的工作方式与 Windows 不同，所以 AG 的故障转移都是通过群集来实现的，同时监听器的名字在 DNS 中定义。

接下来开始介绍搭建过程，在开始之前，先做一些环境准备。

提醒： 关于 Windows 的 AlwaysON 可以参考官方文档，必应搜索“Overview of Always On Availability Groups （SQL Server）”。另外提醒一下最好阅读英文原文。

17.1.3　环境准备

由于高可用技术最起码需要两台机器（称为节点），所以我们首先需要有两台虚拟机，为此作者搭建了两台虚拟机（IP 地址为 10.11.10.190，主机名 m190 和 IP 地址为 10.11.10.40，主机名 m40），它们均使用第 2、3 章中的安装方法以相同的安装包部署。如果读者后续实操，那么注意使用完全一样的环境部署以免出现各种不可预知的异常以影响学习进度和兴趣。

当搭建好环境之后（包含已经安装好 SQL Server），本章的步骤为以下几个方面。

- 创建 AG。
- Pacemaker 集群资源管理器。
- 将 AG 添加到集群中。
- 测试。

提醒： 为了读者实操简便，密码设置为较为简单的 1111.aaa，在正式环境中，请使用更加合理的密码。

配置过程只需要前面的 3 步即可完成。以下我们将从每个节点出发，对对应的过程进行细致的说明，以使读者有更深刻的印象。

17.2 安装过程

17.2.1 创建 AG

1）准备工作

对于通常经由网络进行通信的两台主机，我们需要将它们的主机名映射到对应的配置文件中，以增强网络认证。

```
~$ vi /etc/hostname
10.11.10.40 m40
10.11.10.190 m190
```

其中，m40，m190 为对应的主机名，请提前规划好。

2）激活 Always On Availability Group 功能

m40、m190 均需要执行，并在每台的 Linux 平台上均执行下面两步，这跟 Windows 类似，只是 Windows 上只需要在 SQL Server 配置管理器上完成即可。

```
~$ sudo /opt/mssql/bin/mssql-conf set hadr.hadrenabled  1
~$ sudo systemctl restart mssql-server.service
```

修改配置文件后，需要重启服务。在这个过程中建议不要一次性配置完毕再重启服务，这样会使在配置过程中出现错误的时候，进行排查会相对困难。

3）启用 AlwaysON_health 事件会话

m40，m190 均需要执行。以下是 T-SQL 命令，它们不是必要步骤但是可以在出现问题时进行排查。

```
ALTER EVENT SESSION  AlwaysON_health ON SERVER WITH (STARTUP_STATE=ON);
GO
```

以上语句的执行效果如图 17-2 和图 17-3 所示。

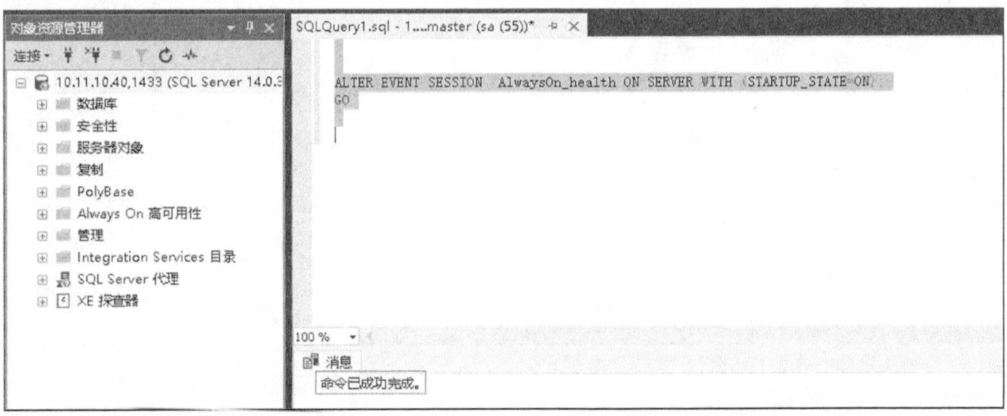

图 17-2 启用 m40 的事件会话

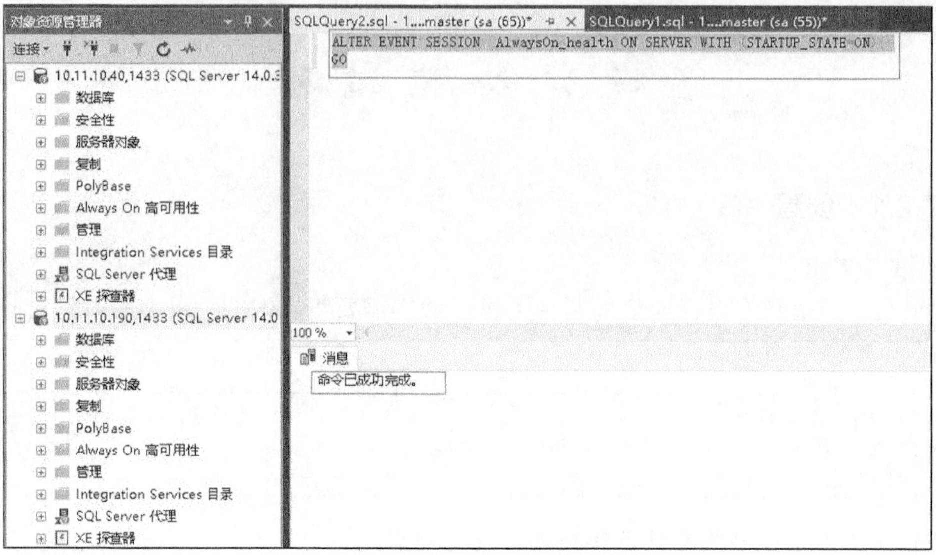

图 17-3　启用 m190 的事件会话

关于 AlwaysON 的扩展事件可以必应搜索“扩展事件的 AlwaysON”

4）在所有节点上创建数据库镜像端点（endPoint）用户

这一步跟 Windows 类似，由于 Windows 上一般都搭建在域环境，所以直接使用经过适当权限控制的域用户（不是域管理员）即可。AlwaysON 出现的初衷就是为了取代镜像功能，作者觉得微软有意公用镜像端点，以便某些已经搭建过镜像的环境配置不用改动过大。

Linux 上需要创建一个登录名（login）为 dbm_login 和用户名（user）为 dbm_user 的用户，它专用于端点，注意使用强密码，如图 17-7 所示。

```
CREATE LOGIN dbm_login WITH PASSWORD = '1111.aaa';
CREATE USER dbm_user FOR LOGIN dbm_login;
```

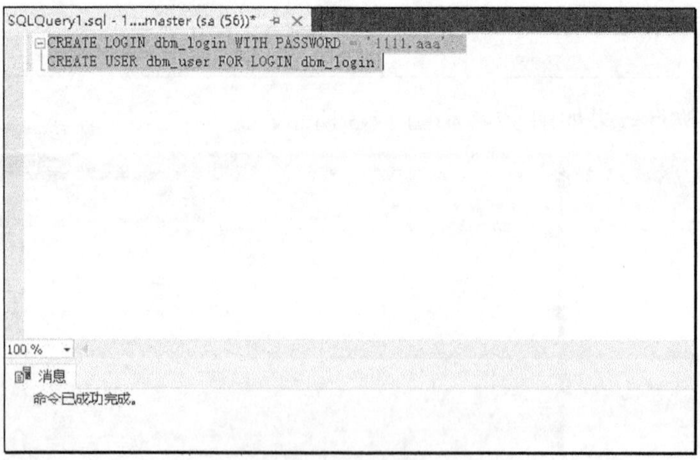

图 17-4　设置端点登录名及用户名

5）在主节点上创建证书

由于不像 Windows 那样可以直接使用域身份验证（后期可能可以），所以在 Linux 上需要借用证书验证镜像端点之间的通信。

这需要连接到对应的主节点上创建证书。本例使用 m190 为主节点，创建主密钥和证书，然后备份证书并使用私钥保护文件。这个过程同样需要强密码，执行以下 T-SQL 命令，见图 17-5。

```
CREATE MASTER KEY ENCRYPTION BY PASSWORD = '1111.aaa';
CREATE CERTIFICATE dbm_certificate WITH SUBJECT = 'dbm';
BACKUP CERTIFICATE dbm_certificate
   TO FILE = '/var/opt/mssql/data/dbm_certificate.cer'
   WITH PRIVATE KEY (
           FILE = '/var/opt/mssql/data/dbm_certificate.pvk',
           ENCRYPTION BY PASSWORD = '1111.aaa'
       );
```

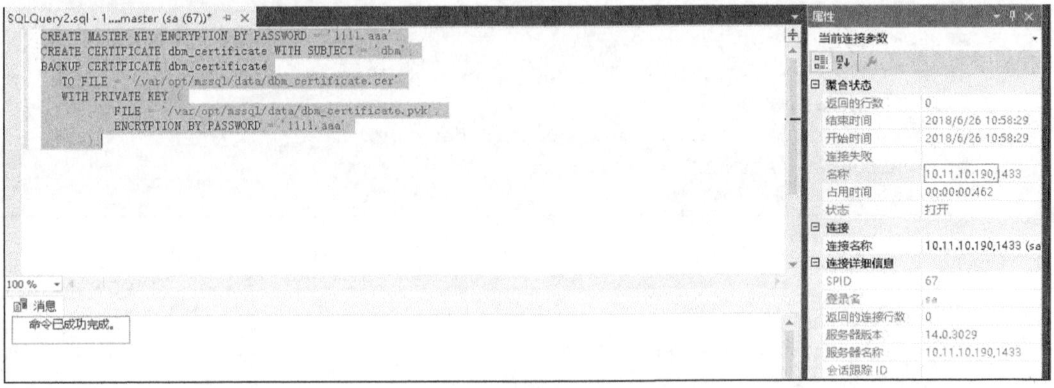

图 17-5 创建证书并加密

此时，在主副本的数据目录下产生两个文件，分别为图 17-6 所示的名字。

```
dbm_certificate.cer  #证书
dbm_certificate.pvk  # 私钥
```

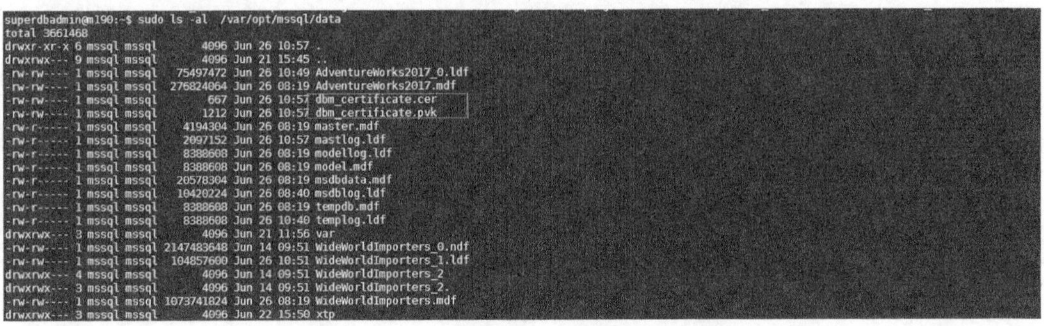

图 17-6 数据目录下的证书及密钥

然后需要将这两个文件复制到所有参与 AlwaysON 的副本服务器的相同目录中。

```
~$ sudo su - root
~# cd /var/opt/mssql/data/
```

```
~# scp dbm_certificate.* sysadmin@10.11.10.40:/tmp/
```

这里需要注意，先登录 m190，在切换到 root 账户后，将文件复制到目标服务器的 tmp 临时目录文件中，然后登录 m40，从 tmp 中复制文件到 m40 的/var/opt/mssql/data 中进行授权。

```
$ sudo su - root
# cd /var/opt/mssql/data/
# cp /tmp/dbm_certificate.* .
# chown mssql.mssql dbm_certificate.*
```

6）在辅助节点上创建证书

此处需要利用刚才同步的证书来创建对应的证书。

```
CREATE MASTER KEY ENCRYPTION BY PASSWORD = '1111.aaa';
CREATE CERTIFICATE dbm_certificate
    AUTHORIZATION dbm_user
    FROM FILE = '/var/opt/mssql/data/dbm_certificate.cer'
    WITH PRIVATE KEY (
    FILE = '/var/opt/mssql/data/dbm_certificate.pvk',
    DECRYPTION BY PASSWORD = '1111.aaa'
            );
```

需要注意，这里是使用的是 FROM，而生成的时候使用的是 TO，见图 17-7。

图 17-7　辅助副本上使用主副本的密钥和证书创建对应证书

7）创建数据库镜像端点

在所有节点创建中，端点使用 TCP 发送和接收服务器之间的消息。数据库镜像端点监听唯一的 TCP 端口号，由于习惯原因，一般会使用 5022 这个原来常用于镜像的端点。

使用下面的 T-SQL 语句创建一个 Hadr_endpoint 用于 AG 的端点，然后启用并授权给第 4 步创建的登录名使其有连接权限。另外注意如果配置了防火墙，那么需要打开 TCP 端口中的 5022 或者你配置的具体值，见图 17-8 和图 17-9。

```
CREATE ENDPOINT [Hadr_endpoint]
    AS TCP (LISTENER_PORT = 5022)
    FOR DATA_MIRRORING (
        ROLE = ALL,
        AUTHENTICATION = CERTIFICATE dbm_certificate,
```

```
        ENCRYPTION = REQUIRED ALGORITHM AES
        );
ALTER ENDPOINT [Hadr_endpoint] STATE = STARTED;
GRANT CONNECT ON ENDPOINT::[Hadr_endpoint] TO [dbm_login];
```

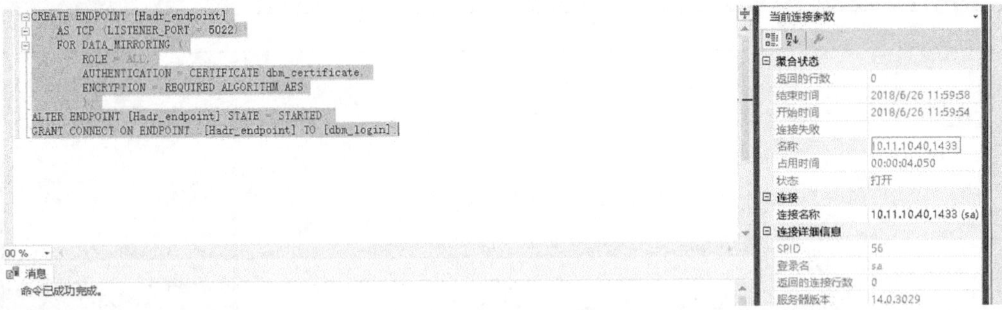

图 17-8 在 m40 上创建和配置端点

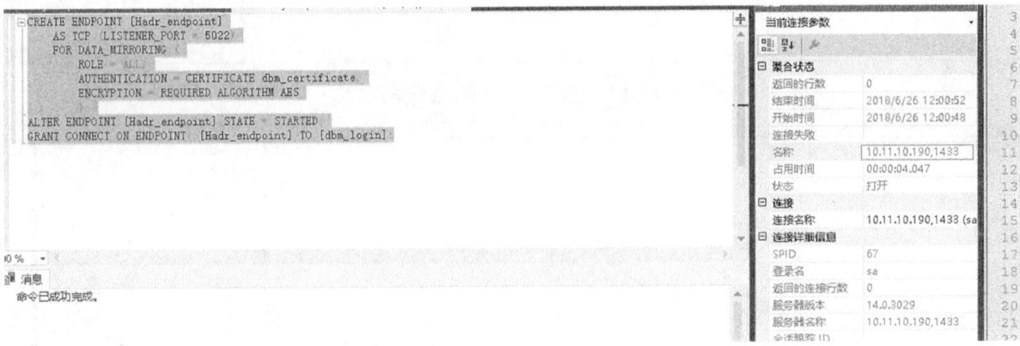

图 17-9 在 m190 上创建和配置端点

然后在 m40 和 m190 机器上校验是否启动了对应的端口，见图 17-10 和图 17-11。

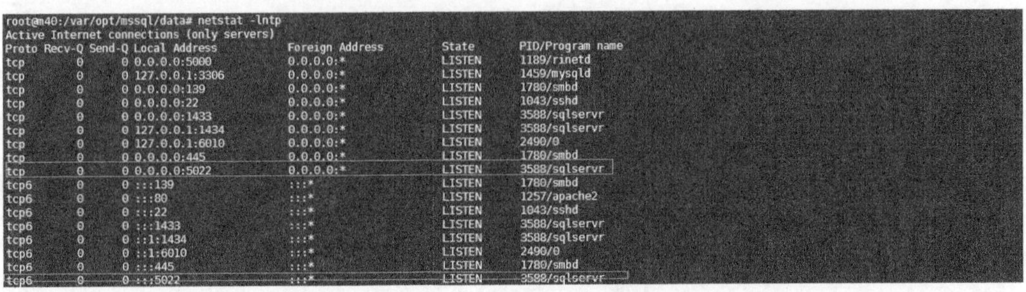

图 17-10 m40 上校验端口

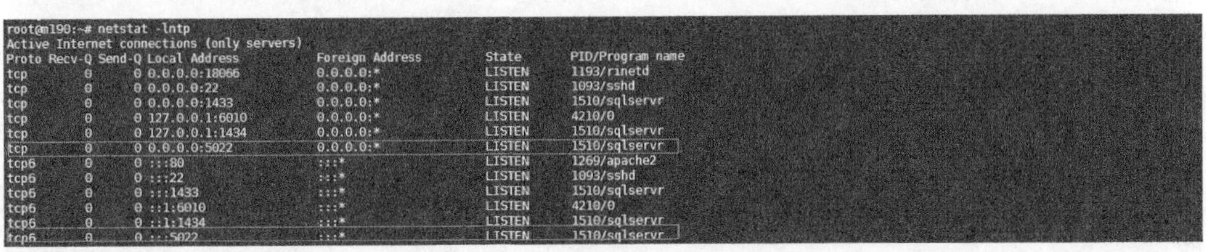

图 17-11 m190 上校验端口

8）在主节点上创建 AG

首先我们必须确认两台机器对应的服务名，尽管前面已经知道，但是为了培养严谨的习惯，再次检查是有必要的。下面使用 T-SQL 查看，见图 17-12 和图 17-13。

```
select @@SERVERNAME
```

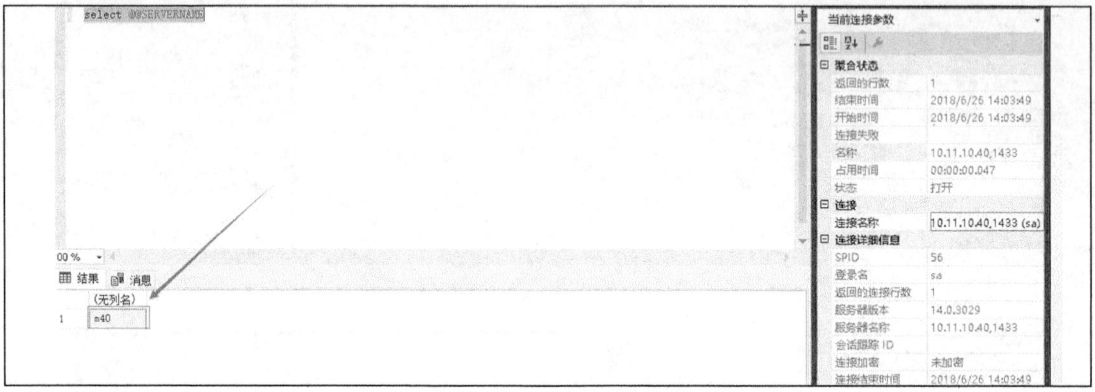

图 17-12　查看 m40 的服务器名称

图 17-13　查看 m190 的服务器名称

确认完服务器名字后，开始进行可用性组的搭建。首先在主副本上创建 AG，有多少个辅助副本就要添加多少个 WITH 项，如代码清单 17-1 中配置了 m190 和 m40。

提醒：接下来搭建的过程实际上只是 AlwaysON 的一个“同步模式”，它还不能正式用于读写分离，不过读者少安勿躁，在后面会继续演示如何达到我们的要求。为了进行对比，本章实际上使用了两个 AG 来演示。

在**主节点**上添加对应的 AG。

代码清单 17-1　创建 AG

```
CREATE AVAILABILITY GROUP [RHELAG] --可用性组名
    WITH (DB_FAILOVER = ON, CLUSTER_TYPE = EXTERNAL)
    FOR REPLICA ON
        N'm190'--主副本
        WITH (
            ENDPOINT_URL = N'tcp://m190:5022',--端口 URL
```

```
        AVAILABILITY MODE = SYNCHRONOUS COMMIT,--可用性模式：同步提交，也可用异步提交
        FAILOVER_MODE = EXTERNAL,--Failover 模式，External 或 NONE
        SEEDING_MODE = AUTOMATIC     --自动 SEEDING
        ),
    N'm40' --辅助副本
    WITH (
        ENDPOINT_URL = N'tcp://m40:5022',
        AVAILABILITY_MODE = SYNCHRONOUS_COMMIT,
        FAILOVER_MODE = EXTERNAL,
        SEEDING_MODE = AUTOMATIC
        );
ALTER AVAILABILITY GROUP [RHELAG] GRANT CREATE ANY DATABASE;
```

执行完成后，我们展开 SSMS 中的 AlwaysON 高可用性，可以看到如图 17-14 所示。

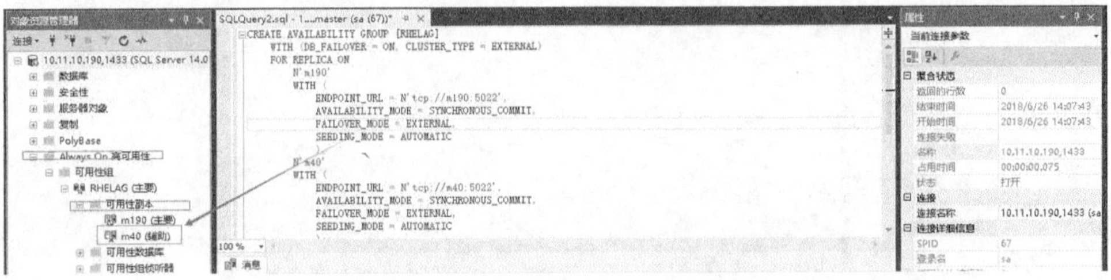

图 17-14　创建 AG 后的情况

从图 17-14 中可以看到，m40 上的辅助副本目前属于离线状态。我们需要通过脚本将副本节点（非主节点）添加进去。

```
ALTER AVAILABILITY GROUP [RHELAG] JOIN WITH (CLUSTER_TYPE = EXTERNAL);
ALTER AVAILABILITY GROUP [RHELAG] GRANT CREATE ANY DATABASE;
```

回到主节点，再次查看可用性副本的情况，如图 17-15 所示。

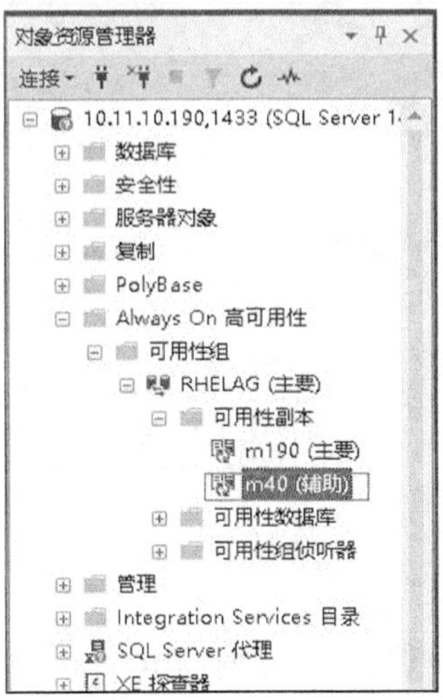

图 17-15　添加副本

可以看到，m40 上的副本已经添加到对应的 AG 中了。

9）测试同步

使用下面 T-SQL 语句在主节点上创建数据库 db1，并将其添加到可用性组 RHELAG 中，见图 17-16。

```
CREATE DATABASE [db1];--建库
ALTER DATABASE [db1] SET RECOVERY FULL;--设置完整恢复模式(强制要求)
BACKUP DATABASE [db1] TO DISK = N'/var/opt/mssql/data/db1.bak';
ALTER AVAILABILITY GROUP [RHELAG] ADD DATABASE [db1];--加入 AG
```

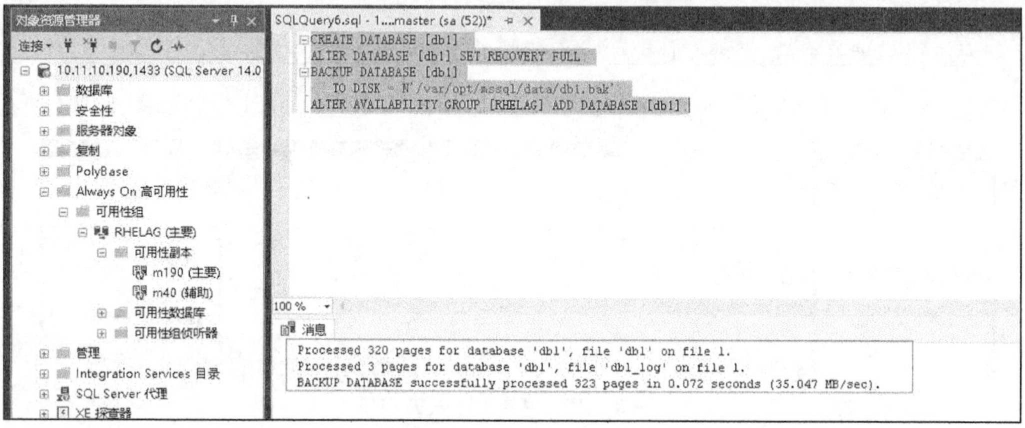

图 17-16 在主副本中添加数据库并添加到 AG 中

连接辅助副本节点，使用 T-SQL 查看是否已经同步，见图 17-17。

```
SELECT * FROM sys.databases WHERE name = 'db1';  --查看是否已经建库
GO
SELECT DB_NAME(database_id) AS 'database',  synchronization_state_desc  --同步状态
FROM sys.dm_hadr_database_replica_states;
```

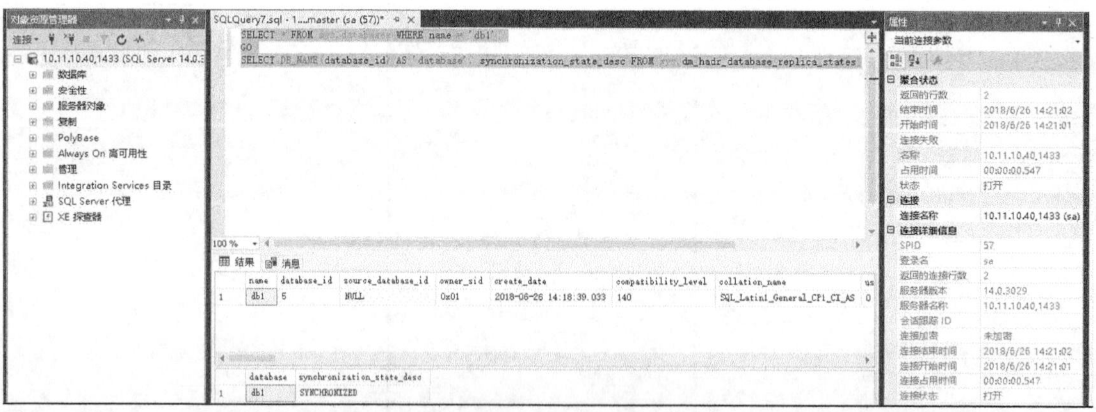

图 17-17　查看辅助副本同步状态

从图 17-17 和图 17-18 中可以看到 db1 已经同步过来了，现在的副本节点只能作为一个纯同步节点，使用 SSMS 无法打开对应副本上的数据库。

图 17-18 辅助副本数据库无法访问

出现上面情况的原因是没有加上一个参数。如果我们的业务需要借用副本集进行可读操作，那么可以创建一个新的可用性组进行对比，差异在于是否添加了 ALLOW_CONNECTIONS 参数。

代码清单 17-2 创建可连接的 AG

```
CREATE AVAILABILITY GROUP [RHELAG2]
    WITH (CLUSTER_TYPE = NONE)
    FOR REPLICA ON
        N'm190' WITH (
            ENDPOINT_URL = N'tcp://m190:5022',
            AVAILABILITY_MODE = SYNCHRONOUS_COMMIT,
            FAILOVER_MODE = MANUAL,
            SEEDING_MODE = AUTOMATIC,
            SECONDARY_ROLE (ALLOW_CONNECTIONS = ALL)
            ),
        N'm40' WITH (
            ENDPOINT_URL = N'tcp://m40:5022',
            AVAILABILITY_MODE = SYNCHRONOUS_COMMIT,
            FAILOVER_MODE = MANUAL,
            SEEDING_MODE = AUTOMATIC,
            SECONDARY_ROLE (ALLOW_CONNECTIONS = ALL)
            );
ALTER AVAILABILITY GROUP [RHELAG2] GRANT CREATE ANY DATABASE;
```

按同样的方式在副本节点上添加进行如下 T-SQL 语句。

```
ALTER AVAILABILITY GROUP [RHELAG2] JOIN WITH (CLUSTER_TYPE = NONE);
ALTER AVAILABILITY GROUP [RHELAG2] GRANT CREATE ANY DATABASE;
```

回到主节点，查看 AG2 的状态是否正常，见图 17-19。

按相同方式创建 db2 并同步，见图 17-20。

```
CREATE DATABASE [db2];
ALTER DATABASE [db2] SET RECOVERY FULL;
BACKUP DATABASE [db2] TO DISK = N'/var/opt/mssql/data/db2.bak';
ALTER AVAILABILITY GROUP [RHELAG2] ADD DATABASE [db2];
```

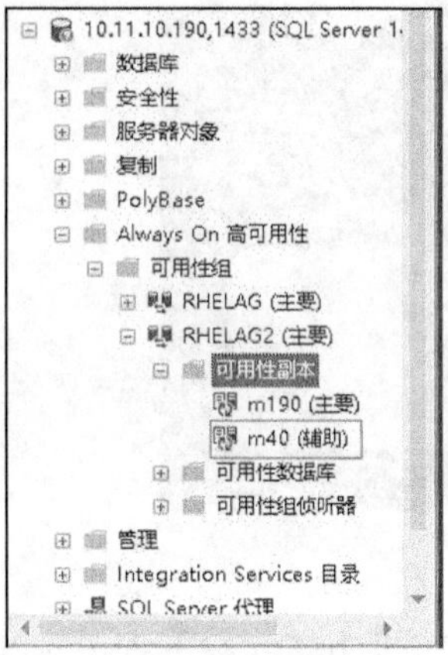

图 17-19　AG2 的状态

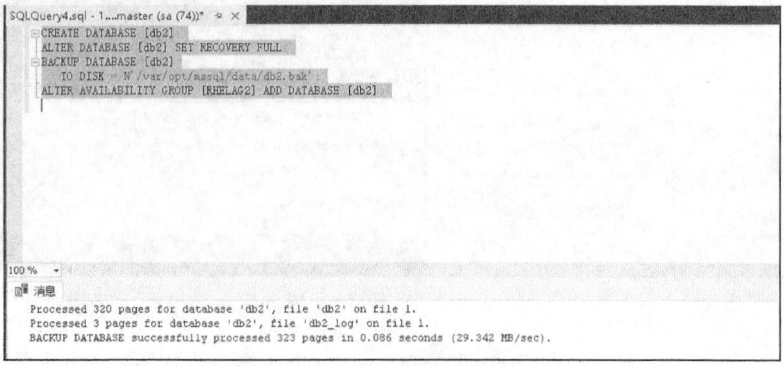

图 17-20　同步 AG2 的 db2

校验是否可访问，见图 17-21。

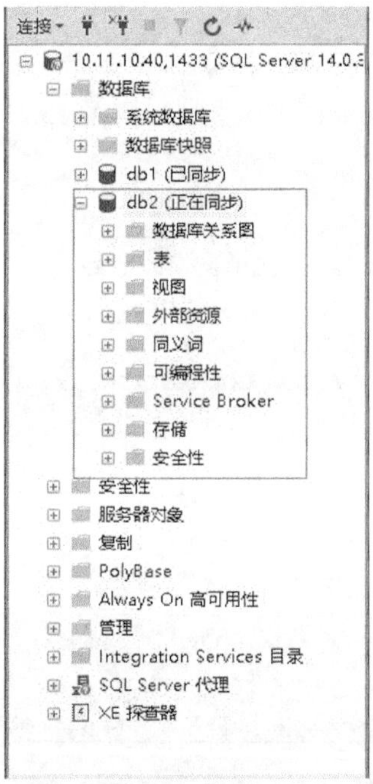

图 17-21　db2 已经可访问

图 17-21 显示已经可以访问。读者可以在主副本的 db2 中创建测试表然后循环插入数据并在辅助副本中查看。这时可以看到已经实现数据的同步，这里就不多演示了。

17.2.2　配置集群管理器 Pacemaker

上节我们配置了一个完整的 AG 集群，它仅同步并不能实现真正的高可用，还需要进行故障转移。毕竟在大型企业中你不可能只管理一个数据库，另外由于某些原因（比如打补丁等）可能需要借助故障转移。

另外，即使数据库层面可以进行故障转移，但是应用程序通常都在链接中指定了具体的 IP 地址或机器名，如果发生了故障，则还需要手动进行修改。作为主推的高可用技术，AlwaysON 当然也要提供一定的功能来实现这种“透明”切换。它提供了虚拟 IP（VIP）的概念，不过其他 RDBMS 中也有类似的思想或者功能。

VIP 对应用程序来说就是一个 IP 地址，在 VIP 的配置过程中，我们可以指定 VIP 下面包含了哪些 IP 地址，并且默认指向哪一个。一旦发生故障转移，VIP 可以通过修改内部指向，使应用程序在不改动配置文件的情况下继续运作，提高业务连续性。配置 VIP 需要借助 Linux 的集群，官方推荐使用 Pacemaker。接下来演示如何安装和部署 Linux 上的集群。

如非特殊说明，以下步骤均需要在**所有节点**中执行。

1）对所有节点安装必备工具包

```
~$ sudo apt-get install pacemaker pcs fence-agents resource-agents
```

2）对所有节点配置公共密码

```
~$ sudo passwd hacluster
```

3）启动相应的服务

```
~$ sudo systemctl enable pcsd
~$ sudo systemctl start pcsd
~$ sudo systemctl enable pacemaker
```

4）创建集群

为防止集群节点中的异常文件残留，需要先删除已经存在的集群。

```
~$ sudo pcs cluster destroy
~$ sudo systemctl enable pacemaker
```

创建对应的集群，此处只需一个节点（一般在主节点）运行。

```
~$ sudo pcs cluster auth m190 m40  -u hacluster -p alog@123
~$ sudo pcs cluster setup --name RHELAG2 m190 m40
~$ sudo pcs cluster start --all
```

5）所有节点隔离（STONITH）资源

隔离的目的是确保在配置资源过程中引起服务中断时，不会发生数据损坏。为了测试环境相对简单，需要禁用隔离，在实际环境中，建议读者与 Linux 系统管理员和设备供应商讨论是否需要启用。

```
~$ sudo pcs property set stonith-enabled=false
```

6）禁用 start-failure-is-fatal

```
~$ sudo pcs property set start-failure-is-fatal=false
```

7）在所有节点安装资源包

```
~$ sudo apt-get install mssql-server-ha
```

8）在所有节点创建基于 Pacemaker 的使用账户（T-SQL）

```
USE [master]
GO
CREATE LOGIN [pacemakerLogin] with PASSWORD= N'1111.aaa'
ALTER SERVER ROLE [sysadmin] ADD MEMBER [pacemakerLogin]
```

9）所有节点保存登录信息

```
~$ sudo echo 'pacemakerLogin' >> ~/pacemaker-passwd
~$ sudo echo '1111.aaa' >> ~/pacemaker-passwd
~$ sudo mv ~/pacemaker-passwd /var/opt/mssql/secrets/passwd
~$ sudo chown root:root /var/opt/mssql/secrets/passwd
~$ sudo chmod 400 /var/opt/mssql/secrets/passwd
```

10）集群主节点配置 AG，创建虚拟 IP

搭建好集群之后，就可以创建虚拟 IP，这里选用 10.11.10.42 为 VIP。

```
~$ sudo pcs resource create ag_cluster ocf:mssql:ag ag_name=RHELAG2 --master meta
notify=true
~$ sudo pcs resource create virtualip ocf:heartbeat:IPaddr2 ip=10.11.10.42
```

执行之后查看是否绑定成功，见图 17-22。

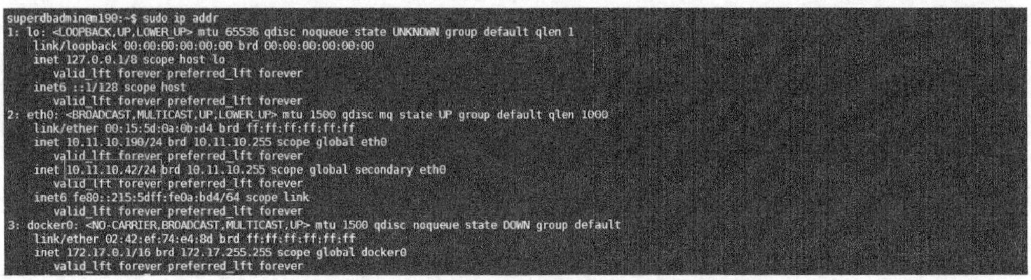

图 17-22　检查 VIP 是否创建并绑定成功

11）设置主节点（或副本）执行集群依赖关系和启动顺序

这一步类似 Windows 集群中的投票机制，目的在于当集群拥有两个以上的节点，且发生故障转移时，应该选择哪一个辅助节点作为新的主节点。

```
~$ sudo pcs constraint colocation add virtualip ag_cluster-master INFINITY with-r
sc-role=Master
~$ sudo pcs constraint order promote ag_cluster-master then start virtualip
```

如果读者完成到这一步，那么这意味着我们已经初步完成了一个基本的 AlwaysON 的搭建，下面可以尝试使用它。

12）访问

这一次使用 VIP 访问 MSSQL 服务器。一般情况下，1433 端口可以不加，如图 17-23 所示。

从图 17-23 中可见，到目前为止顺利完成了搭建。然后进行有效性验证，在无故障的情况下当前 DB（注意我们使用 VIP 连接，也就是可能你不知道具体的主副本在哪里）如图 17-24 所示。

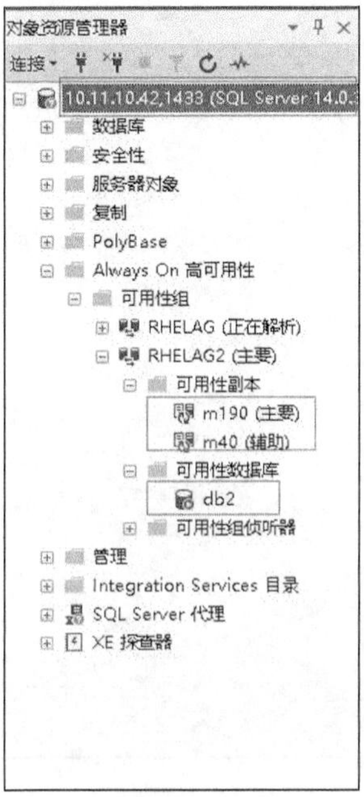

图 17-23 使用 VIP 连接

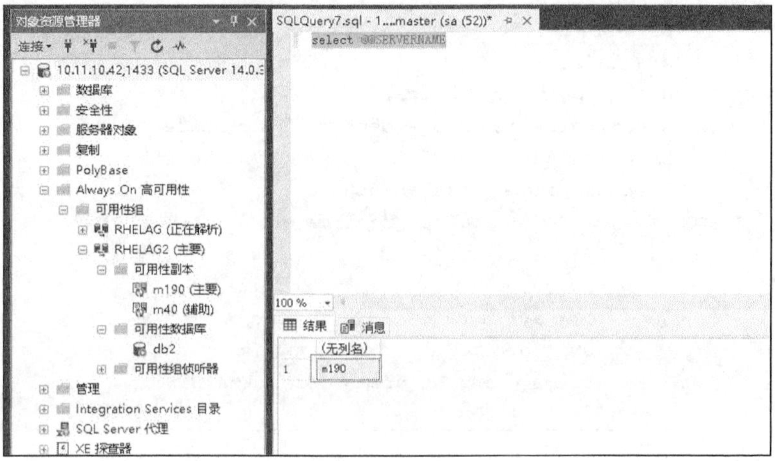

图 17-24 查看当前主副本

首先我们要了解当前状态，使用下面的 T-SQL 语句来查看 AG 的信息，结果见图 17-25。

代码清单 17-3 查看 AG 状态

```
-- groups info
SELECT
    g.name as ag_name,
    rgs.primary_replica,
    rgs.primary_recovery_health_desc as recovery_health,
    rgs.synchronization_health_desc as sync_health
FROM sys.dm_hadr_availability_group_states as rgs
JOIN sys.availability_groups AS g
                 ON rgs.group_id = g.group_id

-- replicas info
SELECT
    g.name as ag_name,
    r.replica_server_name,
    rs.is_local,
    rs.role_desc as role,
    rs.operational_state_desc as op_state,
    rs.connected_state_desc as connect_state,
    rs.synchronization_health_desc as sync_state,
    rs.last_connect_error_number,
    rs.last_connect_error_description
FROM sys.dm_hadr_availability_replica_states AS rs
```

```
JOIN sys.availability replicas AS r
    ON rs.replica_id = r.replica_id
JOIN sys.availability_groups AS g
    ON g.group_id = r.group_id

-- DB level
SELECT
    g.name as ag_name,
    r.replica_server_name,
    DB_NAME(drs.database_id) as [database_name],
    drs.is_local,
    drs.is_primary_replica,
    synchronization_state_desc as sync_state,
    synchronization_health_desc as sync_health,
    database_state_desc as db_state
FROM sys.dm_hadr_database_replica_states AS drs
         JOIN sys.availability_replicas AS r
          ON r.replica_id = drs.replica_id
         JOIN sys.availability_groups AS g
          ON g.group_id = drs.group_id
ORDER BY g.name,  drs.is_primary_replica DESC;
GO
```

	ag_name	primary_replica	recovery_health	sync_health
1	RHELAG	m190	NULL	NOT_HEALTHY
2	RHELAG2	m190	ONLINE	HEALTHY

	ag_name	replica_server_name	is_local	role	op_state	connect_state	sync_state	last_connect_error_number	last_connect_error_description
1	RHELAG	m190	1	RESOLVING	OFFLINE	DISCONNECTED	NOT_HEALTHY	NULL	NULL
2	RHELAG2	m190	1	PRIMARY	ONLINE	CONNECTED	HEALTHY	NULL	NULL
3	RHELAG2	m40	0	SECONDARY	NULL	CONNECTED	HEALTHY	NULL	NULL

	ag_name	replica_server_name	database_name	is_local	is_primary_replica	sync_state	sync_health	db_state
1	RHELAG	m190	db1	1	0	NOT SYNCHRONIZING	NOT_HEALTHY	RECOVERY_PENDING
2	RHELAG2	m190	db2	1	1	SYNCHRONIZED	HEALTHY	ONLINE
3	RHELAG2	m40	db2	0	0	SYNCHRONIZING	HEALTHY	NULL

图 17-25　代码清单 17-3 的结果

现在模拟主副本出现异常，使用下面的 Shell 命令停止主节点的 SQL Server 服务。

```
~$ sudo systemctl stop mssql-server.service
```

停止服务实际上就是模拟故障，我们期望它能发生自动故障转移，并且希望在本例中主节点能够转移到 m40，同时又保证 VIP 能继续使用，等待少许时间之后（故障转移需要一定的时间，特别是繁忙的大型系统，可能需要数秒到几分钟），再次运行代码清单 17-3，可以发现图 17-26 所示的结果。

	ag_name	primary_replica	recovery_health	sync_health
1	RHELAG2	m40	ONLINE	HEALTHY

	ag_name	replica_server_name	is_local	role	op_state	connect_state	sync_state	last_connect_error_number	last_connect_error_description
1	RHELAG2	m190	0	SECONDARY	NULL	CONNECTED	HEALTHY	NULL	NULL
2	RHELAG2	m40	1	PRIMARY	ONLINE	CONNECTED	HEALTHY	NULL	NULL

	ag_name	replica_server_name	database_name	is_local	is_primary_replica	sync_state	sync_health	db_state
1	RHELAG2	m40	db2	1	1	SYNCHRONIZED	HEALTHY	ONLINE
2	RHELAG2	m190	db2	0	0	SYNCHRONIZED	HEALTHY	NULL

图 17-26　故障转移之后的 AG 信息

从图 17-26 中可以看到，已经自动切换成主机为 m40，因为我们在这里一直使用 VIP 来连接，所以也证明 VIP 是可用的。

17.3 警　　报

搭建好环境之后，运维人员后续的维护工作不可缺少。其中最重要的莫过于状态监控，这个工作可以让我们得知搭建是否合理无误，配置是否适应当前负载等。作为成熟的 RDBMS，SQL Server 内部提供了告警机制，同时 DBA 会配置邮件系统，对异常做出响应并发送警告邮件。当然可以考虑使用第三方工具，不过相对来说它们都没有内部机制响应速度快。

接下来先配置邮件功能。

1）启用数据库邮件

```
USE master
GO
sp_configure 'show advanced options',1
GO
RECONFIGURE WITH OVERRIDE
GO
sp_configure 'Database Mail XPs', 1
GO
RECONFIGURE
GO
```

2）创建新账户

```
EXECUTE msdb.dbo.sysmail_add_account_sp
@account_name = 'SQLAlerts',
@description = 'Account for Automated DBA Notifications',
@email_address = '比如 QQ 邮箱',
@replyto_address = '比如 QQ 邮箱',
@display_name = 'SQL Monitor',
@mailserver_name = 'smtp.qq.com',
@port = 25,
@username = '比如 QQ 邮箱',
@password = '邮箱密码'
GO
```

3）创建默认配置文件

```
EXECUTE msdb.dbo.sysmail_add_profile_sp
@profile_name = 'default',--如果不是 default，则需要手动指定，所以这里使用 default
@description = 'Profile for sending Automated DBA Notifications'
GO
```

4）将数据库文件添加到配置文件中

```
EXECUTE msdb.dbo.sysmail_add_principalprofile_sp
```

```
@profile_name = 'default',
@principal_name = 'public',
@is_default = 1 ;
```

5）将账户添加到配置文件

```
EXECUTE msdb.dbo.sysmail_add_profileaccount_sp
@profile_name = 'default',
@account_name = 'SQLAlerts',
@sequence_number = 1;
```

根据以上步骤完成配置，注意替换账号密码等。此时我们需要进行测试，探测告警是否成功。

```
EXECUTE msdb.dbo.sp_send_dbmail
@profile_name = 'default',
@recipients = 'recipient-email@gmail.com',
@Subject = 'Testing DBMail',
@Body = 'This message is a test for DBMail'
GO
```

对邮件进行查证，见图 17-27。

图 17-27　数据库邮件测试

从图 17-27 中可以看到，邮件配置已经发送成功。

6）mssql-conf 设置邮件功能

```
~$ sudo /opt/mssql/bin/mssql-conf set sqlagent.databasemailprofile default
```

mssql 通常使用事件触发或者作业来进行告警。在这里我们使用作业来配置一个计划任务，这使得我们能迅速感知故障。

建立告警时需要你将鼠标移动到 SQL Server 代理的项中，找到告警，用右键选择“新建告警”，见图 17-28。

7）设置告警条件

在设置告警之前，首先要明确我们需要监控的错误代码是什么，这里罗列出 3 个关于 AlwaysON 常用的错误代码，我们选择 1480 为告警条件，见图 17-29。

- 1480：其含义为 AlwaysON Role Change 发生故障转移
- 35264：其含义为 AlwaysON Data Movement Suspended（数据移动挂起），这意味着同步暂停。它可能因为网络，也可能因为辅助副本的空间不足等。

图 17-28 设置警报

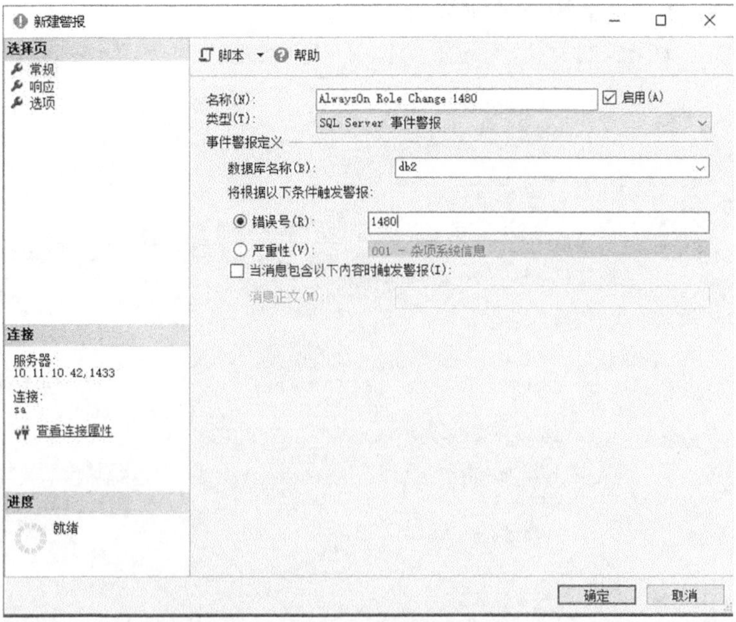

图 17-29 设置 1480 警报

- 35265：其含义为 AlwaysON Data Movement Resumed（恢复数据移动），是 35264 发生后应该要出现的。

8）设置响应操作

接着单击“响应”，选择新建操作员，见图 17-30。

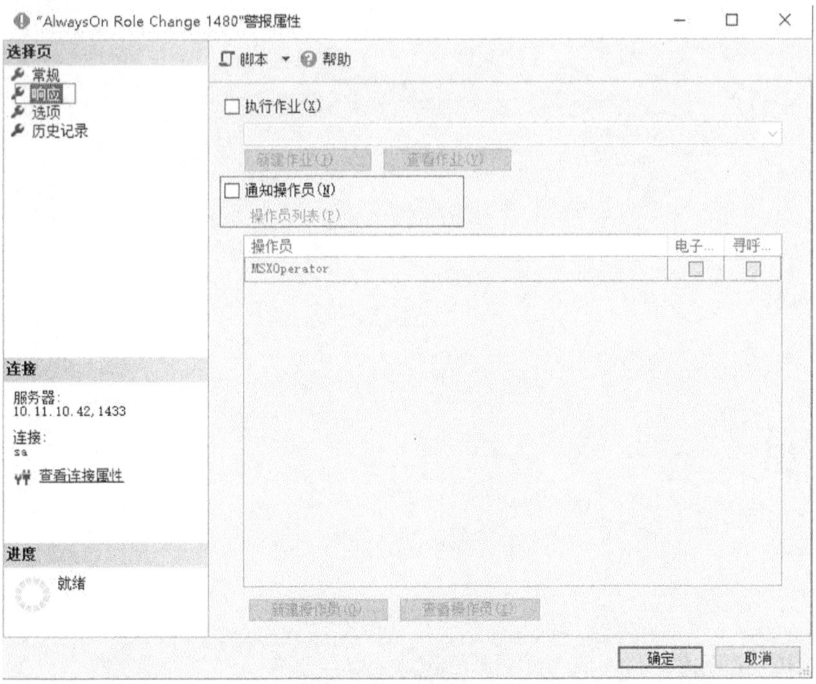

图 17-30 设置操作员

9）设置操作员邮箱

图 17-31 所示为设置操作员响应邮箱。

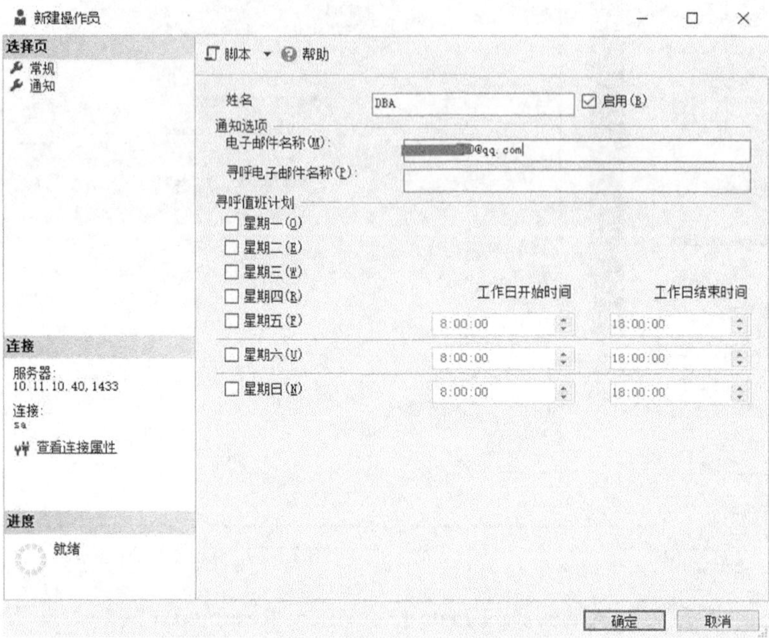

图 17-31　设置操作员响应邮箱

单击“确定”回到原界面，勾选“电子邮件”，见图 17-32 和图 17-33。

图 17-32　告警关联操作员

10）启用邮件配置文件

单击确定后，回到【SQL Server 代理】右键选择【属性】，选择【警报系统】，见图 17-34。

图 17-33　勾选电子邮件

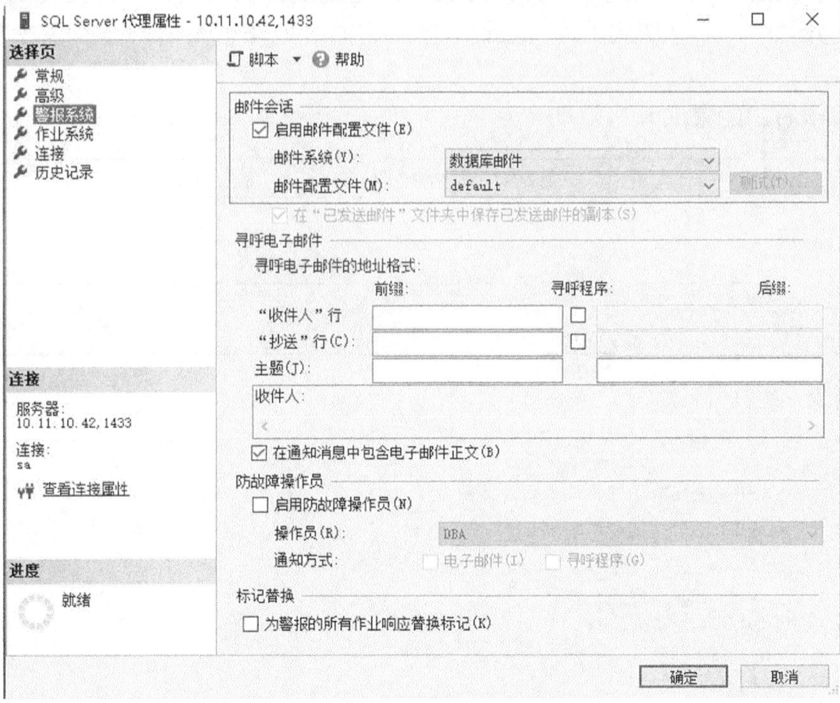

图 17-34　启用邮件配置文件

由于上面已经配置完毕，所以这里会自动填充。设置好 1480 的错误代码之后，我们可以模拟 AG 的主切换。

注意：由于某些错误代码涉及 AG 的所有副本，所以建议对所有副本都设置告警。

17.4　读写分离

SQL Server 没有原生的负载均衡方案，但是在设计合理的前提下，使用读写分离依旧能够应对大业务量。关于读写分离，原生技术通常使用复制（replication）和 AlwaysON，不过这里作者想介绍另外一个技术——Haproxy。它是一个代理，可以实现路由转发功能，这里的用途是在 AG 发生故障转移时，应用程序不用修改链接， Haproxy 可在内部进行转移，从而透明地恢复使用。

AlwaysON 本身有路由表功能，作为扩展技能，本书更加偏向于介绍新工具，所以路由表功能不在这本书中提及。

安装 Haproxy 的过程是非常简单的，使用 apt-get 即可安装，你也可以使用最新版的源码进行安装。

```
~$ sudo apt-get install haproxy
```

这里 Haproxy 的机器 IP 设为 10.11.10.41，应用程序只需要在连接字符串中配置对应的读地址就行。Haproxy 在这里只作为读的负载，也就是默认将读请求直接转到读库，只有当读库发生异常时，才会切到主库中查询。使用它的好处在于无须因为实际 IP 的变更而进行修改并重启。

安装完毕后，配置成开机启动。

```
~$ sudo sed -i "s/ENABLED=0/ENABLED=1/g" /etc/default/haproxy
```

进入配置目录。

```
~$ cd /etc/haproxy/
~$ sudo vi /etc/haproxy/haproxy.cfg
```

对配置文件进行修改。

```
global
        maxconn 65530  #添加最大连接数

listen stats
    mode http
    bind *:2080
    stats enable
    stats refresh 30s
    stats uri   /haproxyadminstats
    stats realm  HAProxy\ Statistics
    stats auth   admin:admin  #网页认证账号和密码
    stats admin if TRUE


listen mssql
```

```
        mode tcp
        bind :1433
        balance leastconn
        option tcpka
        server mssqldb1 10.11.10.40:1433  weight 10 maxconn 6000 check port 1433 inte
r 2000  rise 2 fall 2
        server mssqldb2 10.11.10.42:1433  weight 1 maxconn 6000 check backup port 143
3 inter 2000  rise 2 fall 2
```

修改完之后查看端口，见图 17-35。

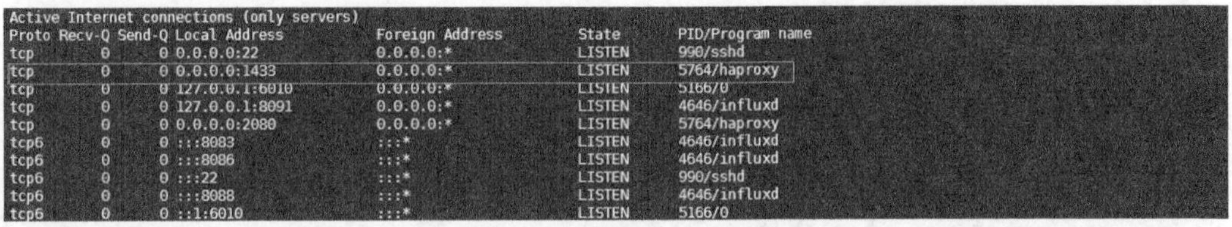

图 17-35 查看 Haproxy 的端口

从图 17-35 中可以发现，端口已经正常运行。我们访问对应的网页，查看对应的状态信息，浏览器输入“http://10.11.10.41:2080/haproxyadminstats”，见图 17-36。

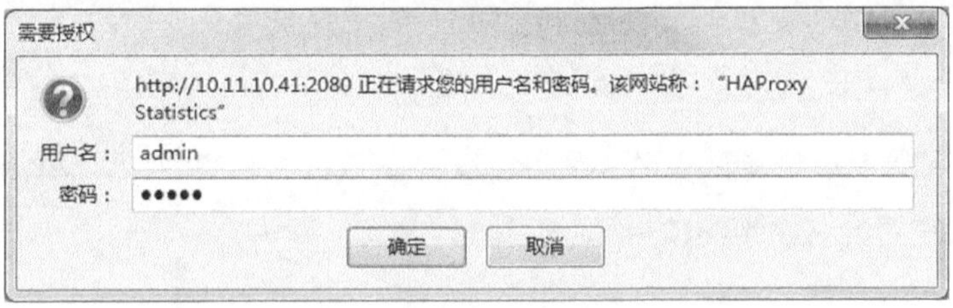

图 17-36 登录 Haproxy 管理员界面

查看 Haproxy 的运行情况，见图 17-37。

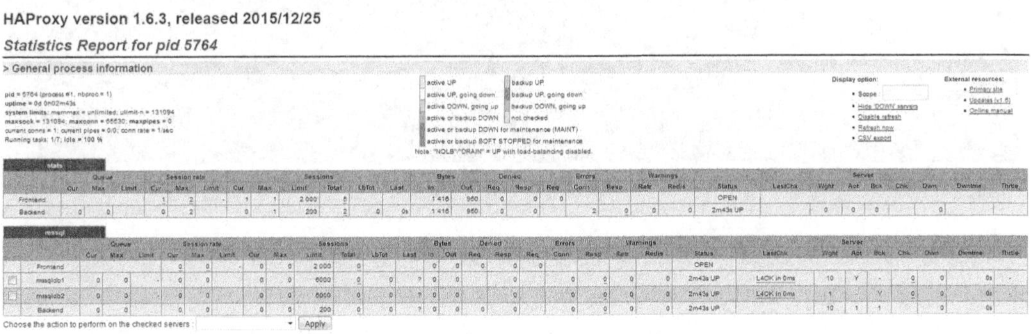

图 17-37 查看 Haproxy 的运行情况

此时的状态没有任何问题，我们使用 SSMS 查看是否访问到 m40 这台机器，见图 17-38。

为方便查看，我们将 Haproxy 的日志切分出来，这需要修改 rsyslog。

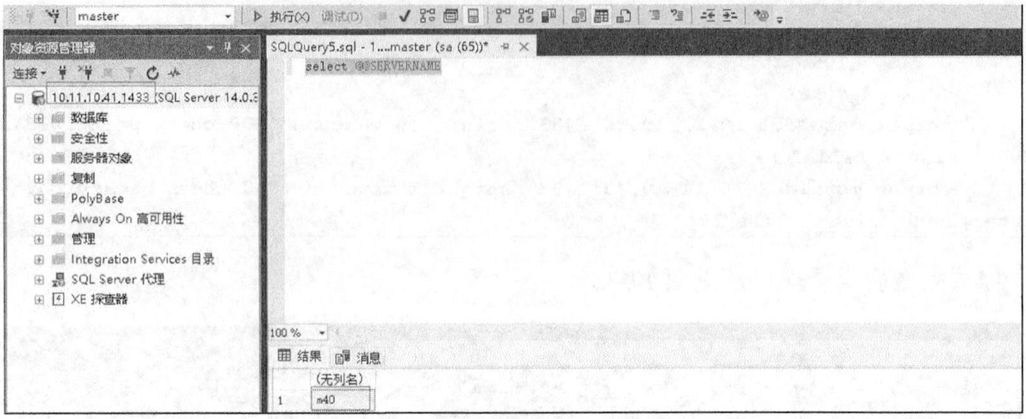

图 17-38 检查当前主副本

```
~$ sudo  vi /etc/rsyslog.conf
module(load="imudp")
input(type="imudp" port="514")  #去掉#
$AllowedSender UDP, 127.0.0.1

~$ sudo  vi /etc/rsyslog.d/50-default.conf
*.*;auth, authpriv.none;local2.none                -/var/log/syslog
local2.*                          /var/log/haproxy.log

~$ sudo systemctl restart rsyslog
```

此时，可以查看对应的日志信息，见图 17-39。

```
~$ tailf /var/log/haproxy.log
```

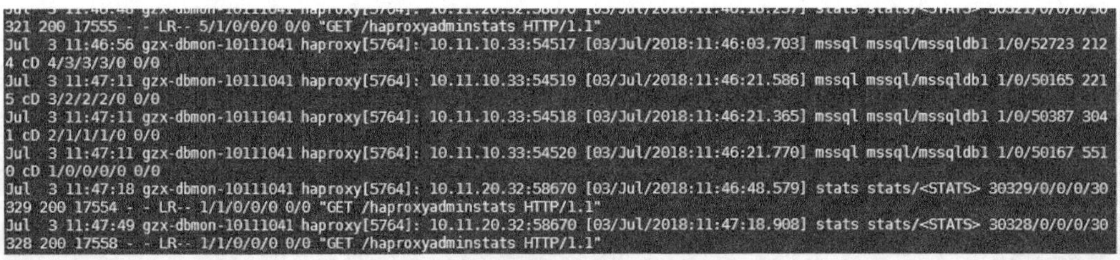

图 17-39 查看日志

此时我们关闭 m40，看连接是否能转移到 42（VIP）中，同时要求 Haproxy 的日志也有体现，见图 17-40。

图 17-40 关闭 m40 之后的日志

同时通过 SSMS 检查当前连接，见图 17-41。

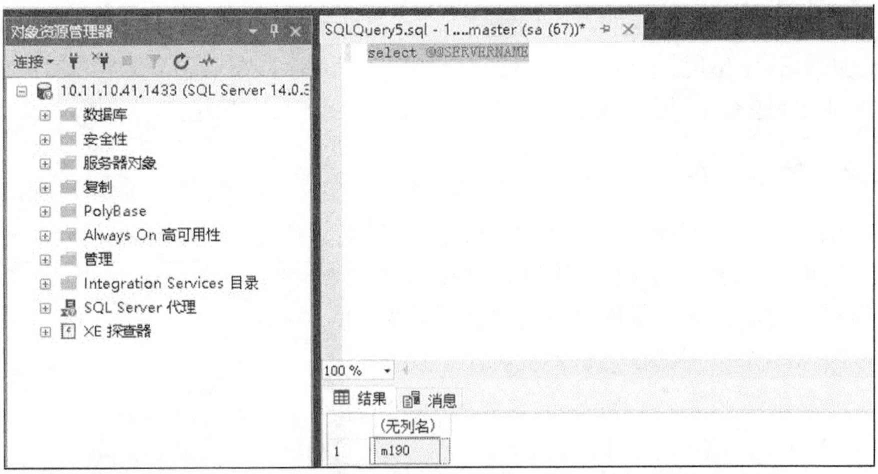

图 17-41 关闭 m40 之后的主副本

可以看到连接已经转移到 m190，这证明故障转移成功。

17.5 常见故障侦测手段

由于 AlwaysON 不仅用到了 SQL Server 层面的功能，还依赖于操作系统层面的功能，所以在故障侦测过程中会比较困难。相对而言常见的故障也不多，如果搭建过程正常的话，那么遇见一般问题也不会奇怪。作者先根据自身经历列出常见的问题，然后再提供一些工具供读者参考。

17.5.1 AlwaysON 的常见问题

在作者这几年的使用过程中，最常见的 AlwaysON 问题有 3 种（配置不合理除外），它们是 Windows 集群问题、空间不足和系统维护。

- Windows 集群问题

很多时候，WSFC 不是 DBA 能触及的地方，通常会有专门的服务器运维人员来负责它，这个时候你只需要提供 AG 搭建所需的信息让服务器运维人员搭建好 WSFC 及一些 DNS、IP 等内容。这就引发了很多潜在的风险，你无法得知 WSFC 是否稳定、合理甚至正确。作者经历过最多的就是 WSFC 故障（有些故障运维人员不提供解释），导致 AlwaysON 发生非预期的故障转移从而影响业务连续性。本书多处提到，不要把思维局限在数据库工具上，还要多了解网络和服务器的内容。

- 空间不足

常见的是辅助副本的数据库所在磁盘空间不足导致事务传到辅助副本时无法恢复，从而导致数据同步挂起（错误号为 35264），这也是作者在前面提到的。空间问题已经成为了工作中影响最大的问题之一，确保空间充足，对异常空间波动的监控到位，不管是 AlwaysON 还是单机运行，这都非常重要。

- 系统维护

除此之外，需要打补丁、版本不一致（作者没遇到过）、网络波动（特别是 DNS 出现问题）、权限变更（SQL 服务账号被运维人员改动过）、域策略变动等情况都可能影响 AlwaysON 或者单机运行的 SQL Server 出现故障。这里无法完全列举，读者应该在多学习扩展视野的前提下，多总结，把遇到的问题深究到底，并且尽力避免，这样问题才会越来越少。

17.5.2 参考工具

这里提供一些工具使读者在运维 AlwaysON 时能够快速定位和解决问题。首先当然是操作系统、SQL Server、集群上面的日志，日志显示了几乎所有的问题描述，哪怕没有直接指明，也可以通过分析来缩小范围。这里就不多说了。接下来介绍一下其他的可用工具。

- AlwaysON 面板

这是 AlwaysON 自带的工具，通过图 17-42 所示界面打开。

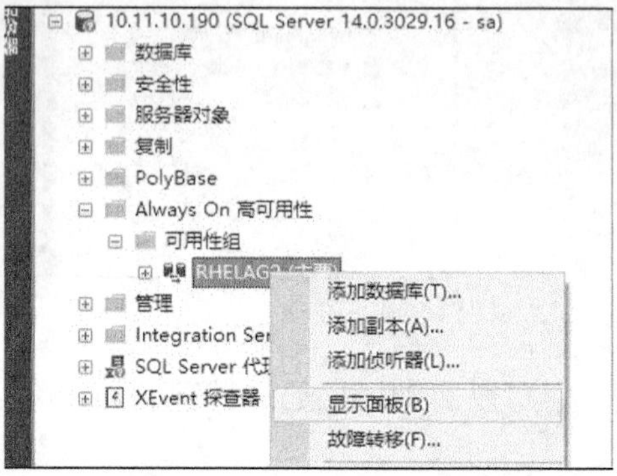

图 17-42 AlwaysON 面板

通过面板我们可以得知大量关于 AG 的信息，如果信息还不够，可以点开图 17-43 右下角的【添加/删除列】添加一些其他信息，如传输/重做速率通常用于检查同步延时的问题。图中右上角的【查看 AlwaysOn 运行状态事件】在故障侦测过程中也可能有用。

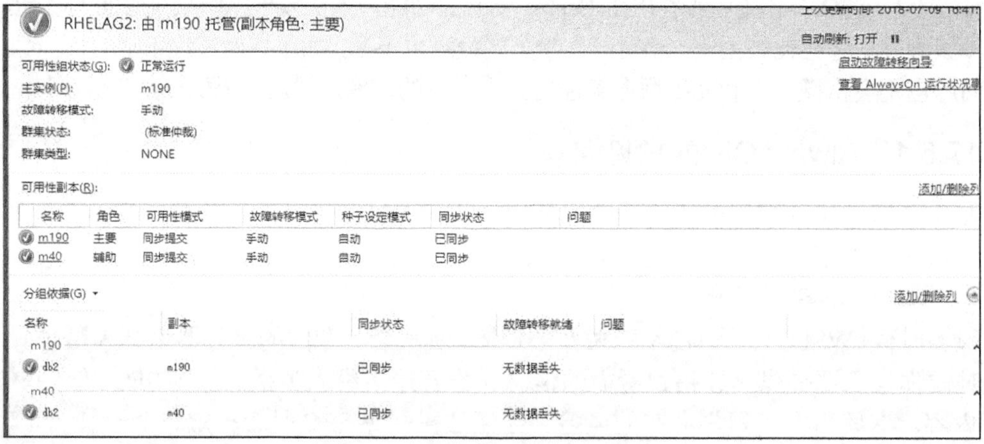

图 17-43 AlwaysON 面板信息

- DMV

下面提供一些 DMV 语句用于查看状态，列名已经很直观，就不多解释了。

代码清单 17-4 查看 AG 同步状态

```
SELECT ag.name AS 'AG Name', ar.replica_server_name AS 'Replica Instance',
dr_state.database_id AS 'Database ID',
Location = CASE
WHEN ar_state.is_local = 1 THEN N'LOCAL'
ELSE 'REMOTE' END,
Role = CASE
WHEN ar_state.role_desc IS NULL THEN N'DISCONNECTED'
```

```
    ELSE ar state.role desc  END,
    ar_state.connected_state_desc AS 'Connection State', ar.availability_mode_desc AS 'Mode',
    dr_state.synchronization_state_desc AS 'State'
    FROM ((sys.availability_groups AS ag JOIN sys.availability_replicas AS ar  ON ag.
group_id =
    ar.group_id )
    JOIN sys.dm_hadr_availability_replica_states AS ar_state ON ar.replica_id = ar_state.
    replica_id)
    JOIN sys.dm_hadr_database_replica_states dr_state ON
    ag.group_id = dr_state.group_id and dr_state.replica_id = ar_state.replica_id;
```

代码清单 17-5　查看 AG 同步速率

```
    SELECT ag.name AS 'AG Name', ar.replica_server_name AS 'Replica Instance', dr_state.
database_id as 'Database ID',
                    Location = CASE
                    WHEN ar_state.is_local = 1 THEN N'LOCAL'
                    ELSE 'REMOTE' END ,
                    Role = CASE
                    WHEN ar_state.role_desc IS NULL THEN N'DISCONNECTED'
                    ELSE ar_state.role_desc END,
    dr_state.log_send_queue_size AS 'Log Send Queue Size', dr_state.redo_queue_size  AS '
Redo Queue Size',
                    dr_state.log_send_rate AS 'Log Send Rate',dr_state.redo_rate AS 'R
edo Rate'
    FROM (( sys.availability_groups AS ag JOIN sys.availability_replicas AS ar
    ON ag.group_id = ar.group_id )
    JOIN sys.dm_hadr_availability_replica_states AS ar_state  ON ar.replica_id = ar_s
tate.replica_id)
                    JOIN sys.dm_hadr_database_replica_states dr_state on
    ag.group_id = dr_state.group_id and dr_state.replica_id = ar_state.replica_id;
```

- 扩展事件

AlwaysON 在安装过程中会自动添加一个扩展事件，如图 17-44 所示，我们可以右键选择监控实时数据以获取运行信息。

图 17-44　AlwaysON 扩展事件

扩展事件还有很多内容，由于篇幅所限这里不演示了。

- 作业

搭配作业的警告可以快速响应故障。下面是一个定制化的作业，它可以指定在主副本中延时一定时间之后触发警告并返回错误号。

代码清单 17-6　作业警告

```
DECLARE @Delay INT;
DECLARE @WritesPerSecond INT;
DECLARE @TransactionDelay INT;
DECLARE @ErrorString NVARCHAR(50);
SET @Delay = (SELECT cntr_value FROM sys.dm_os_performance_counters WHERE object_name =
'SQLServer:Database Replica'
AND counter_name = 'Transaction Delay' AND instance_name = '_Total');
SET @WritesPerSecond = (select cntr_value FROM sys.dm_os_performance_counters WHERE
object_name = 'SQLServer:Database Replica'
AND counter_name = 'Mirrored Write Transactions/sec' AND instance_name = '_Total');
SET @TransactionDelay = (@Delay/@WritesPerSecond);
SET @ErrorString = CONCAT('Transactions are being delayed by ', @TransactionDelay, '
milliseconds');
IF (@TransactionDelay > 1000)
BEGIN
RAISERROR (@ErrorString,16,1) WITH LOG;
END
```

除了上面提到的，还可以借助操作系统层面的一些监控和第三方工具来实现侦测。

17.6　总　　结

AlwaysON 是一个重要且复杂的技术，它不仅涉及了数据库层面，还有操作系统、网络、应用层等，完全掌握它需要学习非常多的知识和实操。本章以演示的形式带读者入门，后面的路还很长。

唯一的建议：多在自己的测试机上演示，如有可能，任何不确定的操作都应该在测试机上先检验，因为一旦出现问题，可能导致你一切重做。

第 5 篇　案例篇

本篇包含第 18～19 章，分别分享了两位作者在 Linux 和 SQL Server 运维过程中一些印象深刻的案例，其目的是让读者能够更加深刻地体会一些知识点。

第 18 章　Linux 运维案例

2 分钟速读

大千世界，万千变化，运维工作，也是如此。由于工作环境、主机策略等条件不一样，所以读者遇到的问题也会不太一样，但处理解决的方式可以类似。遇到故障问题时首次切记不要慌乱而不知所措，要冷静并快速地定位然后解决故障。这就要求一定要熟悉业务框架、了解故障产生的原因，最好能复现。在能复现的前提下，加入一些轨迹追踪或者开启一些侦测来获取更多详细的信息。本章结合作者多年工作经验，分享几个案例，希望读者通过案例的学习能获得一些故障分析的解决思路。

- 被黑
- OOM（内存溢出）
- 打开过多文件
- 删库到跑路

18.1　被　　黑

网络攻击永远都不会是主动的形式，就像杀毒软件从来都不会先有解药，才有毒药。病毒或者变异病毒入侵互联网后，反病毒软件或者专杀软件往往都是通过分析源代码或者逆向分析制作出相应的解毒补丁进行扫杀。现在的病毒已经不倾向这种做法，更多地是面向加密勒索，这种方式往往能成功地避开病毒软件的告警，加上加密方式算法的复杂性，目前很难轻易破解它。被勒索病毒侵害的服务器，要么接受勒索，要么数据被销毁。可见，做好异机备份的重要性。

本章并不打算介绍如何防范勒索病毒，而是介绍在日常工作中由于工作疏忽、应用软件或者是系统最深层的库函数等的漏洞导致的入侵情况。

黑客喜欢通过在被黑的 Windows 机群中植入 exe 文件来进行攻击。这在 Linux 上是无效的，因为 Linux 不支持 exe 文件，所以入侵安装 Linux 的机器往往需要中高级黑客使用探测威胁。他们进入系统后，所处理的轨迹也变得非常严密，退出时也不留尾巴，让运维人员在查证入侵路径之时无从下手。

当主机被入侵之后，通常会出现一些奇怪的现象。

- 无法 SSH

- 负载很高
- 指令无效
- 流量跑满

由于时隔多年，作者手上并无当年发生入侵后的截图。本章中的素材均来源模拟，实际入侵后的危害会更严重，意在展现给读者遇到问题的情景。

快速检查 CPU 占用率高的 PID 号。

```
~$ sudo apt-get install sysdig
```

方法有很多，我们先从官方中查看一下其应用属性。sysdig 还支持可视化展现，但这并不是重点，我们只是使用这个工具快速分析出当前最异常的 PID 进程号。

使用 sysdig 获取 CPU 占用率较高的进程名及 PID 号，如图 18-1 所示。

```
~$ sudo sysdig -c topprocs_cpu
```

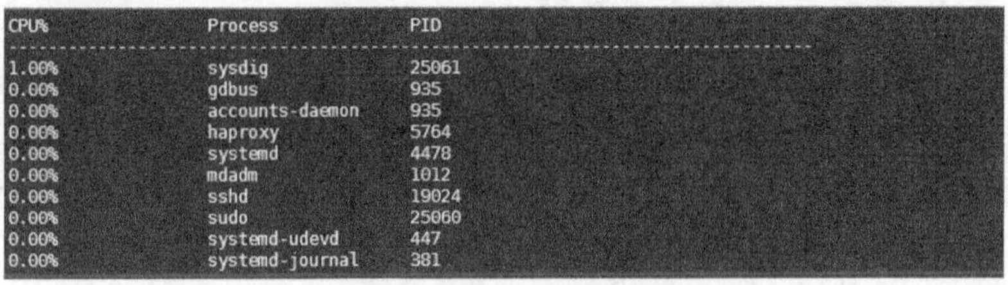

图 18-1　CPU 占用率图

在这里我们采用一个全新的压测工具（stress）进行压测模拟 CPU 高负载的情况。

```
~$ sudo apt-get install stress
~$ sudo stress --cpu  8 --timeout 600 #使用 8 个工作线程，持续时间 600s
```

我们提供一个压测之前和压测之后的负载情况如图 18-2 和图 18-3 所示。

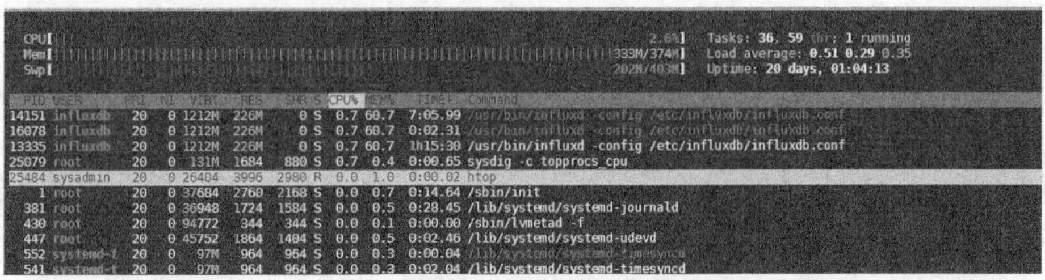

图 18-2　常态的 htop

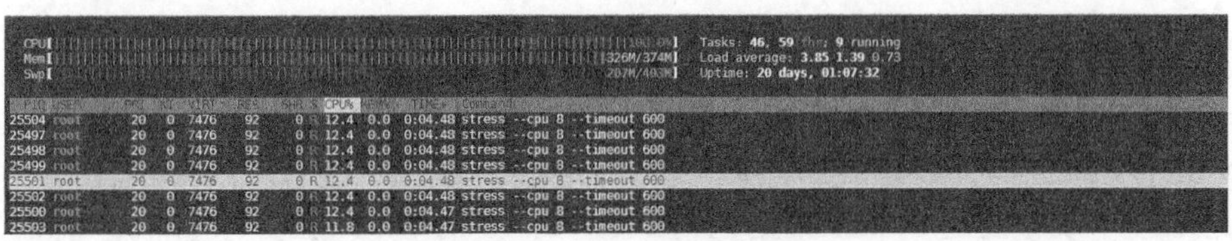

图 18-3　压测中的 htop

此时通过 sysdig 展现的情况如图 18-4 所示。

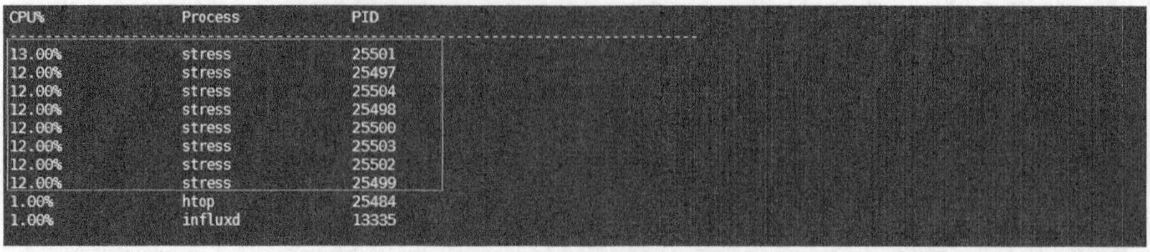

图 18-4　sysdig 展示的情况

这样我们可以快速定位到异常的 PID，将占用较高的 CPU 直接使用 kill 去掉。

```
~$ sudo kill -9 25501
```

这是快速终结异常 PID 的一个做法，当然，你也可以使用其他分析指令，目的就是快速定位并解决问题。

如果是被攻击了，往往执行后线程又会在不久重新启动，因此并不会那么简单地杀掉就完事，我们还是需要找到对应的具体执行指令。系统被入侵后，往往还伴随着流量的爆满（这跟第 19 章的案例 2 类似），我们需要查看一下当前网卡的情况。

```
~$ sudo iftop
```

我们仿造当前 IP 异常，向某个 IP 发送大量数据包。

```
~$ sudo apt-get install iperf
```

注意观察，在脚本未触发之时的带宽流量情况，见图 18-5。

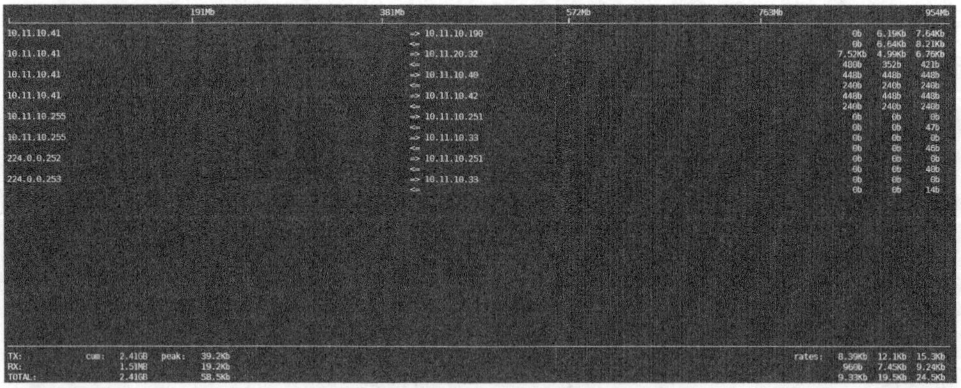

图 18-5　iftop 正常

假定连接方的流量为 10MB，则可用以下指令测试。

```
$ sudo iperf -c 10.11.10.40 -p 1433 -i 1 -t 600 -b 10M -P 200
```

使用 200 个线程发送 10MB 数据包到 10.11.10.40 的 1433 连接端口，持续时间为 600s，见图 18-6、图 18-7 和图 18-8。

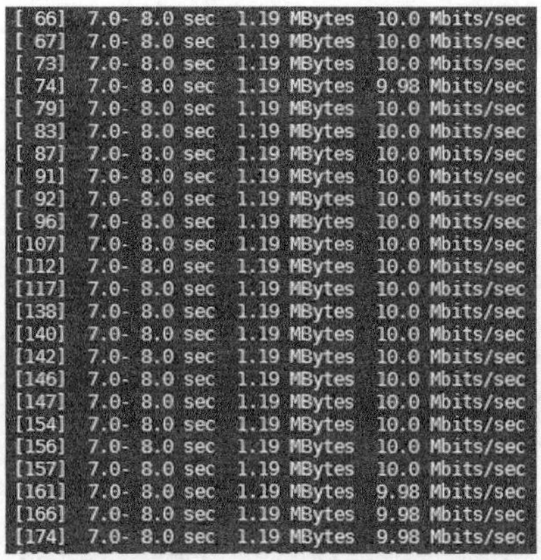

图 18-6 iperf 发送图

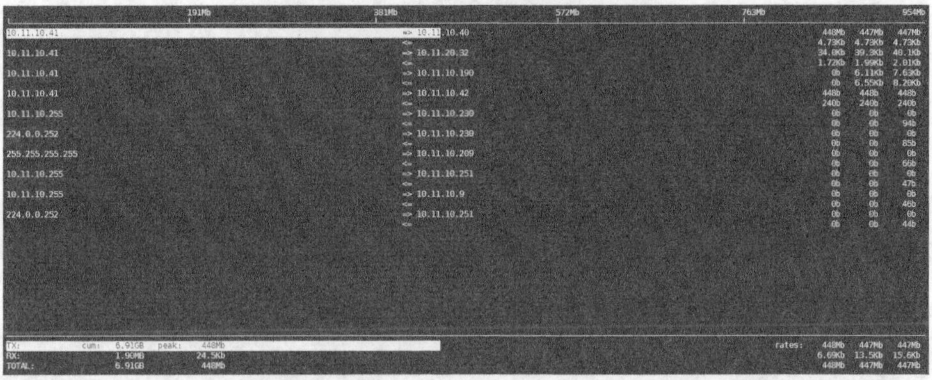

图 18-7 iftop 异常

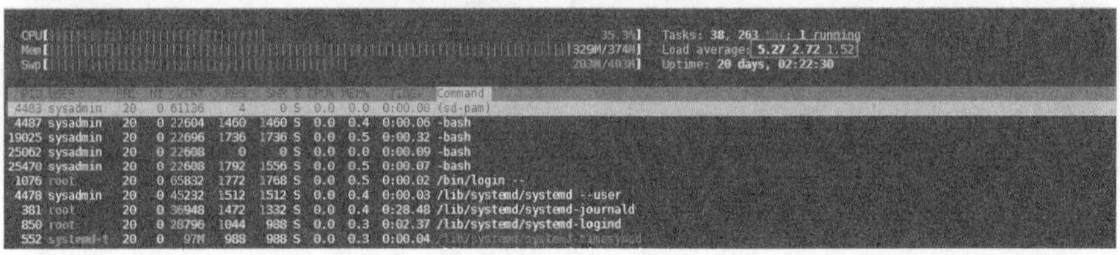

图 18-8 htop 异常

此时，我们在这台机器上观察上流量情况，见图 18-9。

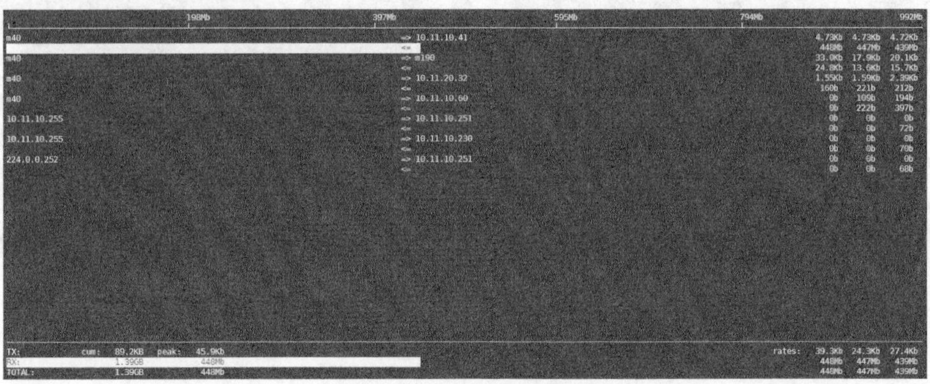

图 18-9 iftop 目标端

此时，我们假定不停发送异常连接 IP 到 10.11.10.40 这台机器，这时需要对其进行处理。见图 18-10 和图 18-11。

```
~$ sudo iptables -A OUTPUT -d 10.11.10.40 -j DROP
```

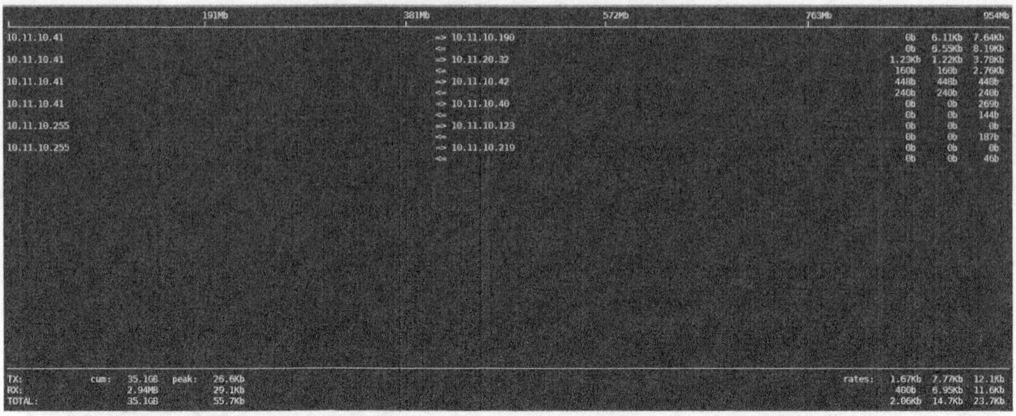

图 18-10　iftop 恢复正常

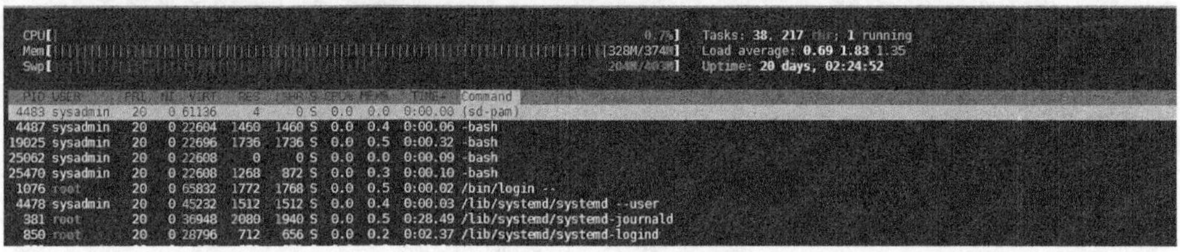

图 18-11　htop 恢复正常

实际攻击并非那么简单，连接目的端的 IP 可能会变，代码可能也会动态改变。

```
~$ sudo iperf -c 10.11.10.190 -p 1433 -i 1 -t 600 -b 10M -P 200
```

此时，之前通过防火墙对 IP 的封杀又不见效了，当然，你可以编写脚本进行动态添加，这并不是一个好的方法，因为其可能只是一个伪造 IP，目的是耗尽你的带宽。我们需要找出根源，通过 sysdig 可以看到如图 18-12 所示的界面。

图 18-12　查找 PID

我们此时使用 lsof 查看其打开的文件，见图 18-13。

```
~$ sudo lsof -p 26970
```

```
COMMAND   PID USER   FD   TYPE   DEVICE SIZE/OFF    NODE NAME
iperf   26970 root  cwd    DIR      8,1     4096 4980738 /home/sysadmin
iperf   26970 root  rtd    DIR      8,1     4096       2 /
iperf   26970 root  txt    REG      8,1    76152  270271 /usr/bin/iperf
iperf   26970 root  mem    REG      8,1  1088952 5247815 /lib/x86_64-linux-gnu/libm-2.23.so
iperf   26970 root  mem    REG      8,1  1868984 5247819 /lib/x86_64-linux-gnu/libc-2.23.so
iperf   26970 root  mem    REG      8,1   138696 5247818 /lib/x86_64-linux-gnu/libpthread-2.23.so
iperf   26970 root  mem    REG      8,1    89696 5243405 /lib/x86_64-linux-gnu/libgcc_s.so.1
iperf   26970 root  mem    REG      8,1  1566440  264229 /usr/lib/x86_64-linux-gnu/libstdc++.so.6.0.21
iperf   26970 root  mem    REG      8,1   162632 5247817 /lib/x86_64-linux-gnu/ld-2.23.so
iperf   26970 root    0u   CHR    136,0      0t0       3 /dev/pts/0
iperf   26970 root    1u   CHR    136,0      0t0       3 /dev/pts/0
iperf   26970 root    2u   CHR    136,0      0t0       3 /dev/pts/0
iperf   26970 root    3u  IPv4 13864602      0t0     UDP 10.11.10.41:54647->10.11.10.40:ms-sql-s
iperf   26970 root    4u  IPv4 13864604      0t0     UDP 10.11.10.41:42066->10.11.10.40:ms-sql-s
iperf   26970 root    5u  IPv4 13864606      0t0     UDP 10.11.10.41:49841->10.11.10.40:ms-sql-s
iperf   26970 root    6u  IPv4 13864608      0t0     UDP 10.11.10.41:51982->10.11.10.40:ms-sql-s
iperf   26970 root    7u  IPv4 13864610      0t0     UDP 10.11.10.41:53020->10.11.10.40:ms-sql-s
iperf   26970 root    8u  IPv4 13864612      0t0     UDP 10.11.10.41:37507->10.11.10.40:ms-sql-s
iperf   26970 root    9u  IPv4 13864614      0t0     UDP 10.11.10.41:48871->10.11.10.40:ms-sql-s
iperf   26970 root   10u  IPv4 13864616      0t0     UDP 10.11.10.41:59444->10.11.10.40:ms-sql-s
iperf   26970 root   11u  IPv4 13864618      0t0     UDP 10.11.10.41:44807->10.11.10.40:ms-sql-s
iperf   26970 root   12u  IPv4 13864620      0t0     UDP 10.11.10.41:58151->10.11.10.40:ms-sql-s
iperf   26970 root   13u  IPv4 13864622      0t0     UDP 10.11.10.41:50732->10.11.10.40:ms-sql-s
iperf   26970 root   14u  IPv4 13864624      0t0     UDP 10.11.10.41:39791->10.11.10.40:ms-sql-s
iperf   26970 root   15u  IPv4 13864626      0t0     UDP 10.11.10.41:45581->10.11.10.40:ms-sql-s
iperf   26970 root   16u  IPv4 13864628      0t0     UDP 10.11.10.41:40904->10.11.10.40:ms-sql-s
iperf   26970 root   17u  IPv4 13864630      0t0     UDP 10.11.10.41:38172->10.11.10.40:ms-sql-s
iperf   26970 root   18u  IPv4 13864632      0t0     UDP 10.11.10.41:55269->10.11.10.40:ms-sql-s
```

图 18-13 异常文件

由于是模拟环境，并不是真实情景，所以真实情况中要特别留意 NAME 中被调用的文件，找到问题根源，删除可疑文件。

Tips：发送大量数据包给异常 IP 的一个可能性是“肉鸡”（受黑客远程控制的机器）成为攻击源。

常见的形式也会替换掉系统常用的指令，尤其是 SSH 这一类指令，我们称这种情况为被植入了 rootkit 木马。

18.2 内存溢出

也称 OOM（out of memory），实际上是内存不够时，我们所在的应用被内核直接 drop 掉了的情况。这个常体现为应用不可用或者是 DB 服务异常。不管是哪种方式的 OOM，诊断是否因为 OOM 而导致应用线程被杀掉还是 DB 进程被杀掉，这些可以第一时间从 dmesg 中查看出来，如图 18-14 所示。

```
...
Out of memory: Kill process 9682 (mysqld) score 9 or sacrifice child
Killed process 9682, UID 27, (mysqld) total-vm:47388kB, anon-rss:3744kB, file-rss:80kB
httpd invoked oom-killer: gfp_mask=0x201da, order=0, oom_adj=0, oom_score_adj=0
httpd cpuset=/ mems_allowed=0
Pid: 8911, comm: httpd Not tainted 2.6.32-279.1.1.el6.i686 #1
...
21556 total pagecache pages
21049 pages in swap cache
Swap cache stats: add 12819103, delete 12798054, find 3188096/4634617
Free swap  = 0kB
Total swap = 524280kB
131071 pages RAM
0 pages HighMem
3673 pages reserved
67960 pages shared
124940 pages non-shared
```

图 18-14 OOM 错误

此图来源于网络，第一行已经非常明显地显示出：Out of memory，并且列出了 processid。

Linux 服务器出现内存不够时，在 Linux 的内核管理机制下，就有可能会 OOM。从图 18-14 可以看到，内核将占用内存最大的 MySQL 进程直接给杀掉了，给研发和客户的第一感觉就是服务不可用了。而研发此时连接的 DB 也会出现如图 18-15 所示的情况。

这个时候 DB 需要重启才能恢复。解决 OOM 问题，根本还是在于增加内存的可用空间，当然也要注意 buffer_pool_size 等的设置是否太小。通常我们会将其设置成内存的 60%（微软对 SQL ON Linux 的默认值为 80% 物理内存）。

图 18-15　连接提示

如果资源本身不足，比如一台跑 DB 的服务器还夹杂着 Java 这种应用，而物理机内存才为可怜的 8GB，那么再好的 DBA 也不能阻挡来自内核粗暴的操作。

Tips：*应用优化和 DB 优化是必需的，即使在内存充盈的情况下，依然可能会发生 OOM，需要从应用和 DB 两个角度分别考虑优化。另外应用和 DB 的隔离也是必要的。*

18.3　打开过多文件

报错信息为 Too many open files，从字面上来说就是打开了太多的文件，如图 18-16 所示。我们不妨只针对应用进行说明，以 Java 为例子，但不局限 Java 中。但凡编程语言都会涉及文件等操作，导致这个问题的根源在于不良的开发习惯。open()后常常忘记了 close()。正如很多 SQL Server 使用者在操作远程服务器之后，不关闭 SSMS、不注销用户，从而导致资源占用过多（有些服务器中 SSMS 会占掉几百 MB 的内存）。这使得后台线程越来越多，超过默认值从而触发报错，解决方案通常有两种。

```
Oct 17, 2011 5:22:43 PM org.apache.tomcat.util.net.JIoEndpoint$Acceptor run
SEVERE: Socket accept failed
java.net.SocketException: Too many open files
        at java.net.PlainSocketImpl.socketAccept(Native Method)
        at java.net.AbstractPlainSocketImpl.accept(AbstractPlainSocketImpl.java:375)
        at java.net.ServerSocket.implAccept(ServerSocket.java:470)
        at java.net.ServerSocket.accept(ServerSocket.java:438)
        at org.apache.tomcat.util.net.DefaultServerSocketFactory.acceptSocket(DefaultServerSocketFa
        at org.apache.tomcat.util.net.JIoEndpoint$Acceptor.run(JIoEndpoint.java:210)
        at java.lang.Thread.run(Thread.java:636)
Oct 17, 2011 5:22:44 PM org.apache.tomcat.util.net.JIoEndpoint$Acceptor run
SEVERE: Socket accept failed
java.net.SocketException: Too many open files
        at java.net.PlainSocketImpl.socketAccept(Native Method)
        at java.net.AbstractPlainSocketImpl.accept(AbstractPlainSocketImpl.java:375)
        at java.net.ServerSocket.implAccept(ServerSocket.java:470)
        at java.net.ServerSocket.accept(ServerSocket.java:438)
        at org.apache.tomcat.util.net.DefaultServerSocketFactory.acceptSocket(DefaultServerSocketFa
        at org.apache.tomcat.util.net.JIoEndpoint$Acceptor.run(JIoEndpoint.java:210)
        at java.lang.Thread.run(Thread.java:636)
```

图 18-16　示例

- 放任这种开发行为，优化内核打开文件句柄数从 1024→65535（显然不是最佳的）。

- 优化代码，但也要优化内核打开文件句柄数从 1024→65535（可见并不是所有的默认值都是合理的）。

当然出现这种问题的根源还是在于程序的方法（如在 open()后未能守约地进行 close()）。这是一个不好的开发规范，但是应用不能说停则停，很多时候我们需要优化内核中关于这块的配置。在系统初始化过程中，一个有经验的运维人员应该在早期就处理掉这个“小雷”，而不是等应用异常再进行处理。

使用 ulimit –a 可查看当前资源的配置情况，见图 18-17。

```
~$ sudo su - root
~# ulimit -a
```

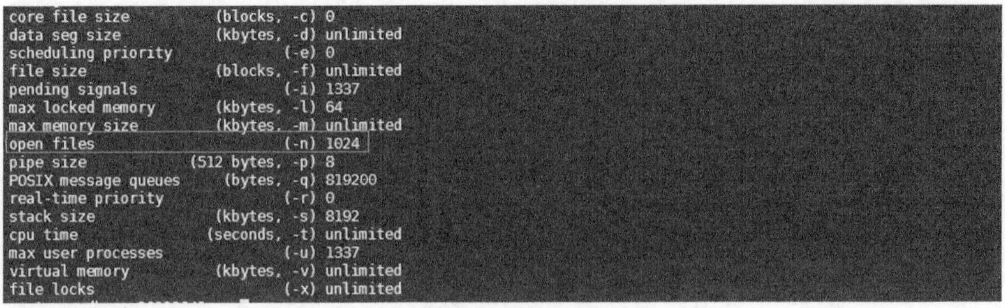

图 18-17 ulimit

临时的办法是直接修改终端，但当服务器重启后配置会失效，见图 18-18。

```
~# ulimit -n 65535
```

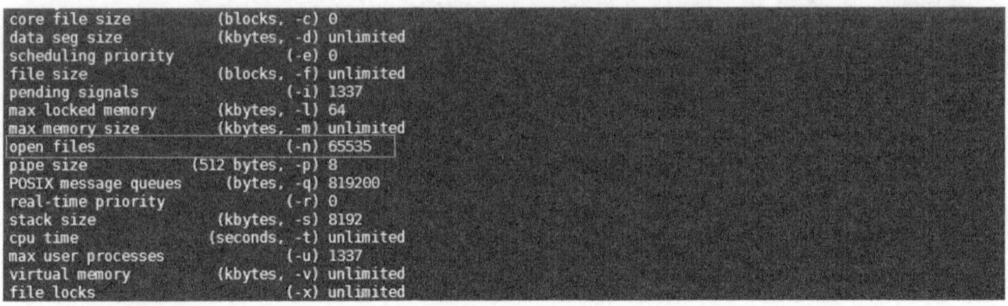

图 18-18 ulimit –n

可以使用下面方式进行永久性配置。

```
~# vi /etc/security/limits.conf
* soft nofile 65535
* hard nofile 65535
```

优化了打开文件句柄的问题后，解决问题的根本还是需要应用进行相应的改动，否则还是会出现“Too many open files”的情况。

还有一种典型的极端情况是，当年作者按云平台更新要求，将内核升级至指定的内核版本后，业务系统随后经常受到上述问题的影响，而我们的内核在早期已经优化了文件数，也不存在这个问题，通过 Java 开启 debug 后发现，依然在日志中报“Too many open files”，所以深度怀疑新内核有 bug 问题。当然云平台自然不会认为这是个 bug，如果读者在工作过程中遇到这个问题，那么请采用如下方法来解决，在启动 jdk 的脚本中加入如下代码。

```
ulimit -n 65535
```

完整代码详见本书配套资源“jdk 脚本”。参考代码来源于 iteye 博主 energykey 的博客文章。这里我们只需要对图 18-19 中框图部分进行修改。

```
#!/bin/sh
#该脚本为Linux下启动java程序的通用脚本。即可以作为开机自启动service脚本被调用，
#也可以作为启动java程序的独立脚本来使用。
#
#Author: tudaxia.com, Date: 2011/6/7
#
#警告!!!: 该脚本stop部分使用系统kill命令来强制终止指定的java程序进程。
#在杀死进程前，未作任何条件检查。在某些情况下，如程序正在进行文件或数据库写操作，
#可能会造成数据丢失或数据不完整。如果必须要考虑到这类情况，则需要改写此脚本，
#增加在执行kill命令前的一系列检查。
#
#
###################################
#环境变量及程序执行参数
#需要根据实际环境以及Java程序名称来修改这些参数
###################################

#优化文件句柄
ulimit -n 65535

#JDK所在路径
#JAVA_HOME=/root/JDK/jdk1.6.0_24
echo $JAVA_HOME

#执行程序启动所使用的系统用户，考虑到安全，推荐不使用root帐号
RUNNING_USER=root
```

图 18-19　新增指令

这样强制在当前 Shell 中优化文件句柄，从而解决内核异常的问题。

Tips: 脚本颇具参考性，也请读者阅读好的脚本，增强自身的脚本编写能力。

18.4　从删库到“跑路”

注意: 在进行接下来的操作前，如果读者打算实操，请注意备份!

使用 cp 指令将要删除的文件先备份一份，以免测试过程中并没有按照作者的步骤进行，从而导致文件无法恢复。

模拟一个正在写入的文件，如图 18-20 所示。

```
~$ htop > /tmp/htop.log
```

```
root     27359 27281  0 13:45 pts/0    00:00:00 sudo htop
root     27360 27359  0 13:45 pts/0    00:00:00 htop
sysadmin 27362 27327  0 13:45 pts/1    00:00:00 grep --color=auto htop
```

图 18-20　查看后台

从图 18-20 中可以看到，当前 PID 为 27359 的进程在使用 htop 指令，我们查阅下当前的内容，见图 18-21。

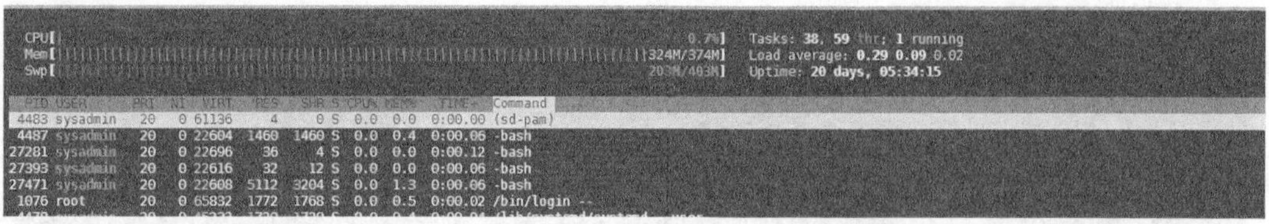

图 18-21 htop

此时，我们暴力删除该文件。

```
~$ rm -rf /tmp/htop.log
```

尽管此时文件已经被删除，但是我们可以看到文件句柄，见图 18-22。

```
~$ sudo lsof -p 27359
```

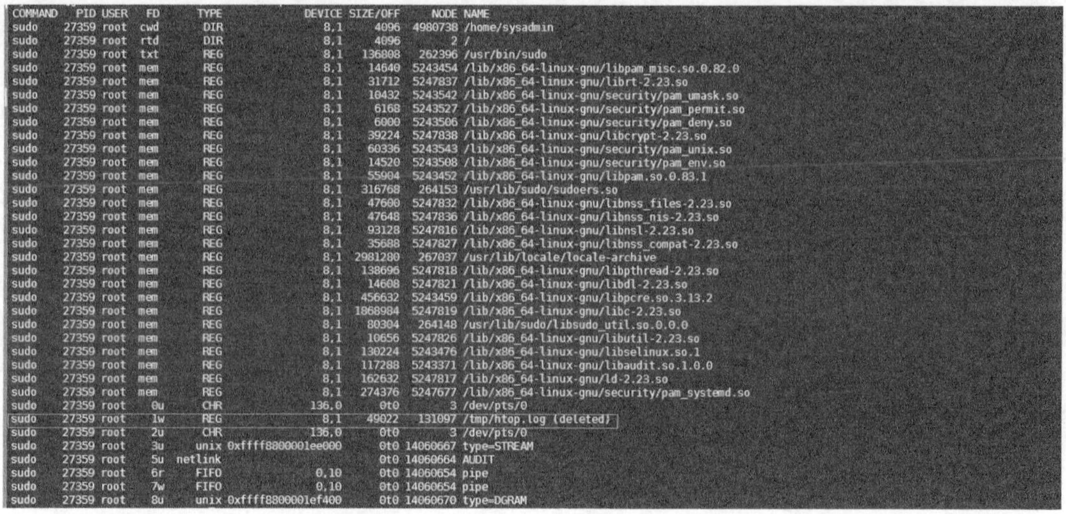

图 18-22 lsof

从图 18-22 中可以看到，htop.log 标记成“deleted”。此时，我们可以利用 proc 追踪“捞回来”，见图 18-23。

```
~$ sudo ls -l /proc/27359/fd/
```

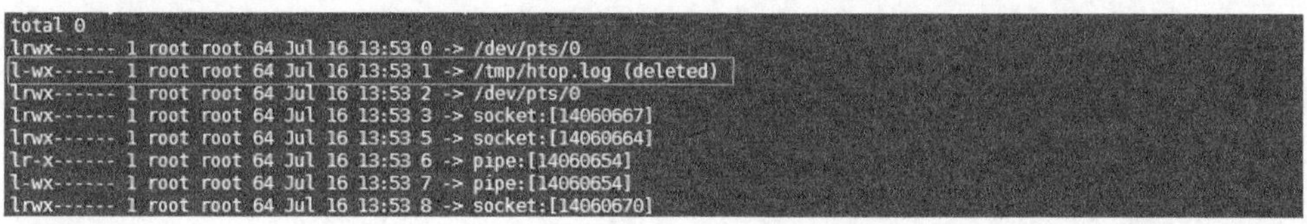

图 18-23 文件块

此时发现对应的文件块是 1。

```
~$ sudo cp /proc/27359/fd/1 /tmp/htop2.log
```

为避免疑惑，我们复制时将其重命名成 htop2.log，此时查看文件内容，见图 18-24。

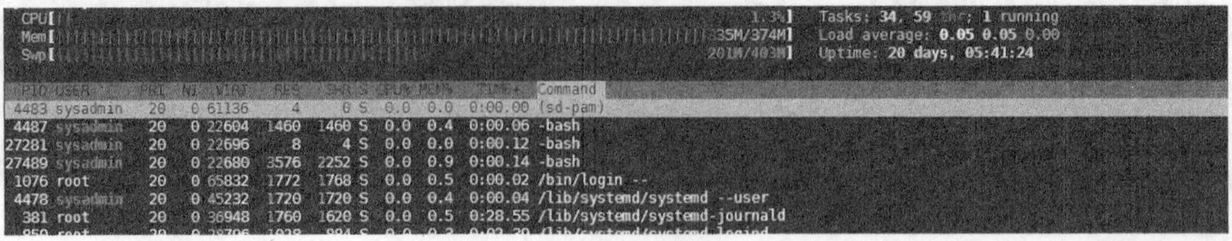

图 18-24　htop

此时，文件已经恢复。需要注意，这种恢复并不是完整的，会丢失一些数据，并且如果删除的是那些并没有被打开、被引用的文件如数据文件，那么是无法恢复的。通过这种方法只是恢复了你当前打开的文件。对于静态的文件删除则“回力无天”。因此做好长期备份并搭建高可用集群，是不可缺少的。

18.5　总　　结

服务器运维比数据库运维需要做的工作要多，因为它承载了更多的应用，同时它又是数据库等核心应用的地基和资源提供者。如果服务器运维得不好，那么不仅安全性、稳定性得不到保证，性能也就更加不用说了。

因此按照顺序，先介绍服务器运维，下一章再介绍数据库运维过程中的案例。在这些案例中并不会从学术上介绍如何运维，而是从作者多年经验中提取出来印象深刻的“坑”。比较案例只有几个，不能覆盖全部运维工作，还请读者多系统化学习和实操。

最后提醒一下读者，不管是数据库还是服务器运维，遇到问题要冷静，处理问题要细心，没发现问题时多检查，另外误删除数据后切记不要第一时间重启，保留“案发现场”才是第一要素。

第 19 章　数据库运维案例

1 分钟速读

没有案例恐怕会让本书大打折扣，作者工作 10 年以来也积累了很多的案例。从案例中可以反推很多设置，还有一些注意事项的来由，比如为什么要设置 SQL Server 的即时文件初始化功能，因为不设置会有一些问题，这些有很多教训在里面。

本章会对作者工作过程中遇到的几个典型问题进行描述，由于是真实环境，所以会适当过滤一些信息，不过不影响核心思想。同时由于 SQL Server on Linux 运维时间不长，所以案例都是 Windows 上的，读者更应该关注在思想和方法上，不要过于关注具体产品的具体实现。

19.1　简　　介

我们经常要运维系统，那运维什么呢？首先要了解运维的目的（注意顺序）：稳定、可用、安全、高效。其中“可用”可以归到稳定里面。其实，运维系统就是提供一个稳定的环境给上层应用，并且确保安全和资源合理利用。

现在把范围缩到数据库层面，那么就是要不宕机、不被攻击和不卡顿。下面作者举几个实际的工作案例，实际案例很难简单说明它归属于哪个范畴，一个问题可能包含了大量的原因，所以不打算对接下来的案例进行归类。

19.2　案 例 分 享

案例 1——你的监控足够吗

在写作本书过程中，作者运维的系统出现一个情况，系统用户反馈某一个功能的数据每隔几天就会被“恢复”一次，这个恢复操作由一个更新语句所触发，语句已被抓出，由于不定时发生，所以很难捕捉实际情况。项目负责人遍历整个代码（含前后端）之后发现代码中没有包含这个更新语句，怀疑是某次版本升级过程中未完整更新导致在某台服务器的某个服务中它还残留着。

如果读者遇到了这种情况，那么应该第一时间考虑如何监控语句的执行，因为这个语句并不算系统层面的异常，只是一个很普通的更新语句，所以在 OS 和 DB 日志上是不会记录的。要完成这个工作，全面捕捉所有的 DML 语句是不现实的，因为每秒过百次的请求意味着需要大量的空间存储所有语句，同时它的不定期执行也为监控带来了难度。

SQL Server 有很多工具可以完成这个功能（比如跟踪、查询存储等），基于这个需求，没有必要使用高级功能或者高开销的功能，我们只需要添加一个扩展事件即可。扩展事件是微软主推的轻量级监控工具，值得使用（也不能滥用）。下面在作者机器（Windows 10 +SQL 2017）上演示一下，作者使用 AdventureWorks2016 库新建了一个 test 表（只有一个 ID 列，就不演示了），然后创建一个扩展事件来监控文本为 UPDATE TEST 的事件跟踪，把跟踪结果存储在文件里面，执行更新语句后，查询结果。代码如代码清单 19-1 所示。

创建扩展事件

代码清单 19-1　创建事件会话

```
    IF EXISTS (SELECT * FROM sys.server_event_sessions  WHERE name = 'CaptureSQL')--
如果已存在则删除事件会话
    DROP EVENT SESSION [CaptureSQL] ON SERVER
    GO
    --创建名为 CaptureSQL 的事件会话
    CREATE EVENT SESSION [CaptureSQL] ON SERVER
    --添加 sql_statement_starting 和 sql_statement_completed 的跟踪，并且对 sql_text 列进行筛选，
同时为了减少开销，还指定了数据库名
    --在 Action 中适当添加我们需要跟踪的内容
    ADD EVENT sqlserver.sql_statement_starting(
        ACTION(sqlserver.client_app_name,sqlserver.client_connection_id,
        sqlserver.client_hostname,sqlserver.client_pid,sqlserver.database_id,
        sqlserver.nt_username,sqlserver.sql_text,sqlserver.username)
        WHERE (( sql_text like '%update%test%') AND ([sqlserver].[database_name]=(N'A
dventureWorks2016')))),
    ADD EVENT sqlserver.sql_statement_completed(
        ACTION(sqlserver.client_app_name,sqlserver.client_connection_id,
        sqlserver.client_hostname,    sqlserver.client_pid,sqlserver.database_id,
        sqlserver.nt_username,sqlserver.sql_text,sqlserver.username)
        WHERE (( sql_text like '%update%test%')) AND ([sqlserver].[database_name]=
(N'AdventureWorks2016')))
    --把会话数据存储在文件中以便后续检查，这里只是简单设置，大量选项使用默认设置，读者熟悉后应该按需指定
    ADD TARGET package0.event_file(
    SET filename=N'E:\SQLData\CaptureSQL.xel',
    METADATAFILE = N'E:\SQLData\CaptureSQL.xem'
    )
    WITH (STARTUP_STATE=ON)--指定随着服务器启动而启用，服务器重启后能够自动继续运行
    GO
    --创建完后启用会话，因为默认会话是不启用的
    ALTER EVENT SESSION [CaptureSQL] ON SERVER STATE = START;
    GO
```

创建完毕之后，我们可以使用简单的 UPDATE TEST SET ID=1 语句可触发事件。注意事件存储到文件中需要一定的事件，由服务器压力和配置而定，通常不会很久，可能

只要几秒。

接下来执行下面语句来查询监控结果。

代码清单 19-2 查询结果

```
;WITH ee_data AS
(
  SELECT data = CONVERT(XML, event_data)
    FROM sys.fn_xe_file_target_read_file(
   'E:\SQLData\CaptureSQL*.xel', --注意修改实际路径
   'E:\SQLData\CaptureSQL*.xem', --注意修改实际路径
   NULL, NULL
  )
),
tab AS
(
 SELECT
  [host] = data.value('(event/action[@name="client_hostname"]/value)[1]','nvarcha
r(400)'),
  app_name = data.value('(event/action[@name="client_app_name"]/value)[1]','nvarc
har(400)'),
  username = data.value('(event/action[@name="username"]/value)[1]','nvarchar(400)'),
  [object_name] = data.value('(event/data[@name="object_name"]/value)[1]',
'nvarchar(250)'),
  [timestamp] = data.value('(event/@timestamp)[1]','datetime2'),
  [statement]=data.value('(event/action[@name="sql_text"]/value)[1]','nvarchar(400)'),
  [DBName]=DB_Name(data.value('(event/action[@name="database_id"]/value)[1]',
'nvarchar(400)')),
  [ClientPid]=data.value('(event/action[@name="client_pid"]/value)[1]','nvarchar(400)')
 FROM ee_data
)
SELECT DISTINCT [host], app_name, username, MAX([timestamp]) as last_executed,
   [object_name],[statement],[DBName],ClientPid
  FROM tab
  GROUP BY [host], app_name, username, [object_name] ,[statement],[DBName],ClientPid;
```

在本机中执行结果如图 19-1 所示。

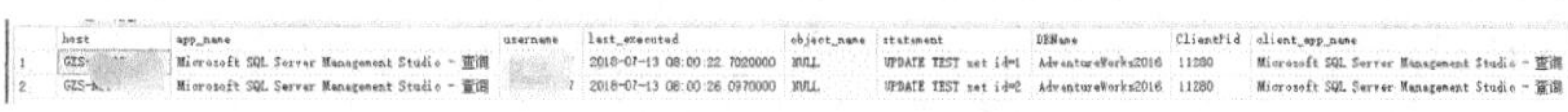

图 19-1 扩展事件结果

图中基本上都是查询问题时比较关系的内容，从中可以知道发生时间（这里用 min 来获取最早执行时间）、在哪个库执行了什么代码、客户端的 PID（用于发现执行了哪个服务或者进程）等。我们可以将这些作为后期处理问题时的“证据”。

案例 1 小结

通过这个案例作者想表达的是，运维人员很多时候要反复检查监控是否完善，不怕不完善，因为几乎没有一劳永逸的，就怕你不会亡羊补牢，发现问题还不去补救。

案例 2——部署的脚本检查过了吗

大概在 2 年前，作者对某个系统进行 DBA 运维工作。系统的数据库有两台实体机［假设叫 A（主库）/B（读库）机］，这时候搭建了 AlwaysON，刚好有第 3 台闲置的实体机（假设叫 C 机），所以作者打算进行异机备份存储，把主库中每天的完整备份文件定期传输到 C 机上。由于当时还有其他事情要做，所以就让团队的另外一个 DBA 完成它。大概思路就是 A 每天在凌晨 4 点进行完整备份，一般时间为半小时，然后在 Windows 的计划任务中使用 cmd 命令把文件复制到 C 机。这个流程很粗糙，也很简单。也恰恰因为简单，所以大家都忽略了对脚本的审查。

问题来了，在过了没多久之后，系统用户反馈每天早上 7 点准时系统卡顿，到了 9 点 05 分准时恢复。大家应该能猜到是这个计划任务导致的。当时也没想到这个问题，就一直进行常规性的性能检查，在 SQL Server 内部没有发现任何明显的异常，SQL 的作业也没有在那个时间运行和正在运行的。这个问题持续了几天（早上 7 点一般是上班路上，很难真正细究），最后想起当时已经使用 Zabbix 进行基础监控，可以进行故障回放，当时的步骤大概如下所示。

- 检查 A 机的资源使用情况（无明显异常）。
- 检查 B 机的资源情况（也没有明显异常）。这是因为系统用户反馈系统卡，所以要先从他们用的“系统”所在地着手。
- 检查 A/B 的网络情况，因为当时完全没想到跟系统使用没有任何一点关系的 C 机。
- 幸运的是，在检查 AB 网络时发现了一个情况，A 的出口流量在 7 点钟的时候突然增大，几乎满负载，到了 9 点 05 分就降下来，而且是每天反复出现。
- 为了验证问题的准确性，联系了网络运维，他们也有一套监控软件。对两套监控系统进行对比。这里说一下，如有可能监控系统最好有两套或以上，因为单一监控系统的可信度目前来说并不是非常高，特别是 Zabbix 这种开源软件，不是说它不行而是不确定使用者是否定制好。
- 通过两套监控系统的对比，发现流量趋势没问题。初步定位是出口流量导致网络响应缓慢，最终影响系统。那么究竟是什么导致的？当然你可以抓包，不过太费劲了。这时候想起了 Windows 的计划任务（有时候确实是无奈，发生在数据库服务器上的问题往往就认定是数据库本身的问题，所以各方都在把关注点放在 SQL 作业上）。
- 检查发现确实有个计划任务开始时间是 7 点，运行时间 2 小时，OK，差不多就是它了，打开发现正是当初作者要求部署的异机备份。

为什么“局域网”内服务器之间几十 GB 的文件竟然有那么大的杀伤力？这时候 IT 运维想起了这个机房搭建时间比较久，设备配置不高，经过检查之后发现 A 和 C 之间并非“局域网”，而是加了一层交换机。交换机的性能很差，结果导致传输很慢最终出现问题。另外补充一下，这个备份过程在其他机房同一套系统都有部署，唯独这个机房有问题。因为其他机房的建设时间较晚，费用较充足，设备性能足够，所以没有出现明显的问题。

这个案例引出了很多运维问题，作者想表达一个思想：“脚本检查”。案例中脚本的大概逻辑是：SQL 作业进行备份（作者使用了一个第三方脚本，强烈推荐）→Windows 计划任务调用 cmd 命令把备份移到 C 机。

这个过程看似很简单，但是却隐含了不少运维问题，特别是连续性和成功校验的问题。就这个动作而言，作者认为更合理的操作应该是：作业进行备份，创建另外一个作业调用 cmd 命令（xp_cmdshell 执行 cmd 命令移动备份文件）。在第一步作业配置成功后直接调用第二步，减少 Windows 作业在备份完成后到启动过程中的时间浪费，同时可以实现 SQL 作业的第一次校验。如果这个作业失败，则不调用第二步作业，直接发送失败警告/邮件。这样可以避免 Windows 层的各种异常。同时更具有扩展性，比如把 cmd 换成 Shell 脚本即可在 Linux 上实现。

案例 2 小结

这个案例中，作者重点突出脚本检查和流程优化。一方面，使用 SQL 作业可以对多个连续操作的作业串起来执行，同时进行成功与错误/失败的流程控制。另外一方面，一个系列操作尽可能不在多个地方执行，从而降低侦测故障的工作量和难度。

当然这个案例还暴露出其他问题，比如定位问题时不要马上就认定是数据库层面的问题。这是一个“系统”，涉及多方面，在定位问题的初期，大胆假设小心求证非常重要。另外就是对编写的脚本，多怀疑，多互相检查。

案例 3——小心第三方软件的坑

本书前面提到的考勤软件是购买的第三方软件。一开始并没有由作者运维，因为属于 HR、财务类别的系统一般很少给 DBA 直接负责。由于后来发生多次意外才移交给作者，这些意外（供应商自行解决的不算入在内）包括以下内容。

- 爆盘

用户库日志文件暴涨，空间不足导致数据库变成只读状态。

- 数据量太大性能响应慢

其实这不是根源，只是现象，接下来会进行分析。

- 功能缺失

在后来检查和处理问题的过程中发现该服务器不支持很多功能，一些常规的 DMV 查询也失败。因为是供应商安装的服务器，所以已经无法考证到底安装了什么，没有安装什么。

经过检查发现第一个问题是因为数据库设为完整恢复模式，然而在 SQL Server 上没有任何作业，更别说备份。爆盘之后检查发现数据文件才 9GB，日志文件超过 50GB。另外由于服务器是供应商安装的，所以全部装在 C 盘。C 盘一般也不会很大，数据库因为日志文件已满才导致变成只读状态。

这是一个典型的运维问题，究其原因有以下几个。

- 安装部署不合理

不应该把数据库放在系统盘，包括系统库。在安装过程中，作者建议把所有能改的路径都改到非系统盘。

- 后续运维工作缺失

既然使用了非简单模式，那么就应该搭配常规的完整备份和日志备份，至于差异备份可以视具体情况而定。

● 奇葩的设计

检查问题的过程中发现 master 库异常大，后面联系供应商发现，他们把考勤系统的用户操作日志放到 master 库中。后面询问的结果是供应商担心操作数据库的人会删掉或者修改数据，所以把操作记录放到别的库以减少风险。初衷是好的，但是方式错了，而且这种错误已经导致了非常严重的后果，系统库特别是 master 库哪能用来这样折腾。同时因为他们动不动就用 SA，所以权限控制形同虚设。对于这些问题，应该从设计之出就做好规划，SA 可以随便用的吗？master 库可以随便用的吗？如果能做到，那么操作记录又怎么会随便让别人改动呢？另外日志可以导出成文件并进行加密。

第二个问题的表现是数据量大导致操作很慢，因为是 C/S 架构，所以跟踪问题比较容易，只针对作者本机的这个 PID 开启 Profiler 监控即可。作者点击了一下用户反馈卡顿的这个功能（一个组织架构的树状结构图），先不管跟踪出来的内容，单纯加载这个树状图就有 3500 多行的 Profiler 事件（包含开始和结束操作），也就是说粗略计算一共需要 1700 多次与数据库的交互。细看 SQL 语句，他们是先查出公司最高一级的部门，然后用轮询（接近游标了）的方式一行一次地查找，并返回界面，同时也没进行适当的缓存，每次点击都要重新执行 1700 次（每次大概 0.01s，总共耗时不下 17s）。如果读者算一下，你就会发现点击一个功能要等最少 17s（通常是超过 20s）是何等痛苦的事情。这还不说，频繁与数据库交互开销也非常大。

这种很成熟的逻辑网上大把案例，为什么不让数据库一次性查询出来然后在前端进行拼接呢？1700 行数据对前端程序来说简直没有压力。用这些低级操作来处理少量数据会出现严重的性能问题。这本质上不是数据量导致的问题。

在这种情况下，还会引出另外一种结论“SQL Server 支持不了大数据量、.NET 不支持高并发”等。读者看到这里应该不用我多解释了。

注意：非简单恢复模式的数据库必须有常规的日志备份，同时还要搭配完整备份。

对于第三个问题，作者一直不建议完全安装，如果连最基本的功能都不安装那显然也是不行的，这里就不多说了。

案例 3 总结

当你接手第三方软件时，很多时候会很郁闷，因为不仅有各种不合理的问题，而且还会出现很多对象加密的情况，导致无法得知源代码从而阻碍问题的解决。所以采购第三方软件时，要多问，多评估，甚至测试。

不过在现实情况下，可能也不是总能做到。毕竟绝大部分的公司都不会在还没签订合同之前就提供源代码。唯一能做的就是多提升自己以便应对各种不可预知的问题。

19.3 其他案例

● 安装 SQL Server 后修改主机名

这是规划和规范性的问题。没有规划的服务器不仅在后期整理时非常混乱，而且在某些高可用技术（比如 SQL Server 的事务复制）中会出现很多问题。作者对几个正式环境搭建事务复制时就出现过问题，虽然用下面语句可以解决，但是并不是好的方法，只是补救而已。

```
--检查是否一致
use master
go
select @@servername
select serverproperty('servername')

--如果不一致，则执行下面的语句
if   serverproperty('servername')   <>   @@servername
    begin
    declare   @server   sysname
    set   @server   =   @@servername
    exec   sp_dropserver   @server   =   @server
    set   @server   =   cast(serverproperty('servername')   as   sysname)
    exec   sp_addserver   @server   =   @server  ,   @local   =   'LOCAL'
end

/****************************************
说明：其实就是删除旧的服务器名 servername，添加新的服务器名
sp_dropserver '旧的服务器名'
sp_addserver '新的服务器名' , 'LOCAL'
重启 SQL SERVER
再运行以下脚本验证一下
****************************************/

use master
go
select @@servername
select serverproperty('servername')
```

- 不合理的增长配置

这在前期一般不会出现问题，由于 SQL Server 默认的文件增长是 10%，试想一下当文件（不管是日志还是数据文件）规模是已经是 10GB 甚至更多时，10%将是 GB 级别的增幅。由于日志文件不使用即时文件初始化功能，所以需要以填充 0 的方式来占据空间，10GB 的 0 要花费大量的时间和 I/O 来完成，期间很多功能都会因为锁问题而被阻塞。另外作者见过 LDF 上有 300GB 的库（明显运维工作没做好），而数据文件跟日志文件放在一个 500GB 的盘上，整个盘的空余空间只有 10GB 左右。此时一旦 LDF 增长一次，那就是 30GB，后果就是爆盘。作者的建议是把数据文件和日志文件都改成以 MB 为单位增长，可以设为 128、256、512MB/次，具体值应该在监控之后根据实际情况进行调整。

- 过多账号

安全问题也算是运维问题，过多的账号首先是“碍眼”，作者是一个比较感性的人，对一些看不顺眼的东西会觉得“不合理”。一个 SQL Server 有 50 多个 SQL 身份验证合理吗？SQL 身份验证的安全性也不如 Windows 身份验证。如果可以的话，作者会强制对非软件使用的账号指定为各种 Windows 账号，适当地形成组，以组的形式加入 SQL Server 中，减少

账号管理。这里有个很现实的好处，假设读者需要运维 100 台在同一个域的 SQL Server，你有一个 DBA 同事离职了，那很显然需要处理他的账号。即使有批量脚本，100 个服务器都是很痛苦的事情，何况有些 SQL 账号因为使用了 SQL Server 的某些功能不能简单删除。如果使用 Windows 域账号，直接在 AD 上禁用即可。没有 Windows 层面的权限，即使账号遗留在实例上，也不成问题，当然最好还是清理掉。

- 规范不足

很多运维问题就是不够规范的结果，如果一开始制定好命名规则及服务器配置规范，或一开始就配置好无人值守安装（不管 Windows 还是 Linux 均可），那么当有机器需要安装 SQL Server 时，直接执行即可。这也省去了很多不一致的问题。这里要说的太多了，但是原则上来说，规范化和统一化必须在运维工作开始前就要定义好，不然后续很麻烦。

19.4 总 结

如果说性能优化的本质是“多”，那么运维问题的本质就是“缺”。这个一般都在出现问题或无法解决时你才会深有体会。本章提出的案例是作者印象较深的几个，当然还有很多。

- 无规划或规划混乱，从根源上导致了各种混乱。
- 环境的安装部署过于默认化，无视具体环境的需求（比如文件增长）。
- 环境搭建并运行之后，没有足够的监控和监控回顾。
- 日常工作过程中审查跟踪等工作做得不足，比如案例 1 还有案例 2。
- 对已知的问题或者预兆麻木，很多时候看到了一些表现但是还没爆发出来，就得过且过。这在作者刚做 DBA 的时候吃过不少亏，这也是在后续总结个人原因或其他运维人员错误时经常发现的问题。运维技术和 Checklist 等在今时今日已经“不缺”了，缺的是你去落实和巩固。

所以希望读者始于规范，多总结和跟踪工作中的各种问题，并且勇于去深究，这才是提高自身能力的快速途径。

附录

本部分包含 4 个附录，分别是常见的面试题及参考答案，运维工作中的检查列表（Checklist），SQL Server 表关联的技术细节，最后就是 Linux 的内核参数说明。由于这些知识重要但又不足以写在书的主体中，所以以附录形式展示。

附录 A SQL Server DBA 及 Linux 管理员面试题分析

本附录提供一些常见的具有代表性的面试题，旨在协助读者在面试中有所准备并且有针对性地学习（虽然略显功利，但也不见得是坏事）。

本附录集关注的是面试而不是笔试，因为很多笔试是考核编程。这并不偏向于 DBA 或者系统管理员工作，所以请读者时刻记住不会开发迟早也会被淘汰。另外对于没写过 SQL 的 DBA，作者不相信其优化水平能有多好。

下面分别从 SQL DBA 和 Linux 系统管理员两方面去分析面试题。为了减少篇幅，有些问题会集成在一起。

最后说明一下，一个题目真要回答的话，那么通常可以长篇大论。作者出题的目的是以作者挑人的角度去“问”，只要答到点上即可。

A.1 SQL Server DBA 面试题分析

1. SQL Server 已发布的版本、默认端口号及默认管理员账号分别是什么？

作者见过不少面试、笔试者把 Windows 的发布版本跟 SQL Server 的混淆。另外如果连 1433 是 SQL Server 的默认端口都不知道的话，那么水平就太低了。

2. SQL Server 的恢复模式及备份事项有哪些？

这个题有 3 个核心点，3 种恢复模式，还有 3 类常见类型（如果答到 7 类更佳），简单模式没有事务日志备份。

恢复模式有完整、大容量日志和简单模式 3 种。前两种也可以称为非简单恢复模式，其行为大同小异，差异在于对大容量操作的日志记录行为上。

本题主要考核 3 种恢复模式的名称。特别注意，简单恢复模式不能进行事务日志备份。

SQL Server 的备份类型如下所示。

- 完整备份：从数据库中复制所有页到备份设备。
- 差异备份：把自上一次完整备份以来 DCM 页跟踪到的所有变更页复制到备份设备。
- 日志备份：复制自上一次完整备份或日志备份以来，将所有写到日志中的事务日志记录到备份设备中。
- 文件和文件组备份。
- 从 SQL Server 2008 开始有一种变种的备份模式——仅复制备份，它适用于完整备份和日志备份，不截断实际的日志 LSN，也就是说它不影响常规的日志备份。常用的场景是使用正式环境的数据库到测试环境进行某些验证或者评估（数据记得脱敏）。

3. 从 SQL Server 2005 以后系统库共有多少个？

5 个：master、msdb、model、TempDB、resourcedb。这个问题可以引出很多问题，比如 TempDB 每次重启会重建，那它根据什么重建？默认根据 model 重建，除非你后来设置了 TempDB 的配置，其实所有“新”用户数据库在不指定具体配置时，都根据 model 来创建。

4. SQL Server 的高可用技术有哪些？

Failover Clustering（故障转移群集）、Database Mirroring（数据库镜像）、Log Shipping（日志传送）、Replication（复制），还有从 SQL Server 2012 出现的 AlwaysON。如果能答出每个技术的一些细节更好。

5. 你能列出多少种索引？

简单分为聚集索引和非聚集索引。如果能回答出唯一索引、XML 索引、空间索引、筛选索引（filtered index）、包含索引等更好。

最好能说出聚集索引和非聚集索引的核心区别。聚集索引的叶子节点是实际数据，聚集索引是表本身；非聚集索引的叶子节点包含指向实际数据的指针而不是实际数据。单表可有 999 个非聚集索引。

6. 开放性问题。

前面的问题更多是一些基础知识，能力是否足够就要看开放性的问题。这些问题很多是没有答案的，重点看思路。如果是作者来出题，作者会问如下几个问题。

- 你遇到过的印象最深刻的性能优化案例是什么？分享一下过程和思路。
- 你踩过最大的坑是什么？这里希望面试者不要过多从别人身上找问题，也不要表现出太多消极情绪。

如果你是面试官，那么不妨拿一个现在工作中遇到的技术或者架构问题去问一下面试者，看一下别人有没有什么好的思路（虽然有“盗用”他人想法之嫌，但是也可以从中看出别人的思维和处理问题的能力）。如果觉得道德上不是很合适，那么不妨换成曾经出现但是已经解决的问题。

7. 其他内容

由于是附录，所以不想花费太多篇幅介绍，读者可以参考相关的 DBA 面试网站。

A.2 Linux 管理员面试题分析

1. Linux 常用指令有哪些？请列举常用的 10 个指令。

这个问题非常简单明了，作为入门级的运维人员，如果连常用的指令集都不知道 10 个，则说明 Linux 的根基非常不扎实。由于 Linux 服务器一般是纯命令行，所以不熟悉指令很难让人放心给你去运维正式服务器。

2. 怎么判断是网络问题还是应用问题？

故障的原因可能有很多，套路却差不多。比如出现访问异常时，首先要先尝试是否能复现。不同客户访问应用由于上层运营商链路异常从而导致访问异常的情况比比皆是，故此遇到这类问题，先判断客户自身操作是否有问题，如果没有，那么咨询客户访问的具体情况，查明是否是由于他们的网络设备（如路由或者是宽带）的故障导致。在确定均无误后，排查当前系统所处环境是否异常，这包括网络、负载、端口、日志等，对这些进行一一查证。

网络方面的切入点分别为以下几个方面。

- DNS 解析是否正常。
- 路由器流量监控是否正常。
- 内网连接是否正常。
- 网工近期是否进行过网络策略的调整。

应用方面的切入点分别为以下几个方面。

- 线程是否存在。
- 端口是否可连通。
- 日志是否有 Error 等告警。
- 近期是否发布大小版本。
- 系统指标是否正常。

3. 如何批量更新应用？

如果应试者仅从借助 except 包进行模拟登录这种形式的方案出发，那么答案未必非常满意。读者如果可以结合当前互联网的更新模式，采用 Jenkins+git/svn 这种自动构建的方式进行发布更新，并且通过掌握一定的技能进行开发对应的插件来适应业务的需求，那么作者认为这样的应试者值得进一步关注。自动化部署构建是运维自动化的趋势。以下列出可批量更新应用的方案。

- 使用 expect 包进行交互登录，Shell 实现。
- 使用 Python 中的工具包实现 SSH 登录完成更新。
- 使用 Ansible 内置的方法完成更新。
- 结合 Jenkins+git/svn 方式实现应用代码的构建、发布、回退等。

4. 如何防止 DDoS？

攻击在运维工作中很容易遇到，尤其是高流量的网站。如何防止被攻击变得非常急迫。常见的攻击是 DDoS 这种流量攻击，它会导致公司网站无法访问，尤其是在吸引流量（比如促销）等活动过程中出现的话，对企业无疑是损失惨重。在应对 DDoS 过程中，提升宽带流量其实未必总能尽如人意，要知道黑客攻击很大程度上都属于“肉鸡”攻击或者是放大攻击，而且现在这种攻击的流量本身就很便宜，提升宽带也只是增大出入口带宽而已。

防御 DDoS 目前还没有一个非常完美的解决方案，单纯靠前端增加 F5 或者增加硬件防火墙也未必奏效，相对成功的案例是使用机房的高防。而小机房由于设备技术等限制未必能承受住大流量攻击，这个时候机房会直接切断公网 IP。借助于 DDoS 高防这种技术将攻击流量引入高防 IP 进行流量清洗，从而确保网站稳定开放。当然，这要事先跟高防商沟通好，不能“临时抱佛脚”，商谈还是很关键的。

提醒：很多企业特别是小企业，往往不重视这些问题，在问题爆发之时才会找人问责。运维人员应对风险问题及早发现及早提出，做好后备方案不仅是职责所在，还是一种自保行为。

5. 如何构建一个迁移方案？

Linux 下的应用迁移（这里不涉及数据库），更关心的并不是迁移过程本身，而是整个方案是否可行。迁移计划必须罗列出具体步骤及操作人员列表，对应计划列表中负责人的可执行时间以及回退方案（**回退方案异常重要**）。切记不能按自己想法办事，一定要制作方案落实成一个执行计划表，同时跟研发、产品、运营、客服等部门进行沟通，让他们明白整个过程及可能遇到的风险。

6. 其他内容。

这部分包括一些具体的操作细节，诸如如何查看日志，如何将异常 IP 或者需求 IP 添加到对应防火墙策略中，如何制定一个执行计划进行任务调度、备份方案、对日志进行统计，如何判断系统是否被入侵，如何解决在 Windows 上编辑的文档传到 Linux 中执行异常，是否掌握一门语言、监控系统等。

当然，这也包括应试者是否有完整的职业规划路线。这些都很重要，因为面试官不仅是从技能上考查你，也会从应试者是否具有可塑性进行评估。如果你的技能不能达到优秀，那么需要展现你具有“潜力股”的资质。

建议：强烈建议读者在有一定基础后，掌握一门编程语言（首推 Python）。传统的运维在今时今日已经不再吃香，具有开发能力的运维人才才是企业需求所在。

附录 B　DBA 与 Linux 管理 Checklist

B.1　运维/优化思想

在列出 Checklist 之前，有些内容需要与读者分享。这部分可能没有什么严格的逻辑，更多是作者这 10 年来的心得体会，不管是否正确，既然已经翻开了这本书，那么读者不妨花几分钟看一下。

- **明白变化是永恒的**：所以必须不停地监控，不停地改进。作者听过有人坚持说他们的系统索引设计已经很完美了，但是某某语句为什么那么慢？我让他加个 include 索引，问题就解决了。
- **权衡得失，不要极端要极致**：别花几天时间把一个运行时间为 2s 的语句提升到 1s，而无视那些本可以提升到 2s，但是现在要跑 2min 的功能。重点优化执行次数多的 SQL 而不是一天才运行一次的 SQL。
- **不要允许过多的重复工作**：运维工作有些是纯体力活，但是又不得不去做。学会多“偷懒”，才有时间去做真正有价值的事情。
- **适当遵循 2/8 原则**：这跟第二点有点类似。
- **事情之间都是有关联的**：永远不要片面地分析或描述问题，你要知道“系统”的另外一个含义就是“整体”。
- **一个尺寸并不适合所有**：明白现今社会已经无法用一个工具或者一种技术去应对所有的问题，明白与其参与“XX vs XXX”的讨论，不如思考如何“XX & XXX”（要有包容的心态）。
- **依赖**：别太依赖别人所谓的“建议”，具体问题具体分析才是真理。
- **理论可以指导实践**：如果没有处理思路，不妨回头看看原理（实现原理、技术理念），或许能从中得到启发和解释。（比如在优化时，想想关系数据的理论特别是优化引擎和存储引擎的实现原理。）

B.2　DBA 运维 Checklist

Checklist 可以分为优化和运维两大类。理想的 DBA 工作内容何止百项，为了不让读者或者初学者感到恐惧，作者挑选工作过程中比较重要的内容特别是运维方面的供读者参考，这里按每日 Checklist 和每周或每月 Checklist 来划分。

B.2.1 每日 Checklist

- 备份：检查备份运作情况及校验备份有效性（如果量少）。
- 闲时任务：检查闲时（一般是深夜）任务的运行情况。
- 错误日志：检查 OS 及 DB 上错误日志中的警告、错误信息。
- SQL 代理：检查 SQL 代理的作业运行情况。
- HA、DR 日志：检查日志是必要的，最好还是设置警告。
- 安全日志：如果有第三方工具并包含安全日志，则需要每日检查，同时错误日志中也可能包含安全方面的日志。

B.2.2 每月/每周 Checklist

- 备份归档及有效性校验，每周/每月最起码都要对备份进行恢复性测试。
- 检查是否有补丁发布（这只针对 Windows，Linux 只看是核心工具包或库是否有重大安全漏洞修复补丁）。
- 检查资源是否足够未来 6～12 个月甚至更长时间的使用。
- 碎片检查：操作系统或数据库在使用一定时间后会出现碎片，它们会降低性能。周期性检查碎片情况很有必要（操作系统层只针对 Windows，Linux 非必要）。
- 安全性：周期性检查是否有需要的移除账号或者弱密码等情况。

上面工作在今时今日可以使用很多工具来进行，合理地设置警告和作业运行结果并发送给 DBA，可以减少不少工作量。比如对备份作业设置警告，下面列出一些备份和还原中可能会用到的错误号供读者参考，如表 B-1 所示。

表 B-1 备份还原涉及的错误号

SQL Server Backup and Restore Alerts				
ID	**Category**	**Error**	**Severity**	**Description**
1	Backup Success	18264	10	Database backed up: Database: %1, creation date(time): %2(%3), pages dumped: %4!d!, first LSN: %5, last LSN: %6, number of dump devices: %9!d!, device information: (%10).
2	Backup Failure	18204	16	%1: Backup device '%2' failed to %3. Operating system error = %4.
3	Backup Failure	18210	16	%1: %2 failure on backup device '%3'. Operating system error %4.
4	Backup Failure	3009	16	Could not insert a backup or restore history/detail record in the msdb database. This may indicate a problem with the msdb database. The backup/restore operation was still successful.
5	Backup Failure	3017	16	Could not resume interrupted backup or restore operation. See the SQL Server error log for more information.
6	Backup Failure	3033	16	BACKUP DATABASE cannot be used on a database opened in emergency mode.
7	Backup Failure	3201	16	Cannot open backup device '%ls'. Device error or device off-line. See the SQL Server error log for more details.

续表

SQL Server Backup and Restore Alerts				
ID	**Category**	**Error**	**Severity**	**Description**
8	Restore Success	18267	10	Database restored: Database: %1, creation date(time): %2(%3), first LSN: %4, last LSN: %5, number of dump devices: %7!d!, device information: (%8).
9	Restore Success	18268	10	Log restored: Database: %1, creation date(time): %2(%3), first LSN: %4, last LSN: %5, number of dump devices: %7!d!, device information: (%8).
10	Restore Success	18269	10	Database file restored: Database: %1, creation date(time): %2(%3), file list: (%4), number of dump devices: %6!d!, device information: (%7).
11	Restore Failure	3142	16	File '%ls' cannot be restored over the existing '%ls'. Reissue the RESTORE statement using WITH REPLACE to overwrite pre-existing files.
12	Restore Failure	3145	16	The STOPAT option is not supported for RESTORE DATABASE. You can use the STOPAT option with RESTORE LOG.
13	Restore Failure	3441	21	Database '%.*ls' (database ID %d). The RESTORE statement could not access file '%ls'. Error was '%ls'.
14	Restore Failure	3443	21	Database '%.*ls' (database ID %d) was marked for standby or read-only use, but has been modified. The RESTORE LOG statement cannot be performed.
15	Restore Failure	4301	16	Database in use. The system administrator must have exclusive use of the database to restore the log.

B.2.3 扩展阅读

除了运维 Checklist 之外，还有其他很多 Checklist，下面列出几个作者认为比较好的文章，读者可以综合研读一下，并按照实际工作情况进行选择。

- **SQL Server Installation Checklist**；
- **DBA Morning Check List**；
- **MS SQL Server DBA Checklist - High Availability**；
- **Brad's Sure DBA Checklist**。

B.3 Linux 运维 Checklist

相对于 DBA 而言，Linux 运维就复杂很多，因为运行在 Linux 上的应用种类和数量决定了实际 Checklist 的内容。这里只能给出一些常规的，特别是互联网平台中常见的 Checklist（可能也叫巡检清单）供读者参考，如表 B-2 所示。

表 B-2 Linux 环境巡检表

巡检项	
数据库	基础数据库（gzdb01,02）是否正常： （1）CPU 使用率是否合理

续表

巡检项	
数据库	（2）内存占用是否合理 （3）连接数是否正常 （4）数据库表的空间情况是否正常 （5）数据库备份是否正常
	活动数据库（gzdb2a,2b）是否正常： （1）CPU 使用率是否合理 （2）内存占用是否合理 （3）连接数是否正常 （4）数据库表的空间情况是否正常 （5）数据库备份是否正常
Web 服务器	Web 服务器是否正常： （1）CPU 使用率是否合理 （2）内存占用是否合理 （3）各台机器连接数的分配是否合理
	大转盘服务器是否正常： （1）CPU 使用率是否合理 （2）内存占用是否合理 （3）各台机器连接数的分配是否合理
中间件	缓存服务是否正常： （1）内存占用大小是否正常 （2）历史过期数据是否清理
	队列服务是否正常： （1）内存占用大小是否正常 （2）队列长度是否异常
接口（查询数据库）	系统提供的短信服务是否正常
	系统提供的 WebService 接口是否正常
	系统提供的 GIP 接口是否正常
	外部 BIAP 接口调用是否正常
	外部 ECOP 接口调用是否正常
	外部支付接口调用及回调是否正常
vmware 虚拟化（通过 vmware vcenter 管理）	esxi 主机、虚拟机 CPU 资源使用是否正常
	esxi 主机、虚拟机内存资源使用是否正常
	esxi 主机、虚拟机存储资源使用是否正常
	虚拟机网络连接情况、启动情况是否正常
其他	前日代码更新是否正常： （1）是否有服务器没有更新 （2）是否有配置文件被不当覆盖
	日志记录是否正常： （1）日志是否有爆盘的风险 （2）是否有重大异常的日志输出

请读者注意，只有针对具体环境做出的巡检表才具有说服力和可行性。上面的表更多是抛砖引玉的作用。

鸣谢：巡检清单由何兴明提供，在此感谢！

附录 C　SQL Server 表关联细节

关系数据库表关联算法直接影响最终查询的性能。对于初学者来说，它可能用处不大，本书主要是供有兴趣进行深入性能优化的读者来查阅。

SQL Server 的表关联算法有 3 种：嵌套循环连接（Nested Loops Join）、合并连接（Merge Join）和散列连接（Hash Join）。切记没有一种算法是绝对好的。具体情况具体分析！下面先来分别介绍一下它们。

提醒：本附录绝大部分内容来自微软官方文档。

C.1　嵌套循环连接

这是最基本的连接方式，其算法如下所示。

```
For each row R1 in the outer table
Begin
For each row R2 in the inner table
If R1 joins with R2
Output(R1,R2)
If R1 did not join
Output (R1,NULL)
End
```

其中 outer table 和 inner table 分别为关联的两表，如果使用图形化执行计划，则连接运算符中上方的表为 outer table，下方的为 inner table。

好处：不需要创建另外的数据结构（散列连接需要），也不用 TempDB 空间，使用场景广泛。

缺点：不适合大表，因为算法的复杂度等于 inner table 乘以 outer table 的行数。如果 outer table 比较大，则 inner table 会扫描很多次，所以 outer table 应该比较小。

改进：outer table 最好事先已排序，inner table 最好有一个索引。因为 inner table 是被扫描的对象，有索引的话扫描开销相对小很多。

不合理现象：实际执行计划中数据集很大（比如数十万行）但依旧使用嵌套循环。这意味着若表的统计信息有误则会导致 SQL Server 在产生执行计划时预估错误，也有可能没有支持查询的索引。

C.2 合并关联

必要前提：两个数据集必须已排序，其算法如下所示。

```
Get first row R1 from input 1
Get first row R2 from input 2
While not at the end of either input
Begin
If R1 Joins with R2
Begin
Output(R1,R2)
Get next row R2 from input 2
End
Else
If R1 < R2 get next row R1 from input 1
Else get next row R2 from input 2
End
```

说明：从两个数据集中各取一个值进行比较，如果相等则把两行连接起来返回；如果不等，则把小的值去掉，按顺序取下一个值（因为已排序，所以下一个值肯定不小于去掉的值）。其中一边遍历结束后，关联过程结束。所以算法复杂度为最大表的数据行数。相对于嵌套循环关联而言，它对于大表操作明显高效。

缺点：两边数据集必须按关联字段先排序。另外只能进行“值相等”连接（join on 中使用=号）。如果存在重复数据，则它会使用 many-to-many 方式，这是高开销方式。会创建一个名为“worktable”的结构放在 TempDB 或内存中，开销很大。

特有好处：返回的数据集也是已排序的。

C.3 散列关联

利用散列算法进行连接，散列算法分 Build 和 Probe 两步。Build 阶段会选择其中一个数据集的值建立内存中的散列表，在 Probe 阶段选择另外一个数据集，把数据依次代入直到找到符合的数据。

```
For each row R1 in the build table
Begin
Calculate hash value on R1 join key(s)
Insert R1 into the appropriate hash bucket
End
Begin
Calculate hash value on R2 join key(s)
For each row R1 in the corresponding hash bucket
If R1 joins with R2
```

```
Output(R1,R2)
End
```

算法复杂度：两边数据分别遍历一遍，也就是两表的和。

好处：不需要预先排序，也不要求有索引，适合并行执行。对于非 OLTP 系统而言，它能提升性能。

缺点：最耗资源的关联算法。需要额外创建散列表，增加 CPU、TempDB 或内存的资源，而且需要 CPU 资源来计算（Probe）。

改进：控制数据量并搭配合适的索引。

C.4　3 种关联方式的对比

下面是 3 种关联算法的对比。在性能优化过程中，如果出现非预期的关联类型，那么应该首先从写法上进行研究，其次是统计信息，最后才是索引和设计层面的分析。

	嵌套循环关联	合并关联	散列关联
最佳场景	数据集相对较小，inner 表的关联列有索引	数据集中等或较大，关联字段有索引且已排序或希望结果集已排序	数据集较大，尤其适合 DW 下复杂查询
并发性	大量并发	有索引的 many-to-many 时并发好	不建议大并发
关联字段是否相等	否	要，除非 Full 关联	要
是否使用额外内存	否	非提前排序情况下不需要	要
是否使用 TempDB	否	many-to-many 模式下需要	要
数据集是否要排序	否	要	否
期望输入数据集要排序	outer 已排序	是	否

附录 D　Linux 内核参数说明

Linux 的内核其实非常重要，如果它分散到书中，对初学者而言并不见得方便和直观，因此独立成一个附录。将 Linux 内核关联的具体参数列表放入下表中，供读者参考。

参数	说明	值/可修改		备注
net.ipv4.ip_forward	是否开启路由转发功能	0	禁用	
		1	启用	
net.ipv4.conf.default.rp_filter	是否启用源路由核查功能	0	禁用	
		1	启用	
net.ipv4.conf.default.accept_source_route	是否禁用所有 IP 源路由	0	禁用	
		1	启用	
kernel.sysrq	是否使用 sysrq 组合键了解系统运行情况	0	禁用	
		1	启用	
kernel.core_uses_pid	控制 core 文件的文件名是否添加 PID 作为扩展	0	禁用	
		1	启用	
net.ipv4.tcp_syncookies	是否开启 SYNCookies，当出现 SYN 等待队列溢出时，启用 cookies 来处理	0	禁用	
		1	启用	
kernel.msgmnb	确定一个消息队列的容量	0	禁用	
		1	启用	
kernel.msgmax	单个消息最大容量	0	禁用	与 msgmnb 保持一致
		1	启用	BSD 系统不需设置
kernel.shmmax	单个共享内存段的大小	内存大小*1024*1024*1024（字节）		单位：字节
kernel.shmall	所有内存大小	内存大小*1024*1024*1024/4KB（页）		单位：4KB/页
net.ipv4.tcp_max_tw_buckets	等待时间的数量	默认值	180000	
		可修改	6000	
net.ipv4.tcp_sack	开启有选择的应答	0	禁用	
		1	启用	
net.ipv4.tcp_window_scaling	是否支持更大的 TCP 窗口	0	禁用	超过 65535（64KB），必须设置为 1
		1	启用	

续表

参数	说明	值/可修改		备注
net.ipv4.tcp_rmem	TCP 读缓存	4096 131072 1048576		
net.ipv4.tcp_wmem	TCP 写缓存	4096 131072 1048576		
net.core.wmem_default	TCP 套接字预留，用于发送缓存的默认值	8388608		单位：字节
net.core.wmem_max	为 TCP 套接字预留，用于发送缓存的最大值	16777216		单位：字节
net.core.rmem_default	为 TCP 套接字预留，用于接收缓存的默认值	默认值	229376	单位：字节
		可修改	8388608	
net.core.rmem_max	为 TCP 套接字预留，用于接收缓存的最大值	默认值	131071	
		可修改	16777216	
net.core.netdev_max_backlog	当每个网络接口接收数据包的速率比内核处理这些包的速率快时，允许送到队列的数据包的最大数目	默认值	1000	
		可修改	262144	
net.core.somaxconn	Web 应用中监听函数的 backlog 默认会给内核参数的 net.core. somaxconn 限制到 128，而 Nginx 定义的 NGX_LISTEN_BACKLOG 默认为 511，所以有必要调整这个值	默认值	128	
		可修改	262144	
net.ipv4.tcp_max_orphans	系统所能处理的不属于任何进程的 TCP 套接字最大数量	3276800		
net.ipv4.tcp_max_syn_backlog	记录的那些尚未收到客户端确认信息的连接请求的最大值。对于有 128MB 内存的系统而言，默认值是 1024，小内存系统则是 128	默认值	2048	
		可修改	262144	
net.ipv4.tcp_timestamps	时间戳可以避免序列号的卷绕。一个 1Gbit/s 的链路肯定会遇到以前用过的序列号。时间戳能够让内核接收这种“异常”的数据包。这里需要将其关掉	0	禁用	
		1	启用	
net.ipv4.tcp_synack_retries	为了打开对端的连接，内核需要发送一个 SYN 并附带一个回应前面一个 SYN 的 ACK。也就是所谓 3 次握手中的第二次握手。这个设置决定了内核放弃连接之前发送 SYN+ACK 包的数量	0	禁用	
		1	启用	
net.ipv4.tcp_syn_retries	在内核放弃建立连接之前发送 SYN 包的数量	0	禁用	
		1	启用	
net.ipv4.tcp_tw_recycle	开启 TCP 连接中 time_wait sockets 的快速回收	0	禁用	
		1	启用	
net.ipv4.tcp_tw_reuse	开启 TCP 连接复用功能，允许将 time_wait sockets 重新用于新的 TCP 连接（主要针对 time_wait 连接）	0	禁用	
		1	启用	
net.ipv4.tcp_mem	低于第 1 个值，意味着 TCP 没有内存压力；低于第 2 值，意味着进入内存压力阶段；第 3 个值意味着 TCP 拒绝分配套接字（单位：内存页）	默认值	94011 125351 188022	
		可修改	94500000 915000000 927000000	

续表

参数	说明	值/可修改		备注
net.ipv4.tcp_fin_timeout	如果套接字由本端要求关闭，那么这个参数决定了它保持为 FIN-WAIT-2 状态的时间。对端可以出错并永远不关闭连接，甚至意外当机。默认值是 60s。2.2 内核的通常值是 180s，你可以按这个进行设置，但要记住的是，即使你的机器是一个轻载的 Web 服务器，也有因为大量的死套接字而内存溢出的风险，FIN-WAIT-2 的危险性比 FIN-WAIT-1 要小，因为它最多只能吃掉 1.5KB 内存，但是它们的生存期长些	默认值	60	
		可修改	15	
net.ipv4.tcp_keepalive_time	表示当 keepalive 起用的时候，TCP 发送 keepalive 消息的频度	默认值	7200	
		可修改	30	
net.ipv4.ip_local_port_range	对外连接端口范围	默认值	32768 61000	
		可修改	2048 65000	
fs.file-max	表示文件句柄的最大数量	102400		